토|목|시|공|기|술|사|시|험|대|비

토목시공기술사 실전면접 문제해설

토목시공 기술사
토질 및 기초기술사
류 재 복

★ 면접시험장의 Live Interview 문제 100% 해설
★ 면접문제해설의 Best Seller

CIVIL ENGINEERING
&
CONSTRUCTION
PRACTICE

YEAMOONSA
예문사

Preface

- 토목기술인 여러분! **기술사** 준비는 우리모두의 **운명(Destiny)**을 변화시키는 **위대한 창조의 유산**이라 생각합니다.
- **선비(士)**가 되는 길은 무엇보다도 무서운 **집중력(Concentration)**과 **인내(Endurance), 자신감(Self-Confidence), 연속성(Continuity)**이 있을 때 **합격**할 수 있습니다.
- 1차 필기시험합격을 하시고 2차 면접시험도 2~3회 낙방하는 예가 많습니다./종종 끝까지 낙방해서 1차 필기시험을 보는 경우도 종종 있습니다.
- **2차 면접(Verbal Discussion)**에 **최선**을 다하셔서 첫회(First Interview)에서 **합격(Pass)**하실 수 있도록 본서(토목시공기술사 **면접시험**)를 최대한 **활용**하시기 바랍니다.
- 1차 필기시험에 합격하신 토목기술인(Civil Engineer) 여러분의 가정의 행운과 하시는 일마다 **승승장구** 하시기 바랍니다.

토목시공기술사 과년도 면접시험 구성내용/발간목적

구성편	목 차	발간목적
제1편	현장실무관련 면접문제해설 제1장 흙의 다짐 제2장 **토압과 변위** 제3장 옹벽의 철근배근기준 제4장 **주철근 배근 기준** 제5장 상·하수도 제6장 **T-Beam교** 제7장 연속교 Gerber교 제8장 배합설계기준	1. 과년도에 면접시험장에서 생생하게 Live Interview했던 문제를 100%해설하여 편집했음 2. **면접문제해설**로는 역사에 유례가 없는 Best Seller 임 3. 토목기술인 여러분께서 1차 필기시험 특히 **용어설명 1교시** 문제해결에도 크게 도움이 될 것임 4. 면접은 첫번째 시험에서 합격하셔야 합니다.
제2편	과목별 과년도 면접문제해설	
제3편	시공상세도(Shop Drawing)	
제4편	간단한 용어설명 제1장 콘크리트 제2장 Tunnel	

구성편	목 차	발간목적
제4편	제3장 아스팔트콘크리트포장 제4장 **콘크리트포장**	1. 간단한 용어에 답변이 완되면 불합격
제5편	과년도 면접실전질의＋응답내용 설명 (Question & Answer for Live Interview with Interviewer)	
Civil Engnieer 여러분 氣韻生動(기운생동) 하시고 窮力擧重(궁력거중) 하시고 大成하시기 바랍니다.		

- 본서가 **2차 면접**을 준비하시는 여러분께 크게 도움이 될 것을 확신합니다.
- 향후 토목기술인 선·후배 여러분의 **성원**에 보답코저, **기술사 준비**에 도움이 될 수 있도록 계속하여 **보완 수정**해 갈 것입니다.
- 원로 선배제위 여러분의 지도편달에 감사드립니다.
- 끝으로 출판을 맡아주신 예문사 **정용수** 사장님과 임직원 여러분께 깊이 감사를 드립니다.

2000. 4. 編著者 柳 在 福 拜上

토목시공기술사 출제경향 변경안내

1. 토목시공기술사 준비하시는 Civil Engineer 여러분! **2000년도 60회부터** 각 **교시별 출제경향**이 아래와 같이 **변경**되었으니 **실전준비**에 착오없으시기 바랍니다.

2. 토목시공기술사 각 교시별 출제경향 변경 대비표

교시	구 분	변경 전 '99년도까지 (59회까지)	변경 후 2000년도부터(60회부터)
1교시 (용어 설명)	출제문항수	9개 문항	13개 문항
	기술해야 할 문항수	5개 문항(선택)	10개 문항(선택)
	배점기준	20점/문항당	10점/문항당
		5개×20점=100점	10개×10점=100점
	각 문항당 Page의제한성	2Page/문항당	1Page/문항당
		(10점당 1Page 기술)	(10점에 1Page 기술)
	Total	5개 기술	**10개** 기술(5개 문항 증가)
2/3/4 교시 (논문식)	출제문항수	5개~6개	6개~7개
	기술해야 할 문항수	3개 문항	**4개 문항**
	배점기준	문1:40점, 기타:각 40점	25점/문항당
		40점+30점+30점=100점	25점×4개=100점
	각 문항당 Page의제한성	문1:4 Page	각 문항당 2.5page×4개
		기타:3 Page×2문항	
	Total	10 Page	10 Page
1/2/3/4 교시	총기술해야 할 문항수	13~14개	22개
주의사항		4개 교시에 걸쳐서 예전보다 **총 8개**를 더 기술해야 하므로 /평소 쓰기연습 **실전연습**/논문의 초점이 **명료**하지 않으면 **합격**이 곤란하다.	

C·O·N·T·E·N·T·S

제1편 실무응용지식

제1장 흙의 다짐 3

1. 시방서의 다짐두께 20cm, 30cm 등의 표시는 어느 상태의 것인가 3
2. 다짐전에 포설된 흙에 대하여 무엇을 기준으로 어느 정도 살수 또는 건조시켜야 하는가 5
3. 도로에서 사용되는(특히, 노상) 다짐시험방법 7
4. 현장다짐상태가 불량한 것이 확실한데 들밀도시험결과가 합격이다. 감독자는 무엇을 검측할 것인가 8
5. 다짐에 관련된 도로공사 표준시방서 내용 10

제2장 토압과 변위 16

1. 토압이론의 기본접근방법(기초상식)은 16
2. 벽체에 작용하는 각종 토압의 분포형태와 토압계수와의 관계 20
3. 내부마찰각(ϕ)에 점착력(C)을 같이 지닌 토압의 변화문제 23
4. 정지토압(K_0)이 적용되어야 하는 구조물 25

제3장 옹벽의 배근 27

1. 옹벽의 안정조건 27
2. (그림에서) 캔틸레버(Cantilever) 옹벽의 주철근 계산근거 28
3. 캔틸레버(Cantilever) 옹벽과 부벽식 옹벽의 같은 단면(부벽이 없는 단면)에서 직립부재의 주철근을 비교설명 31
4. 뒷채움에 대한 문제점을 설명 34

제4장 주철근과 구조이론 35

1. 구조물 설계에 벤딩모멘트(Bending Moment)의 계산이 필요한 경우를 설명 **35**
2. 암거 구조물에서 주철근의 계산방법에 대한 설명 **38**
3. 암거의 주철근 배근도, 배력근, 헌치(Haunch)의 역할 **42**
4. 헌치철근은 안쪽 주철근을 굽힘 가공하면 되지 않겠는가/왜 별도로 보강하는가 **43**

제5장 상·하수도 44

1. 암거가 항상 물로 가득찬 내수압을 받을 때 수리학상 적용되는 이론적 근거 **44**

제6장 T-Beam교 46

1. T-Beam교량 단면의 철근배근에 대한 설명문제 **46**

제7장 연속교, 게르버교 52

1. 교량일반 기초 필수지식 **52**
2. 연속교 문제 **53**
3. Gerber교의 문제점 **58**

제8장 배합설계 61

1. 배합강도(f_{cr})와 설계기준강도(f_{ck})의 관계/증가계수의 변화, 배합설계시 골재의 함수 상태설명 **61**
2. 굵은 골재의 최대치수를 규정하는 내용 **63**
3. 절대 잔골재율이 콘크리트 품질에 미치는 영향 **64**
4. 현장배합이 필요한 이유 **66**

제2편 과목별 면접문제해설

제1장 면접시 일반적 유의사항 69

1. 면접에 필요한 참고서적 목록 **69**

2. 입실 후 수험자의 태도 **71**
3. 경력이 어떻게 됩니까 **71**
4. 이력서를 보면 회사를 많이 옮겼는데, 이유는 **71**
5. 회사 이동시 공사진행 중에 옮겼나 **71**
6. 현재 시공하고 있는 공사 규모는 **72**
7. 귀하가 시공한 공법은 무엇이 있는가(또는, 시공경험 중 자신있는 것은 무엇인가) **72**
8. 시험에 몇번 응시했는가 **72**
9. 지금 근무하고 있는 회사는 **72**
10. 기술사 취득후 근무는(특히, 공무원) **73**
11. 미경험 분야 질문시, 또는 질문에 대한 답을 모를 때 답변하는 방법 **73**
12. 마치고 나올 때(퇴장시) **73**

제2장 시공경험 시나리오 예시 **74**

1. 충주댐 시공경험이 있으신데 주요가설비에 대하여 설명하시오. **74**
2. 유수전환에 대하여 설명해 보시오. **75**
3. 본 Dam 콘크리트 타설현황에 대해 설명해 보시오. **78**
4. 댐기초처리에 대한 설명을 해보시오. **80**
5. 우리나라 다목적 Dam의 현황 **84**

제3장 토 공 **85**

1. 택지개발과 구획정리의 차이점 **85**
2. 단지조성 공사의 내용 **86**
3. 단지 조성시 토공처리 방안 **87**
4. 다짐의 들밀도 시험기구, 방법, 표준사 **88**
5. 도로에서 사용되는 다짐시험방법은 A, B, C, D, E 중 어느 것을 사용하나 **89**
6. 다짐에서 K치가 무엇인가 **90**
7. Sheet Pile 시공시 점토와 사질토 중 어느 것이 쉬운가 **91**
8. Ripper가 무엇인가 **91**
9. Bentonite의 재질 **91**
10. 다짐, 압밀을 단적으로 말한다면 **92**
11. 고함수비 성토재료는 어떻게 취급하나 **92**

12. Bench Cut(층따기)하는 이유 **94**
13. 절·성토부 경계의 완화구간 구배 설계기준 **94**
14. 성토 표준 구배는 **95**
15. 토량에서 L, C값 및 토량환산계수(f) **95**
16. Mass Curve(유토곡선) 그려보시오. **96**
17. 시공기면(FL) 선정방법, 이유 **97**
18. 관로 매설시 모래 부설하는 이유 **99**
19. 동결깊이공식, 동상방지공법 **99**
20. Trafficability/복류수/피압지하수 **100**
21. Sounding이란(현장원위치시험) **101**
22. SPT(N치) **104**
23. SPT의 N치가 부정확한 이유 **105**
24. 겉보기 비중과 진비중 설명 **105**
25. 균등계수(C_u), 곡률계수(C_c), 입경가적곡선 **106**
26. 토질의 분류법(흙분류법) **108**
27. 설계 CBR과 수정 CBR **110**
28. 흙의 Slaking(비화) 현상 **112**
29. 흙의 Bulking(팽창) **112**
30. 흙의 성질판단에 가장 중요한 요소는 **112**
31. Darcy 법칙 **113**
32. 사질토, 점성토의 전단특성(흙의 성질 판단요소) **113**
33. 기술사가 흙을 만지면서 감지하는 사항 **114**
34. 기술사가 해결할 흙의 문제 **114**
35. 기계화시공의 장점 **114**
36. 시방서의 다짐두께 결정은 어느 상태의 흙인가 **115**
37. 토공다짐을 검사하는 순위 **115**
38. 다짐전에 살포될 흙에 무엇을 기준으로 살수, 건조를 지시하는가 **116**
39. 토량환산계수(f) 구하는 법 **116**
40. 토적곡선에서 토량계산에 토량환산계수 적용여부와 그 이유는 **117**
41. 토공운반기계의 적정 운반거리는 **117**
42. 다짐방법(공법) **118**
43. 들밀도 시험 공식 **118**

44. 설계 시의 토질조건과 현지사정이 다를 때 토공계획은 어떻게 할 것인가 **119**
45. 점성토에 ϕ(마찰저항각=전단저항각)이 있는가 **119**
46. No.200체에 대하여 설명 **120**
47. 풍화암의 N치는 **120**
48. 산사태 원인, 대책(사면 붕괴의 원인·대책) **121**
49. 공내 수평재하시험(Borehole Lateral Load Tests) **122**
50. 동결지수(Freezing Index)와 동결심도 **123**
51. Sampling이 무엇인가 **124**
52. 암석(Rock)과 암반(Rock Mass)의 차이점 **124**
53. 암버럭 성토는 어떻게 하나 **125**
54. Cone지수가 무엇인가/어떤 경우에 사용되는가 **126**
55. 피조미터(Piezometer)에 대해 설명 **127**
56. γ_d (건조밀도)가 무엇인가 **128**
57. 연약지반처리공법의 종류 **129**
58. 연약지반에 Pile 시공시 유의사항 **129**
59. 연약지반이란 무엇인가(개념) **130**
60. 연약지반(압밀층) 두께에 따른 대책공법의 선정기준 **131**
61. 생석회 안정처리공법 **131**
62. 절토부 지반 처리대책(절토부의 노상의 두께) **132**
63. 토공기계의 작업량 산정식 **134**
64. 동수경사(동수구배 : Hydraulic Gradient) ⇨ Darcy의 법칙 **135**

제4장 옹벽, 토압, Box구조물 **136**

1. 토압의 종류와 크기는 **136**
2. 토압이론의 종류 **137**
3. 구조물 설계에 사용되는 토압 **137**
4. Rankine 토압 **139**
5. Cantilever옹벽의 안정 및 시공시 유의사항 **140**
6. 옹벽에 작용하는 토압 **142**
7. 옹벽의 일반적인 설계단면 **147**
8. Cantilever옹벽의 BMD는 몇차 곡선인가 **149**
9. Cantilever옹벽의 주철근 배근도 및 옹벽관련문제 **150**

10. 뒷부벽식 옹벽(Counterfort Wall)의 주철근도 **152**
11. 반 중력식 옹벽의 주철근도 **153**
12. 암거의 주철근도, 그 때의 토압은 **153**
13. 옹벽의 파괴원인 **154**
14. 옹벽 설계시 주동토압으로 하는 이유는 **154**
15. 옹벽의 배수방법 **155**
16. 옹벽의 뒷채움 재료 구비조건 **155**
17. 옹벽 뒷채움 재료를 점토로 사용하면 어떤 문제점이 발생하는가 **155**
18. 옹벽 배수공의 설치 의미는 **155**
19. 앞부벽식(Buttress Wall)과 뒷부벽식(Counterfort Wall) 옹벽의 차이점 **156**
20. 정지토압 **157**
21. 암거 및 라멘구조에 사용되는 토압과 그 이유 **157**
22. 옹벽기초에 작용하는 응력분포도 **158**
23. 옹벽의 활동(Sliding)에 대한 대책 **159**
24. 옹벽의 이음 **159**
25. 옹벽 뒷채움 재료를 선택재료로 사용하는 이유는 **161**
26. 옹벽의 물구멍 시공을 중요시 하는 이유/종단 유공관이 설치되어야 하는 이유 **161**
27. 지반이 좋지 않아 옹벽 전면 채움이 높을 때, 전면에도 선택재료를 채워야 하는가/
    이 때 뒷채움은 어떻게 하는가 **161**
28. 부벽식 옹벽의 적용성/설계기준설명 **162**
29. 활동(Sliding)이 문제되는 옹벽의 보강공법 **163**
30. 옹벽을 앵커로 보강시 구조적 검토방법과 BMD 예시하여 설명 **163**
31. 옹벽 전도(Overturning) 우려시 대책 **164**
32. 보강토 공법에 대해서 말해보시오. **166**
33. 보강토 옹벽의 개념 **166**
34. 옹벽의 종류, 적용성, 개념, 종류별 높이 결정기준 **167**
35. 암거(Box Culvert)에 대한 문제 **168**
36. 암거의 주철근 배근도, 배력도, 헌치의 역할 **175**
37. 집중응력을 받는 부분의 보강방법 **176**
38. 옹벽기초의 (철근)배근 **177**
39. 토압계수를 구분하는 이론적인 배경은 **179**

제5장 기초, 토류벽, 지하철 180

1. 소련 등 극한지방에서 Pile을 시공시 대책 **180**
2. Pile 항타(Pile Driving)의 목적 **180**
3. 경암, 점토, 사질토의 지내력은 **180**
4. Slurry Wall(Diapraghm Wall)은 무엇인가 **181**
5. Slurry Wall에서 Slime 처리방식 **181**
6. Tie Rod **181**
7. 토류판은 설계시 무슨 개념인가 **181**
8. Earth Anchor의 자유장, 정착장이 길거나 짧으면 어떻게 되나 **182**
9. Pile구조와 (상부)구조물과 접합방법 **183**
10. 지하터파기에서 가장 중요한 것 **186**
11. Strut(버팀대) 시공시 도면 검토사항 **186**
12. 차수공법의 비교(지수공법) LW/SGR/JSP/Micro Pile 설명 **187**
13. SCW공법(Soil Cement Wall) **188**
14. 강관 pile의 장·단점 **188**
15. 부의주면 마찰력(Negative Skin Friction)의 정의, 감소대책 **189**
16. 말뚝 지지력 시험(방법) 중 가장 정확한 것 **190**
17. 지하철 Open Cut(개착식)(공법) 설명 **191**
18. 지하철 균열시 문제점 **192**
19. 관로(Pipe Line)보호공법, 매설위치 **192**
20. Pile 시공계획, 타입방법, 지내력 확인방법 **193**
21. 전주(Street Lighting Pole)가 그림같이 서있다. Moment 설명 **194**
22. 지하연속벽(Slurry Wall/Diaphragm Wall) 시공시 지하수 대책 설명 **195**
23. CIP(Cast-In-Place Pile) : 제자리말뚝 **197**
24. BENOTO공법에 사용되는 Crane **198**
25. 현장타설 콘크리트 말뚝기초(공법) 특징비교 **198**
26. 시공중 Boiling, Heaving 방지대책 **199**
27. Pile의 BMD와 변형곡선도 **200**
28. 개단말뚝(Open Ended Pile)과 폐단말뚝(Close Ended Pile) 중 어느 것이 지지력이 큰가 (하중을 더 많이 받는가) 설명/폐색효과 **201**
29. 배토말뚝과 비배토말뚝(Displacement & Replacement Pile)의 차이점 **203**
30. RCD의 공벽붕괴방지 원리를 그림으로 설명하시오. **204**

31. 기초지반에서 N치(Number of Blow) 결정방법 **204**
32. 말뚝에서 사각형, 원형단면 특징 **205**
33. 말뚝의 침하 3가지 **205**
34. 토류벽에서 지하수위 저하방법 **206**
35. BENOTO에서 Casing 인발시 철근이 함께 올라오는 (철근공상)이유설명 **207**
36. Earth Anchor와 Strut의 적용상의 차이점 **207**
37. (Slurry Wall에서) Guide Wall의 역할 **208**
38. J.S.P(Jumbo Special Pattern) : 보강효과 **208**
39. SGR(Space Grouting Rocket) : 차수효과 **209**

제6장 철근콘크리트구조물 210

1. 콘크리트중의 염화물 함유량 기준설명 **210**
2. 배합설계순서 및 시방배합표 **211**
3. 시방배합, 현장배합 비교 설명 **214**
4. Concrete 재료의 계량허용치 **214**
5. D29와 $\phi 29$ 개념의 차이는 **215**
6. 공칭지름, 호칭지름 **215**
7. 피로 파괴와 피로강도(피로한계/내구한계)설명/취성파괴와 연성파괴 **216**
8. Pair가 무엇인가 **218**
9. $1MP_a$ (메가 파스칼)은 무엇인가 **218**
10. Cold Joint(Discontinuity) 처리대책 **219**
11. Concrete의 중성화(탄산화 : Carbonation) **220**
12. 염해(Salt Damage) **220**
13. 알칼리 골재반응(ASR+AAR) **221**
14. 원자력 발전소 Concrete의 골재(중량골재콘크리트) : 차폐콘크리트 **222**
15. Concrete 구조물(Slab, 보)의 단부, 중앙부의 균열원인 **223**
16. 수영장, 정수장, 수조의 배근 **225**
17. 수영장, 정수장, 수조의 Crack(균열)원인, 대책 **225**
18. 지중보(Tie Beam = Tie Girder)의 배근 **226**
19. 줄눈(이음, Joint) **228**
20. Slab보의 주철근 배근도 **229**
21. 과소철근보, 과다철근보 **233**

22. 평형 철근비(P_b) (강도설계법) **234**
23. 복철근 보(보의 상부에 철근배근하는 이유) **235**
24. 같은 철근 단면에서 철근의 굵기는 어느 것이 좋은가 **235**
25. 철근 D35이상의 철근을 압접하는 이유 **235**
26. Hi-Bar/Mild Bar(경강과 연강) **236**
27. 철근콘크리트(Reinforced Concrete)가 성립하는 이유 **237**
28. R.C 구조의 장·단점 **238**
29. Concrete의 열화(Deterioration Mechanism) **238**
30. Concrete의 탄성계수(E_c) **239**
31. 강재의 탄성계수(E_s) (철근) **241**
32. PS강재의 탄성계수(E_{ps}) **241**
33. 탄성계수비(n) **241**
34. 변형률(ε)의 단위(차원) **242**
35. 탄성계수(E)의 단위 **242**
36. 강재의 $f-\varepsilon$ (응력−변형률 곡선) **242**
37. Secant Modulus **243**
38. 탄성계수(E)의 의미 **243**
39. 물−시멘트비(W/C) 결정방법('99년도 시방서 개정내용) **244**
40. WSD(허용응력설계법), USD(강도설계법) **245**
41. 설계하중의 종류 **245**
42. 배합강도(f_{cr}) 결정방법('99년도 시방서 개정내용) **246**
43. 강도설계법(극한강도 설계법=하중계수 설계법) **247**
44. 철근의 이음공법과 골재의 함수상태예시 설명 **248**
45. 강도 설계법의 보의 휨 설계 **250**
46. 사용성과 안전성 **253**
47. Deep Beam(깊은 보) **253**
48. 잔골재율(s/a) **254**
49. 콘크리트 강도에 영향을 미치는 요인 **256**
50. Cement가 콘크리트 중에 많으면 어떻게 되나 **256**
51. W/C비가 클 때(↑) 강도에 변화상태 **257**
52. Remicon(Ready Mixed Concrete)에서 가장 중요한 것 **257**
53. 굵은골재 최대치수가 콘크리트 강도에 미치는 영향 **258**

54. 극한한계상태(Ultimate Limit State : ULS)와 사용성한계상태(Serviceability Limit State : SLS) **259**

55. m³은 무슨 단위인가 **259**

56. 헤베, 루베, 입방 등의 용어를 사용하는 이유 **259**

57. 배합강도(f_{cr})와 설계기준강도(f_{ck})는 같은가 **260**

58. 굵은 골재최대치수를 규정하는 이유 **260**

59. 잔골재율의 대소와 굵은 골재최대치수의 관계 **260**

60. s/a와 단위수량의 관계 **261**

61. 단위량의 모래와 자갈은 어느 상태의 중량인가 **261**

62. 잔골재율의 대소에 따른 Cement, 물, 모래, 자갈량은 어떻게 변하는가 **261**

63. 현장배합은 왜 필요한가 **261**

64. 레미콘 반입시 시험의 종류(레미콘의 받아들이기시 검사항목)과 운반방법 **262**

65. 무근 콘크리트 포장의 굵은골재 최대치수 **264**

66. 고강도 콘크리트 양생공법 **264**

67. 골재입도와 콘크리트와의 관계 **265**

68. 배력철근(Distributed Bar)의 역할 **266**

69. Slab에서 상·하부 철근 간격을 유지하는 이유 **266**

70. 온도철근의 역할 **266**

71. 지하철 구조물 콘크리트 타설전 검측사항(콘크리트 구조물 콘크리트 타설전 검측항목) **267**

72. 철근 검측요령 **268**

73. 철근 덮개기준 **268**

74. Slab에서 철근 배근은 어디까지 연장하나 **268**

75. 철근 배근시 길이가 2~3cm 부족시 조치방법 **268**

76. 정착길이(Developement Length) **269**

77. 철근의 항복강도(f_y) **271**

78. 철근의 항복강도를 제한하는 이유 **271**

79. 철근 D35 이상을 용접하는 이유 **272**

80. 콘크리트 품질에 가장 큰 영향을 미치는 요인 **272**

81. Cold Joint(Discontinuity)와 Construction Joint 비교 **272**

82. 탄성계수비(n) **273**

83. Moment의 정의/의미(우력) **273**

84. Workability를 좋게 하는 이유 **274**
85. 배합설계에서 α(증가계수)란 무엇인가 **275**
86. 구조물의 단부에 철근을 배근하는 이유 **276**
87. Stirrup(스터럽)의 역할 **276**
88. 압축강도 구하는 식 **276**
89. 부착강도(Bonded Stength)에 영향을 미치는 요인 **277**
90. 한중 Concrete(Cold Weather Concrete) 타설대책 **278**
91. 서중 콘크리트(Hot Weather Concrete) **279**
92. Mass Concrete 시공 **280**

제7장 교 량 281

1. 정정보, 부정정보 **281**
2. Rahmen 구조물의 BMD **288**
3. 단순보(Simple Beam)의 영향선 **289**
4. 2경간 연속합성교의 슬래브 콘크리트 시공순서 **290**
5. 교량의 기초, 하부 구조(Pier, Abutment) 상판 Slab 등 각 구조별 설계기준강도(f_{ck})에 대한 귀하의 의견 예시 설명 **293**
6. Preflex Beam **294**
7. Concrete Slab교의 그림부분은 무엇이라 부르는가, 그곳의 철근배치방법 **295**
8. T형교(T-Beam교)에 대한 문제 **296**
9. Gerber Beam을 단순교와 연속교로 비교설명 **300**
10. 교량의 보수공법(Bridge Rehabilitation) **301**
11. 교량에서 SR(Sufficency Ratio)의 의미 **301**
12. 강구조 Girder의 종류, 설치방법 **302**
13. I형, T형 Beam의 장·단점 **303**
14. 강교시공시(Steel Box Girder) 시공계획서에 명기할 사항 **304**
15. 3경간 연속 PC·Slab교(PSC), PC교 **305**
16. Gerber교(캔틸레버교)의 구조응력상 취약조건과 시공상 가장 주의할 점 **310**
17. 연속교, Gerber교의 비교 **310**
18. 교각(Pier)의 철근배근방법 **311**
19. Open Caisson 기초보강공법(한남대교+마포대교+천호대교) **313**
20. 우물통기초(Open Caisson) 보강 공사시 선행작업 **314**

21. Steel Box Girder교(강상형교)의 포장공법(Guss Asphalt포장) **314**
22. 강관 Pile은 부식의 문제점이 있는데, 왜 사용하나 **315**
23. 강상형교(Steel Box Girder) 교량의 Ramp를 도시하여 설명 **315**
24. 교량에서 힌지(Hinge)의 역할은 **316**
25. PS강재의 정착방식(Dywidag 공법)이란 무엇인가 **316**
26. 부정정보를 정정보로 바꾸는 방법 **320**
27. 부정정차수 구하는 공식 **320**
28. 27의 공식에서 h는 무엇인가 **320**
29. Cantilever 보의 BMD와 SFD 예시 설명 **321**
30. 합성형교가 무엇이며, 종류는 **321**
31. 내민보의 주철근 배치 및 BMD **322**
32. 연속보 장대교량(3경간 연속교)에서 지점을 표시하라 **322**
33. T형보의 의의, 역할 **323**
34. 용접전 부재의 청소와 용접봉 사용상 주의사항 **324**
35. 용접시공시 일반적인 유의사항 **325**
36. 강구조 연결방법 및 용접의 종류 **326**
37. 강구조 용접시공시 유의할 점과 중요한 결함의 종류별 보수방법 설명 **330**
38. 교량 신축장치(Expansion Joint)의 유간간격(Girder 단부유간/바닥판유간) **330**
39. 교량의 처짐은 어느 것이 큰가(RC, PC, Steel) **330**
40. 단순보의 Moment 구하는 식 **331**
41. 단순교와 연속보 중 Moment는 어느 것이 큰가 **331**
42. 단순교와 연속교의 교각차이는 **331**
43. 정정구조물의 종류 **332**
44. Truss의 종류를 그려 보시오. **332**
45. 사장교, 현수교, 아치교의 모양을 그려보시오. **333**
46. 강구조 연결원칙(용접과 고장력 Bolt : HTB의 시공우선순위) **334**
47. PC교량을 연속교로 하는 이유 **334**
48. PSC의 문제점 **335**
49. PSC(Prestressed Concrete)부재의 장점 **335**
50. PS강재의 Relaxation(응력이완)으로 인한 손실 **335**
51. Prestress 손실원인과 유효 Prestress에서 유효율(R) 설명 **336**
52. PSC Box Girder교량에서 강선 인장시 응력과 변형 **336**

53. T형 교각의 균열 **337**

54. 교량의 형고비(보에서 형고비) **337**

제8장 도 로 **338**

1. 도로 단면도를 그려보시오. 노체, 노상 구분하여 설명 **338**
2. 도로에서 시험시공(시험포장)의 목적 **340**
3. Asphalt 혼합물의 시공단계별 온도/장비조합/다짐순서 **340**
4. 콘크리트 도로 포장에서 줄눈의 절단시기 **341**
5. 동탄성계수가 무엇인가(Mr = Resilient Modulus) **341**
6. Asphalt 혼합물 포설시 비가 올 경우, 포설시 온도 제한 **342**
7. Cement Concrete 포장의 시공관리순서 **342**
8. Asphalt 배합에서 필요한 시험 **343**
9. 포장단면 두께결정방법 **345**
10. 도로공사시 시행하는 시험(노상의 지지력 평가시험법) **345**
11. 대구의 동결지수는(지방별 동결지수와 동결심도) **346**
12. 포장 Concrete에서 강도표시방법/아스콘 포장의 파손형태의 종류 **346**

제9장 터널(Tunnel) **347**

1. NATM의 계측 **347**
2. NATM의 기본원리설명과 NATM의 Spelling설명 **348**
3. Tunnel의 차수막 재료 **350**
4. 방수재와 Shotcrete 사이에는 무엇을 시공하는가 **350**
5. 부직포(Fleece)의 시공목적 **350**
6. Shotcrete의 문제점(Rebound) **350**
7. Shotcrete의 효과 **351**
8. Rock Bolt의 효과 **351**
9. Shotcrete에서 Rebound대책, 시공시 주의사항 **352**
10. 착암기 사용 중 압력수 사용하는 이유 **352**
11. TBM이란 **353**
12. Tunnel의 심빼기 공법 **353**
13. 팽창 폭약 **353**
14. 누드공, 누드지수, **Decoupling**효과 **354**

15. MS, DS(지발뇌관 : 전기발파)/발파진동경감목적/경감방식 **355**
16. Rock Bolt 시공각도 **355**
17. Rock Bolt 길이 구하는 방법 **356**
18. Tunnel에서 NATM, TBM, Shield – TBM비교 **356**
19. Shotcrete의 건식, 습식의 차이점/Rebound량이 어느 것이 많은가 **357**
20. 터널의 보조공법(굴착전에 미리 보강)의 선정기준과 시공대책 **358**
21. 터널공사에서 암버럭(Muck) 처리 **360**
22. Forepoling(선지공)의 정의 **360**
23. Shotcrete의 표준배합설명 **360**
24. RMR(Rock Mass Rating) **361**
25. RQD(RMR에 의한 암반분류기준) **362**

제10장 상·하수도 **364**

1. 1일 1인당 급수량 **364**
2. 상수도 시설 **364**
3. 상수도 계획에 대해서 **365**
4. 상수원수 등급별 처리방법 **367**
5. 사이폰(Syphon) 시공시 최대높이와 실제높이 **367**
6. 상수도 배관시 높은 곳에서 낮은 곳으로의 배관방법은 **368**
7. 수격작용(Water Hammer) **368**
8. 공동현상(Cavitation)과 Pitting현상 **369**
9. 하수처리장 유입, 유출시 BOD(생물화학적 산소요구량) **369**
10. 베르누이(Bernoulli) 정리 **370**
11. 그렇다면 문 10의 상기 공식에서 뭐가 빠져있나 **370**
12. 에너지선과 동수 경사선 **371**
13. 그림에서 유속과 구하는 이론 설명 **372**
14. 손실수두(H_L)의 정의 **372**
15. 배수장(배수지) 접근 유속 **373**
16. 하수처리장(Sewage Treatment Plant : STP) 방수목적 **373**
17. 활성 슬러지법 **374**
18. 진동을 받는 기계기초(Pump기초)의 진동 차단대책 **374**
19. 정수장, 하수처리장에서 복철근(Double Reinforcement)으로 배근하는 이유 설명 **375**

20. 상수도 관로에서 진공상태가 발생하는 경우 Pump보호대책 설명 **375**
21. 지하수 개발시 가장 중요한 것은 **375**
22. 복류수(Infiltrated Water) **375**
23. 관로 밑에 모래 부설하는 목적 **376**
24. 암거의 배수 불량원인 **376**
25. 사이펀(Syphon) 시설을 설치하는 목적 **376**
26. Front Jacking 공법 **376**
27. 파스칼(Pascal)의 원리 **377**
28. 하수관에서 분류식, 합류식의 차이점 **377**

제11장 댐(Dam) 378

1. Fill Dam 단면도를 그려보라. **378**
2. Filter재료의 역할 **379**
3. Core재(불투수재료)의 역할 **379**
4. Rock 재료(투수재료)의 역할 **380**
5. Core 댐의 시공(Zone형 댐) **380**
6. Dam 기초 처리에서 Grouting의 종류 3가지 설명 **381**
7. Fill Dam 누수원인과 대책(파괴원인) **381**
8. 암버럭과 토사 재료를 구분 다짐하는 이유 **382**
9. 하천 및 댐에서 유수전환 방식 **382**
10. Fill Dam의 파괴형태 예시 설명 **383**
11. Fill Dam 시공시 가장 중요한 것은 **386**
12. Dam의 중간과 계곡부에서 조치할 사항 **387**
13. 충주댐, 합천댐, 수화열 저감방법 **388**
14. Cement Grouting 주입방법 **389**
15. Cement Grouting후 내부 확인 방법(효과확인=품질관리) **389**
16. 토목공학에서 $N(n)$라는 기호로 설명할 수 있는 이론공식을 나열하여 설명 **390**
17. 흙댐 또는 사력 Dam에서 발생하는 Hydraulic Fracturing(수압할렬)과 담수계획 **391**

제12장 항만, 하천 393

1. 항만공사에서의 강말뚝(Steel Sheet Pile+강관말뚝) 부식방지대책 **393**
2. 방파제(Break Water)에서 바닥에 구멍이 있는 이유 **395**

3. 항만공사에서 호안용으로 설치하는 Tetrapod와 Hexapod의 용도설명 **395**
4. 수위를 알 때 유량 구하는 방법 **396**
5. 유속 구하는 공식, 방법 **397**
6. 조도계수(n)이란 **397**
7. 하천에서 시공전 수심측량을 무엇으로 하나 **398**
8. 하천의 직접유출, 기저유출 **398**
9. 하천 유량의 홍수량 산정시 고려사항 **399**
10. 하천통수 단면 산정시 고려사항 **399**
11. '99년도에 개정된 콘크리트 시방서의 주요내용요약 **400**
12. Cantilever 옹벽의 주철근 전개도 **403**
13. 부벽식 옹벽(뒷부벽과 앞부벽식 : Counterfort Wall과 Buttess Wall)의 주철근 전개도 **404**
14. 암거(Box Culvert)의 주철근/철근상세도 **405**
15. 문형 Box Culvert의 주철근 배근도 **406**
16. Wing Wall(날개벽)의 주철근 배근도 **407**
17. 시방서의 누락사항에 대한 조치대안 **408**
18. 시방서 적용상의 우선순위 **408**
19. Shop Drawing(시공상세도) **408**
20. CM(Construction Management)의 업무내용 **409**

제3편 시공상세도

제1장 옹벽의 설계조건 및 시공상세도 **413**
제2장 도로포장단면도 및 줄눈시공 **430**
제3장 비탈면 보호공 표준단면도 **438**
제4장 NATM터널 시공상세도 **443**
제5장 암거(Box Culvert) 시공상세도 **497**

제4편 용어설명

제1장 '99년도 개정된 콘크리트 시방서 용어설명　**529**
제2장 Tunnel관련 용어설명　**556**
제3장 아스팔트콘크리트포장관련 용어설명　**564**
제4장 콘크리트포장관련 용어설명　**569**

제5편 부록

1. 과년도면접실전 질의 및 응답내용 설명　3

1. 48회 실전문제 질의응답내용(1안)　**3**
2. 48회 실전문제 질의응답내용(2안)　**8**
3. 48회 실전문제 질의응답내용(3안)　**10**
4. 52회 실전문제 질의응답내용　**11**
5. 53회 실전문제 질의응답내용(1안)　**13**
6. 53회 실전문제 질의응답내용(2안)　**15**
7. 56회 실전문제 질의응답내용(1안)　**17**
8. 56회 실전문제 질의응답내용(2안)　**18**
9. 56회 실전문제 질의응답내용(3안)　**19**
10. 56회 실전문제 질의응답내용(4안)　**21**
11. 56회 실전문제 질의응답내용(5안)　**22**
12. 57회 실전문제 질의응답내용(1안)　**25**
13. 57회 실전문제 질의응답내용(2안)　**27**
14. 57회 실전문제 질의응답내용(3안)　**28**
15. 57회 실전문제 질의응답내용(4안)　**29**
16. 59회 실전문제 질의응답내용(1안)　**32**
17. 59회 실전문제 질의응답내용(2안)　**34**
18. 59회 실전문제 질의응답내용(3안)　**37**
19. 59회 실전문제 질의응답내용(4안)　**39**

2. 과년도 과목별면접문제 Check List　3

3. 과년도 1차 필기시험문제 목록(50회~60회)　8

Life is Marathon

(주) 인생은 이차피 단거리(Short Course)가 아니니다.

- 스스로 단거리로 생각하고 뛰면 어느 누구도 Stress에 눌려 大人이 될 수 없다 / 담담한 마음(물처럼 맑은 마음으로) 존세고 바르게 하라.
- 온 백성이 마지막 5분을 참지 못해서 방자히 행한다(망할 짓을 골라서 한다).

3 Basic Control Items To Succeeed

乾坤一戱場 人生一非劇

(주) 天·地라고 하는 거대한 드라마속에 연출되는 비극이 우리의 人生이다.

一切皆苦

(주) 1) 一切皆 苦 (일체개고)(모두개 + 모두개.다개)의 의미 : 모든 것이 다 고통스럽다.
2) 일체개고 : 불교적 세계관의 대전제
3) 고통의 원인 : 欲心(욕심) 때문이다.
4) 고통을 벗어나려면 : 滅 執(멸집)하면 된다.
5) 大人愛患 (대인애환)하고 즉 고통을/우환을 사랑하고/남과 더불어 시원시원하게 잘 지내고 봉사하고/一切 皆 樂 이 될 수 있다.
6) 마음을 비워서 虛(허) : Potentiality + Predictability(미래예측가능성)
   + Forecast ➜ 앞이 보이고 희망차고 ➜ 청춘을 되사릴수 있다.

Chapter 1

실무응용지식

제1장 흙의 다짐

1. 시방서의 다짐두께 20cm, 30cm 등의 표시는 어느 상태의 것인가

1. 시공상문제
시험시공하는 것이 좋다.

2. 설계상문제
설계도서 즉 시방서에 명쾌하게 언급이 되어야 한다.

3. 건설교통부제정 토목공사 표준일반 시방서 내용

4. 설계도서(시방서, 예산서, 도면)의 해석
단가 산출근거를 확인하면, 다짐 상태인지, 흐트러진 상태인지를 알 수 있다. (단가 산출근거상, L값, C값, f값 적용시의 흙의 상태를 확인하면 됨)

5. 도로공사 표준시방서('96년판, 한국도로교통협회)
(1) 노체
  다짐 완료후 두께 30cm 이하이어야 한다.
(2) 노상
  다짐 완료후 두께 20cm 이하이어야 한다.

6. 시험시공
(1) 1층의 다짐두께 기준(노체 30cm, 노상 20cm)은 시험시공결과에 따라 조정하는 것이 유리하다고 판단될 경우
(2) 감독관의 승인을 받아 조정할 수 있다.
(3) 다짐장비, 다짐방법 등을 결정(다짐회수, 다짐두께)

7. 동일 시방서 내에 상반된 내용이 있을 때 해석방법

(1) 시험시공후 다짐도 확인하여 두께 결정

(2) **시방서의 우선순위**

특별시방서 > 표준시방서 > 설계도서와 설계도면

(주) 특별시방서란 해당공사를 위해 작성된 기술시방서를 의미하며, 시공자가 현장에서 시공시 직접 공사에 적용하는 시방서임.

(주) 특별시방서는 모든 기타 시방서보다 현장 적용시 우선권이 있다.

2. 다짐전에 포설된 흙에 대하여 무엇을 기준으로 어느 정도 살수 또는 건조시켜야 하는가

1. 표준 다짐시험의 최대 건조 밀도와 최적함수비(OMC)로 관리

(1) 댐의 점토 Core(차수벽)

습윤측(OMC+2~3%)로 관리(투수계수 k값이 최소가 됨)

(2) 도로 성토재료

건조측(OMC-2~3%)로 관리(전단강도 크므로)

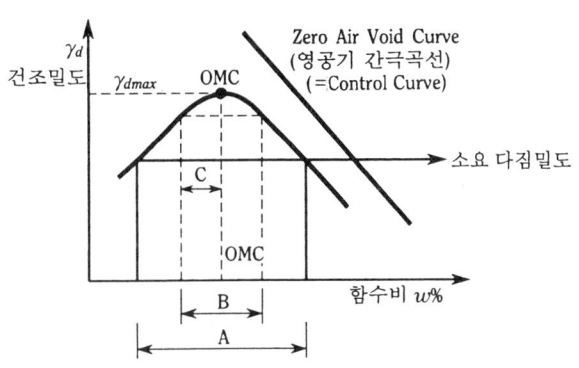

여기서, A : 일반 다짐시의 함수비 관리범위
B : 일부 강화된 함수비 관리 범위(OMC±2%)
C : 추천 함수비 관리 범위(OMC-2%)

(그림 1) 함수비의 관리범위

2. 다짐방법에 따른 최대건조밀도의 변화

(1) 다짐 Energy가 크고 작음에 따라 γ_{dmax}(최대 건조밀도)는 달라진다.

(2) 아래 그림에서 다짐 Energy가 큰 순서

④ > ③ > ② > ①

(3) 다짐 Energy가 클수록

① γ_{dmax}(최대 건조밀도) : 크다.
② OMC : 적다.

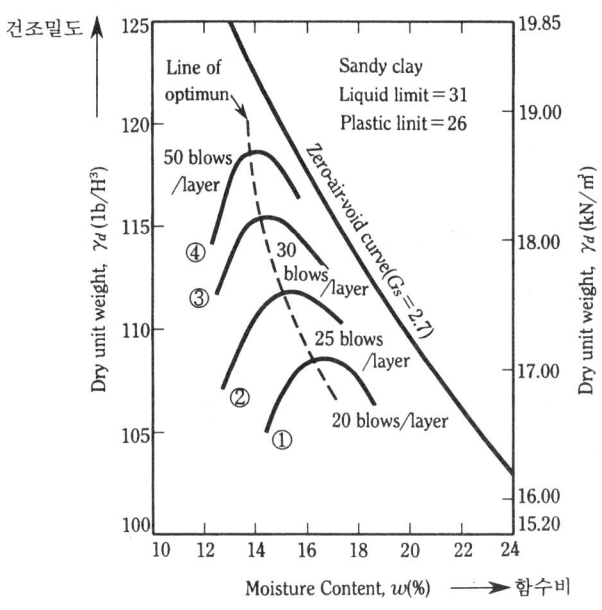

(그림 2) Effect of compaction energy on the Compacation of a sandy clay
(사질토의 다짐에너지와 건조밀도 관계곡선)

3. 건조밀도의 변화(5%, 10% 등)와 함수비의 변화의 상관관계

(1) **OMC의 건조측** : 건조밀도가 크면 ⇨ 함수비 커진다.
(2) **OMC의 습윤측** : 건조밀도가 작아지면 ⇨ 함수비 커진다.
(3) 최대 건조밀도(γ_{dmax})에서 5~10% 감소하면($\gamma_{dmax} \times 90 \sim 95\%$: 소요다짐도) 함수비는 OMC±2~3%로 변화된다.(즉, 시공함수비)

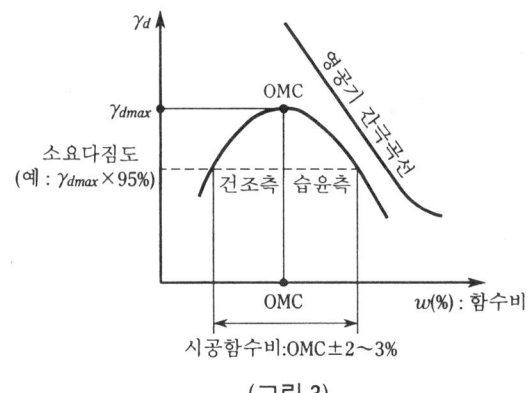

(그림 3)

3. 도로에서 사용되는 (특히, 노상) 다짐시험방법

1. 실내다짐시험의 종류
A, B, C, D, E방법이 있는데 그중 C, D, E로 시험한다.

2. 그 이유는
다짐에너지가 크기 때문이다.

3. 실내다짐시험방법

〈다짐시험방법〉

구분	시험방법	램머(kg)	몰드지름(mm)	층수	낙하고(cm)	타격회수	시료(mm)	다짐에너지(kg-cm/cm³)
표준다짐	A	2.5	100	3	30	25	19	5.6
	B	2.5	150	3	30	55	37.5	5.6
수정다짐	C	4.5	100	5	45	25	19	25.3
	D	4.5	150	5	45	55	19	25.3
	E	4.5	150	3	45	92	37.5	25.3

4. 다짐에너지(E_C)

$$E_C = \frac{W_R H N_B N_L}{V} \text{ (kg} \cdot \text{cm/cm}^3)$$

여기서, V : 몰드체적
① $D = 100$일 때 → $V = 1,000 \text{cm}^3$
② $D = 150$일 때 → $V = 2,209 \text{cm}^3$
M_R : 램머중량
N_B : 타격회수
N_L : 층수
H : 낙하고

5. 수정다짐을 적용하는 경우
(1) **수정다짐** : 중량이 큰 Roller 사용됨에 따라 현장조건에 맞게 수정
(2) **적용** : 도로, 활주로의 기층다짐에 사용

4. 현장다짐상태가 불량한 것이 확실한데 들밀도 시험 결과가 합격이다. 감독자는 무엇을 검측할 것인가

1. Proof Rolling시험, CBR, PBT 등으로 검측한다.

(1) CBR
 1) 노체 : 2.5% 이상
 2) 노상 : 수정 CBR값 이상(시방 다짐을 실시한 흙의 수정 CBR)

(2) PBT(K치)(아스팔트 콘크리트 포장의 경우)
 1) 노체 : K_{30} = 15 이상(콘크리트 포장 : 10 이상)
 2) 노상 : K_{30} = 20 이상(콘크리트 포장 : 15 이상)
 3) 구조물 뒷채움 : K_{30} = 30 이상(콘크리트 포함 : 20 이상)

(3) Proof Rolling
 1) 노상의 최종 마무리를 하기 전에 노상 표면전체에 대하여 감독관의 승인을 받은 타이어 로울러 또는 덤프 트럭으로 3회 이상의 Proof Rolling을 실시하여야 한다. 프루프 로울링에 사용되는 타이어 로울러의 복륜하중은 5t 이상, 타이어 접지압은 5.6kg/cm² 이상이어야 한다.
 2) 노상면의 Proof Rolling시 최대 변형량 : 5mm 이하

2. 시험결과 합격은 현장건조 밀도가 표준다짐의 최대 건조밀도에 규정계수를 곱한 것보다 클 때는 합격조건을 검토(γ_{dmax}의 95%, 또는 90%)

(1) 노체
 최대 건조밀도(γ_{dmax})의 90% 이상

(2) 노상
 최대 건조밀도(γ_{dmax})의 95% 이상

3. 검측해야 할 사항

(1) 표준다짐의 재료와 현장다짐의 재료의 동일여부
(2) 표준다짐에서 최대건조밀도의 적정여부
(3) 들밀도시험에서 체적측정의 적정여부
(4) 들밀도시험에서 무게측정의 적정여부

4. 실내 다짐시험의 γ_{dmax} 결과 재확인 후 시방방법상의 착오가 없는 지를 확인

5. 시험방법 착오 검토
  (1) 시험병 속에 모래(표준사)를 채울 때 충격, 진동을 주면 모래 밀도가 커져 구하는 흙의 밀도가 실제보다 커진다.
  (2) **표준사 사용시 부주의**
    1) 이물질(흙)의 혼입 및
    2) 건조상태 불량으로 인한 비중의 변화

5. 다짐에 관련된 도로공사 표준시방서 내용

1. 다 짐

(1) 적용범위

1) 설계도서 및 감독관의 지시에 따라 흙쌓기 재료를 소정의 두께로 깐 후에 롤링(Rolling), 탬핑(Tamping) 또는 이 두가지의 혼합방식으로 **소요밀도**를 얻을 때까지 흙을 다지는 작업에 적용한다.
2) 본 작업에는 땅깎기부의 노상 및 흙쌓기부의 원지반을 다지는 것도 포함된다.

(2) 시공

1) 일반사항
　① 흙쌓기의 시공에 있어서는 균일하고 효율적인 다짐을 위하여 그레이더(Grader) 등으로 땅고르기를 하고 함수비를 **최적함수비** 상태로 조절한 후에 다져야 한다.
　② 계약자는 **공정계획**에 따라 다짐작업을 할 **장비의 종류, 대수, 장비조합** 등에 대한 계획서를 제출하여 감독관의 **승인**을 받은 후에 작업을 수행하여야 한다.

2) 함수량 조절
　① 현장여건상 부득이 **함수비가 높은** 재료를 흙쌓기에 사용할 경우에는 포설후 **건조시켜 최적함수비** 상태에서 다짐작업을 하여야 한다.
　② **함수비가 낮은** 재료를 흙쌓기에 사용할 경우에는 물을 뿌려 **함수량을 조절**한 후에 다짐작업을 하여야 한다.
　③ 함수비 조절이 **불가능**하거나 **결빙**이 되는 **우기** 및 **동절기**에는 흙쌓기 작업을 **중단**하여야 한다.

3) 다짐의 범위
　① 흙쌓기 작업시에는 차도부는 물론, **길어깨** 및 **흙쌓기 비탈면**도 소정의 다짐도에 도달할 때까지 고르게 다져야 한다.
　② 땅깎기부 노상의 지정된 깊이 및 쪽깎기, 쪽쌓기 접속부와 종방향의 흙쌓기, 땅깎기 접속부 등도 소정의 다짐도에 도달할 때까지 고르게 다져야 한다.

4) 다짐의 기준
　① **노체** : 1층의 **다짐 완료후 두께가 30cm 이하**이어야 하며 각 층마다 흙의 다짐시험(KSF 2312) A 또는 B방법에 의하여 정해진 **최대건조밀도와 90% 이상**의 밀도가 되도록 균일하게 다져야 한다.(평판재하시험을 실시한 경우에는 (표 1) 기준) 단, **암버력**을 흙쌓기에 사용한 경우에는 **압성토**에 따른다.

② 노상 : 1층의 **다짐 완료후 두께가 20cm 이하**이어야 하며, 각 층마다 흙의 다짐 시험 (KSF 2312) **C, D 또는 E방법**에 의하여 정해진 **최대건조밀도의 95% 이상**의 밀도가 되도록 균일하게 다져야 한다. 단 205-2-3 ②항의 규정에 의하여 감독관이 하부 노상재료를 별도로 승인하였을 경우에는 **하부 노상**에 한하여 **최대건조밀도의 90%** 이상의 밀도가 되도록 균일하게 다져야 한다. **평판재하시험**을 실시한 경우에는 (표 1) 기준

(표 1) 지지력계수(K_{30}) 기준(PBT기준)

구 분	포장종류	시멘트 콘크리트 포장	아스팔트 콘크리트 포장
침 하 량(cm)		0.125	0.25
지지력 계수 (kg/cm^3)	노 체	10 이상	15 이상
	노 상	15 이상	20 이상
	구조물 뒷채움	20 이상	30 이상

5) 시험시공
  ① 계약자는 다짐작업에 앞서 흙쌓기 재료별로 사용할 **다짐장비, 다짐방법, 시공관리체계** 등에 대한 **계획서를 제출**하고 감독관의 입회하에 **다짐 시험시공**을 실시하여야 한다.
  ② **다짐작업시 시험시공**은 도로의 흙쌓기 구간에서 실시하여야 하며 규모는 **노체의 경우에 2차선 기준 연장 450m, 노상의 경우에 2차선 기준 연장 400m를 표준**으로 한다.
  ③ **시험시공 결과**에 의하여 **1층의 다짐두께 기준(노체 30cm, 노상 20cm)을 조정**하는 것이 효율적인 다짐작업에 유리하다고 판단될 경우에는 **감독관의 승인**을 받은 후에 이를 조정할 수 있다.
  ④ 다짐작업의 **시험시공**에 소요되는 **모든 비용**은 해당 공종의 **계약단가**에 포함된 것으로 해석한다.

6) 다짐장비
  ① 전 구간에 걸쳐 흙쌓기 **다짐장비는 시험시공시 이용한 장비**를 사용하여야 하며 **다짐장비를 변경**하고자 할 경우에는 **시험시공을 재실시**하여 **감독관의 승인**을 받아야 한다.
  ② **구조물에 인접한 부분**과 같이 면적이 좁아 로울러류에 의한 다짐을 못하는 장소나 다짐작업시 구조물에 과도한 압력을 가하여 손상을 일으킬 가능성이 있는 장소에는 **램머 및 진동식 다짐장비**, 기타 감독관의 승인을 받은 **소형 다짐장비**를 이용하여 균일하게 다져야 한다.

2. Proof Rolling

(1) **노상의 최종 마무리**를 하기 전에 노상 표면 전체에 대하여 감독관의 승인을 받은 **타이어 로울러** 또는 **덤프 트럭**으로 **3회 이상의 프루프 로울링을 실시**하여야 한다. 프루프 로울링에 사용되는 타이어 로울러의 **복륜하중은 5t 이상**, 타이어 접지압은 5.6kg/cm² 이상이어야 한다.

(2) 타이어 로울러 또는 **덤프 트럭**을 주행시켜서 육안식별로 **노상면의 변형**이 **확인**되는 곳은 석회 등으로 표시하여 다짐이 부족한 부위에는 다시 다짐을 실시하고 **함수비**가 높은 부위는 **함수량**을 **조절**한 후에 다짐을 실시하며, 재료가 불량한 부위에는 양질의 재료로 **치환**하여 재시공을 하여야 한다.

(3) 프루프 로울링시 **변형량을 측정**하고자 할 경우에는 **벤켈만빔**에 의한 변형량 시험방법을 이용하여 **노상면의 최대변형량은 5mm 이하**이어야 한다.

3. 토공다짐의 품질관리 및 검사

【품질관리】

(1) 선정시험

  1) 계약자는 흙쌓기 재료에 대하여 **토취장마다** 그리고 **토질변화시마다 선정시험**을 실시하여 노체와 노상의 흙쌓기 재료로서의 적합여부를 확인하고 그 결과를 감독관에게 보고하여 승인을 받아야 한다.

  2) 노체 및 노상 흙쌓기에 사용할 재료의 적합여부를 판단하기 위하여 실시하는 **선정시험의 종목, 방법 및 빈도**는 〈표 2〉와 같다.

〈표 2〉 흙쌓기 재료의 선정시험

시 험 종 목	시 험 방 법	시험빈도(측정빈도)	비 고
함 수 량	KS F 2306	• 토취장마다 • 토질변화시마다	건설기술관리법 시행규칙 제17조 제1항 별표 9에 따른다.
입 도	KS F 2302		
비 중	KS F 2308		
액 성 한 계	KS F 2303		
소 성 한 계	KS F 2304		
실 내 C B R	KS F 2320		
다 짐	KS F 2312		
토질조사(보링)		필요시마다	

3) **계약자**는 뒷채움 재료원마다 그리고 **토질변화**시마다 **선정시험**을 실시하여 해당 재료의 품질기준 만족여부를 확인하고 그 결과를 감독관에게 보고하여 승인을 받아야 한다.

4) **뒷채움 재료**의 적합여부를 판단하기 위하여 실시하는 **선정시험**의 종목, 방법 및 빈도는 건설기술관리법 시행규칙 제17조 제1항 별표 9의 **동상방지층** 및 **보조기층용 재료**에 준한다.

5) 흙쌓기 재료 중 노체에 비하여 노상 재료의 품질기준이 높으므로 **본선 절토부** 또는 **토취장 땅깎기 작업**시 **노상재료**를 우선적으로 확보하여야 한다.

6) 연약지반 처리에 사용할 **토목섬유**의 적합여부를 판단하기 위하여 실시하는 **선정시험**의 종목, 방법 및 빈도는 (표 3)과 같다.

〈표 3〉 선정시험의 종목, 방법 및 빈도

종 별	시험종목	시험 방법	시험빈도(측정빈도)	비 고
토목섬유 (연약지반용 Mat)	무 게 측 정	KS F 2123	• 제조회사별 • 제품규격마다	
	인장강도 및 신도	KS K 0520		
	봉 합 강 도	KS K 0530		
	투 수	KS F 2322		
	혼 용 률	KS K 0210		
	재 질	KS K 0210		감별방법
토목섬유 (Drain Board)	무 게 측 정	KS F 2123	• 제조회사별 • 제품규격마다	
	인장강도 및 신도	KS K 0520		
	투 수	KS F 2322		
	내 약 품 성	KS M 3506		

(2) 관리시험

1) **노체, 노상**, 구조물 뒷채움 재료에 대한 **다짐시험**(KS F 2312)을 소정의 빈도로 실시하여 **최대건조밀도와 최적함수비**를 산정, 다짐관리의 기준으로 활용하여야 한다.

2) 1층의 **다짐 완료 후 두께**는 노체의 경우 30cm, 노상, 구조물 뒷채움의 경우 20cm 이하를 기준으로 한다.

3) 각 층의 다짐도는 노체의 경우 흙의 다짐시험(KS F 2312)의 **A 또는 B방법**에 의하여 정해지는 **최대건조밀도의 90%**, 노상, 구조물 뒷채움의 경우 C, D 또는 E방법에 의하여 정해지는 **최대건조밀도의 95% 이상**이어야 한다.

4) 재료의 치수가 커 **밀도**에 의한 **다짐관리**가 부적합하다고 판단될 경우에는 도로의 **평판재하시험**(KS F 2310)에 의하여 **다짐관리**를 하며 이 때 **지지력 계수**(K_{30})가 (표 1) 기준을 만족하여야 한다.

5) **노상** 마무리면에 대하여 **프루프 로울링**을 실시하여야 하며, 이 때 **최대변형량이 5mm 이하**이어야 한다.

6) 토공의 다짐관리는 **최소치 관리**이므로 각 층의 모든 부위가 소정의 다짐도를 만족하여야 하며 **다짐불량** 부위가 확인될 경우에는 기준을 만족할 때까지 **재다짐작업**을 실시하거나 재료를 **치환**한 후에 소정의 다짐도 이상으로 다져야 한다.

7) 계약자는 **현장시험실**에서 수행할 수 없는 **품질시험** 항목에 대하여는 감독관의 승인을 받아 외부 공인기관에 의뢰시험을 요청할 수 있으며, 이 때 시험 소요기간 등을 사전에 파악하여 작업수행에 지장이 없도록 조치하여야 한다.

8) **노체** 및 **노상**의 흙쌓기 작업이 승인된 재료를 사용하여 설계도서 및 감독관의 지시에 따라 적합하게 이루어지고 있는지를 확인하기 위한 **관리시험**의 종목 방법 및 빈도는 (표 4)와 같다.

(표 4) 흙쌓기 작업의 관리시험

종 별	시험종목	시험방법	시 험 빈 도	비 고
노 체	다 짐	KS F 2312	토질변화시마다	급속함수량 측정기 사용불가
	함 수 량	KS F 2306	포설후 다짐전 2,000m³마다	급속함수량 측정기 사용가능
	현장밀도	KS F 2311	• 2,000m³마다(폭이 넓은 광활한 지역의 성토작업시) • 층별 450m마다(층 다짐시) : 2차선 기준	
	평판재하	KS F 2310	• 3층 포설후 150m마다(층다짐시 : 2차선 기준) • 2,000m³마다(폭이 넓은 광활한 지역의 성토작업시)	• 재료최대치수가 37.5mm이상인 경우 • 현장밀도 시험 불가능시
노 상	다 짐	KS F 2312	토질변화시마다	급속함수량 측정기 사용불가
	함 수 량	KS F 2306	포설후 다짐전 1,000㎡마다	급속함수량 측정기 사용가능
	현장밀도	KS F 2311	• 1,000m³마다(폭이 넓은 광활한 지역의 성토작업시) • 층별 400m마다 : 2차선 기준	

종 별	시험종목	시험방법	시 험 빈 도	비 고
노 상	평판재하	KS F 2310	• 2층 포설후 200m마다(층다짐시 : 2차선 기준) • 1,000m³마다(폭이 넓은 광활한 지역의 성토작업시)	• 재료최대치수가 37.5mm이상인 경우 • 현장밀도 시험 불가능시
	프루프로 울 링	5t 이상의 복륜하중(타이어 접지압 5.6kg/cm²) 통과	• 노상완성후 전구간에 걸쳐 3회이상 • 필요시마다	

※ 건설기술관리법 시행규칙 제17조 제1항 별표 9에 따른다.

제2장 토압과 변위

1. 토압이론의 기본접근방법(기초상식)은

1. 토압이론의 종류
(1) **Rankine 토압이론** : 벽면마찰무시, 소성이론 (중력반작용)
(2) **Coulomb 이론** : 벽마찰 고려한 흙쐐기 이론 (흙을 강체로 본다.)
(3) **Boussinesq 이론(보시니스크)** : 탄성체이론
(4) Rebhann(레브한)정리
(5) Pon Celent

2. 구조물의 변위와 토압과의 관계

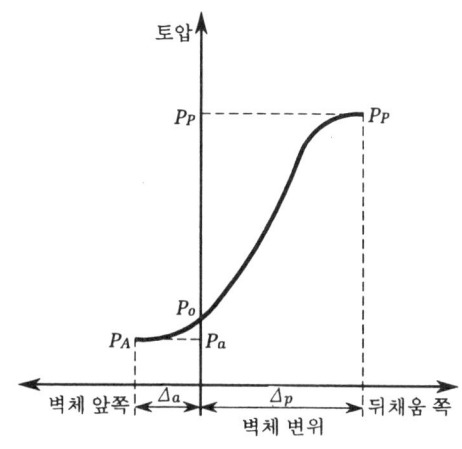

(그림 1) 벽체 변위와 토압과의 관계

수동토압(P_p) > 정지토압(P_0) > 주동토압(P_A)

3. φ만 있는 Rankine토압계수에서 주동토압계수와 수동토압계수의 관계

(1) 주동토압계수

$$K_A = tan^2(45 - \frac{\phi}{2}) = \frac{1-\sin\phi}{1+\sin\phi}$$

(2) 수동토압계수

$$K_P = tan^2(45 + \frac{\phi}{2}) = \frac{1+\sin\phi}{1-\sin\phi}$$

(3) $\quad K_A = \dfrac{1}{K_P} \quad$ (역수관계)

4. φ에 점착력이 추가된 토압은 대소가 어떻게 될 것인가?

(1) 주동토압(P_a)

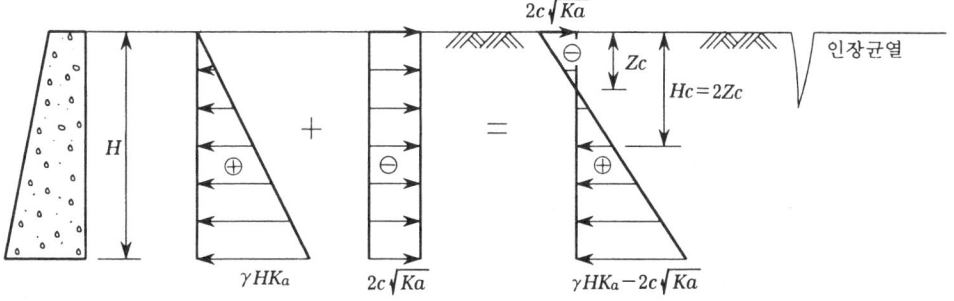

(그림 2) 점착력이 있는 흙의 주동토압 분포

$$P_a = \frac{1}{2}\gamma H^2 K_a - 2CH\sqrt{K_a}$$

(2) 인장균열 깊이(Z_c)

$\sigma_{ha} = 0$이 되는 깊이를 **점착고**라 하며 인장 균열(Tension Crack)이 일어나는 깊이이다.

$$\sigma_{ha} = \gamma z K_a - 2C\sqrt{K_a} = 0$$

$$\therefore Z_c = \frac{2C}{\gamma}\sqrt{K_P} = \frac{2C}{\gamma} tan(45° - \frac{\phi}{2})$$

(3) 한계고(Critical Height) : H_c

$P_a = 0$이 되는 깊이를 **한계고**라 하며 **흙막이 구조물없이 연직**으로 굴착할 수 있는 깊이이다.

$H_c = 2 \cdot Z_c$이므로

$$\therefore H_c = \frac{4C}{\gamma}\sqrt{K_P} = \frac{4C}{\gamma} tan(45° + \frac{\phi}{2})$$

(4) 수동토압(P_p)

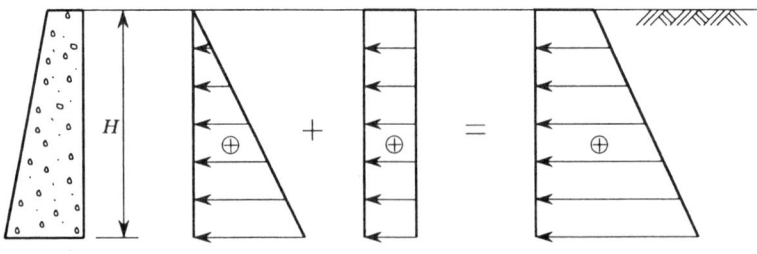

(그림 3) 점착력이 있는 흙의 수동토압 분포

수동상태에서는 **압축력**을 받으므로 **인장균열**이 생기지 않는다.

$$\sigma_{hp} = \gamma z K_P + 2C\sqrt{K_P}$$

$$P_P = \frac{1}{2}\gamma H^2 K_P + 2CH\sqrt{K_P}$$

(5) **토압의 대소**

1) 주동토압 $P_A = \frac{1}{2}\gamma H^2 K_A - 2CH\sqrt{K_A}$

2) 수동토압 $P_P = \frac{1}{2}\gamma H^2 K_P + 2CH\sqrt{K_P}$

3) **주동토압**에서는 **점착력**이 있으면 **토압감소**($2CH\sqrt{K_A}$ 만큼 감소)

4) **수동토압**에서는 **점착력**이 있으면 **토압증가**($2CH\sqrt{K_P}$ 만큼 증가)

2. 벽체에 작용하는 각종 토압의 분포형태와 토압계수와의 관계

1. 지하수위 이상과 이하의 토압분포 형태

지하수위를 경계로 하여 이질토층의 토압계산과 같은 방법으로 계산하되 **공극수압**은 **토압계수**를 고려하지 않는다.

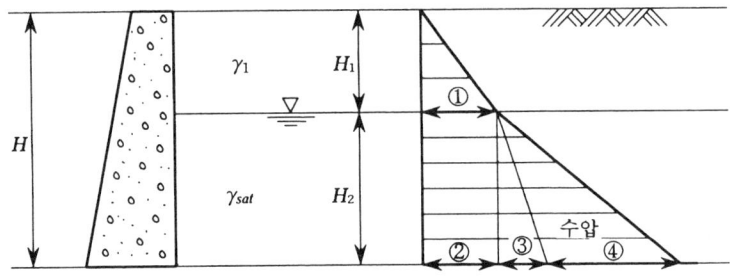

(그림 1) 지하수위가 있을 때의 토압분포

$$\sigma_{ha} = ① + ② + ③ + ④ = \gamma_1 H_1 K_a + \gamma_1 H_1 K_a + \gamma' H_2 K_a + \gamma_w \cdot H_2$$

$$P_a = \frac{1}{2}\gamma_1 H_1^2 K_a + \gamma_1 H_1 H_2 K_a + \frac{1}{2}\gamma' H_2^2 K_a + \frac{1}{2}\gamma_w H_2^2$$

$$P_P = \frac{1}{2}\gamma_1 H_1^2 K_P + \gamma_1 H_1 H_2 K_P + \frac{1}{2}\gamma' H_2^2 K_P + \frac{1}{2}\gamma_w H_2^2$$

2. 과재하중으로 인한 토압분포 형태(등분포하중 재하시 = 상재하중)

(1) 주동토압(P_a)

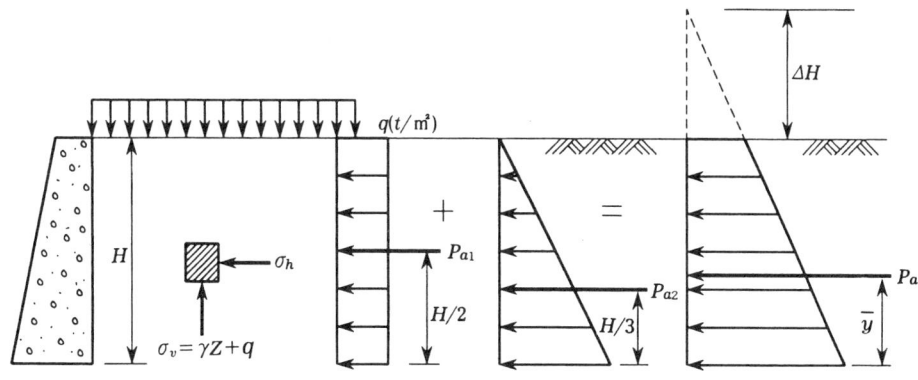

(그림 2) 등분포하중 재하시의 주동토압분포

지표면에 등분포하중이 놓일 때 지반의 연직응력 σ_v는,

$\sigma_v = \gamma z + q$ 이므로

$\sigma_{ha} = \sigma_v K_a = (\gamma z + q)K_a = \gamma z K_a + q K_a$

$$P_a = \frac{1}{2} \gamma H^2 K_a + qHK_a$$

(2) 수동토압(P_P)

$$P_P = \frac{1}{2} \gamma H^2 K_P + qHK_P$$

(3) 토압의 작용점($\overline{y}$)

(그림 2)에서

$$P_a \cdot \overline{y} = P_{a1} \frac{H}{2} + P_{a2} \frac{H}{3}$$

$$y = \frac{P_{a1}\dfrac{H}{2} + P_{a2}\dfrac{H}{3}}{P_a}$$

(4) 등분포하중을 흙의 높이로 환산하면((그림 2)의 점선부분))

$$\Delta H = \frac{q}{\gamma}$$

$$P_a = \frac{1}{2}\gamma\{(H+\Delta H)^2 - (\Delta H)^2\}K_a$$

$$y = \frac{H}{3}\frac{H+3\Delta H}{H+2\Delta H}$$

3. 지하수위 이하의 수압에 대한 분포와 계수

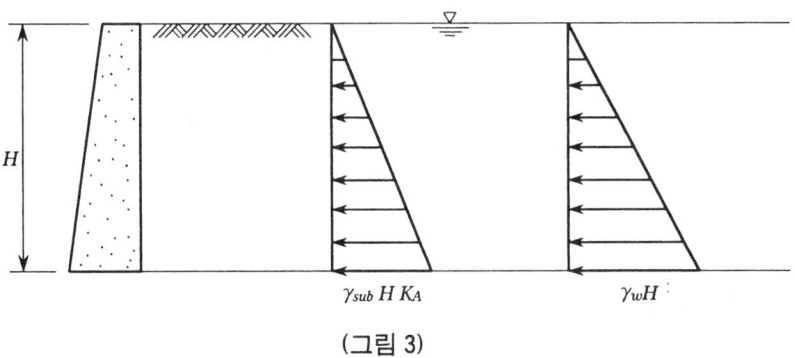

(그림 3)

$$P_A = \frac{1}{2}\gamma_{sub}H^2 K_A + \frac{1}{2}\gamma_w H^2$$

여기서, γ_{sub} : 수중 단위중량
$\gamma_{sub} = \gamma_{sat} - 1$
γ_{sat} : 포화 단위중량

4. 점착력으로 인한 토압분포 형태

문제 1 참고

3. 내부마찰각(ϕ)에 점착력(C)을 같이 지닌 토압의 변화문제

1. 주동토압(P_a)인 경우 토압분포

$$\text{인장균열깊이 } Z_c = \frac{2C}{\gamma} \cdot \frac{1}{tan(45-\frac{\phi}{2})} = \frac{2C}{\gamma} tan(45+\frac{\phi}{2})$$

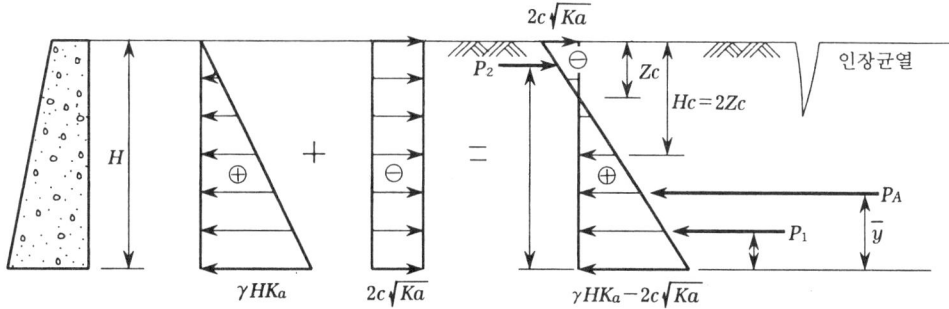

(그림 1) 점착력이 있는 흙의 주동 토압 분포

2. 수동토압(P_P)인 경우 토압분포

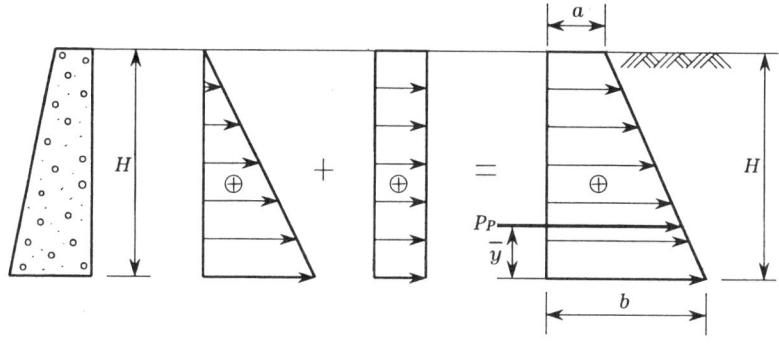

(그림 2) 점착력이 있는 흙의 수동 토압 분포

3. 주동토압과 수동토압의 각각 합력토압과 합력의 작용점

(1) 주동인 경우

$$P_1 y_1 - P_2 y_2 = P_A \overline{y}$$

$$\therefore \overline{y} = \frac{P_1 y_1 - P_2 y_2}{P_A}$$

(2) 수동인 경우

$$\overline{y} = \frac{H}{3}\left(\frac{2a+b}{a+b}\right)$$

4. 주동토압 측 배면에 발생하는 인장균열의 깊이를 계산하는 방법

인장균열깊이

$$Z_c = \frac{2C}{\gamma} \cdot \frac{1}{tan\left(45-\frac{\phi}{2}\right)} = \frac{2C}{\gamma} tan\left(45+\frac{\phi}{2}\right)$$

4. 정지토압(K_0)이 적용되어야 하는 구조물

1. 구조물 설계시 사용하는 토압

(1) 옹벽, 수직말뚝기초옹벽 : 주동토압으로 설계한다.
(2) 지하벽, 암반위 옹벽 : 정지토압으로 설계한다.
(3) 토류벽, 경사말뚝기초옹벽 : 수동토압, 정지토압
(4) Box(암거)

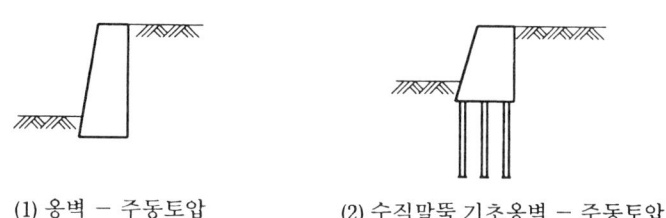

(1) 옹벽 – 주동토압   (2) 수직말뚝 기초옹벽 – 주동토압

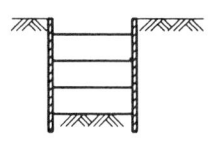 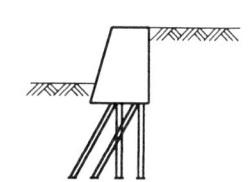

(3) 토류벽 – 수동토압, 정지토압   (4) 경사말뚝 기초옹벽 – 수동, 정지 토압

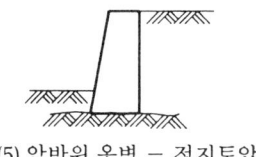 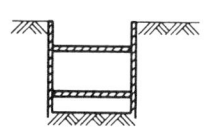

(5) 암반위 옹벽 – 정지토압   (6) 지하벽 – 정지토압

2. 구조물 자체의 변위인정여부(정정과 부정정)

(1) 정지토압
   1) **횡방향** 변위가 없는 상태에서의 수평토압
   2) 즉, 탄성적 평형상태

(2) 주동토압

옹벽이 전면(앞)으로 변위할 때의 수평토압

3. 같은 장소 동종 토질에서 암거와 L형 옹벽 시공시(구조물 기준)

(1) 암거

정지토압

(2) L형 옹벽

주동토압

4. 정지토압계수 적용에 대한 시방서 규정(콘크리트 표준시방서 p.30 Jacky식)

Jacky의 경험식

$$K_0 = 1 - sin\,\phi$$

제3장 옹벽의 배근

1. 옹벽의 안정정조건
- 활동에 대한 안전 검토 : 안전률 F_s = 1.5 이상
- 지압력에 대한 안전 검토 : $q_{max} < q_a$
- 전도에 대한 안전 검토 : 안전률 F_s = 2.0 이상

1. 전도(Overturning)

$$F_s = \frac{M_r}{M_o} > 2.0$$

여기서, $M_r = Wl + P_{av}B$
$M_o = P_{ah}\overline{y}$

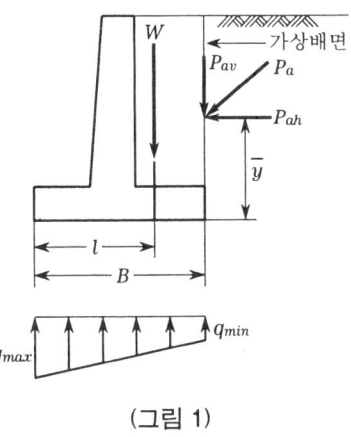

(그림 1)

2. 활동(Sliding)

$$F_s = \frac{H_u}{H} > 1.5$$

여기서, $H = P_{ah}$
$H = V\tan\phi = (W + P_{av})\tan\phi$

3. 지지력에 대한 안정

$q_{max} < q_a$: 안정

$$q{max \atop min} = \frac{V}{B}(1 \pm \frac{6e}{B})$$

여기서, q_a : 허용지지력

2. (그림에서) 캔틸레버식(Cantilever) 옹벽의 주철근 계산근거

- 직립단면의 옹벽의 주철근과 철근 W_2와 W_3의 의미
- 뒷굽판의 주철근 계산근거
- 앞굽판의 주철근 계산근거

1. Cantilever 옹벽의 주철근 · 배력철근, 온도철근배근도

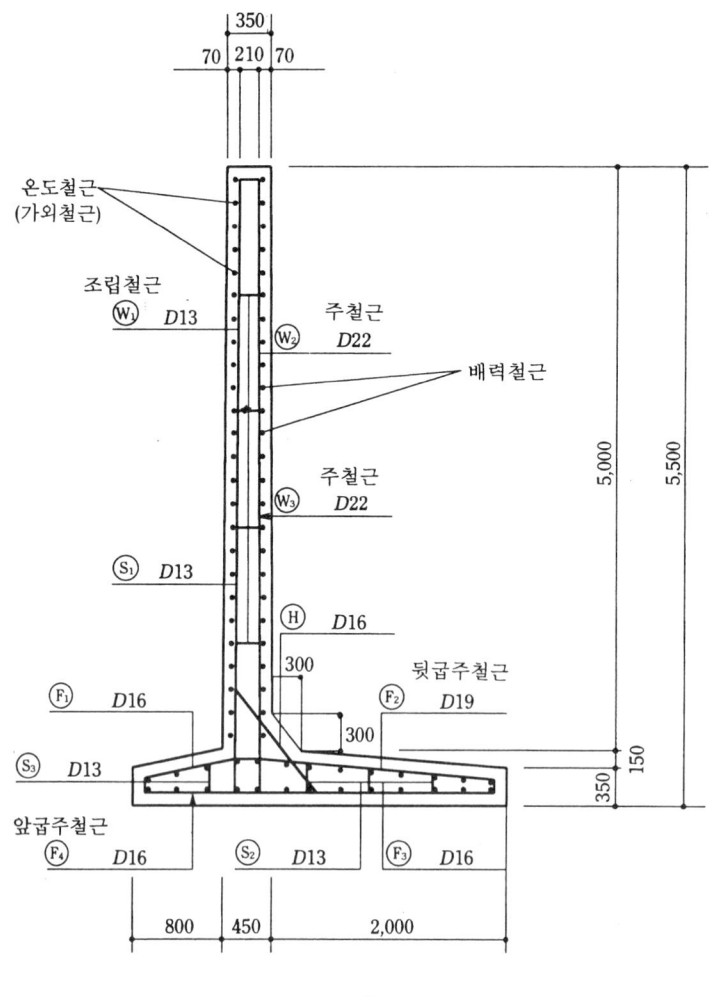

(그림 1)

2. Cantilever 옹벽의 Bending Moment Diagram 그리고, BMD는 몇차곡선인가

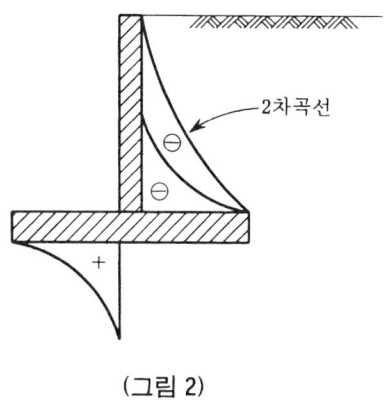

(그림 2)

3. 주철근의 역할
(1) 휨 인장응력에 저항한다.

4. 주철근을 배근한 이론적 근거
(1) 휨응력을 부담(BMD 참고)
(2) 캔틸레버 작용
(3) 주동토압에 저항

5. 그림에서 W_2, W_3로 구분한 이유
(1) 토압이 1/3지점에 작용하므로(토압분포가 깊이에 따라 커지므로) W_3가 W_2보다 배근량이 많다.

6. 배력근은 어떻게 배근하며, 역할은 무엇이며, 배력근 배치는 꼭 직각이어야 하나
(1) 주철근에 **직각**에 가깝게 배근하고 주철근에 전달된 응력을 골고루 분포시킬 목적으로 배근한다.

7. 띠철근의 역할(기둥 등에서)
(1) 전단력(사인장)에 저항(균열방지)

8. 전면철근 W_1(조립근)은 왜 필요한가

(1) 온도철근을 조립하기 위한 지지대 역할을 한다.

9. 온도철근(가외철근)을 지적하고, 역할은

(1) 2차 응력(건조수축응력, 온도응력), 인장응력을 부담하는 가외철근이다.

10. 옹벽의 전면경사

(1) 최소구배 1 : 48(0.02%)를 유지해야 한다.

11. 캔틸레버(Cantilever) 옹벽, 토압

(1) 주동토압

※ 용어구사에 주의 : 역 T형이라하지 말고 구조해석상 Cantilever로 벽체+앞굽+뒷굽의 주철근을 배근하므로 Cantilever옹벽이라는 용어가 적합하다.

12. 헌치철근의 역할

(1) 모서리부의 응력집중에 대한 균열방지
(2) 모멘트가 가장 큰 부분에 인장력(사인장)을 부담
(3) 가외철근이다.

13. 캔틸레버(Cantilever)옹벽은 정정인가 부정정인가

(1) 정정구조다.

$$N = R-3-h = 3-3 = 0 \,(정정)$$

제3장 옹벽의 배근

> ## 3. 캔틸레버(Cantilever)식 옹벽과 부벽식 옹벽의 같은 단면(부벽이 없는 단면)에서 직립부재의 주철근을 비교설명
> - 캔틸레버식 옹벽의 설계방법
> - 부벽식 옹벽에서 응력해석 방법

1. Cantilever옹벽의 주철근 배근도

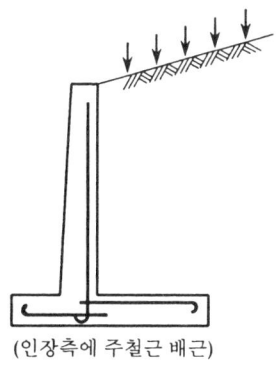

(인장측에 주철근 배근)

(a) 주철근 배근도

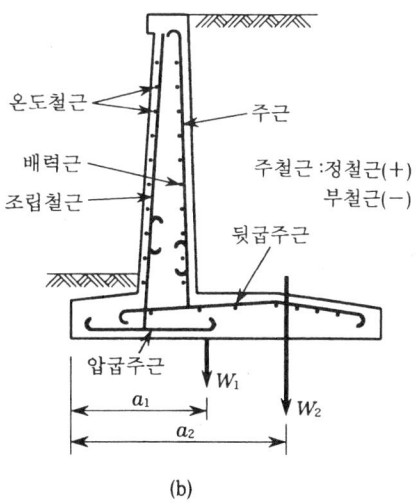

(b)

〈그림 1〉 Cantilever옹벽의 철근 상세도

2. 부벽식(뒷부벽식) 옹벽의 주철근 배근도

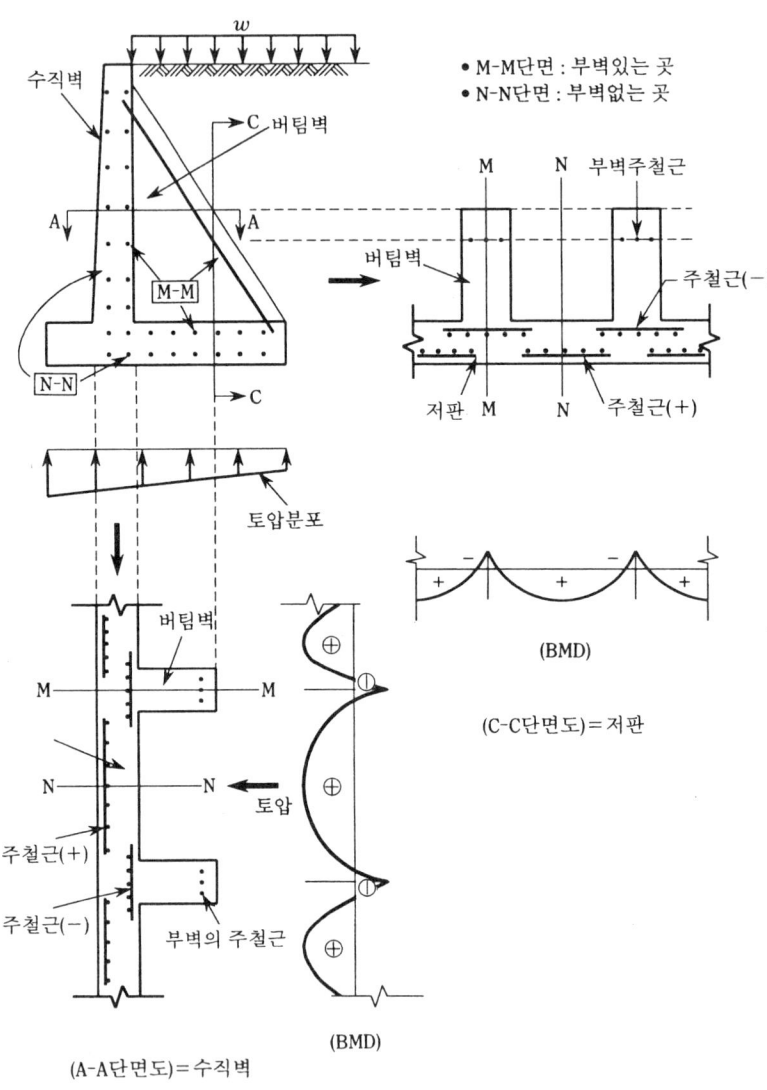

3. Cantilever옹벽의 설계방법

(1) 벽체

   저판을 지점으로 한 캔틸레버 보

(2) 앞굽

   벽체를 지점으로 한 캔틸레버 보

(3) 뒷굽

벽체를 지점으로 한 캔틸레버 보

4. 부벽식 옹벽의 설계방법

(1) 앞부벽식

1) 앞부벽

직사각형 캔틸레버 보

2) 전면벽

2방향 Slab(1방향 Slab)

3) 저판(앞굽판)

① 부벽을 지점으로한 1방향 연속 Slab

② 고정보, 연속보

(2) 뒷부벽식

1) 뒷부벽

① 기초저판을 지점으로한 T형단면 캔틸레버 보

② 전면벽 : Flange

부벽 : 복부
③ 인장 Tie 역할 ⎤ T형 단면보

2) 전면벽 : 부벽을 지점으로한 1방향 (2방향) 연속 Slab

3) 저판(뒷굽판)

① 부벽을 지점으로 한 1방향 연속 Slab

② 고정보, 연속보

4. 뒷채움에 대한 문제점을 설명

1. 선택재료로 시공토록 강조하는 이유
(1) 배수가 좋게, 토압, 수압 감소

2. 물구멍과 유공관 설치시에 주의사항
(1) 막히지 않게 하고 옹벽배면에 연직의 Filter(모래+자갈) 설치하여 수압경감해야 한다.

3. 옹벽기초면이 낮아서 전면채움의 높이가 높을 때 전면채움에도 선택재료가 필요한지 여부
(1) 활동에 저항(전면의 수동토압확보)
(2) 기초연약화 방지를 위해
(3) 필요하다(토목시공원론 중권 page. 994 참고)

4. 옹벽의 물구멍 시공을 중요시하는 이유? 종단유공관이 설치되어야 하는 이유?
(1) 물구멍

　　배수 ⇨ 수압, 토압감소

(2) 종단방향의 유공관 설치목적·이유
　　1) 옹벽 배면의 배수층의 물을 유도, 집수하여 배수
　　2) 지하수, 용수의 차단
　　3) 옹벽기초의 연약화방지하여 ⇨ 옹벽의 파괴방지한다.

제4장 주철근과 구조이론

1. 구조물 설계에 벤딩모멘트(Bending Moment)의 계산이 필요한 경우를 설명

1. 부재가 받아야 할 응력(외력)은 벤딩모멘트(Bending Moment)의 크기로 안다.

2. 위험단면을 찾아 정착, 부착길이 확보한다.

3. 주철근의 위치와 벤딩모멘트(Bending Moment) 형태 및 뼈대 구조물의 휨모양

4. 부정정 구조물을 해석할 때 뼈대의 휨모멘트량을 보는 방향

5. 그림설명(BMD 및 철근배근)

   (1) Slab의 배근와 BMD

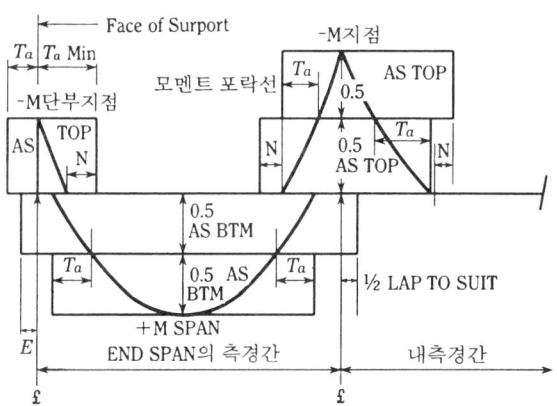

여기서, T_a : 인장 정착길이
N : $12d_s$(철근직경) 또는 유효높이(d) 중에서 큰 값
BTM : 하부
E : 유효 단부 정착길이
d_s : 철근 직경
BMM : 휨모멘트

(a) 일반적인 슬래브의 배근

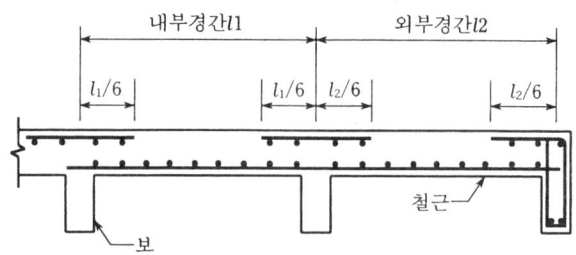

(b) 연속보·슬래브의 배근

(그림 1) 보 및 슬래브의 모멘트 Envelope Curve 및 철근배근

(2) 연속보의 BMD 및 철근배근

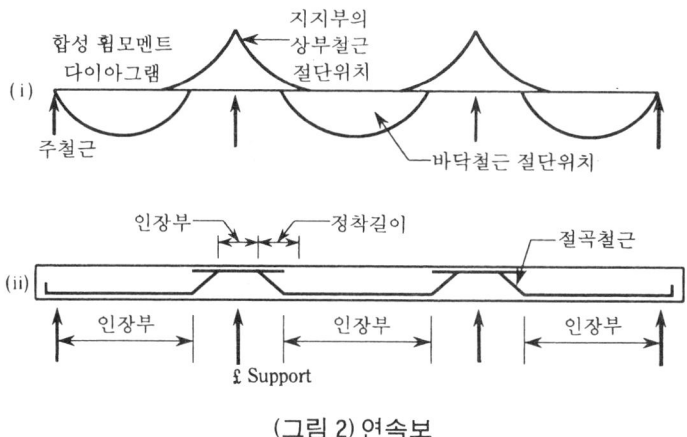

(그림 2) 연속보

(3) 보, Stirrup의 배근

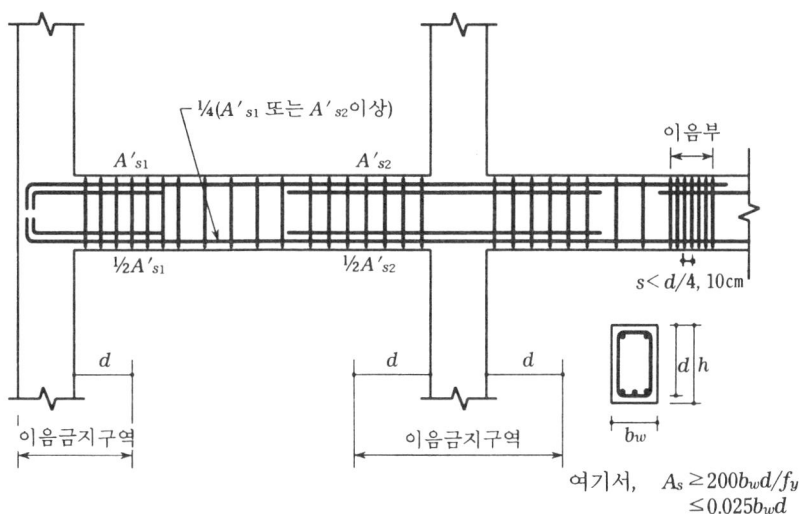

(그림 3) 보 주철근의 배근방법(ACI 318-89)

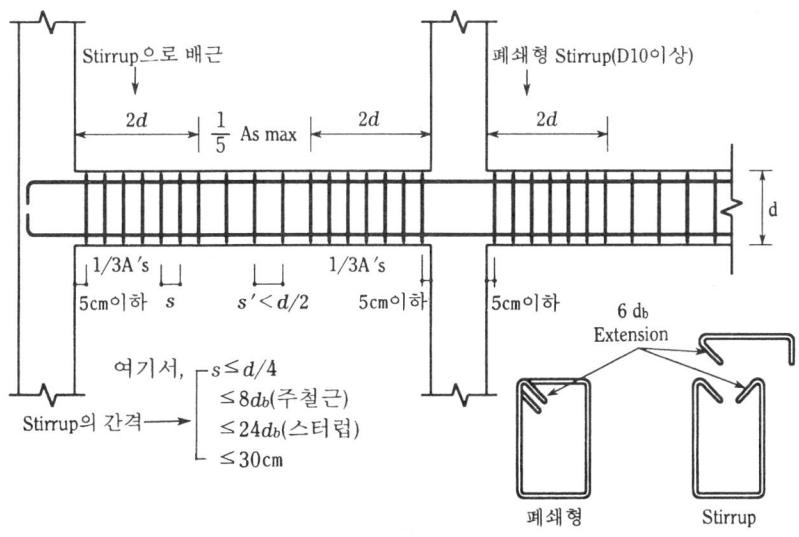

(그림 4) 보 스터럽의 배근 방법(ACI 318-89)

2. 암거 구조물에서 주철근의 계산방법에 대한 설명

1. 외력의 량(하중과 기타 압력)과 구조물의 휨형태 파악

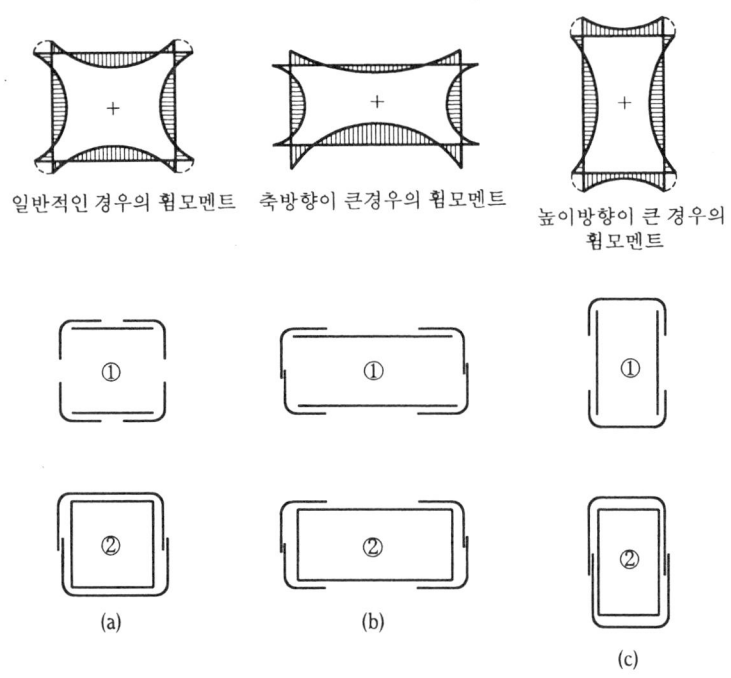

(그림 1) 형상에 따른 배근형태

2. 구석부분의 구조계산 단면과 유효단면(검토단면)(콘크리트표준시방서 p.319 1996. 3)

(1) 부재단면 가정에 사용하는 휨 모멘트
  1) 헌치의 영향을 고려하는 경우
  2) 헌치의 영향을 고려하지 않는 경우

(2) 헌치(Haunch)의 유효부분(검토단면)
  1) 헌치가 작은 경우에는 그 영향이 매우 적어 무시할 수 있지만
  2) 헌치가 큰 부재 또는 단면이 변하는 부재에서는 근사적으로 축선을 단면의 평균 위치에 있는 직선으로 취할 수 있다.
  3) 일반적으로 축선의 길이는 보에서는 기둥의 축선간의 거리로 하고
  4) 기둥에서는 보의 축선간의 거리 또는 보의 축선으로부터

5) 고정단라멘의 경우에는 기초상면까지
6) 또 힌지단(端)을 가진 라멘의 경우에는 힌지(Hinge) 중심까지의 거리로 한다.

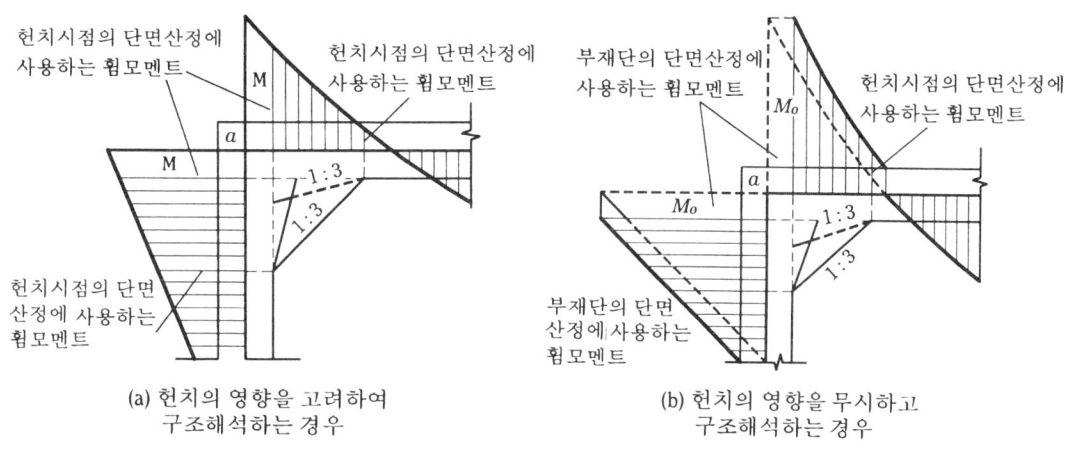

(a) 헌치의 영향을 고려하여 구조해석하는 경우
(b) 헌치의 영향을 무시하고 구조해석하는 경우

(그림 2) 부재단의 단면가정에 사용하는 휨모맨트

3. 콘크리표준시방서에서 피복두께 규정(p.203) (철근덮개)

(1) 현장치기 콘크리트

철근덮개는 다음 값 이상이라야 한다.

1) 콘크리트 치기로부터 흙에 접하거나 수중에 있는 콘크리트 ·························· 8cm

2) 흙에 접하지 않는 콘크리트
   ① 슬래브, 벽체, 장선구조
      ㉮ 기상작용을 받지 않는 경우
         D35를 초과하는 철근 ·························· 4cm
         D35 이하인 철근 ·························· 2cm
      ㉯ 기상작용을 받는 경우
         D35 이하인 철근 ·························· 3cm
   ② 보, 기둥 ·························· 4cm
   ③ 쉘, 철판(Folded Plate)부재
      ㉮ D16 이상인 철근 ·························· 3cm
      ㉯ D16 미만인 철근 ·························· 2cm

(2) **프리캐스트 콘크리트**
   철근덮개는 다음 값 이상이라야 한다.
   1) 흙에 접하거나 기상작용을 받는 콘크리트
      ① 벽체
         ㉮ D35를 초과하는 철근 ·· 4cm
         ㉯ D35 이하인 철근 ·· 3cm
      ② 기타부재
         ㉮ D35를 초과하는 철근 ·· 5cm
         ㉯ D35 이하인 철근 ·· 4cm

   2) 기상작용을 받지 않고 흙에 접하지 않는 콘크리트
      ① 슬래브, 벽체, 장선구조
         ㉮ D35를 초과하는 철근 ·· 4cm
         ㉯ D35 이하인 철근 ·· 2cm
      ② 보, 기둥
         ㉮ 주철근(다만, 2cm 이상, 4cm 이하) ························ 철근지름 이상
         ㉯ 띠철근, 스터럽, 나선철근 ·· 2cm
         ㉰ 쉘, 절판(Folded Plate)부재 ···································· 2cm

(3) **프리스트레스트 콘크리트**
   1) 철근덮개는 다음 값 이상이라야 한다.
      ① 흙에 접하거나 수중에 있는 콘크리트 ····························· 8cm
      ② 흙에 접하거나 기상작용을 받는 콘크리트
         ㉮ 벽체, 슬래브, 장선구조 ·· 3cm
         ㉯ 기타부재 ··· 5cm
      ③ 기상작용을 받지 않고 흙에 접하지 않는 콘크리트
         ㉮ 슬래브, 벽체, 장선구조 ·· 2cm
         ㉯ 보, 기둥
            ㉠ 주철근 ·· 4cm
            ㉡ 띠철근, 스터럽, 나선철근 ·································· 3cm
         ㉰ 쉘, 절판(Folded Plate)부재 ···································· 2cm

   2) 흙에 접하거나 기상작용에 영향을 받거나 또는 부식의 우려가 있는 PSC부재로서 16.4.2(2)의 1)에 규정된 허용인장응력을 초과하는 경우에는 최소덮개를 50% 이상 증가시켜야 한다.

   3) 공장제품 생산조건과 동일한 조건으로 제작된 PSC부재에서 철근의 최소덮개는

8.4.2의 요구조건에 따라야 한다.

(4) 철근다발
철근다발의 덮개는 다발의 등가지름 이상이라야 한다. 그러나 영구적으로 흙에 접하는 경우 덮개를 8cm 이상으로 하는 것을 제외하고는 5cm 이상하지 않아도 된다.

(5) 노출철근에 대한 보호
장차 구조물을 연장할 목적으로 표면에 노출되는 철근을 부식으로부터 보호되도록 조치해야 한다.

(6) 내화구조물의 덮개
1) 특히, 내화를 필요로 하는 구조물에서의 덮개는 화열의 온도, 지속시간, 사용골재의 성질 등을 고려하여 이를 정해야 한다. 대체적인 기준은 슬래브에서 3cm 이상, 기둥 및 보에서는 5cm 이상으로 한다. 이 때 철망을 두는 것이 좋고, 이에 대한 덮개는 3cm 이상으로 하는 것이 좋다.

2) 장시간 고열을 받는 굴뚝 내면과 같은 경우에는 특수한 보호공을 하던가 또는 덮개를 상당히 두껍게 해야 한다.

(7) 침식 또는 화학작용을 받는 콘크리트
콘크리트가 심한 침식이나 염해 또는 화학작용을 받는 경우에는 덮개를 증가시켜야 하는데, 일반적으로 다음 값 이상이어야 한다.
1) 벽체 ·· 6cm
2) 기타부재 ·· 8cm
3) 프리캐스트
　① 벽체, 슬래브 ··· 5cm
　② 기타부재 ··· 6cm

3. 암거의 주철근 배근도, 배력근, 헌치(Haunch)의 역할

1. 배력근(Distributed Bar)
주철근의 직각에 가까운 방향, 응력의 재분배

2. 헌치(Haunch)철근
모서리부분의 **응력집중**에 의한 **균열방지**를 위한 **가외철근**

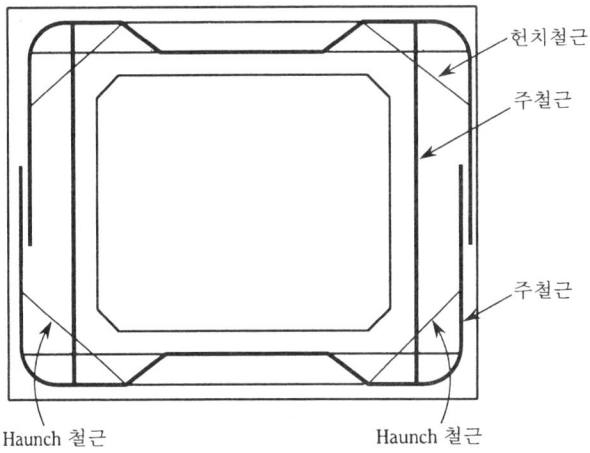

4. 헌치철근은 안쪽 주철근을 굽힘 가공하면 되지 않겠는가/ 왜 별도로 보강하는가

1. 가외철근, 균열방지

2. 시방기준(헌치 및 라멘 접합부 등의 내측에 연하는 철근)

헌치 및 라멘 부재의 내측에 연하는 철근은 ⇨ 그림과 같이 **슬래브** 또는 보의 **인장철근**을 구부려서는 안되고, 헌치(Haunch)에 연하는 별개의 곧은 철근을 배치해야 한다.

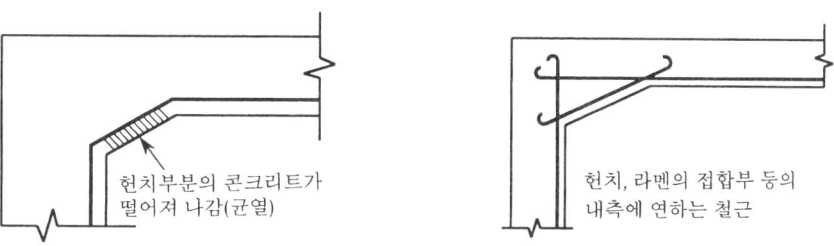

(그림 1) 헌치 및 라멘접합부의 철근보강

제5장 상·하수도

1. 암거가 항상 물로 가득찬 내수압을 받을 때 수리학상 적용되는 이론적 근거

1. 개수로와 관로의 수리학상 차이점

(1) 개수로
   1) 자유수면이다.
   2) **중력**에 의해 흐른다.
   3) 흐름의 기본이론
      ① 부정류
      ② 정류
         ㉮ 부등류
         ㉯ 등류

(2) 관수로
   1) **자유수면**을 갖지 않음
   2) **압력**에 의해 흐른다. (베르누이 정리)

2. 물탱크의 하단 누두에서 물이 흐를 때 흐름의 속도

(1) 작은 오리피스

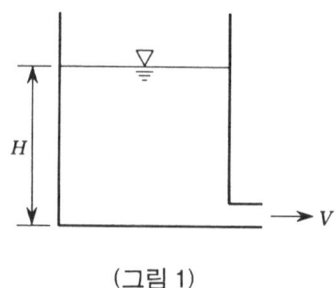

(그림 1)

$$V = \sqrt{2gH}$$

$$\therefore \frac{V_1^2}{2g} + H = \frac{V_2^2}{2g} + \frac{P_2}{W}$$

여기서, V_1 : 접근유속(수조에서 무시)
P_2 : 대기압(무시)

$$\therefore V = C_V \sqrt{2gH}$$

여기서, C_V : 유속계수

(2) 베르누이 정리

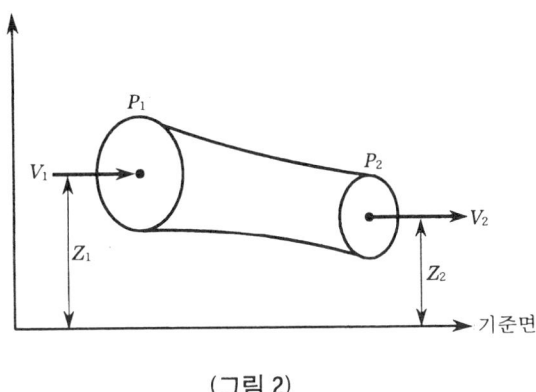

(그림 2)

$$Z_1 + \frac{P_1}{W_0} + \frac{\alpha}{2g} V_1^2 = Z_2 + \frac{P_2}{W_0} + \frac{\alpha}{2g} V_2^2 + H_L$$

$$Z_1 + \frac{P_1}{W_0} + \frac{V_1^2}{2g} = Z_2 + \frac{P_2}{W_0} + \frac{V_2^2}{2g} + H_L$$

제6장 T-Beam교

1. T-Beam교량 단면의 철근배근에 대한 설명문제

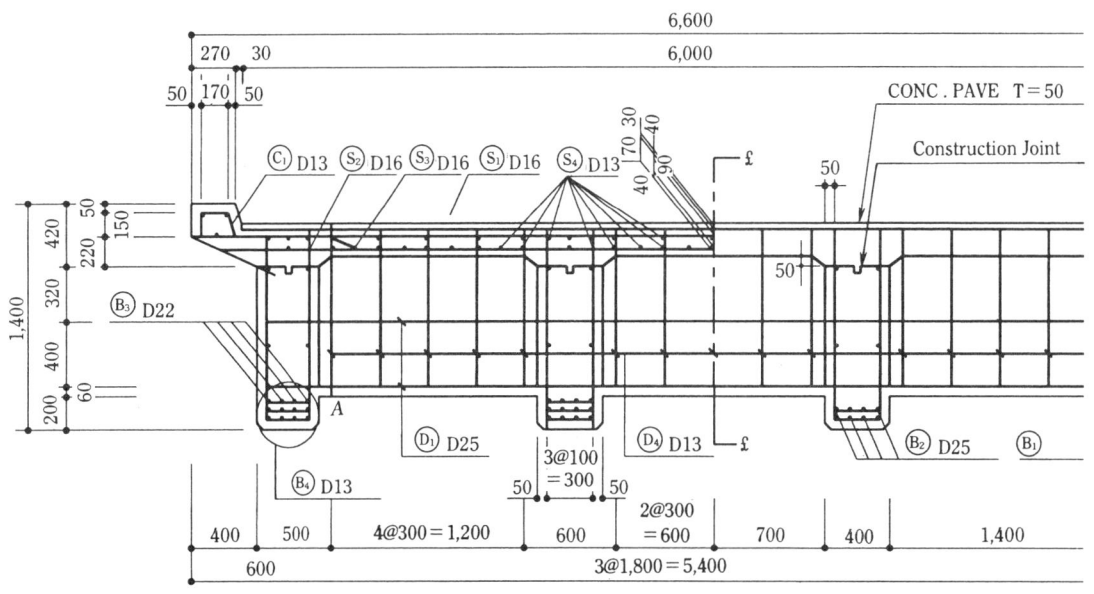

(그림 1)

1. 상판, 빔을 구분하여 주철근을 지적하고 이론적근거를 설명하시오.

(1) Bending Moment가 큰 곳(인장력)에 주철근 배치한다.

(2) T-Beam(주형)의 축방향 인장 주철근

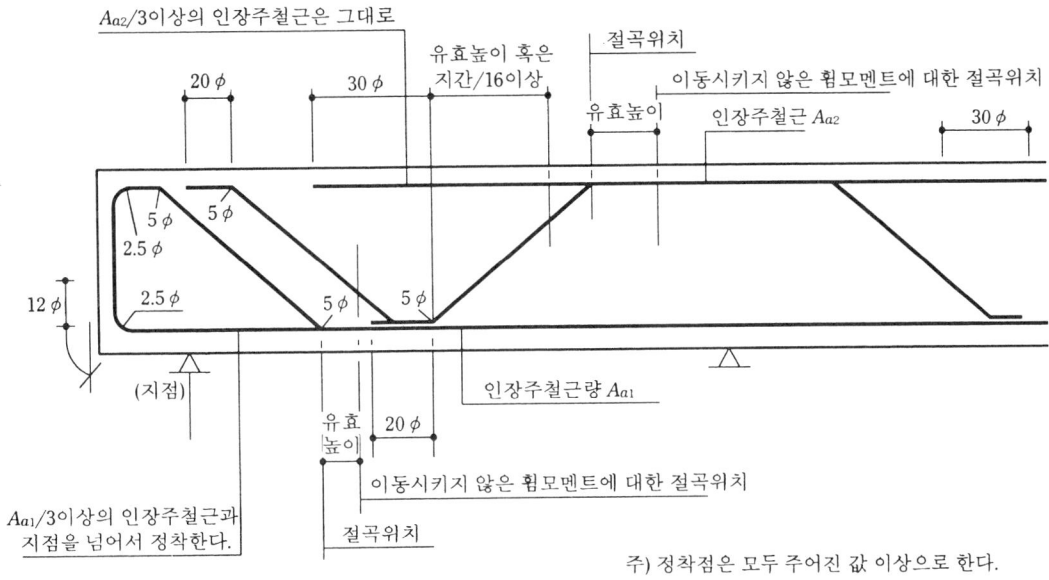

(그림 2) 축방향 인장주철근의 정착

2. 연속 T빔인 경우 (-)모멘트쪽의 주철근의 배근

(1) 그림 참고
(2) BMD를 그려서 판단
   1) 지간부
      보의 하단(복부) : 정의 휨 Moment
   2) 지점부
      보의 상단(플랜지) : 부의 휨 Moment

3. T빔교량과 I빔교량의 응력상 장·단점

(1) T-Beam이 I-Beam보다 EI(휨 강성)이 커서 처짐이 작고, 응력이 작다.

(2) $$\sigma = \frac{M}{I}y = \frac{M}{Z}$$

여기서, M : Bending Moment
I : 단면 2차 Moment
Z : 단면계수
$$Z = \frac{I}{y}$$

4. 크로스빔이 필요한 이유

(1) 상부 Slab의 지지
(2) 교통하중의 지지
(3) 상부하중을 주형(세로보)에 전달

5. 스터럽철근의 중요성과 배근간격

(1) 사인장 응력에 의한 균열방지
(2) 배근간격
   1) 좁을수록 좋다.
   2) T형보 : $0.5d$ 이내
여기서, d : 유효높이

   3) 직사각형보
     ① 지점부($2d$ 구역내)
$$S \leq d/4$$
$$\leq 8d_b (\text{주철근})$$
$$\leq 24d_b (\text{스터럽})$$
$$\leq 30\text{cm}$$

     ② 지간부
$$S' \leq d/2$$
여기서, d : 유효높이
d_b : 철근지름

4) 직사각형 Beam(보)의 Stirrup 배근

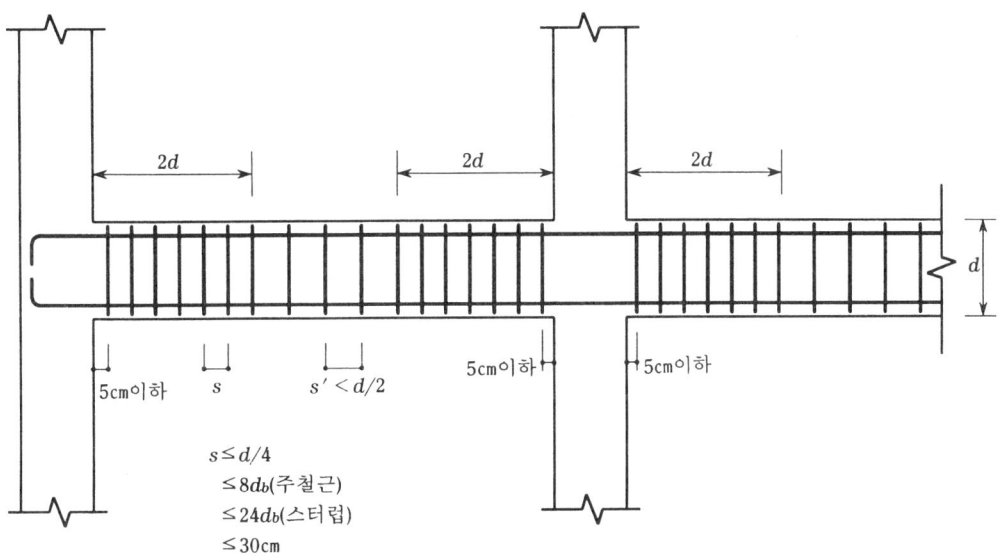

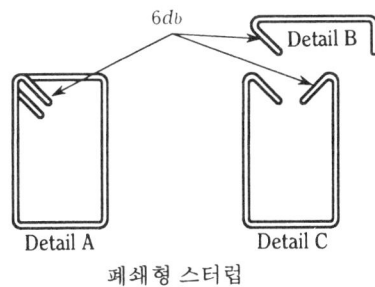

(그림 3) 보스터럽의 배근 방법(ACI 318-89)

6. T형 Beam의 일반

(1) 주형의 설계휨모멘트
1) **주형** 및 **가로보**의 **단면력계산**은 **격자구조이론**에 의하는 것을 원칙으로 한다.
2) **주형, 가로보**의 비틀림강성을 고려하여 해석한다.
3) **주형** 및 **가로보**의 강성은 **전폭유효**로해서 계산해도 좋다.

(2) 주형
1) 복부의 두께는 현장타설시 **25cm** 이상, 프리캐스트보인 경우 **13cm** 이상으로 한다.
2) **부모멘트**를 받는 부분의 **인장철근**은 유효폭 전체에 분산시키기로 한다. **유효폭**이외에는 유효폭내의 **단위폭당** 철근량의 1/3 이상의 철근을 배근하는 것이 바람직하다.

[해설]

① 복부의 최소두께는 **시공상**의 문제를 고려해서 정했다. 받침부에서 **전단력**이 현저히 크게되는 경우는, **복부의 두께를 크게하여야 하는데** 이 경우 1/5 이하의 경사로 한다. 단, **가로 보와의 접속부**에 힌치를 두는 경우에는 이 규정을 적용되지 않는다.

② 연속 T형거더의 주간지점부근의 보강방법으로 **지간중앙**의 **하측철근**을 몇군데 절곡시켜 플랜지의 복부폭내에서 연결하기도 하지만, 이것은 **돌출부**가 약점이 될 뿐 아니라, 콘크리트 등 **시공상의 결함**이 생기기 쉽다. 또 균열폭의 확대를 막는 의미에서도 바람직한 방법은 아니다. 따라서 **상측철근**은 유효폭 전체에 분산하고, 직경이 작은 철근을 **플랜지** 전체에 사용하는 것이 바람직하다. 철근량은 유효폭내 바닥판부분에 40%~50%의 비율로 배근하고 **주형부분**에 나머지를 배근하는 것이 좋다. 또 전단력의 1/2 이상은 **스터럽**으로 부담하는 것을 원칙으로 한다.

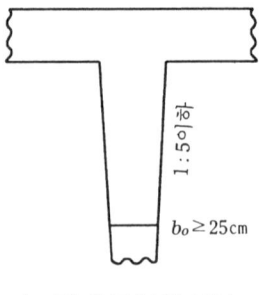

(그림 4) 주형의 복부

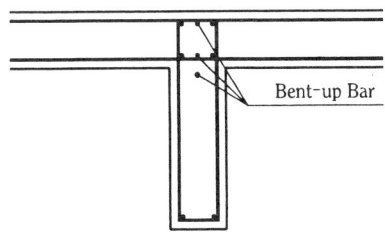

(a) 틀린 배근법

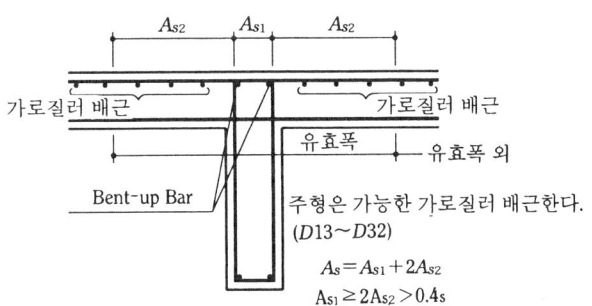

(b) 바른 배근법

(그림 5) 중간지점의 인장철근 배치 예

제7장 연속교, 게르버교

1. 교량일반 기초 필수지식
- 보위에 실리는 집중하중보다 큰 반력 받는 구조물이 있는지 여부
- 교량에서 받침의 명칭과 구조역학에서 지점의 명칭비교

1. 구조역학에서의 지점의 명칭

↔↕	양방향, 이동	↕	이동(횡방향)	↔↕	이동(양방향)
↔	이동(축방향)	•	고정	↔	이동(축방향)
↔↕	이동(양방향)	↕	이동(횡방향)	↔↕	이동(양방향)
Roller		Hinge		Roller	

2. 3경간 연속교의 지점

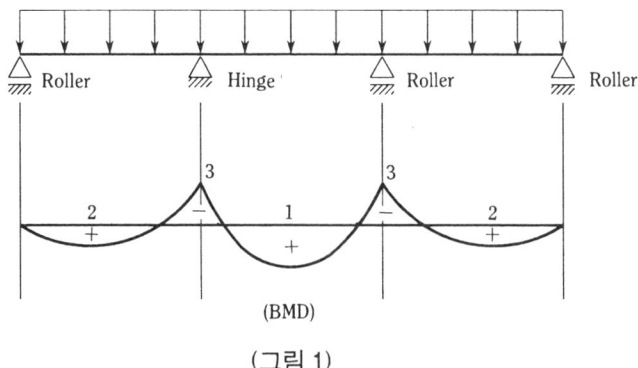

(그림 1)

2. 연속교 문제

1. 3경간 연속보의 부정정 차수계산

(1) 2차부정정

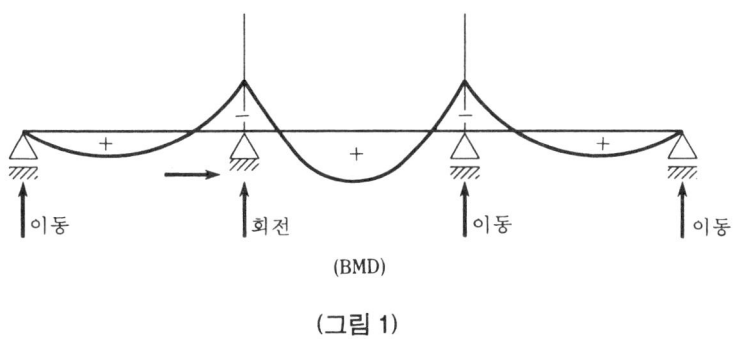

(그림 1)

1) $N = R-3-h = 5-3-0 = 2$차
2) $N = n-2 = 4-2 = 2$차
3) $(-)$ 모멘트가 2개 ⇨ 2차

2. 부정정차수 구하는 공식(보 등의 단층구조인 경우)

(1) $\boxed{N = R-3-h}$

여기서, R : 반력
h : 부재내 힌지수

(2) $\boxed{N = n-2(\text{연속보})}$

여기서, n : 지점수

(3) $(-)$ Moment 개수 $=$ 차수
(4) 주의 : h ⇨ 지점의 Hinge는 포함하지 않는다.

3. 연속교와 단순교로부터 게르버교가 된 기초이론

- 정정과 부정정의 문제
- 설계단면(벤딩모멘트)의 손익문제

(1) 단순교(정정)

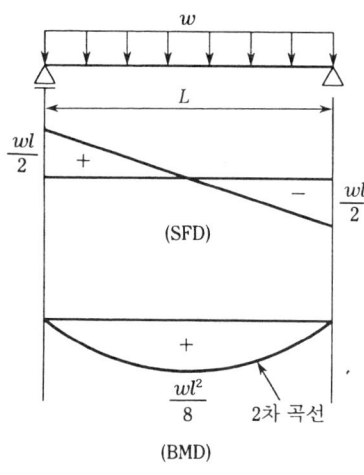
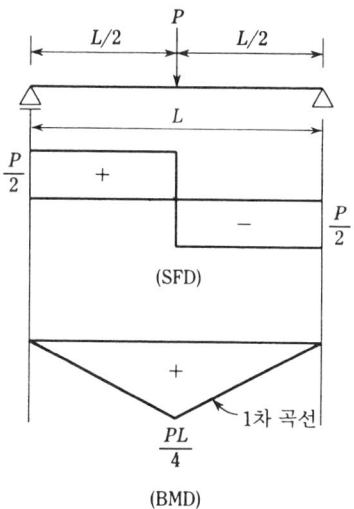

(그림 2)

(2) 연속교(부정정)

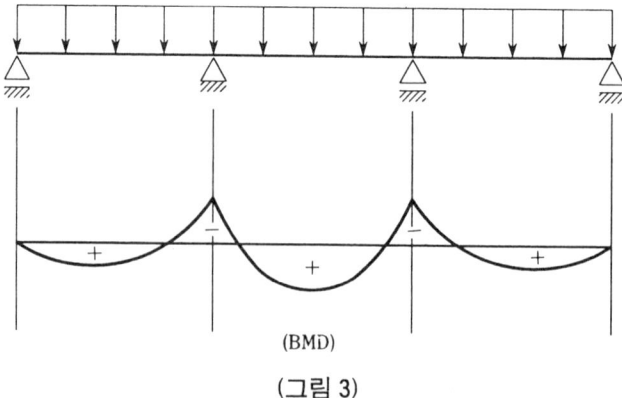

(그림 3)

(3) **Gerber교**
   1) 부정정 연속보에 부정정차수만큼 Hinge를 넣어 정정보로 만든 보
   2) 지점이 불량한 곳에 효과적임

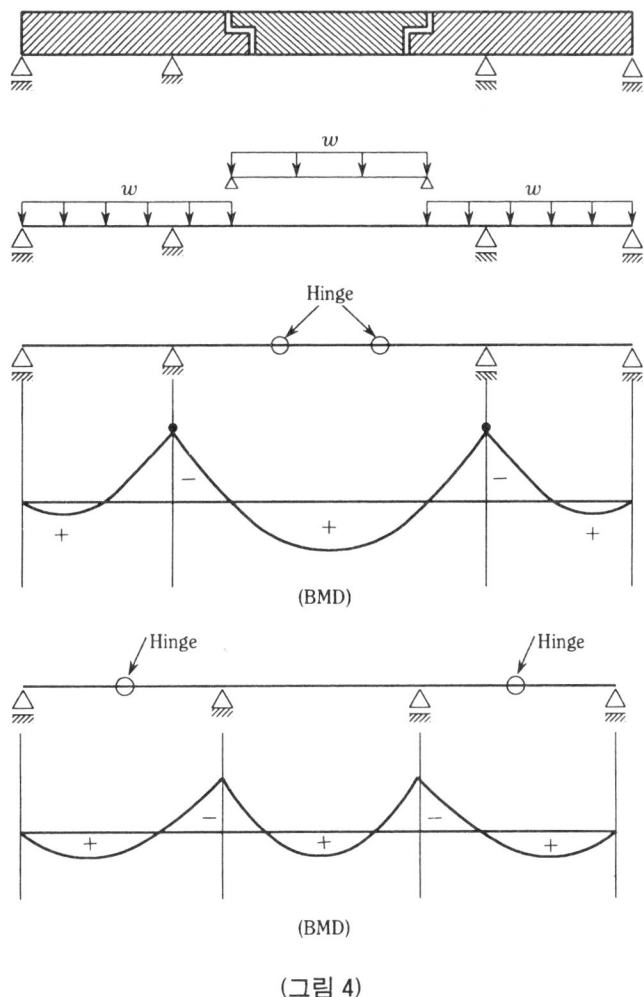

(그림 4)

   3) **첫경간**은 위험하므로 실제 Gerber보의 Hinge은 중앙경간에 두는 것이 좋다.

4. 슬래브콘크리트의 타설순서와 그 이유

- 콘크리트 치는 동안에 교량이 받는 하중
- 균열의 위치와 문제점

(1) 교량의 Concrete타설

1) Moment가 **큰 곳 먼저 타설**하여, **침하**시키고(+Moment가 있는 지간부분)
2) 침하가 없는, 교각위(−Moment)를 타설
3) 교각위를 먼저 타설하고, 지간부분 타설하면(순서를 바꾸면) ⇨ Slab상 열발생

(2) 타설순서

1) 단순교

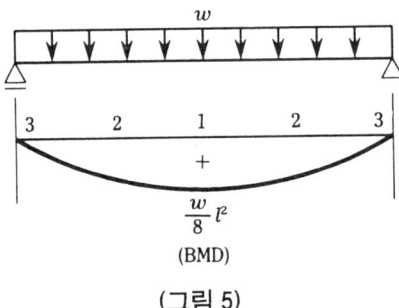

(그림 5)

2) 연속교

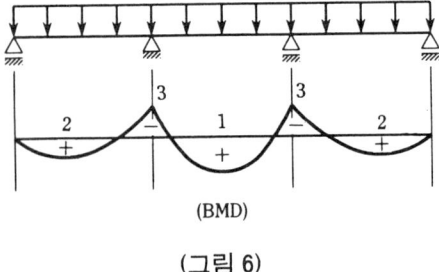

(그림 6)

3) Gerber교

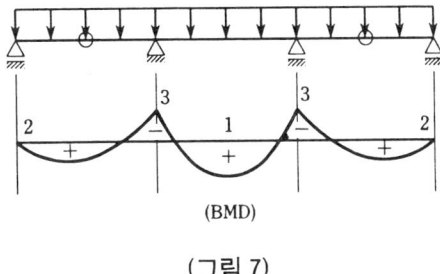

(그림 7)

5. 3경간 연속 P.S.C 슬래브교로 시공할 때, 시공상 주의할 점, 동 교량의 장·단점

(1) 부정정 구조물의 장·단점(특징) (정정에 비해)

장 점	단 점
• 휨모멘트 작고, 단면이 작다. - 재료 절감, 경제적 • 정정구조보다 큰 하중에 견딘다. • 지간길이를 길게 할 수 있다. • 교각수가 줄고, 외관이 좋다. • 이동하중 등의 큰 하중을 받을 때, 과대 응력을 재분배하는 능력이 있어 안전성이 증대	• 연약지반에서 지점(교각)의 침하, 온도변화, 제작오차 등에 대해 큰 응력이 발생 • 해석과 설계가 복잡하다. • 응력교체가 많이 일어나므로, 부가적인 부재가 필요하다

3. Gerber교의 문제점

1. 게르버 힌지 위치의 응력상문제

(1) Gerber Beam

※ 부정정 차수만큼 부재내에 Hinge 삽입하여 정정보가 되게 한 것

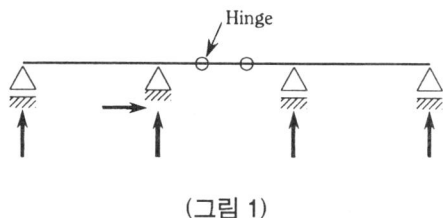

(그림 1)

1) Hinge가 없는 경우(연속보)

$$N = R-3-h = 5-3 = 2차 부정정$$
$$(N = n-2 = 4-2 = 2차 부정정)$$

2) Hinge 2개 삽입

$N = R-3-h = 5-3-2 = 0(정정)$

3) **첫 경간**은 위험하므로 **중앙경간**에 두는 것이 좋다.

2. 주빔이 트러스 게르버인 경우와 I빔 게르버인 경우

(1) T-Beam

EI(휨강성)이 크다.

EI↑ ⇨ 처짐(δ) ↓

(2) I-Beam

단면계수(Z)가 크다.

$$\sigma = \frac{H}{I}y = \frac{M}{Z}$$

Z↑ ⇨ σ(응력) ↓

3. 연속교와 게르버교를 비교하면

- 같은 경간에서 모멘트의 형태
- 같은 경간에서 주빔의 높이
- 같은 경간에서 단순보와의 관계

(1) 단순교, 연속교, Gerber교 Moment 비교

  1) 단순교 ⇨ 정정

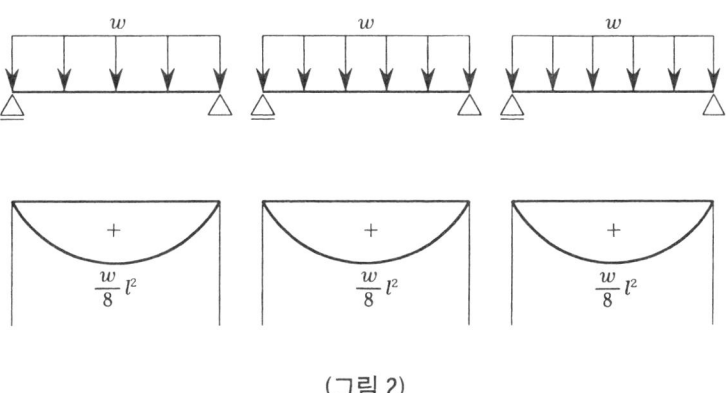

(그림 2)

  2) 연속교(3경간) ⇨ 2차부정정

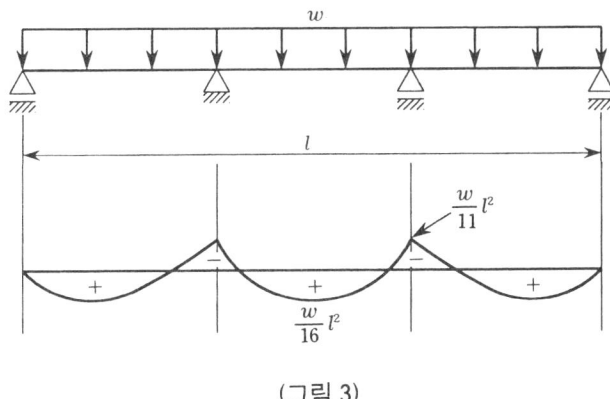

(그림 3)

3) Gerber교 ⇨ Hinge삽입, 정정

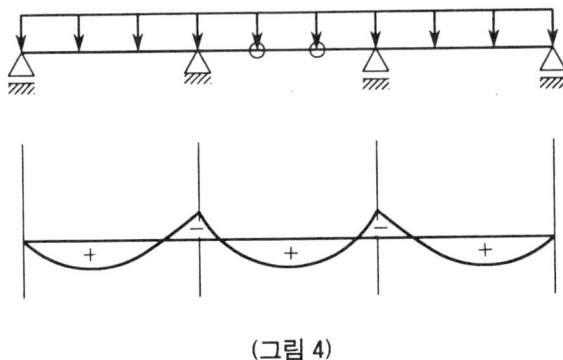

(그림 4)

(2) 단순교, 연속교, Gerber교 특징비교

NO.	특 징	단 순 교	연속교(3경간)	게르버교
1	정정, 부정정	정정	2차부정정	정정(힌지)
2	휨모멘트 최대값	제일 크다 $\frac{w}{8}l^2$	정정에 비해 적다. $\frac{w}{16}l^2$	—
3	지반조건		지반이 양호한 곳에 유리	지반이 불량한 곳 유리
4	단면(형고비)	크다.	작다.	
5	특징	처짐 발생해도 안전	처짐시불안전, 하부기초공사에 유의	내부힌지 연결에 유의
6	지간	짧다.		길다.

제8장 배합설계

> **1. 배합강도(f_{cr})와 설계기준강도(f_{ck})의 관계/증가계수의 변화, 배합설계시 골재의 함수상태설명**

1. 배합설계강도와 설계기준강도, 증가계수(α)

(1) 배합에 사용할 물−시멘트비는 기준 재령의 시멘트−물비(C/W)와 압축강도(σ_c)와의 관계식에서 배합강도(f_{cr})에 해당하는 시멘트−물비 값의 역수로 한다.

(2) 이 배합강도는 설계기준강도(f_{ck})에 적당한 증가계수(α)를 곱한 것으로 한다.

(3) 증가계수는 현장에서 예상되는 콘크리트 압축강도의 변동계수에 따라 시험값이 설계기준강도 이하로 되는 확률이 5% 이하가 되도록 정하는 것으로서 (그림 1)의 곡선으로부터 구한 값으로 한다.

(4) 일반적인 경우의 증가계수(α)

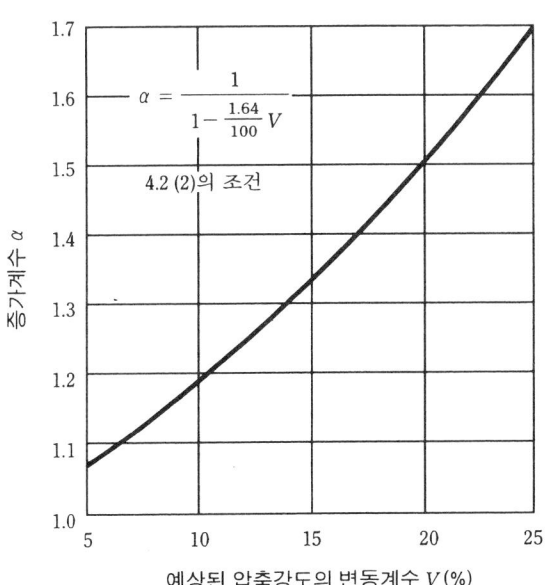

(그림 1) 일반적인 경우의 증가계수

(5) $\boxed{f_{cr} = \alpha \cdot f_{cr}}$

2. 배합설계에서 골재의 함수상태

표면건조포화상태(표건상태)

※ 주 1) '99년도에 콘크리트 표준시방서가 개정되면서 기호가 변경되었음을 참조바람.
　주 2) '99년도에 개정된 콘크리트 시방서 내용 숙지요망

3. 배합강도와 설계기준강도를 정하는 원칙

(1) 콘크리트의 배합은 소요의 **강도, 내구성, 수밀성, 균열저항성, 철근** 또는 **강재**를 보호하는 **성능** 및 작업에 적합한 **워커빌리티**를 갖는 범위 내에서 **단위수량**이 될 수 있는 대로 **적게** 되도록 해야 한다.

(2) 작업에 적합한 **워커빌리티**를 갖기 위해 콘크리트는 부재의 크기와 형상, 콘크리트의 **다지기 방법** 등에 따라서 거푸집의 구석구석까지 콘크리트가 충분히 채워지도록 치고 다지는 작업이 용이함과 동시에 **재료분리**가 거의 생기지 않는 콘크리트이어야 한다.

4. 배합강도와 설계기준강도관계

(1) 구조물에 사용된 콘크리트의 **압축강도**가 설계기준강도보다 작아지지 않도록 현장 콘크리트의 **품질변동**을 고려하여 콘크리트의 배합강도(f_{cr})를 설계기준강도(f_{ck})보다 충분히 **크게** 정해야 한다.

(2) 현장 콘크리트의 **압축강도 시험값**이 **설계기준강도** 이하로 되는 확률은 5%이하여야 하고 또한 압축강도 시험값이 **설계기준강도의 85%이하**로 되는 확률은 **0.13%이하**여야 한다.

(3) 콘크리트의 **압축강도 시험값**이란 굳지않은 콘크리트에서 채취하여 제작한 **공시체**를 **표준양생**(20°±3℃)하여 얻은 **압축강도의 평균값**을 말한다.

(4) **배합강도의 결정**은 (2)항의 조건을 충족시키도록 다음의 두 식에 의한 값 중 큰 값을 적용한다.

$$f_{cr} \geq f_{ck} + 1.64s \text{ (kgf/cm}^2) \cdots\cdots\cdots\cdots\cdots\cdots\cdots (1)$$
$$f_{cr} \geq 0.85 f_{ck} + 3s \text{ (kgf/cm}^2) \cdots\cdots\cdots\cdots\cdots\cdots (2)$$
$$s : \text{압축강도의 표준편차(kgf/cm}^2)$$

(5) 콘크리트 압축강도의 **표준편차**는 실제 사용한 콘크리트의 실적으로부터 결정한다. 다만, **공사초기**에 그 값을 **추정**하기가 **불가능**하거나 중요하지 않은 **소규모**의 공사에서는 $0.15 f_{ck}$를 적용한다.

2. 굵은 골재의 최대치수를 규정하는 내용

- 단면의 최소치수
- 철근의 과다여부
- 일반적 규정과 부재두께 관계

(1) 굵은골재의 최대치수는 **부재**의 **최소치수**의 1/5 및 철근의 최소수평, 수직 순간격의 3/4를 초과해서는 안되며

(2) 굵은 골재의 최대치수는 표와 같다.

〈표 1〉 굵은 골재의 최대치수

구조물의 종류	굵은 골재의 최대치수(mm)
일반적인 경우	20 또는 25
단면이 큰 경우	40
무근콘크리트	40 부재 최소치수의 1/4을 초과해서는 안됨

(3) 콘크리트를 경계적으로 제조한다는 관점에서 될 수 있는 대로 **최대치수**가 큰 **굵은 골재**를 사용하는 것이 일반적으로 유리하다.

(4) 그러나 철근콘크리트 부재에서는 철근이 몹시 **복잡**하게 **조립**되어 있고 부재의 치수가 그다지 크지 않은 경우가 많으며 부재의 모양이 **복잡**한 경우도 있으므로 콘크리트가 구석구석까지 잘 채워지게 하기 위해서는 **너무 큰 굵은골재**를 사용하는 것은 적당하지 않다.

(5) 일반적으로는 굵은골재 최대치수 25mm의 것을 사용하는 경우가 대부분이지만

(6) **부재치수, 철근간격, 펌프압송** 등의 사정에 따라 20mm를 사용하는 경우도 있다.

(7) **무근콘크리트**의 경우에는 일반적으로 단면이 크기 때문에 **최대치수**가 **약간 큰** 굵은 골재를 사용할 수 있다.

(8) 그러나 이 경우에도 일반적으로 40mm정도 이상은 그다지 많이 사용되고 있지 않으므로 표와 같이 정한 것이다.

(9) 사실상 최대치수가 **100mm**이상되는 **굵은골재**를 사용하면 보통은 완전하게 비벼지지 않고 **재료가 분리**하기 쉬우며 **표면마무리**가 곤란해지는 등 문제가 생기므로 주의할 필요가 있다.

> ### *3.* 절대 잔골재율이 콘크리트 품질에 미치는 영향
> - 콘크리트시방서의 배합편에 기술된 내용
> - 배합표시법에 나타난 단위량인 잔골재(S)와 굵은골재(G)로서 절대 잔골재율(s/a)을 표시하는 방법
> - 절대잔골재율의 대소에 따라 시멘트, 물, 강도, 경제성 등의 증감관계

1. 잔골재율(s/a)

(1) 배합 설계시 골재의 구분

  1) 잔골재(모래 : S)

    No. 4체(4.76mm)에 전부 통과

  2) 굵은골재(자갈 : G)

    No. 4체에 전부 잔류

(2) s/a(절대용적 잔골재율)

  1) 전체 골재량에 대한 잔골재량의 절대용적비

  2) $$s/a = \frac{S/G_s}{S/G_s + G/G_s} \times 100\%$$ ⇨ 용적비다.

여기서, G_s : 골재의 비중

(3) S/A(잔 · 골재율 : 중량비)

$$S/A = \frac{S}{S+G}$$

2. s/a가 콘크리트(강도)에 미치는 영향

(1) s/a가 적으면(↓)

  1) 소요 Workability를 얻기 위한 **단위수량**이 적어진다.

2) $W(\downarrow)$이면(단위수량이 적어지면)
   ① Cement량 감소 ⇨ 경제적이고
   ② 건조수축($\downarrow$) ⎤
   ③ 재료분리($\downarrow$) ⎦ 강도($\uparrow$)

(2) s/a가 너무 적으면
   1) 콘크리트가 거칠어진다.
   2) **재료분리** 커진다.
   3) Workability(작업성) 나빠진다.

3. s/a을 정하는 원칙

(1) 소요 Workability 범위내에서 단위수량(W)이 최소가 되게 결정한다.
(2) Pump 성능, 배관상태, 압송거리 고려
(3) 유동화 콘크리트에서는 Slump 고려해서 정하는 것을 원칙으로 한다.

4. 현장배합이 필요한 이유

- 자연상태 골재와 시방배합골재의 함수량 기준차이
- 자연상태 골재와 시방배합골재의 골재함량의 차이

1. 자연상태골재 : 건조 또는 습윤상태

2. 시방배합골재 : 표면 건조포화상태

3. 자연상태골재와 시방배합골재의 골재함량의 차이

(1) 입도보정, 표면수보정을 하여 현장배합해야 하는데,
(2) 골재의 함수상태에 따라 Batch Plant에서 계량해야 할 골재의 무게는 다르다.
(3) 근본적으로 Concrete $1m^3$ 생산에 필요한 표건상태의 무게로 환산했을 경우 함량의 변화는 없다.

4. 현장배합이 필요한 이유

(1) 입도, 표면수를 보정하여
(2) 배합표에 따라 Concrete를 생산했을 때 Concrete의 **용적변화**가 없이, 배합표 상의 함량을 그대로 유지하기 위해 현장배합(수정배합)한다.
(3) **시방배합, 현장배합 비교설명**

NO.	구 분	시 방 배 합	현 장 배 합
1	정 의	설계도서, 시방서, 책임기술자가 정한 배합	골재의 표면수, 입도변동을 수정하여, Batch Plant에서 계량하기 위한 배합
2	골재입도	No. 4체 기준 통과된 것 : 잔골재 잔류된 것 : 굵은 골재	잔골재, 굵은 골재가 조금씩 혼입되어 있음.
3	함수상태	표면 건조 포화상태	습윤 또는 건조상태
4	계 량	중량	중량 또는 용적
5	단 위 량	$1m^3$당	1 Batch당

Chapter 2

과목별 면접문제해설

제1장 면접시 일반적 유의사항

1. 면접에 필요한 참고서적 목록

1. 토질 및 기초
(1) 「지반공학의 기초이론」 - 황정규
(2) 「기초구조물의 설계와 해석」 - 강재순
(3) 「토질역학 응용과 이론」 - 김상규

2. 철근 Concrete
(1) 「토목구조물의 배근 상세」 - 콘크리트 학회
(2) 「콘크리트 표준 시방서」

3. 교량
(1) 「최신교량공학」 - 황학주
(2) 「강구조공학」 - 조효남, 한봉구

4. 각종 서적에 대한 저자, 관련기관, 관련학회 등을 숙지하여, 면접시 질문에 대한 답을 잘 모를 때, 인용한다.
(예 : ○○○저자의 ○○○공학을 공부했는데 좀더 열심히 하겠습니다.)

(1) 시방서의 종류
   ① 콘크리트 표준시방서
   ② 도로교 표준시방서
   ③ 터널 표준시방서
   ④ 도로공사 표준시방서
   ⑤ 토목공사 일반표준시방서
   ⑥ 하천공사 표준시방서

(2) 지침서
① 도로 포장 설계 시공지침 - 건설교통부
② 콘크리트 교량 가설 특수공법, 설계, 시공, 유지·관리 지침 - 건설교통부
③ 구조물 기초 설계기준 - 건설교통부
④ 댐 시설기준 - 건설교통부
⑤ 항만 시설 설계기준 - 해운 항만청

(3) 학회
① 토목공학회 - 고등기술강좌시리즈
② 지반공학회 - 지반공학시리즈

(4) 기타 신기술 관련 책자
① 신기술, 신공법 - 대한건설협회
② 일간건설
③ 건설기술 교육원 교재
④ 한국 도로공사 발간 기술서적
⑤ 한국 수자원 공사 발간 기술서적

2. 입실 후 수험자의 태도

(1) 안녕하십니까 교수님(박사님)?
(2) 수험번호 ○○○○○○번, ○○○입니다.
(3) 앉으시오. (면접관의 지시에 따른다.)
(4) 앉은 후 자세를 바르게 하고, 면접에 응한다. (고개를 떨어뜨리지 말 것)

3. 경력이 어떻게 됩니까

(1) ○○○건설 ○○년 ○○월
(2) ○○○건설 ○○년 ○○월
(3) ○○○건설 ○○년 ○○월
　　※ 본인의 경력을 수검자카드와 일치하게 숙지할 것

4. 이력서를 보면 회사를 많이 옮겼는데, 이유는

(1) 경험해 보고 싶은 공종이 있어 옮겼다.
(2) 기술직 선배들과 Team을 구성하여 좀더 많은 시공경험을 하고 싶었다.
(3) ○○○교량, ○○○터널 등의 특수공법을 배우고 싶어 옮겼다.

5. 회사 이동시 공사진행 중에 옮겼나

(1) 준공 후
(2) 본사대기 중 옮겼다.

6. 현재 시공하고 있는 공사 규모는

본인이 시공중인 공사의 규모, 공기, 위치, 현장명, 각종 공사 제원 숙지

7. 귀하가 시공한 공법은 무엇이 있는가 (또는, 시공경험 중 자신있는 것은 무엇인가)

(1) 후속질문이 따르므로, 미리 자신있는 **경험** 몇가지에 대한 **시나리오**를 준비할 것
(2) 경험한 공종(예 : 상하수도, 터널, 토공, 단지)에 관련된 과목에 대한 기초적인 지식 습득할 것 (수리학, 철근 Concrete, 응용역학 등)

8. 시험에 몇번 응시했는가

7회~8회 응시했습니다.

9. 지금 근무하고 있는 회사는

(1) 1군회사인 소재, ○○○건설에 근무 중
(2) 도급한도액 ○○○원, ○○○군입니다.

10. 기술사 취득 후 근무는 (특히, 공무원)

(1) 현회사에 계속 근무하겠다.
(2) 대형 현장에는 기술력이 있는 사람이 많지만, 지방에는 오히려 적으므로, **지방**에서 보람되게 근무하겠다.
(3) 공무원인 경우 국가백년대계를 세워가는 토목기술인으로서 소신있게 온 백성에게 봉사하는데 기여할 수 있도록 계속 공무원 생활할 예정입니다.

11. 미경험 분야 질문시, 또는 질문에 대한 답을 모를 때 답변하는 방법

원로 교수님의 저서, 각종 **학회**의 **강좌내용** 등으로 공부했는데, 깊이있게 하지 못해 죄송합니다. 앞으로 더욱 열심히 공부하겠습니다.

12. 마치고 나올 때(퇴장시)

(1) 좋은 지적 고맙습니다.
(2) 많은 것을 배웠습니다.
(3) 좀더 노력하여 공부하겠습니다.
(4) 오늘 면접에서 질문하신 내용이 본인에게는 각성할 수 있는 계기가 되었습니다. 집요하게 연구하여 공법의 원리를 확실하게 알고 ⇨ 시공에 임할 수 있도록 계속 공부하겠습니다.

제2장 시공경험 시나리오 예시

※ 수검자 카드 작성시 유의사항 자신있는 시공경험 위주로 작성하고, 사전에 자료를 수집하여 숙지해둔다.

1. 충주댐 시공경험이 있으신데 주요가설비에 대하여 설명하시오.

본댐 및 발전소공사 등을 위하여 설치되는 가설비공사는 공사용도로, 건물, 골재선별장, 콘크리트혼합 및 타설설비, 동력 및 전기통신설비, 냉각설비, 급수설비, 기자재야적 등으로 구성되며 적용된 가설비의 주요내용은 다음 (표 1)과 같다.

〈표 1〉 충주댐 주요 가설비

공 정	주요제원	내 용
공사용도로	연장 15.7km 교량 2개소	충비 – 댐간 진입로 6.0km, 폭 10.0m 포장 우안공사용도로 6.4km, 폭 10m 비포장 좌안공사용도로 2.9km, 폭 10m, 비포장 진입교량 75m, 폭 8m DB18 댐하류교량 184m, 폭 8.5m DB18
건물	14동	사무소 915평, 합숙소 780평 사택 48세대, 시멘트창고 3동 기자재창고 1동, 기타 1식
골재선별설비	660 ton/hr×1기	Jaw crusher 1대, Cone crusher 1대
주혼합장	120m³/hr×2기	Screen tower 2기 전자동계기 및 혼합식(본댐콘크리트 생산용)
보조혼합장	90m³/hr×1기	자동계량 및 혼합식(일반구조물 콘크리트 생산용)
시멘트저장설비	1,000ton×2기	강재 Silo(내경 7.6m, 높이 27m)
콘크리트운반설비	Diesel기관차	Diesel기관차 2대, 대차 2대, 6m², Bucket 8대
콘크리트타설설비	20ton(6m³) Cable crane×2기	좌안고정, 우안고정식 Span 630m, Main wire φ86m/m
동력설비	2,500KVA	2,500KVA 공사용 변전소 1식
창고 및 야적장	65,000평	증기정비공장, 목공소, 철공소, 기자재창고, 기자재야적장
공기압축설비	42.5m³/min×5대 44.2m³/min×6대	좌안 6대, 우안 5대, 배관 1식

(표 2) Cable crane 설비용량 (콘크리트 타설장비 현황)

공 정	내 용
콘크리트타설량(G)	115m³/h
Cycle Time(t)	5min
운전효율(E)	0.8
Cable crane 용량	6m² × 2기
설비용량 산정결과	115 × 5/(60 × 0.8) = 12m³
Crane 용량 검토	
콘크리트 타설량	926,000m³
타설개월수	26개월
1일평균 타설시간	16시간
1시간 평균타설량(크레인)	57.6m³ × 2기 = 195.5m²
평균 1개월 타설량	926,000m³/26월 = 35,625m²
평균 1일 타설량	35,615m³/21일 = 1,687m²/일
최대 1개월 타설량	35,615m³ × 1.5 = 53,423m²/월
최대 1일 타설량	1,687m³ × 1.5 = 2,531m²/일
최대 1시간 타설량(22hr/일)	2,531m³/22hr = 115m²/hr
Cable crane 용량 산정식	$Q = (G \times t)/(60 \times E) = 115 \times 5/(60 \times 0.8) = 12m^3$
Cycle time(작업효율 고려)	5/0.8 = 6.25분
시간당 타설량	(60min/hr × 6m²)/6.25min = 57.6m³/hr

2. 유수전환에 대하여 설명해 보시오.

1. 개 요

- 유수전환시설은 **댐 형식**이나 **하류부**에 대한 위험도에 따라 그 규모와 형식에 제한을 받으므로 **본댐**과 **부대구조물**의 시공성을 최대한 확보하면서 공사중 **홍수**로 인한 **피해**가 **최소**로 되도록 **계획**하여야 한다.
- 유수전환시설의 설계는 **설계홍수량**, **댐의 형식**, 공사중 홍수로 인한 **예상피해규모**와 **공기 지연기간** 등을 상세히 검토하여 결정하여야 한다.

2. 설 계

충주댐 유수전환을 위한 설계홍수량은 건기(10월~6월) 중 빈도 **홍수량**에 해당되는 3,000m³/sec를 채택하였으며 이는 홍수기(7월~9월) 중 2회 정도의 **월류빈도**에 해당하는 홍수량이다. **유수전환시설**의 설계를 위한 절차와 수행내용은 (그림 1)과 같다.

(그림 1) 설계절차 및 수행내용

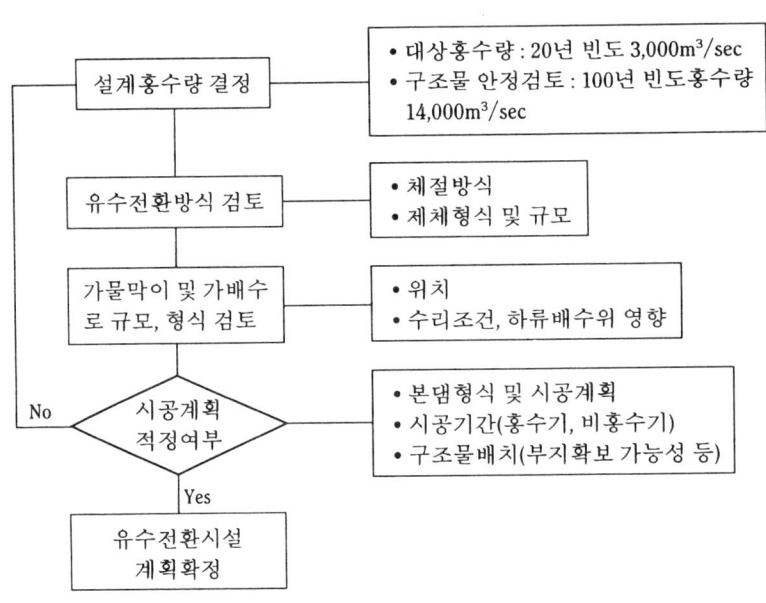

3. 가물막이공

충주댐에서 시공된 가물막이의 제원은 다음과 같다.

(표 3) 가물막이 제원

구 분	상류가물막이	하류가물막이
하상표고	EL 53.0m	EL 67.0m
제정표고	EL 85.5m	EL 76.0m
제체높이	32.5m	8.4m
제정폭	3.0m	10.0m
제정길이	206.4m	166.5m
Type	Concrete 중력식	Fill Type
법면경사	상류 1 : 0.15, 하류 1 : 0.6	상류 1 : 1.5, 하류 1 : 2.5
체 적	49,915m³	69,975m³
돌망태	—	6,694m³
기 타	EL. 75m에 직경 800mm Steel Pipe 1개를 매설한 것은 가배수로 폐쇄후 상류담수가 가물막이 정상표고 EL 85.5m에 이르는 동안 5.0m³/sec 용수를 하류에 공급	

4. 가배수 터널공

(표 4) 가배수터널 개요

구 분		내 용	비 고
가배수터널	터널직경	12m	
	터널수	2개소	
	입구부 표고	EL 64.5m	
	출구부 표고	EL 62.5m	
	터널길이 1호	601m	
	터널길이 2호	666m	
	터널경사 1호	1/300	
	터널경사 2호	1/333	
굴 착		• 상부반단면굴착 : Leg Drill 굴착 • 하부반단면굴착 : Bench Cut 공법	
축 조		• Flexible hose 사용 • 1Lift 높이 0.7m	

5. 가배수 터널 폐쇄

가배수 터널 폐쇄는 본댐 축조가 완료되어 담수가 시작되면 시행하는 단계로써 작업의 공정은 (표 5)와 같다.

(표 5) 작업공정

공 정	작 업 내 용
1984.11.1	터널출구 가물막이 및 진입도로
1984.11.5~11.7	입구부 모래 및 자갈축조 Strut concrete 타설
1984.11.8~11.15	Water, Air line 설치
1984.11.16~11.20	Plug 콘크리트 타설
1984.11.25~12.20	Drain Hole 천공
1984.12.21~12.24	Crown 부위 Backfill Grouting
1985.1.15~1.16	Contact 및 Embedded Pipe Grouting
1984.1.17~2.27	Curtain Grouting

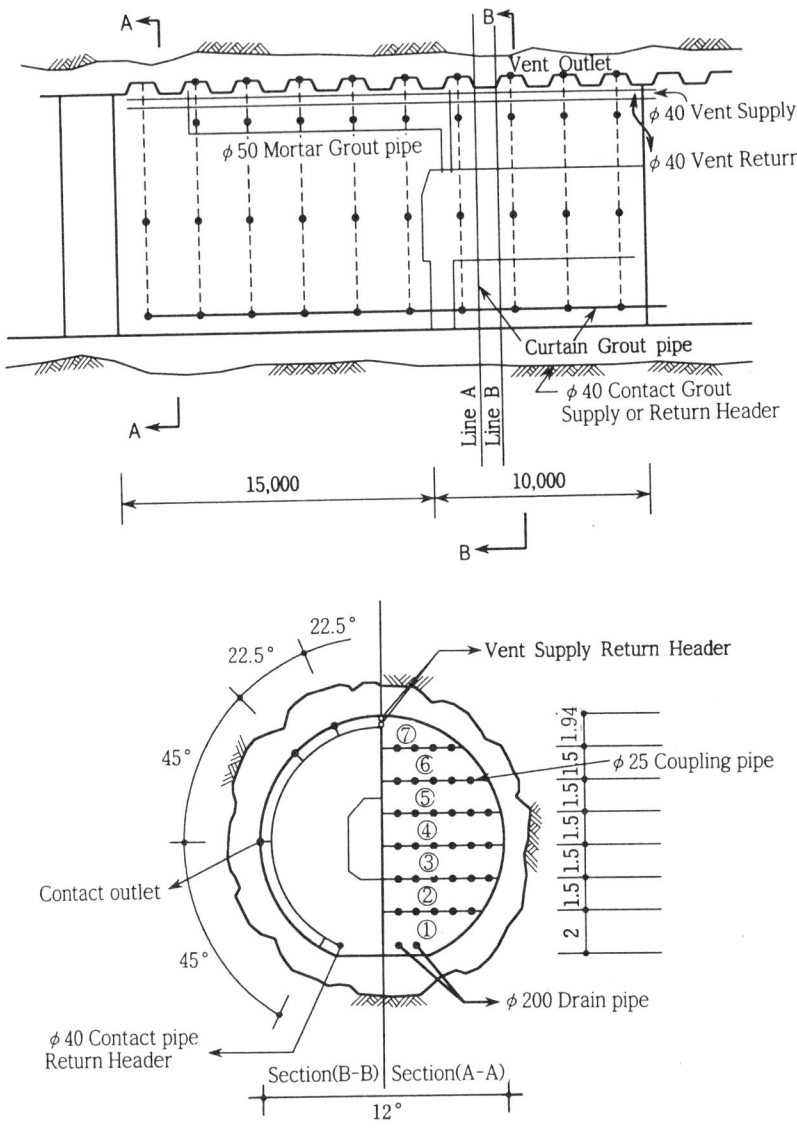

(그림 1) Plug콘크리트 타설 및 Grouting Pipe 배치도

---

3. 본 Dam 콘크리트 타설현황에 대해 설명해 보시오.

1. 개 요

본댐 및 **여수로** 기초굴착에 앞서 지질조사, 탄성파탐사, 보링조사, 투수시험, 시험굴조사 등의 조사결과를 이용하여 **댐기초**에 대한 **지질상태**를 파악하여 **기초굴착선**을 결정하였으며, 본댐 콘크리트 타설은 Cable Crane 2대를 사용하여 902,000m³을 타설하였으며 충주댐 축조시 공정 및 품질관리를 위하여 많은 노력을 기울였다.

2. 콘크리트 Dam의 주요품질관리 중점항목

(표 6) 타설 콘크리트 주요사항

구 분	주 요 사 항	비 고
본댐 콘크리트	골재크기 : 최대 150mm 시멘트 : 수화열을 감소시키기위하여 중용열시멘트 사용 다짐장비 : Vi-back, Portable vibrator 양생시설 : Block별 Sprinkler 설치 냉각시설 : Lift별 D25mm : 1.0~1.5m 설치 　　　　　Cooling plant : 3개 설치	
콘크리트 타설	• 타설전 조치사항 　암반면 검사, 구조물 측량, 타설전장비 등 검사 • 타설공정 　① 블럭은 가급적 상류측에서 시작 　② 1Lift마감은 평면으로 마무리, 1/100 경사(상→하류) 　③ 콘크리트 버켓은 가급적 낮은 위치 타설(1m 이하) 　④ 콘크리트 타설층 두께 : 50cm 이상 　　　암반타설시 주의사항은 그림 참조 　⑤ Lift 타설은 최소 72시간 경과후 타설 　⑥ 신구콘크리트 균열발생방지 블록별 Lift 차이 　　　댐상·하류 방향 : 4Lift　　축방향 : 8Lift 　⑦ 동절기 타설블록이나 1개월이상 경과된 블록은 　　　Half Lift(0.75m)로 타설 2~3 Lift를 Mortar포설후에 　　　타설한다. 　⑧ 한중(寒中)콘크리트 온도 : 섭씨 10° 이상 유지 　⑨ 서중(暑中)콘크리트 온도 : 섭씨 25° 이하 유지 　　　Cooling plant에서 생산된 냉각수 사용	(그림 1) 참조 타설순서 (그림 2) 참조
운반 및 Cycle time	• 운반장비 : Cable crane 1, 2호기 및 기관차 • Cable crane 용량 검토 　$(Q \times Cm)/(60 \times E) = 115 \times 5/(60 \times 0.8) = 12m^2$ • Cycle time : 6.25분(5분/0.8 = 6.25분)	
냉각 설비	• 콘크리트 혼합 양생중 수화열 냉각 • 온도상승율 $$\Delta t = \frac{(h^2 \cdot T)}{L^2} \cdot \Delta tg$$ 　여기서, Δt : 콘크리트 타설시 상승온도 　　　　　H^2 : 열확산계수 　　　　　Δtg : Lift별 온도차 　　　　　L : 콘크리트 타설 1단의 높이 　　　　　T : 시간간격 • 콘크리트 타설의 최고온도와 연평균기온과의 온도차가 20° 이내이어야 중용열 콘크리트 균열을 막을 수 있으므로 인공냉각이 필요함. • 관냉각 방법 및 시기 　① 수온 섭씨 -5°, 관간격 1.5m : 5월, 9월 　② 수온 섭씨 -5°, 관간격 1.0m : 6월 　③ 수온 섭씨 -10°, 관간격 1.0m : 7~8월	

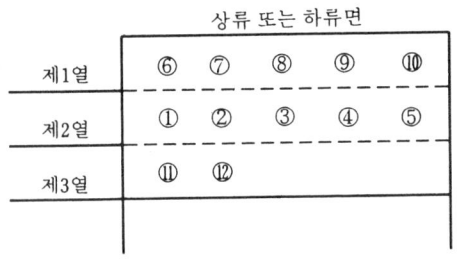

(평면도)

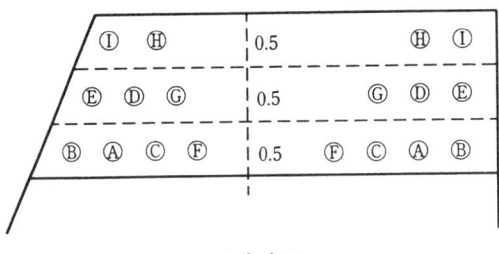

(단면도)

(그림 2) 콘크리트 타설 순서

(그림 3) 암반 접촉부의 타설방법

4. 댐기초처리에 대한 설명을 해보시오.

1. 개 요

기초처리는 **기초암반**의 역학적 성질을 개량하고 기초암반내의 **침투수**를 억제하는 목적으로 행하며 특히 **댐축조**에 있어서는 댐의 안전과 직결되어 대단히 중요하다. 댐기초처리의 절차는 (그림 4)와 같고 기초처리전 Lugeon분포도는 (그림 5)와 같다.

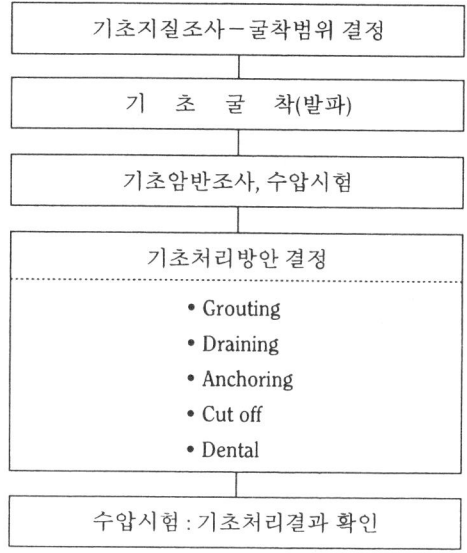

(그림 4) 댐기초처리 절차

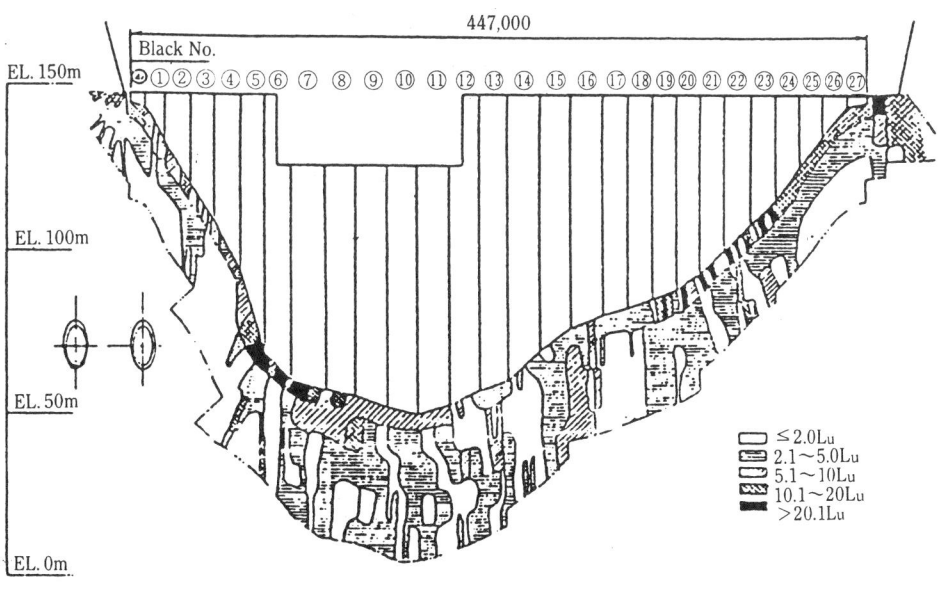

(그림 5) 주입전 Lugeon 분포도

2. 기초처리 시공

댐기초처리는 압밀그라우팅(Consolidation Grouting), 차수그라우팅(Curtain Grouting), 단층 및 파쇄대 처리, Contact Grouting로 구별할 수 있다. 이장에서는 충주댐에서 시행한 **압밀주입**과 **차단주입**에 대하여 설명한다.

(1) 압밀그라우팅(Consolidation Grouting)
1) Grout hole 배치 : 3×3m 격자모양 (그림 6 참조)
2) 수압시험 주입압력 : $2kg/cm^2$, Milk 주입압력 : $3kg/cm^2$
3) 주입심도 : 5m   4) 주입속도 : $20\ell/min$
5) 배합비 : 5종(c/w = 1/10, 1/7, 1/5, 1/3, 1/1)

(표 7) 수압시험별 초기배합

수압시험	$30\ell/min$이상	$30 \sim 10\ell/min$	$10 \sim 1\ell/min$	$1\ell/min$이하
초기배합(c/w)	1 : 5	1 : 7	1 : 10	Grouting 불필요

(2) 차수그라우팅(Curtain Grouting)
1) 공의 배치 : 2열(그림 7 참조)
2) 주입심도 : 하상 45m, Abutment 30m, Limb 20m)
3) 배합비 : 5종(c/w = 1/10, 1/6, 1/4, 1/2, 1/1)

(표 8) 단계별 주입압력

심도(m)	Stage	주입압력(kg/cm^2)	심도(m)	Stage	주입압력(kg/cm^2)
2.5 5	1	5	27 30 35	4	17 20 25
10 15	2	7 10			
20 25	3	12 15	40 45	5	27 30

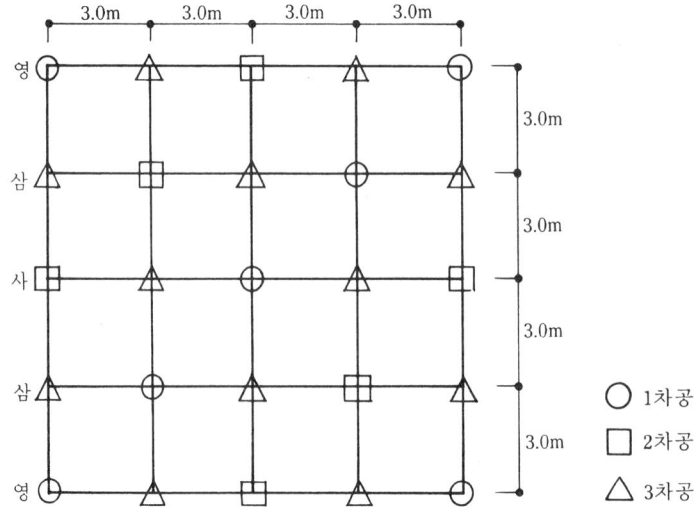

(그림 6) 그라우팅공의 배치(압밀주입)

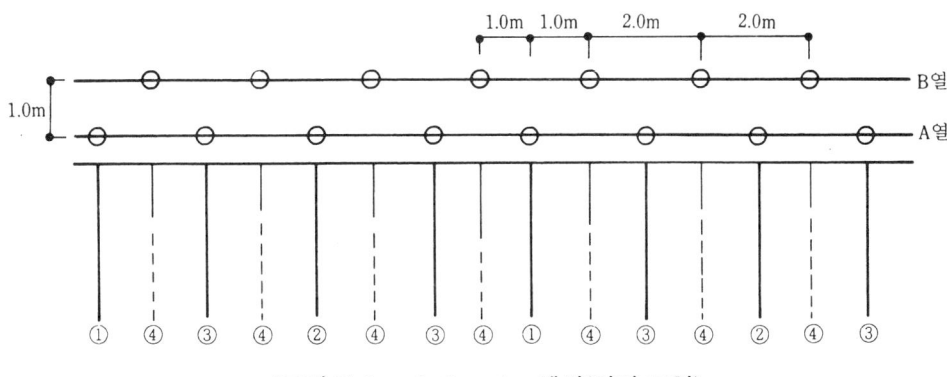

(그림 7) Curtain Grouting 배치(차단 주입)

3. 수압시험

기초처리후 수압시험결과에 의하여 기초암반이 개선된 것을 Lugeon 분포도(그림 8)에서 알수 있다. 참고로 수압시험식은 아래와 같다.

$$L_u = \frac{10Q}{P \cdot L} \ (l/\min/m)$$

여기서, Q : 주입량($l/\min$)
L : 시험구간의 길이(m)
P : 주입압력(kg/cm^2)

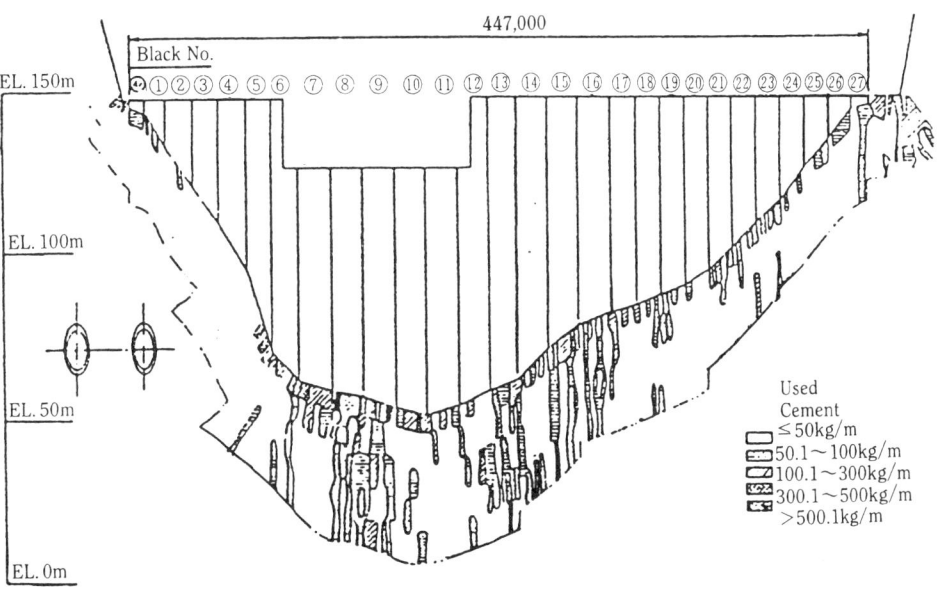

(그림 8) 주입후 배치 Lugeon 분포도

5. 우리나라 다목적 Dam의 현황

구 분	단위	섬진강	남강	소양강	안동	대청	충주	합천	주암 본댐	주암 조절지댐	임하	낙동강 하구언
유역면적	km²	763	2,285	2,703	1,584	4,134	6,648	925	1,010	134.6	1,316	23,326
연평균유하량		15.77	63.3	55.5	29.8	102	156	28.9	25.02	4.66	24.2	—
댐형식	CMS	CG	R.F	R.F	R.F	CG & RF	CG	CG	R.F	R.F	R.F	CG
마루표고	EL.m	200	203	203	166	83	147.5	181	115	115	168	168
체적	10³m³	410	9,590	9,590	4,014	1,234	902	900	1,600	4,960	2,990	9.15
홍수위	EL.m	197.5	198	198	162.5	80	145	179	110.5	111.1	164.7	2,210
상시만수위	EL.m.	196.5	193.5	193.5	160	76.5	141	176	108.5	108.5	163.0	3.70
총저수량	10⁶m³	466	2,900	2,900	1,248	1,490	2,750	790	457	250	595	—
유효저수량	10⁶m³	370	1,900	1,900	1,000	790	1,789	560	352	210	424	—
홍수조절용량	10⁶m³	32	500	500	110	250	616	80	60	20	80	—
상시보장유량	CMS	7.0	46.4	46.4	12	52.3	107.2	19	8.56	6.19	15.76	
발전시설용량	천kW	34.8	200	200	90	90	412	101.2	—	22.5	50	—
연간발전량	GWH	174.1	353	353	89	89	844.1	232.4	—	51.3	96.7	—
연용수공급량	10⁶m³	350	1,213	1,213	926	926	3,380	599	270	219	497	750
건설기간	년	61-65	62-70	67-73	71-76	75-81	78-86	82-89	83	92	84-92	83-90

주) 1. CG : Concrtete Gravity Dam
    2. RF : Rock Fill Dam

제3장 토 공

1. 택지개발과 구획정리의 차이점

1. 택지개발
   (1) 관주도형
   (2) 주택공사, 한국토지공사가 주도

2. 구획정리
   (1) 구획정리 조합 결성 ⇨ 민간주도형
   (2) 도시계획차원

2. 단지조성 공사의 내용

1. 부지 계획고, 측량 및 확인

2. 토취장, 사토장 등의 확인, 조사

3. 절성토의 균형, L값, C값 확인

4. 우수, 오수 계획의 적합성 확인
  (1) 그 지역의 수문조사(강우량, 유출량)
  (2) 입주업체(공단인 경우) 및 입주가구(주택단지)의 오수배출량 등의 조사
  (3) 우수, 오수 관거 단면, 수리 계산한다.

5. 상수도 공급 계획

6. 도로포장계획

7. 통신구 Cable 설치

8. Street Lighting Pole 설치

9. 어린이놀이터

10. 조경계획

11. 시공상의 유의사항
  (1) 민원
    용지보상, 비산, 먼지, 영농보상, 발파시 진동, 소음관리하여 민원 방지
  (2) 토공 관련 시공문제
    1) 토취장 선정
    2) 운반거리
    3) 토공 다짐
    4) 연약지반처리 등

3. 단지 조성시 토공처리 방안

1. 절성토의 균형 및 수량 산출 방법
양단면적법이 많이 사용된다.

2. 토공배분 및 평균운반거리 산출

(1) Block별 절·성토 계산 후
  평면상 운반거리산출
  ※ ① 평면도 상에 20m간격의 방안을 긋고 절·성토량을 기입한다.
    (예 B = Banking, C = Cutting)
  ② 서로교차되지 않게 순차적으로 절토 ⇨ 성토로 토공을 운반시켜
  ③ 전체 운반토량과 전체운반거리의 합으로
  ④ $\boxed{평균운반거리 = \dfrac{\Sigma L (운반거리합)}{\Sigma Q (운반토량합)}}$ 를 구함

(2) 유토곡선 사용(주로 긴 선형 토공구조물 - 도로, 수로 등에 사용된다.)

4. 다짐의 들밀도 시험기구, 방법, 표준사

1. 들밀도 시험방법의 종류
(1) **모래치환법** : 표준사 사용
(2) **고무막법(물치환법)** : 물사용
(3) **핵밀도기** : 방사선 이용

2. 다짐시험방법
(1) 실내다짐시험 − A, B, C, D, E 방법 ⇨ γ_{dmax} 결정
(2) 현장 들밀도 시험(모래치환법) − γ_d 구함
(3) 표준사
    1) 캐나다 오타와산(국제공인용) : 정확한 방법이다.
    2) 주문진산(비공인) : 정확한 것이 아니고 편법이다.

5. 도로에서 사용되는 다짐시험방법은 A, B, C, D, E중 어느 것을 사용하나

1. C, D, E 방법 중 1가지 사용. (수정다짐)

〈다짐시험방법〉

구분	시험방법	램머(kg)	몰드지름(mm)	층수	낙하고(cm)	타격회수	시료(mm)	다짐에너지(kg-cm/cm³)
표준다짐	A	2.5	100	3	30	25	19	5.6
	B	2.5	150	3	30	55	37.5	5.6
수정다짐	C	4.5	100	5	45	25	19	25.3
	D	4.5	150	5	45	55	19	25.3
	E	4.5	150	3	45	92	37.5	25.3

2. 다짐에너지

$$E = \frac{W_R H N_B N_L}{V} \, (\text{kg}-\text{cm}/\text{cm}^3)$$

여기서, V : 몰드체적
① $D = 100$일 때 → $V = 1,000 \text{cm}^3$
② $D = 150$일 때 → $V = 2,209 \text{cm}^3$
M_R : 램머중량
N_B : 타격회수
N_L : 층수
H : 낙하고

3. 수정다짐

(1) 중량이 큰 Roller가 사용됨에 따라 **현장조건**에 맞게 수정
(2) 도로, 활주로의 **기층다짐**에 사용한다.

6. 다짐에서 K치가 무엇인가

1. 평판재하시험(PBT)의 지지력계수

(1) $$K = \frac{\text{시험단위하중}}{\text{표준단위하중}} \times 100\%$$

(2) **시험기구**
   1) 재하판
      ① 사각(30×30cm, 40×40cm, 75×75cm)
      ② 원형(30cm, 40cm, 75cm)
   2) 반력
      ① 실하중
      ② 지반고정, 유압 Jack 사용

(3) **시험방법종류**
   1) 장기재하
   2) 단기재하

(4) P-S 곡선으로 항복, 극한, 허용하중 구한다.

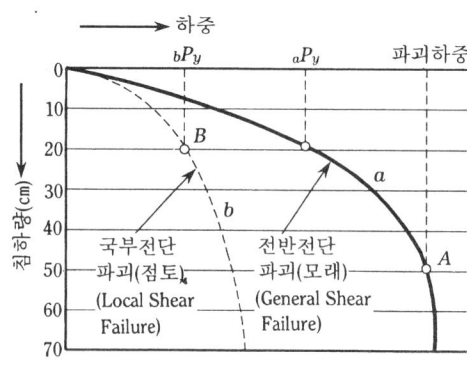

(그림 1) 하중-침하곡선의 특성

제3장 토 공 91

7. Sheet Pile 시공시 점토와 사질토 중 어느 것이 쉬운가

사질토가 쉽다. (진동 Hammer로 압입)

8. Ripper가 무엇인가

Dozer의 후미에 장착 ⇨ 풍화암 굴착하는 장비다.

9. Bentonite의 재질

1. Bentonite의 특성

(1) 구성

Bentonite는 팽창성이 높은 Wyoming형의 Clay Mineral Montmorillonite를 주성분으로 하는 Sodium Base Bentonite이어야 한다.

(2) 순도

Montmorillonite 함유율 : 최소 90%이상
자연침전 물질 : 최대 10%이하

(3) 화학성분

Sodium Montmorillonite
Calcium Magnesium Montmorillonite

(4) 점성

Bentonite 6%와 94% 증류수 또는 이온제거수(DE-ION Ionized Water)를 혼합하여 충분히 수화(Hydrated)된 Slurry Fan Visco-Meter 또는 Stormer Viscometer로 측정하였을 경우에 최소 Centipoises의 점성을 지녀야 한다.

10. 다짐, 압밀을 단적으로 말한다면

1. 다짐 : **흙속의 공기를 배출하는 것이고**

2. 압밀 : **흙속의 과잉간극수를 소산시키는 것이다.**

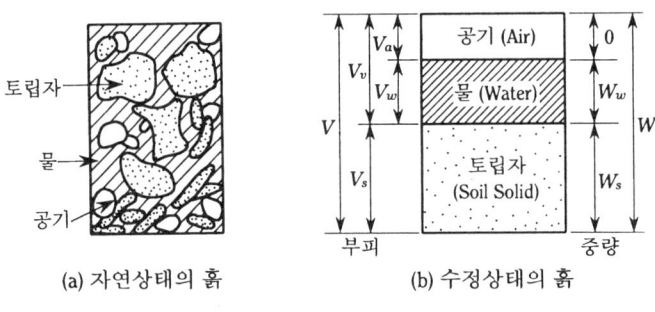

(a) 자연상태의 흙   (b) 수정상태의 흙

(그림 1) 흙의 3상

3. 다짐/압밀의 목적은 : **흙의 전단강도 크게 ⇨ 압축성이 작게 ⇨ 투수성이 적게하는 것이다.**

11. 고함수비 성토재료는 어떻게 취급하나

1. 가능하면 사토하는 것이 좋으나

2. 인근에 대체할 순성토용 토취장이 여의치 않으면 현장에서 토질개량 등의 조치를 하여 성토재료로 사용한다.
   (1) 건조시킨다. — Harrow사용
   (2) 안정처리한다. (석회 5~8%)
   (3) 성토시 중간층에 Filter(모래＋자갈) 설치한다.
   (4) 습지도자를 사용하여 Trafficability 확보한다.

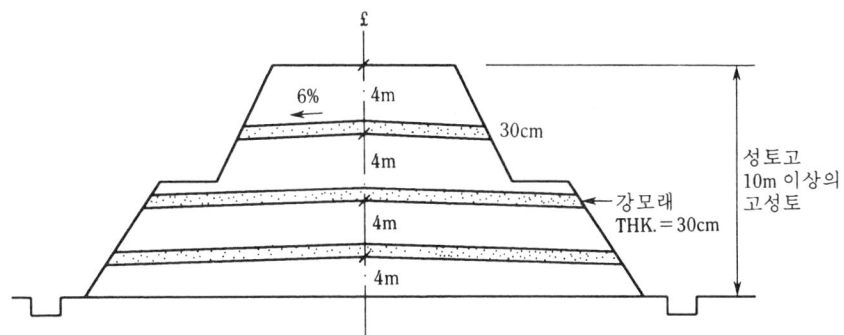

(그림 1) Filter를 사용한 점성토의 시공 예

12. Bench Cut(층따기)하는 이유, 사면경사

1. 1 : 4보다 급한 경사면에서는 층따기를 한다.

2. 기존 사면에 성토시에는 가능하면 층따기하는 것이 좋다.

3. 이유
  (1) 성토부와 원지반의 맞물림(Interlocking) 증대(부착강도증대)
  (2) 지반활동방지
  (3) 지반 변형, 침하 방지

4. Tunnel에서의 Bench cut 발파 목적
  (1) 모암의 손상이 적다.
  (2) 굴착중 터널의 붕괴방지
  (3) 소음・진동이 적다.
  (4) 민원방지된다.

13. 절・성토부 경계의 완화 구간 구배 설계기준

1. 구배 : 1 : 4

2. 설치이유
  (1) 절・성토 경계부 다짐효과 증대
  (2) 토질이 서로 다른 경우에도 완화구간 설치
  (3) 공극률, 다짐률이 서로 다르므로, 완화구간을 두어, 다짐효과 증대

14. 성토 표준 구배는

    (1) **일반흙** ⇨ 1 : 1.5
    (2) **모래** ⇨ 1 : 2
    (3) **점토** ⇨ 1 : 3

15. 토량에서 L, C값 및 토량환산계수(f)

    (1) L값 = 토량의 증가율(운반시)
    (2) C값 = 토량의 감소율(성토시)

$$L = \frac{교란상태의\ 흙}{자연상태의\ 흙} \quad : 22\%\ 증가$$

$$C = \frac{다짐상태의\ 흙}{자연상태의\ 흙} \quad : 7\%\ 감소$$

    ※ 암인 경우, C값이 1보다 커서 오히려 증가

    (3) f값 = 구하는 흙/기준 흙

기준이 되는 (q) \ 구하는 Q	자연상태(원지반)의 토량	흐트러진(굴착후) 상태의 토량	다져진(전압후) 상태의 토량
자연상태(원지반)의 토량	1	L	C
흐트러진 상태(굴착후)의 토량	$1/L$	1	C/L
다져진(전압) 후의 토량	$1/C$	L/C	1

16. Mass Curve(유토곡선) 그려보시오.

1. 유토곡선의 목적
(1) 토량 분배
(2) 평균운반거리 산정
(3) 토공기계의 선정
(4) 사토량, 순성토량의 산정
(5) 사토장, 토취장의 선정을 경제적으로 하기 위함

2. 작성순서
(1) 종·횡단도 작성
(2) 토적 계산서 작성 후
(3) 유토곡선 그린다.

3. 작성원칙
(1) 운반거리 짧게
(2) 경제성 고려(토공 균형)
(3) 높은 곳에서 낮은 곳으로 운반

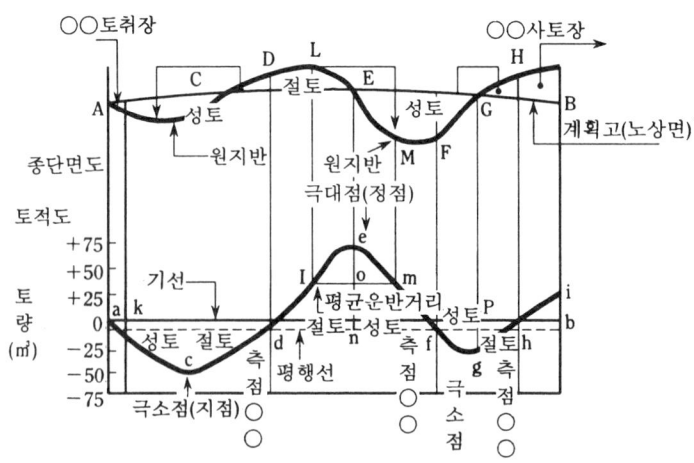

(그림 1) Mass Curve(토적곡선)

17. 시공기면(FL) 선정방법, 이유

1. 시공기면 : 토공의 계획고를 의미한다.

2. 선정방법
   (1) Mass Curve에 의해 경제성고려 ⇨ 평형선의 이동으로 토공조절
   (2) 운반거리와 시공성 고려
   (3) 측량하여 종단면 설정

3. 선정이유
   (1) 공기   (2) 경제성   (3) 시공성

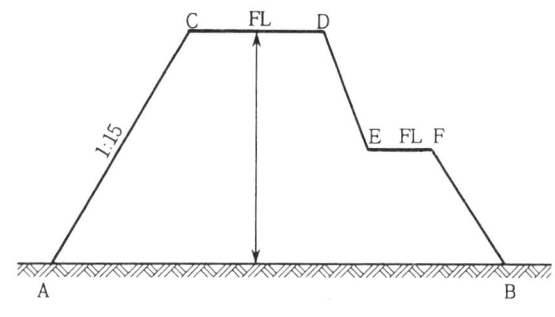

(그림 1) 하천제방

4. 시공기면 선정시 고려사항
   (1) 절·성토 균형 ⇨ 토공량 최소되게
   (2) 토취장, 사토장을 가까운 거리에 확보 ⇨ 운반거리 짧게
   (3) 암석굴착은 적게 ⇨ 경제성
   (4) 연약지반, 산사태, 낙석 위험지역 피한다. ⇨ 대책공법 선정
   (5) 비탈면 보호대책 수립한다.
   (6) 부대구조물(옹벽, 기타)이 적고, 법면 연장 적게한다.
   (7) 용지보상, 지장물보상 최소되게 한다.

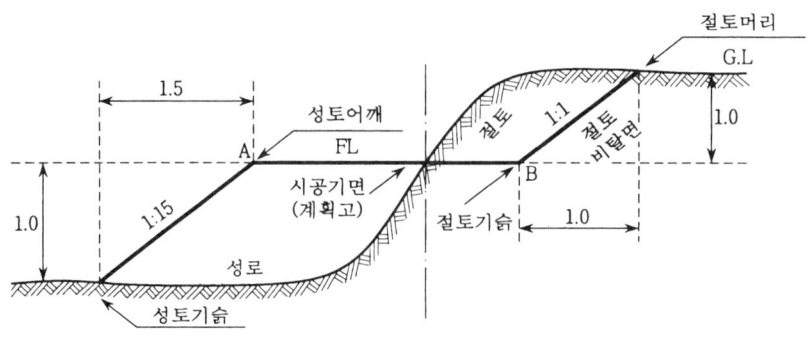

(그림 2) 절토, 성토

18. 관로 매설시 모래부설하는 이유

(1) 관로보호
(2) 다짐시 침하량 감소
(3) 압축성 증대
(4) 동상방지

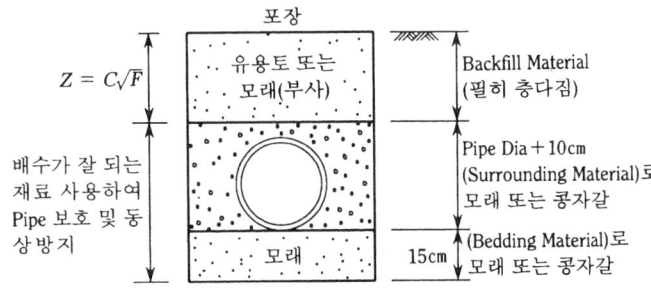

(그림 1) 상하수도관 배관 단면도 예시

19. 동결깊이공식, 동상방지공법

1. $Z = C\sqrt{F}$

   여기서, C값 : 3~5
   F값 : 동결지수(지방마다 다르다.)

2. **방지공법**

   (1) 치환공법
   (2) 차단공법
   (3) 단열공법
   (4) 안정처리공법

20. Trafficability/복류수/피압지하수

1. Trafficability 정의
(1) 토공장비의 주행 가능성을 의미한다.
(2) Cone지수(q_c)로 나타낸다.

장 비	q_c(kg/cm²)
습지도저	$q_c \geq 3$
중형도저	$q_c \geq 5$
자주식 Scraper	$q_c \geq 10$
Dump Truck	$q_c \geq 15$

(3) 토공기계 선정시 고려할 토질조건
  1) Trafficability   2) Ripperability   3) 암괴의 크기   4) 토질별 다짐장비의 선정

2. 복류수와 피압지하수의 정의
(1) 복류수〔伏流水 : Infiltrated(Percolated) water〕: 지하수의 일종. 하천, 활용수의 저부 또는 측부의 **모래층** 속을 흐르는 물

(2) 피압지하수(被壓地下水)
  1) Artesian Ground water :「피압상태」의「지하수」. 즉 자분(自噴) 지하수.
  2) Confind Ground water : **지하수층**의 상하에 **불투수층**이 존재하여 이 **불투수층**에 의해서 **압력**을 받고 있는 지하수

(3) 피압대수층(被壓帶水層 : Confind Aquifer) : 지하수가 비교적 불투수성인 두 **암석층** 사이에 끼어 대기압보다 **큰 압력**을 받고 있는 **대수층**

(4) 피압력(被壓力 : Artesian Pressure) :「피압수두」에 상당하는「압력」

(5) 피압면지하수(被壓面地下水 : Confined and Artesian water) : 상, 하 두 **불투수성 지층**에 의하여 포위되어 있어서 **압력**을 가진「지하수」

(6) 피압상태(被壓狀態 : Artesian Condition) : 불투수층 하에 있는 **투수층** 중의 지하수의 **환산수두**가 그 지반중의 **지하수면 수두**보다 큰 상태

(7) 피압수두(被壓水頭 : Artesian Head) :「피압상태」의 투수층내의「지하수」환산수두와 그 지반의「지하수위」와의 차

21. Sounding이란 (현장원위치시험)

1. Sounding의 분류/Sounding의 목적

강도정수 ϕ값과 C값을 구하는 것이 목적이다.

(표 1) 일반적인 사운딩의 분류

동작	원위치시험명	선단형식	로드형식	천공연속성	측정치	측정치로 산출되는 강도정수	적용토질	유효심도(가능심도)	특 징	비 고
타격 (동적)	표준관입시험 (Standard penetration)	스플릿스푼 샘플러 내경 35mm 외경 51mm 전장 81cm	단관: 보링로드 ϕ40.5mm ϕ42.0mm	측정간 심도, 불필요, 측정간의 깊이도 가능, 보링작업 필요 소50cm	해머의 중량 63.5kgf, 자유낙하고 75cm로 쳐서 낙하시켜 30cm관입에 요하는 타격회수(N)	모래의 상대밀도 D_r 및 내부 마찰각 ϕ, 점토의 전단전도 및 일축압축강도 q_u, 점토의 컨시스턴시 및 점토의 점토 c, 사질지반 맺 점토지반의 점증 및 파괴에 대한 허용응력	호박돌을 제외한 모든 토질, 매우 단단한 토질에서 매우 연약한 토질에서는 N=0	15~20m (50m)	모든 보링조사에서 사용되는 가장 일반적인 사운딩, 사용빈도는 매우 높음	가장 일반적인 사운딩
타격 (동적)	동적콘관입 (Dynamic cone)	콘각도: 60° 편체리축 콘선단면적: 20cm²	단관: 보링로드 ϕ40.5mm	불요 연속	표준관입시험과 같음 (N_d)	표준관입시험과 같음 $N_d ≒ (1~2)N$	위와 같음	15m(30m)	표준관입시험의 보조법의 신속	표준화된 시험방법이 없음
		콘각도: 60° 콘선단면적: 6.45cm²	단관: 보링로드 ϕ33.5mm	불요 연속	해머의 중량 30kgf, 자유낙하고 35cm로 10cm관입에 요하는 타격회수($N_{d35/10}$)	표준관입시험과 같음 $N_d ≒ 10N$	위와 같음	10m(15m)	위와 같음 (간이시험법)	위와 같음
압입 (정적)	휴대형콘관입 (Portable cone)	콘각도: 30° 콘선단면적: 6.45cm²	단관: ϕ16mm 이중관: ϕ22mm	불요 연속	콘관입압으로 단위정치 q_c(kgf/cm²)	점토의 일축압축강도 $q_c = 5q_u$, 점토의 점착력 $q_c = 10c$	매우 연약한 점토	5m(10m)	연약점성토의 점착력측정, 용이간이, 신속	
	네델란드식 콘관입 (Dutch cone)	콘각도: 60° 콘선단면적: 10cm²	이중관: 2tf용 ϕ28mm, 10tf용 ϕ36mm	불요 연속	q_c(kgf/cm²)및 국부주 면마찰력 f_s(kgf/cm²)	점토의 점착력 $q_c = 14~17c$, 표준관입시험과 $q_c = 4N$(모래)	호박돌을 제외한 모든 토질, 한 단단한 토질	2tf용: 20m(40m) 10tf용: 30m(50m)	연약토의 점착력측정, 신속, 시료채취	미국주로미국(WES)의 트래피커빌리티시험기의 개량형
	스웨덴식 사운딩 (Swedish sounding)	스크류포인트: ϕmax33mm	단관: ϕ19mm	불요 연속	5,15,25,50,75,100kgf 재하매수 쿼핀량(W$_{sw}$), 100kg재하매수 1m당반회전수(N_{sw})	점토의 일축압축강도 q_u, 일축압축강도 q_u	위와 같음	15m(30m)	표준관입시험의 보조법	
회전	간이베인	베인: D=5cm H=10cm	단관: ϕ16mm	측정간심도까지 불요 보링필요	연속회전모멘트의 최대치 M_{max}	연약점성토의 전단강도 τ	연약점토, 실트, 이탄	5m(10m)	연약점성토의 전단강도시험, 용이, 간이, 신속	
	베인(Vane)	베인: H=2D D=5~10cm	보링용로드 ϕ16mm	측정간심도 까지 보링필요	위와 같음	$\tau = \dfrac{M_{max}}{\pi\left(\dfrac{D^2 \cdot H}{2} + \dfrac{D^3}{6}\right)}$	위와 같음	15m(30m)	연약점성토의 전단강도에 대한 정밀측정검용	
인발	이스키미터 (Iskymeter)	저항익(면적가동) ϕ6mm	와이어로프 ϕ6mm	불요 연속	인발시에 저항익의 인발저항 1m당마다의 면적당 인발저항 q_i(kgf/cm²)	베인의 전단강도 τ, 일축압축강도 q_u	연약점성토	10m(20m)	연약점성토의 전단강도의 변화측정에 적합	연속시험이 가능

2. Rod끝에 설치한 저항체를 지중에 삽입하여 ⇨ 관입, 회전, 인발 등에 대한 저항으로 토질의 상태, 성질, 강도 등을 측정하는 것으로서 현장에서 직접 전단강도를 추정하는 원위치시험이다.

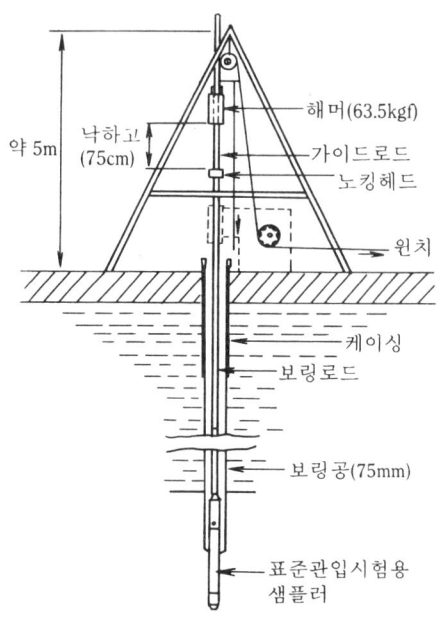

(그림 1) 표준관입시험장치

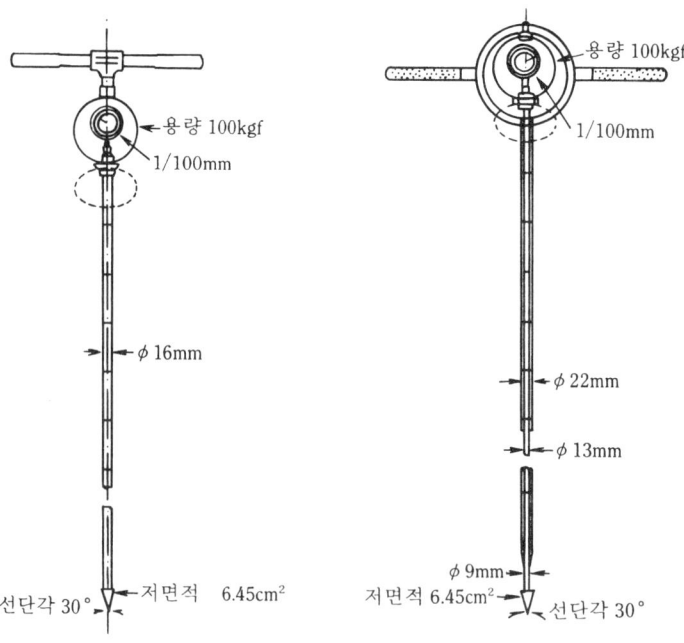

(그림 2) 휴대용 콘페니트로미터

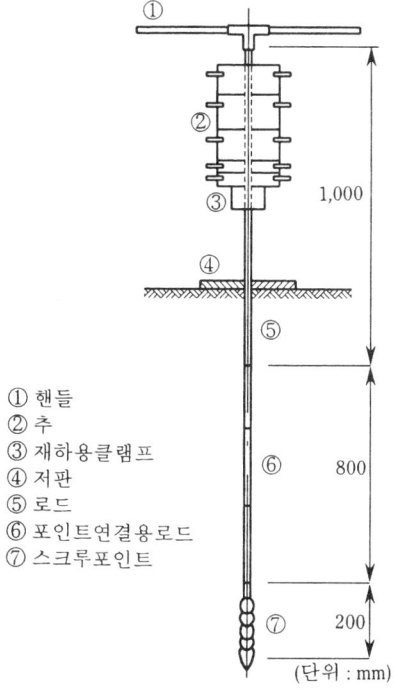

(그림 3) 스웨덴식 사운딩 시험기

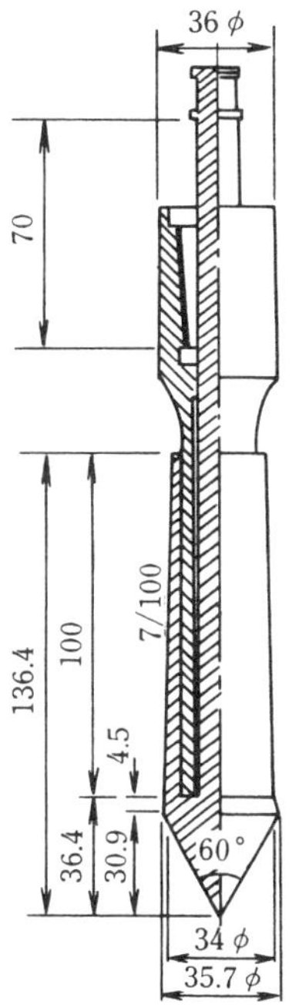

(그림 4) 맨틀콘의 치수

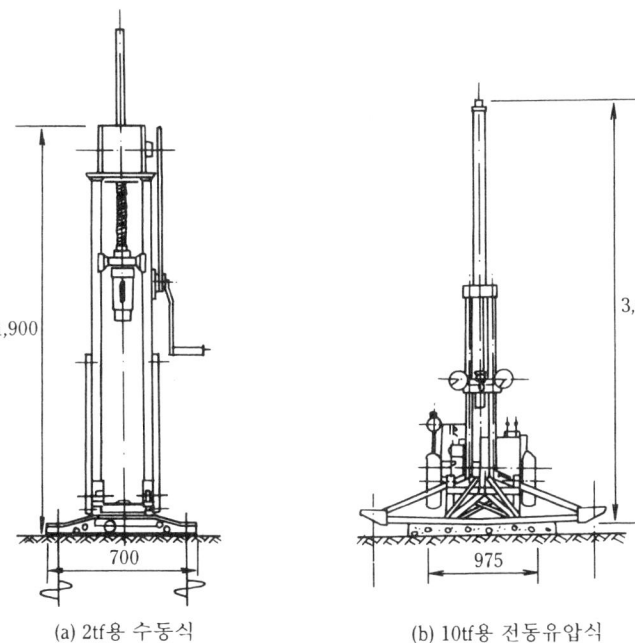

(a) 2tf용 수동식   (b) 10tf용 전동유압식

(그림 5) 네덜란드식 콘페니트로미터

22. SPT(N치)

1. Boring공 속에 Split Spoon Sampler(Split Barrel)을 Rod 끝에 붙여,

2. 64kg의 햄머로, 76cm 높이에서, 자유낙하시킬 때, Sampler가 45cm 관입될 때, 초기치 15cm를 제외한 30cm 관입될 때의 타격회수를 N치라 한다.

3. N치로 알 수 있는 것 (결과의 이용)

(1) 표준관입시험에 의해서 판명되는 사항

N치에서 직접 판정되는 사항	
모 래 지 반	점 토 지 반
상대밀도	Consistency(연경도)
침하에 대한 허용지지력	일축 압축강도
지지력 계수	점착력
탄성계수	파괴에 대한 극한 허용지지력

(2) N치와 상대밀도 · 전단 저항각 ϕ의 관계

N 치		$D_r = \dfrac{e_{max} - e}{e_{max} - e_{min}}$	ϕ	
			Peak	Meyerhof
0~4	Very Loose	0.2	28.5 이하	30 이하
4~10	Loose	0.2~0.4	30	30~35
10~30	Medium	0.4~0.6	30~36	35~40
30~50	Dense	0.6~0.8	36~41	40~45
50 이상	Very Dense	0.8~1	41 이하	45 이상

23. SPT의 N치가 부정확한 이유

(1) 자갈층(10mm 이상) ⇨ 정확한 판단이 되지 않는다. (Rod탄성압축, 진동, 좌굴)
(2) N > 50 이상 조밀한 모래, 자갈층에는 ⇨ Rod가 튀어올라 타입곤란
(3) 연약점토, 이탄(Peat)에서는 Rod와 Hammer지중만으로 30cm 이상 관입
(4) SPT시험의 실용심도 = 50m
    50m 이상에서는 N치가 과다하다.

24. 겉보기 비중과 진비중 설명

(1) $\boxed{\text{겉보기 비중} = \dfrac{\text{골재의 건조 중량}}{\text{표면건조포화상태의 체적}}}$

(2) $\boxed{\text{진비중}(\text{토질에서}) = \dfrac{\text{흙입자 중량}}{(\text{흙입자}+\text{물})\text{의 체적}}}$

25. 균등계수(C_u), 곡률계수(C_c), 입경가적곡선

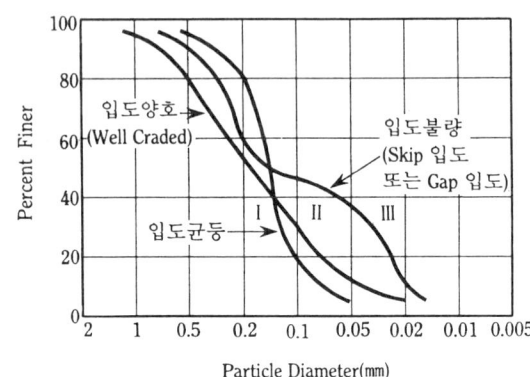

(그림 1) Different Types of Particle-size Distribution Curves

1. 균등계수(C_u), 곡률계수(C_c)

(1) 조립토의 좋고, 나쁨을 나타내는 수치

(2) $$C_u = \frac{D_{60}}{D_{10}}$$

(3) $$C_c = \frac{(D_{30})^2}{D_{10} \times D_{60}}$$

2. 자갈의 양입도 기준

$$C_u > 4$$
$$C_c = 1 \sim 3$$

3. 입경가적곡선(Particle Size Distribution Curve) : 조립토(자갈+모래)

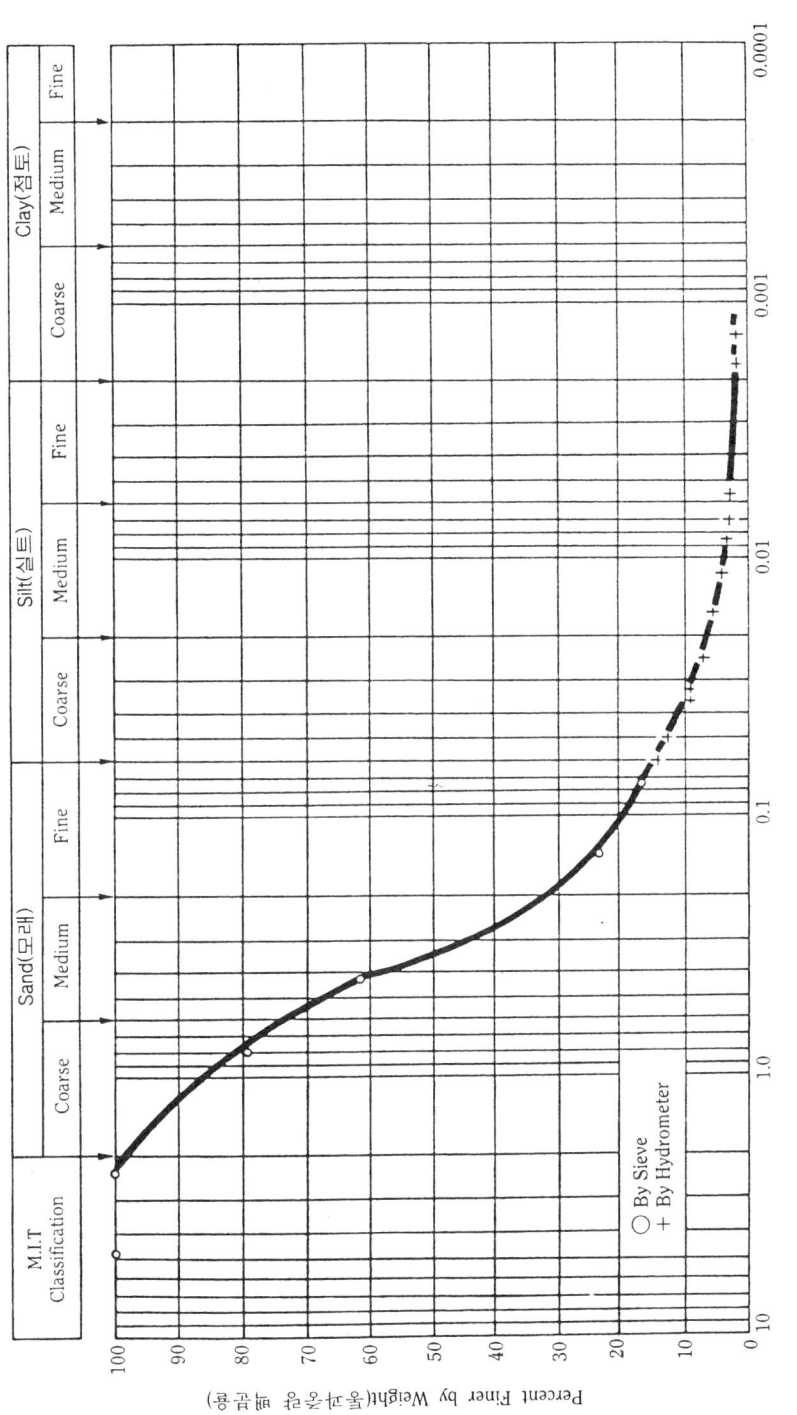

〈영입도의 범위〉

$$C_u = \frac{D_{60}}{D_{10}} \quad \begin{matrix} >4 \text{ 자갈} \\ >6 \text{ 모래} \end{matrix} \qquad C_c = \frac{(D_{30})^2}{D_{10} \times D_{60}} \quad (1 \sim 3)$$

〈그림 1〉 Particle Size Distribution Curve(From Lambe, 1951) (입경가적곡선)

26. 토질의 분류법(흙분류법)

• 단지 토공시, CL, SM이 무엇인가

1. CL
압축성이 적은 점토

2. SM
실트질 모래

3. 흙의 분류법

(1) **AASHTO 분류법**(Terzaghi가 제안)
   1) A분류법 = 개정 PR법 = PRA법 = 미국공로국(도로국)
   2) 도로용재료 분류하는 방법
   3) 수치가 작을수록 노상에 적합
   4) 입도분석, Atfer Berg 한계, 군지수(GI)를 근거로 7가지로 분류(A-1~A-7)
      ① 조립토(A-1, A-2, A-3) : No200체(0.074mm)통과율 35% 이하
      ② 실트질토(A-4, A-5) : No200체 통과율 36% 이상
      ③ 점토(A-6, A-7) : No200체 통과율 36% 이상
   5) Terzaghi가 제안

(2) **통일분류법**
   1) 미국 공병대에서 비행장, 노반, 노상토 재료를 분류하기 위해 제정
   2) AC분류법
   3) 조합토-8종류
      세립토-6종류
   4) 카사그란데가 제안

구분(토질)		기호	토질, 명칭
조립토	자갈	GW	양입도의 자갈, 사력
		GP	불량한 입도의 자갈 사력
		GM	실트질 자갈
		GC	점토질 자갈, 사력

구분(토질)		기호	토질, 명칭
조립토	모래	SW	양입도 모래
		SP	불량한 입도 모래
		SM	실트질 모래
		SC	점토질 모래
세립토	저소성 (L)	ML	저소성 무기질 실트(극세사), 앞문
		CL	저소성 무기질 점토
		OL	저소성 유기질 실트, 점토
	고소성 (H)	MH	고소성 무기질 실트, 운모질 세사 Silt질 흙
		CH	고소성 무기질 점토
		OH	고소성 유기질 점토

27. 설계 CBR과 수정 CBR

1. 설계 CBR

(1) Asphalt Concrete포장의 두께와 구성을 결정할 경우에 사용하는 노상토의 CBR
(2) KS규정의 D다짐(19mm, 15cm 몰드, 4.5kg Hammer, 45cm 낙하고, 5층, 55회)
(3) 일본 JIS인 경우
  40mm, 15cm몰드, 4.5kg Hammer, 45cm낙하고, 3층 67회
(4) 피스톤(지름 5cm 강봉)을 1mm/분의 속도로 관입
(5) Portor의 설계 CBR 관계곡선으로부터 포장 합계 두께 결정

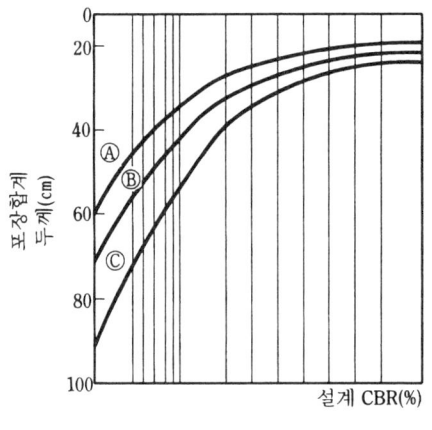

여기서, A교통 : 2,000대/2차선
B교통 : 2,000~7,500대/2차선
C교통 : 7,500대 이상/2차선

(그림 1) CBR 설계곡선

2. 수정 CBR

(1) 현장에서 기대할 수 있는 노반재료의 강도를 나타내는 CBR
(2) 5층 55회(D다짐)의 다짐도 곡선의 소요 다짐도(예 : 95%)에 해당하는 CBR
(3) KSF규정
  55회, 5층, 시료치수 19mm 이하

(4) JIS규정

　　92회, 3층, 시료치수 40mm 이하

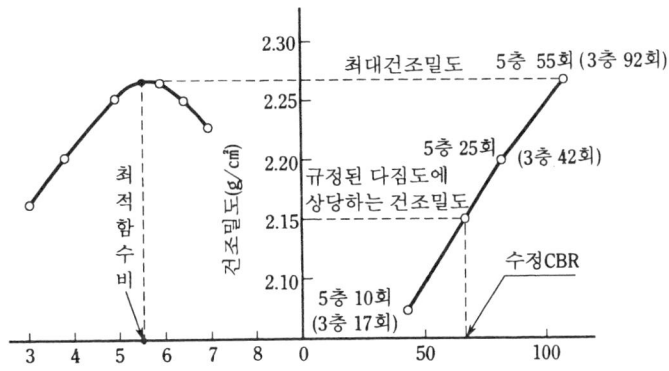

(그림 2) 필요한 다짐도에 대응하는 수정 CBR을 구하는 방법

28. 흙의 Slaking(비화) 현상

고체상태의 흙 + 물 ⇨ 점착력 상실

29. 흙의 Bulking(팽창)

고체상태의 흙 + 수분 ⇨ 팽창

30. 흙의 성질 판단에 가장 중요한 요소는

(1) 전단강도, $\tau = \overline{c} + (\sigma - u)\tan\overline{\phi}$

(2) **점토지반과 모래지반의 성질 즉 전단특성 규정**

점토지반	모래지반	비 고
예민비 Thixotropy	상대밀도 Dilatancy	전단특성
Heaving 부마찰력 동상이 크다.	Boiling 액상화 동상이 작다.	현장에서의 예상 되는 문제점

(3) **토성시험해석 파악**
  비중/함수비/균등계수와 곡률계수 등이다.

31. Darcy 법칙

1. 다공질 매체에 (즉, 흙속에) 물이 침투할 때

(1) 속도 $\boxed{V = ki}$

(2) 유량 $\boxed{Q = kiA}$

여기서, k : 투수계수
i : 동수경사
A : 단면적

32. 사질토, 점성토의 전단특성(흙의 성질 판단요소)

〈사질토와 점성토의 전단특성을 규정짓는 인자〉

구분 NO.	사 질 토	점 성 토	비 고
1	상대밀도(D_r)	예민비($S_r = \dfrac{q_u}{q_{ur}}$)	• 전단특성을 설명하는 용어이고
2	Dilatancy $(+)(-)$: 체적의 증감	Thixotropy현상	
3	Quick Sand(분사현상)	Leaching(용탈)현상	• 전단강도가 작게 되면 현장에서 문제점이 되는 현상을 설명하는 용어가 된다. (지반의 파괴형태)
4	Boiling현상	동상현상(Frost Heave)	
5	Piping($i_{cr} = \dfrac{G_s - 1}{1+e} < i$)발생	Heaving현상	
6	액상화(포화사질토)	압밀침하	
7	C_u와 C_c값	NF(부의 주면마찰력)	
8	전단저항각(ϕ)	점착력(C)	

33. 기술사가 흙을 만지면서 감지하는 사항

    (1) 함수비
    (2) 포화도
    (3) 비중
    (4) 흙의 분류
    (5) 단위중량
    (6) 상대밀도
    (7) 유해물 함유량의 한도

34. 기술사가 해결할 흙의 문제

    (1) 건설재료로 사용될 흙 재료 검토
    (2) 구조물을 설치할 지반의 지지력 검토
    (3) 비탈면의 안정검토
    (4) 압밀촉진을 위한 배수문제

35. 기계화시공의 장점

    (1) 안전성향상
    (2) 경제성
    (3) 시공성향상
    (4) 공기단축
    (5) 공사비절감
    (6) 품질관리가 용이해진다.

36. 시방서의 다짐두께 결정은 어느 상태의 흙인가

다짐후의 두께(시방서에 명시된 다짐두께란 다짐후의 두께로서 20cm이 되어야 한다.)
⇨ 포설두께는 30cm이다.

37. 토공다짐을 검사하는 순서

1. 재료 선정, 관리시험
토취장에서 성토재료 구비조건의 적합성을 판단하기 위한 조사를 해야 한다.
(PI < 10 + 수침 CBR > 10 + 최대치수 100～150mm)

2. 시공조건의 관리시험
(1) 함수비 측정 ⇨ 시공함수비, OMC
(2) 실내다짐시험 ⇨ γ_{dmax}과 OMC관계곡선에서 최대건조밀도를 측정한다.

3. 시공의 품질관리시험(현장)
(1) 다짐도측정(현장밀도시험)
(2) 강도(CBR, PBT)측정

4. 다짐도 판정방법
(1) 건조밀도
(2) 포화도
(3) 강도
(4) 상대밀도
(5) 변형
(6) 다짐장비, 다짐회수

38. 다짐전에 살포될 흙에 무엇을 기준으로 살수, 건조를 지시하는가

(1) OMC(최적함수비)
(2) 댐 Core : OMC+3%(투수계수 최소)
(3) 도로성토 : OMC-3%(CBR최대)

39. 토량환산계수(f) 구하는 법

(1) $$L = \frac{자연상태밀도}{흐트러진 상태밀도} = \frac{흐트러진 상태토량}{자연상태토량}$$

(2) $$C = \frac{자연상태의 밀도}{다져진 상태의 밀도} = \frac{다져진 상태토량}{자연상태 토량}$$

40. 토적곡선에서 토량계산에 토량환산계수 적용여부와 그 이유는

1. 운반시 토량
L값

2. 성토토량
C값

3. 유토곡선의 토량을 모두 자연상태기준으로 보정

(1) 성토에 사용될 흙 = 성토용량 $\times \dfrac{1}{C}$

(2) 차인토량 = 절토량 − 보정성토량
(3) 차인량의 누계 ⇨ 유토곡선 증축

41. 토공운반기계의 적정 운반거리는

(1) **Bulldozer** : 70m 이내
(2) 스크레이퍼 : 70~500m
(3) **Dump Truck** : 500m 이상

42. 다짐방법(공법)

(1) 점성토 - 전압식
   1) Bulldozer
   2) Road Roller
   3) Tamping Roller
   4) Tire Roller

(2) 사질토 - 진동식
   1) 진동 Roller
   2) 진동 Compactor
   3) 진동 Tire Roller

(3) 좁은 곳, 뒷채움 - 충격식
   1) Rammer
   2) Tamper

43. 들밀도 시험 공식

$$\text{상대다짐도(R.C)} = \frac{\text{현장 } \gamma_d}{\text{실내 } \gamma_{dmax}} \times 100\%$$

주 1) RC = Relative Compaction(상대다짐도)
주 2) RD = Relative Density(상대다짐도)
주 3) RD와 RC의 차이점을 분명히 이해할 것

44. 설계 시의 토질조건과 현지사정이 다를 때 토공계획은 어떻게 할 것인가

1. 토공균형이 맞고(양적으로), 순성토, 사토량이 없는 경우 현지사정이 달라지는 경우로는
  (1) 발생암이 계획보다 많은 경우
  (2) 예상보다, 연약토질이 많아 성토재료로 적합하지 않은 경우를 들 수 있다.

2. 대 책
  (1) 인근 가까운 곳에 양질의 토취장을 구할 수 있다면 ⇨ 양질토로 치환
  (2) 건조, 함수비 저하
  (3) 석회안정처리
  (4) 고함수비 성토 대책 수립 ⇨ Filter설치, 배수처리
  (5) 암버럭이 많은 경우
   1) 보조기층용으로 Crushing한다.
   2) 압성토 계획 수립한다.

45. 점성토에 ϕ(마찰저항각 = 전단저항각)이 있는가

없다. ($\tau = C$)

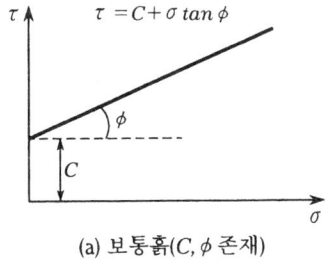 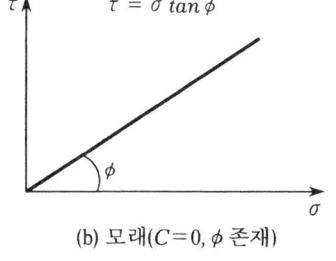 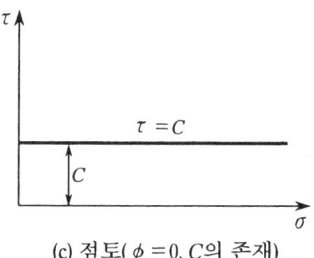

(a) 보통흙(C, ϕ 존재)   (b) 모래($C=0, \phi$ 존재)   (c) 점토($\phi=0, C$의 존재)

(그림 1) 흙의 종류에 따른 전단강도

46. No.200체에 대하여 설명

(1) **체눈의 크기** : 0.074mm

(2) **흙의 입도분석 기준체**
    1) No. 200체 잔류 ⇨ 체가름 시험
    2) No. 200체 통과 ⇨ 침강시험

(3) **조립토** : No. 200체 통과율 50% 이하
    세립토 : No. 200체 통과율 50% 이상

47. 풍화암의 N치는

토 질	N치
풍화암	50 이상
풍화토	15~30
매립층	7~17
점토층	4

48. 산사태 원인, 대책(사면붕괴의 원인·대책)

1. 사면붕괴원인

전단응력을 증가시키는 요인(외적 원인)	흙 자체의 전단강도 감소시키는 요인
① 지표면 경사각 증대 ② 함수량 증가 ③ 지진, 진동, 발파 : 충격 ④ 건물, 불, 눈, 우수 : 외력 ⑤ 굴착에 의한 흙의 제거 ⑥ 인공 또는 자연력에 의한 　→ 지하공동(Cavity) 형성 ⑦ 인장응력에 의한 균열(Tension Crack) ⑧ 균열중의 수압	① 흡수에 의한 점토 팽창 ② 간극 수압의 작용 : 유효응력 감소 $$\tau = \bar{c} + \bar{\sigma} \tan\phi \\ = \bar{c} + (\bar{\sigma} - u)\tan\phi$$ ③ 다짐 불량 ④ 수축, 팽창, 인장, 균열 ⑤ 동결융해 ⑥ 지진, 발파, 진동에 의한 전단응력 감소

2. 원리별 대책공법의 분류

사면단면수정	간극 수압 감소	토성 개량	토류 공법	암반보강 공법
배토공 압성토	지하수 차단공 지하수위 배제공 지표수 배제공 간극 수압 감소	치환 공법 다짐 공법 동결 공법 소결 공법	옹벽공 말뚝공 Soil Nailing Anchor	Rock Bolt Rock Anchor 철책(Steel Fence) Wire Mesh로 보강

49. 공내 수평재하시험(Borehole Lateral Load Tests)

1. 방 법
시추공내에 고무튜브, 강판으로 하중을 가하여 공경의 변화, 침하량으로 지반강도와 변형특성을 구하는 원위치 시험이다.

2. 특 징
PBT, SPT보다 지반교란없이 지반의 변형특성을 구할 수 있다.

3. 적용지반
연약지반~연암까지

4. 진전된 시험법의 종류
(1) Pressuremeter Test (2) LLT(Lateral Load Test) (3) Dilatometer Test

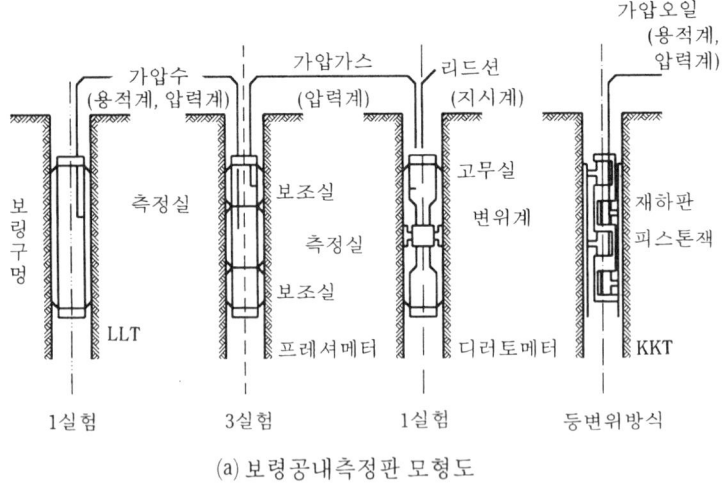
(a) 보링공내측정판 모형도

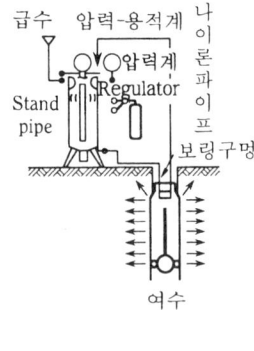
(b) 재하장치 예(LLT)

(그림 1) 공내수평재하시험

5. 결과의 이용
(1) 지반강도측정
(2) 침하, 변형특성 측정
(3) 지중응력을 구할 수 있다.

50. 동결지수(Freezing Index)와 동결심도

1. 동결지수(Freezing index)

(1) 흙이 어는 깊이는 0℃이하의 온도와 그 지속기간에 의존하는데 이것을 定量的으로 표시하기 위하여 동결지수라는 용어를 사용한다.

(2) 동결기간 동안의 일평균기온(03시, 09시, 15시, 21시에 측정한 기온의 평균온도)을 적산하여 **적산기온의 최대치와 최소치의 차가 가장 큰 값** 즉, **기온강하가 계속된 값**이 가장 큰 값을 **동결지수**라고 한다.

(3) 포장의 동결깊이를 결정하는데 쓰여지는 설계동결지수는 **30년간의 기상자료**에서 최대의 값을 취하거나 혹은 30년간의 자료 중 가장 최대값의 **3개치를 평균한 값**을 **설계동결지수**로 삼는다.

(4) 동결지수는 추운 지방일수록 크게 나타나며 동결심도를 구할 때 이용되는 지수이다.

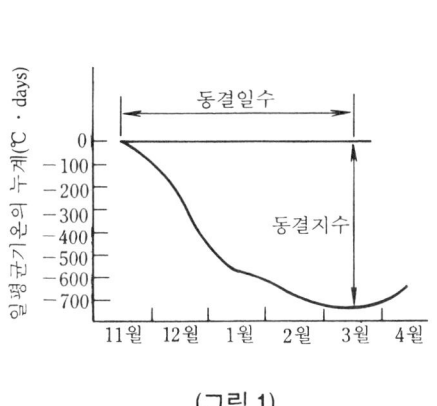

(그림 1)

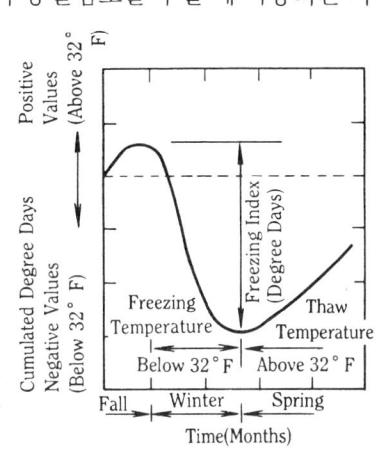

(그림 2) Method of Calculating the Freezing Index. (F)

(5) 동결심도(Z)는 $Z = C\sqrt{F}$ 로 표시한다.

여기서, Z : 동결심도(cm)
C : 햇빛이 쪼이는 조건, 토질배수조건 등을 고려하여 3~5의 값을 가진다.
F : 표고 보정된 동결지수(℃ – days)

※ 예) 서울(동결지수 736℃ – days, 동결기간 61일, 축후소 표고 85.5m, 사업지구 30.0m)

$$F = 동결지수 \pm 0.9 \times 동결기간 \times \frac{표고차}{100} = 736 - 0.9 \times 61 \times \frac{55.5}{100} = 705.5$$

※ $z = 4\sqrt{705.5} = 106 \text{cm}$

51. Sampling이 무엇인가

1. 시료 채취

(1) 교란시료
  1) SPT시험시 채취 ⇨ 토성시험
  2) 입도, 비중, Atterberg한계시험에 이용된다.

(2) 불교란시료(점토)
  1) Thin Wall Tube 사용
  2) 전단강도 시험
  3) 압밀특성 등 측정

52. 암석(Rock)과 암반(Rock Mass)의 차이점

1. 암반(Rock Mass)

(1) 불연속면을 포함한 현장의 자연상태암
(2) 불연속면의 방향, 연속성, 강도, 충진물 간격, 틈새, 투수도 등을 측정하여야 한다.
(3) 토목공사의 대상이 되는 자연암석의 집합체
(4) 지질학 ⇨ 암체, 광산학 ⇨ 암석

2. 암석(Rock)

(1) 불연속면이 없는 순수한 상태의 암으로 Fresh Rock/Intact Rock를 의미한다.
(2) 강도, 경도 등으로 파악
(3) 암반을 구성하는 소재
(4) 풍화암, 연암, 경암 등으로 분류

53. 암버럭 성토는 어떻게 하나

1. 공극 채움
돌부스러기로 채워, Interlocking 효과 크게 한다.

2. 최대입경
60cm 이하, 시험 성토 후 결정

3. 다짐장비
기진력이 크고 무거운 Bulldozer, 진동 Roller

4. 마지막층(중간층)
Soil Cement, Filter 설치

5. 암재료는 외측, 기타 재료는 중앙(Fill Dam)에 설치한다.

6. Slaking이 심한 암버럭은 사용하지 않는다.

7. 다짐두께
1층의 마무리두께는 최대 입경의 1~1.5배로 하되 시험시공 후 결정한다.

54. Cone지수가 무엇인가/어떤 경우에 사용되는가

(1) Potable Cone Penetration Test(휴대용 원추관입시험)에 의해 얻어지는 지반의 강도

(2) $$\text{Cone지수} = \frac{\text{저항치}}{\text{Cone 단면적}}$$

(3) 장비 주행의 난이도를 나타낸다. (Trafficability)

장 비	Cone 지수 q_c(kg/cm²)
습지 도저	2~3
불도저	5~10
피견인식 스크레이퍼	7~10
견인식 스크레이퍼	10~13
Dump Truck	15 이상

(4) Cone지수(q_c)와 일축압축강도(q_u) 점착력(C)의 관계

   1) 점성토

$$q_c = 5q_u = 10C$$

$$\left(\because C = \frac{q_u}{2}\right)$$

   2) 사질토

$$q_c = 4N$$

   3) 연약점토

$$q_c = 2N$$

55. 피조미터(Piezometer)에 대해 설명

(1) 피조미터의 수두 = 압력수두+위치수두

(2) 피조미터의 간극수압은 압력수두로 부터 얻고, 직접측정 및 계산으로 산출

(3) 피조미터 (= 액주계 = 마노미터 = 수압계)

   1) $P_A = w.H$

   2) $P_A = wH$

   3) $H = \dfrac{P_A}{w}$

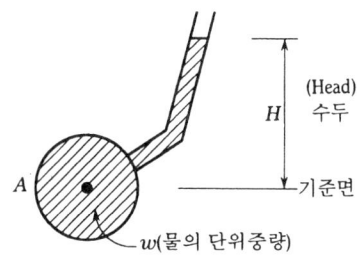

(그림 1)

56. γ_d (건조밀도)가 무엇인가

1. 건조단위중량 = 건조밀도

$$\gamma_d = \frac{W_s}{V} = \frac{G_s \gamma_w}{1+e}$$

여기서, W_s : 토립자 중량
V : 흙의 전부피

2. 습윤밀도 (= 전체단위중량 = 겉보기밀도)

$$\gamma_t = \frac{W}{V}$$

여기서, $W = W_s + W_w$

3. 함수비

$$w = \frac{W_w}{W_s} \times 100\%$$

⇒ (주의) 함수율

$$w' = \frac{W_w}{W} \times 100\%$$

4. 공극비

$$e = \frac{V_v}{V_s}$$

5. 공극률

$$n = \frac{V_v}{V} \times 100\%$$

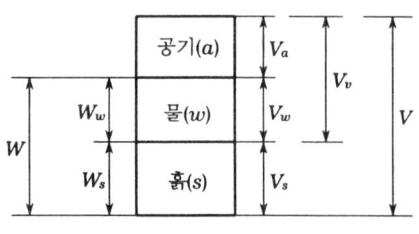

(그림 1) 흙의 삼상 주상도

57. 연약지반처리공법의 종류

1. 원리별 대책 공법의 종류(그림으로 설명)

점성토 지반(압밀 : 과잉간극수압 소산)		모래지반(조밀한 모래층)	
치환	① 강제치환(폭파 치환)·동치환공법 ② 굴착치환(부분 굴착, 전단면 굴착)	진동다짐	Vibroflotation(수평진동) : VF
압밀	① Preloading(선재하공법) ② 압성토	다짐	① Sand Compaction Pile(상하진동) (SCP) ② Vibrocomposer : VC
탈수 (Vertical Drain)	① Sand Drain(SD) : 모래기둥 ② Paper Drain(PD) : Card Board ③ Pack Drain(PaD) : 모래주머니	폭파다짐	
배수	① Deep Well(중력배수) ② Well Point(강제배수)	전기충격공법	
고결	① 생석회 말뚝공법 ② 동결공법 ③ 소결공법 ④ 약액공법	약액주입공법(SGR+LW+JSP)	
		동압밀공법(암버럭, 사질토)	

58. 연약지반에 Pile 시공시 유의사항

1. 점토지반의 경우

(1) 부의 주면마찰력에 대한 검토가 필요하다.

(2) 재하시험시기는 Thixotropy 현상에 의한 강도가 회복된 30일 후에 재하시험한다.

2. 모래지반의 경우

(1) 액상화에 대한 검토가 필요하다.

(2) Sand Compaction pile 공법으로 연약지반처리한다.

3. 기 타

항타중 인장파괴/지하 매설물의 부등침하/옹벽교대 등의 측방유동/지지력 저하가 문제된다.

59. 연약지반이란 무엇인가(개념)

1. 상부구조물을 지지할 수 없는 상태의 지반
모래지반은 액상화/점토지반은 부의주면마찰력이 문제다.

2. 일반적으로
   (1) 점토, 실트, 세립토로 구성
   (2) 간극비가 큰 유기질토
   (3) 느슨한 모래층
   (4) 해성점토(서해안)
   (5) 침하, 안정, 측방유동에 문제가 있는 지반을 의미한다.

3. 연약지반 판단기준

구 분	점성토	사질토
N치	$N < 4$	$N < 10$
q_u	$0.6 kg/cm^2$ 이하	$1 kg/cm^2$ 이하
CBR	2% 이하	
특성	압축성이 크고 부마찰력이 크다.	느슨한 포화 사질토/액상화가 문제

(주) 연약지반개량 : Soft Ground Improvement

60. 연약지반(압밀층) 두께에 따른 대책공법의 선정기준

1. 연약지반의 압밀층의 두께가 3m이내 경우

치환공법

2. 단기압밀이 필요하고, 공기가 짧을 때(개량깊이가 20~30m 경우)

(1) Sand Drain
(2) Paper Drain
(3) Pack Drain
(4) Menard Drain

3. 공기가 충분할 때(개량 깊이 5m이내의 경우)

Preloading 공법(선재하공법)

61. 생석회 안정처리공법

(1) **화학반응식**

$$CaO(생석회) + H_2O \Rightarrow Ca(OH)_2 + 280 \text{ kcal}$$
$$(소석회)$$

(2) 흙속에 생석회를 넣어 **물과 반응**시키면 **체적**이 1.5배 증가하고 함수비저하 됨. 즉, **탈수, 팽창력**이 있는 **생석회**를 연약지반 중에 혼합 ⇨ 급속히 **탈수**시키는 **강제압밀 공법**임.

(3) **생석회 안정처리의 효과**
1) 2~8% 첨가
2) 지지력 증대
3) 활동파괴 방지

62. 절토부 지반 처리대책(절토부의 노상의 두께)

1. 원지반이 암인 경우의 노상공 시공대책

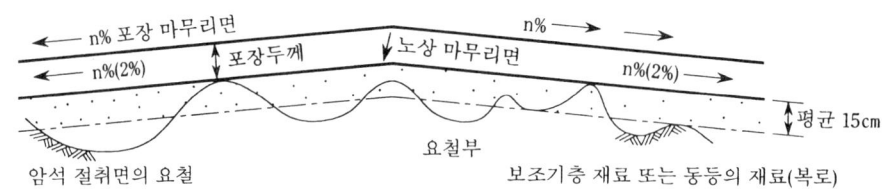

(그림 1) 원지반이 암인 경우의 노상

(1) 대책
1) 절취부가 암반인 경우 암석 절취면을 **노상 마무리면**으로 정하나
2) Ripping 또는 발파로 인해서 凹凸이 생긴 경우는 **보조기층재료** 부설하고 다짐한다.
3) **암반**에 **입상재료** 포설시 마무리후 **밀림현상**이 발생하며, 이유는 두 재료가 상이하기 때문이며 반드시 Proof Rolling을 실시한다.

2. 절토면의 토질이 다른 경우의 노상공 시공대책

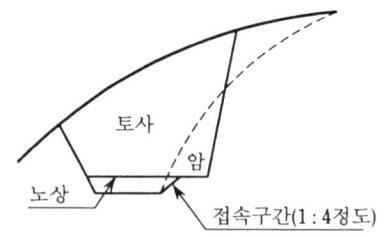

(그림 2) 절토면의 토질이 다른 경우의 노상

(1) 대책
1) **원지반**의 토질이 달라서 필요로 하는 노상두께가 다른 경우 경계부 1 : 4의 경사로 **접속구간** 설치

2) 다짐도 검사는 CBR, Proof Rolling, PBT로 한다.
3) 원지반이 노상재료로서 적합한 경우 15cm 정도 긁어 일으켜(Rake) 다짐함.
4) 불량토의 경우 치환 다짐

3. 토사 절취부의 경우

(1) 대책
1) 절취부의 재료가 성토재료의 품질관리 기준치에 미달할 경우 토성시험(G_s, C_u, C_c, w등)과 CBR시험 실시하고
2) 설계 CBR값을 만족시키는 층까지 **치환**(모래, 자갈)한다.

4. 절토부 용수처리대책

(1) **지하수 차단공** : 약액주입
(2) **지표수 배제공** : 유공관 설치
(3) **터널의 용수대책**
   1) PVC Pipe : 유도배수
   2) 약액주입 : PUIF+LW
   3) Cement Grouting 실시
   4) 유공관 설치+맹암거로 Invert부 배수

63. 토공기계의 작업량 산정식

1. Backhoe, Loader, Shovel계 굴착장비

$$Q = \frac{3{,}600 \cdot q \cdot K \cdot f \cdot E}{C_m} \text{ (m}^3/\text{hr)}$$

여기서, q : 버켓 용량(m³)
K : 버켓 계수(0.55~1.2)
E : 작업효율(0.2~0.85)
C_m : 회전각도에 따른 사이클 타임(초)
f : 토량환산계수

2. 불도저

$$Q = \frac{60 \cdot q \cdot f \cdot E}{C_m}$$

여기서, q : 삽날용량
$C_m = \dfrac{L}{V_1} + \dfrac{L}{V_2} + t$ (기어변속시간)

3. Dump Truck

$$Q = \frac{60 \cdot q \cdot f \cdot E}{C_m}$$

여기서, Q : 덤프트럭의 1시간당 흐트러진 상태의 작업량(m³/hr)
q : 흐트러진 상태의 트럭 1회 싣기의 양(m³) $q = \dfrac{T}{r} \times L$
T : 덤프트럭의 최대 싣기 무게(t)
r : 자연 상태의 흙이나 돌의 단위무게(t/m³)
L : 토량의 변화율
f : 토량의환산계수
E : 작업효율(0.9)
C_m : 사이클 시간(분)
$C_m : t_1 + t_2 + t_3 + t_4$
t_1 : 싣기 시간(분) (싣기 기계의 싸이클 타임과 싣기횟수에 따라 정해짐)
t_2 : 왕복시간(분) $\left(= \dfrac{운반거리}{운반시의 주행속도} + \dfrac{운반거리}{빈차의 주행속도} \right)$
t_3 : 내리는 시간(0.5~1.5분)
t_4 : 대기시간(0.15~0.7초)

64. 동수경사(동수구배 : Hydraulic Gradient) ⇨ Darcy의 법칙

1. 정의

(1) 흙속을 흐르는 물이 포화되고 또한, **층류상태**로 침투할 때 유출속도 V는 동수경사 i에 비례하고 따라서, 침투유량 Q는 i 및 투수단면적 A에 비례한다.

(2) 이러한 관계를 Darcy의 법칙이라고 하며 다음식과 같이 표시한다.

$$v = k \cdot c$$
$$Q = A \cdot k \cdot i$$

여기서, V : 유출속도(cm/sec)
k : 투수계수(cm/sec)
I : 동수구배($i = \frac{\Delta h}{L}$)
 (L : 물이 흐른 거리, Δh : 물이 흐른 거리에 대한 수두손실 즉, 전수두차)
A : 흐름방향에 직교하는 흙의 단면적

(3) 그러나, 순수한 자갈이나 매우 빠른 속도의 **유체**의 흐름에서는 물의 흐름이 **난류**가 되므로 Darcy의 법칙이 **적용되지 않는다**.

2. 동수경사(동수구배 Hydraulic gradient)

(1) 대부분의 흙에서는 간극을 통한 물의 흐름은 **층류**이기 때문에 **침투속도**는 **동수경사**에 비례한다.

(2) 즉, $v = k \cdot i$의 관계가 성립된다.

(3) 이 때, 동수경사 i는 두점간의 수두차(Δh)를 물이 흙속을 통과한 거리(l)로 나눈값을 말하며 $i = \Delta h/L$로 표시된다.

(4) 동수경사는 침투유량이나 침투압계산에 이용된다.

$$i = \Delta h/L$$

제4장 옹벽, 토압, Box구조물

1. 토압의 종류와 크기는

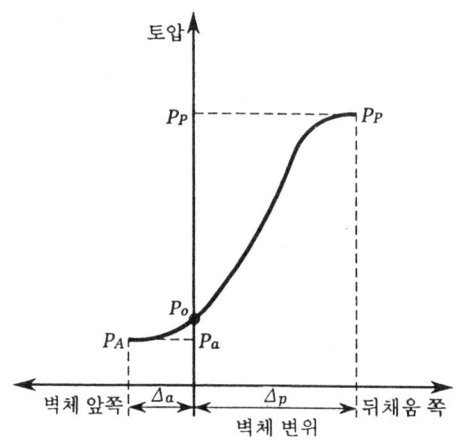

(그림 1) 벽체·변위와 토압과의 관계

수동토압(P_P) > 정지토압(P_0) > 주동토압(P_A)

2. 토압이론의 종류

(1) Rankine 토압이론
    벽면마찰무시, 소성이론(중력반작용)

(2) Coulomb 이론
    벽마찰 고려한 흙쐐기 이론(흙을 강체로 본다.)

(3) Boussinesq 이론(보시네스크)
    탄성체이론

(4) Rebhann(레브한)정리

(5) Pon Celent

3. 구조물 설계에 사용되는 토압

(1) **옹벽, 수직말뚝 기초옹벽** — 주동토압
(2) **지하벽, 암반위 옹벽** — 정지 토압
(3) **토류벽, 경사말뚝 기초옹벽** — 수동토압, 정지토압

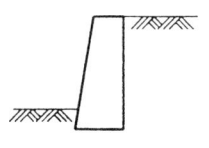

(1) 옹벽 — 주동토압

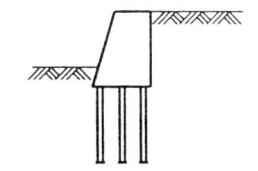

(2) 수직말뚝 기초옹벽 — 주동토압

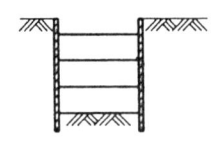 

(3) 토류벽 - 수동토압, 정지토압　　(4) 경사말뚝 기초옹벽 - 수동, 정지 토압

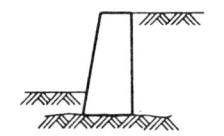 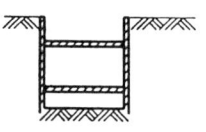

(5) 암반위 옹벽 - 정지토압　　(6) 지하벽 - 정지토압

4. Rankine 토압

(1) **주동토압**

$$P_A = \frac{1}{2} \gamma H^2 K_A = \frac{1}{2} \gamma H^2 \tan^2(45 - \frac{\phi}{2}) = \frac{1}{2} \gamma H^2 \frac{1-\sin\phi}{1+\sin\phi}$$

(2) **수동토압**

$$P_P = \frac{1}{2} \gamma H^2 K_P = \frac{1}{2} \gamma H^2 \tan^2(45 + \frac{\phi}{2}) = \frac{1}{2} \gamma H^2 \frac{1+\sin\phi}{1-\sin\phi}$$

(3) $$K_A = \frac{1}{K_P}$$

(4) **정지토압**(P_0) (53회)

$$P_0 = \frac{1}{2} \gamma H^2 K_0$$

$$K_0 = \frac{\sigma_h}{\sigma_v}$$

(5) K_0의 값

   1) 사질토(실험식) : Jacky공식

$$K_0 = 1 - \sin\phi$$

   2) 정규압밀점토(실험실)

$$K_0 = 0.95 - \sin\phi \; : \text{Brooker}$$

$$K_0 = 0.19 + 0.233 \log(PI) : \text{Alpan}$$

5. Cantilever옹벽의 안정 및 시공시 유의사항

1. 옹벽의 안정

(1) 개 요

옹벽이란 토압에 저항하여 그 붕괴를 방지하기 위해 축조하는 구조물로써 안정을 유지하기 위한 조건으로는 전도에 대한 안정, 활동에 대한 안정, 기초의 지지력에 대한 안정과 Sliding에 대한 안정 등이 있다.

(2) 옹벽의 안정조건

1) **전도에 대한 안정** : 기초전면의 앞굽을 중심으로 회전하려는 전도 Moment M_o, 반대방향으로 회전하려는 Momont를 저항 Moment M_r이라고 하면

$$M_r > M_o$$
$$W \cdot x + P_v \cdot B > P_h \cdot y$$
$$Fs = \frac{M_r}{M_o} = \frac{W \cdot x + P_v \cdot B}{P_h \cdot y} \geq 2.0$$

이어야 한다. 이를 검토할 때는 벽체 및 흙의 중량과 토압의 합력의 작용선이 저판 중앙 1/3안에 오도록 하면 된다.(Middle Third)

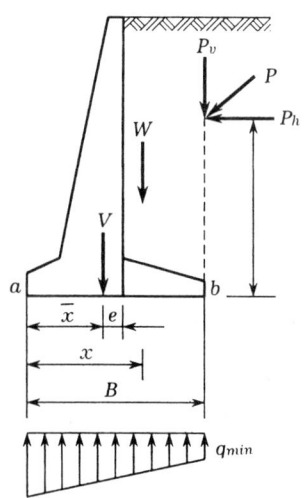

(3) 활동에 대한 안정

옹벽에 작용하는 토압의 수평성분을 H, 옹벽 저판과 흙과의 최대 마찰력(활동 저항력)을 Hr이라고 하면

$$F_s = \frac{Hr}{H} = \frac{V \cdot tan\phi}{H} \geq 1.5$$

이어야 한다.

만약 이와 같은 조건이 만족되지 않으면 기초 Slab 하부에 돌출부(Key)를 설치하거나 말뚝을 박아야 한다.

(4) 기초지반의 지지력에 대한 안정

옹벽의 기초는 하부에 있는 흙의 지지력에 안정해야 한다. 그림에서 옹벽 저면에 작용하는 합력의 편심거리 e가 $e < \frac{B}{6}$이면, 즉 합력의 작용점이 저면의 중앙 3분점(Middle Third)내에 있을 때 지반 반력은 사다리꼴이 되며 q_{max}와 q_{min}은

$$q_{max} = \frac{V}{B}\left(1 + \frac{6e}{B}\right)$$
$$q_{min} = \frac{V}{B}\left(1 - \frac{6e}{B}\right)$$

이며 $\Rightarrow \left(e = \frac{B}{2} - \bar{x},\ x = \frac{M_r - M_o}{V} \right)$

$e = \frac{B}{6}$이면 $q_{min} = 0$

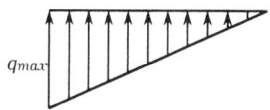

$e > \frac{B}{6}$이면 q_{min}은 인장응력, q_{max}는 압축응력 발생

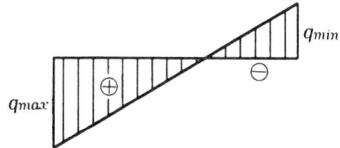

6. 옹벽에 작용하는 토압

1. 지표면이 수평인 경우

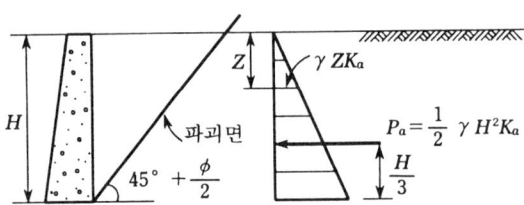

(그림 1) 주동토압의 분포도

(1) 주동토압 $\quad P_a = \int_o^H \gamma z K_a \, dz = \dfrac{1}{2} \gamma H^2 K_a$

(2) 수동토압 $\quad P_P = \int_o^H \gamma z K_P \, dz = \dfrac{1}{2} \gamma H^2 K_P$

(3) 토압계수

  1) 주동토압계수 $\quad K_a = \dfrac{1-\sin\phi}{1+\sin\phi} = tan^2(45° - \dfrac{\phi}{2})$

  2) 수동토압계수 $\quad K_P = \dfrac{1+\sin\phi}{1-\sin\phi} = tan^2(45° + \dfrac{\phi}{2})$

2. 지표면이 경사인 경우

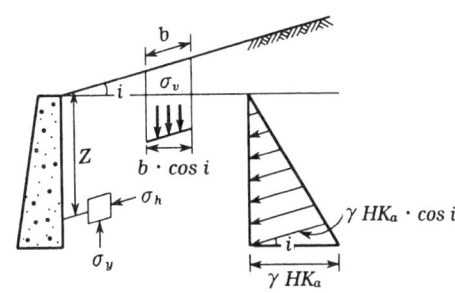

(그림 2) 지표면이 경사진 경우의 토압분포도

(1) **주동토압** $\boxed{P_a = \frac{1}{2}\gamma H^2 K_a \cos i}$

    1) 주동토압계수 $\boxed{K_a = \dfrac{\cos i - \sqrt{\cos^2 i - \cos^2 \phi}}{\cos i + \sqrt{\cos^2 i - \cos^2 \phi}}}$

(2) **수동토압** $\boxed{P_P = \frac{1}{2}\gamma H^2 K_P \cdot \cos i}$

    1) 수동토압계수 $\boxed{K_P = \dfrac{\cos i + \sqrt{\cos^2 i - \cos^2 \phi}}{\cos i - \sqrt{\cos^2 i - \cos^2 \phi}}}$

3. 등분포하중 재하시(상재하중, 과재하중, 적재하중)

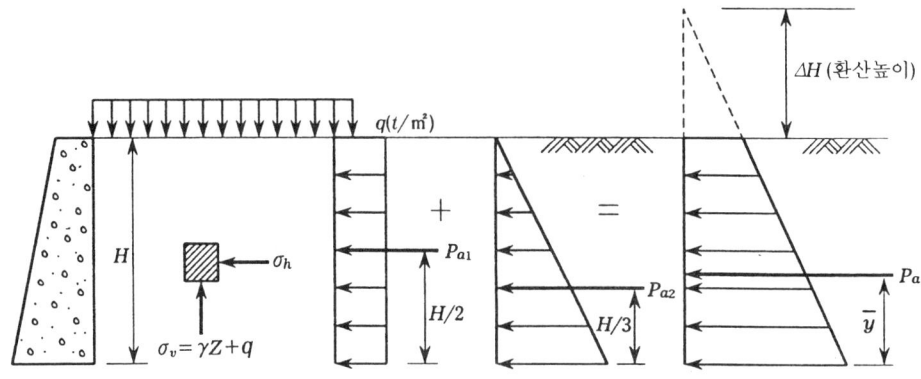

(그림 3) 등분포하중 재하시의 주동토압분포

(1) **주동토압**(P_a)

　지표면에 등분포하중이 놓일 때 지반의 연직응력 σ_v는,

　$\sigma_v = \gamma z + q$ 이므로
　$\sigma_{ha} = \sigma_v K_a = (\gamma z + q)K_a = \gamma z K_a + q K_a$

$$P_a = \frac{1}{2}\gamma H^2 K_a + qHK_a$$

(2) **수동토압**(P_P)

$$P_P = \frac{1}{2}\gamma H^2 K_P + qHK_P$$

(3) **토압의 작용점**($\bar{y}$)

　(그림 3)에서

$$P_a \bar{y} = P_{a1}\frac{H}{2} + P_{a2}\frac{H}{3}$$

$$\bar{y} = \frac{P_{a1}\dfrac{H}{2} + P_{a2}\dfrac{H}{3}}{P_a}$$

(4) 환산높이(ΔH)

1) 등분포하중을 흙의 높이로 **환산**하면 (그림 3의 점선부분)

$$\Delta H = \frac{q}{\gamma}$$

2) 주동토압

$$P_a = \frac{1}{2} \gamma \{(H+\Delta H)^2 - (\Delta H)^2\} K_a$$

3) 작용점

$$\bar{y} = \frac{H}{3} \frac{H+3\Delta H}{H+2\Delta H}$$

4. 점성이 있는 경우의 토압(C와 ϕ 존재)

(1) 주동토압(P_a)

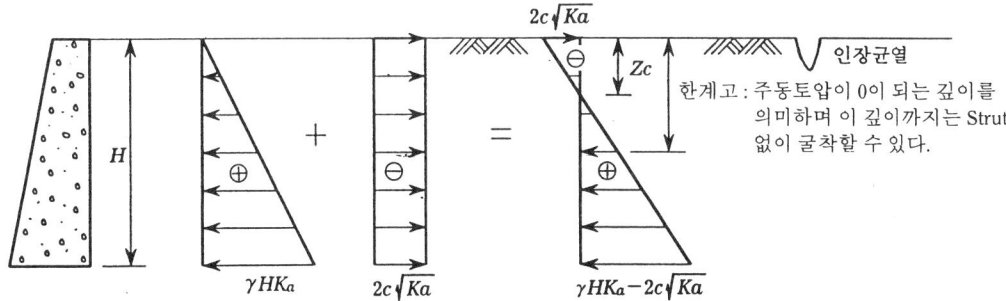

(그림 4) 점착력이 있는 흙의 주동 토압 분포

$$P_a = \frac{1}{2} \gamma H^2 K_a - 2CH\sqrt{K_a}$$

(2) 인장균열 깊이(Z_c)

$\sigma_{ha} = 0$이 되는 깊이를 **점착고**라 하며 **인장 균열**(Tension Crack)이 일어나는 **깊이**이다.

$$\sigma_{ha} = \gamma z K_a - 2C\sqrt{K_a} = 0$$

$$\therefore Z_c = \frac{2C}{\gamma}\sqrt{K_P} = \frac{2C}{\gamma}\tan(45°+\frac{\phi}{2})$$

(3) **한계고**(Critical Height) : H_c

$P_a = 0$이 되는 깊이를 **한계고**라 하며 **흙막이**를 **구조물**(Strut 등) 없이 **연직**으로 굴착할 수 있는 깊이이다.

$H_c = 2 \cdot Z_c$이므로

$$\therefore H_c = \frac{4C}{\gamma}\sqrt{K_P} = \frac{4C}{\gamma}\tan(45°+\frac{\phi}{2})$$

(4) **수동토압**(P_P)

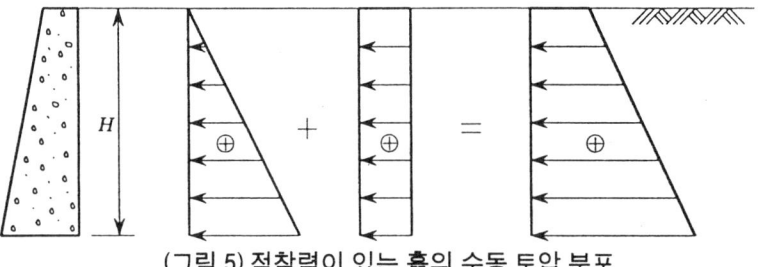

(그림 5) 점착력이 있는 **흙**의 수동 토압 분포

수동상태에서는 **압축력**을 받으므로 **인장균열**이 생기지 않는다.

$$\sigma_{hp} = \gamma z K_P + 2C\sqrt{K_P}$$

$$P_P = \frac{1}{2}\gamma H^2 K_P + 2CH\sqrt{K_P}$$

7. 옹벽의 일반적인 설계단면

1. Cantilever 옹벽(역 T형)

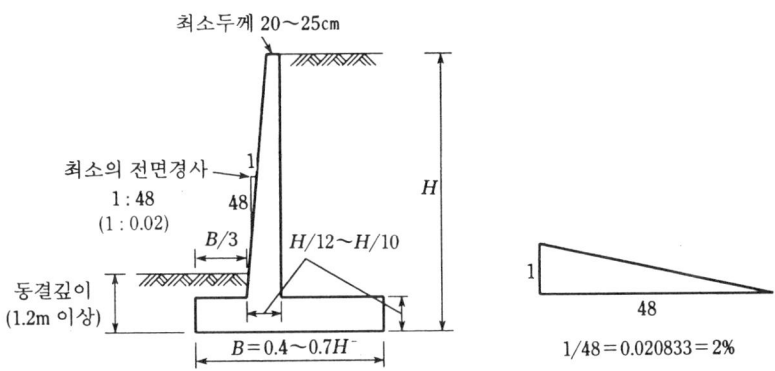

(그림 1) Cantilever(역 T형식)옹벽의 설계시 단면 가정

2. 중력식 옹벽

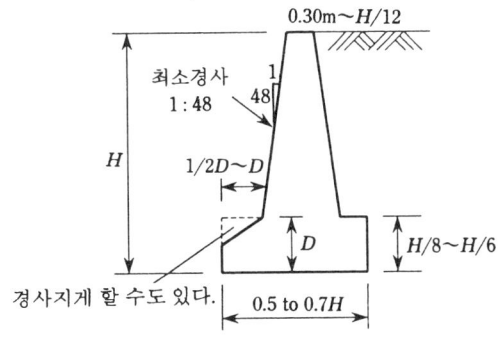

(그림 2) 중력식 옹벽의 통상적 치수

3. 뒷부벽식 옹벽

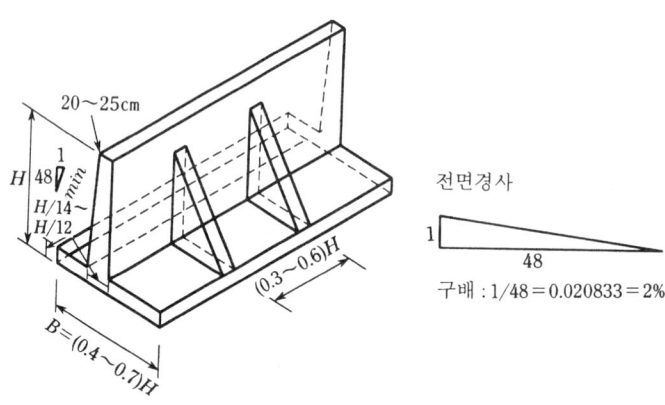

(그림 3) 뒷부벽식 옹벽의 설계시 단면 가정

4. 옹벽의 연결부시공대책(구조물 기초설계기준 P. 371)

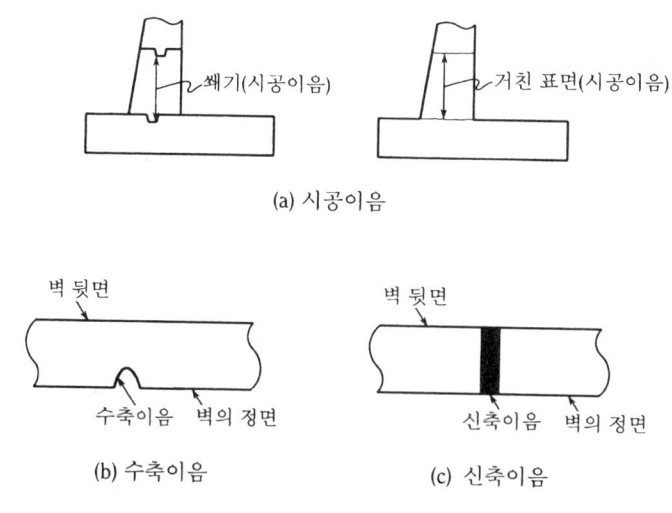

(a) 시공이음

(b) 수축이음　　(c) 신축이음

(그림 2) 옹벽의 배수대책

8. Cantilever옹벽의 BMD는 몇차 곡선인가

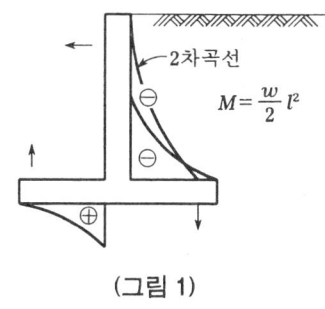

(그림 1)

2차 곡선이다.

※ 구조물 기초 설계 기준(P. 373)에 명시된 옹벽의 배수 대책

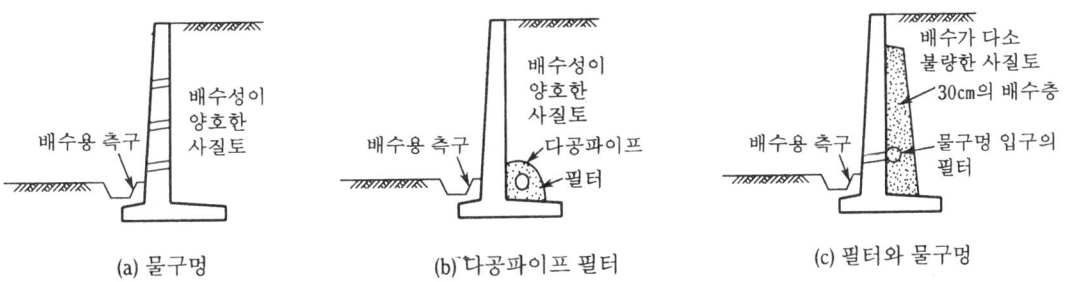

(a) 물구멍   (b) 다공파이프 필터   (c) 필터와 물구멍

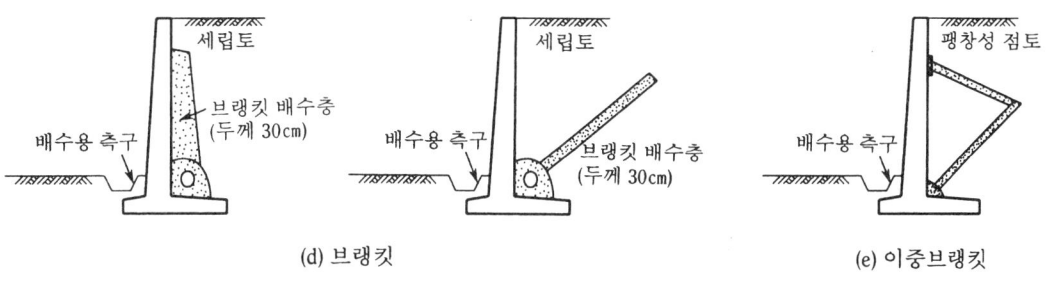

(d) 브랭킷   (e) 이중브랭킷

(그림 2) 옹벽의 배수대책

9. Cantilever옹벽의 주철근 배근도 및 옹벽관련문제

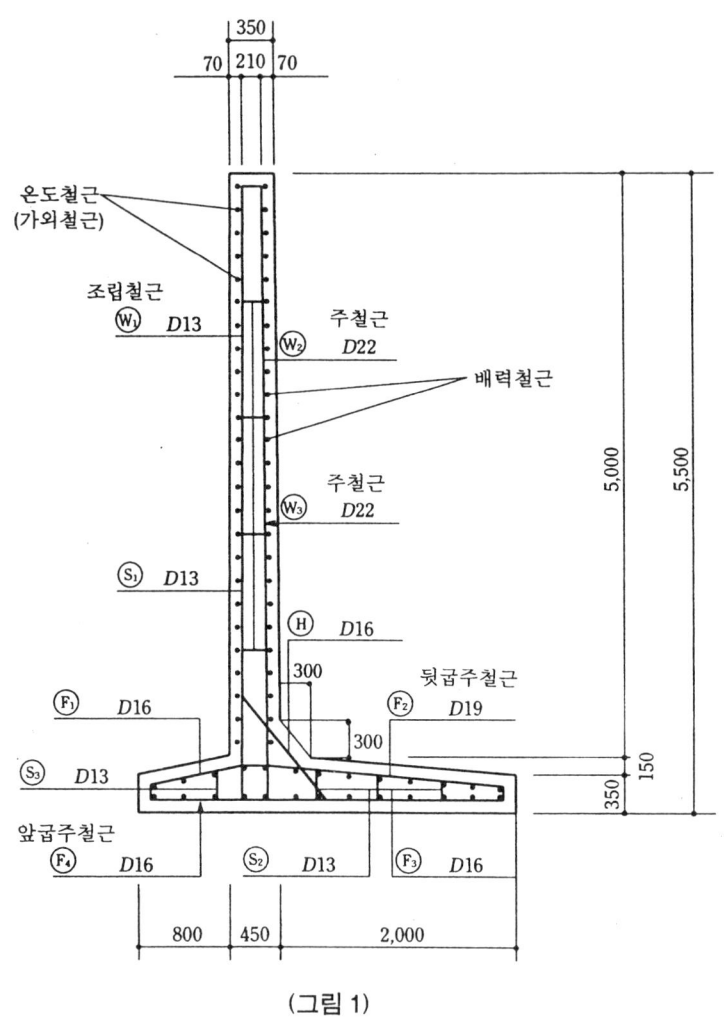

(그림 1)

1. 주철근의 역할

(1) 휨 인장응력에 저항

2. 주철근을 배근한 이론적 근거

(1) 휨응력을 부담   (2) 캔틸레버 작용   (3) 주동토압에 저항

3. (그림 1)에서 W_2, W_3로 구분한 이유

토압이 $\frac{1}{3}$ 지점에 작용하므로(토압분포가 깊이에 따라 커지므로) W_3가 W_2보다 배근량이 많다.

4. 배력근은 어떻게 배치하나/역할은/배력근 배치는 꼭 주철근과 직각이어야 하나

주철근에 직각에 가깝게 배근, 응력의 분배 역활

5. 띠철근의 역할(기둥 등에서)

전단력(사인장)에 저항 (균열방지)하는 기능이다.

6. 전면철근 W_1(조립철근)은 왜 필요한가

온도철근을 조립할 목적으로 쓰이며 조강근이라고도 한다.

7. 온도철근(가외철근)을 지적하고, 역할이 무엇인가

2차응력(건조수축, 온도응력, 기타 요인)에 의한 Concrete의 인장응력을 부담하는 **가외철근이다.**)

8. 옹벽의 전면경사

1 : 48가 최소

9. 캔틸레버 옹벽의 토압

주동토압

※ 용어구사에 주의

역 T형이라 하지 말고 **캔틸레버 옹벽**이라고 해야한다.(이유 : Cantilever 구조로 설계)

10. 헌치(Haunch)철근의 역할

(1) 모서리부의 응력집중에 의한 균열방지
(2) 모멘트가 가장 큰 부분의 인장력(사인장)을 부담
(3) 가외 철근(보조철근)

11. 캔틸레버옹벽은 정정인가 부정정인가

정정구조다.

$$N = R-3-h \\ = 3-3 = 0(정정)$$

10. 뒷부벽식 옹벽(Counterfort Wall)의 주철근도

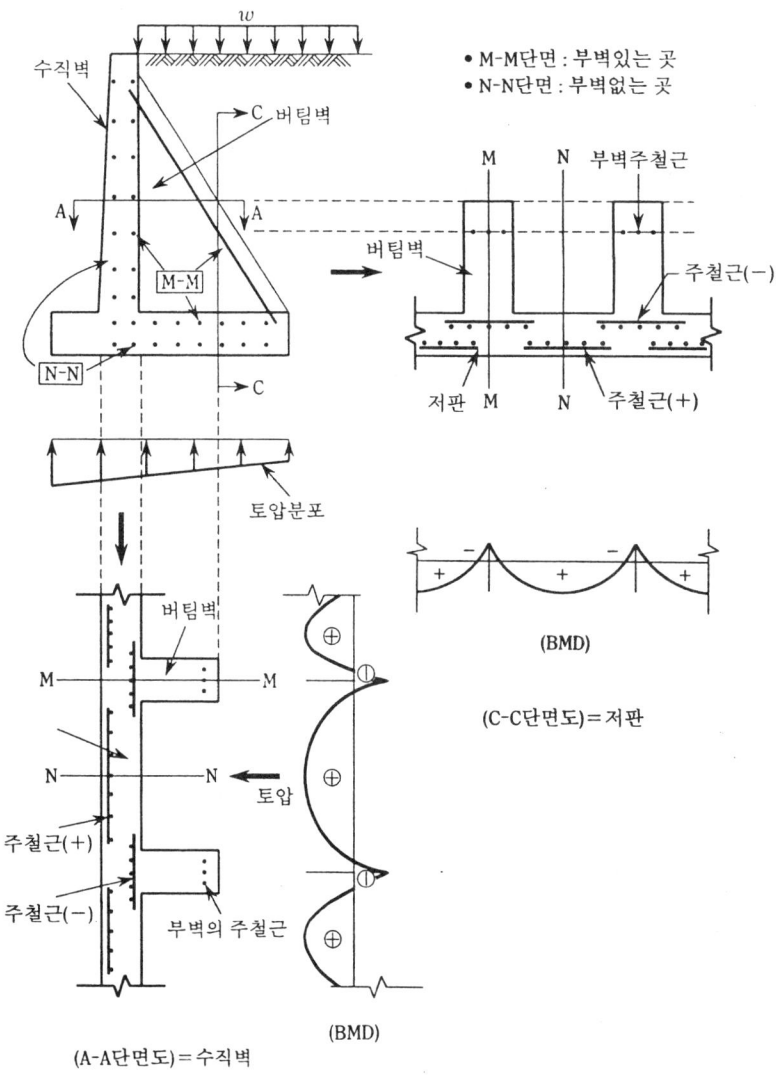

(그림 1) 뒷부벽식 옹벽 주철근 배근도

11. 반 중력식 옹벽의 주철근도

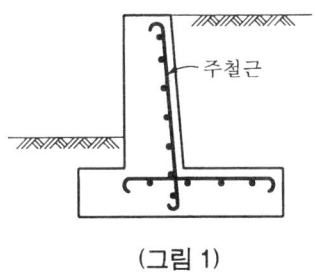

(그림 1)

12. 암거의 주철근도, 그 때의 토압은

1. 정지토압 (안전율은 고려하지 않는다.)으로 설계한다.

2. 배근 구조세목
   (1) **주철근**의 배근은 철근의 **덮개**를 (그림 1)과 같은 값으로 한다.
   (2) 우각부의 배근은 (그림 2)를 표준으로 한다.
   (3) 배력철근량은 **주철근량**의 25%정도로 한다.
   (4) **사각부의 배근**
   사각부의 배근은 측벽의 길이 방향으로 사각부 이외의 단면과 같은 간격으로 배근한다.

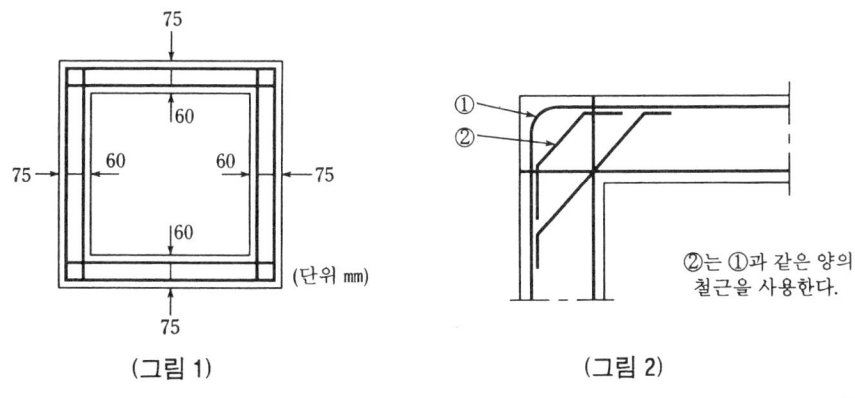

(그림 1)   (그림 2)

13. 옹벽의 파괴원인

(1) 전도
(2) 활동
(3) 침하
(4) 배수불량
(5) 뒷채움 재료 불량
(6) 줄눈 시공 잘못

14. 옹벽 설계시 주동토압으로 하는 이유는

(1) 옹벽은 보통 주동압 상태의 흙으로 설계된다.
(2) 이것은 만약 측면력이 구조물을 이동시키거나 주위로 회전시킬만큼 충분히 크면 측면 변위는 주동력의 크기만큼 배면압력을 감소시킨다는 것을 알 수 있다.
(3) 마찬가지로 만약 벽체가 부러지려 한다면 **주동토압상태**의 **압력**을 **감소**시키기 위해 벽체는 **앞쪽**으로 변위되어야 한다. (캔틸레버 보의 작용)
(4) 만약 벽체가 이 **감소된 힘**에 **저항**하지 못하면 부러지거나 **절단**되어 버리고 말 것이다.

15. 옹벽의 배수 방법

(1) 배수층(Filter)설치. ($t = 30 \sim 40cm$)
(2) 물구멍(ϕ100mm)설치, 간격 4.5m
(3) 종단방향으로 유공 배수관 설치

(주) 배수가 잘못 시공되면 → 수압이 가세되어 토압이 2배이상되어 붕괴된다.

16. 옹벽의 뒷채움 재료 구비조건

No.	구 분	기 준
1	최대 치수	100mm
2	PI	PI < 10
3	CBR	CBR > 10
4	No.4체 통과량	25~100%
5	No.200체 통과량	0~25%
6	투수계수(K)	큰 것

17. 옹벽 뒷채움 재료를 점토로 사용하면 어떤 문제점이 발생하는가

인장균열(Tension Crack) 발생한다.

18. 옹벽 배수공의 설치 의미는

토압, 수압의 감소목적 → 붕괴방지다.

19. 앞부벽식(Buttress Wall)과 뒷부벽식(Counterfort Wall) 옹벽의 차이점

1.

종류	응력	사용빈도	경제성	시공성
앞부벽	압축	적다.	부지이용도가 적다.	효율
뒷부벽	인장	많다.	부지이용도가 크다.	비효율

2. 설계상 차이점

(1) 앞부벽

　직사각형의 캔틸레버보

(2) 뒷부벽

　전면 ⇨ Flange로 하고

　부벽 ⇨ 복부인 T형 캔틸레버보로 설계한다.

3. 철근량

(1) 전면판, 저판에는 인장철근의 20% 이상의 배력철근(Distributed Bar)배치

(2) 배력철근의 $\frac{2}{3}$는 전면판에, $\frac{1}{3}$은 후면판에 배근한다.

20. 정지토압

1. 파괴되지 않는 탄성평형상태

2. 정지토압 계수(K_0)(Jacky경험식)

  (1) 사질토 $K_0 = 1 - \sin\phi$
  (2) 정규압밀점토 $K_0 = 0.95 - \sin\phi$

$$K_0 = 1 - \sin 30° = 0.5$$

21. 암거 및 라멘구조에 사용되는 토압과 그 이유

1. 정지토압으로 설계한다.

2. 이 유

파괴되지 않는 탄성변형상태(즉, 변위가 없다)

22. 옹벽기초에 작용하는 응력분포도

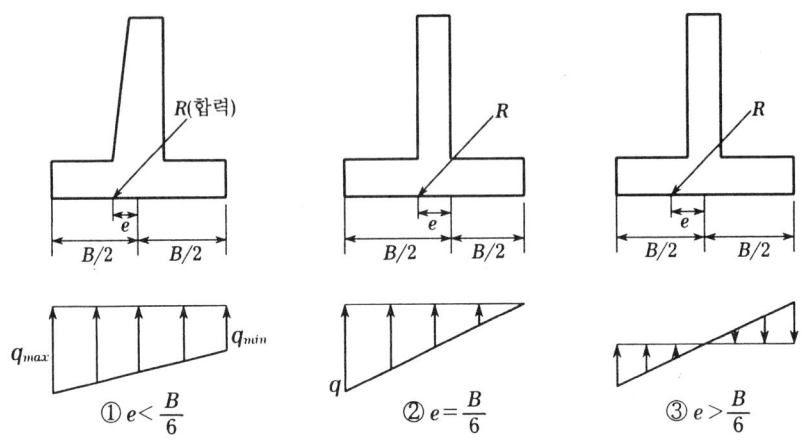

$e < \dfrac{B}{6}$ 인 경우(핵거리 : 중앙 $\dfrac{B}{3}$ 이내인 경우) ⇨ 전도에 안정

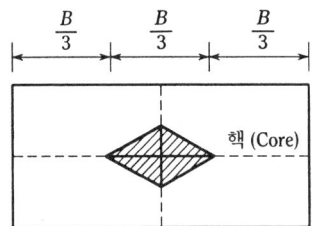

23. 옹벽의 활동(Sliding)에 대한 대책

(1) 저판폭(B) 크게 한다.
(2) Pile기초(연약지반개량)
(3) 저판에 맨후면에 전단 Key(Shear Key) 설치하여 저면과 지반의 마찰력을 크게 한다.
(4) JSP+Steel Sheet Pile 방지
(5) Earth Anchor 시공

24. 옹벽의 이음

1. 시공이음(Construction joint)

(그림 1)과 같이 시공이음 사이의 연결부에 쐐기를 사용하면 전단저항력을 증가시킬 수 있다. 만약 **쐐기**를 사용하지 않을 경우에는 한 쪽의 콘크리트

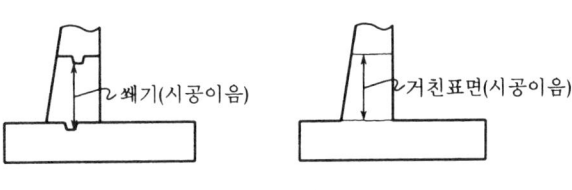

(그림 1) 시공이음

표면을 거칠게 한 다음 다른 쪽 콘크리트를 타설한다. 이 때 거친 콘크리트 면을 깨끗하게 유지하는 것이 중요하다.

2. 수축이음(Contraction joint)

(그림 2)와 같이 벽체의 전면에 **수축이음부**를 두면 콘크리트의 **수축변형**에 의한 영향을 줄일 수 있다. 일반적으로 **수축이음부**의 홈은 폭 6~8mm, 깊이 12~16mm의 크기로 만들며 옹벽 **저판 상부**에서 벽체 상단까지 연속시킨다.

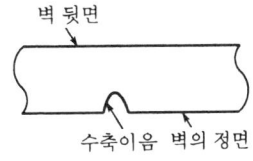

(그림 2) 수축이음

3. 신축이음(Expansion joint)

길이가 긴옹벽의 경우 온도변화나 지반의 **부동침하**가 콘크리트 구조물에 미치는 영향에 대비하기 위하여 **옹벽 길이 방향으로 매 20m마다** (그림 3)과 같이 유연성 재료의 신축

이음을 설치한다. 이 때 신축이음부 양쪽 사이의 일체성을 유지하기 위하여 **강철봉**을 사용하여 벽체(Stem)를 가로지르는 방향으로 보강을 실시한다. 강철봉이 콘크리트에 강하게 부착되면 신축이음의 효과가 상실될 수 있으므로 이러한 일이 없도록 적절한 방법을 적용한다. **윤활유**를 **강철봉 표면**에 바르는 것도 한 방법이 된다.

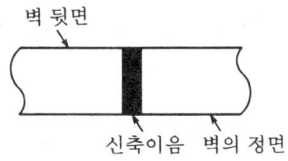

(그림 3) 신축이음

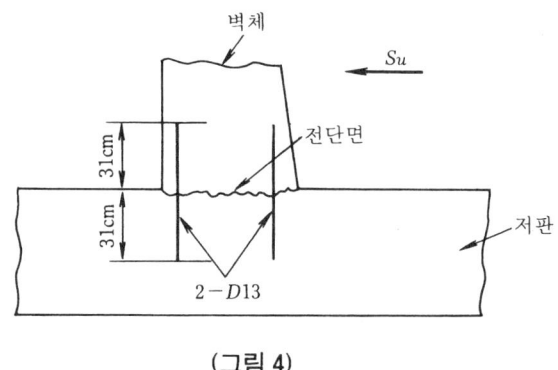

(그림 4)

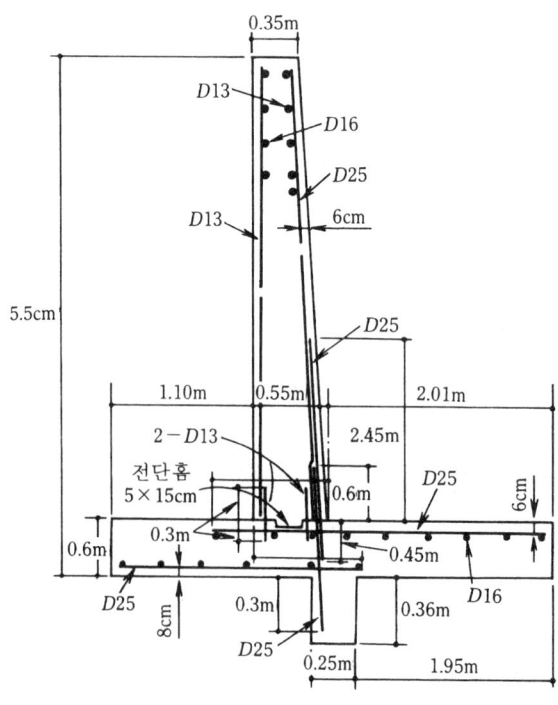

(그림 5) 옹벽 설계시

25. 옹벽 뒷채움 재료를 선택재료로 사용하는 이유는

배수가 좋게 하여, 수압, 토압 감소

26. 옹벽의 물구멍 시공을 중요시 하는 이유 / 종단 유공관이 설치되어야 하는 이유

1. 물구멍
배수 ⇨ 수압, 토압 감소 ⇨ 붕괴방지

2. 종단 유공관
(1) 옹벽 배면의 배수층의 물을 유도, 집수하여 배수
(2) 지하수, 용수의 차단
(3) 옹벽기초의 연약화 방지

27. 지반이 좋지 않아 옹벽 전면 채움이 높을 때, 전면에도 선택재료를 채워야 하는가 / 이 때 뒷채움은 어떻게 하는가

(1) 배면과 동일한 재료 사용한다.
(2) 전면의 수동토압을 확보하여 옹벽의 안전 확보해야 한다.

28. 부벽식 옹벽의 적용성/설계원칙과 기준설명

1. 옹벽높이 7.5m 이상에서 경제적이다.

2. 앞부벽 : 직사각형 단면의 캔틸레버 보로 설계한다.
   뒷부벽 : T형 단면의 캔틸레버 보로 설계한다.

3. 부벽식 옹벽의 설계상의 차이점
   (1) 앞부벽식
      1) 앞부벽
         직사각형 캔틸레버 보
      2) 전면벽
         2방향 Slab(1방향 Slab)
      3) 저판(앞굽판)
         ① 부벽을 지점으로 한 1방향 연속 Slab
         ② 고정보, 연속보 개념

   (2) 뒷부벽식
      1) 뒷부벽
         ① 기초 저판을 지점으로한 T형단면 캔틸레버 보
         ② 전면벽 : Flange ┐
            부벽 : 복부   ┘ T형 단면보
         ③ 인장 Tie역활
      2) 전면벽
         부벽을 지점으로한 1방향(2방향) 연속 Slab
      3) 저판(뒷굽판)
         ① 부벽을 지점으로한 1방향 연속 Slab
         ② 고정보, 연속보

29. 활동(Sliding)이 문제되는 옹벽의 보강공법

1. 1안 : 앵커로 보강한다.

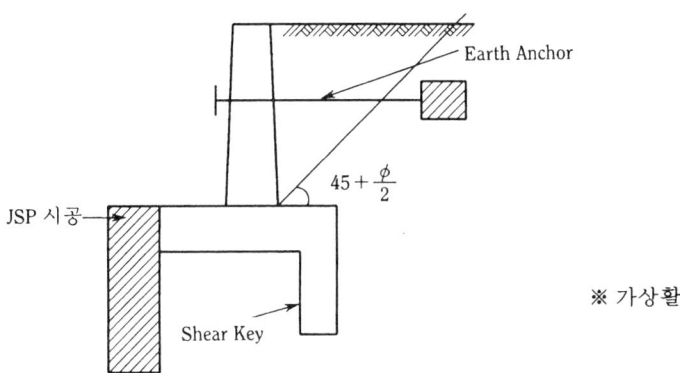

2. 2안 : Shear Key를 설치한다.

3. 3안 : JSP 시공

30. 옹벽을 Anchor로 보강시 구조적 검토방법과 BMD 예시하여 설명

(1) 앵커와 벽체의 전단영역이 중첩되지 않게 충분히 이격시킨다.

(2) **주동토압**
  앵커상단로 저항

(3) **수동토압**
  앵커하단으로 저항

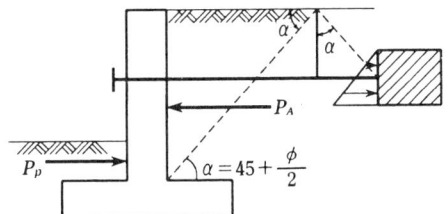 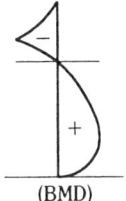

31. 옹벽 전도(Overturning) 우려시 대책

1. 높이(H)적게 한다.

전도모멘트 적게

2. 저판 폭(B)크게

저항모멘트 크다.

3. 외력의 합(k)이 중앙 $\frac{1}{3}$ 이내 ⇨ 중점에서 $\frac{B}{6}$ 이내 되게 한다.(핵속에 들어가게 한다.)

4. 토압, 수압 경감

(1) 뒷채움 재료 − 배수성이 좋은 선택재료
(2) 배수처리 − Filter, 종단유공배수관 물구멍
(3) 배토공 실시한다.

5. 옹벽의 안정 검토

6. 현장에서 Earth Anchor로 보강하면 된다.

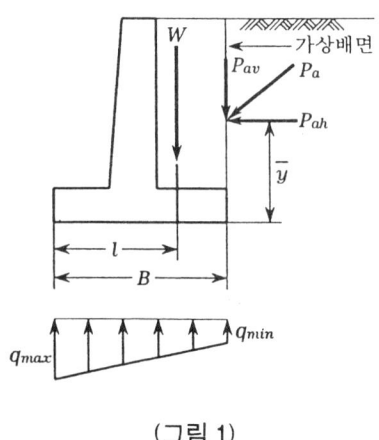

(그림 1)

(1) 전도(Overturning)

$$F_s = \frac{M_r}{M_o} > 2.0$$

여기서, $M_r = Wl + P_{av}B$
$M_o = P_{ah}\overline{y}$

(2) 활동(Sliding)

$$F_s = \frac{H_u}{H} > 1.5$$

여기서, $H = P_{ah}$
$H = V\tan\phi = (W+P_{av})\tan\phi$

(3) 지지력에 대한 안정

$$q_{max} \leq q_a : 안정$$

$$q_{max \atop min} = \frac{V}{B}(1\pm\frac{6e}{B})$$

여기서, q_a : 허용지지력

(주) Shear Key는 저판 맨뒷쪽에 설치하는 것이 역학적으로 유리하다.

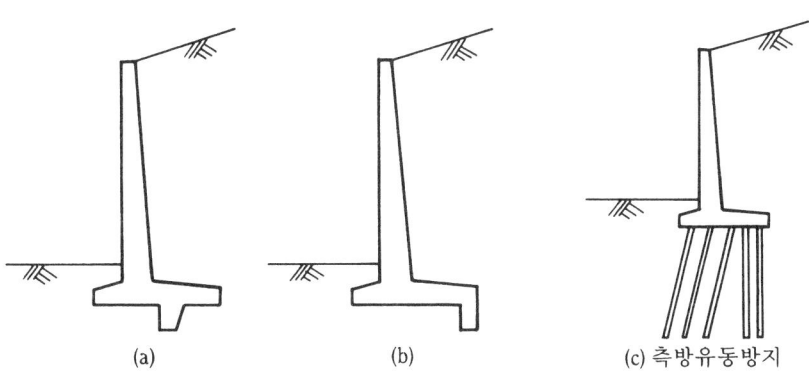

(a)   (b)   (c) 측방유동방지

(그림 2) 옹벽의 활동방지를 위한 방법

32. 보강토 공법에 대해서 말해보시오.

(1) 성토시 흙속에 흙의 **인장강도**를 증대시켜 사면 붕괴 방지목적으로 보강재를 혼입시킨 공법을 말한다.

(2) **보강토 공법의 종류와 보강재의 구성**
   1) 보강토 옹벽(Strip Bar + 모래)
   2) Texsol옹벽(연속장섬유보강토)
   3) Soil Nailing(ϕ 25mm이형철근)
   4) Geosynthetics 등(Geogrid 등)

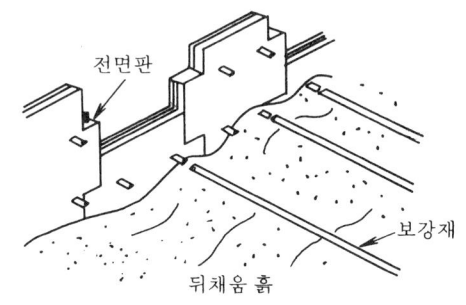

(그림 1) 보강토 옹벽의 구조

33. 보강토 옹벽의 개념

(1) 옹벽 전면에 PC Concrete 전면판(Skin Plate)사용 (육각형, +자형)

(2) 흙속에는 보강재(아연도 강판)를 매설하여 **마찰력**에 의한 겉보기 점착력을 주어 보강한 옹벽

(3) **고성토**에 적합, 부지이용도가 크다.

(4) 국내에서는 주로 +자형(텔레스코프식) 사용

(5) **보강토 옹벽의 종류**(전면 벽의 형식에 따라)
   1) 텔레스코프식
      +자형 PC 콘크리트
   2) 슬라이드식
      육각형 PC 콘크리트
   3) 콘서티나식
      반원형 금속판

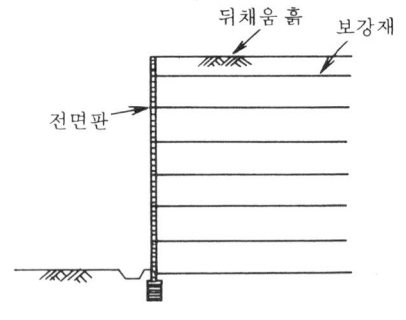

(그림 1) 보강토 옹벽의 구성

34. 옹벽의 종류, 적용성, 개념, 종류별 높이 결정기준

No.	종류	적용성, 개념
1	중력식	• 기초지반 양호한 곳 • 높이(H) 4m 이하
2	캔틸레버옹벽 (역 T형)	• $H = 7m$ 이하 • L형에 비해 저판을 적게 할 수 있다.
3	뒷부벽식	• 높이 7.5m 이상 • 앞부벽에 비해 저판폭 적다. • 부지이용도 높다.
4	앞부벽식	• 옹벽의 뒷굽 시공 공간이 협소할 경우
5	L형 옹벽	• 앞굽을 길게 할 수 없을 때 • $H = 6 \sim 10m$
6	역 L형 옹벽	• 뒷채움 부위 협소할 경우 • 경사진 경우
7	선반식	• 토압감소
8	PS 옹벽	• 높이 7.5m 이상 • 강선인장

No.	옹벽종류	옹벽높이(m) 1~15
1	중력식	1~4
2	반중력식	1~5
3	캔틸레버식	3~10
4	뒷부벽식	8~15
5	앞부벽식	8~15

(그림 1) 옹벽 종류별 옹벽 높이 범위(일본토질공학회, 1977)

35. 암거(Box Culvert)에 대한 문제

1. Box의 철근 배근도

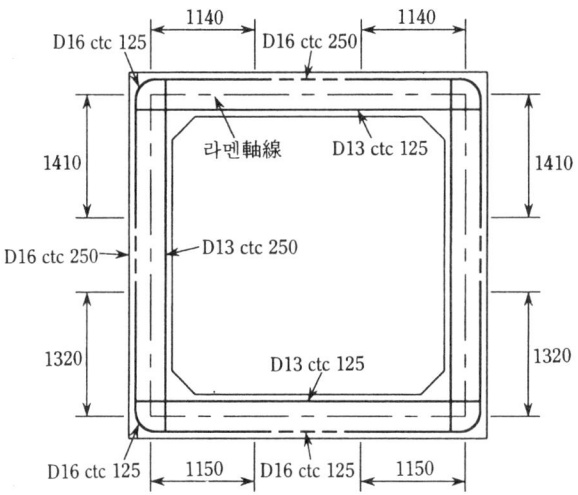

(그림 1) 각 부재의 주철근의 정착위치

2. 암거의 BMD와 주철근 배근도

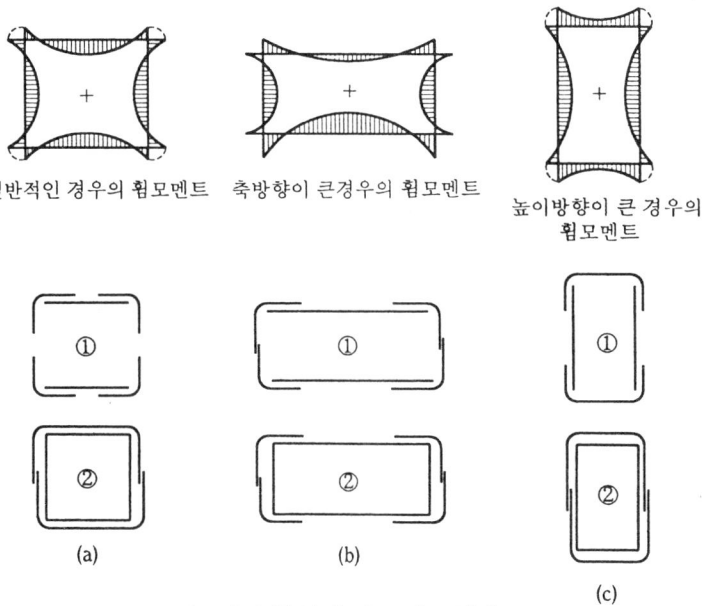

(그림 2) 형상에 따른 배근형태

제4장 옹벽, 토압, Box구조물

3. 개구부 주변의 보강

(1) **출입구**, **환기구** 등과 같이 **큰 개구부**에 대해서는 별도의 **단면해석**을 하여야 한다.

(2) 슬래브, 벽 등에 설치하는 Duct용, 배관용과 같이 소규모인 **개구부**에는 **응력집중** 등에 의한 **균열**에 대하여 **보강철근**을 배치하여야 한다.

(3) 소규모 개구부에서 **보강**을 위하여 배치하는 철근은 **개구부**를 두었기 때문에 배치할 수 없었던 **주철근**과 **배력철근** 이상을 개구부 주변에 배치함과 동시에 개구부의 모서리에 철근을 배치하여 확실히 정착 시켜야 한다.

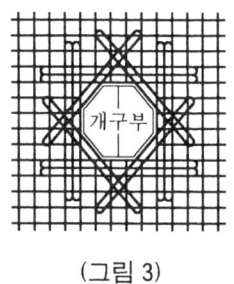

(그림 3)

4. 지하철 구조물 철근조립 예{(본선, 부대시설 등(지간 : 약 6m 미만)} (대단히 중요)

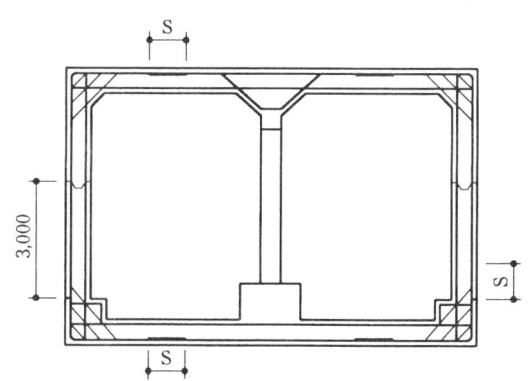

여기서, 벽체부 겹이음 위치는 준수

(그림 4) 1단 배근(1 Cycle)

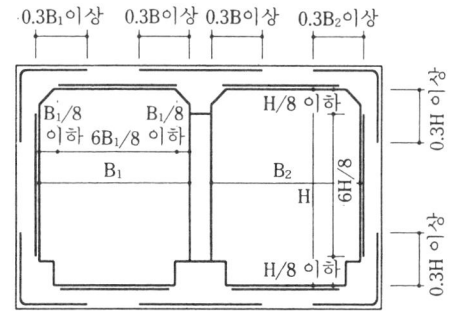

여기서, B : B_1과 B_2 중 큰 값 적용
하부슬래브는 상부슬래브와 동일하게 적용

(그림 5) 1단 배근(2 Cycle)

5. 1련암거 설계조건/주철근 배근방법

(1) 1련암거 설계조건

1) 적용시방서
   ① 도로교 표준시방서(1986년, 건설교통부)
   ② 철근 콘크리트 표준시방서(1988년, 건설교통부)

2) 단위중량
   ① 철근 콘크리트 : 2.50t/m³
   ② 아스팔트 콘크리트 : 2.30t/m³
   ③ 뒷채움재 : 2.00t/m³
   ④ 상재토 : 2.00t/m³

3) 설계하중 : DB-24

4) 토압
   ① 뒷 채움재의 내부 마찰각 : $\phi = 35°$
   ② 토압계수 : 정지 토압계수 : $K_a = 1 - \sin\phi = 1 - \sin 30° = 0.5$

5) 부재의 최소두께
   ① 수로암거
      ㉠ 상판, 저판 : 25cm
      ㉡ 벽체 : 30cm
   ② 통로암거
      ㉠ 상판, 저판 : 25cm
      ㉡ 벽체 : 25cm

6) 철근덮개
   ① 수로암거
      ㉠ 흙접촉부(외측) : 6cm
      ㉡ 물접촉부(내측) : 8cm
   ② 통로암거
      ㉠ 흙접촉부(외측) : 6cm
      ㉡ 내공부(내측) : 3cm

7) 재료강도
   ① 콘크리트 설계기준강도
      ㉠ 암거, 날개벽, 차수벽, 난간벽 : $f_{ck} = 240$kg/cm²(2종, 32mm)

ⓛ 접속저판 : $f_{ck} = 210 \text{kg/cm}^2$(3종, 40mm)
ⓒ 기초 콘크리트 : $f_{ck} = 150 \text{kg/cm}^2$(5종, 50mm)

② 철근 항복응력(SD 30A)
  ㉠ $f_y = 3000 \text{kg/cm}^2$

8) 지반지지력 및 신축이음
  ① 지반의 허용지지력은 **35t/m²**를 기준으로 설계에 적용하였으며 현장의 지지력 기준에 미달된 경우에는 현장지반을 개량하여야 하고 Pile기초로 할 경우에는 Pile 배치상태에 따라 **저판**의 철근을 적당하게 배치하여야 한다.
  ② 신축이음 : 30m 마다 설치

9) 철근 직경의 변경사용
  ① 공사규모 현장조건에 따라 주철근의 직경을 변경하여 사용하여야 할 경우에는 **철근의 간격**을 조정하여 **배근량**을 **일치**시켜야 한다.
    예) 본 도면에서 D25($A_s = 5.07 \text{cm}^2$) 200mm간격으로 설계되어 있는데 현장사정에 의거 D22($A_s = 3.87 \text{cm}^2$)로 사용할 경우에는

$$S = \frac{1,000}{\dfrac{5.07}{3.78} \times \dfrac{1,000}{200}} = 152.7 \text{mm} \fallingdotseq 152 \text{mm 간격으로 배근한다.}$$

통로(1@3.00m×3.00m)
토피 = 0.00~1.00m

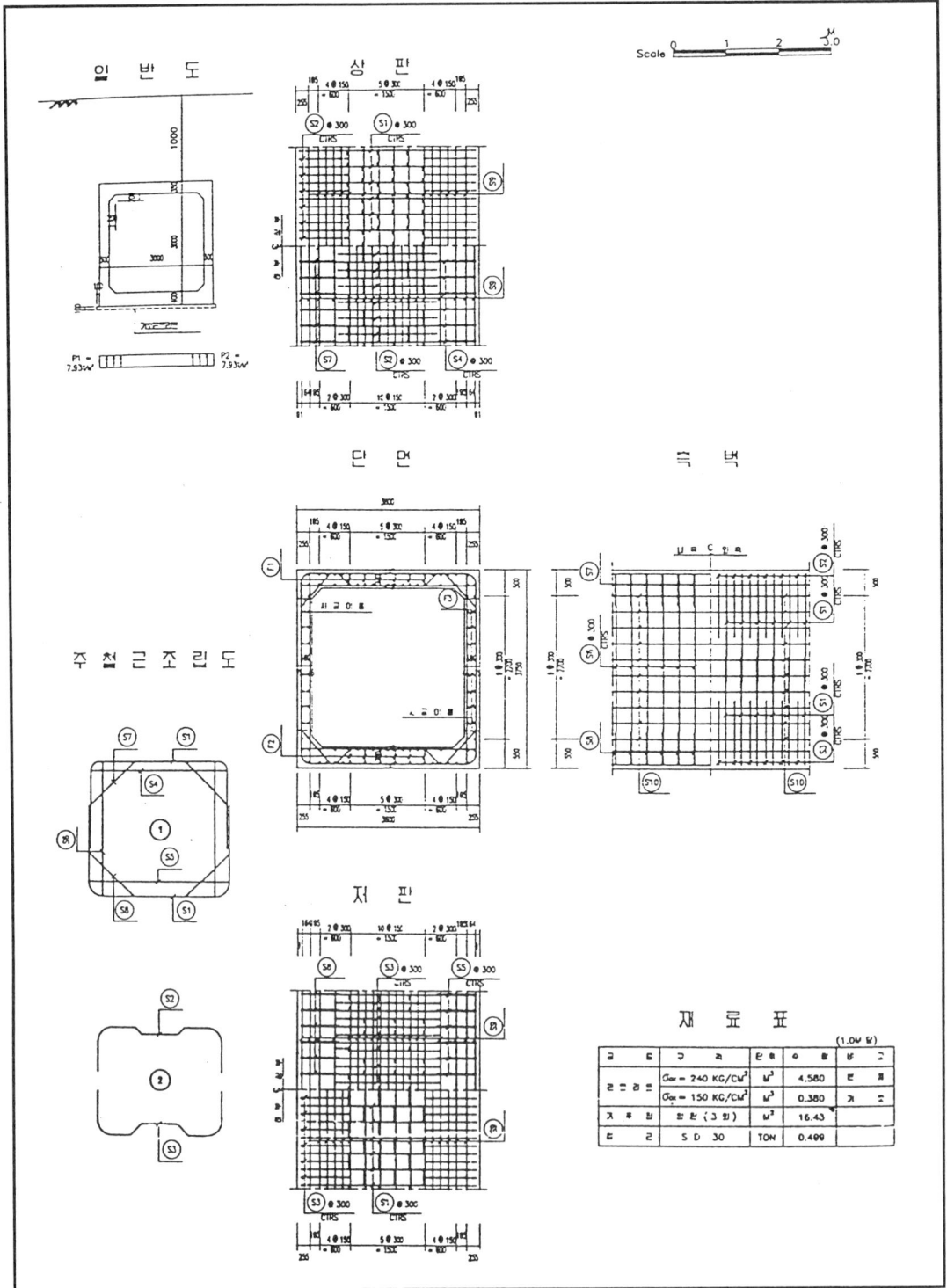

제4장 옹벽, 토압, Box구조물 173

통로(1@3.00m×3.00m)
토피 = 0.00~1.00m

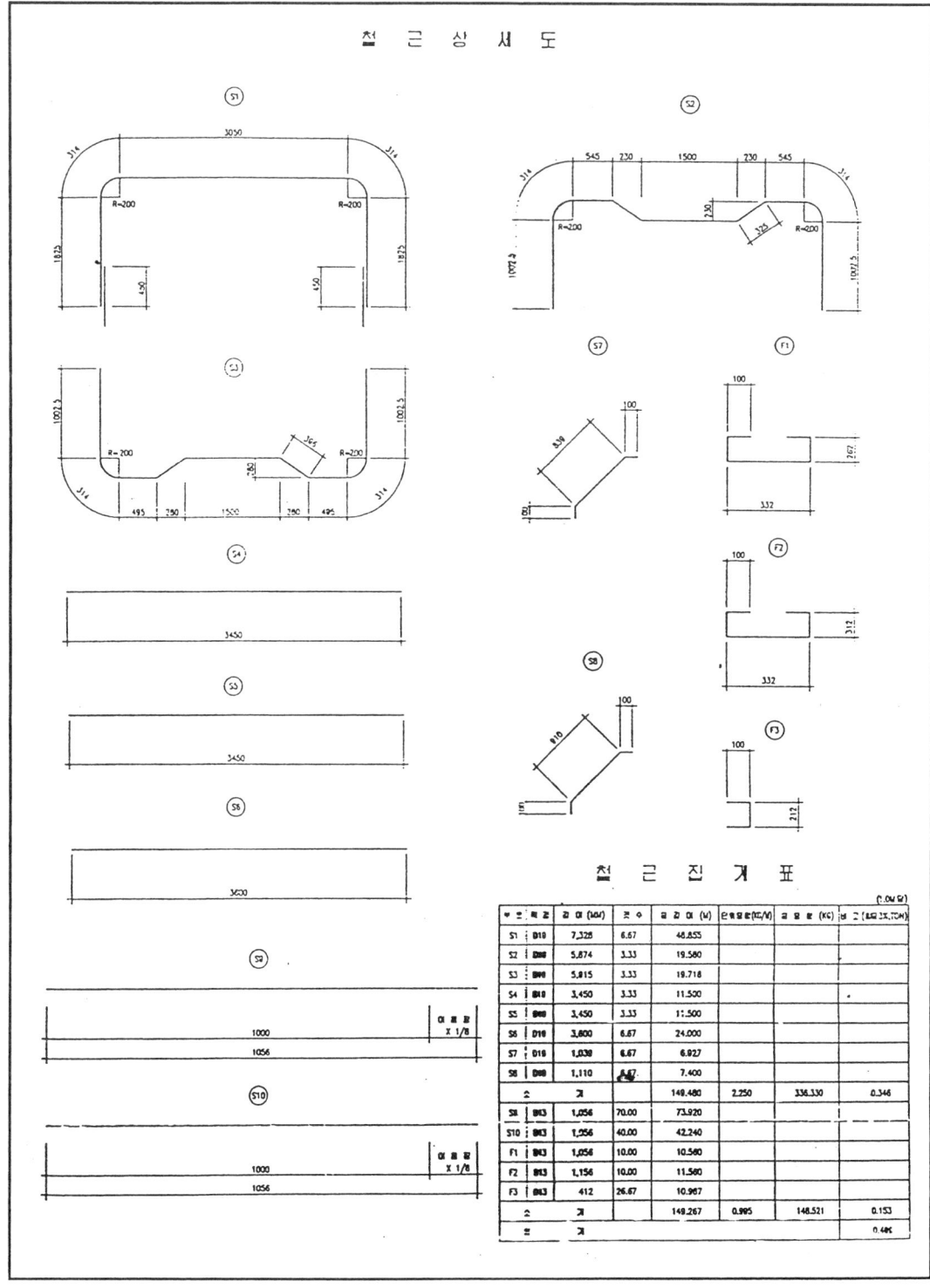

6. 2련 암거 주철근배근도 {수로(2@1.50m×1.50m)토피 = 0.00~1.00m}

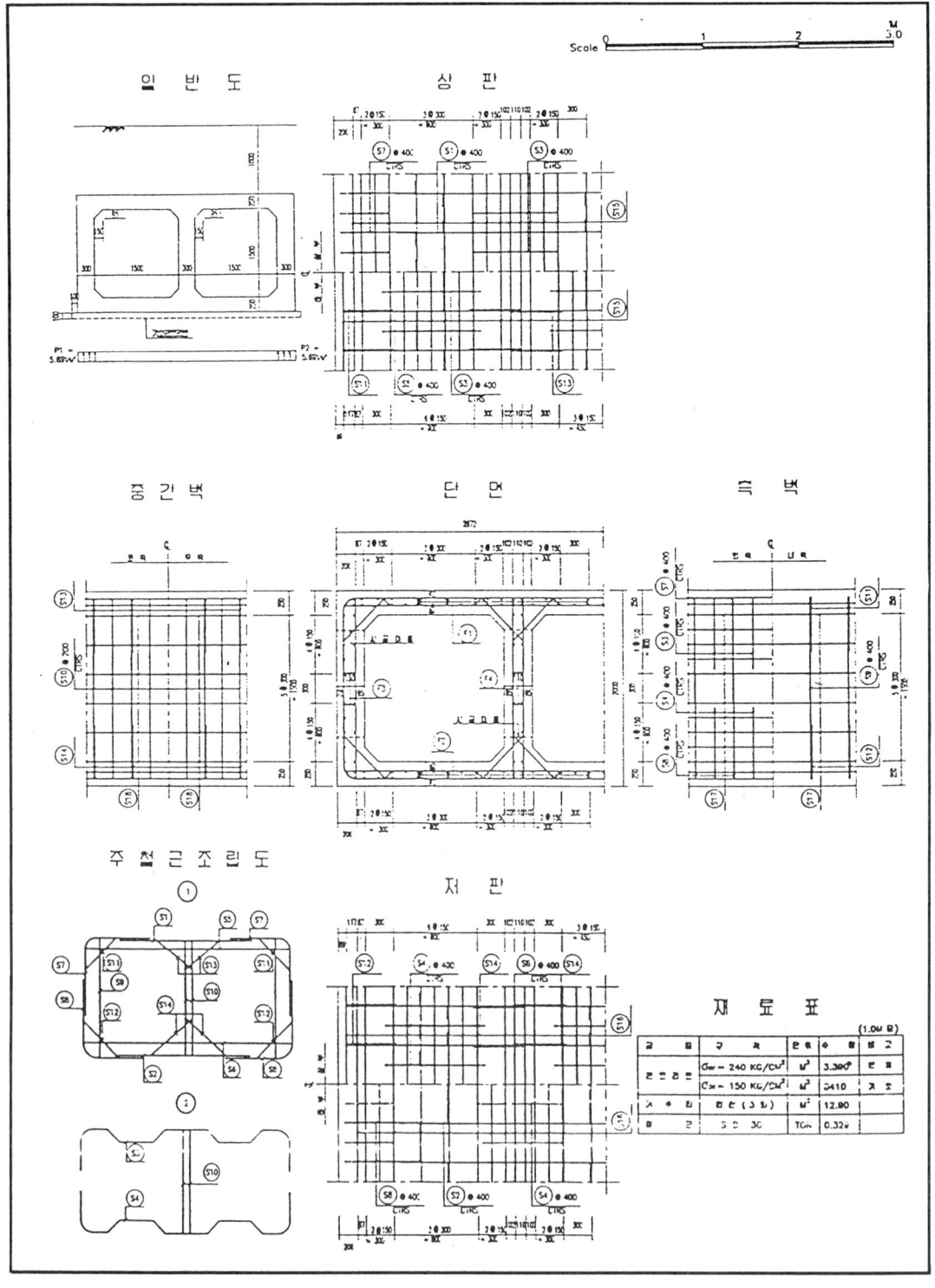

36. 암거의 주철근 배근도, 배력근, 헌치의 역할

1. 배력근

주철근의 직각에 가까운 방향, 응력의 재분배

2. 헌치철근

모서리부분의 응력집중에 의한 균열방지를 위한 가외철근

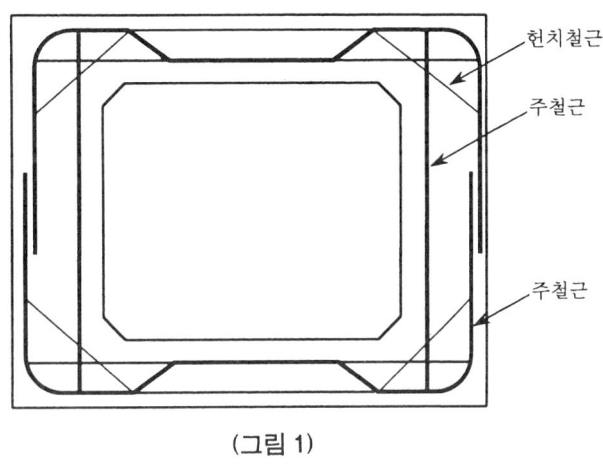

(그림 1)

3. 헌치철근은 안쪽 주철근을 굽힘 가공하면 되지 않겠는가 ? 왜 별도로 보강하는가 ?(53회)

가외철근, 균열방지목적이다.

4. 헌치 및 라멘 접합부 등의 내측에 연하는 철근 헌치 및 라멘 부재의 내측에 연하는 철근은 (그림 2)와 같이, 슬래브 또는 보의 인장철근을 구부려서는 안되고, 헌치에 연하는 별개의 곧은 철근을 배치해야 한다. (시방 기준)

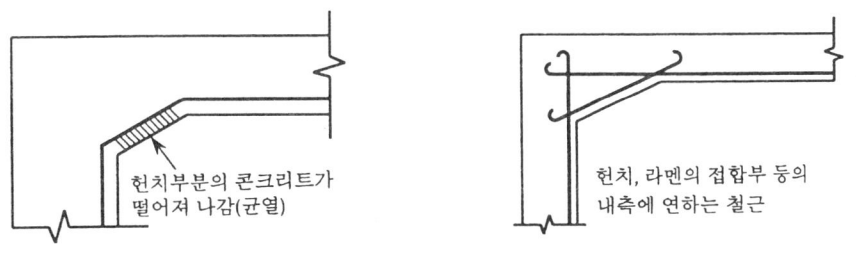

(그림 2) 헌치 및 라멘접합부의 철근보강

37. 집중응력을 받는 부분의 보강방법

1. 집중력을 받는 부분의 보강

집중반력이 작용하는 부분 등에서와 같이 **과대한 응력집중**이 일어날 것이 분명한 부분에서는 그 영향을 고려하여 (그림 1)과 같이 보강해야 한다.

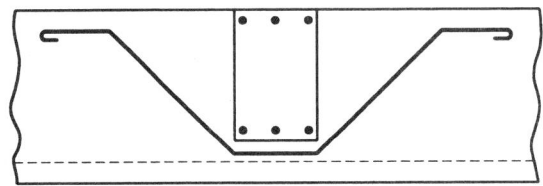

(그림 1) 집중력을 받는 부분의 보강

38. 옹벽기초의 (철근)배근

1. 옹벽기초부 배근

(1) 반중력식

주철근의 **철근덮개**는 10cm로 하고 **배력근**의 경우 **간격**을 **30cm 이하**로 하는 것이 좋고 기초의 상연에 배치한다.

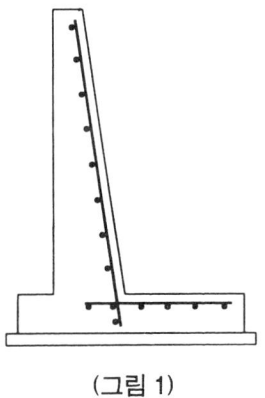

(그림 1)

(2) 역 T형, L형, 역 L형

1) 덮개는 기초상연과 하연에 각각 10cm로 한다.
2) **저판**의 **상부철근**은 **하부철근**의 1/3 이상 배근하고 **주철근의 간격**은 최대 **30cm**로 한다.

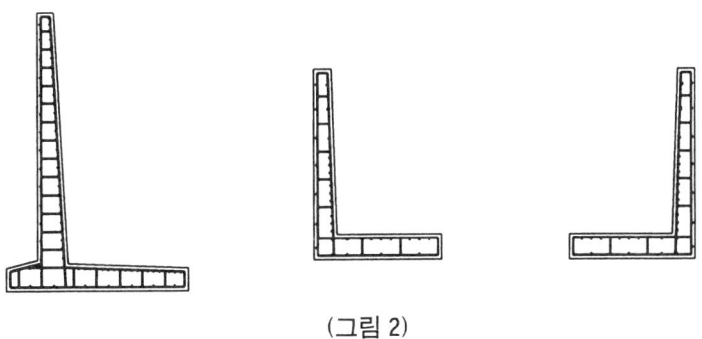

(그림 2)

(3) 부벽식

1) **덮개**는 기초 상연과 하연에 각각 **10cm**로 한다.
2) 저판에는 **인장철근**의 **20% 이상의 배력철근**을 두어야 하며 **저판**의 **상부철근**은 하부철근의 1/3 이상 배근한다.
3) 저판과 부벽사이에는 상당한 양의 **결합철근**을 두어야 하며 **저판상연**에 **배력근량**만큼의 **가외철근**을 배치하여야 한다.

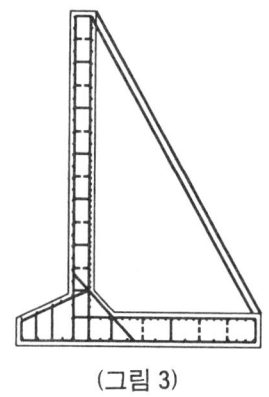

(그림 3)

(참고) 보강토 옹벽의 배수처리방식 예시 설명

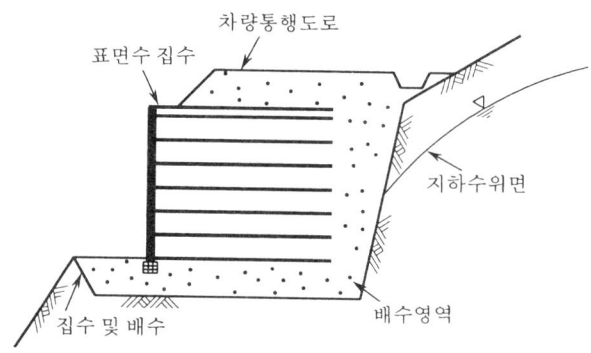

(그림 4) 절개지에서의 보강토 배수대책

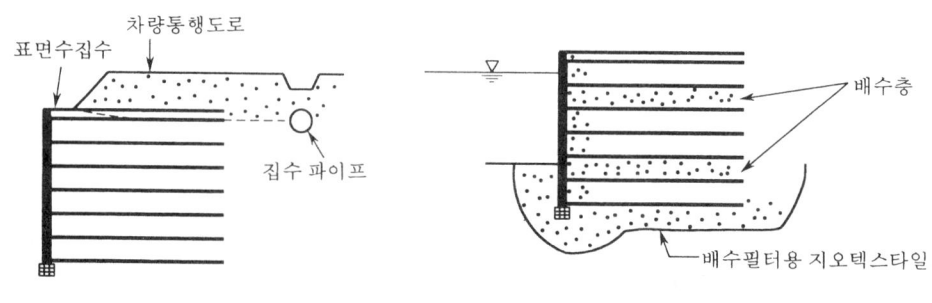

(그림 5) 표면수 배수대책   (그림 6) 수중보강토 구조물의 배수대책

39. 토압계수를 구분하는 이론적인 배경은

1. 옹벽 벽체의 변위에 의해

(1) 정지토압

횡방향 변위가 없는 상태에서의 수평토압

$$\sigma_v = \gamma Z$$

$$\sigma_h = K_0 \sigma_v \Rightarrow K_0 = \frac{\sigma_h}{\sigma_v}$$

(2) **주동토압**(σ_{ha})
  1) 옹벽이 앞(전)면으로 변위
  2) σ_h(수평)가 최소 주응력

(3) **수동토압**(σ_{hp})
  1) 옹벽이 뒷쪽으로 변위
  2) σ_h(수평)가 최대 주응력

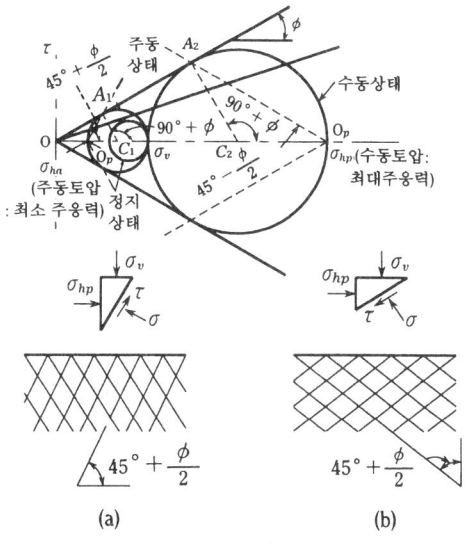

(그림 1) Rankine의 주동(主動) 및 수동상태(受動狀態)

제5장 기초, 토류벽, 지하철

1. 소련 등 극한지방에서 Pile을 시공시 대책

동결깊이가 깊으므로, Pre-Boring 후 SIP 등을 시공한다.

2. Pile 항타(Pile Driving)의 목적

연약지반 ⇨ 상부구조물의 하중을 암반까지 전달 ⇨ 지지력을 크게 함

3. 경암, 점토, 사질토의 지내력은

No.	토 질	지내력(t/m^2)
1	경 암	500
2	연 암	250
3	풍화암	80
4	자 갈	50
5	모 래	30
6	사질토	20
7	점성토	15
8	Silt	5

4. Slurry Wall(Diapraghm Wall)은 무엇인가

　　　　Bentonite의 안정액을 사용해서 지반을 굴착하고 철근망 삽입후 콘크리트를 타설해서 지중에 철근콘크리트 연속벽체를 형성하는 공법으로 대규모 차수성 토류구조물이다.

5. Slurry Wall에서 Slime 처리방식

(1) Air Jet　　　　(2) Water Jet
(3) Suction Pump　　(4) Mortar 바닥처리

6. Tie Rod

(1) 2겹 Sheet Pile에서 내부채움 토사에 의한 전도 방지
(2) Strut의 반대 개념이다.

7. 토류판은 설계시 무슨 개념인가

단순보개념이다.

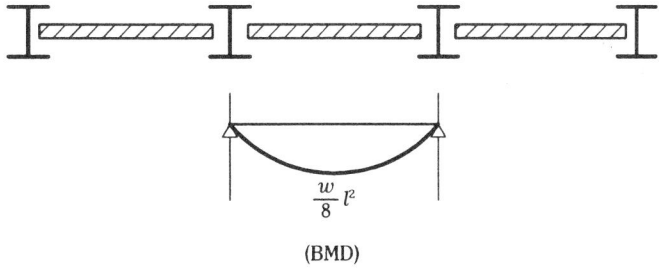

$\frac{w}{8}l^2$

(BMD)

8. Earth Anchor의 자유장, 정착장이 길거나 짧으면 어떻게 되나

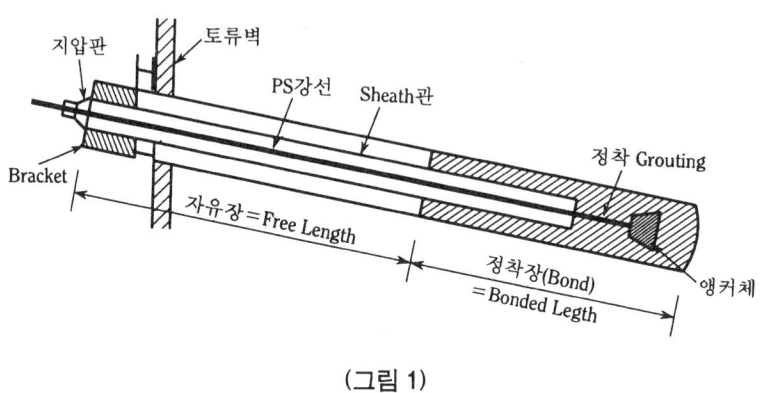

(그림 1)

1. 자유장

   (1) 길면 ⇨ 변위량 커져 붕괴

   (2) 짧으면 ⇨ 인장력이 낮고, 지반변위에 대한 앵커능력 부족

2. 정착장

   (1) 짧으면 ⇨ 인장재의 부착파괴, 앵커능력 부족

   (2) **정착장 길이**

      1) 미국 4.6m

      2) 유럽 3~6m

3. 시공순서

   (1) 천공(천공전 지반조사)   (2) Sheath관 설치

   (3) PS강선 설치   (4) PSC Grout 주입

   (5) Bracket 설치   (6) 지압판 설치

   (7) 인발시험해서 Anchor력 확인 → 준공

9. Pile구조와 (상부)구조물과 접합방법

1. PC말뚝

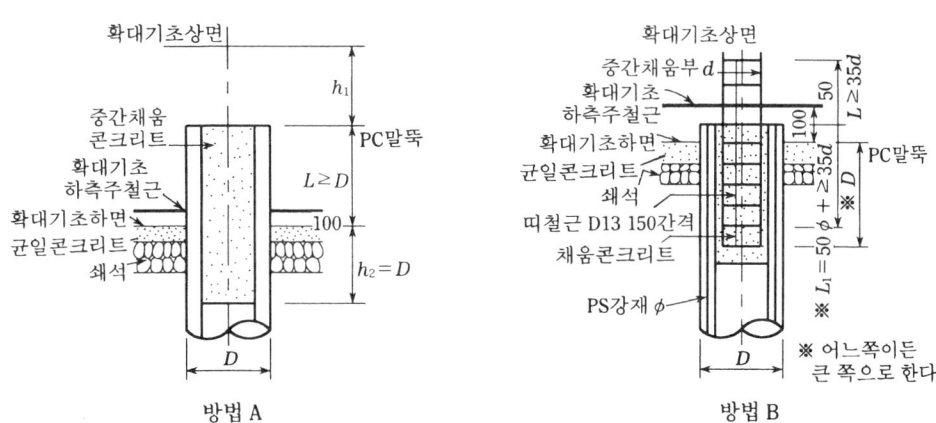

(그림 1) PC말뚝의 말뚝 머리부와 확대기초 결합부의 구조세목

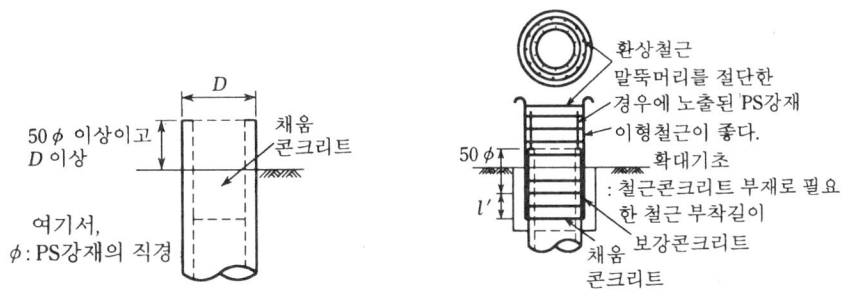

(그림 2) 말뚝 머리를 강결하는 경우

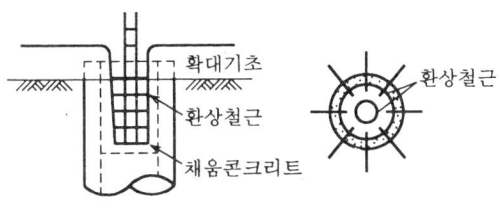

(그림 3) 말뚝 머리를 힌지로 하는 경우

2. 현장타설 말뚝

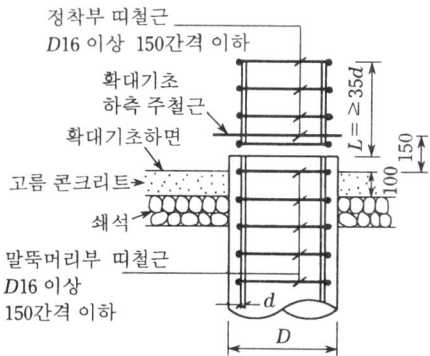

(그림 4) 현장타설 말뚝의 구조세목

3. 강관말뚝

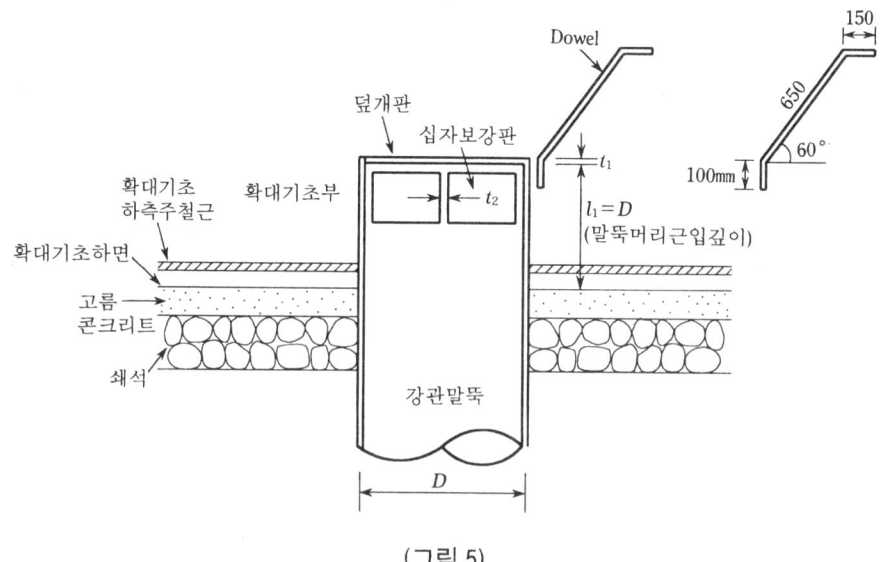

(그림 5)

(1) 강관말뚝의 구조세목

1) 말뚝 머리부는 확대기초에 적어도 말뚝직경(D)만큼 근입
2) 말뚝 직경(공칭직경)이 1m 이내인 경우 ⇨ **덮개판**과 **십자보강판** 사용한다.
3) 말뚝 머리부의 **뒷채움** Concrete는 시공하지 않기로 한다.
4) 확대기초의 보강은 **RC말뚝**에 준한다.
5) **다우얼**(Dowel)은 **인발력**이 없는 말뚝에 대해서도 **최소 4개**는 들어가게 하고, 직교방향으로 설치한다.
6) 말뚝 인발력에 대한 전단용 **Dowel**의 검토
   ① Dowel 1개량 전단저항력(S)

   $$S = a_s \cdot \tau_a$$

   ② 다우얼의 갯수

   $$P = P_t/S$$

   여기서, a_s : 다우얼 단면적
   τ_a : 허용 전단력
   P_t : 지진시 인발력

7) **Dowel**의 정착길이(L_0)

   $$L_0 = \frac{\sigma_{sa} \cdot a_s}{\tau_{0a} \cdot u}$$

   여기서, σ_{sa} : 허용인장력
   τ_{0a} : 콘크리트허용부착력
   ($\sigma_{28} = 240\text{kg/cm}^2$일 때
   $\tau_{0a} = 8\text{kg/cm}^2$)
   u : Dowel의 1개의 주면장

10. 지하터파기에서 가장 중요한 것

1. 토압, 수압, Boiling, Heaving

   (1) 사전조사
   1) Boring Test
   2) N치(SPT)
   3) 물리탐사

   (2) 토류공법 선정시 고려사항
   1) 기초상태(지질, 지하 매설물, 지하수)
   2) 토압, 수압, 지하수위 조사
   3) 지하수 처리대책 수립

   (3) 주변 구조물의 침하/파손 유무 확인

11. Strut(버팀대) 시공시 도면 검토사항

   (1) 층고와 Strut의 높이(간격)
   (2) 가설재 투입구
   (3) Stock Yard(야적장)
   (4) 귀잡이 보
   (5) Bracing 위치
   (6) 계단
   (7) 토사반출구
   (8) 좌굴파괴 검토

12. 차수공법의 비교(지수공법) LW/ SGR/ JSP/Micro Pile 설명

1. 공법의 개요, 목적, 특징

No.	공법 구분	LW주입	복합약액주입(S.G.R)	고압분사주입(J.S.P)	Micro Pile(Mini Pile)
1	공법개요	천공후 지중에 Manjet Tube설치와 Seal주입 및 별도 주입관에 의한 1.5 Shot방식으로 LW를 주입	천공후 지중에 이중주입관을 설치하고 2.0Shot 방식에 의한 급결, 완결재의 복합 주입으로 목적범위내 균일한 지반개량	천공과 주입시 Rod의 계속적인 회전과 동시에 $200 \sim 500 kg/cm^2$의 초고압 분류수에 의한 주입재와 지반의 교반으로 개량주를 형성	천공후 Hole내에 응력재(철근, 강관)와 주입관을 설치하고 압력주입으로 소형말뚝의 형성과 말뚝 주변의 지반을 보강하는 공법
2	보강 및 주입재료	Water Glass, Cement	Water Glass, Cement 약재	Cement, 혼화재	철근, 강관, 시멘트 혼화재
3	목 적	지반보강 및 지수	지 수	지반보강 및 지수	지반보강
4	장 점	• 공극이 다소 큰 지반에서의 지반보강 효과 • 시공실적이 많고 장비 간편 • **주입압력(10kg/cm²)**	• 주입관 설치가 용이 • 급결과 완결 주입이 자유로운 복합 주입 • 차수효과 양호 • 시공 경험이 풍부 • 저압 주입 • 주입재가 용액, 현탁액 등 다양하여 공사목적에 따라 침투 및 액상주입에 의한 지반을 균일하게 개량(완결재 비율이 높으면 강도증가)	• N<50의 미고결층 개량 효과 양호 • 타공법에 비해 개량 강도가 크다.	• 시공이 간편 • 공사목적에 따라 다양하게 적용 • 지반보강은 양호하나 차수효과는 기대할 수 없다. • 건물이나 매설물 보강 및 Under Pinning용으로 적용가능
5	단 점	• Gel-Time조절 안됨 (2~3분) • 세사층 이하의 지층에서의 주입효과 불확실	• 타공법에 비해 개량강도가 다소 떨어지므로 연약지반에서는 개량 Zone이 커진다. • 주입압력(10kg/cm²)	• 수압이 크게 작용하는 현장 여건에서는 시공효과 불확실 • 주입 중 많은 양의 Slime이 발생 • 타공법에 비해 고가	• 차수를 위해서는 별도의 주입공법 필요 • 심도가 깊을시에는 공사비 증가

(주) SGR : Space Grout Rocket System/LW : Low water Glass/JSP : Jumbo Special Pattern

13. SCW공법(Soil Cement Wall) : 차수성이 높다.

(1) 공법개요
다축 Auger로 토사굴착시 Auger선단으로부터 Cement Milk/Bentonite액을 주입하여 1 Element의 벽을 조성하고, Element를 연속적으로 겹치게 시공해서 완성된 콘크리트 벽체를 지중에 연속의 벽체를 만드는 공법이다.

(2) 적용성
1) 토류벽에서 차수목적으로 시공한다.
2) 항만/하천 구조물에서 세굴방지

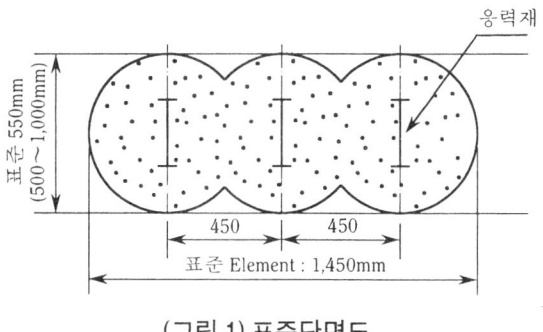

(그림 1) 표준단면도

14. 강관 pile의 장·단점

장 점	문제점	대 책
• 등강성(EI가 크다.) • 폐합단면 • 단면 2차 모멘트(I)가 크다. $\left(I = \dfrac{\pi}{64}D^4\right)$ • 사항에 유리하다. • 수평 진동에 강하다. • 이음이 쉽다.	부 식	• 두께증가 (강재부식속도 0.1~0.3mm/년) • 도장 • 콘크리트 피복 • 전기방식

휨 강성(EI)가 큰 순서

    강관 > H-pile > PC > RC > 목

15. 부의주면 마찰력(Negative Skin Friction)의 정의, 감소 대책

1. 원인(정의)
(1) 연약지반 등에서 말뚝을 박을 때 **지반의 침하량**이 **말뚝 침하량**보다 상대적으로 커서 말뚝을 아래로 끌어 내리는 힘 ⇨ 말뚝이 부러진다.
(2) **말뚝의 하중전이**가 깊이에 따라 **증가**하면 부의 주면 마찰력이 생긴다.

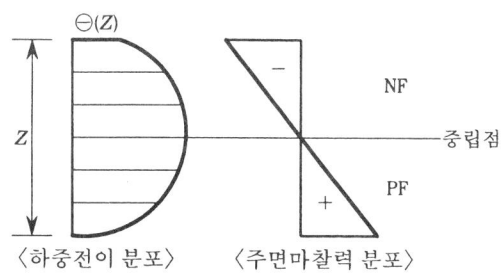

2. 감소대책
(1) 표면적이 적은 H-pile 사용
(2) Pre-Boring 후 Slurry 안정액 주입 후 항타
(3) Casing을 박고 그 속에 Pile 항타
(4) Pile 주면에 역청제 도포

3. 부의주면 마찰력을 설계시 고려하는 경우
(1) 지표면 침하가 10cm 이상인 경우
(2) 말뚝 박은 후 지표면 침하가 10cm 이상인 경우
(3) 지하수위가 4m 이상 저하하는 경우
(4) 말뚝을 25m 이상 박는 경우
(5) 압밀층의 두께가 10m 이상인 경우
(6) 성토높이가 2m 이상인 경우

(주) Negative Shaft Resistance라고도 한다.

16. 말뚝 지지력 시험(방법) 중 가장 정확한 것

1. 실물재하에 의한 재하시험

2. 지지력 판정 방법
(1) 정역학적 지지력 공식 - Meyorhot
(2) 동역학적 지지력 공식 - Hiley 공식
(3) 자료에 의한 것
(4) 시항타
(5) 재하시험
   1) 정재하
      ① 실물재하
      ② 반력 Pile
      ③ 실물+반력 pile
   2) 동재하 시험
   3) 정·동 재하시험

17. 지하철 Open Cut(개착식) (공법) 설명

1. 시공순서

(1) 줄파기(인력) - 지장물, 지하매설물 확인

(2) 약액주입 - 배면지수

(3) H-pile(엄지말뚝)
   1) T-4로 천공 후
   2) 진동햄머로 압입

(4) **굴착작업**
   1) 토류판
   2) 띠장(Wale)
   3) 버팀대(Strut)
   4) Bracing(가새) 설치한다.

2. 지하철 시공시 붕괴방지대책(유의사항)

No.	조 사	계 획	설 계	시 공
1	지반조사	흙막이벽	토압	흙막이벽
2	토질조사	흙막이가구	수압	흙막이가구
3	지하수조사	지하수대책	Boiling	지하수처리
4	지형조사	터파기 계획	Heaving	터파기
5	인접구조물	우수처리	사면안정	우수처리
6	지하매설물		가구, 설계계산	
7			이음, 맞춤	
8			시공정밀도	

3. 정보화 시공

계측 실시해서 주변 지반/지하 매설물/건물의 변형 등 예측해서 사전에 사고 방지한다.

18. 지하철 균열시 문제점

(1) 수밀성 저하 ⇨ 누수 ⇨ 시설물 부식
(2) 전동차 진동 ⇨ 균열 발전 ⇨ 붕괴되어 대형사고 유발

19. 관로(Pipe Line)보호공법, 매설위치

1. 관로보호공법(부등침하 방지)
(1) 자갈기초
(2) 침목기초
(3) 사다리기초
(4) 말뚝기초
(5) 콘크리트기초
(6) Sand Cushion
(7) 지반개량

2. 상수관로 보호
(1) 도로횡단시 — Concrete 보호공
(2) 곡관부위 — Concrete 보호공
(3) 모래부설

3. 전력, 통신 관리
(1) PVC Pipe, 중공 Block 사용
(2) 매설표지, 안전띠 사용

4. 관로 매설위치
보통 GL — 120cm의 토피유지하여 ⇨ 동상방지

20. Pile 시공계획, 타입방법, 지내력 확인방법

1. 시공계획
  (1) 인원, 장비, 자재, 확보
  (2) 공정계획
  (3) 가설공사 – 진입로, 보관장
  (4) 공법선정
  (5) 품질관리 계획
  (6) 환경, 공해, 진동, 소음 대책
  (7) 안전관리 계획

2. 타입방법
  (1) 진동 햄머
  (2) 타격 공법 – Drop, Steam, Diesel, Vibro, 유압 Hammer
  (3) 압입공법
  (4) Jet 공법
  (5) 중굴 공법
  (6) Pre – Boring

3. 지지력 확인
  (1) 정역학적 지지력공식
  (2) 동역학적 지지력공식
  (3) 자료에 의한 방법
  (4) 재하시험 – 실물재하

  ※ 허용지지력 = $\frac{1}{3}P_u$, $\frac{1}{2}P_y$(항복) 중 작은 값을 설계지지력으로 한다.

21. 전주(Street Lighting Pole)가 그림같이 서있다. Moment 설명

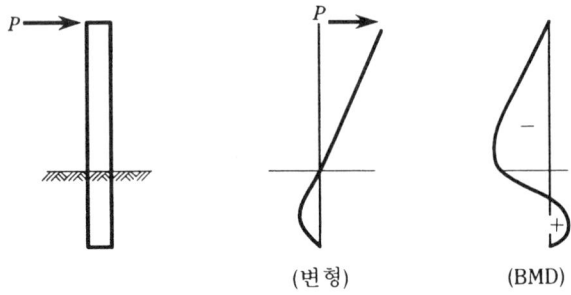

(변형)　(BMD)

(1) 외력(P)가 없다면 ⇨ Moment ⇨ 0
(2) 외력 P 작용시 BMD

22. 지하연속벽(Slurry Wall/Diaghragm Wall) 시공시 지하수 대책 설명

1. 굴착시 공내수위를 지하수위보다 2m 정도 높게해서 공벽붕괴 방지한다.

2. BENTONITE 안정액의 품질관리가 대단히 중요하다.

3. BENTONITE Mixing and Testing

(1) 1) BENTONITE

BENTONITE는 산지, 상표에 의해 성상이 다르다. 또는 그 당시의 생산량, 수요도에 따라 희망하는 성상의 것이라든가 필요량 만큼 입수할 수 없는 경우도 있으므로 BENTONITE의 선택은 시험결과와 시장의 동향을 고려한 후 행할 필요가 있다.

2) 기타, 첨가제

토질조건, 시공조건을 고려하고 증첨제, 분산제, 침투방지제 등을 선정한다.

(2) 안정액의 시험

1) 비중측정(Density Measurement)

일반적으로 사용되는 **Fresh Slurry**의 비중은 약 **1.02**(4%), 1.04(8%) 정도고 **바닷물**보다는 조금 **높다**. 굴착토사에 의한 안정액의 오염량과 이들 제거장비의 능률, 연약토질에서 굴착면 안정도 검토, Pumping 및 Tremie 콘크리트 타설시 안정액 회수율에 영향을 준다.

2) 사분측정(Sand Content)

물리적 오염으로 비중이 큰 안정액을 Sieve나 Hydrocyclone 등으로 입자를 제거시켜서 안정액의 재사용 능률을 높인다.

3) 여과시험(Fluid Loss Test)

① 굴착면에 안정액의 불투수막(Filter Cake) 형성을 측정함으로서 Trench 안정과 주위 지층에 미치는 영향을 예상한다.

② 이 시험은 특히 화학적 오염에 민감할 뿐만 아니라 Filter Cake이 너무 두꺼우면 굴착능률이 저하되고

③ 지내력이 요구되는 구조물일 경우 침하하는 문제도 고려되어야 한다.

④ 시험방법은 Filter를 사용하여 100psi(약 $7.0kg/cm^2$) 압력으로 30분간 측정하며, 이때 4~6% 안정액인 경우에는 15~20ml의 Filterate Loss가

⑤ 그리고 Cement에 오염될 경우에는 100~200ml의 Filterate Loss의 증가가 예상된다.

4) pH(Hydrogen Ion Concentration)

안정액의 화학적 오염을 측정하며 토사나 **지하수** 및 Cement에 섞여 있는 Salts가 오염되면 안정액의 침하, 불량의 Filter Cake 형성(Bad Sealing Membrane), 점성의 증감이 큰 폭으로 변화하는 등 공사중 문제가 유발된다.

4. 안정액의 역할

(1) Trench Stability

(2) Trench의 굴착면 안정은 안정액의 **정수압**이 불투수막(Filter Cake)을 통해 측벽의 토압이 **지하수압**을 **지지하는** 조건하에서 이론적으로 가능하다.

(3) 굴착면 안정에 영향요인
   1) 안정액의 **정수압** : 불투수의 Filter Cake을 통해 전달(75~90%)
   2) Trench 내에 있는 안정액의 전단 저항력
   3) 불투수막(Filter Cake)의 강도 : 흙의 공극에 침투된 Gel 상태의 Cake과 굴착면 표면에 형성된 Surface Cake
   4) 굴착면 상부를 지지하는 Guide Wall : 평균깊이 1.5m
   5) 안정액이 띠고 있는 정전기적 힘(Electrosmatic Effects)
   6) Arching Action

23. CIP(Cast-In-Place Pile) : 제자리말뚝

1. 개 요

(1) CIP(Cast-In-Place Pile)공법은 Earth Auger Machine에 의해 소정위치에 천공하고 다음에 그 구멍에 철근망(또는 H-Beam)을 삽입한 다음 골재를 충진하고
(2) 미리 설치한 주입 Hose를 통하여 Cement Milk를 Grout Pump로 주입하여 현장타설 콘크리트 말뚝을 조성하는 공법이다.

2. CIP시공순서

(1) 줄파기(지장물 확인)   (2) Casing(공드럼)설치
(3) CIP공 천공
(4) H-Beam을 공내 삽입, Milk 주입 Hose동시에 부착
(5) 골재 충진   (6) Cement Milk Grouting한다.

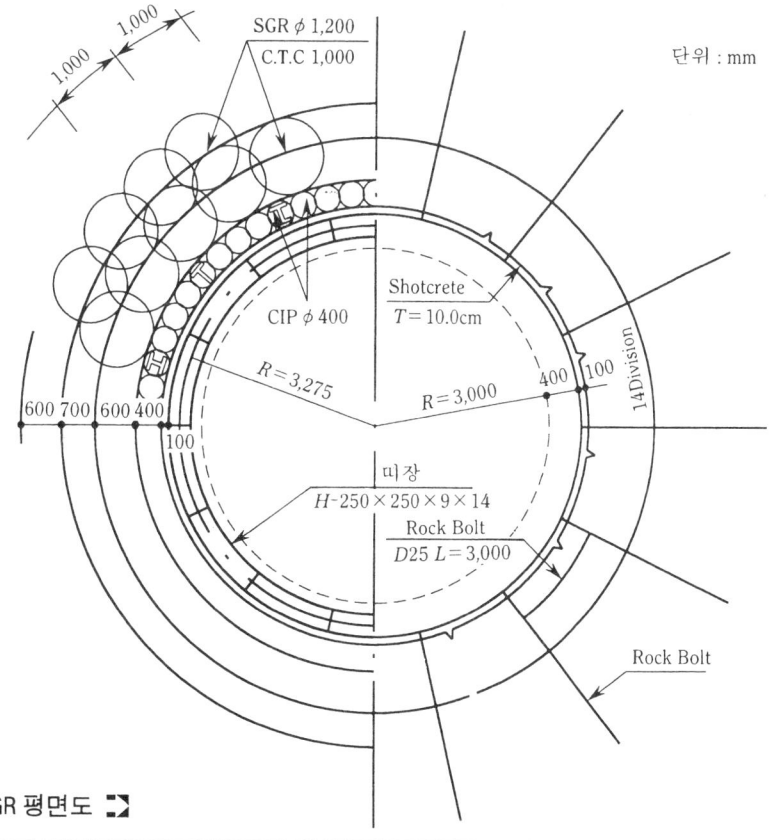

CIP + SGR 평면도

24. BENOTO공법에 사용되는 Crane

Crawler Crane 45t 이상 + 굴삭기(Hammer Grab)

25. 현장타설 콘크리트 말뚝기초(공법) 특징비교

No.	특 징	BENOTO	RCD	Earth Drill
1	굴착방식	Hammer Grab 케이싱 튜브	회전 Bit Suction Pump	회전식 Bucket
2	공벽유지	정수압 Casing Tube	정수압(지하수위 +2m) $0.2kg/cm^2$ 유지	BENTONITE 안정액
3	적용토질	$N=75$	$N=50$	$N=75$
4	직경	2m	6m	2m
5	시공심도	50m	200m	30m

26. 시공중 Boiling, Heaving 방지대책

1. Boiling
   (1) 모래지반 굴착시
   (2) 토류벽 내외의 수위차에 의해
   (3) 굴착저면의 모래가 **양압력**에 의해 부풀어 오르는 현상

2. Heaving 현상
   (1) 연약 점토층 굴착시 토류벽 내외의 흙의 중량차로 ⇨ 굴착저면이 융기되는 현상

3. 시공중 응급대책
   (1) Boling방지대책 : 복수
   (2) Heaving 방지대책 : 복토

4. Boiling, Heaving의 근본적인 방지대책
   (1) Sheet Pile의 근입깊이 깊게 박가 : 토류벽, 가물막이
   (2) 공내수위를 지하수위보다 2m이상 높게 유지 : Slurry Wall / RCD / Open caisson
   (3) Curtain Grouting 정밀시공 : Dam
   (4) Sheet Pile 깊게 박기 : 하천제방
   (5) 토류벽 배면에 약액주입한다. (LW+SGR+JSP+SCW 등)

5. Boiling 진전상태
   Quick Sand ⇨ Boiling ⇨ Piping으로 진전되어 파괴된다.

6. 지중굴착시 공벽붕괴는 굴착바닥의 파괴형태는 Boiling과 Heaving으로 설명된다.

27. Pile의 BMD와 변형곡선도

1. 말뚝머리가 지상에 돌출

말뚝의 상태	말뚝머리가 지상에 h만 돌출되어 있는 경우	
변형곡선 (yp/k) 및 휨모멘트도	말뚝머리자유	말뚝머리고정

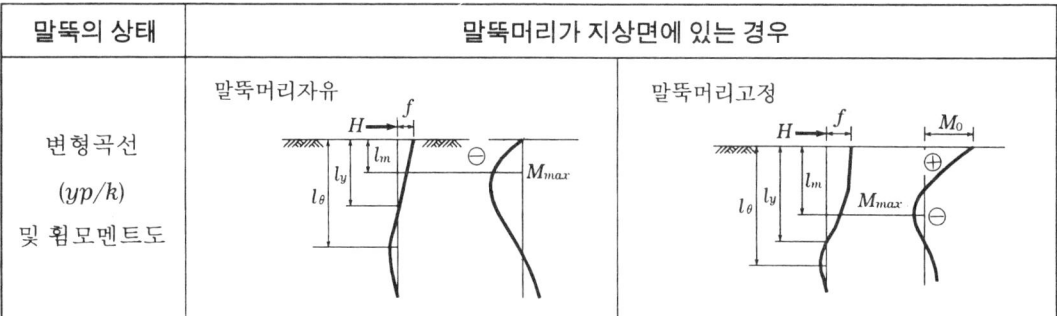

2. 말뚝머리가 지상면에 있는 경우

말뚝의 상태	말뚝머리가 지상면에 있는 경우	
변형곡선 (yp/k) 및 휨모멘트도	말뚝머리자유	말뚝머리고정

3. 지중에 매설된 말뚝

말뚝의 상태	지중에 매설된 말뚝($h=0$)		
처짐곡선도/ 휨모멘트도	(1) 기본계	(2) $M_t=0$의 경우($h_0=0$)	(3) 말뚝머리가 회전하지 않는 경우(고정)

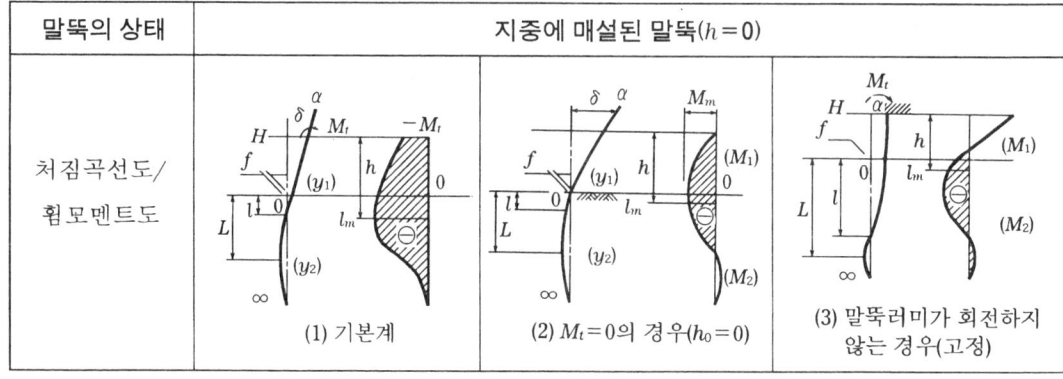

28. 개단말뚝(Open Ended Pile)과 폐단말뚝(Close Ended Pile) 중 어느 것이 지지력이 큰 가 (하중을 더 많이 받는가) 설명/폐색효과

1. 토질별 개단말뚝과 폐단말뚝의 극한 지지력 비교

No	구 분	사질토		점성토	
		개 단	폐 단	개 단	폐 단
1	말뚝 타입에 필요한 항타수	작다	크다		개단보다 약간 크거나 같다
2	관입깊이 증가시 항타수 차이	점점 감소한다			
3	폐색의 정도가 클수록 선단지지력의 증가량	증가한다			
4	관입초기의 지지력 비교	폐단보다 작다			
5	관입깊이가 깊어지는 경우(사질토만 해당)	개단말뚝의 **폐색효과**가 말뚝의 **선단지지력**을 상당히 **증가**시키므로 극한 지지력의 차이가 **폐단**에 비해서 줄어든다.			
6	항타 에너지	폐단보다 클 수도 있다			

2. 사질토 지반의 경우 개단말뚝과 폐단말뚝과의 지지력 비교

구 분	폐단말뚝과의 비교	비 고
선단지지력	관입깊이가 깊어지면서 **폐단말뚝**의 선단지지력에 접근	
외주면마찰력	**개단말뚝**의 외주면마찰력은 **폐단말뚝**의 경우보다 약 20~40% 정도까지 작다.	
전체지지력	동일깊이에서 개단말뚝 전체지지력은 폐단말뚝의 전체지지력보다 일반적으로 작게된다.	
말뚝침하량	개단말뚝이 폐단말뚝의 경우보다 상당히 큰 것이 일반적 ⇨ **구조물의 기초로 개단말뚝**을 사용하는 경우에는 말뚝의 **허용지지력** 뿐만아니라 구조물의 **허용침하량** 측면에서도 타당성을 검토하는 것이 바람직하다.	극한 지지력 상태에서의 침하량

3. 개단말뚝과 폐단말뚝의 차이점(비교)

구 분	특 징	장 점	단 점
개단말뚝 (PC. PHC)	• 관입깊이가 깊다. • 직경이 크다.	• 타입이 쉽다. • 지지층에 충분히 관입된다.	• 선단 지지력이 작다.
폐단말뚝 (강관)			• 눌려 찌그러지는 경우가 많다. • Rebound가 많고 관입이 곤란한 경우가 있다. (관입저항력이 크다)

(주) 폐색효과(閉塞 : Plugging)
1. 개단말뚝을 지반이 타입하면 말뚝손으로 밀려 올라가는 흙에 의해 말뚝선반이 막힌 것과 같은 효과를 얻게 될 수 있으며 말뚝 외곽부만을 고려한 것보다 훨씬 큰 선단지지력을 발휘하게 되는데 이를 폐색효과(Plugging)이라 함.
2. 폐색상태
    1) 관내토증분비(Incremental Plug Lenth Ratio, r)는 다음과 같이 정의되며 r값에 따라 폐색상태를 구분할 수 있음.

    $$r = \frac{\Delta l}{\Delta D} \times 100(\%)$$

    여기서, Δl : 관내토 길이의증분
    ΔD : 말뚝의 관입깊이의증분

    2) 폐색상태
        ① 완전개방(Unplugged) : $r = 100\%$
        ② 부분폐색(Partial plugged) : $0 < r < 100\%$
        ③ 완전폐색(Plugged) : $r = 0\%$

29. 배토말뚝과 비배토말뚝(Displacement & Replacement Pile)의 차이점

1. 정 의

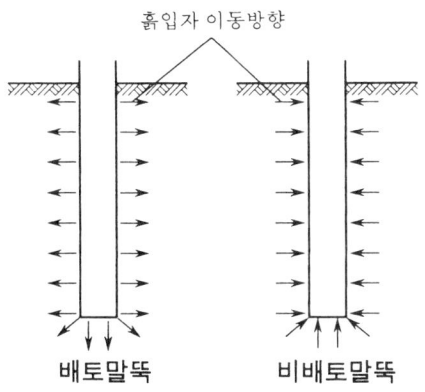

(1) 말뚝을 타입하면 주변지반과 선단지반이 밀려서 배토되므로 **배토말뚝**이라 함.
(2) **비배토말뚝**은 현장타설 말뚝과 같이 굴착, 말뚝설치시 주변지반과 선단지반에서 배토가 이루어지지 않는 말뚝임.

2. 종 류

(1) 배토말뚝 : 타격, 진동으로 박는 폐단기성말뚝, Omega말뚝
(2) 소배토말뚝 : H말뚝, 선굴착 최종항타말뚝
(3) 비배토말뚝 : 중굴말뚝, 선굴착 시멘트풀 주입말뚝, 현장타설말뚝

3. 비 교

구 분	배토말뚝	비배토말뚝
장 점	지지력이 큼 시공이 용이(타입)	저소음, 저진동 주변지반의 변위영향 적음
단 점	진동, 소음이 큼 자갈층 시공곤란	지지력이 적음 굴착중 공벽붕괴

4. 평 가

(1) 배토말뚝이 비배토말뚝보다 지지력이 크게 되고 주면지지력, 선단지지력이 약 2배 정도임.
(2) 선굴착후 최종항타가 선굴착후 시멘트풀주입보다 선단지지력이 크게 되며 시멘트 풀주입은 시멘트함량이 지켜져야 함.(주면고정액 : 시멘트 120kg, 선단부고정액 : 시멘트 400~800kg/m³)

30. RCD의 공벽붕괴방지 원리를 그림으로 설명하시오.

정수압 0.2kg/cm²(지하수위+2m) 유지

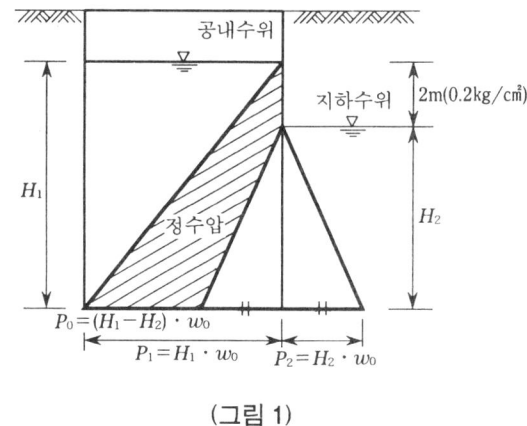

(그림 1)

31. 기초지반에서 N치(Number of Blow) 결정방법

1. SPT시험(N치)

2. 현장에서 추정하는 방법(方法)

토 질	N치	현장 판별법
사질토	50	곡괭이 굴착
	30	삽으로 굴착 보통
	15	삽으로 굴착 용이
점 토	20	손톱자국
	10	엄지손가락으로 눌리면 자국
	4	손가락이 들어간다.

32. 말뚝에서 사각형, 원형단면 특징

사 각 형	원 형
H-pile	강관 Pile
개방단면	폐합단면
NF저감대책 우수	휨강성(EI)우수 = 등강성

33. 말뚝의 침하 3가지

(1) 말뚝자체의 압축 침하
(2) 주변지반침하에 의한 말뚝침하
(3) 성토하중에 의한 침하가 있다.

> (주1) 부의 주면 마찰력과 연계시켜 설명한다.

> (주2) 부의 주면 마찰력(Negative Shaft Resistance)을 설계시 고려하는 경우 아래와 같은 조건에서는 부의 주면 마찰력을 고려하여 설계한다.
> 1) 총 지반침하가 100mm 이상인 경우
> 2) 말뚝 타입후 지반침하가 10mm 이상인 경우
> 3) 지표면 위에 2m 이상의 성토를 하는 경우
> 4) 압밀층의 두께(Soft Compressible Layer)가 10m 이상인 경우
> 5) 지하수위가 4m 이상 저하되는 경우
> 6) 말뚝의 길이가 25m 이상인 경우
> * 이 경우 말뚝의 침하가 커진다.

34. 토류벽에서 지하수위 저하방법

1. 배 수

(1) 중력배수
   1) 표면배수
   2) 지하배수
   3) Deep Well

(2) 강제배수
   1) Well Point
   2) 전기침투압
   3) 진공흡인

2. 지수공법

(1) 전면지수
   1) 강널말뚝
   2) 다주식
   3) 지중연속벽

(2) 국부적지수
   1) 주입공법
   2) 동결공법

35. BENOTO에서 Casing 인발시 철근이 함께 올라오는 (철근공상)이유설명

1. 공상현상(철근망 부상)

(1) 원인
   1) 철근망 변형
   2) 철근망 세우기 잘못
   3) Spacer(철근의 간격재) 설치잘못
   4) 공의 수직도 불량
   5) Casing 변형
   6) Slime처리 미비

(2) 대책
   하부에 철판부착(철근망하부)

36. Earth Anchor와 Strut의 적용상의 차이점

No.	Earth Anchor	Strut
1	굴착평면 넓을 때 50m 이상	굴착평면 좁을 때 50m 이하
2	굳은 지층에 정착	연약지반~굳은 지반
3	토류벽 외측에 충분한 공간이 있고, 지하 보상권 문제가 없을 때, 인접 지하구조물이 없을 때	폭이 좁은 경우 경제적
4	Open Cut 쉽다.	Open Cut 어렵다.
5	향후 PS강선의 지중 잔류로, 터파기 공사 장애	강재 설치 철거비용 많이 든다.

37. (Slurry Wall에서) Guide Wall의 역할

(1) 중장비에 의한 토류벽 상부의 지반붕괴 방지
(2) 기준면 역할(굴착의 척도)
(3) 중량물 지지대 - 철근망, Crane
(4) 안정액의 저수조
(5) 우수 유입 방지턱
(6) 인접 구조물의 보강
(7) 선형유지/굴착의 수직도유지에 효과가 크다.

38. J.S.P(Jumbo Special Pattern) : 보강효과

(1) 초고압의 Jet이용 ⇨ $P = 200kg/cm^2$의 압력으로 주입
(2) Jetting Nozzle을 분사하면서 위로 회전 상승시켜 지반중에 원주형의 고결체 조성
(3) 강제 치환형
(4) Cement+Bentonite 사용
(5) 차수, 지반 강화
(6) 장비 소형이다.
(7) 시공중 주변도로 붕괴/지하구조물파괴/상하수도관파괴 등의 소지가 있으니 주입 안에 대한 주의가 요망된다.

39. SGR(Space Grouting Rocket) : 차수효과

1. 개 요
이중관 로드에 특수 Rocket 선단장치를 결합시켜 대상지반에 유도공간을 형성, 완결에 가까운 Gel-Time을 가진 약액 또는 약액과 시멘트 혼합액을 사용하여 연약지반을 개량하는 공법으로 주 재료는 규산소다, 촉진제, 시멘트가 있으며 주 시공장비로는 보링기와 믹싱 플랜트가 있다.

2. 특 징

(1) 장점
   1) 유도공간을 형성하여 균일한 작업효과를 볼 수 있다.
   2) 주입 압력이 적어 지반의 교란이 적다.
   3) 급결성, 완결성, 그라우트의 연결적인 복합주입이 용이하다.
   4) 주입관의 회전없이 박킹효과가 높다.
   5) 스텝마다 확실한 주입을 기대할 수 있다.
   6) Gel-Time 조정으로 약액분산 범위의 조절이 가능하다.

(2) 단점
   1) 점토층에는 균일하게 액상보다는 맥상으로 주입된다.
   2) 토류벽으로써 일반적인 강도는 기대하기가 곤란하다.
   3) 차수효과는 양호하나 토류벽으로써의 강도는 기대할 수 없다.
   4) 그라우팅 시공후 다시 토류벽 설치가 필요하므로 굴착에 따른 폭우 등의 재해에 대처할 수 없다.

3. SGR 시공방법
SGR 공법에 의한 Grout 주입방법은 다음과 같다.
(1) 이중관 롯드의 내관으로 천공수를 보내어 소정의 지반심도까지 천공을 한다.
(2) 천공후 외관에 압력수를 보내면서 롯드를 1 Step 들어올리면 특수 선단장치(Rocket)가 돌출한다.
(3) 그 다음 내관, 외관을 함께 그라우트의 주입관으로 전환(Switch)시키고, 1Step마다 Rod를 올림에 따라 형성되는 유도공간(Space)을 통하여 넓은 벽면으로부터 대상지반의 전방위로 조용하고(고압에 의한 교란없이) 또 서서히 침투시킨다.

제6장 철근콘크리트구조물

1. 콘크리트중의 염화물 함유량 기준설명

1. 염화물 측정방법
  (1) **현장** : 염소측정기
  (2) **시험실** : 질산은 측정법

2. 염화물 허용치
  (1) Concrete 중의 Cl^- (염소이온)량

  $$0.3 kg/m^3 (NaCl\ 함량기준 : 0.04\%)$$

  (2) 잔골재 중의 Cl^- 이온량

  $$0.022 kg/m^3$$

3. 해사의 제염방법
  (1) **강우** : 옥외에서 강우(비)를 맞힌다.
  (2) **살수** : 해사두께 80cm 깔고, 스프링 클러로 세척
  (3) **수중침적** : 모래 $1m^3$에 물 $6m^3$으로 6번 세척
  (4) **주수** : Screening할 때 주수
  (5) **혼합** : 강모래 80%, 해사 20%
  (6) 제염제 사용(초산은 알루미늄 분말 8%)

2. 배합 설계순서 및 시방배합표

1. 배합 설계순서(시방배합순서)

(1) 재료시험 : Cement, 골재, 혼화제
(2) w/c 비결정 : 강도, 내구성, 수밀성 고려
(3) 굵은 골재 최대 치수 결정
(4) Slump 결정
(5) s/a (절대 용적 잔골재율) 결정
(6) 공기량(Air) 결정
(7) 단위수량, 단위 Cement량 결정
(8) 혼화제
(9) 단위 골재량(굵은 골재, 잔골재)
(10) 시방 배합 결정
(11) 시험 배합 : 시험 Batch
(12) 현장배합(수정배합)

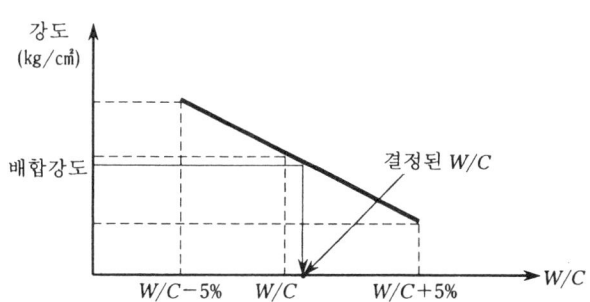

2. 배합시 골재의 상태(시방배합)

표면 건조 포화상태(표건상태) (⇨ 수건으로 닦은 상태)

3. 현장 배합하는 이유

입도, 표면수 보정해야 한다.

4. 배합의 표시방법 예시 설명하시오.

(1) 배합표에는 구조물의 종류, **설계기준강도**, 배합강도, 시멘트의 종류, 잔골재의 조립률, 굵은골재의 공극률, 혼화제의 종류, 운반시간, 시공시기 등에 대해서도 명기하는 것이 바람직하다.

(2) 배합은 **중량**으로 표시하는 것을 원칙으로 하지만, 소규모의 공사나 중요하지 않은 공사 등에서는 골재의 양을 용적으로 표시해도 좋다.

(3) 표면 건조포화상태의 골재라도 그 용적은 계량방법에 따라 달라지므로 배합을 용적으로 표시하기 위해서는 골재의 **계량방법**을 일정하게 할 필요가 있다. 따라서 시방배합에서는 골재의 용적은 KS F 2505(골재의 단위중량 시험방법)에 규정한 방법으로 시험했을 경우의 것으로 한다.

(4) 배합의 표시방법

〈표 1〉 배합의 표시법

굵은 골재 최대 치수 (mm)	슬럼프의 범위 (cm)	공기량의 범위 (%)	물-시멘트비 W/C (%)	잔골재율 s/a (%)	단위재료량(1m³당)					
					물 (W)	시멘트 (C)	잔골재 (S)	굵은 골재 G mm~mm	혼화재료	
									혼화재	혼화제

(주) 혼화재는 물타지 않는 것을 cc/m³ 또는 g/m³로 표시한다.

(5) **시방배합**에서는 잔골재는 No.4체를 전부 통과하는 것을 말하고, 굵은 골재는 No.4체에 전부 남는 것을 말하며, 모두 **표면건조상태**에 있는 것을 말한다.

(6) 계산된 배합에 의해서 제1 시험배치를 비벼서 슬럼프와 공기량을 측정하여 워커빌리티를 검토한다.

(7) 제1 시험배치에 의해 필요한 **슬럼프치**와 **공기량**이 얻어지지 않은 경우에는 수정하여 제2의 시험배치를 비벼서 필요로 하는 **슬럼프치**와 **공기량**이 될 때까지 되풀이 한다.

(8) 잔골재율이 최소가 되는 **시험배치**를 비벼서 필요한 **슬럼프치**와 **공기량**이 얻을 수 있는 단위수량을 구한다.

(9) 즉 워커빌리티와 공기량의 범위 안에서 최소의 **s/a**를 결정한다.

(10) 이후 초기 배합조건에 적절한 결과를 얻었다면 그 다음에는 주어진 W/C에 ±5%를 가감한 배합설계를 실시하고 이에 대한 공시체를 제작하여 **압축강도 시험**을 실시한

다. 실험결과를 토대로 주어진 Mix Design의 σ $-$ W/C 관계를 Plot한다.

(11) 이 관계를 이용하여 **설계압축강도**에 대한 **배합강도 산정**을 재실시하여 그 다음 **단계**를 통해 시방배합을 마무리한다.

3. 시방배합, 현장배합 비교 설명

No.	구 분	시 방 배 합	현 장 배 합
1	정 의	설계도서, 시방서, 책임기술자가 정한 배합	골재의 표면수, 입도변동을 수정하여 Batch Plant 에서 계량하기 위한 배합
2	골재입도	No. 4체 기준 통과 : 잔골재 잔류 : 굵은 골재	잔골재, 굵은 골재가 조금씩 혼입되어 있음
3	함수상태	표면건조포화상태	습윤 또는 건조상태
4	계 량	중량	중량 또는 용적
5	단 위 량	1m^{3}당	1Batch당

4. Concrete 재료의 계량허용치

〈계량의 허용오차〉

재료의 종류	허용오차(%)
물, 시멘트	1
혼화재	2
골 재	3
혼화제 용액	3

5. D29와 ϕ29 개념의 차이는

1. ϕ29

원형철근(Round Bar)의 직경을 표시하는 기호다.

2. D29(Deformed Bar의 약어다)

(1) 이형철근의 공칭지름을 표시하는 기호다.

6. 공칭지름, 호칭지름

1. 호칭지름

원형, 이형

2. 공칭지름(D)

(1) **이형철근의 지름표시** : 공칭지름으로 한다.
(2) 설계에 반영되는 지름이다.
(3) 이형철근에서 공칭지름, 공칭단면적, 공칭둘레라 함은 동일한 길이, 동일한 중량의 원형철근의 지름, 단면적, 둘레로 환산한 값을 말하며, 이들 값이 설계에 반영된다.
(4) 이때 강의 비중은 7.85로 본다.

7. 피로 파괴와 피로강도(피로한계/내구한계)설명/취성파괴와 연성파괴

1. 피로 파괴

(1) Concrete나, 강재가 교통량 등의 **장기반복하중**(계속적인 동적하중)을 받으면, 응력의 한도인 **피로강도**를 넘어 응력이 증가하다가 순간적으로 **취성** 파괴하는 현상

(2) 극한강도(σ_u), 항복강도(σ_y) 이하에서도 **예고없이** 파괴되므로 위험하다.

2. 피로 강도

(1) 소정의 반복횟수(N)에 견디는 **응력**의 한도

(2) Concrete의 200만회 피로강도는 ⇨ 정적강도의 60%다.
  (※ 정적강도 = 공시체의 강도, 동적강도 = 피로 강도)

3. 피로 한계(내구 한계)

(1) **무한대**의 반복회수에 견딜 수 있는 **응력**의 한도

(2) 그림 설명

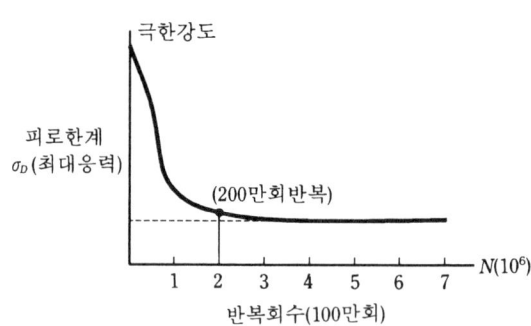

4. 피로 수명

(1) 피로한계에 대응하는 반복횟수(N)

(2) 강재의 피로수명
  $N = 2 \times 10^6$(200만회)

5. Concrete의 피로 한계

(1) Concrete의 Creep한도 = $\dfrac{지속하중}{정적강도}$

(2) Concrete의 Creep파괴
   지속하중이 정적강도의 80% 이상일 때 파괴된다.

6. 취성파괴와 연성파괴 비교

(1) 취성파괴(Brittle Failure)
   1) 강구조물이 부재에는 노치, 리벳구멍 및 용접결함 등의 응력집중원이 많다.
   2) 저온으로 냉각되든가 하중이 충격적으로 작용하는 등의 여러 요인이 겹칠 경우 작용된 하중이 그 강재의 인장강도 또는 항복강도이하 일지라도 파괴현상이 일어난다.
   3) 취성파괴에 대한 전형적인 응력-변형률선도가 (그림 1)에 나타나 있다.
   4) (그림 1)에서와 같이 취성파괴는 파괴시에 거의 영구변형을 나타내지 않는다.

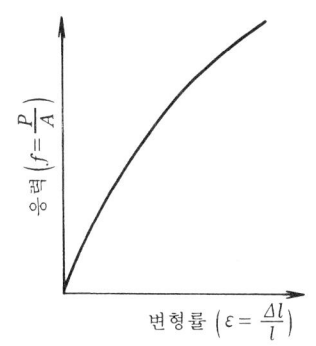

(그림 1) 취성 강의 응력-변형률선도 (취성파괴)

   5) **취성파괴**는 **초과응력**을 받았을 때 예고없이 **갑자기** 파괴될 수도 있으며 가설중에도 작업중의 **충격**으로 인해 파괴될 수도 있다.
   6) 이 파괴현상은 앞에서 기술한 연성파괴와 비교하면 (표 1)과 같은 특징을 갖는 것으로 **취성파괴**라 불리우는데 이 현상의 전형적인 것은 **유리**가 깨지는 것을 들 수 있다.

(표 1) 연성파괴와 취성파괴 비교

구 분	연 성 파 괴	취 성 파 괴
소 성 변 형	크 다	거 의 없 다
파괴에너지	안 정	불 안 정
파 괴 면	섬유모양	결정모양
파 괴 양 식	전 단 파 괴	Clevage 파괴
파 괴 위 치	결정입자안	결정입자계면

8. Pair가 무엇인가

(1) Concrete강도와 철근의 강도가 균형을 유지할 때, 구조물의 Crack이 방지되고, 두재료의 성질차이가 잘 부합된다는 이론

(2) Pair의 예

Concrete의 f_{ck}(kg/cm^2)	210	240	270
철근의 f_y(항복강도)	2,400	3,000	4,000

9. 1MPa(메가 파스칼)은 무엇인가

(1) 압력, 강도의 단위이다.
(2) 1MPa = 10kg/cm^2

Force	kips = 1,000 lb = 4,448N (lb = 4.448N) = 0.4536 t = 453.6kgf (lb = 4.536×10^{-4} t, N = 1.02×10^{-4}t)
Pressure stress	MPa = 10.2kg/cm^2 kPa = 0.145 lb/in^2 = 0.0102kg/cm^2 (lb/in^2 = 0.07031kgf/cm^2) Pa = 0.02 lb/ft^2 = 1.025×10^{-5} kgf/cm^2(lb/ft^2 = 0.000488kgf/cm^2) N/m^2 = 0.102kgf/m^2 = 1.02×10^{-5}kgf/cm^2 1MN/cm^2 = 10.2kgf/cm^2(1kgf/cm^2 = 10t/m^2, 1MN/m^2 = 10kgf/cm^2) Kips/ft^2 = 0.4882kg/cm^2, (t/ft^2 = 10.76t/m^2)

10. Cold Joint(Discontinuity) 처리대책

1. Cold Joint는 시공불량에 의한 콘크리트속의 갈라진 틈새임

2. 처리대책(처리방법)

(1) 경화 전
1) Water Jet
2) Air Jet 등으로
3) 구 Concrete를 제거하여 굵은 골재 노출

(2) 경화 후
1) Chipping(쪼아내기)
2) 표면 흡습(물)
3) 물로 씻어내고 타설한다.

(3) 기타 조치
1) Key Joint(장부, 홈)
2) Water Stopper(지수판)
3) Wire Mesh
4) V-cut 후 Epoxy 주입한다.
5) 고팽창 지수판 설치 ⇨ 수밀성 확보 ⇨ 철근부식 방지

3. 중요한 내용(Cold Joint와 시공이음의 확실한 지식이 중요하다.)

(1) Cold Joint는 시공불량에 의한 콘크리트속의 갈라진 틈새(Joint)로서 ⇨ 누수의 유로가 되어 철근을 부식시켜 ⇨ 균열을 유발하고 ⇨ 표면결함(백태 등)의 원인이 된다.

(2) Cold Joint를 **시공이음**으로 알고 있으면 크게 잘못 알고 있는 것이니 주의요망.

(주) Cold Joint는 시공이음이 아니다.

11. Concrete의 중성화(탄산화 : Carbonation)

1. 정 의
(1) 대기 중의 CO_2(탄산가스)와 Concrete 중의 알칼리와 반응하여 철근이 부식되고 균열이 발생

(2) 균열의 원인
1) 철근부동태 피막 파괴
2) 녹 발생 ⇨ 체적 2.5배 증가 ⇨ 팽창압에 의해 균열
3) 균열 틈으로 CO_2, H_2O 침입 ⇨ 철근 부식, 균열, 중성화 가속된다.

2. 반응식

$$Ca(OH)_2 + CO_2 \xrightarrow{중성화} CaCO_3 + H_2O$$
(탄산칼슘)

3. 시험방법(확인방법)
(1) 페놀 프티렌(백태, 백화) 지시약
1) 무색 : 중성화(pH < 8.3 이하)
2) 적색 : 정상(알칼리)(8.3 < pH < 10)

(2) pH > 7 이상 ⇨ 알칼리성이 된다.
pH가 7이하를 산성
pH가 7인 경우를 중성이라 한다.

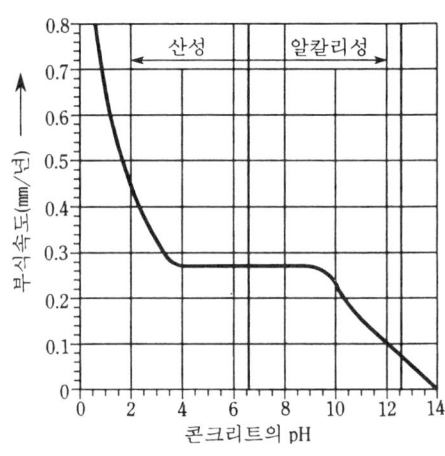

(그림 1) pH와 부식속도의 관계

12. 염해(Salt Damage)

Cl^-이온의 침입으로 철근의 부동태 피막이 파괴 ⇨ 녹 발생 ⇨ 체적 증가 ⇨ 철근이 부식되어 ⇨ 콘크리트를 밖으로 밀어내어 ⇨ 균열발생 ⇨ 열화가 촉진된다.

13. 알칼리 골재반응(ASR+AAR)

(1) 알칼리 골재반응의 대부분은 **알칼리 실리카 반응**(ASR)이다.

(2) Concrete 중의 **알칼리 금속**(Na 또는 K)과 **골재** 중의 **실리카**(SiO_2) 등이 반응하여, 규산소다, 규산칼륨이 생성되고 그 때의 팽창압에 의해 Concrete가 균열 또는 Pop Out 발생된다.

(3) **알칼리 골재반응시의 열화형태**
   1) 거북등 균열(Map Crack)
   2) Pop Out(골재가 튀겨진 것처럼 되어 Concrete 표면이 떨어져 나오는 현상)

(4) **알칼리 골재반응이 일어나는 조건**

   Cement + 반응성 골재 + 물

(5) **방지대책**
   반응성골재배제 + 저알칼리 시멘트 사용 + 혼화제 중 Silica Fume 사용

(6) **반응성 골재의 종류**

지 역	반응성골재의 암석종류
미 국	안산암(Andesite), 유문암(Rhylite), 화산유리質 모래(Volcanic glass sand), 옥수(Chalcedony), 은미정質 석영(Novaculite), 챠트(Chert), 단백석(Opal), 규산질 석회석(Silicious limestone), 옥수質 챠트(Chalcedonic chert), 단백석質 챠트(Opaline chert)
캐나다	점판암(Argilite), 화강암(Granite), 경사암(硬砂岩, Greywacke), 챠트(Chert), 사암(Sandstone), 천매암(千枚岩, Phyllite), 석회석(Limestone), 돌로마이트質 석회암(Dolomitic limestone)
독 일	단백석質 사암(Opaline sandstone), 화타석(火打石, Flint)
영 국	각암(角岩, Chert), 화타석(火打石, Flint)

14. 원자력 발전소 Concrete의 골재(중량골재콘크리트) : 차폐콘크리트

1. 원자력 발전소 구조물 Concrete(방사선차폐콘크리트)
  (1) 차폐 Concrete 또는
  (2) 중량 Concrete라고 부른다.

2. Concrete의 중량(비중)
  비중 = 2.5~6ton/m^3
    〔비교〕일반 Concrete = 2.3~2.4kg/m^3

3. Cement
  내황산염 Cement(5종 Cement)

4. 사용골재
    (1) 자철광
    (2) 갈철광
    (3) 중정석

5. 시공시 주의점
    (1) Cold Joint 방지(이어치기)
    (2) Joint(줄눈, 이음)시공 유의
    (3) 피복 두께 (Concrete 덮개) 유지 ⇨ 4cm 이상(일반 Concrete는 3cm)

  ※ 개정된('99년도)콘크리트 표준시방서 참조요망

15. Concrete 구조물(Slab, 보)의 단부, 중앙부의 균열원인

1. 단부의 Crack(균열) 원인

(1) 정착길이 부족
(2) Stirrup 간격이 넓은 경우
(3) Stirrup을 폐합시키지 않았을 때

2. 중앙부의 Crack(균열) 원인

(1) 주철근(인장철근, 휨 철근) 부족
(2) 하중과다(Over Load)
(3) Concrete의 Creep현상
(4) 철근 역배근, 배근 잘못

3. 보 주철근의 배근 예시(53회)

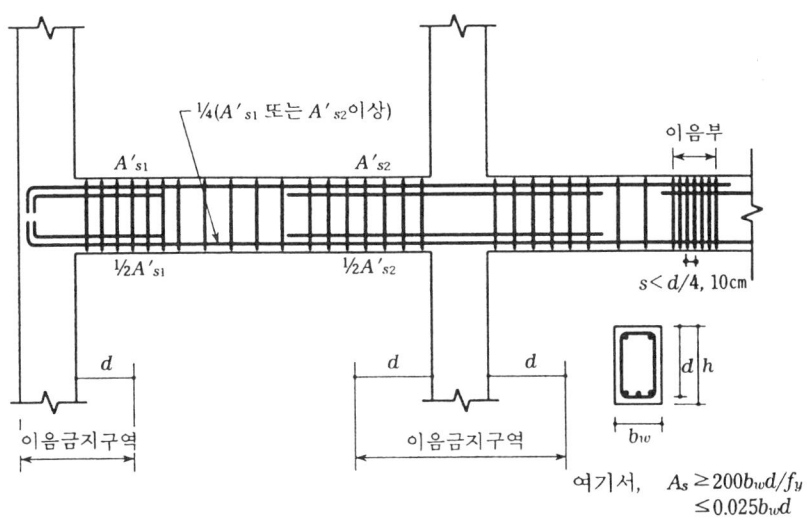

여기서, $A_s \geq 200 b_w d / f_y$
$\leq 0.025 b_w d$

(그림 1) 보 주철근의 배근방법(ACI 318-89)

4. 보, Stirrup의 배근 예시

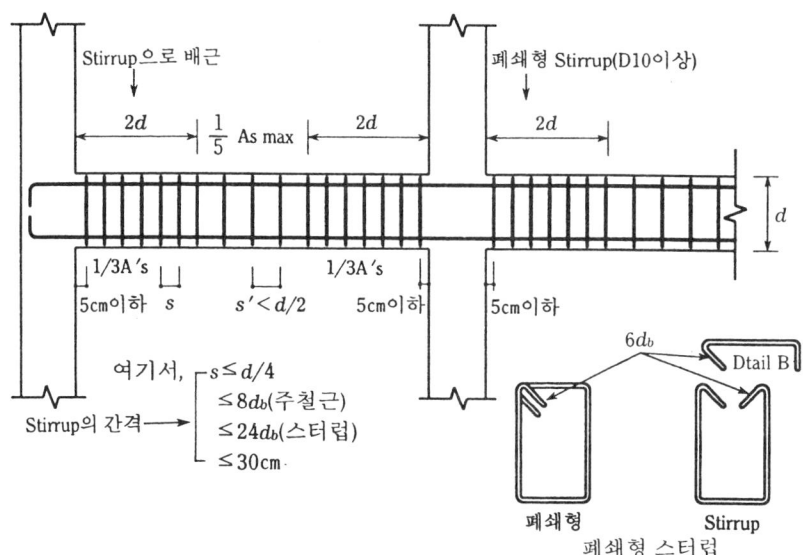

(그림 2) 보 스터럽의 배근 방법(ACI 318-89)

> (참고) 부력과 양압력의 비교

1. 부력(Buoyancy)
   유체속에 잠겨 있는 물체의 표면에 상향으로 작용하고 있는 물의 압력을 부력이라고 하며 이 힘의 크기는 물체가 물속에 잠긴 부피와 같은 유체의 무게와 같다. 이때 부력은 다음과 같이 표시한다.

   $$B = \gamma_w \times V$$

   여기서, B : 부력
   γ_w : 유체의 밀도
   V : 물체가 유체속에 잠겨있는 부분의 체적

2. 양압력(Uplift Pressure)
   구조물이 지하수위 이하에 놓이게 되면 구조물 저부에 상향으로 작용하는 물의 압력을 받게 되는데 이때 작용하는 상향의 물의 압력을 양압력이라고 한다. 물이 정상일 때 작용하는 **양압력**은 **정수압**과 같고 구조물 저면에 작용하는 **침투수**가 있는 경우의 **양압력**은 **정수압**과 **침투수압**을 더한 값과 같다.

3. 계산예

   (1) 부력 : $\gamma_w \cdot V = 1t/m^3 \times 100m^2 \times 10m = 1,000t$
   (2) 양압력 : $D \times \gamma_w = 10m \times 1t/m^3 = 10t/m^2$

16. 수영장, 정수장, 수조의 배근

1. 복철근(Double Bar)

2. 이 유
   (1) 수압(하향 ↓)
   (2) 지지력(상향 ↑)

17. 수영장, 정수장, 수조의 Crack(균열)원인, 대책

1. 원 인
   (1) 담수시 수압과 지지력의 불균형
   (2) 겨울철 동결(동파)

2. 대 책
   (1) Double Bar(복철근)배치
   (2) Rock Anchor 설치
   (3) 중공 Slab로 시공한다.
   (4) Base Slab(바닥스라브)부상 방지 목적으로 Anchor시공(이형철근 D_{25}로 시공)한다.
   (5) 물이 정상일 때 작용하는 양압력은 정수압과 같다.

18. 지중보(Tie Beam = Tie Girder)의 배근

1. 기초보가 지반반력을 받지 않는 경우

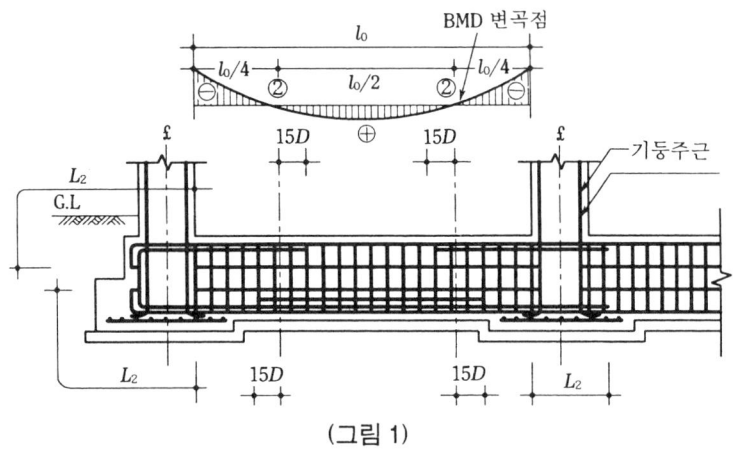

(그림 1)

2. 슬래브 등의 상재하중을 받는 경우

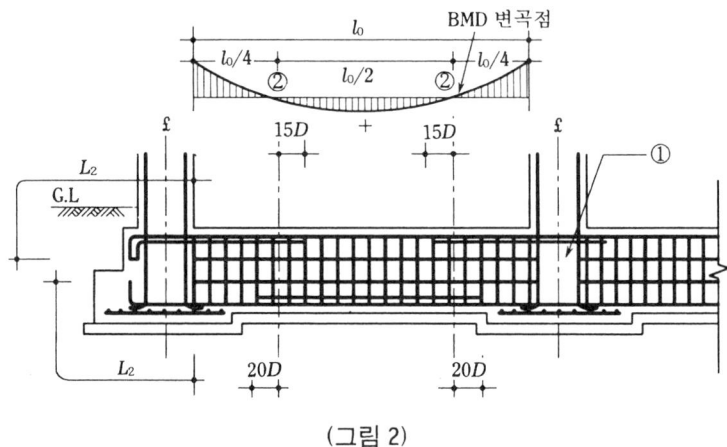

(그림 2)

3. 기초보가 지반반력(말뚝 반력)을 받는 경우

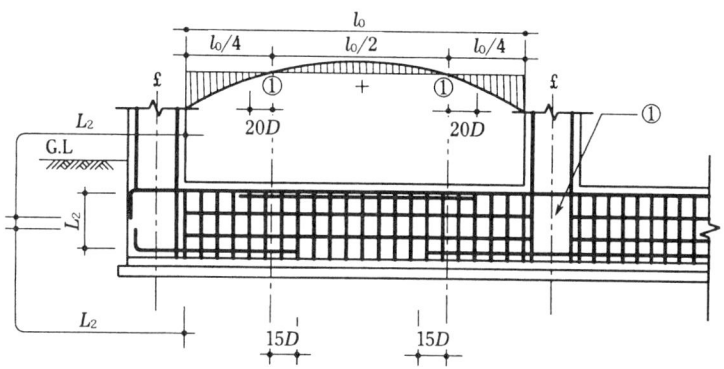

(그림 3) 하중조건에 따른 기초보근의 정착과 배치

19. 줄눈(이음, Joint)

구 분	줄눈종류	간 격	시 공 법	시 공 목 적
일 반 콘크리트	시공줄눈	일일시공 마무리	신축이음과 동일	
	신축줄눈	30m	철근절단(절연)	온도, 건조수축 부등침하, 균열방지
	수축줄눈 (균열유발)	9m	단면의 결손부 둔다.	온도균열 제어
포 장 콘크리트	세로줄눈	차선위 4.5m	Saw Cutting	세로방향, 균열방지
	가로팽창 (신축)	60m~480m	차선에 직각 완전 절연	온도상승에 대한 Blow Up 방지
	가로수축	6m	차선에 직각 Saw Cutting	2차 응력(온도, 건조 수축)에 의한 균열방지
	시공줄눈	시공마무리	가로팽창과 동일	1일시공마무리지점

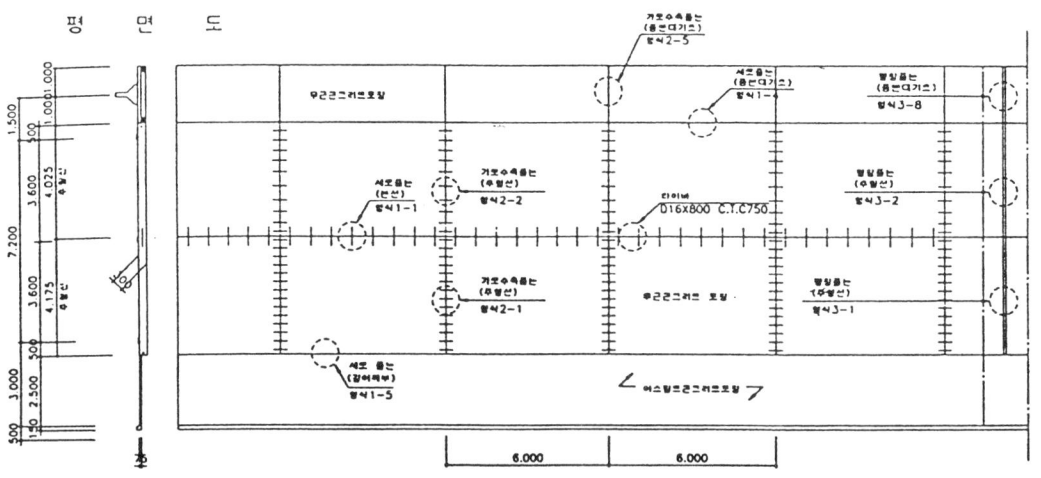

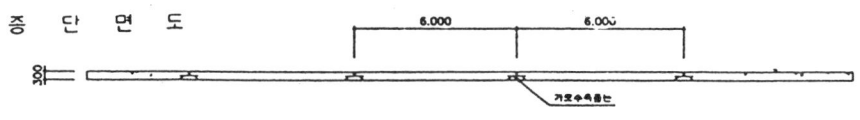

콘크리트포장 줄눈 일반도(4차로)

20. Slab 보의 주철근 배근도

1. Slab의 배근

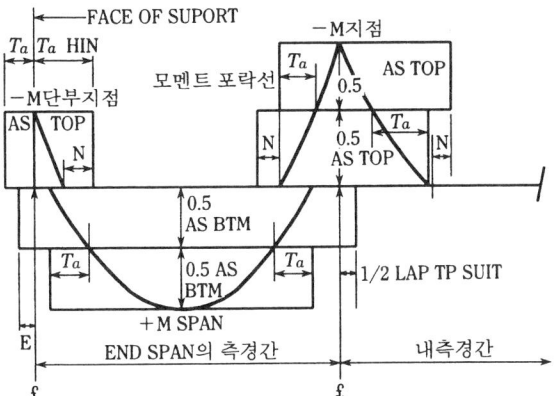

여기서, T_d : 인장 정착길이
N : $12d_s$(철근직경) 또는 유효 높이(d) 중에서 큰 값
E : 유효 단부 정착길이
d_s : 철근직경
BTM : 하부
BMM : 휨모멘트

(a) 일반적인 슬래브의 배근

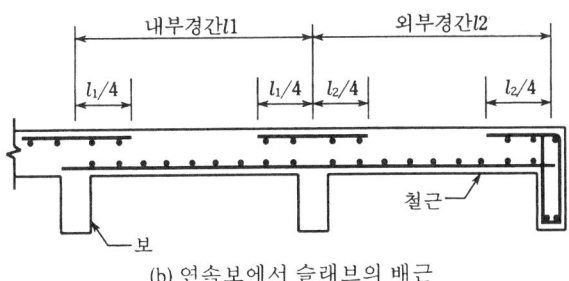

(b) 연속보에서 슬래브의 배근

(그림 1) 보 및 슬래브의 모멘트 Envelope Curve 및 철근배근

2. 보의 배근

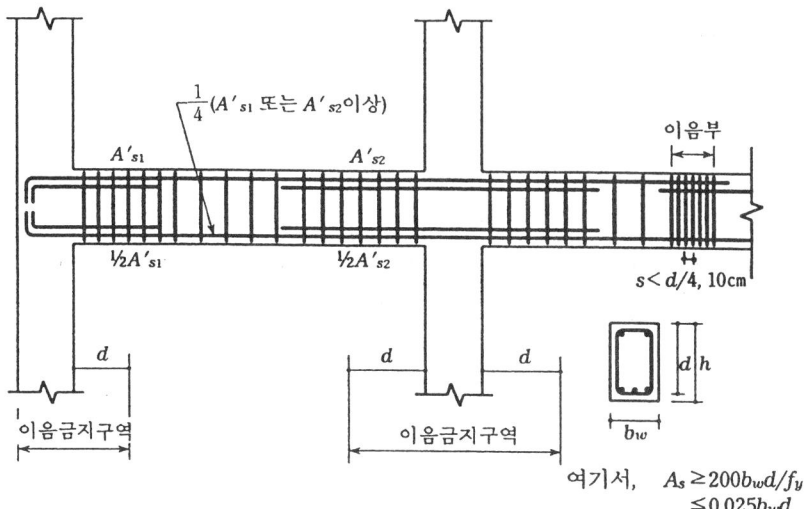

(그림 2) 보 주철근의 배근방법(ACI 318-89)

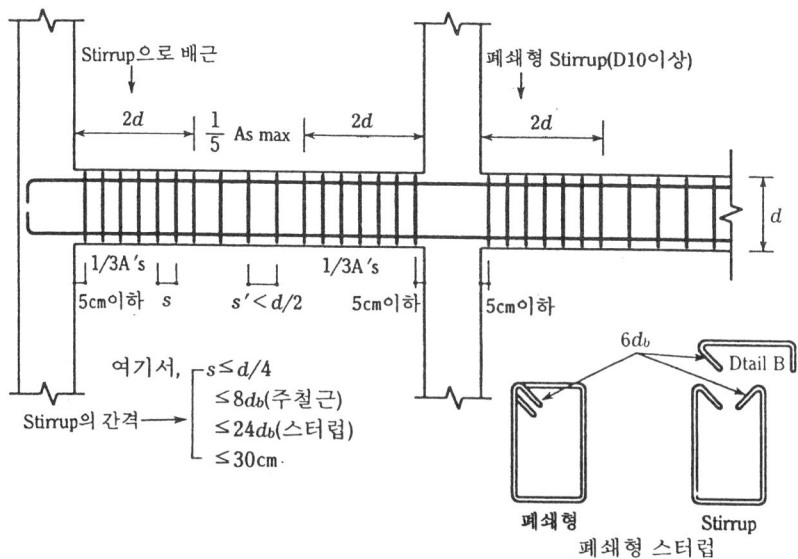

(그림 3) 보 스터럽의 배근 방법(ACI 318-89)

3. 보의 형식에 따른 배근 상세

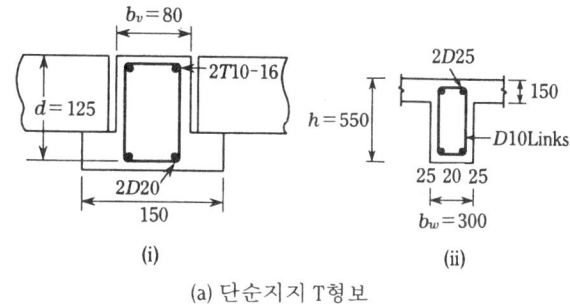

(a) 단순지지 T형보

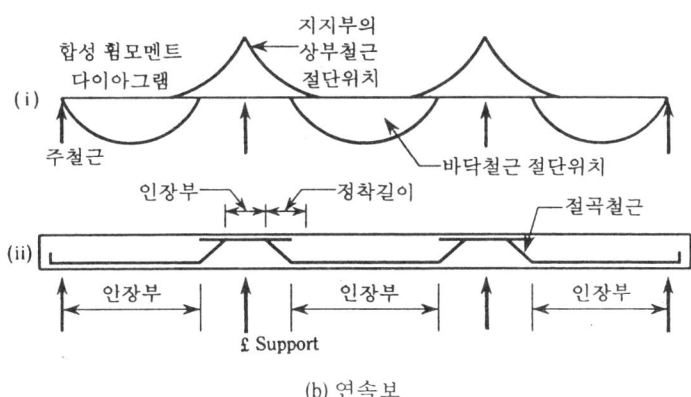

(b) 연속보

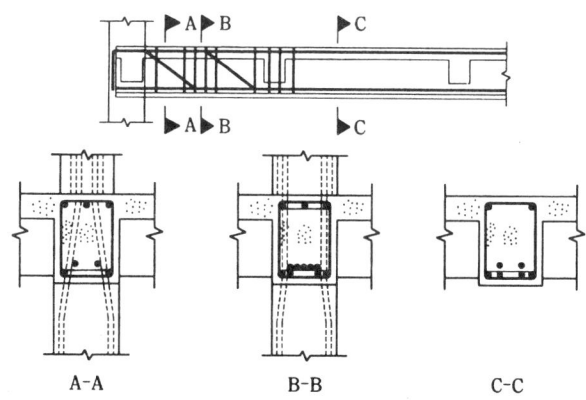

(c) 절곡철근이 쓰여진 Frame 중의 연속보

(그림 4) 보의 형식에 따른 배근상세

4. 보의 주철근 배근 상세

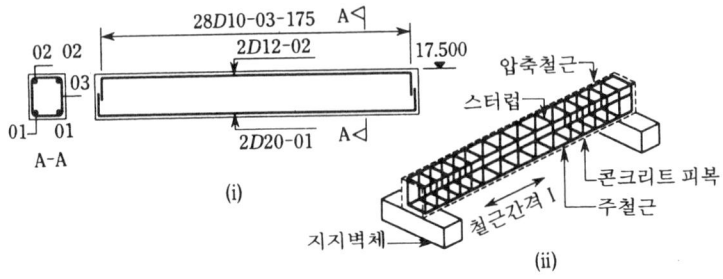

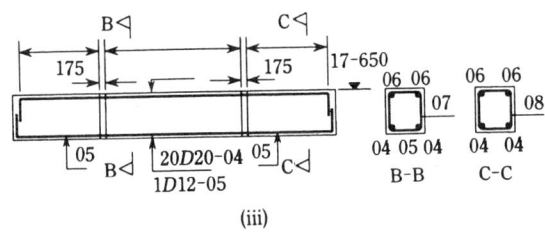

(a) 단순지지 직사각형 보

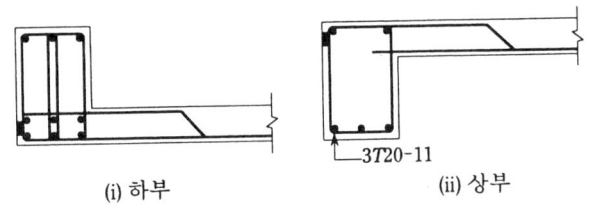

(b) 단순지지 복철근보

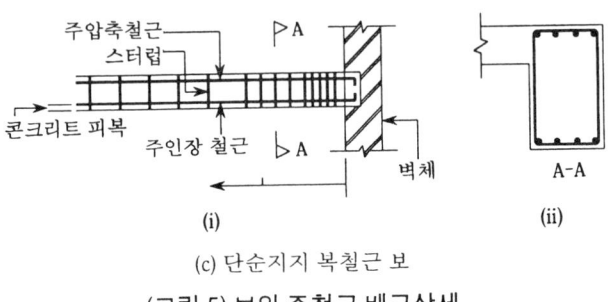

(c) 단순지지 복철근 보

(그림 5) 보의 주철근 배근상세

21. 과소철근보, 과다철근보

No.	특 징	과소철근비(보)	과다철근비(보)
1	철근비	• 평형철근비(P_b) 이하	• P_b 이상
2	파괴형태	• 콘크리트가 압축 변형하기 전에, 철근이 먼저 인장 파괴 • 철근은 항복 후 상당기간 **연성**을 가지고 있다. - 연성파괴, 인장파괴	• 철근이 항복하기 전에 콘크리트가 압축 파괴 • 취성파괴(순간적 파괴)
3	안전성	• 균열, 처짐 등 파괴전에 징후가 나타난다.	• 사전징후 없이 갑자기 파괴된다.
4	설계	• 설계상 바람직	• 설계상 부적합

22. 평형 철근비(P_b) (강도설계법)

1. $$P_b = \frac{0.85 f_{ck} \cdot \beta_1}{f_y} \times \frac{6,000}{6,000 + f_y}$$

2. P_b의 정의
(1) 인장철근의 항복과 콘크리트의 파괴가 동시에 일어나는 철근비
(2) 취성 파괴 방지
(3) 가장 이상적인 설계 시공

3. 철근비(P)의 값
(1) $P \leq 0.75 P_b$
(2) 철근의 항복이 먼저되게 하여 연성 파괴 보장(= 과소철근비 = 저보강보)

4. β_1의 값
(1) $f_{ck} = 280 \text{kg/cm}^2$까지는 $\beta_1 = 0.85$
(2) 10kg/cm^2 증가시마다 ⇨ 0.007씩 감소한다.

23. 복철근 보(보의 상부에 철근배치하는 이유)

(1) 압축측에 철근보강하여 강성을 높힌다. = 압축철근
(2) 보 단면을 제한할 때 복철근보
(3) 유효높이 제한할 때
(4) 정, 부 Moment가 번갈아 사용될 때 - 정수장, 수조, 수영장 등의 지중보(기초 보)

24. 같은 철근 단면에서 철근의 굵기는 어느 것이 좋은가

(1) 가는 것을 다발로 배치하는 것이 균열방지에 효과적이다.
(2) Cement Paste의 접착면적이 커서 부착강도가 크다.
(3) High Density Concrete(고밀도하의 콘크리트)에서 동일한 철근 단면적이하면 직경이 적은 철근으로 배근하는 것이 균열을 최소화 할 수 있다.

25. 철근 D35이상의 철근을 압접하는 이유

(1) 시방서에 겹이음 금지
(2) 겹이음에 대한 충분한 실험자료가 부족
(3) 서로 다른 치수의 철근을 압축부에서 겹이음하는 것은 무방
(4) 겹이음에 대한 허용응력 근거자료 불확실하다.

26. Hi-Bar, Mild Bar(경강과 연강)

1. Hi-Bar경강의 특징
(1) C, Mn(망간) 등이 많아 고강도
(2) 이형철근 단부에 색깔표시가 있다.
(3) 연신률이 적다.
(4) 취성파괴가 된다.

2. Mild Bar(연강)
(1) 탄소함유량이 0.2%이하
(2) 저탄소강으로서
(3) 연신률이 크다.
(4) 연성파괴가 된다.
(5) 용접/가공이 유리하다.
(6) 모든 건설재료는 구조용 연경이어야 한다.

27. 철근콘크리트(Reinforced Concrete)가 성립하는 이유

콘크리트 속에 묻힌 철근이 콘크리트와 일체가 되어 외력에 저항할 수 있는 것은 다음과 같은 몇 가지 이유 때문이다.

(1) 철근과 콘크리트 사이의 **부착강도**가 크다. 이 부착력이 두 재료 사이의 활동(滑動)을 방지해서 일체작용을 하도록 한다.

(2) 콘크리트 속에 묻힌 **철근**은 **녹**슬지 않는다. 이것은 콘크리트가 불투수성이기 때문이다.

(3) 콘크리트와 강재는 **열**에 대한 **팽창계수**가 거의 같기 때문에 대기온도의 변화로 인하여 일어나는 두 재료 사이의 응력은 무시할 수 있다.

콘크리트의 열팽창계수는 1℃에 대해 0.000010~0.000013이고 강(鋼)은 0.000012이다.

(4) **열팽창계수**

1) 콘크리트의 열팽창계수는 1℃에 대해 ⇨ 0.000010~0.000013
2) 강의 열팽창계수는 1℃에 대해 ⇨ 0.000012이다.

※ **열팽창계수**가 거의 **동일**하므로 대기의 **온도변화**로 인하여 일어나는 두 재료 사이의 **응력**은 **무시**할 수 있다.

28. R.C구조의 장·단점

1. 장 점
(1) 내구성, 내화성이 크다.
(2) 현상, 치수를 자유롭게 할 수 있다.

2. 단 점
(1) 무겁다.
(2) 균열, 파손되기 쉽다.
(3) 검사가 어렵다.
(4) 개조, 보강이 어렵다.

29. Concrete의 열화(Deterioration Mechanism)

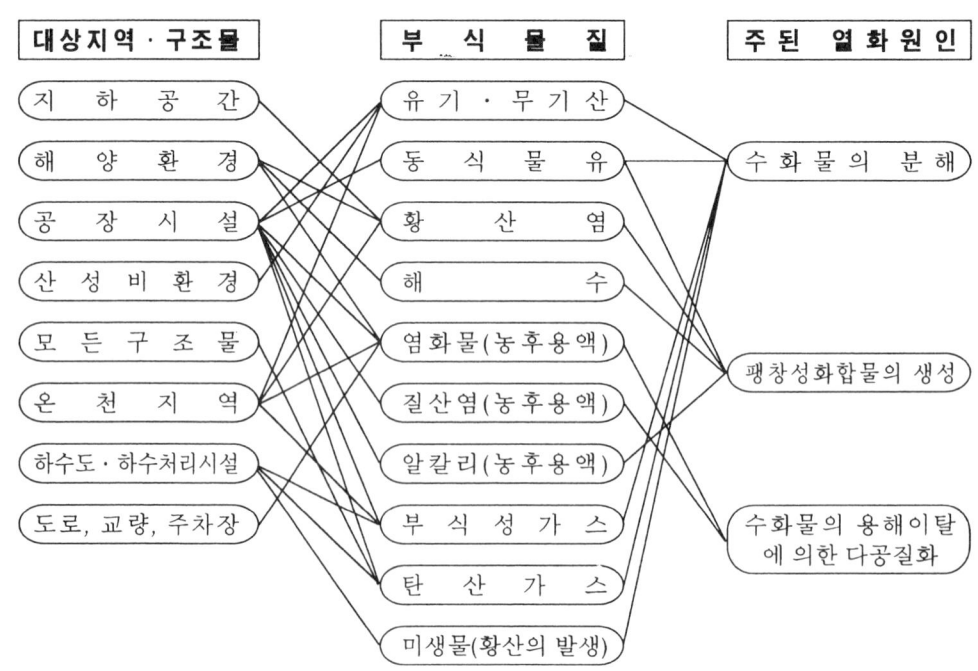

(그림 1) 콘크리트 구조물의 환경과 부식물질 및 열화원인

30. Concrete의 탄성계수(E_c)

(1) Concrete의 탄성계수는 일반적으로 Concrete의 압축강도가 크면 커지고 고강도 Concrete 쪽의 응력 – 변형율 곡선의 구배가 커진다.

$$E_c = W^{1.5} \, 4270 \sqrt{f_{ck}} \; (\text{kg/cm}^2)$$

여기서, W : Concrete 단위중량(t/m³) = 2.3t/m³

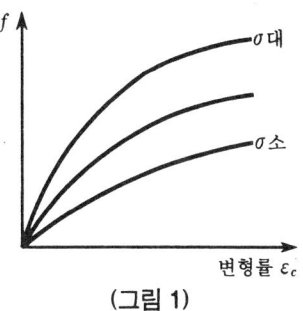
(그림 1)

(2) Concrete는 Hook의 법칙이 성립되지 않는 **비선형 재료**에 속한다.

(3) Concrete 응력과 변형률의 관계는 엄밀하게 비선형이지만 응력이 낮은 범위에서는 **직선**으로 볼 수 있다.

(4) 그러한 **응력**의 범위는 Concrete 압축강도의 50%정도이며 **허용 응력**의 범위이다.

(5) 즉 허용 응력의 범위에서는 Concrete를 **탄성 재료**로 볼 수 있다.

(6) **콘크리트의 탄성계수**

  1) (그림 2)와 같은 Concrete의 응력 – 변형도 곡선에 있어서 원점에서 이 곡선에 그은 접선이 이루는 각을 θ_1이라고 할 때 다음 식으로 정의되는 E_c를 초기 접선 탄성계수(= Initial Tangent Modulus of Elasticity)라고 한다.

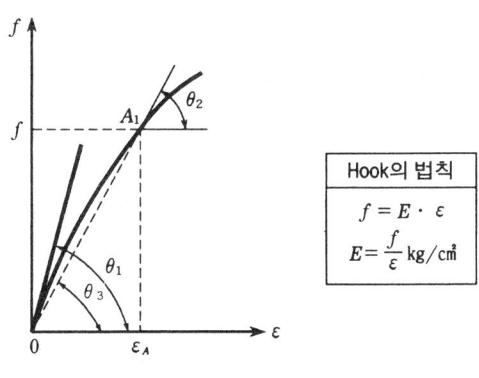

(그림 2) 응력변형곡선

2) 즉, 초기 접선 탄성계수는 응력 - 변형도 곡선의 처음 부분의 기울기이다.

$$E_c = \left(\frac{df}{d\varepsilon}\right)\varepsilon = 0 = \tan\theta_1$$

3) 응력 변형도 곡선상의 임의점 A에서 이 곡선에 그은 접선이 이루는 각을 θ_1이라고 할 때 다음 식으로 정의되는 E_c ⇨ 접선 탄성계수라고 한다. **접선 탄성계수** E_c는 응력 - 변형도 곡선의 임의점에서의 기울기이다.

$$E_c = \left(\frac{df}{d\varepsilon}\right)\varepsilon = \varepsilon_A = \tan\theta_2$$

4) (그림 2)에서 응력 f_a가 압축강도의 절반 정도의 응력일 때, 현 OA의 기울기를 **할선 탄성계수**(Secant Modulus of Elasticity) 또는 Secant계수라고 한다.

$$\text{할선탄성계수 } E_c = \frac{f_a}{\varepsilon_A} = \tan\theta_3 : \text{탄성계수}$$

5) **할선 탄성계수**가 철근 Concrete에서는 Concrete의 **탄성계수**로 쓴다. 따라서 별도의 언급이 없을 때는 **Concrete의 탄성계수**는 **할선 탄성계수**를 말한다.

6) **할선 탄성계수**는 응력의 크기에 따라서 달라지므로 응력의 크기를 정하지 않으면 이 계수를 정할 수 없다. 보통은 「압축강도의 30~50% 정도의 응력」을 사용하여 할선 탄성계수를 구하고 있다.

7) **Concrete의 탄성계수에 영향 미치는 요인**
   ① Concrete의 강도
   ② Concrete의 비중

8) 우리나라 시방서의 콘크리트 탄성계수 E_c

$$E_c = W^{1.5} \times 4{,}270\sqrt{f_{ck}} - W = 1.45 \sim 2.5 \text{t/m}^3 \text{에 적용}$$

여기서, W : Concrete의 단위중량(t/m³)
보통 골재 사용하여 만든 Concrete 2.3t/m³
$E_c = 15{,}000\sqrt{f_{ck}}$
f_{ck} : Concrete의 설계기준강도(kgf/cm²)

31. 강재의 탄성계수(E_s) (철근)

(1) $E_s = 2,000,000 \text{kgf/cm}^2 = 200,000 \text{MPa}$

($\because 2,000,000 \div 10 = 200,000, \quad 1MP_a = 10\text{kgf/cm}^2$)

32. PS강재의 탄성계수(E_{ps})

$E_p = 2,000,000 \text{kgf/cm}^2$

33. 탄성계수비(n)

(1) 탄성계수비

$$n = \frac{E_s}{E_c} = \frac{2,040,000}{15,000\sqrt{f_{ck}}} = \frac{136}{\sqrt{f_{ck}}}$$

(2) 철근의 환산 단면적 구할 때 사용한다.

34. 변형률(ε)의 단위(차원)

무차원(단위가 없다.)

35. 탄성계수(E)의 단위

(1) kgf/cm²이다.　　(2) $\boxed{\sigma = E\varepsilon}$　(kgf/cm²) ⇨ Hook의 법칙

(3) $\boxed{\varepsilon = \dfrac{\Delta l}{l}}$ (무차원)

$\boxed{\Delta l = \dfrac{Pl}{AE}}$

36. 강재의 $f - \varepsilon$ (응력 – 변형률 곡선)

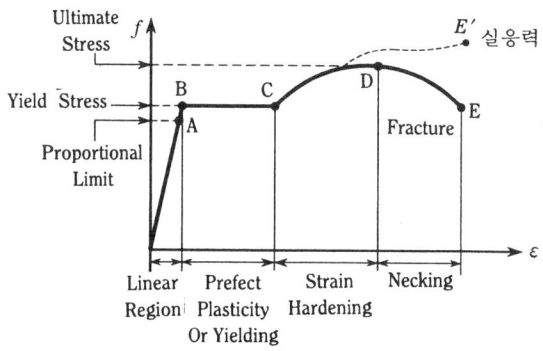

(그림 1) 인장을 받는 전형적인 구조용 강의 응력 – 변형률 선도

37. Secant Modulus

(1) 철근콘크리트에서는 Secant계수를 **탄성계수**(E_c)로 한다.

(2) **Secant 계수**

$f-\varepsilon$ 곡선에서, 곡선의 초기점과 최대강도의 절반($0.5\,f_{ck}$)되는 점을 잇는 현의 기울기($E_c = \tan\theta$)

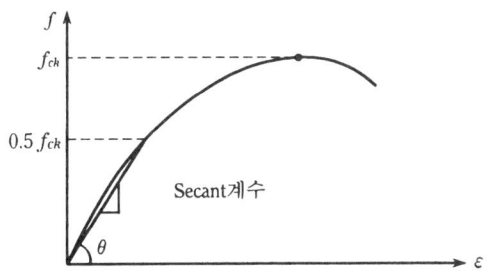

$$f = E\,\varepsilon$$

$$E = f/\varepsilon = \tan\theta$$

38. 탄성계수(E)의 의미

$f-\varepsilon$ 곡선에서 직선구간(후크법칙)의 기울기

39. 물-시멘트비(W/C) 결정방법 ('99 시방서 개정내용)

1. W/C 결정시 고려사항
(1) 물-시멘트비는 소요의 강도와 내구성을 고려하여 정해야 한다. 수밀(水密)을 요하는 구조물에서는 콘크리트의 수밀성에 대해서도 고려해야 한다.

2. W/C 결정방법 4가지
(1) 콘크리트의 압축강도를 기준으로 하여 물-시멘트비(W/C)를 정한 경우
   1) 압축강도와 물-시멘트비와의 관계는 시험에 의하여 정하는 것을 원칙으로 한다. 이때 공시체는 재령 28일을 표준으로 한다.
   2) 큰 강도를 필요로 하지 않는 **소규모 공사**에서 시험을 실시하지 않고 보통포틀랜드 시멘트를 사용하고 혼화제를 쓰지 않는 보통콘크리트에 대해서는 다음의 W/C와 f_{28}과의 관계식으로 구한 값 중 **작은 값**으로 **적용**한다.

$$W/C = \frac{215}{f_{28}+210}$$

$$W/C = \frac{61}{f_{28}/k + 0.34}$$

여기서, k : 시멘트의 강도(kgf/cm^2)

   3) 배합에 사용할 물-시멘트비는 기준 재령의 시멘트-물비(C/W)와 압축강도와의 관계식에서 배합강도(f_{cr})에 해당하는 **시멘트-물비 값**의 **역수**로 한다. 혼화제로서 양질의 포졸란을 적당하게 사용할 경우 C/W의 분자를 시멘트와 포졸란 중량의 합계로 해도 좋다.

(2) 콘크리트의 **내동해성(耐凍海性)**을 **기준**으로 하여 물-시멘트비를 정할 경우 그 값은 **55~60% 이하**여야 한다.

(3) 콘크리트의 **화학작용**에 대한 **내구성**을 기준으로 하여 물-시멘트비를 정하는 경우
   1) 황산(SO_4)으로 0.2% 이상의 황산염을 함유하는 흙이나 물에 접하는 콘크리트에 대해서는 **50% 이하**로 한다.
   2) 융빙제(融氷劑) 및 **제설제**가 사용되는 콘크리트에 대해서는 **45~50% 이하**로 한다.

(4) 콘크리트의 **수밀성**을 기준으로 하여 물-시멘트비를 정할 경우에는 **55%**로 하고 해양구조물에 쓰이는 콘크리트의 물-시멘트비를 정할 경우에는 **45~55%**로 한다.

40. WSD(허용응력 설계법), USD(강도설계법)

No.	구 분	허용응력 설계법	강도 설계법
1	개 념	응력 개념(응력설계)	강도개념(강도설계)
2	설계하중	사용하중(실하중)	극한하중
3	탄성, 소성	탄성이론, 안전률 F 고려	소성이론, 하중계수 고려
4	장 점	설계계산 간편	파괴에 대한 안전확보
5	단 점	부재의 강도 알기 어렵다. 파괴에 대한 안전도를 일정하게 하기 어렵다.	사용성(처짐, 균열)을 별도로 검토해야 한다.
6	특 징	사용성 개념	안전성 개념

41. 설계 하중의 종류

1. 허용응력 설계법(Working Stress Design Method : WSD)
   (1) 실제로 작용하는 하중
   (2) 실제하중 = 실하중 = 기준하중 = 작용하중 = 사용하중

2. 강도 설계법
   (1) 사용하중(기준하중)에 하중증가 계수 곱한 하중
   (2) 극한하중(Ultimate Load) = 하중계수 하중

42. 배합강도(f_{cr}) 결정방법('99년도 시방서 개정내용)

1. 개 요
(1) 콘크리트의 배합은 소요의 강도, 내구성, 수밀성, 균열저항성, 철근 또는 강재를 보호하는 성능 및 작업에 적합한 워커빌리티를 갖는 범위 내에서 단위수량이 될 수 있는 대로 적게 되도록 해야 한다.
(2) 작업에 적합한 워커빌리티를 갖기 위해 콘크리트는 부재의 크기와 형상, 콘크리트의 다지기 방법 등에 따라서 거푸집의 구석구석까지 콘크리트가 충분히 채워지도록 치고 다지는 작업이 용이함과 동시에 재료분리가 거의 생기지 않는 콘크리트이어야 한다.

2. 배합강도 결정방법 3가지
(1) 구조물에 사용된 콘크리트의 압축강도가 설계기준강도보다 작아지지 않도록 현장 콘크리트의 품질변동을 고려하여 콘크리트의 배합강도(f_{cr})를 설계기준강도(f_{ck})보다 충분히 크게 정해야 한다.
(2) 현장 콘크리트의 압축강도 시험값이 설계기준강도 이하로 되는 확률은 5%이하여야 하고 또한 압축강도 시험값이 설계기준강도의 85%이하로 되는 확률은 0.13%이하여야 한다.
(3) 콘크리트의 압축강도 시험값이란 굳지않은 콘크리트에서 채취하여 제작한 공시체를 표준양생하여 얻은 압축강도의 평균값을 말한다.
(4) 배합강도의 결정은 (2)항의 조건을 충족시키도록 다음의 두 식에 의한 값 중 큰 값을 적용한다.

$$f_{cr} \geq f_{ck} + 1.64s (\text{kgf}/\text{cm}^2)$$
$$f_{cr} \geq 0.85 f_{ck} + 3s (\text{kgf}/\text{cm}^2)$$

여기서, s : 압축강도의 표준편차(kgf/cm^2)

(5) 콘크리트 압축강도의 표준편차는 실제 사용한 실적으로부터 결정한다. 다만, 공사초기에 그 값을 추정하기가 불가능하거나 중요하지 않은 소규모의 공사에서는 $0.15 f_{ck}$를 적용한다.

3. 배합의 표시방법

배합의 표시법

굵은 골재의 최대치수	슬럼프의 범위 (cm)	공기량의 범위 (%)	물시멘트비 W/C(%)	잔골재율 s/a (%)	단 위 량(kg/m³)					
					물 W	시멘트 C	잔골재 S	굵은골재 G		혼화재료	
								mm~mm	mm~mm	혼화재	혼화제

43. 강도 설계법(극한강도 설계법 = 하중계수 설계법)

- S.D.M(Strength Design Method)
- U.S.D(Ultimate Strength Design Method)
- L.F.D.M(Load Factor Strength Design Method)

(1) 실제하중에 하중계수를 곱한 극한하중 사용
(2) 극한하중이 구조물에 작용할 때, 파괴직전의 **극한응력상태**를 **소성이론**으로 계산
(3) 이 응력을 강도개념으로 환산한 공칭강도(V_n 또는 M_n)에 강도 감소계수(ϕ)를 곱하여, 설계강도(V_d 또는 M_d) 계산
(4) V_d가 소요강도(V_u, M_u) 보다 크게한 설계법

즉, $\boxed{V_d = \phi V_n \geq V_u}$

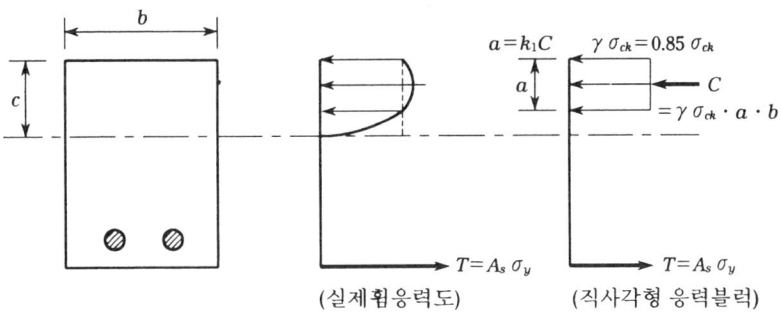

(실제휨응력도)　　(직사각형 응력블럭)

44. 철근의 이음공법과 골재의 함수상태 예시설명

1. 개 요
(1) 철근의 이음은 정착길이개념에 의해 설계됨.
(2) 철근의 이음은 정착부의 불량과 더불어 콘크리트 구조물의 결함으로 되기 쉽다.
(3) 따라서, 철근은 이어대지 않는 것을 원칙으로 한다.
(4) 이음이 불가피시 위치 및 방법에 주의해야 한다.

2. 이음공법의 종류
(1) 겹이음 : D35 이하
(2) 용접이음
(3) 기계적이음 : 가스압접, Sleeve, Nut 이용, Cadweld, Mortar 충진, 수지 주입 등

3. 공법별 유의사항
(1) 겹이음
　　1) 인장철근의 겹이음길이 : A급, B급

> A급 : 사용철근량 ≥ 2×(소요철근량)
> 　　　 겹이음철근량 ≤ 1/2(전체철근량)
> B급 : 기타

　　2) 이음길이

> A급 : $1.0l_d$ ≥ 30cm
> B급 : $1.3l_d$ ≥ 30cm

(2) 용접 및 기계적 이음
　　1) 맞댐용접으로 항복강도(f_y) 125%이상 되도록 한다.
　　2) 기계적 이음은 항복강도 125%이상 인장력과 압축력을 가져야 한다.
　　3) 이음은 적어도 60cm이상 엇갈려야 한다.

(3) 가스압접
　　1) 맞댐이음 → 축방향 가압 → 산소아세틸렌 중성염 가열 → 모재를 녹여 용접

2) D19 이상은 경제적이고 가공이 단순하다.
3) 접합강도가 크고 신뢰성이 우수하다.

[참고] 골재의 함수상태 예시설명

1. (그림 1)의 골재의 함수상태를 도식적으로 나타낸 것으로 수분을 전혀 갖고 있지 않은 절건상태(OD)에서부터 기건상태(AD), 표건상태(SSD), 습윤상태(WET)라는 차례로 함수량이 많은 상태로 나타내었다.

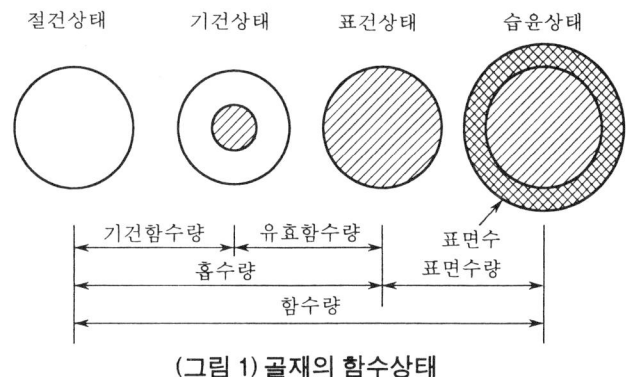

(그림 1) 골재의 함수상태

45. 강도 설계법의 보의 휨 설계

1. 강도 설계법

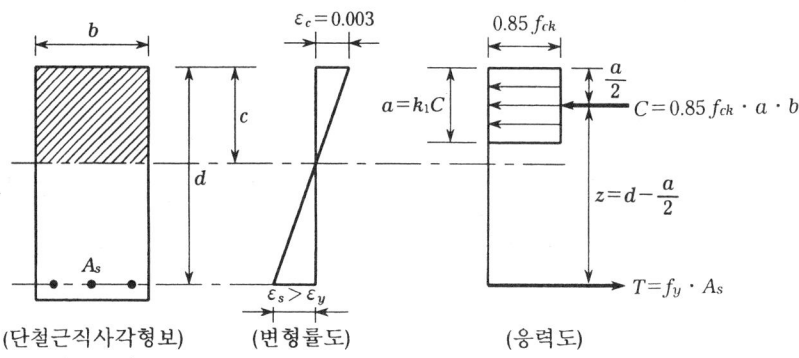

(그림 1) 강도 설계법

【강도설계법 해석상의 가정】

(1) 압축측 콘크리트의 최대변형률 $\varepsilon_c = 0.003$
(2) 철근 콘크리트의 변형률은 **중립축**으로부터 거리에 **비례**한다.
(3) **철근의 응력**

   1) f_y 이하 ⇨ $\boxed{f_s = E_s \varepsilon_s}$

   2) f_y 이상 ⇨ $\boxed{f_s = f_y}$

   3) f_y의 최대값 = 5,000kgf/cm²보다 크면 안된다.
   4) f_y = 5,000kgf/cm²일 때 ε_c = 0.003(최대 : 극한 변형률)

(4) **콘크리트 압축응력분포** ⇨ **직사각형이다.**

   1) 응력폭 = $0.85 f_{ck} = \beta_1 f_{ck}$
   2) $f_{ck} \leq$ 280kgf/cm² 이하 ⇨ $\beta_1 = 0.85$
      $f_{ck} >$ 280kgf/cm² 이상 ⇨ 10kgf/cm² 증가시마다 0.007씩 감소
   3) 응력 깊이 $\boxed{a = \beta_1 \cdot C}$

2. 공칭강도(V_n, M_n)

주어진 단면이 계산상(이론상) 견딜 수 있는 강도

3. 설계강도(S_d, M_d)

(1) 설계시 안전을 고려하여 강도 감소 계수(ϕ) 고려
(2) $M_d = M_n \times \phi$

4. 소요강도(V_u, M_n)

(1) 주어진 하중을 견디기 위해 필요한 강도
(2) 극한강도
(3) 기준하중×하중증가 계수 곱한 극한하중을 사용해서 계산한다.

$$※\ M_d = \phi M_n$$
$$M_d \geq M_u$$
$$M_d = \phi M_n \geq M_u$$

5. 설계강도, 설계하중의 개념차이

(1) **설계강도** = 강도감소계수(ϕ) 사용, 부재의 종류에 따라 감소
(2) **설계하중(극한하중)** = 하중증가 계수 사용, 하중조합에 따라 증가시킴

6. 극한하중

(1) **설계시 사용하는 설계하중** = 기준하중×하중증가계수
(2) **기준하중** $W = D$(사하중)+L(활하중)
(3) **극한하중(설계하중)** = $1.4D + 1.8L$

7. 평형 철근비(P_b)

(1) $$P_b = 0.85 k_1 \frac{f_{ck}}{f_y} \cdot \frac{6,000}{6,000 + f_y} \text{ (평형 철근비)}$$

(2) f_s가 f_y에 도달함과 동시, 콘크리트의 $\varepsilon_s = 0.003$에 도달 ⇨ 즉, 최대하중에서 파괴된다.

8. 과소, 과대철근비는 W.S.D 개념과 동일

9. 철근량의 제한
  (1) 최대 철근비
$$\boxed{P_{max} \leq 0.75 P_b \text{ 이하}}$$

  (2) 최소 철근비
$$\boxed{P_{min} \geq \frac{14}{f_y} \text{ 이상}}$$

46. 사용성과 안전성

No.	구 분	사 용 성	안 전 성
1	개 념	사용에 불안, 불편이 없을 것	붕괴염려 없을 것. 파괴에 안전할 것
2	설 계 법	허용응력 설계법	강도 설계법
3	설계하중	사용하중 $W = D+L$	극한하중 $U = 1.4D + 1.8L$
4	내 용	• 처짐, 균열, 진동이 없게 • 균열은 허용폭내	• 내하중성 　내마모성 　내부식성 　내동결융해성 　내화성 　내화학적 저항
5	비 고	한계상태 설계법 LSDM = Limit State Design Method ⇨ 사용성 + 안전성	

47. Deep Beam (깊은 보)

- $\dfrac{l_n(순경간)}{d(유효깊이)} < 5$ 이고 부재의 상부 또는 압축면에 하중이 작용하는 휨부재를 말한다.

48. 잔골재율(s/a)

1. 배합 설계시 골재의 구분
(1) 잔골재(모래 : S)
  No4체(4.76mm)에 전부 통과
(2) 굵은 골재
  No4체에 전부잔류

2. s/a(절대 용적 잔골재율)
(1) 전체 골재량에 대한 잔골재량의 절대용적비

(2) $$s/a = \frac{s/G_s}{s/G_s + G/G_s} \times 100\%$$

여기서, G_s : 골재의 비중

3. S/A(잔골재율 : 중량비)

$$S/A = \frac{S}{S+G}$$

4. s/a가 콘크리트(강도)에 미치는 영향
(1) s/a가 적으면(↓)
  1) 소요 Workability를 얻기 위한 **단위수량**이 적어진다.
  2) W(↓)이면
    ① Cement량 감소 ⇨ 경제적
    ② 건조수축(↓)
    ③ 재료분리(↓)
(2) s/a가 너무 적으면] 강도(↑)
  1) 콘크리트가 거칠어 진다.
  2) 재료분리 커진다.
  3) Workability 나빠진다.

5. s/a를 정하는 원칙

(1) 소요 Workability 범위내에서 단위수량(W)가 최소가 되게 결정
(2) Pump 성능, 배관상태, 압송거리 고려
(3) 유동화 콘크리트에서는 Slump 고려

6. 배합설계 사례(이해 요망)

(그림 1) 보통 콘크리트, 굵은 골재 최대치수 25mm에 대한 배합표

설계기준 강도 (kg/cm²)	슬럼프치 (cm)	물시멘트 비 W/C (%)	단위수량 W (kg)	단위 시멘트량 C(kg)	절대 잔골재율 s/a(%)	단위 잔골재량 S(kg)	단위 굵은 골재량 G(kg)
	5	69	167	242	38	741	1,222
120	8	69	173	251	38	734	1,206
	12	69	178	258	38	726	1,196
	5	59	167	283	36	692	1,238
160	8	60	173	288	36	684	1,225
	12	60	178	297	36	676	1,214
210	5	52	167	321	35	660	1,238
	8	52	173	333	35	652	1,220
	12	51	178	349	35	642	1,203

(그림 2) 보통 콘크리트, 굵은 골재 최대치수 40mm에 대한 배합표

설계기준 강도 (kg/cm²)	슬럼프치 (cm)	물시멘트 비 W/C (%)	단위수량 W (kg)	단위 시멘트량 C(kg)	절대 잔골재율 s/a(%)	단위 잔골재량 S(kg)	단위 굵은 골재량 G(kg)
	5	68	158	232	34	675	1,320
120	8	68	167	245	34	663	1,299
	12	68	175	257	34	652	1,280
	5	59	161	255	34	665	1,304
160	8	61	167	274	34	665	1,283
	12	63	175	278	34	647	1,267
210	5	52	163	313	33	629	1,286
	8	52	169	338	33	616	1,262
	12	51	172	337	33	613	1,259

49. 콘크리트 강도에 영향을 미치는 요인

(1) W/C비 적게(↓)
(2) 잔골재율(s/a)(↓) ⎤
(3) 굵은 골재 최대치수 크게(↑) ⎦ 강도(↑)
(4) 시공
    배합, 운반, 치기, 다지기, 마무리, 양생

50. Cement가 콘크리트 중에 너무 많으면 어떻게 되나

(1) **수화열 과다** ⇨ 온도균열이 커진다.
(2) **강도저하** ⇨ 시멘트량이 지나치게 크게 되면 ⇨ Cement Paste의 양이 크게 되어 골재의 체적이 감소된다. Paste(풀)양이 많아 골재체적이 감소된다.

51. W/C 비가 클때 (↑)강도의 변화상태

1. 경화지연
양비경제적

2. 강도, 내구성, 수밀성 저하, 콘크리트 열화
(1) Bleeding, Laitance커져 ⇨ 부착강도 저하, 소성수축, 침하 균열 발생
(2) 공극(↑) ⎤
(3) 재료분리(↑) ⎦ 강도저하(↓)

3. Channeling현상
거푸집 면을 따라 시멘트+물이 올라온다.

4. Sand Streaking(모래 줄무늬가 생김 : 튀어나옴)
모래가 위로 올라온다.

52. Remicon(Ready Mixed Concrete)에서 가장 중요한 것

(1) W/C비 적게(↓) ⎤
(2) 잔골재율(s/a)(↓) ⎬ 강도(↑)
(3) 굵은 골재 최대치수(↑) ⎦
(4) Slump
(5) 강도
(6) 공기량
(7) 염화물 한도
(8) 가수금지(강도저하 원인)

53. 굵은 골재 최대 치수가 콘크리트 강도에 미치는 영향

1. 일반적으로 굵은 골재 최대치수가 크면

(1) W(단위량)($\downarrow$)
(2) W/C비($\downarrow$)
(3) 강도($\uparrow$)이나, 꼭 그런것은 아니다.

2. 굵은 골재 최대치수가 40mm 이상인 경우

(1) 부배합(단위 Cement량 280kg/m³)인 경우 ⇨ 강도 감소
(2) 빈배합(단위 Cement량 170kg/m³)인 경우 ⇨ 강도 증가

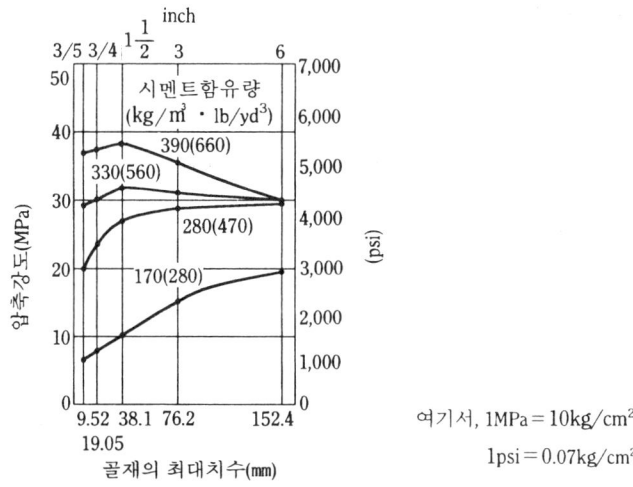

(그림 1) 굵은 골재의 최대치수가 콘크리트의 강도에 미치는 영향

54. 극한한계상태(Ultimate Limit State : ULS)와 사용성한계상태(Serviceability Limit State : SLS)

1. 한계상태

사용부적합을 정의하는 구조물의 상태로서 극한한계상태와 사용성한계상태로 구분함.

2. 극한한계상태(Ultimate Limit State)

전도, 좌굴, 과도한 변형으로 구조물이나 구조요소가 파괴되거나, 안정성이거나 기능을 상실하게 되는 한계상태

3. 사용성한계상태(Serviceability Limit State)

과도한 균열, 변위, 변형, 진동으로 구조물이나 구조요소가 사용하기에 부적합하거나 내구성을 상실하게 되는 한계상태

4. 피로한계상태(Fatique Limit State)

변동진폭의 반복하중에 의하여 구조물이나 구조요소가 붕괴되는 한계상태

55. m^3은 무슨 단위인가

C.G.S 단위

56. 헤베, 루베, 입방 등의 용어를 사용하는 이유

(1) **수검자** : ………. (대답 못함)
(2) **면접관** : 사용하지 마시오.

57. 배합설계강도(f_{cr})은 설계기준강도(f_{ck})와 같은가

(1) 다르다.

(2) $$f_{cr} = \alpha \cdot f_{ck}$$
여기서, $\alpha = 1.15$ 정도

(3) 설계기준강도와 배합강도의 차이점
    1) 설계기준강도 : 설계자가 정한 강도로서 **구조계산**에 반영한 재령 28일 압축강도다.
    2) 배합강도 : 현장에서 직접 거푸집에 쳐 넣는 콘크리트의 강도로서 골재의 입도, 표면수 등을 보정해서 **현장**에서 **만든 콘크리트**의 재령 28일 압축강도를 의미한다.
    (주) '99년도 콘크리트 표준시방서 개정편 참조요망

58. 굵은 골재 최대치수를 규정하는 이유

(1) 강도가 크고, 경제적이나(클수록)
(2) Workability, 부재의 크기, 철근의 간격 Pump 압송성, 시공성, 재료입수 용이성, 재료의 보관 등을 고려하여 정한다.
(3) **40mm 기준으로**
    1) 빈배합일 경우(시멘트량이 280kg/m³이상인 경우)는 굵은 골재 최대치수가 클수록 강도증가
    2) 부배합일 경우(시멘트량이 170kg/m³이하인 경우)는 강도가 오히려 감소한다.

59. 잔골재율의 대소와 굵은 골재 최대치수의 관계

일반적으로 s/a가 클수록, 굵은 골재 최대치수는 작아진다.

60. s/a와 단위수량의 관계

(1) 소요의 Workability를 얻는 범위내에서 단위수량이 최소되게 s/a 정한다.
(2) 일반적으로
    1) s/a ↓ ⇨ 단위수량 ↓
    2) s/a ↑ ⇨ 단위수량 ↑

61. 단위량의 모래와 자갈은 어느 상태의 중량인가

표면 건조 포화 상태(배합설계시)

62. 잔골재율의 대소에 따른 Cement, 물, 모래, 자갈량은 어떻게 변하는가

1. 일반적으로 s/a ↓
    (1) 단위수량(W) ↓
    (2) 단위 Cement량(C) ↓
    (3) 단위 모래량 ↓
    (4) 단위 굵은 골재량 ↑
    (5) 강도 ↑

63. 현장 배합은 왜 필요한가

(1) 입도보정
(2) 표면수 보정

64. 레미콘 반입시 시험의 종류(레미콘의 받아들이기시 검사항목)/운반방법

1. 강 도

(1) 공시체 제작 : 150m³마다 1조
(2) 1회압축강도시험치 = 호칭강도의 85% 이상
(3) 3회압축강도평균치 = 호칭강도 이상

2. Slump값

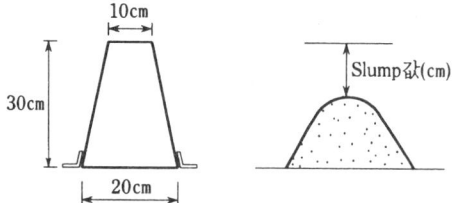

(1) Slump허용오차
  1) 지정값이 2.5cm : ±1cm
  2) 지정값이 5~6.5cm : ±1.5cm
  3) 지정값이 8~18cm : ±2.5cm
  4) 지정값이 21cm : ±3cm

3. 공기량

(1) 보통 콘크리트 : 4.5±1.5%
(2) 경량 콘크리트 : 5±1.5%

4. 염화물 한도

(1) 콘크리트 중 Cl^- 이온량 = $0.3kg/m^3$(NaCl 0.04%)
(2) 잔골재 중 Cl^- 이온량 = $0.022kg/m^3$(NaCl 0.04%)

5. Concrete 온도

(1) 한중 : 10℃ 이상(5~20℃ 범위)
(2) 서중 : 30℃ 이하
(3) 콘크리트의 온도 : 최저 5℃ ~ 최고 30℃

6. 레미콘의 운반방법

No.	운반기계	운반방법	운반거리 (m)	운반량 (m³)	동력	적용범위	비 고
1	콘크리트 버킷	수평 수직	10~50	0.5~1.0	크레인	일반적	재료분리가 적어 현장내 운반에 적합하다. 수평방향은 손수레, 펌프, 벨트 콘베이어 등의 조합방식으로 운반한다.
2	콘크리트 타워	수직	50~120	0.2~0.6	전 동	높은 장 소	
3	손 수 레	수평	10~60	0.05~0.2	인 력	소규모 공사, 특수공사	진동하지 않는 통행로가 필요하다.
4	콘크리트 펌프	수평 수직	80~600 20~140	20~90/h	기 관	높은 장 소	적합한 기종을 선택하고 타설속도에 주의하면 된반죽에도 사용할 수 있다.
5	벨트 콘베이어	거의 수평	50~100	10~50/h	전동	된반죽용 지하구조물, 보조수단	재료분리가 생기기 쉽다.
6	슈 트	수직 경사	5~30	10~50/h	중력		묽은반죽에 사용하면 좋지만 재료분리를 일으키기 쉽다.

7. 운반시간의 한도

KSF 4009	콘크리트 표준시방서		건축공사 표준시방서	
90분(*)	기온 25℃ 초과	90분	기온 25℃ 이상	90분
	기온 25℃ 이하	120분	기온 25℃ 미만	120분

(주 *) : 구입자와 협의한 후 운반시간의 한도를 변경(단축 또는 연장)할 수 있다. 일반적으로 무더운 계절에는 이 한도를 짧게 하는 것이 좋다. 또 덤프 트럭으로 콘크리트를 운반하는 경우 운반시간은 60분이내이어야 한다.

8. 레미콘의 운반경로

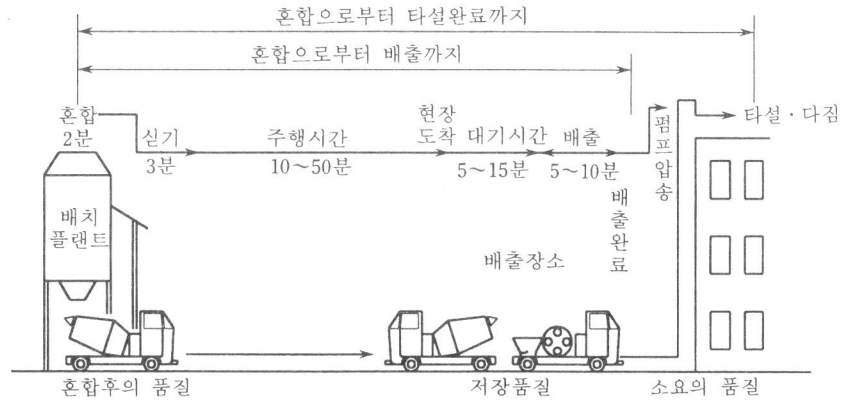

(그림 1) 레디 믹스트 콘크리트의 운반경로

65. 무근 콘크리트 포장의 굵은 골재 최대치수

1. 굵은 골재 최대치수의 표준값

구조물의 종류		최대치수(mm)
무근 콘크리트	단면이 큰 콘크리트(큰 기초, 큰 교각 등)	80~100
	보통 단면이 큰 콘크리트(기초, 교각, 두꺼운 벽 등)	50~80
철근 콘크리트	두꺼운 판	40~50
	판, 보, 벽 기둥	25
	확대기초	40
	지하벽, 케이슨	50
포 장 Concrete		40 이하
댐 Concrete		80~150
Tunnel에서 Shotcrete		19

66. 고강도 콘크리트 양생법

1. 촉진 양생(고온·고압 증기 양생)

(1) 건조수축, Creep 작다.
(2) 타설 후 2~3시간 후 시작
(3) **온도상승** : 시간당 20℃ 이하
(4) **최고온도** : 65℃
(5) **거푸집 해체시기** : 외기온도와 콘크리트온도가 비슷할 때

(주) PSC Box Girder를 예로 들어 설명한다.

67. 골재입도와 콘크리트와의 관계

1. 골재입도 나타내는 지표 = FM

(1) 조립률(FM)
   1) 0.15mm~40mm(9개체)의 누가잔류율(110-통과율)을 100으로 나눈 값
   2) 잔골재 FM = 2.3-3.1
   3) 굵은 골재 FM = 6-8

2. 골재의 입도는 콘크리트의 배합과 유동성에 영향을 미친다.

3. 입도, 입형이 좋으면

(1) 단위 수량 ↓
(2) 단위 Cement ↓
(3) 강도, 내구성, 수밀성 ↑

68. 배력 철근(Distributed Bar)의 역할

(1) 응력을 분포시킬 목적으로 정철근 또는 부철근과 **직각** ⇨ 방향으로 배치한 보조적인 철근을 의미한다.

(주) 배력철근/주철근/가외철근/조립철근/온도철근의 차이점에 대하여 확실히 암기 요망

69. Slab에서 상·하부 철근 간격을 유지하는 이유

구조물의 단면력 확보(휨모멘트, 전단력)

70. 온도철근의 역할

Concrete 노출면 표면의 온도변화에 의한 콘크리트 수축에 의한 균열 제어

71. 지하철 구조물콘크리트 타설전 검측사항(콘크리트 구조물 콘크리트 타설전 검측항목)

Concrete Placement Checkout Sheet

Unit No. _____ Pour No. _____ Elev. From _____ Elev. to _____ Date _____
Feature _____   Sta. From _____ Sta. to _____

Checkout Item	Foreman	Contr. Engr	Engineer	Date
Rock Foundations				
Forming & Blockouts				
OK to close thin Walls				
Line & Grade				
Final Cross Sections				
Sandlast				
Reinforcing Steel				
Embedded Metal Items				
6-in Waterstops				
9-in Waterstops				
Piping				
Sewer				
Drain				
Air				
Water				
Other				
Electrical				
Conduit & Boxes				
Ground Wire				
Technical Installations				
Anchor Bolts				
Joints Filler Material				
Concrete Cleanup				

OK to Place Concrete :

Contractor's
Engineer _____ Date _____ Time _____
Inspector _____ Date _____ Time _____
SUPT _____ Date _____ Time _____

Pour Started Date _____ Time _____
Pour Completed Date _____ Time _____
Computed _____ Line Cu. Yds. _____
Computed Backfill Cu. Yds. _____
Total Computed Cu. Yds. _____
Cu. Yds. Grout _____
Cu. Yds. Concrete _____
Total Cu. Yds. Placed _____
Cu. Yds. Waste at Pour _____
Cu. Yds. Waste at Plant _____
Total Cu. Yds. Plant _____
Overbreak, Cu. Yds. _____

72. 철근 검측요령

(1) 간격
(2) 이음
(3) 덮개
(4) 갈고리
(5) 구부리기
(6) 결속
(7) 절단상태(산소 절단 금지)
(8) 정착길이와 부착길이

73. 철근 덮개기준

최외단 철근의 바깥표면에서 콘크리트 표면까지의 거리

74. Slab에서 철근 배근은 어디까지 연장하나

(1) 휨모멘트 변곡점을 지나 정착길이만큼 연장
(2) **변곡점**
　　⊕ Moment에서 ⊖ Moment로 변하는 지점

75. 철근 배근시 길이가 2~3cm 부족시 조치방법

(1) 겹이음 길이 확보하고
(2) 갈고리 붙여 정착한다.

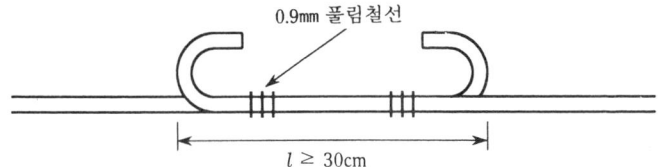

76. 정착길이(Developement Length)

1. 정착길이가 무엇인가 ?

콘크리트 속에서 철근이 전강(총인장응력 $T = f_y A_s$)을 발휘할 수 있도록 Concrete 속에 묻는 철근의 매입 길이

2. 철근의 정착길이(매입길이)

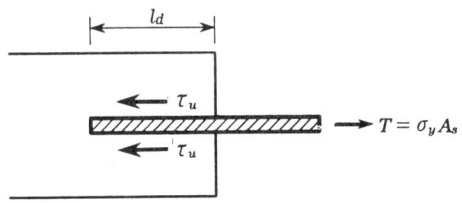

(1) 평형조건

$$f_y A_s = u \times l_d \times \tau_u$$

$$l_d = \frac{f_y A_s}{u \cdot \tau_u} = \frac{f_y \times \frac{\pi}{4} D^2}{\pi D \tau_u} = \frac{f_y D}{4 \tau_u}$$

여기서, τ_u : 극한부착응력

(2) **정착**

철근의 끝이 Concrete로부터 빠져나오는 것에 저항하는 성질

(3) **정착부착**

매입길이로 검토(부착강도) : 개정시방서

(4) **휨부착, 정착부착(W.S.D)** : 구 시방서

3. 철근의 정착방법

(1) 매입길이(l_{du})에 의한 정착(정착부착)

1) 인장이형철근의 기본정착길이

$$l_{du} = \frac{0.152 d_b f_y}{\sqrt{f_{ck}}} \times 보정계수$$

2) 압축이형철근의 기본정착길이

$$l_{db} = \frac{0.08 d_b f_y}{\sqrt{f_{ck}}} > 0.004 d_b f_y$$

(2) 표준 갈고리에 의한 접착(인장)

1) 기본정착길이

$$l_{dh} = \frac{305 d_b}{\sqrt{f_{ck}}} \geq 8 d_b \geq 15\text{cm 이상}$$

⇨ $f_y = 4,000 \text{kgf/cm}^2$인 경우의 기본정착길이

2) 갈고리 쓰는 이유
   ① 정착길이 확보가 어려울 때
   ② 원형철근 ⇨ 반드시 갈고리 사용
   ③ 압축철근 ⇨ 갈고리 정착하지 않는다.

(3) 기계적 방법

가로방향에 철근용접

77. 철근의 항복강도(f_y)

(1) 연강(저탄소강)
$f_y = 2,400 \sim 3,000 \text{kgf/cm}^2 (\text{SD}24 \sim 30)$

(2) 경강(고탄소강)
$f_y = 4,200 \sim 5,200 \text{kgf/cm}^2 (\text{SD}42 \sim 52)$

78. 철근의 항복강도를 제한하는 이유

(1) $f_y = 5,000 \text{kg/cm}^2$ 이상 사용금지(시방서)

(2) 이유
   1) 경강은 $f_y = 4,200 \sim 5,200 \text{kgf/cm}^2$으로 연성이 작고, **취성파괴**를 일으키기 쉽다.
   2) 가공이 어렵다.
   3) 용접에 의한 **강도저하**가 크다.
   4) 콘크리트에 **균열**이 생기기 쉽다.

(3) **시방규정**
   1) 휨 부재 설계 $f_y = 5,000 \text{kgf/cm}^2$ 이하
   2) 전단 철근 설계 $f_y = 4,000 \text{kgf/cm}^2$ 이하

79. 철근 D35 이상은 용접하는 이유

(1) 시방서에 겹이음 금지
(2) 겹이음시 자중이 커서 결속선으로 지탱하기 어렵고, 작업하중에 의해 느슨해지기 쉽다.
(3) 용접이음시에는
   1) f_y의 125% 이상 인장력 발휘하도록 **맞댐 용접**한다.
   2) 60cm 이상 **엇갈리게** 배치한다.

80. 콘크리트 품질에 가장 큰 영향 미치는 요인

물·시멘트비이다.

81. Cold Joint(Discontinuity)와 시공 Construction Joint 비교

1. Cold Joint
시공 중 예기치 않은 타설중단으로 생긴 시공불량 Joint이다.

2. 시공 Joint
일일시공마무리 지점에 계획적으로 만든 Joint

82. 탄성 계수비(n)

(1) 서로 다른 두재료를 합성하여, 구조물 제작시 **두재료**의 **강도차이**에 의한 **영향**을 설계에 반영하기 위해 **탄성계수 비**로 보정한다.

(2) 철근과 콘크리트의 탄성계수비

$$n = E_s/E_c = \frac{136}{\sqrt{f_{ck}}}$$

83. Moment의 정의/의미(우력)

(1) 임의의 점 A에 대한 힘 F의 모멘트

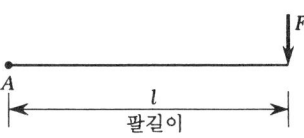

(2) $M = F \times l$

점 A에서 힘 F까지 수직거리×F

84. Workability를 좋게 하는 이유

1. Workability
(1) Consistency(콘시스턴시)
(2) Finishability(피니셔 빌리티)
(3) Plasticity(성형성)
(4) 유동성
(5) Bleeding, Laitance 등과 밀접한 관계가 있다.

2. 정 의
반죽질기여하에 따른 **작업의 난이도** 및 재료분리에 저항하는 정도를 나타내는 굳지 않은 콘크리트의 성질을 말한다.

3. Workability 측정법
(1) Slump Test
(2) 관입시험
(3) 드롭 테이블 시험
(4) VB시험
(5) 리몰딩시험

4. Workability에 영향을 미치는 요소
(1) 단위수량↑ W↑
(2) 단위시멘트량↑ W↑
(3) 시멘트의 분말도
(4) 골재의 입도와 입형
(5) 공기량↑ W↑
(6) 혼화재료(AE제+AE감수제+유동화제)↑ W↑
(7) 비비기 시간↑ W↓
(8) 온도↑ W↓

85. 배합설계에서 α(증가계수)란 무엇인가

(1) $\boxed{f_{cr} = \alpha \cdot f_{ck}}$ ⇨ α란 증가계수다.

(2) 구조물의 안전을 위해 f_{ck}를 상회하는 콘크리트 강도를 얻기 위해 곱해주는 계수

(3) $\boxed{\alpha = \dfrac{1}{1-KV}}$

(4) α 구하는 방법
  1) $\alpha = 1.15$
  2) 표준시방서 $\alpha - V$ 관계곡선
  3) 표준편차 S와 변동계수 V가정
  4) 30개 이상 압축강도 실적자료로 S와 V를 구하는 방법

(5) 관련공식

$$\begin{cases} f_{cr} = \alpha \cdot f_{ck} \\ \alpha = \dfrac{f_r}{\sqrt{f_{ck}}} = \dfrac{1}{1-KV} \\ v = s/\overline{x} \\ S = \sqrt{\sum_{i}^{n}(x_i - x)/(n-1)} \end{cases}$$

86. 구조물의 단부에 철근을 배근하는 이유

(1) 정착길이 확보 ⇨ 균열방지
(2) 교량 Slab의 캔틸레버부 ⇨ 가외철근배치
(3) 라멘 우각부 ⇨ 헌치, 가외철근 배근한다.

87. Stirrup(스티럽)의 역할

사인장 균열 방지, 전단균열방지

88. 압축강도 구하는 식

$$f = \frac{P}{A} \text{ kgf/cm}^2$$

89. 부착 강도(Bonded Stength)에 영향을 미치는 요인

(1) **표면상태**
   이형 > 원형

(2) 콘크리트 **강도**↑ 부착강도↑

(3) **철근의 위치**
   1) 수직 > 수평 ⎤
   2) 하부 > 상부 ⎦ Bleeding 영향

(4) **덮개**↑ 부착강도↑

(5) **다지기**↑ 부착강도↑

90. 한중 Concrete(Cold Weather Concrete) 타설대책

(1) 일평균기온 4℃ 이하 ⇨ 한중 Concrete 사용

(2) **초기 동해방지에 유의**
    1) 혼합수 : 40℃ 덥혀서 사용(Cattle 준비)
    2) 골재 : 빙설 혼입방지 ⇨ Sheet, 지붕 설치
    3) 혼화재 : 촉진형의 AE제
    4) 양생 : 바람막이, 스티로폴, 보온, 단열, 전기, 고주파, 적외선양생

(3) **타설**
    측압이 커지므로 타설속도 준수하고, Form Tie Bolt조임 철저

(4) **거푸집 해체**
    급냉되지 않게 주의

(5) 4℃ 이하에서 콘크리트 타설시 대책
    1) 발주자에게 사전 실정보고해서
    2) 승인을 득한 후에 타설해야 한다.
    3) 초기동해가 되면 강도는 30~40%이상 저하되므로 타설시 온도가 10℃가 유지된 상태가 아니면 절대 타설해서는 안된다.
    (주) 발주자에게 실전보고 해서 승인을 획득한 후 타설한다.
        1) 보온시설 계획표 작성 제출
        2) 보온양생방법 제출
    (주) 한중콘크리트에서는 초기동해가 되지 않도록 보온양생하는 것이 중요하다.

91. 서중 콘크리트(Hot Weather Concrete)

(1) 일평균 기온 25℃ 이상 ⇨ 서중 콘크리트로 단도리할 것

(2) 기온이 30℃가 넘으면 콘크리트 열화가 촉진된다.

(3) **주의할 점**

   1) **Cold Joint**에 유의
      ① 인원, 자재, 장비, 비상대책
      ② 연속치기

   2) 온도저감 대책강구
      ① 수화열 저하 - 저발열 Cement사용
      ② 매스콘크리트에서는 냉각한다.

   3) 양생
      ① 습윤 양생
      ② 피막 양생
      ③ Pre-Cooling + Pipe-Cooling실시

   4) 운반시간
      ① 25℃ 이상인 경우 : 1.5시간이내
      ② 25℃ 이하인 경우 : 2시간이내

   5) 골재
     직사광선 피함

   6) 소성수축, 침하균열에 유의

   7) **Slump**저하에 유의
      ① 가수금지
      ② 유동화제 사용

> (주) 시방서에서 규정한 운반시간이란?
>   비비기로부터 ⇔ 치기가 끝날 때까지의 시간을 의미한다.

   8) 재료의 냉각 : 굵은 골재 + 잔골재 + 물

92. Mass Concrete 시공

1. Mass Concrete 정의
(1) 수화열을 고려 온도균열을 검토하여 시공하는 구조물
(2) 부재치수
   1) **Slab** : 80cm이상
   2) 하단이 구속된 벽에서는 두께 50cm이상의 Base Slab 콘크리트
   3) 프리스트레스트 콘크리트 구조물 등 부배합콘크리트의 경우는 더 얇은 부재화도 구속조건에 따라서 적용한다.

2. Mass 콘크리트 종류
Dam/교량기초/교대/교각/지하철 정차장

3. 양 생
(1) Pre-Cooling (재료 선냉각)
(2) Pipe-Cooling (Pipe 설치 ⇨ 냉각수로 콘크리트온도 냉각)

4. 시공대책
(1) 중용열(저발열) 시멘트 사용
(2) 타설높이 제한 : 1.50m이하
(3) Block 분할타설
(4) Cold Joint 방지

제7장 교 량

1. 정정보, 부정정보

1. 결점 및 지점의 종류

종 류	형 태	기 호	반력수(R)
이동지점 Roller Support		↑V	수직 1개
회전지점 Hinged Support(Pin)		H→ ↑V	수평 1개 수직 1개 } 2개
고정지점		M H→ ↑V	수평 1개 수직 1개 } 3개 모멘트 1개
활절(Hinge)		△ ○	부재와 부재접합 = 힌지절점

2. 정정보

(1) 단순보

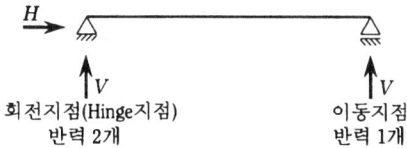

회전지점(Hinge지점)　　　　이동지점
반력 2개　　　　　　　　　반력 1개

1) $\boxed{N = R - 3 - h}$ = 3 - 3 = 0 (정정)

2) $\boxed{N = n-2}$ = 2-2 = 0 (정정)

여기서, R : 반력
h : 부재내의 힌지수
n : 지점수

(2) 캔틸레버(외팔보)

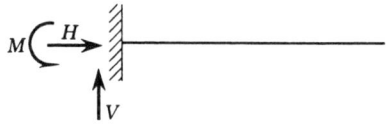

1) $\boxed{N = R-3-h}$ = 3-3 = 0 (정정)

(3) 내민보

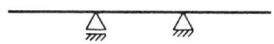

(4) Gerber Beam

부정정 차수만큼 부재내에 Hinge 삽입하여 **정정보**가 되게한 것

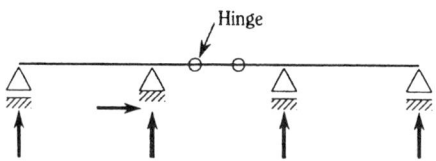

1) Hinge가 없는 경우(연속보)

$\boxed{N = R-3-h}$ = 5-3 = 2차 부정정

($N = n-2 = 4-2 =$ 2차 부정정)

2) Hinge 2개 삽입

$\boxed{N = R-3-h}$ = 5-3-2 = 0 (정정)

3. 부정정보

(1) 고정보(Fixed Beam)

1) 1단 고정, 타단 이동 지점

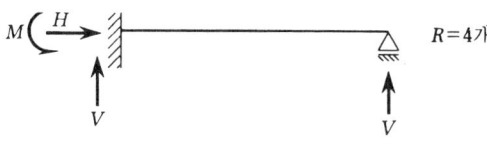

$N = 4-3-0 = 1차 부정정$

2) 양단고정

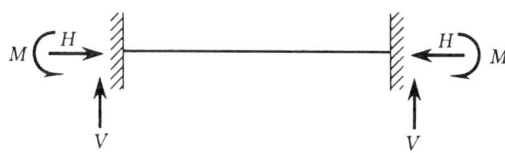

① $R = 6$

② $\boxed{N = R-3-h} = 6-3-0 = 3차\ 부정정$

(2) 3경간 연속보는 몇차 부정정인가? BMD 그려라.
- 2차 부정정

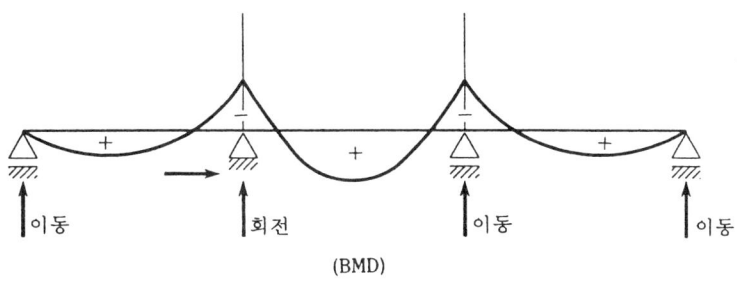

(BMD)

1) $\boxed{N = R-3-h} = 5-3-0 = 2차$

2) $\boxed{N = n-2} = 4-2 = 2차$

3) $(-)$모멘트가 2개 ⇨ 2차

(3) 정정과 부정정의 차이점(53회)

4. 부정정 구조물의 차수(보 등의 단층구조)

(1) $\boxed{N = R - 3 - h}$

여기서, R : 반력
h : 부지내 힌지수

(2) $\boxed{N = n - 2}$ (연속보)

여기서, n : 지점수

(3) $(-)$Moment 개수 = 차수

※ $h \Rightarrow$ 지점의 Hinge는 포함하지 않는다.

5. 정정구조물의 정의

(1) 힘의 평형조건으로 풀 수 있는 보

(2) 힘의 평형조건

$$\begin{aligned} &1)\ \Sigma H = 0 \\ &2)\ \Sigma V = 0 \\ &3)\ \Sigma M = 0 \end{aligned}$$

6. 부정정 구조물의 정의

(1) 구조물의 미지수가 3개 이상이 되어(반력, 응력), **힘의 평형조건**으로 풀 수 없는 구조물
(2) 즉, 여분의 부재와 지점이 있는 구조물
(3) **부정정 구조물의 해석법**
   1) 탄성 방정식
   2) 모멘트 면적법
   3) 3연 모멘트법(3-Moment Equation)
   4) 처짐각법(요각법)
   5) 모멘트 분배법
   6) 공액보법
   7) 가상일의 원리

8) 최소일의 정리
9) 단위 하중법(Unit Load Method)
10) 카스터 글리아노 제2정리

(4) 부정정 구조물의 장·단점(정정에 비해)

장 점	단 점
• 휨 모멘트 작고, 단면이 작다. 　- 재료 절감, 경제적 • 정정구조보다 **큰 하중**에 견딘다. • **지간길이**를 길게 할 수 있다. • 교각수가 줄고, **외관**이 좋다. • 이동하중 등의 큰 하중을 받을 때, **과대 응력**을 **재분배**하는 능력이 있어 안전성이 증대	• 연약지반에서 지점(교각)의 침하, 온도변화, 제작오차 등에 의해 **큰 응력**이 발생 • 해석과 설계가 복잡 • **응력교체**가 많이 일어나므로, **부가적인 부재**가 필요하다.

7. 교량에서 정정, 부정정 구조물의 특징 비교

(1) 정정구조물

지점이 침하해도 안전에 큰 문제없음

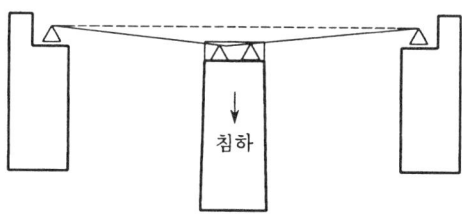

(2) 부정정 구조물

지점이 침하하면 교각이 없는 것과 같아져 큰 응력 발생

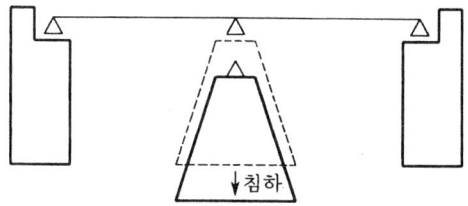

8. 정정보의 SFD, BMD

(1) 단순보

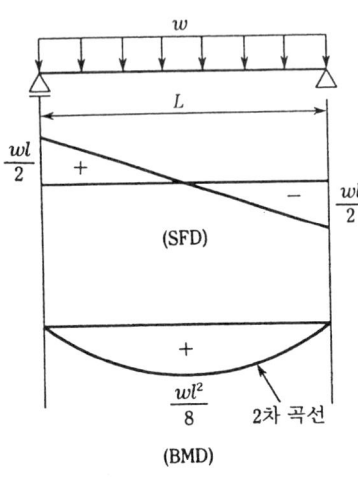 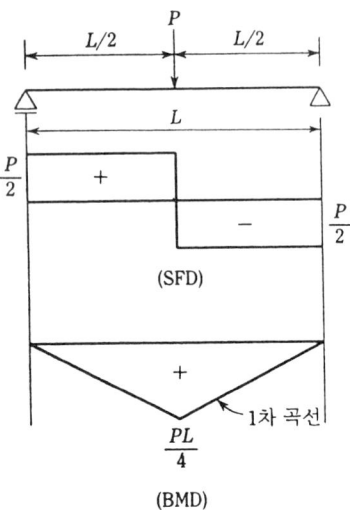

※ 단순보(집중하중, 등분포하중)의 BMD 곡선은 몇차곡선인가?

(2) Cantilever 보

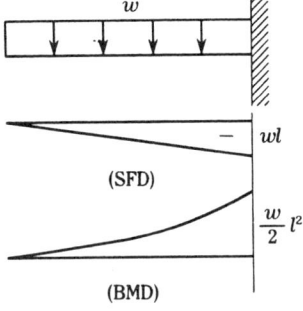

※ 첫 경간은 위험하므로 실제 Gerber보의 Hinge는 중앙경간에 두는 것이 좋다.

(3) Cantilever 옹벽(역 T형 옹벽)의 BMD

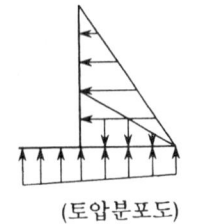 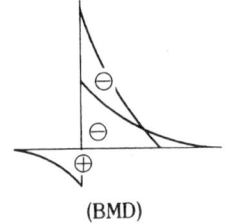

(토압분포도)　　　(BMD)

(4) Gerber(게르버) Beam

부정정 연속보에 **부정정차수**만큼 Hinge를 넣어 **정정보**로 만든 보
지점이 불량한 곳에 효과적임

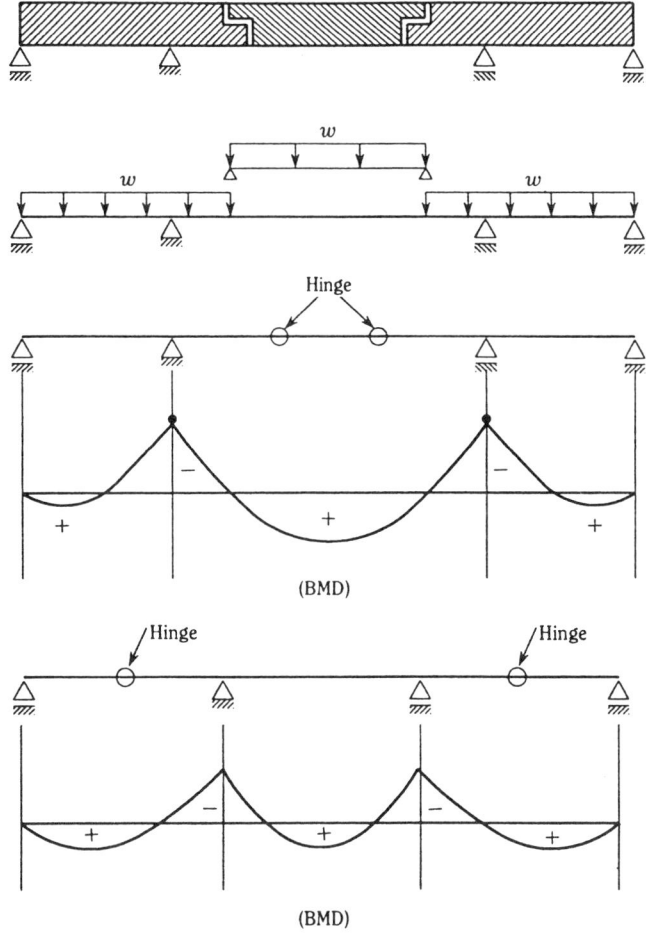

2. Rahmen 구조물의 BMD

1. 주각고정

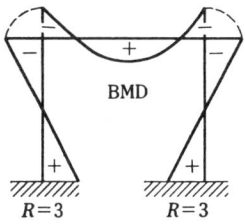
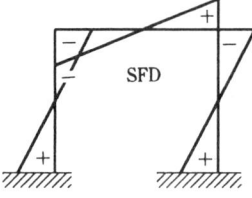

$N = R-3-h = 6-3 = 3$차 부정정

2. 주각 Pin(Hinge)

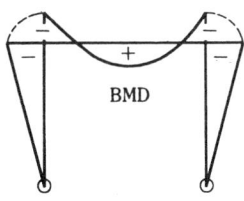
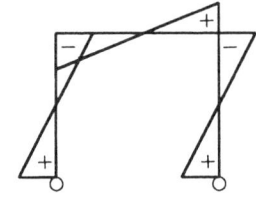

3. 단순보(Simple Beam)의 영향선

1. 영향선의 정의
(1) 1개의 단위하중($P = 1$)이 구조물 위를 이동하는 동안, 지점반력, 전단력, 휨 모멘트의 크기를 하중이 실린 바로 밑에 표시한 선
(2) 이동하중에 대한 반력, 단면력의 **변화**를 파악하는데 이용

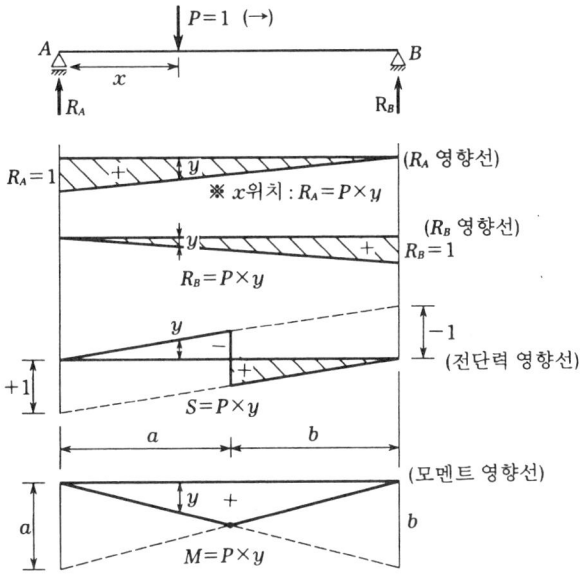

2. R_A의 경우, R_B의 경우(영향선 그리는 법)
(1) $x = 0 \Rightarrow R_A = 1, R_B = 0$
(2) $x = l \Rightarrow R_A = 0, R_B = 1$

4. 2경간 연속합성교의 슬래브 콘크리트 시공순서

1. 개 요
(1) 합성교란 Girder와 Slab 사이에 **Shear Key**를 설치하여 Girder와 Slab가 일체가 되도록 한 교량이다.
(2) 콘크리트 타설은 시공시 **균열**이 발생되지 않도록 구간별로 일정순서에 의해 타설한다.

2. 슬래브 콘크리트 시공순서 및 유의사항
(1) 휨모멘트

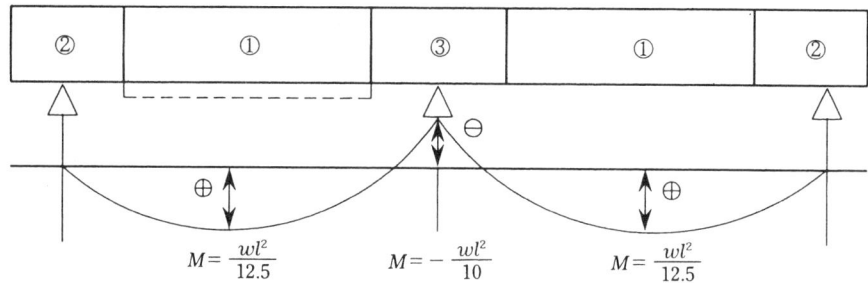

(2) 타설순서
   1) 교량부의 중앙에서 시작한다.
   2) **좌우대칭**이 되게 계획된 순서대로 타설한다.

(3) 이유
   1) 중앙부 **처짐**이 가장 큰 곳을 우선적으로 시공하여 차후 Camber에 의한 **솟음값**이 **회복**되게 한다.
   2) 지점부 타설로 발생될 (+)Moment에 대비할 콘크리트 **강도**가 충분히 **발현 후** 지점부에 타설한다.
   3) **좌우대칭 시공**으로 불균형에 의한 2차 **응력발생**요인을 줄인다.
   4) 지점부는 최종적으로 마감하므로 콘크리트 **건조수축 동바리 침하** 등에 의한 균열 발생을 최소화한다.

(4) 시공이음(Box Girder인 경우)
   1) **수평방향** : Bottom Slab, Web, Deck Slab의 3단계로 나누고 Haunch부는 각 Slab와 함께 타설한다.

2) **종단방향** : BMD의 +와 -가 교차하는 곳에 두며, 수평방향의 이음과 동일 연직상에 오지 않게 파형이음을 둔다.

(5) **콘크리트 타설시 일반적 원칙**
  1) 주구조는 변위량이 큰 중앙부터 타설한다.
  2) 시공이음위치
     ① 수평이음 : 바닥판 Haunch와 함께 타설
     ② 수직이음 : Bending Moment가 (+), (-) 변화되는 곳, **전단력**이 **최소**가 되는 곳에 파형으로 이음을 둔다.
  3) **교축**에 대해 **좌우대칭**으로 타설한다.
  4) 교축방향에 대해 **교각 중앙**에서 **좌우대칭**으로 타설
  5) 이음수는 최소화하여 주행성을 향상시킨다.
  6) 경제성, 공기, 안정성, 수송방법을 고려하여 시공계획을 수립

(6) **거푸집, 동바리**
  1) 거푸집은 변형이 없게 위치, 간격, 계산에 의한 조절
     (Support $1\frac{1}{2}''$는 6t/개당)
  2) 처짐에 대비한 Camber량 만큼 높게 설치
  3) 부등침하를 방지한다.
  4) 사용강재, 좌굴방지
  5) 침하량 측정장치 설치
  6) Pipe 강재 사용시 허용응력 확인

6. 일반적인 Slab Concrete 타설순서 예시

Type	Bending Moment	타 설 순 서
단순보 (Simple Beam)	고정단 ─── 가동단 $M_{max} = \dfrac{Wl^2}{8}$ (t.m) (활하중)	교량중앙에서 시작하여 양쪽으로 타설해 나감 ③ ② ① ② ③ $M_{max} = \dfrac{Pl}{4}$ (t.m) (활하중)

Type	Bending Moment	타 설 순 서
내민보 (Cantilever Beam)	$M_{max} = \dfrac{Wl^2}{2}$ (t.m) (활하중)	③ ← ② ← ①
내다지보 (Cantilever Beam)	고정단 ⊕ 가동단 (⊖ ⊖)	교량중앙에서 시작하여 양쪽으로 타설해 나감 ② ③ ① ③ ②
게르버보 (Gerber Beam)	가동 ⊕ 고정 ⊕ 가동 ⊕ 가동 (⊖ ⊖)	② ③ ① ③ ②
연속보	가동 ⊕ 고정 ⊕ 가동 ⊕ 고정 (⊖ ⊖) ② ① ②	중앙지점부에서는 나중에 타설한다. ② ③ ① ③ ② 교대　　　　　　　　교대

(주) 콘크리트 타설원칙 : ⊕ Moment부분을 먼저 타설하고, ⊖ Moment부를 나중에 타설하여 균열 방지한다.

5. 교량의 기초, 하부 구조(Pier, Abutment) 상판 Slab 등 각 구조별 설계기준강도(f_{ck})에 대한 귀하의 의견 예시설명

종 류	설계기준강도 (kgf/cm²)	골재 (최대치수 mm)	적 용 구 조 물
(PSC 제품)	$f_{ck} = 400$	19	PC 구조물, Preflex아래 플랜지, PSC Box Girder
1종	$f_{ck} = 270$	25	**바닥판**, 라멘교(바닥판, 측벽, 기초, 날개벽) Preflex(복부, 가로보) 배수공(현장제작 철근 콘크리트관)
2종	$f_{ck} = 240$	25	터널 라이공 콘크리트 및 입출구 시설
		40	**하부구조(교각, 교대, 우물통, 후팅)** 날개벽, 철근콘크리트 옹벽, 연석, 암거
2종 수종	$f_{ck} = 240$	40	**수중 콘크리트**
3종	$f_{ck} = 210$	25	배수공(배수공 시설기준 예조)
		40	**매스 콘크리트** 부대공(부대시설 기초) **중력식 옹벽**(철근이 없거나 아주 적은 구조물) 배수공(배수공 설계기준 예조)
5종	$f_{ck} = 150$	50	레벨링 콘크리트, **속채움 콘크리트**
포장공 (휨강도)	$f_{bk} = 45$	32	**콘크리트 포장**
		40	포장용 Lean 콘크리트
중앙 분리대공	$f_{ck} = 240$	19	**중앙분리대**(일반 구간), 방호벽(하천 교량 및 옹벽공)
		40	중앙분리대(교량 구간), 방호벽(육교용)

(주) 현장여건 및 사용장비에 따라 골재치수는 변경될 수 있다.

6. Preflex Beam

No.	재하상태	저항단면
1	강형제작	I형 단면
2	프리플렉션 (P_1, P_1)	
3	하부플랜지 콘크리트 시공 (P_1, P_1)	
4	릴리스 ($-P_1$, $-P_1$)	
5	가설 및 현장 콘크리트 시공 (P, w)	

1. I형 단면의 강형(Steel Girder)에 휨변형을 일으키는 하중을 가한 상태에서 Concrete를 치고, 강형에 주었던 하중을 제거하여 압축 Prestress를 도입한 것 = Preflex Girder이다.

2. **Preflex Beam의 콘크리트 강도**

Slab $f_{ck} = 270 \text{kgf/cm}^2$
복부 $f_{ck} = 270 \text{kgf/cm}^2$
하부 Flange $f_{ck} = 400 \text{kgf/cm}^2$

7. Concrete Slab교의 그림부분은 무엇이라 부르는가, 그곳의 철근 배치방법

캔틸레버 부분이며, 가외철근 배치한다.

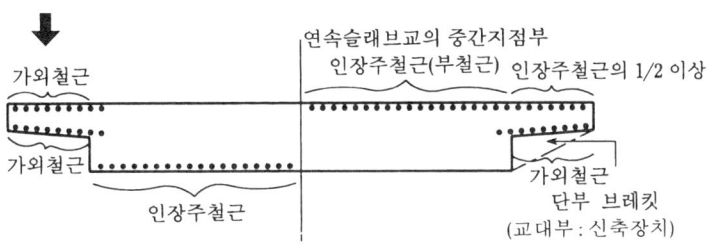

(그림 1) 캔틸레버 슬래브의 가외철근

※ 도면을 보여주고, 손가락으로 가르키며 질문함.

8. T형교(T-Beam교)에 대한 문제

1. T형교의 철근 배치도 및 시공일반

(1) **주형의 설계휨모멘트**

1) 주형 및 자로보의 단면력계산은 격자구조이론에 의하는 것을 원칙으로 한다.
2) 주형, 가로보의 비틀림강성을 고려하여 해석한다.
3) 주형 및 가로보의 강성은 전폭유효로 해서 계산해도 좋다.

(2) **주형**

1) 복부의 두께는 현장타설시 25cm 이상, 프리캐스트보인 경우 13cm 이상으로 한다.
2) **부모멘트**를 받는 부분의 인장철근을 **유효폭** 전체에 분산시키기로 한다.
   유효폭 이외에는 유효폭내의 단위폭당 철근량의 1/3 이상의 **철근**을 배근하는 것이 바람직하다.

   해설 ① 복부의 최소두께는 시공상의 문제를 고려해서 정했다. **받침부**에서 전단력이 현저히 크게 되는 경우는, **복부**의 두께를 크게 하여야 하는데 이 경우 1/5 이하의 **경사**로 한다. 단, **가로보**와의 **접속부**에 **헌치**를 두는 경우에는 이 규정은 적용되지 않는다.

   ② 연속 T형거더의 중간지점부근의 **보강방법**으로 지간중앙의 **하측철근**을 몇군데 절곡시켜 플랜지의 복부폭내에서 연결하기도 하지만, 이것은 **돌출부**가 약점이 될 뿐 아니라, 콘크리트 등 시공상의 결함이 생기기 쉽다. 또 균열폭의 확대를 막는 의미에서도 바람직한 방법은 아니다. 따라서 **상측철근**은 유효폭 전체에 분산하고, 직경이 작은 철근을 플랜지 전체에 사용하는 것이 바람직하다. 철근량은 유효폭내 바닥판부분에 40%~50%의 비율로 배근하고 **주형부분**에 나머지를 배근하는 것이 좋다.
   또 전단력의 1/2 이상은 **스터럽**으로 부담하는 것을 원칙으로 한다.

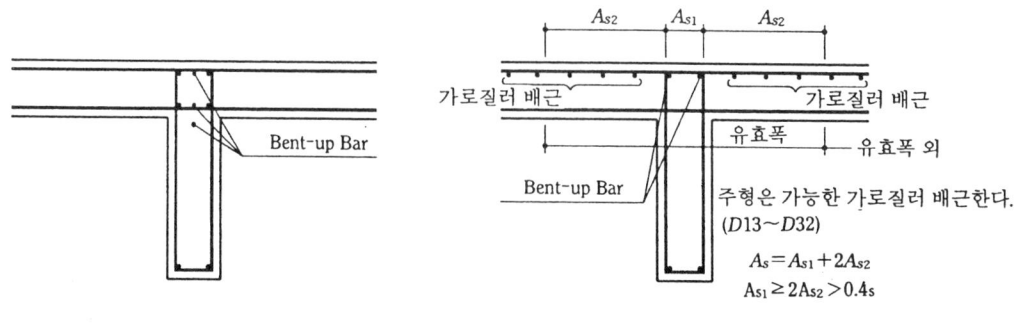

(a) 틀린 배근법　　　　　　　　(b) 바른 배근법

〈그림 1〉 중간지점의 인장철근 배치 예

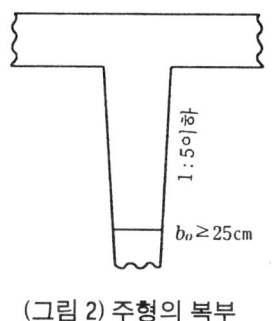

(그림 2) 주형의 복부

2. T형교의 주형의 인장철근 배치

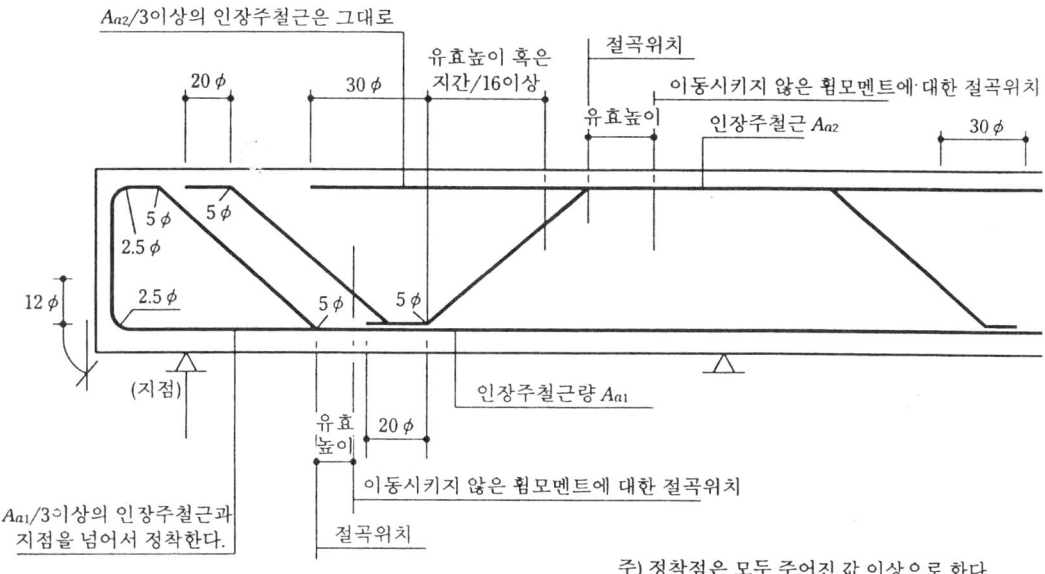

(그림 3) 축방향 인장주철근의 정착

3. T형교 횡단면도, 철근 배치

  (1) 상기 (그림 3)에서 상판, Beam을 구분하고, 주철근을 지적하라. 이론적 근거는?
   Bending Moment가 큰 곳(인장력)에 주철근 배치

  (2) Beam 주철근이 아래에서 위쪽으로 배치되었다면(Bent Up) 무엇을 알 수 있는가?
   1) Moment의 변곡점이다.
     (+Moment ⇨ −Moment로 변하는 곳)
   2) 연속교의 경우 ⇨ 지점부 부(−) Moment지역이다.

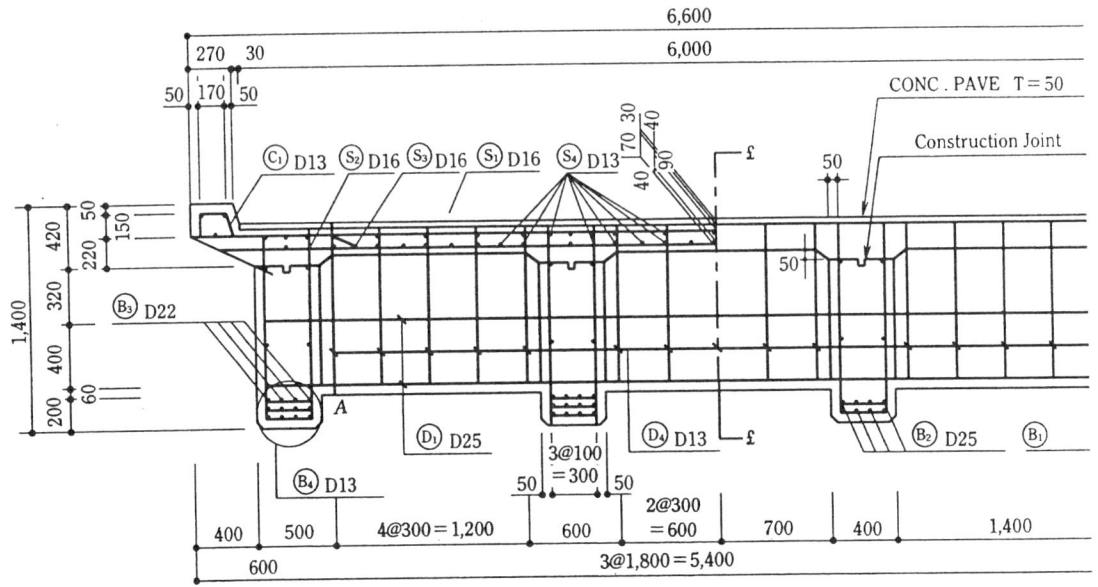

(그림 3) T형교 철근 배근도

(3) T-Beam이 I-Beam보다 유리한 근거는

  1) EI(휨 강성)이 커서 처짐이 작고, 강성이 크다.

(4) Stirrup의 중요성과 배근간격은

  1) 사인장응력에 의한 균열방지

  2) 간격은 좁을수록 좋다.
    ① T형보 ⇨ 0.5d(유효높이) 이내
    ② 직사각형보
      ㉮ 지점부(2d 구역내)

$$S \leq d/4$$
$$\leq 8d_b(주철근)$$
$$\leq 24d_b(스터럽)$$
$$\leq 30cm$$

      ㉯ 지간부

$$S' \leq d/2$$

여기서, d : 유효높이
d_b : 철근지름

(5) **Cross Beam(가로보)의 역할**
   1) 상부 Slab를 지지
   2) 교통하중를 지지
   3) 상부하중을 주형(세로보)에 전달

(6) 단순 T형교, 연속 T형교의 형고차이
   1) 단순 T형교 > 연속 T형교
   2) 이유는?
      ① 단순 T형교 ⇨ 정정
      ② 연속 T형교 ⇨ 부정정
      ③ Moment가 단순 T형교가 연속 T형교보다 크다.

(7) 상기 그림의 휨모멘트도(BMD) 그려라.

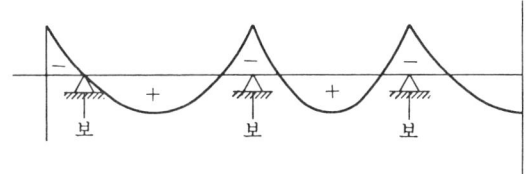

(8) 그림에서 난간은 어떻게 하는가
   캔틸레버로 보고, 가외철근을 배근한다.

9. Gerber Beam을 단순교와 연속교로 비교설명

1. 단순교 ⇨ 정정이다.

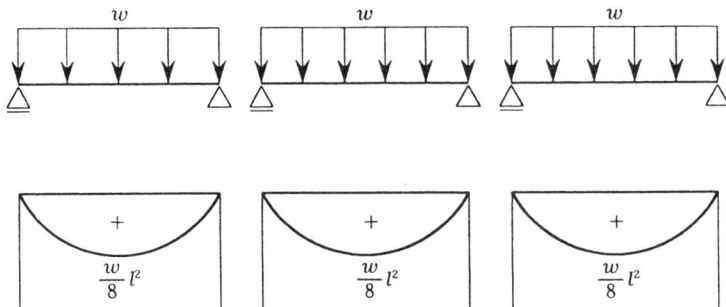

2. 연속교(3경간) ⇨ 2차부정정이다.

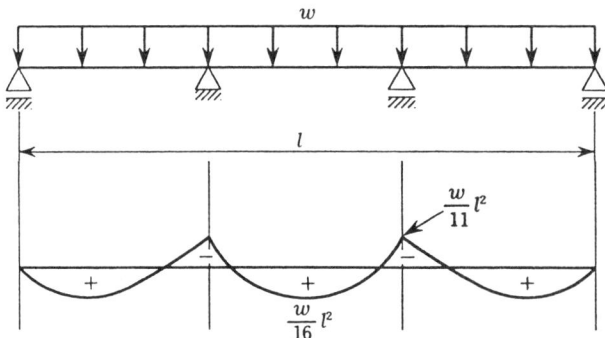

3. Gerber교 ⇨ Hinge 삽입, 정정이다.

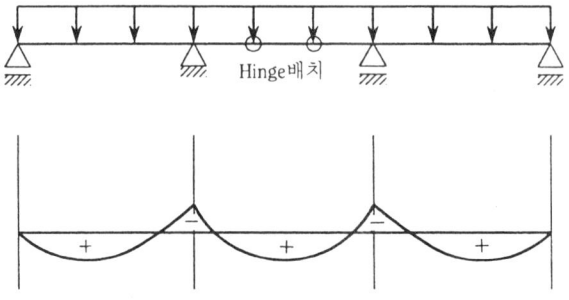

10. 교량의 보수공법(Bridge Rehabilitation)

(1) Epoxy 주입
(2) 강판압착
(3) 종형 증설법
(4) 모르타르 뿜질
(5) Prestress공법
(6) F.R.P 접착공법
(7) Beam, 기둥 증설공법
(8) 단면증가한다.

11. 교량에서 SR(Sufficency Ratio)의 의미

(1) 건전도 평가를 의미한다.
(2) SR = 구조적 안정성 + 기능도 + 필요도
(3) SR = 0~50% : 교체
    SR = 50~100% : 보수

12. 강구조 Girder의 종류, 설치방법

1. 종 류
   (1) 강재 Box Girder
   (2) 강재 Arch Girder
   (3) 강재 Truss Girder

2. 설치방법
   (1) Saddle
   (2) 가 Bent
   (3) 가설 Truss
   (4) I.L.M
   (5) 평형 캔틸레버(Blanced Cantilever Method : B.C.M)
   (6) F.S.M(Full Staging Method)
   (7) Crane식
   (8) Cable식
   (9) Lift Up Barge(광안대교, 서강대교, 닐슨아치교)
   (10) Pontoon Crane

3. 강구조 연결방법
   (1) Pin
   (2) 용접
   (3) Rivet
   (4) High Tension Bolt(고장력 볼트) : 가장 많이 쓰인다.

13. I형, T형 Beam의 장·단점

1. I-Beam

(1) 단면계수(Z)가 크다.

(2) $\boxed{\sigma = \dfrac{M}{I}y = \dfrac{M}{Z}}$ $Z\uparrow \Rightarrow \sigma_{(응력)}\downarrow$

2. T-Beam

(1) EI(휨강성)이 크다.   (2) EI↑ ⇨ 처짐↓

14. 강교시공시(Steel Box Girder) 시공계획서에 명기할 사항

1. 개 요	2. 공정관리계획	3. 강재구입 및 조달	4. 제작계획
① 설계서 검토 ② 조달계획 ③ 가조립 ④ 도장 ⑤ 수송계획 ⑥ 조립 및 가설(설치) ⑦ 상부 Slab공	① 상세 설계도서 검토 ② 강재구입 및 조달 ③ 제작(현도, 가공, 용접) ④ 가조립 ⑤ 도장(공장도장, 현장도장) ⑥ 수송계획 ⑦ 조립 및 가설(설치) ⑧ 상부슬래브공 ⑨ 강재구입 및 조달	① 강관(판재류) 및 형강 ② 용접재료, 볼트 및 연결재 등	① 제작 시설용량 및 주요 기기 ② 제작도(Shop Drawing) ③ 용접 시공시험 계획서 ④ 용접 시공요령 및 절차서 ⑤ 용접 검사 및 절차서 ⑥ 제작품 검사 계획서
5. 가조립	**6. 도장계획**	**7. 수송계획**	**8. 조립/가설계획**
① 가조립 계획서 ② 장비 사용계획 ③ 가조립 시공요령 및 절차서 ④ 가조립 검사 계획서	① 도료사용계획 ② 도장시공요령 및 절차서 ③ 도장검사 계획서		① 조립 및 가설(설치)계획도 ② 가설(假說) 상세도 ③ 장비사용계획 ④ 부재연결 시공요령 및 절차서 ⑤ 조립 및 가설 시공요령 및 절차서 ⑥ 가설검사 계획서 ⑦ 시공검측 및 측량계획
9. 상부 슬래브공	**10. 품질관리계획**		
① 철근가공 및 콘크리트 타설계획 ② 가설계획 ③ 콘크리트 혼화재 사용계획 ④ 콘크리트 품질관리 계획 ⑤ 시공검측 및 측량계획	① 강재류 및 부속품류 ② 제작도 및 제작공정(현도, 절단, 용접 등) ③ 용접공자격, 용접기자재, 용접절차 ④ 공장도장 및 현장도장 ⑤ 조립 및 가설 ⑥ 상부 슬래브공 ⑦ 완성품 검사 ⑧ 응력조정 ⑨ 시공검측 및 측량계획		

15. 3경간 연속 PC·Slab교(PSC), PC교

1. 3경간 연속 PC보의 Tendon 배치

(1) BMD

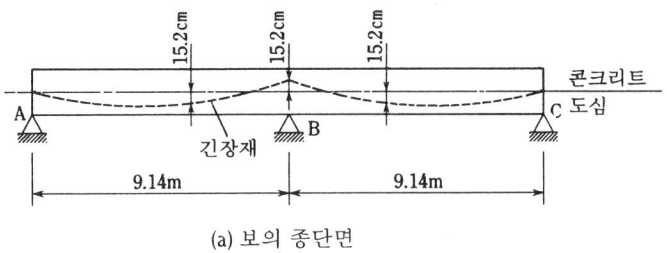

(a) 보의 종단면

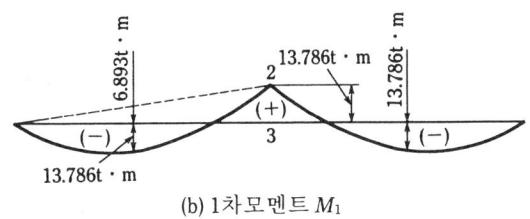

(b) 1차모멘트 M_1

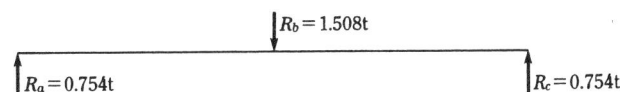

(c) 프리스트레스로 인한 반력

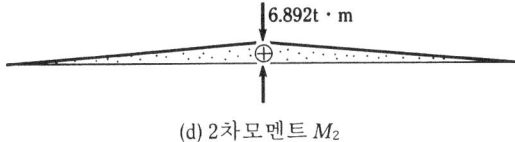

(d) 2차모멘트 M_2

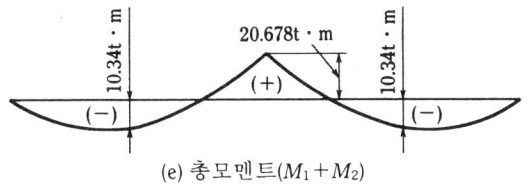

(e) 총모멘트 ($M_1 + M_2$)

306 제2편 과목별 면접문제해설

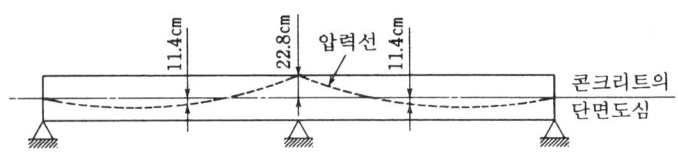

(f) 프리스트레스로 인한 압력선

(그림 1) 2경간 연속보의 해석

(2) PS강재의 배치

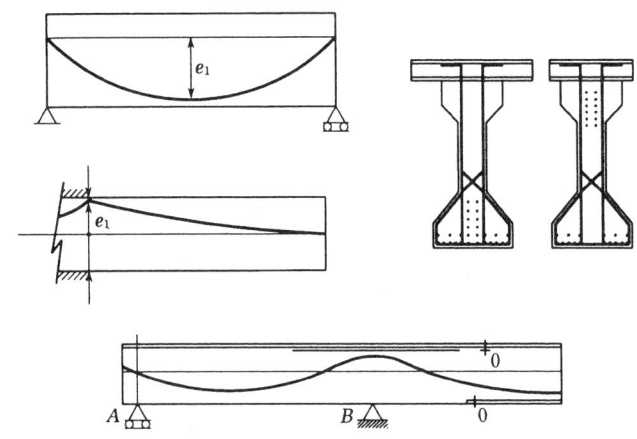

(그림 2) 포물선 Tendon배치

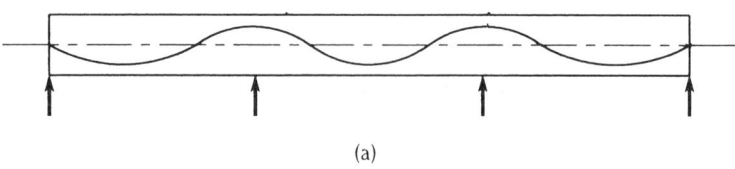

(a)

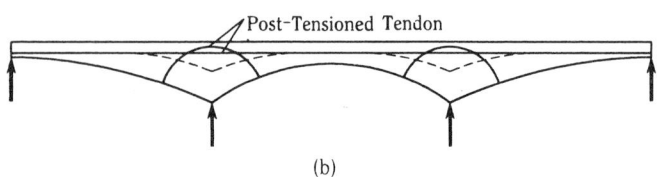

(b)

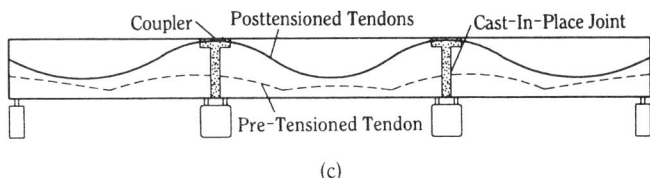

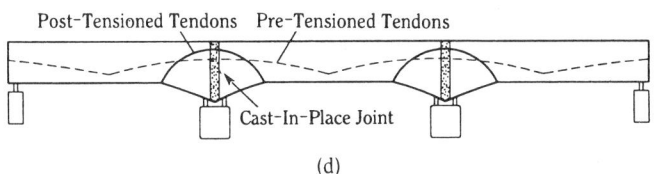

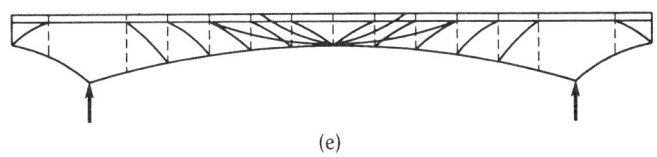

(그림 3) 연속보의 Tendon배치

(3) PS강재 배치시 고려사항

PS강재 배치를 합리적으로 수행하기 위해서는 Tendon의 간격과 PSC부재에서 철근의 최소 덮개에 대한 시방규정을 알아야 한다.

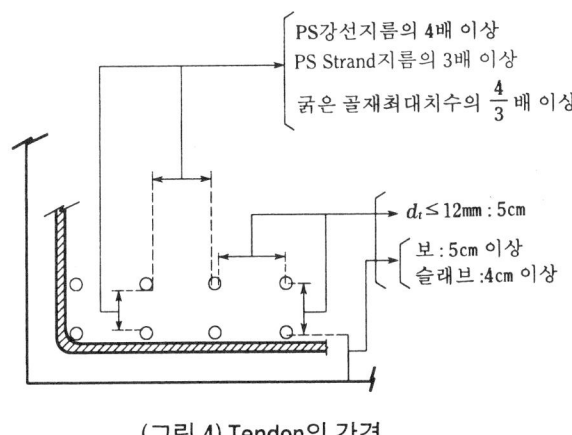

(그림 4) Tendon의 간격

(4) 긴장재의 배치

PSC구조물에 연속성을 주는 방법은 여러가지가 있다. 연속성을 주는 방법에 따라 연속보는 다음 두 종류로 구분된다.
1) 완전 연속보(Fully Continuous Beam)
2) 부분 연속보(Partially Continuous Beam)

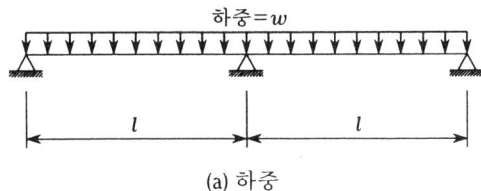

(a) 하중

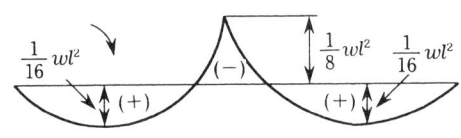

(b) 휨모멘트도

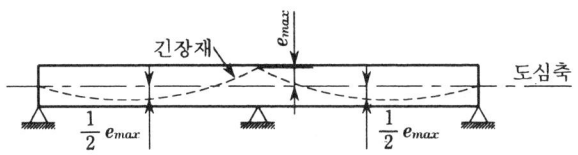

(c) 휨모멘트도에 기초한 긴장재의 배치

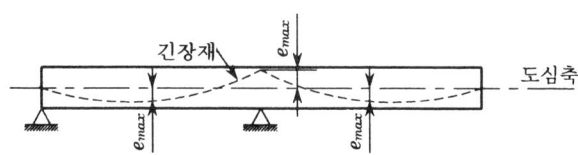

(d) 최대 Seg에 기초한 긴장재의 배치

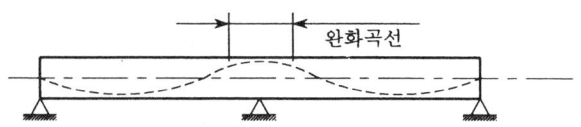

(e) 실제의 긴장재의 배치

2. 시공상 주의할 점

(1) 지점에서 절대값 최대⊖ 휨모멘트 발생하므로 ⇨ 긴장재 배치에 유의
(2) Prestress도입에 따른 2차 Moment발생에 유의 ⇨ 설계복잡

3. 구조상 장점

(1) 미관이 좋다.
(2) 강성이 크고, 처짐이 작다.
(3) 안전성 증대(외력에 의한 Moment 재분배 : 풍력, 지진력)
(4) 지간을 길게 할 수 있다.

4. 단 점

(1) 설계계산이 복잡하다.
(2) 지점의 부모멘트 발생부위의 긴장재 배치가 어렵다. (긴장재 굴곡배치에 의한 마찰 손실)

5. Prestress 도입시 검측사항

(1) Camber 관리
(2) Sheath 배치
(3) PS강재의 보관상태(꼬임 등)

※ PC란 용어 쓰지말 것 ⇨ PSC부재 및 PS강연선, PS강봉 등으로 시방서에 용어가 개정되었음에 유의요망

16. Gerber교(캔틸레버교)의 구조응력상 취약조건과 시공상 가장 주의할 점

(1) 내부 Hinge부분의 연결이 적절해야 처짐의 문제가 없다.
(2) Hinge를 첫경간에 두면 위험하다.

17. 연속교, Gerber교의 비교

1. 게르버교
(1) 연속교에 부정정 차수만큼 내부 Hinge를 두어 정정으로 한 것
(2) 같은 지간을 가진 단순보에 비해 휨모멘트가 작아 경제적이다.
(3) Gerber교의 구성
　1) 앵커지간 = 한쪽만 내민보
　2) 복앵커지간 = 양쪽 내민보
　3) 적지간(Suspended Span)

2. 비교(특징)

No.	특 징	단순교	연속교(3경간)	게르버교
1	정정, 부정정	정정	2차부정정	정정(힌지)
2	휨모멘트 최대값	제일크다. $\frac{w}{8}l^2$	정정에 비해 적다. $\frac{w}{16}l^2$	—
3	지반조건	—	지반이 양호한 곳에 유리	지반이 불량한 곳 유리
4	단면(형고)	크다	작다	—
5	특징	처짐발생해도 안전	처짐시 불안전 하부기초공사에 유의	내부힌지연결에 유의
6	지간	짧다.	—	길다.

18. 교각(Pier)의 철근배근방법

(1) 라멘 **절점부**는 각종의 철근이 **교차**하고 있고, 그외에 **큰 단면력**이 작용하고 있기 때문에 철근의 배치에 대해서는 각별히 주의하고, 철근의 조립 및 배근, 콘크리트의 치기 등에 지장이 없도록해야 한다.

(2) 라멘교의 기둥의 띠철근 및 중간절점부의 **스터럽**은 일반적으로 (그림 1)에 나타난 바와 같이 배치하는 것이 좋다.

(3) 그러나 그림의 Ⅱ구간은 브리딩(Bleeding)영향을 고려하여 규정한 것이므로 이 영향을 무시할 수 있을 때는 Ⅲ구간과 같게 하면 된다.

(4) **철근의 배근**
   1) Ⅰ구간 : 0.002ba 이상 또한 지진시에 필요한 양의 1.2배 이상의 스터럽을 배치하는 것이 좋다.
   2) Ⅱ구간 : 0.002ba 이상의 띠철근을 배치하는 것이 좋다.
   3) Ⅲ구간 : 0.0025ba 이상의 띠철근을 배치하는 것이 좋다.
   4) Ⅳ구간 : 0.0015ba 이상의 띠철근을 배치하는 것이 좋다.

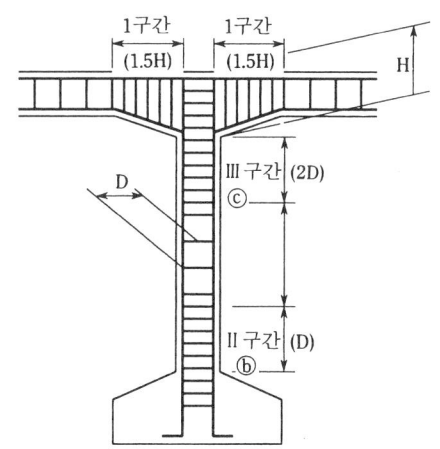

(그림 1) 라멘의 중간절점부 및 교각의 철근 배치

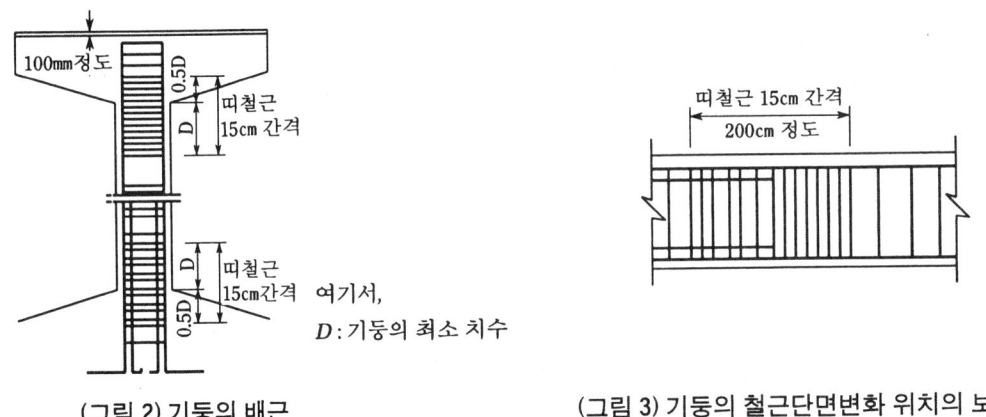

(그림 2) 기둥의 배근   (그림 3) 기둥의 철근단면변화 위치의 보강

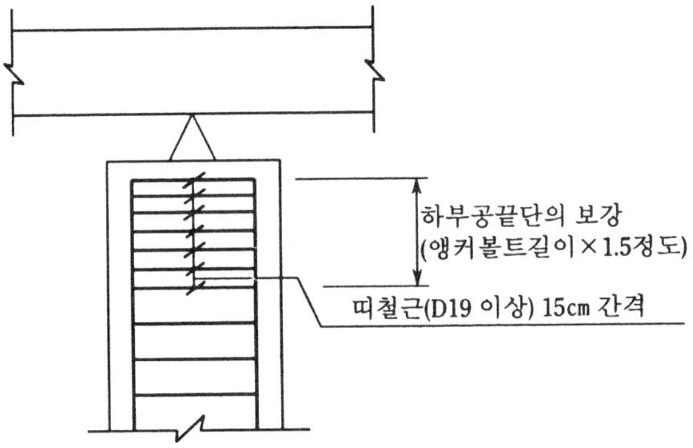

(그림 4) 하부공 끝단의 보강

19. Open Caisson기초보강공법(한남대교+마포대교+천호대교)

(1) 당산철교 교체(지하철 2호선) 공사
(2) Open Caisson 기초보강방법

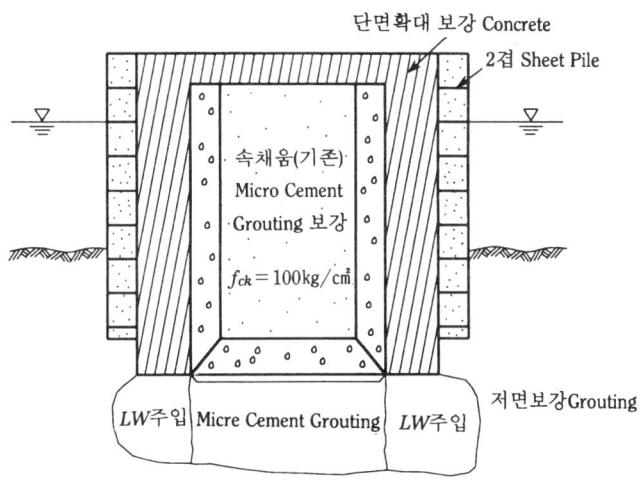

구 분	내 용
우물통 저면지반	• **마이크로 시멘트**를 사용한 지반보강 그라우팅 적용 • 보강단면의 최외측부분(Sheet Pile 항타위치)에 대해서는 **침투수**에 의한 주입재의 손실을 최소화하기 위해 치수와 **지반보강 효과**를 얻기위한 마이크로시멘트+L.W그라우팅 적용
속 채 움	• 영구적인 **내구성 확보**를 위한 마이크로 시멘트 그라우팅 ($f_{ck}=200$ kg/cm^2) 적용

20. 우물통기초(Open Caisson) 보강 공사시 선행작업

1. 사전조사

(1) **지반조사** ⇨ 우물통 외부, 저면 지반

(2) 우물통 구조, 기능, 외관 조사

(3) Concrete의 부식정도, 열화정도

(4) 우물통 하부 세굴정도

(5) **Concrete Core 채취** ⇨ Caisson의 속채움 Concrete 상태 파악

2. 보강공법 선정

---

21. Steel Box Girder교(강상형교)의 포장공법(Guss Asphalt 포장)

1. 구 성

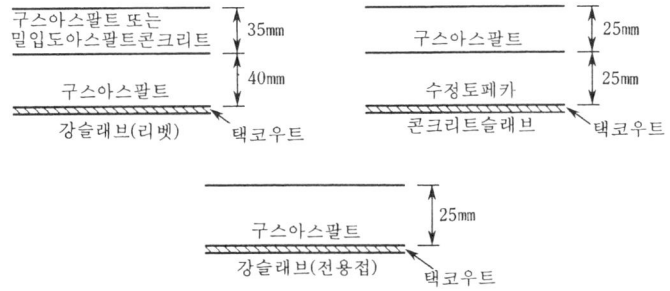

(그림 1) 구스아스팔트포장의 시공단면도

2. 구스아스팔트포장 시공법 개요

(1) 구스아스팔트포장은 고온에서 구스아스팔트혼합물을 유입시키므로 온도저하에 의한 체적수축을 수반하여 구조물과의 접촉면에 간격이 생기기 쉬우므로 이 부분에는 미리 간격을 두었다가 줄눈재를 주입하던가 블로운아스팔트, 모래, 석분의 혼합물 등을 채워 넣어야 한다.

(2) 강슬래브 위에 포장을 할 때에는 택코우트로서 고무혼입유화아스팔트 등을 $0.1 \sim 0.3$ ℓ/m^2정도 사용하는 것이 좋다.

22. 강관 Pile은 부식의 문제점이 있는데, 왜 사용하나

1. 폐합단면이므로 휨강성이 크다.

2. 좌굴, 수평진동에 강하다.

3. 사항에 좋고, 이음이 쉽다.

4. 부식방지대책
    (1) 강재의 부식 속도 = 0.1~0.3mm/년
    (2) 두께 증가시킨다.
    (3) 전기방식
    (4) 도장

23. 강상형교(Steel Box Girder) 교량의 Ramp를 도시하여 설명

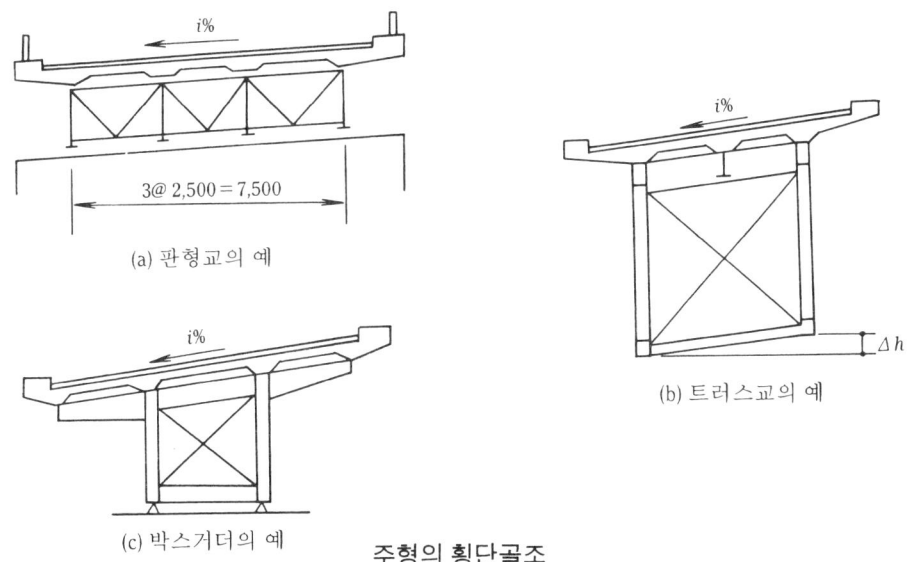

(a) 판형교의 예

(b) 트러스교의 예

(c) 박스거더의 예

주형의 횡단골조

24. 교량에서 힌지(Hinge)의 역할은

부정정 ⇨ 정정으로 바꾼다.

25. PS강재의 정착방식(Dywidag 공법)이란 무엇인가

1. Dywidag 공법
지압식이다.

2. PS강재의 정착방식

정착방식	방 법	공 법 명
쐐기식	PS강재와 정착장치(Grib)의 마찰력 이용, 쐐기작용	• Freyssinet • VSL • CCL
지압식	• PS강봉끝에 리벳머리 만들어 지압판으로 지지 • 리벳 머리식	• 리벳머리식 – BBRV • 너트식 • Dywidag • Lee – Mc Call • Stress Steel
Loop식	Loop식으로 가공한 PS강선을 콘크리트 속에 묻어서 부착, 지압에 의해 정착	

3. 정착 방식 예시

(1) 쐐기식

1) VSL

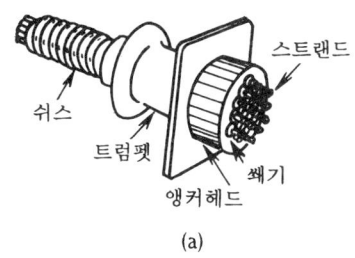

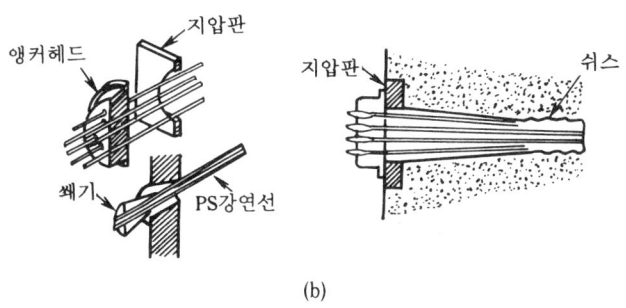

(그림 1) VSL방식의 정착장치

2) 프레시네

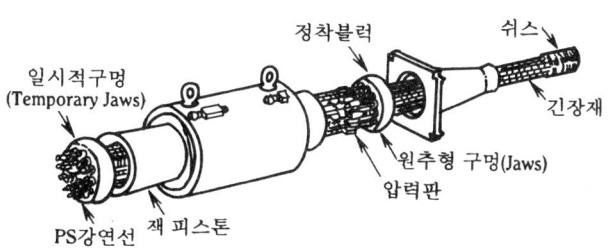

(그림 2) Freyssinet K-Range System

3) 모노구룹시스템

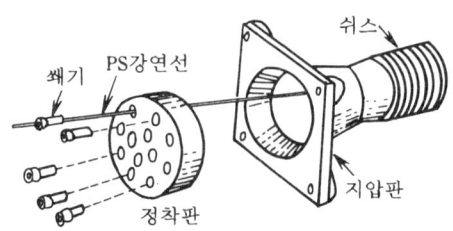

(그림 3) Mono-Group System

(2) 지압식

1) BBRV방법

리벳머리 정착의 대표적인 공법으로서 보통 지름 7mm의 PS강선 끝을 제두기(製頭機)라는 특수한 기계로 냉각가공하여 리벳머리(Rivet Head)를 만들고 이것을 앵커 헤드(Anchor Head)에 지지시키는 것이다.

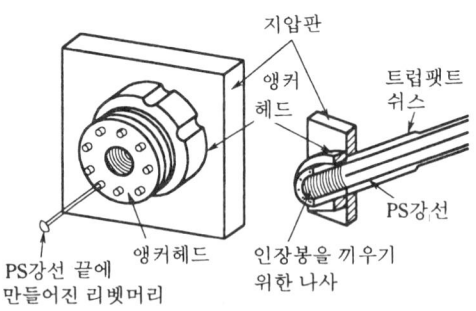

(그림 5) BBRV방식의 정착장치

4. Post-Tension공법의 종류

(표 1) 대표적인 Post-Tension 공법

No.	공 법	정착방식	PS강재의 종류, 개수, 지름(mm)	케이블의 인장하중(t)	항복점 하중(t)
1	Freyssinet	쐐기식(쐐기정착) 12개 1조 또는 (15~19)개 1조	PS강선 12~φ5	41.4	36.6
			PS강선 12~φ7	76.2	67.2
			PS강선 12~φ8	96.6	84.6
			PS강연선 12~φ12.4	195.6	166.8
			PS강연선 12~φ12.7	224	190.8
2	CCL	1개씩 쐐기정착, 또는 1케이블의 전강선을 동시정착	PS강선 φ7 PS강연선 전치수	—	—
3	S/H	PS강연선 3개를 단위로 하여 쐐기정착	PS강연선 φ12.7 (3~54개)	56~1009	—
4	VSL	쐐기정착 또는 루프식 정착의 병용	PS강연선 φ12.4 (1~31개) φ12.7	16.3~505 18.7~580	13.9 15.9
5	BBRV	지압식(제두가공 정착)	PS강선 7~φ7	41.8	36.4
			PS강선 16~φ7	95.5	83.1
			PS강선 24~φ7	143.2	124.6
			PS강선 34~φ7	202.9	176.5
			PS강선 55~φ7	328.2	285.9
6	Dywidag	너트식(나사전조, 너트정착)	PS강봉 φ25(A종 2호)	54.5	41.5
			PS강봉 φ32(A종 2호)	82.8	63.1
			PS강봉 φ26(A종 2호)	62.3	49.3
7	Leoba	루프식정착(정착강편)	PS강선 12~φ5	38.9	34.1
			PS강선 8~φ8	62.3	54.3
			PS강선 16~φ8	124.7	108.5
8	Baur - Leonhardt	루프식정착(콘크리트)	PS강연선 φ93 (필요한 만큼의 개수) φ12.4	—	1,000~5,000 (도입값)
9	SEEE	슬리브를 냉간 압착하여 정착	PS강선 φ4 PS강연선 φ9.5 φ11.1 φ12.7	51.0~355.3	43.5~302.1

※ 이 표는 1980년대초까지 주로 사용되어 왔고 현재도 사용되고 있는 것이지만, 그 후 많은 개선과 발전이 이루어져 보다 많은 개수의 PS강재와 보다 큰 지름의 긴장재가 장대교 등에 쓰이고 있다.

26. 부정정보를 정정보로 바꾸는 방법은

부정정 차수만큼 부재내부에 Hinge를 둔다.

27. 부정정 차수 구하는 공식

$$N = R - 3 - h$$

$$N = n - 2$$

연속보에서, n = 지점수
h = Hinges의 수

28. 27의공식에서 h는 무엇인가

부재내의 Hinge수

29. 캔틸레버 보의 BMD나 SFD 예시설명

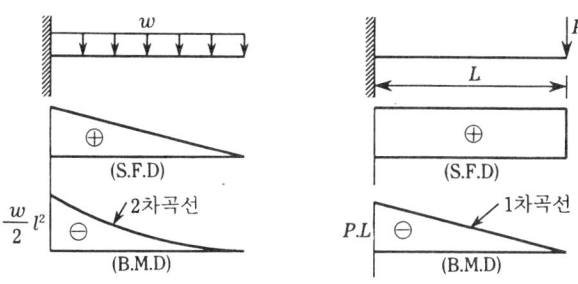

30. 합성형교가 무엇이며, 종류는

1. 합성형교
(1) 미리 만든 Precast PSC 부재, 강재보의 상부(Flange)에
(2) 전단연결재(스터드 Bolt)부착 후
(3) Concrete Slab를 타설하여 완성하는 교량

2. 합성형교의 종류
(1) 강재보 + Slab
(2) PSC보 + Slab
(3) Preflex 합성교

※ Stud Bolt : 못, 징, 박아넣는 Bolt로서 Steel Box Girder와 RC Slab를 연결시키는 전단연결재임

31. 내민보의 주철근 배치 및 BMD

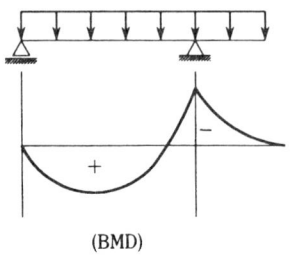

(BMD)

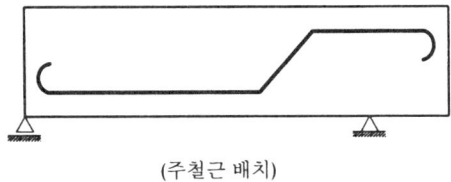

(주철근 배치)

32. 연속교 장대교량(3경간 연속교)에서 지점을 표시하라.

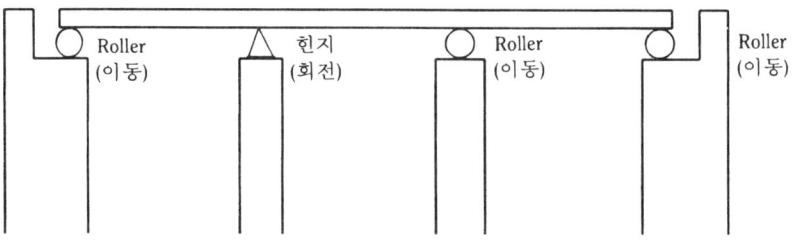

33. T형보의 의의, 역할

1. 주형이 T형 단면

2. 단순지지, 2경간 이상의 연속교에 사용

3. 30m지간에 주로 사용

4. 주형과 일체로된 바닥판은
   (1) 가로방향을 지간으로 하는 Slab 작용
   (2) 주형에 대해서는 압축 Flange로 작용

5. 단면계수(Z)가 크고, 휨강성(EI)이 크다.

6. 장 점
   (1) 철근 Concrete보에서 중립축 아래 Concrete는 인장력을 받지 못하므로,
   (2) 직사각형 단면으로 설계하면 자중이 커져 비경제적이되므로,
   (3) 인장측 Concrete 단면을 철근을 수용할 정도만 남겨두므로 ⇨ 경제적인 단면이 된다.

34. 용접전 부재의 청소와 용접봉 사용상 주의사항

1. 용접전 부재의 청소와 건조
(1) 용접을 하려는 부분에는 기공이나 **균열**을 발생시킬 염려가 있는 **흑피**(黑皮), **녹**, **도료**, **기름** 등이 있어서는 안된다.
(2) 재편에 수분이 있는 상태로 용접을 하여서는 안된다. 또한 조립후 **12시간** 이상 경과한 부재를 용접할 때는 **용접선 부근**을 충분히 **건조**시켜야 한다.

2. 용접봉 사용상 주의사항
(1) 피복아크 용접봉 및 플럭스는 사용에 앞서 **건조로**에서 충분히 **건조**한 상태에서 사용해야 한다.
(2) **피복아크 용접봉**은 피복재가 벗겨지거나 나쁜 상태로 **손상**된 것을 사용해서는 안된다.
(3) 용접봉의 **적열**(赤熱)이 발생되지 않도록 사용에 주의하여야 한다.
(4) 강도가 같은 강재를 용접하는 경우에는 **모재**(母材)와 같거나 그 이상의 **기계적** 성질을 갖는 **용접재료**를 사용해야 한다.
(5) 강도가 서로 다른 강재를 용접하는 경우에는 높은 강재와 같거나 그 이상의 기계적 성질을 갖는 **용접재료**로 사용해야 한다.
(6) **내후성 강재**를 용접하는 경우는 **내후성 강재용 용접재료**를 사용해야 한다.
(7) **피복아크 용접** 시공에서 다음의 항목에 해당하는 경우는 **저수소계 용접봉**을 사용하여야 한다.
  1) 판두께 25mm이상, 38mm이하의 재질 SS 400, SM 400강재를 **예열**하지 않고 용접하는 경우
  2) **내후성 강재**를 용접하는 경우
  3) 50킬로급 강재 이상의 **고장력 강재**를 용접하는 경우
  4) 구속이 큰 **재편**을 용접하는 경우

35. 용접시공시 일반적인 유의사항

1. 용접시공 일반사항

(1) **용접순서** 및 방향은 가능한 한 용접에 의한 **변형**이 적고, **잔류응력**이 **적게** 발생하도록 하고 **용접이 교차하는 부분**이나 **폐합된 부분**은 용접이 안되는 부분이 없도록 **용접순서**에 대하여 특별한 고려를 해야 한다.

(2) 용접부에서 수축에 대응하는 **과도한 구속**은 피하고 용접작업은 조립하는 날에 용접을 완료하여 도중에 **중지**하는 일이 없도록 해야 한다.

(3) 항상 **용접열**의 분포가 **균등**하도록 조치하고 일시에 다량의 열이 한 곳에 집중되지 않도록 하여야 한다. 이러한 경우가 있을 때에도 **용접순서를 조정**해야 한다.

(4) **완전용입 용접**을 **수동용접**으로 실시할 경우의 뒷면은 건전한 용입부까지 가우징한 후 용접을 실시해야 한다.

(5) **용접자세**는 회전지그를 이용하여 **하향** 또는 **수평 자세**로 한다.

(6) 결함이 존재하는 경우는 **검사대장**에 기입하고 결함의 보수를 해야 한다.

(7) 아크 발생은 필히 **용접부**내에서 일어나도록 해야 한다.

(8) **스캘럽**이나 각종 **브라켓** 등 재편의 모서리부에서 끝나는 필렛용접은 **크레이터**가 발생하지 않도록 모서리부를 돌려서 **연속**으로 **용접**해야 한다.

(9) 용접**개시전** 용접의 종류, 전압, 전류 및 용접방향 등을 점검하여 용접조건을 설정하고 이에 따라서 작업한다.

(10) **더돋기**는 맞이음 용접에서 용접표면의 마무리 가공이 규정되어 있지 않는 경우는 판두께의 10%이하의 **더돋기 용접**을 한 후 **끝마무리**를 해야 한다.

(11) **한냉지용 강재**의 주요부재 및 맞대기 용접은 원칙적으로 **수동용접** 및 **탄산 가스용접**으로 해야 하며 특히 용착금속의 샬피흡수에너지는 모재의 규격값 이상이 되어야 한다.

(12) 부재이음에는 **용접**과 **볼트**를 원칙적으로 **병용**해서는 안되나 불가피하게 병용할 경우에는 **용접후에 볼트**를 조이는 것을 **원칙**으로 한다.

36. 강구조 연결방법 및 용접의 종류

1. 강구조 연결방법
  (1) Rivet
  (2) 용접
  (3) Pin
  (4) H.T − Bolt(고장력 Bolt)

2. 용접의 종류
  (1) 홈용접 − K. X. V. I형
  (2) 필렛용접(모살용접)
  (3) Plug 용접
  (4) Slot 용접

3. 용접이음부의 종류

〈표 1〉 용접이음의 종류

	용입홈용접		필렛용접
	전단면용입	부분용입	
맞대기이음	▭	▭	
겹침이음			▭
T이음	⊢	⊢	⊢
모서리이음	⌐	⌐	⌐
십자이음	✛	✛	✛

4. 용접이음부의 형태

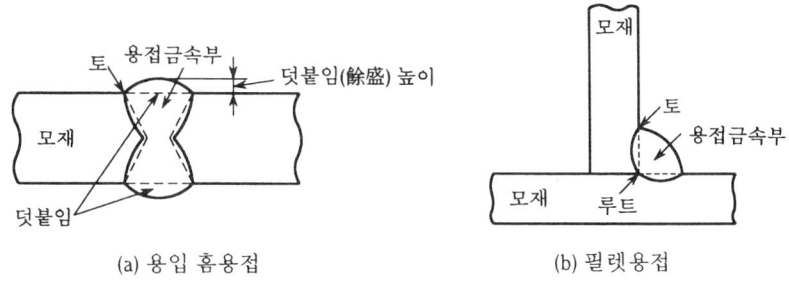

(a) 용입 홈용접   (b) 필렛용접

(그림 1) 용접이음부의 형태

5. 용접부의 목두께

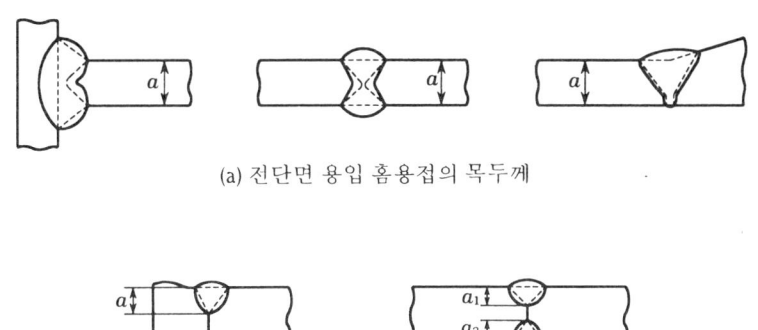

(a) 전단면 용입 홈용접의 목두께

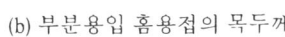

(b) 부분용입 홈용접의 목두께

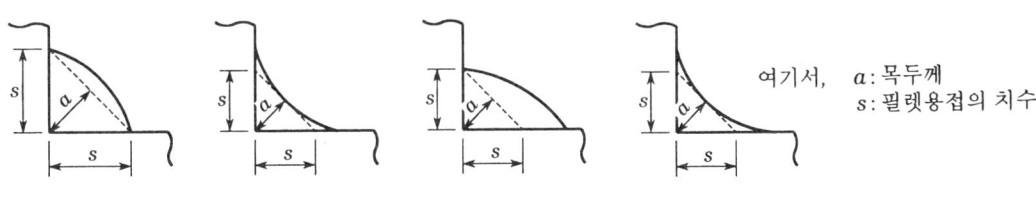

여기서, a : 목두께
s : 필렛용접의 치수

(c) 필렛용접의 목두께

(그림 2) 용접부의 목두께

6. 용접기호

(표 2) 용접기호(한국공업규격 KS B 0052)

종류	기호	기 재 예	
I형	||	루트간격 2mm인 경우	
V형	V	판두께 19mm 그루브 깊이 16mm 루트간격 2mm인 경우	

X형	X	그루브 깊이
		  화살표쪽 16mm
		  화살표 반대쪽 9mm
		그루브각도
		  화살표쪽 60°
		  화살표 반대쪽 90°
		루트간격 3mm인 경우	

ㅂ형	V	판두께 12mm 그루브 깊이 5mm 그루브 각도 60° 루트간격 0mm인 경우	

K형	K	화살표쪽
		  그루브 깊이 16mm
		  그루브 각도 46°
		그루브 반대쪽
		  그루브 깊이 9mm
		  그루브 각도 45°
		  루트간격 2mm인 경우	

J형	↳	화살표 반대쪽 또는 맞은편 쪽	
양면 J형	K	그루브 깊이 24mm 그루브 각도 35° 루트 반지름 12mm 루트간격 3mm인 경우	

종류	기호	기 재 예		
u형	Y	그루브각도 25° 루트반지름 6mm 루트간격 0mm인 경우		
H형	X	그루브 깊이 25mm 그루브 각도 25° 루트반지름 6mm 루트간격 0mm인 경우		
필렛		다리길이 6mm인 경우		
		부등다리인 경우는 작은 다리의 치수를 앞에, 큰 다리를 뒤에 그리고, ( )로 묶는다. 이 경우 부등다리의 방향을 알 수 있도록 표시한다.		

7. 용접결함의 보수방법

No.	결함의 종류	보 수 방 법
1	강재의 표면상처로 그 범위가 분명한 것	덧살용접후, 그라인더 마무리, 용접 비드는 길이 40mm이상으로 한다.
2	강재의 표면상처로서 그 범위가 불분명한 것	정이나, 아크에어가우징에 의하여 불량 부분을 제거하고, 덧살용접을 한 후 그라인더 마무리를 한다.
3	강재끝면의 층상 균열	판두께의 1/4정도의 깊이로 가우징을 하고, 덧살용접을 한후, 그라인더마무리를 한다.
4	아크 스트라이크	모재표면에 오목부가 생긴 곳은 덧살용접을 한 후 그라인더 마무리를 한다. 작은 흔적이 있는 정도의 것은 그라인더 마무리만으로 좋다, 용접비드의 크기는 이 표의 1의 경우와 같다.
5	가붙임 용접	용접비드는 정 또는 아크에어스커핑법으로 제거한다. 모재에 언더컷이 있을 때는 덧살용접후, 그라인더 마무리를 한다. 용접비드의 크기는 이 표의 1의 경우와 같다.
6	용접 균열	균열부분을 완전히 제거하고 발생원인을 규명하여 그것에 따른 재용접을 한다.
7	용접비드 표면의 피트, 오버랩	아크에어가우징으로 그 부분을 제거하고 재용접한다. 용접비드의 최소길이는 40mm로 한다.
8	용접비드 표면의 요철	그라인더 마무리를 한다.
9	언더컷	비드 용접한 후 그라인더 마무리를 한다. 용접비드의 길이는 40mm이상으로 한다.
10	스터드용접의 결함	해머 타격검사로 파손된 용접부는 완전히 제거하고 모재면을 절리한 다음 재용접한다. 언더컷, 더돋기가 부족한 부위는 피복봉에 의한 보수용접을 피해야 한다.

37. 강구조 용접시공시 유의할 점과 중요한 결함의 종류별 보수방법 설명

1. 유의점
(1) 연결부의 편심을 적게 한다.
(2) 용접은 **하향 자세**로 하는 것이 좋다.
(3) 중심에서 주변을 향해 **대칭**되게 한다.

2. 중요한 결점
(1) 반복 하중에 의한 **피로**에 **약**하다.
(2) 검사를 철저히 해야 한다.

3. 성수대교 붕괴원인
(1) Pin Plate와 수직재 Flange 사이에 용접 시공 잘못
(2) X형 맞대기 용접으로 설계되어 있으나 시공은 I형으로 시공했다.

38. 교량 신축장치(Expansion Joint)의 유간간격(Girder 단부유간/바닥판유간)

거더단부유간 및 바닥판유간

신축장치의 종류	신축량(Δl)	거더단부유간	바닥판유간
맞댐 조인트	$\Delta l \leq 30$	30	30
	$30 < \Delta l < 40$	40	40
고무조인트	$\Delta l \leq 50$	40	40
	$50 < \Delta l < 70$	60	60

39. 교량의 처짐은 어느 것이 큰가(RC, PC, Steel)

RC > PC > Steel

40. 단순보의 Moment 구하는 식

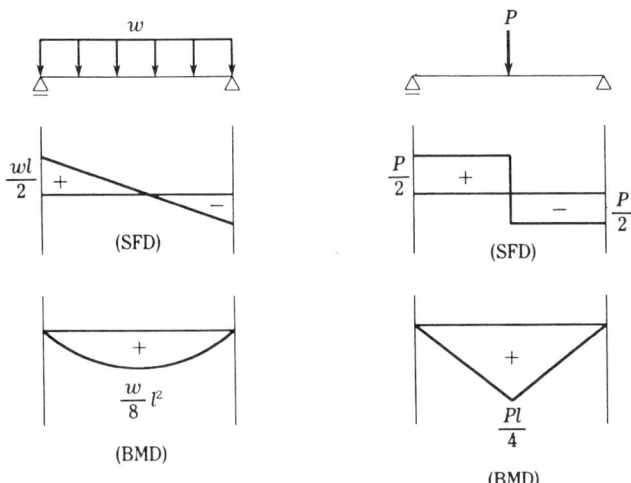

41. 단순교와 연속보 중 Moment는 어느 것이 큰가

　　단순교 > 연속교

42. 단순교와 연속교의 교각차이는

　　(1) 연속교의 교각은 기초가 튼튼하고 침하가 없어야 한다.
　　(2) 교각이 침하되면 ⇨ 교량이 들려있는 상태

43. 정정구조물의 종류

(1) Gerber교
(2) 옹벽
(3) Cantilever교

44. Truss의 종류를 그려 보시오.

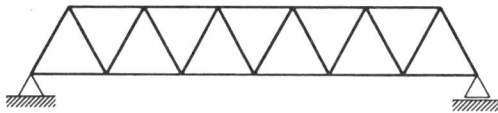
와랜 트러스

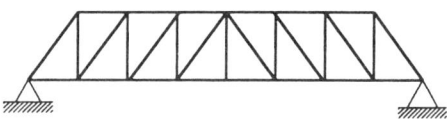
프래트 트러스

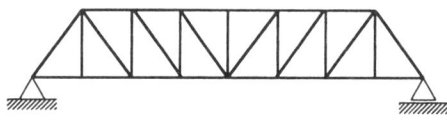
하우 트러스

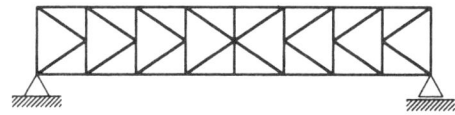
K트러스

(그림 1) 트러스교

45. 사장교, 현수교, 아치교의 모양을 그려보시오.

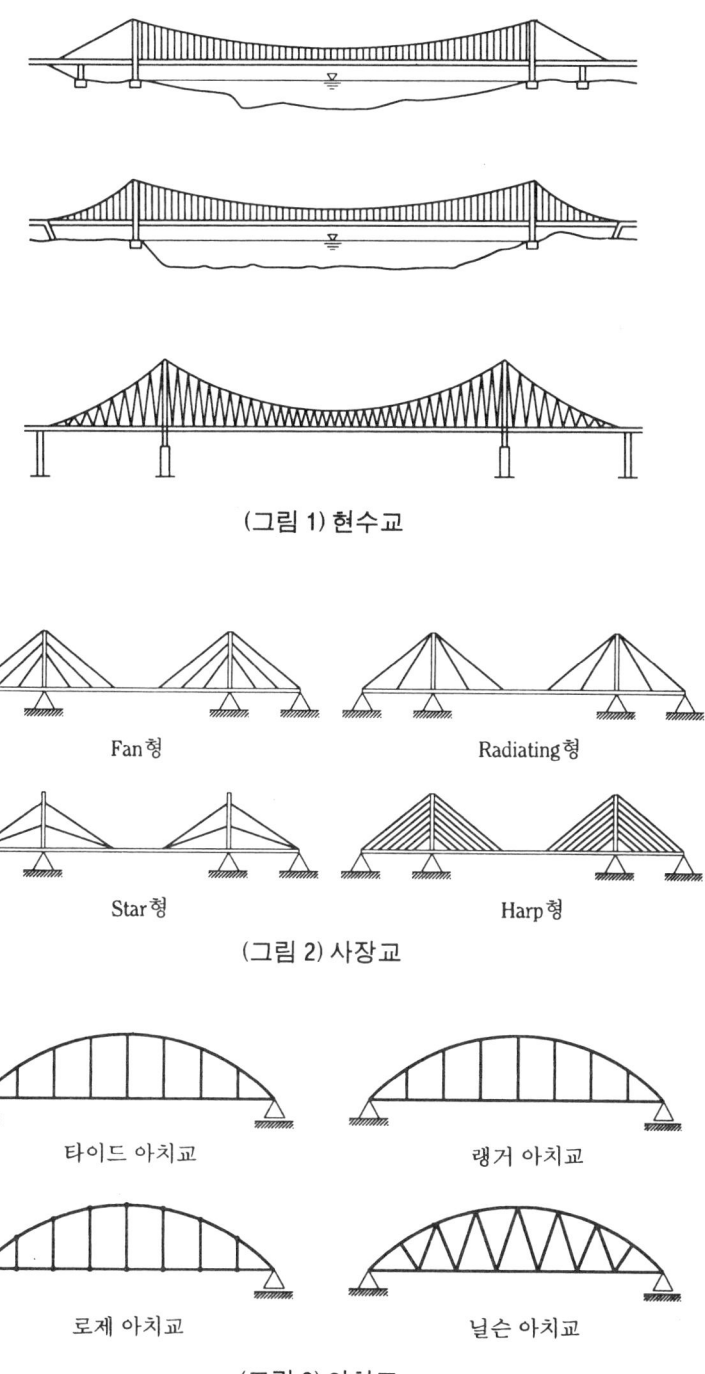

(그림 1) 현수교

Fan형   Radiating형

Star형   Harp형

(그림 2) 사장교

타이드 아치교   랭거 아치교

로제 아치교   닐슨 아치교

(그림 3) 아치교

46. 강구조 연결원칙(용접과 고장력 Bolt : HTB의 시공우선순위)

1. 한연결 부재에
   (1) Rivet와 용접 ┐
   (2) Rivet와 고장력 Bolt ┘ 병용금지

2. 필렛용접과 고장력 Bolt 마찰이음 병용금지

3. 용접과 고장력 Bolt 지압이음 병용금지

4. 부재의 이음에는 용접과 기계적 이음(HTB)을 원칙적으로 병용해서는 안된다/부득이 병용할 경우에는 용접후에 Bolt를 조이는 것을 원칙으로 한다.

47. PC교량을 연속교로 하는 이유

1. 단순보에 비해 긴장작업, 정착장치의 수가 적어 경제적이다.

2. 부정정 구조물이다.
   (1) 주어진 **지간**과 **하중**에 대해 정정구조보다 Moment가 작아지며, **강성**이 크고, **처짐**이 작아 **지간장**을 **크게** 할 수 있다.
   (2) **절대값** 최대 휨모멘트가 **지점**에서 일어난다.
   (3) 풍력, 지진력 등 **수평력**에 저항하는 **소성힌지**를 구성하여, 모멘트 재분배가 일어나므로 안전하다.
   (4) Prestress에 의해 강결되므로 균열이 없고, 안전하다. (PSC의 장점)

48. PSC의 문제점

(1) 변형, 진동이 크다.
(2) 내화성이 작다.
(3) 공사비가 비싸다.
(4) 하자발생시 보수, 보강이 곤란하다.

49. PSC(Prestressed Concrete) 부재의 장점

RC에 비해 장지간, 경제적, 미관이 좋다.

50. PS강재의 Relaxation(응력이완)으로 인한 손실

1. Relaxation의 정의
(1) PS강재의 인장응력을 작용시켜 그 변형률을 일정하게 유지하면, PS강재에 준 인장응력은 시간의 경과와 더불어 점차로 감소한다.
(2) 이러한 현상을 PS강재의 릴랙세이션에 의한 인장응력의 감소라고 한다.

51. Prestress 손실원인과 유효 Prestress에서 유효율(R) 설명

1. 도입시(단기손실)
(1) 콘크리트 탄성변형
(2) PS강재와 Sheath관의 마찰
(3) 정착장치의 활동

2. 도입후
(1) 콘크리트 Creep
(2) 콘크리트 건조수축
(3) PS강재의 Relaxation

3. 유효율

$$P_e = P_i \times e$$
$$= 초기\ Prestress \times 유효율$$

여기서, 유효율 R값은
① Pre-Tension부재 : 0.8
② Post-Tension 부재 : 0.85

52. PSC Box Girder교량에서 강선 인장시 응력과 변형

No.	단 계	응력상태, 내용
1	초기단계(긴장전)	• 무근 Concrete 상태
2	긴장작업 중	• 가장 큰 인장응력이 발생하므로 • 대칭 긴장해야 하고 • 긴장시기는 ⇨ $0.85f_{ck}$
3	Prestress도입직후	• 초기 Prestress. Pi작용
4	중간단계(운반, 가설)	• 휨응력 + Prestress $f = \dfrac{P}{A} \pm \dfrac{M}{I}y$
5	최종단계	• 유효 Prestress 작용 $P_e = R \times Pi$ $= 0.85Pi$ 여기서, R = 유효율

53. T형 교각의 균열

1. 균열원인
(1) 철근배근 잘못
(2) 콘크리트 강도
(3) 피로강도 누적

2. 대 책
(1) 인장측 철근 이음없이 시공
(2) 이음금지 구역에 이음 시공하지 말 것
(3) 무수축 모르터, Concrete 사용

54. 교량의 형고비(보에서 형고비)

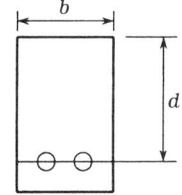 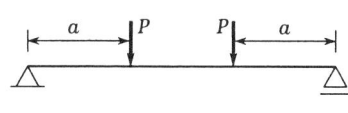

1. 형고비란

$$\frac{d}{b} \geq 1.5 \sim 2$$

    d값 = 2×(1.5~2)b로 설계하고 이값이 만족하지 않을 때 복철근으로 설계한다.

2. Deep Beam(깊은 보)의 정의

$$\frac{l_n}{d} = \frac{순경간}{유효깊이}$$

위 식은 5보다 작고 부재의 상부 또는 압축면에 하중이 작용하는 휨부재

제8장 도 로

1. 도로 단면도를 그려 보시오. 노체, 노상 구분하여 설명

1. 도로의 구성

표층
기층
상층노반 ┐
하층노반 ┘ 보조기층

노상 ┐
노체 ┘ 토공층

2. 도로구성 단면도

(1) Asphalt Concrete 포장의 경우

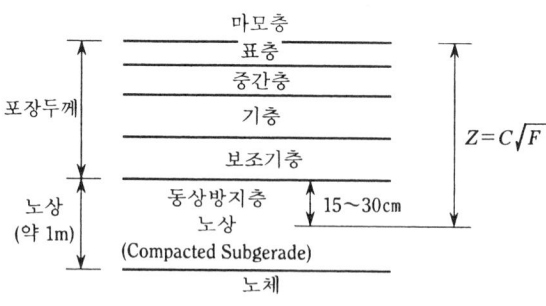

(그림 1) 도로포장 단면도 예시

(2) 무근 Concrete 포장

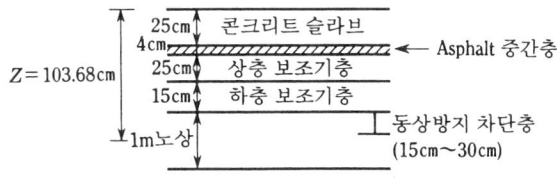

(그림 2) 콘크리트 포장의 구성 예시

3. 노상, 노체의 구비조건

(1) 노상

1) 포장의 전달하중지지
2) 최대치수 100mm
3) CBR > 10
4) PI < 10
5) 다짐도 95% 이상

(2) 노체

1) 노상, 포장층의 하중지지
2) 최대치수 : 300mm
3) 수침 CBR > 2.5
4) 다짐도 90% 이상

2. 도로에서 시험시공(시험포장)의 목적

1. 목 적
    (1) 본선 포장 시공에 앞서
    (2) 포설장비, 인원 편성
    (3) 혼합물의 시공성
    (4) 시공방법(포설두께, 다짐장비, 다짐회수)
    (5) 다짐도
    (6) 평탄성 등을 검토

2. 시험포장방법 : 180m 연장

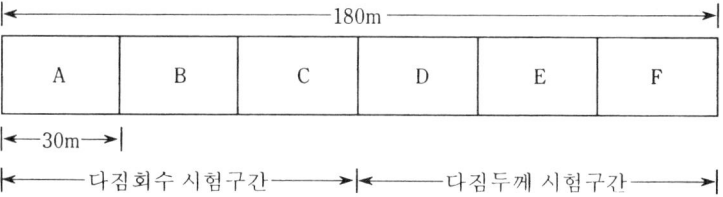

3. Asphalt 혼합물의 시공단계별 온도/장비/다짐순서

시공과정	온도	장 비	비 고
생산	185℃	A/P Plant	혼합시간 60초
운반(도착)	170℃	Dump Truck	
1차전압	144℃	마카담 롤러	
2차전압	120℃	타이어 롤러	
3차전압	60℃	탄뎀 롤러	마무리전압

4. 콘크리트 도로 포장에서 줄눈의 절단시기

1. Saw Cutting시기(세로줄눈, 가로수축)
(1) 타설 후 2~24시간 후
(2) 완전히 굳기전에 절단해야 한다.

2. 줄눈재 주입 후 교통개방
2~3일 후

5. 동탄성계수가 무엇인가(Mr = Resilient Modulus)

1. 암반에서
(1) $E = \rho (V_p)^2 \times \dfrac{(1+\nu)(1-2\nu)}{1-\sigma}$ 여기서, σ : 밀도(g/cm³)
2ν : 프와송비
V_p : 종파속도
σ : 압축강도

(2) 암반은 완전한 탄성체가 아니므로 탄성파에 대한 응답과 정적응력에 대한 응답이 다르다.
  1) 탄성파에 의한 탄성계수(E_d) = 동탄성 계수
  2) 변형시험에 의한 탄성계수(E_s) = 정적탄성계수

2. 도로에서
(1) 동탄성계수
  1) 반복 삼축하중에 의한 축차 응력을 회복변위로 나눈 값
  2) 노상토 등과 같이 탄성계수를 직접 구하기 어려운 경우 동탄성 계수로서 탄성계수를 대신한다.

(2) 동탄성계수(M_r)

$$\text{동탄성계수}(M_r) = \frac{\text{축차응력}}{\text{회복변위}} = \frac{\sigma_d}{\varepsilon_r}$$

6. Asphalt혼합물 포설시 비가 올 경우, 포설시 온도 제한

1. 시공을 중단해야 하는 경우
(1) 표면 습윤, 불결, 비, 안개낀 날
(2) 시공 중 비가 내리면 ⇨ 작업중단
(3) 표면이 얼었을 때 ⇨ 작업중단

2. 기온 5℃ 이하
포설중단하여 동해방지한다.

7. Cement Concrete 포장의 시공관리순서

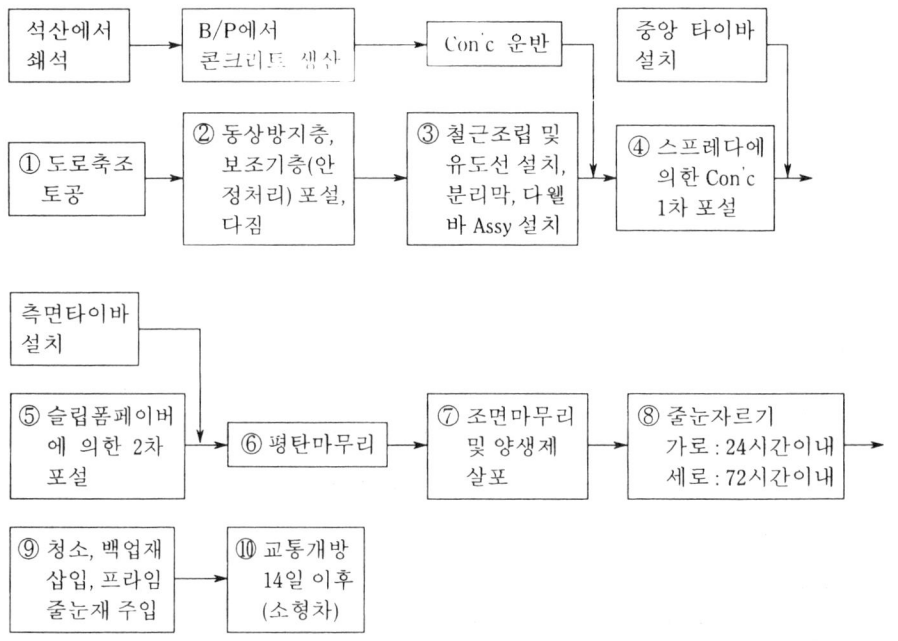

8. Asphalt 배합에서 필요한 시험

1. AP 함량 결정 (　)의 경우 밀입도 아스팔트의 경우이다.
　(1) 안정도(500kg/m³ 이상)
　(2) 흐름도(20~40×$\frac{1}{100}$ cm)
　(3) 공극률(3~6%)
　(4) 포화도(75~85%)
　(5) 밀도(2.3t/m³ 이상)
　　　이상의 공통 범위의 AP량으로 배합

2. Cold Bin 혼합입도 시험
3. Hot Bin 혼합입도 시험
4. 마샬 안정도 시험
5. 이론 최대밀도(공시체)
6. AP, 혼합물 추출시험
7. 골재비중시험
8. 석분(Filler) 성분, 품질시험
9. 밀도, 다짐도 시험
10. AP함량 결정방법

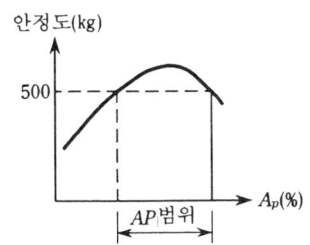
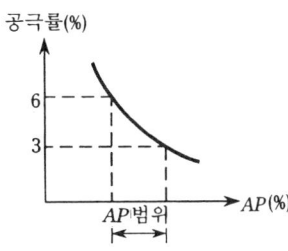

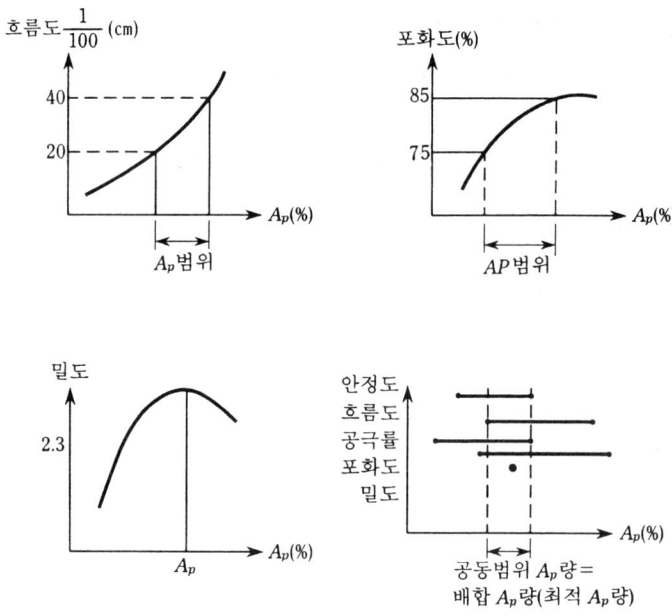

11. 아스팔트 배합설계순서

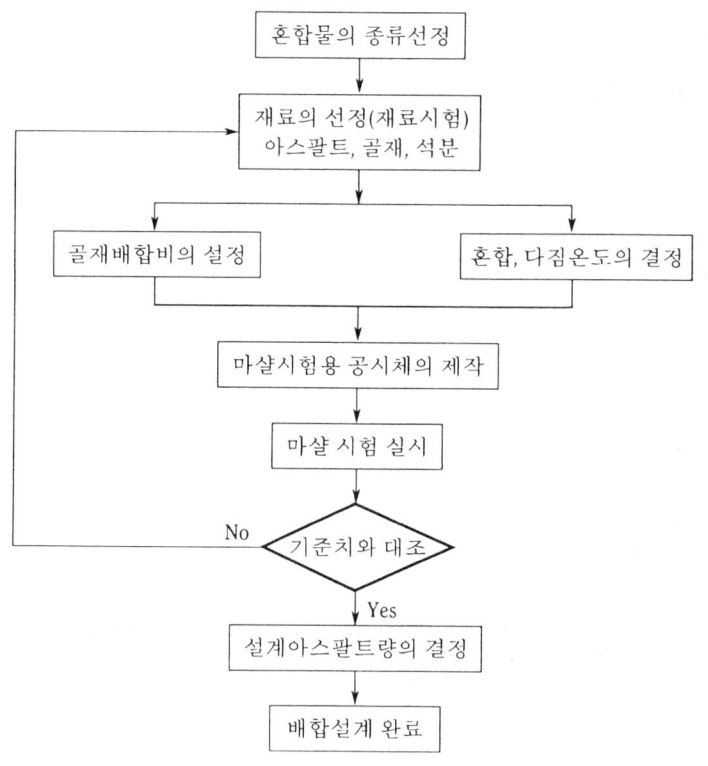

9. 포장단면 두께결정방법

(1) 설계 CBR(노상)
   Porter의 설계 CBR 관계곡선
(2) T_A 설계법(표층, 기층, 보조기층)
(3) AASHTO 설계법

10. 도로공사시 시행하는 시험(노상의 지지력 평가시험법)

1. CBR

2. PBT(K치)

3. Proof Rolling(변형량 시험)

(1) 복륜하중 5t 이상
(2) Tire 접지압 5.6kg/cm² 인 Tire Roller, Dump Truck 등으로
(3) 전구간 실시
   1) 노상 : 5mm 이하
   2) 보조기층 : 2~3mm 이하
(4) 문제가 되는 곳은 벤겔만 빔으로 시험(Benkelman Beam)

4. 동탄성계수

$$M_r = \frac{\sigma_d}{\varepsilon_r} = \frac{축차응력}{회복변위}$$

(주) 선압력 = $\frac{철륜에 걸리는 하중}{철륜폭}$ (kg/cm²)

11. 대구의 동결지수는(지방별 동결지수와 동결심도)

$F = 342$

$Z = C\sqrt{F} = 4\sqrt{342} = 73.97$cm

※ 동결지수(F)와 C값은 지방마다 다르다.

12. 포장 Concrete에서 강도표시방법/아스콘 포장의 파손형태의 종류

1. 휨강도 사용

2. 설계기준 휨강도(f_{bk})

(1) 도로 : 45kgf/cm^2

(2) 공항활주로 : 50kgf/cm^2

(주) 아스콘 포장의 파손형태로 설명하는 용어설명
1) 변형(變形)
 ① 소성변형 : 도로의 횡단방향의 요철로 차륜의 통과빈도가 가장 많은 위치에 규칙적으로 생기는 凹형 패임Rutting : 바퀴자국 패임현상을 말한다.
 ② 종단방향의 요철 : 도로연장방향으로 파장(波長)이 비교적 긴요철을 말한다.
 ③ 코루게이션(Corrugation) : 도로연장방향에 규칙적으로 생기는 파장이 비교적 짧은 파상(물결모양)의 요철을 말하며, 이를 파상요철이라고도 한다.
 ④ 범프(Bump) : 포장표면이 국부적으로 밀려 혹모양으로 솟아오른 것을 말한다.
 ⑤ 침하 : 포장표면의 국부적인 침하를 말한다.
 ⑥ 플라쉬(Flush) : 포장표면에 아스팔트가 스며나온 상태를 말한다.
2) 마모(摩耗)
 ① 라벨링(Ravelling) : 포장표면의 골재입자가 이탈된 상태로, 표면의 모르터분이 이탈되고 표면이 거칠어진 상태를 말한다.
 ② 폴리싱(Polishing) : 포장표면이 마모작용을 받아 모르터분과 골재가 같이 평탄하게 닳아 미끄럽게 된 상태를 말한다.
 ③ 스케일링(Scaling) : 차륜에 의해 포장표면이 얇은 층으로 벗겨진 상태를 말한다.
3) 붕괴
 ① 포트홀(Pothole, Chuck-hole) : 포장표면의 국부적인 작은 구멍을 말한다.
 ② 박리(Stripping) : 아스팔트혼합물의 골재와 아스팔트의 집착성이 소멸하여 골재가 벗겨지는 상태를 말한다.
 ③ 노화(Aging) : 아스팔트혼합물의 결합이 풀어진 것과 같이 된 상태

제9장 터널(Tunnel)

1. NATM의 계측

계측기설치 및 측정빈도

계측항목		계측간격	배 치	빈 도				설치시기
				−20일 (−3D)	0−15일 (0−2D)	15−30일 (2D−3D)	30일 (3D이상)	
일상 계측 (A계측)	갱내관찰조사	전연장	각막장	−	1회/일	1회/일	1회/일	−
	지표침하측정	20~40m	터널상부 3~5개소	1회/일	1회/일	1회/2일	1회/주	터널전방 3D 이상
	내공변위측정	20~40m	터널상부 단면 및 하부단면	−	1~2회/일	1회/2일	1회/주	막장후방 s/c 타설후, 굴진전설치 및 초기치 측정
	천단침하측정	20~40m	천단부	−	1~2회/일	1회/2일	1회/주	
	Rock Bolt 인발 시험	50본당 1본 정도	1단면 5본	−	−	−	−	정착효과 발생후 즉시
대표 계측 (B계측)	지중침하측정	200~300m	터널상부 3~5개소	1회/일	1회/일	1회/2일	1회/주	터널전방 3D 이상
	지중수평변위 측정	200~300m	터널상부 양측	1회/일	1회/일	1회/2일	1회/주	터널전방 3D 이상
	Shotcrete응력 측정	200~300m	접선, 반경방향의 3~5개소	−	1회/일	1회/2일	1회/주	막장후방 굴진전설치 및 초기치 측정
	지중변위측정	200~300m	3~5개소/ 단면(3~5 개소의 다른심도	−	1회/일	1회/2일	1회/주	
	Rock Bolt 축력 측정	200~300m	3~5개소/ 단면(3~5 점이상/ 개소	−	1회/일	1회/2일	1회/주	

※ 빈도란 중 ( )은 계측기 설치 위치로부터 터널 막장까지 거리임(D : 터널직경)

2. NATM의 기본원리설명

1. NATM의 22가지 원리

(1) 터널의 **지보**를 이루고 있는 것은 근본적으로 **주위**의 **암반**이다.
(2) 그 때문에 지반이 본래 갖고 있는 강도를 손상시키지 말아야 한다.
(3) 암반의 이완은 극력 방지해야 한다.
(4) 지반은 될 수 있는대로 1축 응력상태나 2축 응력상태를 가급적 피한다.
(5) 암반의 변형을 누르듯이 하지 않으면 안된다.
(6) 그렇게 하기 위하여는 Shotcrete를 **적절한 시기**에 행하여야 하며, 너무 **빠르거나** 너무 늦어도 안된다.
(7) 그렇기 위해서는 암반의 **시간인자**를 정확히 알 필요가 있다.
(8) 시간인자를 정확히 아는 방법은 사전에 실내시험과 동시에 터널내에는 **변위측정**을 해야 한다.
(9) 대변형이나 암반의 이완이 예상되는 경우에는 굴착면 전부에 방호공을 실시하고 구속효과를 가져 오도록 한다.
(10) Shotcrete는 엷고 유연한 것이 좋다.
(11) Shotcrete를 보강할 필요가 생겼을 경우에는 두께를 증가시키지 않고 철근망이나 강재지보나 록볼트를 사용한다.
(12) Shotcrete의 시기와 방법은 암반의 변위계측에 의거하여 결정한다.
(13) 터널은 역학적으로는 두께를 갖는 **원통**으로 간주되어, 암반의 지지량과 지보공 또는 복공으로 이루어지는 구조이다.
(14) 원통은 열린 곳이 없는 경우에만 역학적으로 원통으로 간주하기 때문에 Ring을 폐합하는 것이 특히 중요하다.
(15) 암반의 거동은 원래 Ring의 폐합시기에 따라서 결정된다.
(16) 응력의 재배치에 생각하면 전단면 굴착이 대단히 유리하다.
(17) 시공법에 따라 암반의 시간인자에 영향이 있으므로 시공법은 구조물의 안전성에 절대적인 영향을 준다.
(18) 지반의 붕괴를 초래할 수 있는 **응력집중**을 방지하기 위하여 단면은 **우각부**를 없애고 **원형**의 것을 적용한다.
(19) 터널이 2중관구조로 설계되면 내관부분도 엷은 쪽이 좋다. 외관과 지반을 일체화시키는 까닭이지만, 그 경계에 마찰이 생기지 않아야 한다.

(20) 지반과 Shotcrete와의 일체화는 1차 복공단계(Shotcrete)에서 이루어지지 않으면 안 되고, 2차 복공(Concrete Lining)은 안전율을 높이는 데 있다.

(21) 복공내의 응력 혹은 지반과 복공사이의 접촉부에서 응력의 측정 또는 시공중인 지반변위측정은 보다 정확한 설계와 시공에 기여한다.

(22) 암반내의 **침투류**에 의한 **응력**은 **배수공**으로 **빠져** 나가도록 한다.

(주 1) 터널시공중 붕괴방지를 위한 최선의대안은 1m 굴진후(발파후) 즉시 Shotcrete타설해서 단면을 폐합시키는 것이다.(One-Blast/One-Shot)

(주 2) 터널굴착중 매막장마다 RMR에 의한 Face Mapping 결과에 대해서 과감히 보강해야 대규모 붕괴를 방지할 수 있다.

(주 3) Face Mapping에 따라 보조공법 보조지보재 선정, 굴착공법의 선정 등 순발력 있게 설계변경해서 시공해야 한다.

3. Tunnel의 차수막 재료

토목섬유인 H.D.P.E(고밀도 폴리에틸렌)

4. 방수재와 Shotcrete 사이에는 무엇을 시공하는가

부직포(Fleece) 사용해서 Shotcrete방수지의 손상방지목적으로 설치한다.

5. 부직포(Fleece)의 시공목적

(1) 방수 Sheet의 보호

6. Shotcrete의 문제점(Rebound)

(1) 강지보 배면의 밀착 충진 여부
(2) Rebound(반발량)
(3) 작업환경조건이 열악하여 시공관리가 어렵다.
(4) NATM의 보조지보재로서 **조기**에 **폐합**시키는 것이 대단히 중요하다.
(5) 시공시기는 굴착후(발파후) 즉시 타설하여 지반의 이완 방지해야 한다.
(주) 시공중 잔골재, 쇄석 등을 강우에 맞치지 않도록 하고/특히 Tent 설치해서 **저장**해야 Rebound량을 감소시킬 수 있다.

7. Shotcrete의 효과

    (1) 암괴의 붕괴방지

    (2) 전단이동방지

    (3) 절리의 봉합

    (4) 파쇄대의 봉합

    (5) 응력전달

    (6) 응력집중의 완화

    (7) 지반이완 방지, 하중분담(Arch효과)

    (주) 1. 암반이완 방지목적으로 시공하며 조기에 폐합시키는 것이 대단히 중요하다.
          2. 터널의 보조지보재중 터널붕괴 방지효과가 가장 크다.

8. Rock Bolt의 효과

    (1) 봉합작용, 절리의 구속

    (2) 보강작용

    (3) 내압효과

    (4) 보형성효과

    (주) Rock Bolt의 재료는 직경 25mm의 이형강봉 길이 3m로 시공한다.

9. Shotcrete Rebound 대책, 시공시 주의사항

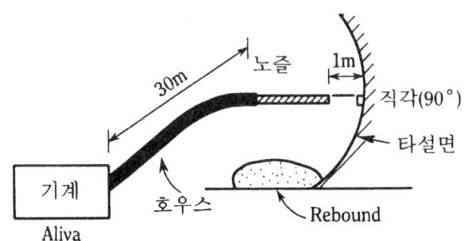

(1) 직각(90°)으로 타설
(2) 압력 일정하게
(3) 굵은 골재 최대치수 19mm 이하
(4) Cement량 증가
(5) SFRC(강섬유보강 콘크리트) 사용
(6) 급결제 첨가
(7) Rebound된 재료 재사용 금지
(8) 배수처리(지하수, 용수대책강구)
(9) 특히 강우시에 굵은 골재인 쇄석이나 잔골재인 모래를 비에 맞치면 단위수량이 커져서 Rebound량이 많아진다.

10. 착암기 사용 중 압력수 사용하는 이유

(1) 암분제거
(2) 비산방지
(3) Bit 과열방지

제9장 터널(Tunnel)

11. TBM이란

(1) 보통 TBM이라 하면 Hard Rock Tunnel Boring Machine을 말한다.
(2) 산악, 암석 Tunnel굴착에서 일축압축강도가 500kg/cm^{2}에서 시공성이 좋다.
(3) 전단면 원형굴착으로 안전성이 우수하다.
(4) 용수대, 파쇄대에서는 작업이 곤란하므로 별도의 대책수립(용수대책 등 보조공법)

(주) 1) Shield TBM은 토사 터널 및 하저 Tunnel의 굴착에만 적용된다.
    2) TBM은 Hard Rock Tunnel Boring Machine을 의미한다.

12. Tunnel의 심빼기 공법

1. 자유면 많게 하는 공법이다.

2. Burn Hole 천공, 제1자유면, 제2자유면 형성

3. 종 류
(1) V-Cut
(2) 피라밋 Cut
(3) Cylinder Cut
(4) No-Cut
(5) Diamond-Cut

4. 자유면 많게 하는 시공법
(1) 심빼기 발파
(2) Bench Cut 발파

(주) 자유면이 많게되면 1회 발파량이 크게되고, 소음, 진동이 적게된다.

13. 팽창 폭약

캄 마이트(무소음, 무진동)

14. 누드공, 누드지수, Decoupling 효과

1. 누드공
폭파에서 자유면을 향해 생긴 원추형 구멍

2. 누드지수(n)

$$n = \frac{누드반경(R)}{최소저항선(w)}$$

여기서, $n > 1$ 과장약
$n < 1$ 약장약

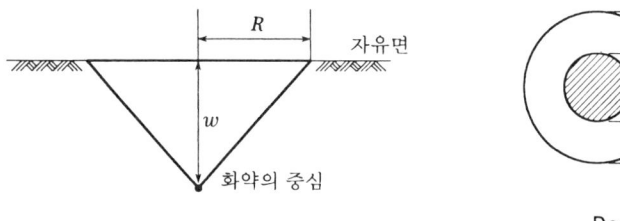

D.I = D/d
Decoupling Index

3. Decoupling 효과

(1) Decoupling 효과에 의한 진동저감방법

1) 폭약이 폭발하면 장약공내에 극히 높은 Gas압이 공벽에 작용하게 되며 이 때 Gas압의 정도는 장약공과 화약사이의 공간에 크게 영향을 받는다.
2) 이 공간의 정도를 나타내기 위하여 공경과 약공의 비가 사용되며 이 비를 D.I(Decoupling Index)라고 한다.
3) D.I와 압력의 변화와의 관계는 이론적으로 알 수 있는 바와 같이 **D.I가 커질수록 발파진동의 크기에 크게 영향을 미치는 폭속이 저하**되며,
4) D.I = 2.5인 경우는 D.I = 1일 때 형성되어 있는 **Pressure Spike**가 없어지고 전체적으로 대상(帶狀)의 응력변화를 표시하며 이는 주로 폭발에 의해 생성된 Gas압이 준정적(準靜的)으로 작용하고 있음을 의미한다.

(2) Decoupling 지수

$$DI = \frac{D(천공지름)}{d(약공지름)} > 2.5$$

15. MS, DS(지발뇌관 : 전기발파)/발파진동경감목적/경감방식

1. MS/DS

MS	DS	MS와 DS의 장점
• $\dfrac{1}{1,000}$ 초 전기뇌관 • 시간지연 0.01초 • 단간격으로 0.025초 　(25Mili Second)	• $\dfrac{1}{10}$ 초 전기뇌관 • 시간지연 0.1초 이상 • 단간격으로 0.25초 　(2.5 Deci Second)	• 폭음이 적다. • 진동이 적다. • 파쇄효과가 좋다. • 비산이 적다. • 버럭처리 쉽다. • Cut Off(잔류화약)이 없다.

2. 발파진동 경감방식의 종류

```
                              ┌─ 약종에 의한 경감 ──┬─ 저폭속, 저비중 폭약사용
                              │                    └─ 파쇄기, 팽창제 등 특수 화약사용
                              │
                              ├─ 다단발파에 의한 경감 ─┬─ DSD 사용
                              │                      └─ MSD 사용
           ┌─ 발생원에서의 억제 ─┤
           │                  ├─ 약량의 제한에 의한 경감
진동경감    │                  │
방식       │                  ├─ 심발폭파 방법에 의한 경감 ─┬─ Double 심발
           │                  │                          └─ 심발의 위치조정
           │                  │
           │                  └─ 폭파방식에 의한 경감 ─┬─ Decoupling 효과
           │                                        ├─ 분할발파의 실시
           │                                        └─ 일발파진행장의 제한
           └─ 진동전파의 방지
```

16. Rock Bolt 시공각도

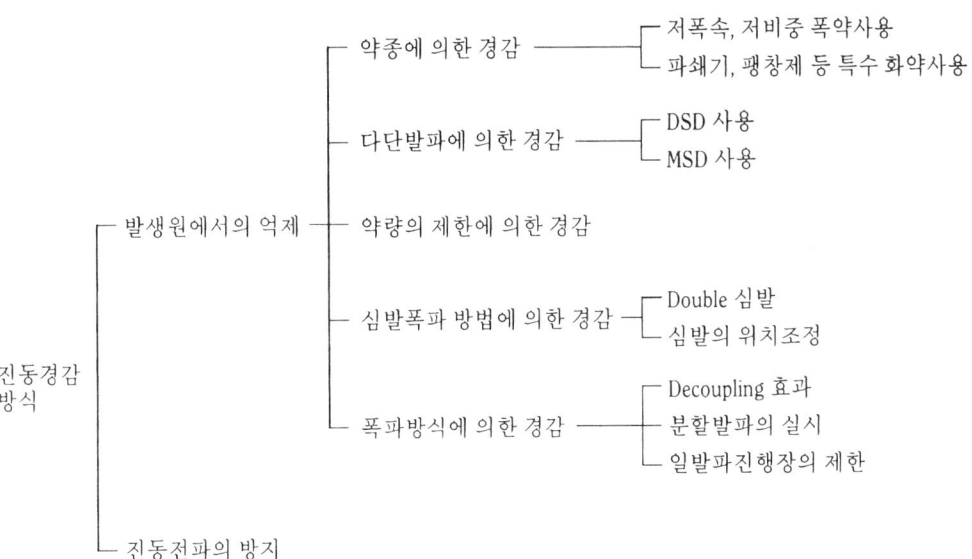

90°

17. Rock Bolt 길이 구하는 방법

1. 굴착단면의 크기, 지반조건에 따라 보통 3~6m로 한다.

2. 굴착단면의 크기, 소성영역의 발달에 따라 조정하되 설치간격의 2배 정도가 표준

3. 길이 구하는 공식

- $L \geq \dfrac{W}{3} \sim \dfrac{W}{5}$
- $L \geq t$
- $L \geq 2P$
- $L \geq 3 \times$ 절리평균간격

여기서, W : 터널단면폭
t : 막장면과 지지보 구간과의 거리
P : Rock Bolt간격

4. Rock Bolt 간격(P)

$P \leq 0.5L$

$P \leq 3D$

여기서, $L = 2P$
P : 간격
D : Block화 한 암괴의 평균치수

18. Tunnel에서 NATM, TBM, Shield-TBM 비교

No.	특 징	TBM	NATM	Shield - TBM
1	적용토질	• 산악터널 • 암석터널 • 경암대	• 산악 • 연약토사	• 연약지반 • 하저, 해저
2	공 법	• 기계 • 전단면, 원형	• Drill & Blast	• 기계 • 전단면
3	문제점 및 특징	• 연약, 파쇄대, 용수대에서는 별도, 대책수립	• 적용토질 광범위	• 암석, 경암대에서 불가능 • 장비 고가

19. Shotcrete의 건식, 습식의 차이점 Rebound량이 어느 것이 많은가

(표 1) 건식, 습식 공법의 비교

No.	공 종	건 식	습 식
1	콘크리트품질	Nozzle에서 물, 시멘트 혼합해서 품질관리 어렵다.	미리 전재료 혼합, 압송하므로 품질관리가 쉽다
2	운반시간제약	없다	크다
3	압송거리	장거리 가능(500m)	장거리 불가
4	분진발생여부	많다	적다
5	**반발량**	많다	적다
6	청소, 유지, 보수	쉽다	Nozzle이 막히면 청소 곤란하다

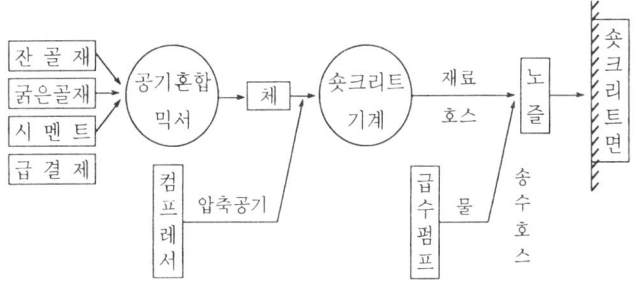

(그림 1) 건식 공법 계통도

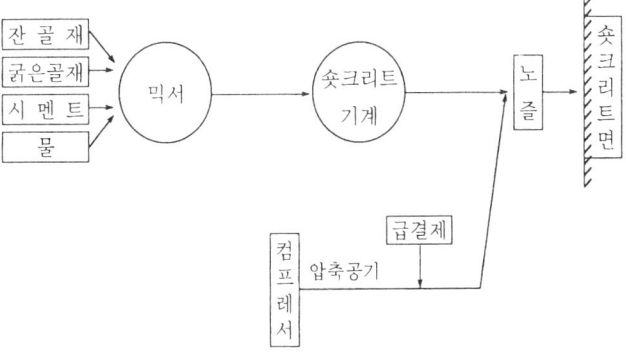

(그림 2) 습식 공법 계통도

20. 터널의 보조공법(굴착전에 미리 보강)의 선정기준과 시공대책

1. 보조공법이란
(1) 굴착시 지반의 상황이나 **용수**에 의해 시공이 곤란해지거나
(2) 지보효과가 저하되는 경우 안전하고 효율적으로 시공하기 위해 터널의 지보재(뿜어붙임 콘크리트, 록볼트, 철망, 강지보재 등)와 병용하여 사용되는 공법으로
(3) **연약한 지반**에서 터널의 **안전 시공**을 위해 자주 채택되는 공법이다.

2. 원리별 보조공법의 종류(Tunnel의 안전시공대책공법)

1. 천단부 안정	2. 막장면 안정
① 훠 폴링(Forepoling) ② 경사볼트 ③ 파이프루프(Pipe Roof) ④ 래깅(Lagging) ⑤ 동결공법 ⑥ 주입공법	① 막장면 지지코아 ② 막장 뿜어붙임 콘크리트 ③ 막장면 록볼트 ④ 주입공법 ⑤ 동결공법

3. 지 수	4. 배 수
① 주입공법 ② 동결공법 ③ 압기공법	① 수발공 ② 딥 웰(Deep well) ③ 웰포인트(Well point)

3. 특히 보조공법시공이 필요한 지반(터널에서 연약지반) : 계측기 설치할 지반

No.	특히 주의해야 할 암반	주된 암반성상	문제로 되는 현상
1	팽창성 암반	• 강도가 낮은 니암 • 단층부의 점토, 파쇄대 • 원지반강도비가 작은 지반	• 강대한 토압의 적용 • 장기에 걸치는 변형이나 토압증가 • 지보나 복공의 변상
2	함수 미 고결지반	• 지하수면하의 제3기말부터 제4기에 형성된 퇴적지반 • 암석풍화대 • 파쇄대	• 용수에 따른 지반의 유출 • 지반의 연약화에 의한 지보공의 지지력 저하 • 대량의 용수, 수압의 적용

No.	특히 주의해야 할 암반	주된 암반성상	문제로 되는 현상
3	피복두께가 얇은 지반 (4D 이하)	• 토사나 연암으로 되는 피복두께가 터널 굴착폭의 3배이하 • 지표나 지중에 다른 구조물이 있고, 터널과 근접	• 지표침하, 함몰 • 다른 구조물의 변상 • 강대한 토압의 작용 • 지보나 복공의 변상
4	갱근부근에서 산사태나 붕괴가능성이 있는 암반·지반	• 산사태 • 붕적토나 애추 등이 두껍게 퇴적 • 심한 풍화암 • 파쇄대 • 편리나 틈이 발달한 이질편암, 셰일, 점판암 • 제3기 니암, 셰일, 점판암 • 용수가 많다.	• 편압의 작용 • 지보나 복공의 변상 • 지보공의 침하 • 산사태, 붕괴

4. RMR 점수에 따른 보조공법의 선정/굴착패턴

지반조건	암반분류(RMR)	보 조 공 법	굴 착 패 턴
1. 경암구간	54~78 (양호)	• 그라우팅 : 28공 • 강관보강 : 13공 • 선지공 : 미적용	• 굴진장 : 1.0m • 굴착방법 : 발파 • 록볼트 : 3m, 4개 • 숏크리트 : t = 15cm • 강지보공 : H100×100
2. 파쇄연암 (풍화암혼재)	20~48 (불량)	• 그라우팅 : 81공 • 강관보강 : 17공 • 선지공 : 8~13개	• 굴진장 : 0.8m • 굴착방법 : 로드헤더, 백호우 • 록볼트 : 3m, 4개 • 숏크리트 : t = 20cm • 강지보공 : H125×125
3. 연약대 (완전풍화대)	17~40 (매우 불량)	• 그라우팅 : 111공 • 강관보강 : 26공 • 선지공 : 13~20개	• 굴진장 : 0.8m • 굴착방법 : 로드헤더, 브레이커 • 록볼트 : 3m, 4개 • 숏크리트 : t = 25cm • 강지보공 : H125×125

(주) 보조공법의 선정기준은 RMR 점수로 한다.

21. 터널공사에서 암버럭(Muck) 처리

    (1) TBM ⇨ Belt Conveyer
    (2) NATM ⇨ Pay Loader

22. Forepoling(선지공)의 정의

    선지공으로 Tunnel 굴착중 천단부의 붕괴방지 목적으로 φ25mm, 길이 3m의 **이형강봉**을 굴착전(발파전)에 타입하는 것이다.

23. Shotcrete의 표준배합설명

1. 순 서

골재시험 → 배합설계 → 시험배합 → 시험타설 → 배합결정 → 시 공
                                                       No ↑ Yes

- 잔골재
- 굵은 골재
- 입도, 비중 등

(검토)
- 리바운드
- 압축강도
- 부착상태

2. (서울지하철의)표준배합

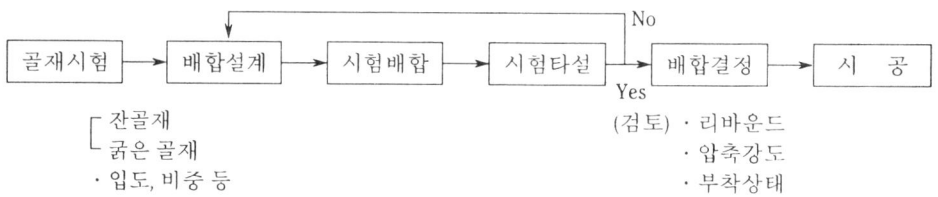

1m³당
- 시 멘 트 : 280kg
- 물 : 170kg
- 잔 골 재 : 1,092kg
- 굵은골재 : 742kg
- 물 - 시멘트비 : 45%
- 급 결 제 : 시멘트량의 5~7%

24. RMR(Rock Mass Rating)

1. 암반평점에 의한 분류법

2. 분류기준(매개변수)

No.	분 류 기 준	평점
1	암석의 일축압축강도	15점
2	절리내부의 지하수 상태	15점
3	R.Q.D(%)	20점
4	불연속면의 간격	20점
5	불연속면의 상태(거칠기)	30점
	합 계	100점

3. 용 도

(1) 적 용

　1) 막장자립시간　　　2) 무지보 유지거리
　3) Ring 폐합시기　　4) 터널의 최대 안정폭 등을 검토하는데 사용

(2) Bieniawski의 도표(곡선)

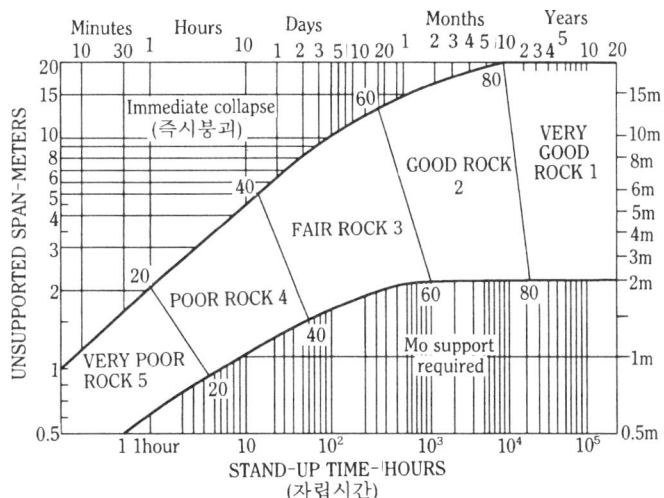

(그림 1) RMR에 의한 터널의 무지보 유지시간과 터널의 최대안정폭의 결정
(Bieniawski, 1976)

25. RQD(RMR에 의한 암반분류기준)

1. 절리발달빈도에 의한 분류
(1) 암반의 중요한 특성인 **절리발달빈도**를 사용하는 경우도 있다.
(2) 절리빈도에 따른 일반적인 분류기준은 표 1에 제시된다.
(3) 또한 절리발달빈도의 지표(Index)를 나타내는 RQD방법은 Deere(1964)가 제안한 방법으로서 각종 토목공사의 지질조사시에 기본적으로 언급될 정도로 일반화된 암반의 정량적인 암반분류기준으로서(표 2)
(4) Double Tube Core-Barrel과 Diamond Bit장비로서 시추한 **NX크기 직경**의 시추코아(54mm)에 대하여 적용되는 정의로서,
(5) "총 시추길이에 대한 10cm이상되는 코아의 총합계의 %"이다.
(6) 일반 시추조사시에 비교적 간단하고 신속하게 수행될 수 있는 방법으로서
(7) 암반판정의 한 요소로서 보편적으로 사용될 뿐만 아니라 암반지지력 계산, 암반 변형계수 추정, 터널의 지보방법결정등에도 널리 활용되고 있다.
(8) 시추코어를 이용할 수 없는 상황에서 암반의 단위체적당 포함된 절리의 수(J_v)를 이용하여 간접적으로 RQD를 다음과 같이 추정할 수 있다.(PalmstOm, 1982)

$$RQD = 115 - 3.3 J_v$$

여기서, J_v는 모든방향에서 1m당 측정한 모든 절리의 총 갯수이다.

터널에서는 암반이 비교적 신선하므로 암반강도는 절리발달빈도에 보다 밀접한 관계가 있으므로 절리발달빈도에 의한 분류방법을 적용하는 것이 합리적이다.

2. 절리 발달빈도의 분류기준(Deere, 1963 : Beieniawski, 1974)

표 시	절리간격	암반의 정도
매우 넓음(Very wide)	≥ 3m	연속성(Solid)
넓음(Wide)	1~3m	괴상(Massive)
보통(Moderately close)	30cm~1m	블록상/약충(Blocky/Seamy)
근접(Close)	5cm~30cm	균열발달(Fractured)
매우 근접(Very close)	< 5cm	분쇄됨(Crushed)

3. RQD에 의한 암반분류(Deere, 1964) 기준

RQD(Rock Quality Designation) (%)	암 질
0~25	매우 불량(Very poor)
25~50	불량(Poor)
50~75	양호(Fair)
75~90	우수(Good)
90~100	매우우수(Very good)

4. RMR을 이용한 암반의 분류방법(Bieniawski, 1976)

분류방법			값의 범위					
1	Intact rock 강도 (MPa)	점하중 강도지수	>10	4~10	2~4	1~2	일축압축강도 적용	
		일축압축 강도	>250	100~250	5~100	25~50	5~25	1~5	<1
	점 수		15	12	7	4	2	1	0
2	RQD(%)		90~100	75~90	50~75	25~50	<25		
	점 수		20	17	13	8	3		
3	절리면의 간격		>2m	0.6~2m	200~600mm	60~200mm	<60mm		
	점 수		20	15	10	8	5		
4	절리면의 상태 (거칠기)		매우 거친면 불연속, 이격 없음, 신선	다소 거친면 이격<1mm 약간 풍화	다소 거친면 이격<1mm 심한풍화	매끄러운 면, 홈두께<5mm 이격 1~5mm	연약한 홈 두께>5mm 이격>5mm, 연속		
	점 수		30	25	20	10	0		
5	지하수	터널길이 10m당 유입량(리터/분)	없음	<10	10~25	25~125	>125		
		절리수압/최대 주응력	0	<0.1	0.1~0.2	0.2~0.5	>0.5		
		일반적조건	완전건조	습윤	젖음	물방울떨어짐	물이 흐름		
	점 수		15	10	7	4	0		

제10장 상하수도

1. 1일 1인당 급수량

(1) **한국** : 280l(84년)

(2) **유럽** : 300~500l

(3) **일본** : 360l

(4) 상수도시설 계획에 반영되는 기본적인 통계자료

(5) 상주인구와 1일 1인당 급수량에 의해 시설계획

2. 상수도 시설

(1) **저수 취수시설**(댐, 하천)

(2) **도수시설**(취수장 ⇨ 정수장 사이의 관로)

(3) **정수시설**
  1) 착수정(침사지) ⇨ 2) 약품투입실 ⇨ 3) 혼화지 ⇨ 4) 응집지 ⇨ 5) 침전지 ⇨ 6) 여과지 ⇨ 7) 정수지 ⇨ 8) 염소투입실 ⇨ 9) 배수지

(4) **배수 및 급수시설**
  배수지 ⇨ 급수구역

3. 상수도 계획에 대해서

1. 계획목표년도
(1) 경제성, 건설비, 수명, 유지관리비 고려하여
(2) 보통 5~15년후를 목표

2. 계획급수량
계획급수인구 × 계획 1인 1일 최대급수량

3. 계획 1일 평균 급수량
계획 1일 최대급수량 × 부하율(70~85%)

4. 계획시간 최대급수량
계획 1일 최대 × $\begin{cases} 1.3(\text{대도시, 공업도시}) \\ 1.5(\text{중도시}) \\ 2.0(\text{소도시, 특수지역}) \end{cases}$

5. 계획도수량
(1) 장래 확장분 고려하여
(2) 계획도수량 = 1일 최대급수량 × (1 + α)

여기서, α : 정수장내 소비량, 누수량에 대한 여유

6. 취수장 Pump 흡입구 유속 = 1.5~3(표준)m/sec

7. 도 · 송수관 사용관종
(1) 중간에 급수분기하지 않으므로
(2) 주철관, 닥타일주철관, 강관, PS Concrete관, 원심력 철근 Concrete관 사용
(3) 배수관 ⇨ Concrete관 사용못함

8. 송수시설(송수관로 계획)

1일 최대 급수량으로 관로 계획

9. 급·배수시설(배수지 ⇨ 급수관로)

(1) 관로, 가압 Pump : 시간 최대급수량으로 계획

(2) 배수지 : 일 최대급수량의 6시간분 이상

10. 배수지의 높이

(1) 배수지가 저수위일 때, 배수구역내의 최소동수압($1.5kg/cm^2$)되도록 확보
즉, 15m

(2) 배수지의 높이

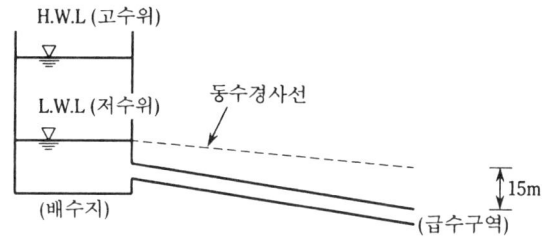

4. 상수원수 등급별 처리방법

(1) 상수 원수 수질은 처리공정을 결정하는 중요 요소이다.
(2) **상수원수 1급** : 여과, 간이 정수 후 사용
  상수원수 2급 : 침전, 여과, 정수처리
  상수원수 3급 : 전처리 + 고도정수처리
(3) 여과법의 종류
  1) **완속여과법**(침전 ⇨ 완속여과 ⇨ 살균)
    ① 연평균 탁도 : 10° 이하
    ② BOD : $3mg/l$ 이하
    ③ 대장균 $500MPN/100l$ 이하
  2) **급속여과법**(응집 ⇨ 침전 ⇨ 급속여과 ⇨ 살균)
    완속여과 기준 수질이외의 수질

5. 사이폰(Syphon) 시공시 최대높이와 실제높이

(1) 사이폰
  2개의 수조를 연결한 **관수로**의 일부가 **동수경사선** 위에 있는 수로, 관내압력은 부압
(2) 계산상 $H_c = 10.33m$(대기압 강도)
  실제 $H_c = 8 \sim 9m$, 초과하면 사이폰이 작용하지 않는다.
  (∴ 관로의 변곡에 의한 공동현상 발생)

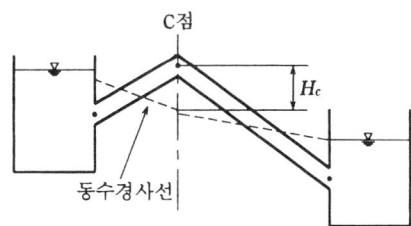

6. 상수도 배관시 높은 곳에서 낮은 곳으로의 배관방법은

1. Surge Tank 설치한다.

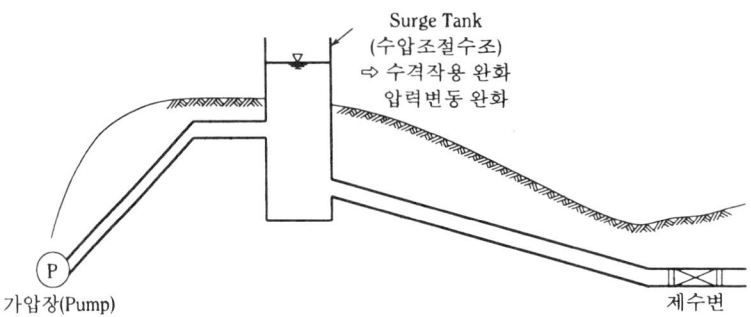

2. 수격작용

밸브를 급히 개방, 폐쇄할 때 생긴다.

3. 발전소(댐)의 펜스톡라인에도 수압조절수조 설치

{도수터널 등에서 서지 탱크 설치 = Surge Tunnel의(Shaft형태)}

7. 수격작용(Water Hammer)

(1) 관수로의 말단 Valve를 갑자기 잠그면 ⇨ 순간적으로 **유속**(v)은 0이 되고, 운동량의 변화에 의해 ΔP의 압력 증가가 생겨 ⇨일정한 **전파속도**로 **관내를 왕복**하여 **충격을** 준다.
(2) 갑자기 밸브를 **열면** ΔP가 현저히 줄어든다.
(3) 이와같은 ΔP(수격압)의 증감에 의한 **압력파의 작용을 수격작용**이라 한다.

8. 공동현상(Cavitation)과 Pitting 현상

(1) 유수중에 국부적으로 **저압부분**이 생겨 **압력**이 **증기압 상태**로 되는 현상

(2) 물속의 **공기**가 분리되어, 공기 덩어리가 생겨 **관로**가 **파손**된다.

(3) 관로의 **굴곡부**에서 주로, 고속도의 **흐름**이 있을 때 발생한다.

(4) 실제 **공동**의 발생과 소멸은 연속적으로 생기며 고체면에 강한 **충격**을 주는데 이것을 **Pitting현상**이라 함

(5) 댐의 여수로(Spill Way) 등에서 Concrete의 침식현상이 발생

(6) 방지대책 ⇨ SFRC(강섬유보강 콘크리트) Concrete 시공

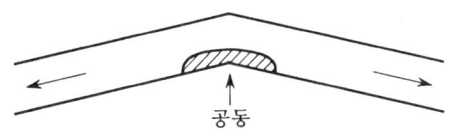

9. 하수처리장 유입, 유출시 BOD(생물화학적 산소요구량)

수질항목	유입(설계수질)	유출 (2차처리 후 수질)
BOD	170ppm(mg/ℓ)	15ppm (수질환경보존법 20ppm)
SS (부유물질)	—	20ppm (수질환경보존법기준, 40ppm)

10. 베르누이(Bernoulli) 정리

1. 에너지불변의 법칙에 의해 정상, 완전유체인 경우 다음과 같다.

2. 에너지불변의 법칙

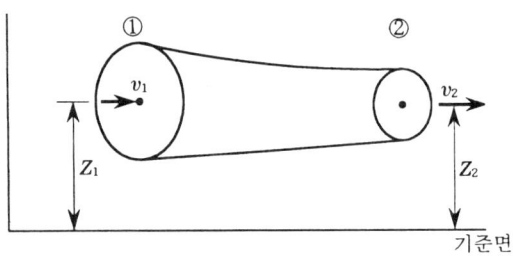

(1) E(에너지) = 운동에너지 + 위치에너지 + 압력에너지

즉, $$E = \frac{1}{2}\rho v_1^2 + \rho g Z_1 + P_1 = \frac{1}{2}\rho v_2^2 + \rho g Z_2 + P_2 = \text{Const}(일정)$$

(2) $w = \rho g$ 이므로 $\rho = \dfrac{w}{g}$

따라서, $$\frac{v_1^2}{2g} + \frac{P_1}{w} + Z_1 = \frac{v_2^2}{2g} + \frac{P_2}{w} + Z_2 = 일정$$

여기서, $\dfrac{v^2}{2g}$: 속도수두

$\dfrac{P}{w}$: 압력수두

Z : 위치수두

11. 그렇다면 문10의 상기 공식에서 뭐가 빠져있나

손실수두 H_L 입니다.

12. 에너지선과 동수 경사선

1. 에너지선(에너지 손실선)

= 손실수두의 변화율

(1) 두점사이의 수두차(H)

$$H = (Z_1 + \frac{P_1}{w_0} + \frac{\alpha}{2g}v_1^2) - (Z_2 + \frac{P_2}{w_0} + \frac{\alpha}{2g}v_2^2) = (마찰 + 형상)손실수두$$

(2) 즉,
$$Z_1 + \frac{P_1}{w_0} + \frac{\alpha}{2g}v_1^2 = Z_2 + \frac{P_2}{w_0} + \frac{\alpha}{2g}v_2^2 + H_L(손실수두)$$

2. 동수경사선

= 전수두(H) - 유속수두($\frac{v^2}{2g}$)

= 위치수두(Z) + 압력수두($\frac{P}{w}$)

= 수두경사선

= 동수구배선 = 압력선

13. 그림에서 유속과 구하는 이론설명

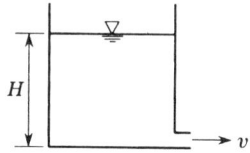

1. 유 속

$$v = \sqrt{2gH}$$

2. 이 론

베르누이 정리이다.

14. 손실수두(H_L)의 정의

1. 손실수두

$$H_L = (f_i + f_o + f\frac{L}{D}) \times \frac{v^2}{2g} \text{ (단일관수로)}$$

2. 유 속

$$V = \sqrt{\frac{2gH}{f_i + f_o + f\frac{1}{D}}}$$

여기서, f_i : 유입손실계수
f_o : 유출손실계수
f : 마찰손실계수

3. 현상손실수두

$$h = f \cdot \frac{v^2}{2g}$$

15. 배수장(배수지) 접근 유속

(1) **수조**(배수지)가 **관로**에 비해 **크**므로 **무시**할 수 있다.
(2) 따라서, **에너지선**과 **동수 경사선**이 **일치**한다.

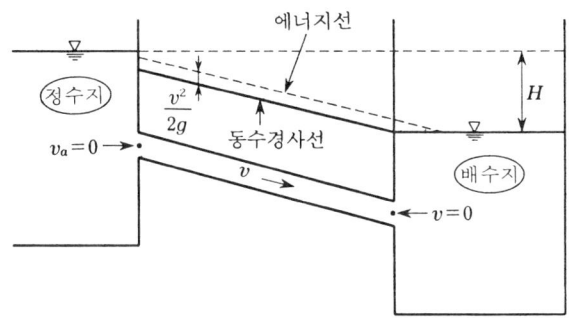

16. 하수처리장(Sewage Treatment Plant : STP) 방수목적

(1) **방수측면** : 누수방지

(2) **방식측면** : 화학약품 ⇨ Concrete 열화

(3) **오염방지** : 토양, 지하수 오염

(4) Concrete의 내구성, 수밀성 확보 목적으로 방수공 시공한다.

(5) **방수공법**
   1) Asphalt방수(외벽방수)
   2) Sheet방수(내·외벽방수)
   3) 도막방수
   4) 침투식방수(액체방수) : 외벽방수
   5) Epoxy방수

17. 활성 슬러지법

(1) **활성오니**를 이용하여 **폐수정화**하는 방법
(2) 하수+활성오니+O_2 ⇨ 활성오니 표면에 유기물흡착, **유기물**은 **호기성 세균**에 의해 **산화**되어 **활성오니**로 변하여 침전

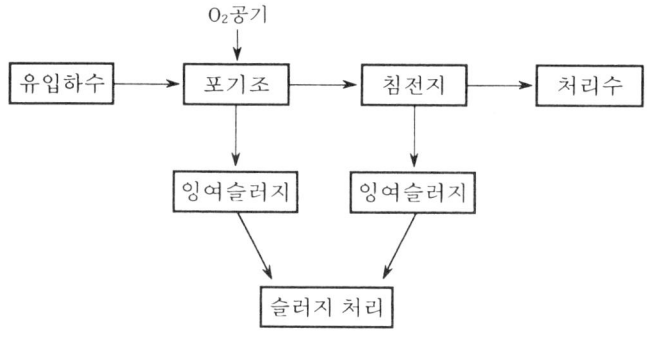

18. 진동을 받는 기계기초(Pump기초)의 진동 차단대책

차 단 방 법		적 용
(그림)	구조물로부터 진동설비를 물리적으로 차단하는 방법. 진동기를 콘크리트 블럭위에 설치하거나 주위의 건물바닥이나 구조물과 접하지 않도록 설치	가장 값싸고 간단한 차단 방법이나 효과는 가장 낮다. 구조물에 어느 정도의 진동전달은 허용되지만 예민한 계기가 포함되지 않은 공작기계나 이와 유사한 진동설비에 자주 이용된다.

(주) 바닥 Slab와 Pump 기초사이를 완전히 분리시켜 Pump작동시 진동이 바닥 Slab에 전달되지 않게해야 한다.

19. 정수장, 하수처리장에서 복철근(Double Reinforcement)으로 배근하는 이유 설명

1. 수압/양압력에 의한 구조물의 부상 및 붕괴방지목적으로 압축측과 인장측에 철근배근 한다.

20. 상수도 관로에서 진공상태가 발생하는 경우 Pump보호대책 설명

(1) **역지변**(Check Valve) 설치하면 Pump가 보호된다.
(2) 진공상태 원인
   1) Pump 가동중단시 **관로에 부압**(-)이 생겨 순간적 **진공상태**가 발생한다.

21. 지하수 개발시 가장 중요한 것은

(1) 수량
(2) 수질

22. 복류수(Infiltrated water)

1. 지하수의 일종이다.

2. 활용수의 저부 또는 측부의 모래층 속을 흐르는 물이다.

23. 관로 밑에 모래 부설하는 목적

(1) 압력관이므로, 압력에 의한 충격완화
(2) 모래두께 15cm
(3) 관의 파손방지
(4) 동상방지 목적으로 모래부설한다.

24. 암거의 배수 불량원인

(1) 흙 등이 쌓여 배수단면부족한 경우
(2) 경사가 완만한 경우
(3) 하상이 퇴적되어 수위가 높아질 경우
(4) 인접지반이 높을 경우

25. 사이펀(Syphon) 시설을 설치하는 목적

도로, 철도를 횡단하여 배수, 송수하기 위하여 설치하는 시설이다.

26. Front Jacking 공법

철도, 도로 횡단시 Open Cut이 곤란하므로, 강관 압입 후 그 속에 관로 매설하는 공법

27. 파스칼(Pascal)의 원리

1. 수압기를 제작하는 원리이다.

2.

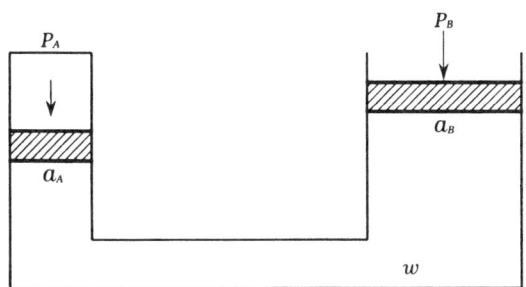

$$\frac{P_A}{a_A}_{\uparrow \atop 무시} = wh + \frac{P_B}{a_B} \fallingdotseq \frac{P_B}{a_B}$$

28. 하수관에서 분류식, 합류식의 차이점

구 분	합 류 식	분 류 식
건설비	작다	크다
유지관리비	강우시 수량증가	—
오탁방지	● 평시 ⇨ 처리장	● 오수 ⇨ 방류 ● 오수 ⇨ 처리장

제11장 댐(Dam)

1. Fill Dam 단면도를 그려보라.

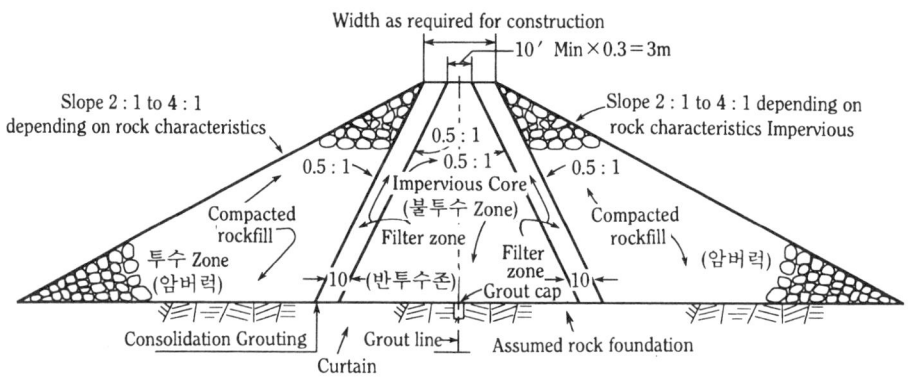

(그림 1) Rockfill Dam 표준단면도

(주) (1) Fill Dam에서 흙의 투수성에 대한 이해가 대단히 중요하다.
   (2) 투수계수에 의한 흙의 분류

투 수 성	k 값(cm/sec)
높 음	10^{-1} 이상
중 간	$10^{-1} \sim 10^{-3}$
낮 음	$10^{-3} \sim 10^{-5}$
매우 낮음	$10^{-5} \sim 10^{-7}$
실질적인 불투수	10^{-7} 이하

   (3) 투수성이 크다는 의미는 물이 많이 흐른다는 의미임

2. Filter재료의 역할

(1) Core와 Rock의 완충역할(역학적 완충작용)
(2) 투수계수 $k = 1 \times 10^{-3} \sim 10^{-4}$ cm/sec
(3) 반투수 Zone ⇨ Core재의 유출방지・보호
(4) Piping방지
(5) **재료기준**

$$\boxed{\dfrac{F_{15}}{B_{15}} > 5} \quad , \quad \boxed{\dfrac{F_{15}}{B_{85}} < 5}$$

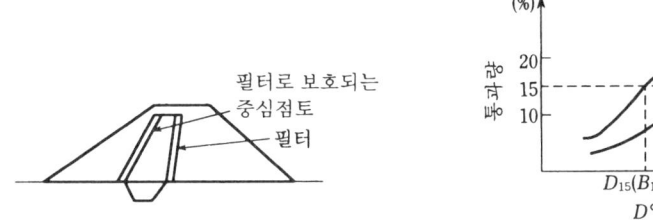

(그림 1) 필터재의 입도가적곡선

3. Core재(불투수재료)의 역할

(1) 투수계수 $k = 1 \times 10^{-7}$ cm/sec
(2) 차수 Zone = 심벽재 = 불투수 Zone
(3) **역할**
    1) 침윤선 낮추는 역할
    2) 차수벽
    3) 제체의 안정
    4) Piping방지와 전단강도 유지

4. Rock 재료(투수재료)의 역할

(1) 투수계수 $k = 1 \times 10^{-2}$cm/sec
(2) 역할
   1) 댐의 안정성 확보
   2) 전단강도 크고, 투수성 좋은 재료 사용

5. Core 댐의 시공(Zone형 댐)

1. Core의 최대 넓이가 댐높이보다 적은 댐

2. 시공

(1) 포설두께 : 15~40cm
(2) 성토구배 1 : 0.5
(3) OMC : ±3%
(4) 다짐
   1) Tamping Roller(Sheep Foot Roller)

6. Dam 기초처리에서 Grouting의 종류 3가지 설명

(1) Curtain Grouting
(2) Consolidation Grouting
(3) Blanket Grouting

Consolidation	Curtain	Blanket
1. 암반보강 2. 심도 10~15m 3. 간격 : 3×3m 격자형 4. 주입압력 = 5kg/cm² ∴ 용도 Fill Dam, Concrete Dam	1. 차수/지수 2. 심도 20~45m 3. 간격 2m×2열 4. 주입압력 　$P = 5 \sim 30 kg/cm^2$ 5. 용도 Fill Dam, Concrete Dam	1. Fill Dam에서 Curtain Grouting 효과보강 2. 주입압력 　$D = 1 \sim 2 kg/cm^2$ 저압주입

7. Fill Dam 누수원인과 대책(파괴원인)

1. 원 인
(1) 누수 ⇨ Piping　　　　(2) 세굴(기초세굴, 수압할렬)
(3) 사면붕괴　　　　　　(4) 다짐불량
(5) 균열(부등침하)　　　(6) 재료불량
(7) 단면부족　　　　　　(8) 부등침하

2. 대 책
(1) 차수벽 설치　　　　(2) Blanket 설치
(3) 기초처리 Grouting　(4) 침윤선 저하
(5) 비탈면 보호　　　　(6) 압성토

8. 암버럭과 토사 재료 구분 다짐하는 이유

(1) Piping 방지
(2) 누수 방지
(3) 제방파괴 방지

9. 하천 및 댐에서 유수 전환 방식

(1) 반체절
(2) 전체절
(3) 가배수 터널방식＋전체절 조합시공법이 있다.

(주) 1) 대청댐 : 반체절식(옹벽)＋가배수터널방식
　　　　충주댐 : 반체절식(옹벽)으로 시공
　　2) 유수전환은 물공사에서 초기가설공사이나 원가관리 및 공기관리에 대단히 중요한 공종이므로 안전시공에 유의해야 한다.
　　3) 천호대교 통과 지하철에서는 당초 Cell형 가물막이를 2겹 Steel Sheet Pile식으로 설계변경해서 개착식으로 시공했다.
　　4) 유수전환공사는 홍수기를 피해서 갈수기에 끝내야한다.
　　5) 서울지하철 5호선 여의도↔마포구간은 한강의 폭이 1,000m 이상되어 NATM으로 시공했다.

10. Fill Dam의 파괴형태

1. 누수로 인한 파괴

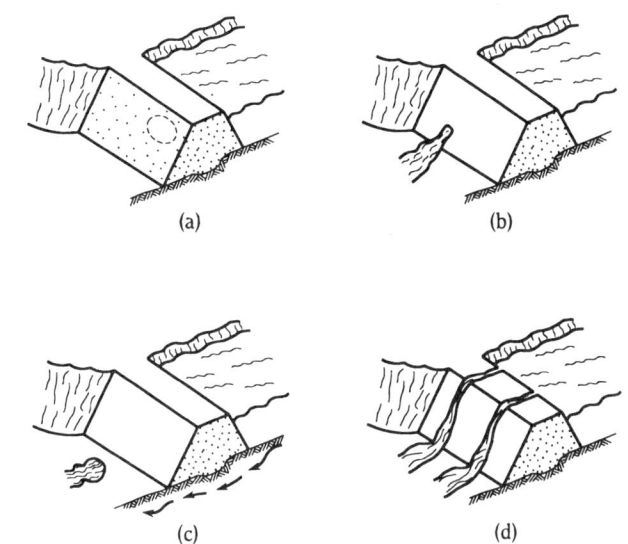

2. 기초의 부등침하로 발생된 균열

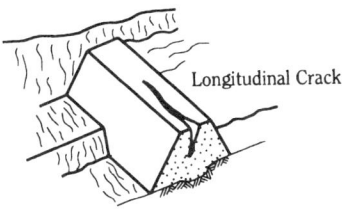

(a) Initial Longitudinal Cracking

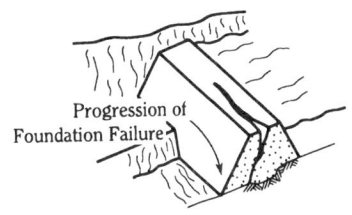

(b) Progression of Longitudinal Cracking

(그림 1) 기초의 부등침하로 발생된 균열

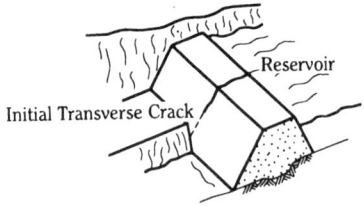

(a) Initial Transverse Cracking

(b) Progress of Transverse Crack To a Point Below the Water

(그림 1-1) 기초의 부등침하로 발생된 균열

3. Zone별 재료의 압축성의 차이로 인한 균열

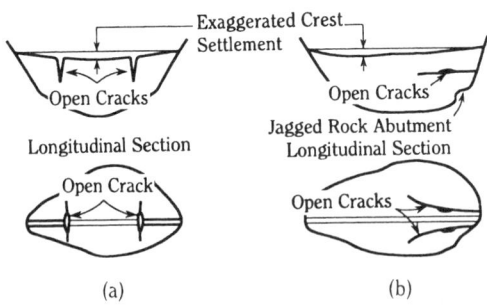

(그림 2) Zone별 재료의 압축성의 차이로 인한 균열

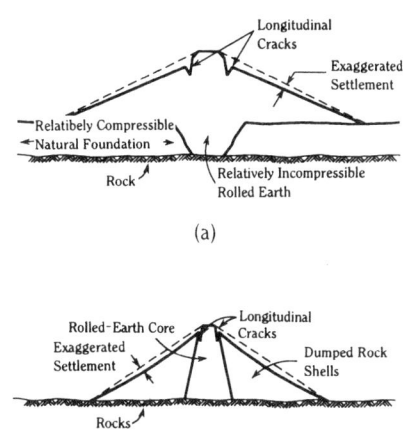

(그림 2-1) Zone별 재료의 압축성의 차이로 인한 균열

4. 제체 내부에서 발생되는 균열

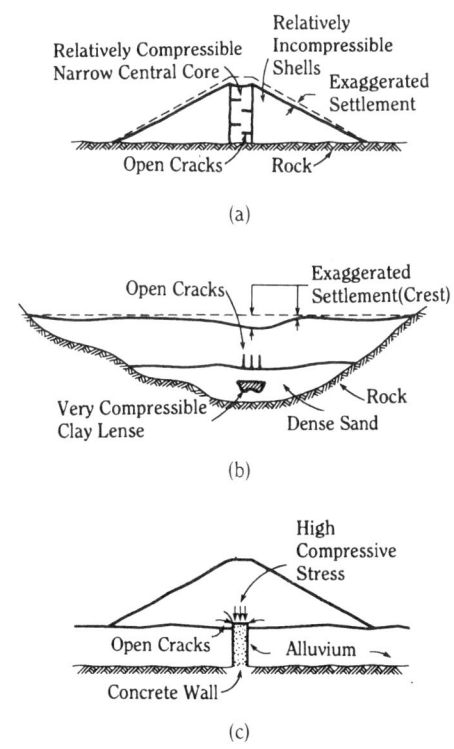

(그림 3) 제체내부에서 발생되는 균열

> ## 11. Fill Dam 시공시 가장 중요한 것은
> - 기초처리
> - 층다짐

1. 기초처리

  (1) 착암부

  1) Contact Clay 사용
  2) 표면처리
     ① Over Hang처리(제거)
     ② 요철 ⇨ Dental Concrete 타설한다.
  3) 암반 기초 보강 Grouting

2. 다 짐

  (1) 재료 선정
  (2) 다짐도

3. 설 계

계획홍수위 계산

4. 차수공법 ⇨ Piping방지

  (1) 표면 차수벽
  (2) Core재(점토)
  (3) Curtain Grouting
  (4) Blanket Grouting
  (5) 토목섬유 사용

12. Dam의 중간과 계곡부에서 조치할 사항

부등침하 방지를 위해 **착암부 기초면** 처리가 중요함

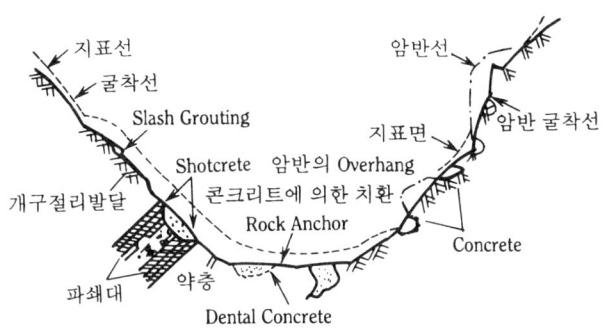

(그림 1) 차수벽 착암부 굴착 및 표면처리

13. 충주댐, 합천댐, 수화열 저감방법

1. 중용열(저발열)포틀란트 시멘트 사용

2. Pre-Cooling, Pipe-Cooling 실시

3. Pipe-Cooling 방법

(1) ϕ 25mm, 간격 1.5m, 통수량 15l/분

(2) 매설계기
   1) 온도계
   2) Joint Meter
   3) 응력계(Stress Meter)
   4) 변형계(Strain Meter)

(3) 1, 2차 Cooling 실시 및 시기

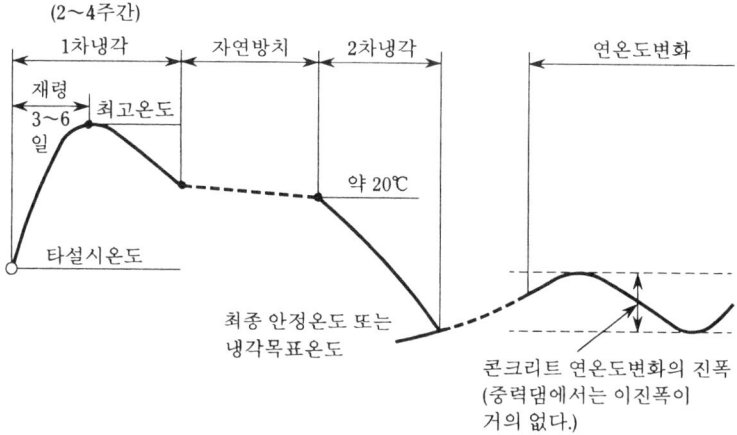

(그림 1) 콘크리트 온도이력

14. Cement Grouting 주입방법

1. 주입장비
(1) Boring 기계   (2) Mixer
(3) Pump(Piston Pump)   (4) 주입 Pipe, Packer
(5) 압력계, 유량계

2. 주입방법
(1) 중앙내삽법(차수별 주입)   (2) Up-Stage
(3) Down-Stage   (4) Single-Packer
(5) Double-Packer

15. Cement Grouting 후 내부 확인 방법(효과확인=품질관리)

1. Cement 주입량도(수직 막대 Graph)

2. 1Block당 1~2개의 Check Hole(검사공) 천공 ⇨ BX-Bit

3. Core 채취
(1) R.Q.D
(2) Crack부위의 Cement Cake확인
　－페놀프틸렌 지시약 뿌려 적색 변화 ⇨ 알칼리
(3) Lugeon Test로 개량 목표치 확인($1~2L_u$)

4. 초과확률도(w_s)

5. 체감도

6. Lugeon Map 작성

7. Cement Injection Amount Map

16. 토목공학에서 N(n)라는 기호로 설명할 수 있는 이론공식을 나열하여 설명

1. SPT의 N치 ⇨ 지반조사

2. 탄성계수비 n ⇨ 콘크리트

$$n = E_s/E_c = \frac{136}{\sqrt{f_{ck}}}$$

3. 조도계수 n(Kutter) ⇨ 수리학

$$V = \frac{1}{n} R^{2/3} I^{1/2}$$

4. 간극률(n) ⇨ (토질역학)

(1) 간극비

$$e = \frac{V_v}{V_s} = \frac{n}{100-n}$$

(2) 간극률

$$n = \frac{V_v}{V} \times 100$$

5. 누두지수(n) ⇨ 터널

$$n = R/w$$

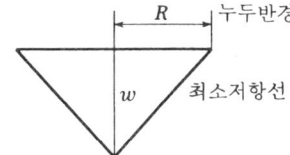

R 누두반경
w 최소저항선

17. 흙댐 또는 사력 Dam에서 발생하는 Hydraulic Fracturing(수압할렬)과 담수계획

1. 정 의

(1) Dam이 담수될 때 수압이 **최소 주응력**과 흙의 인장 응력보다 클 경우 수압에 의해 Dam이 수평 또는 수직방향으로 찢어지는 현상을 「**수압할렬**(Hydraulic Fracturing)」이라고 한다. (수압 > 최소 주응력과 흙의 인장응력)

(2) **Dam의 붕괴원인**
Hydraulic Fracturing이 발생된 후 이로 인하여 침식이 발생될 경우 Dam이 **붕괴**된다.

2. 수압할렬의 발생 원인 2가지

(1) 부동침하
(2) 응력 전이(Stress Transfer)

3. 부등침하

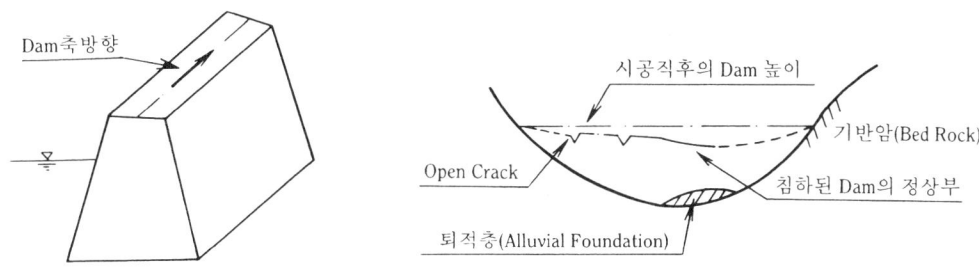

(그림 1) Dam 축방향의 부등침하로 인한 균열

(1) (그림 1)과 같이 Dam의 기초지반이 **충적층**으로 이루어졌을 때는 충적층의 침하로 인해 부등침하는 더 크다.

(2) **부등침하가 발생되면 수압할렬은 다음의 순서를 따라 발생된다.**
  1) Dam **정상부**에 균열이 생긴다. 그러나 균열이 나타나지 않을 수도 있다.

2) 균열 아래 연직면을 따라 **수평방향의 응력**이 **정지토압**에 비해 현저히 감소하거나 인장력이 생긴다.

3) **수평응력**이 감소되면 눈에 보이지 않는 **균열속**으로 **담수시** 물이 침입한다.

4) **담수시** 수위가 상승하여 수압이 **수평응력**보다 크면 균열을 확장시킨다.

5) 이 균열로 흐르는 물의 **유속**이 커져서 **침식**이 발생되면 댐은 **붕괴**될 수 있다.

4. Hydraulic Fracturing의 방지대책(수압할렬 방지대책)

(1) **중앙 심벽형 사력 Dam**의 설계시 **심벽**의 폭을 가능한한 넓게 하면 **응력전이**가 줄어든다.

(2) Hydraulic Fracturing이 발생되었다 하더라도 **Filter**를 효과적으로 설계하면 이로 인한 침식을 방지할 수 있다.

(3) **Dam본체**와 **안벽** 또는 **기초와의 접촉부분의 형상**이 **불규칙**하면 국부적으로 **응력전이**가 생길 수 있다. 따라서 이러한 변화는 가급적 피하도록 설계한다.

(4) **심벽재료**는 가능한 **OMC의 습윤측**으로 다지는 것이 바람직하다.

(5) **응력전이**가 발생되어 연직응력이 감소되었다 하더라도 Hydraulic Fracturing은
   1) 재료의 불연속적인 결함이 존재할 때만 발생한다.
   2) 따라서 **신구 다짐층** 사이에는 서로 잘 연결되도록 해야하고 성토재료에 틈이 있어서는 안되며 **암석절리**가 있을 때는 느슨한 흙이 그 근처에 몰리지 않도록 하는 것 등의 시공시 주의가 필요하다.

(주 1) 댐공사완료후 수위가 급상승, 급강하되게 하면 Dam이 붕괴되니 유의요망

(주 2) 담수시 유의사항
   1) 상·하류의 침윤선(Seepage Line) 검토
   2) 누수확인 계획서 작성
   3) 댐사면(우안과 좌안) 붕괴확인 계획수립
   4) 댐수위가 급상승·급강하 하지않게 담수한다.
   5) 가배수터널방식의 유수전환에서 담수가 용이하므로 유수전환 계획수립요망
   6) 담수계획시 고려사항
      ① 장마철(홍수기) 피한다.
      ② 매몰지역의 주민 완전철거후 한다.
      ③ 중요문화재, 시설물 이전확인후 한다.
   7) 홍수시 Spillway로 방류시 수위가 급강하 하지않게 한다.

제12장 항만, 하천

1. 항만공사에서의 강말뚝(Steel Sheet Pile + 강관말뚝) 부식방지대책

1. 부식방지 대책공법의 종류

(1) Paint(도장) 처리하는 방법
(2) 음극방식

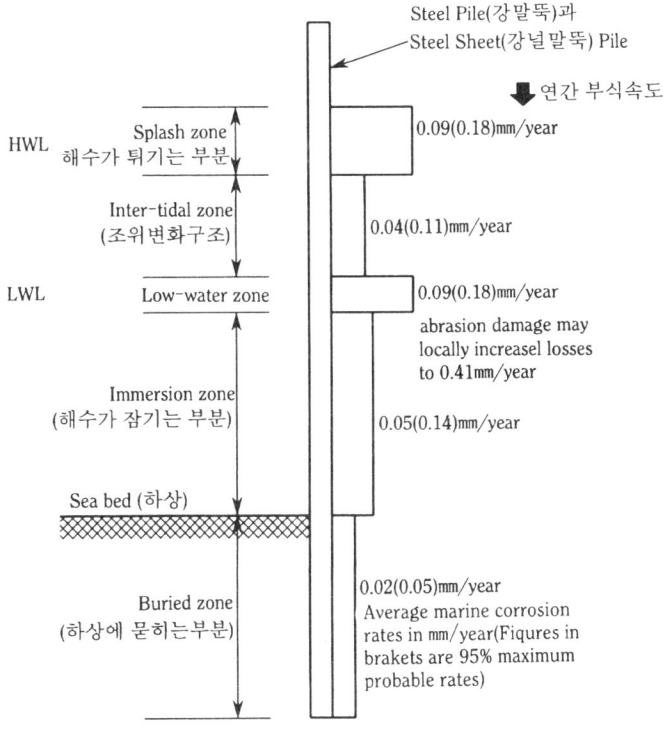

(그림 1) Loss of Thickness by Corrosion for Steel Piles in Seawater
 (after Morley and Bruce, 1983)
 (해수에서 강말뚝의 부식두께예시)

2. 강말뚝 부식방지 대책

(1) **흙위에 튀어나온 말뚝(노출된 말뚝)**

1) Paint를 다시 칠한다.
2) 둑구조물에서 물아래에 있는 부분은 다시 칠할 수 없다. (강말뚝의 수명 : 17년)

(주) 항만공사에서 주로 잔교식과 강널말뚝식으로 안벽시공시 부식에 대한 검토가 되어야 한다.

2. 방파제(Break Water)에서 바닥에 구멍이 있는 이유

근고 Block에 홈설치하여, 양압력 감소(파쇄효과)

3. 항만공사에서 호안용으로 설치하는 Tetrapod와 Hexapod의 용도설명

1. 소파작용(파의 에너지 감소)을 한다.

2. Tetrapod : 다리가 4개다.

3. Hexapod : 다리가 6개다.

4. 수위를 알 때 유량구하는 방법

1. Rating Curve(수위유량 관계곡선)

(1) 하천의 유량 관측소에서
(2) 수위와 유량측정을 한 통계자료로 구한 수위 – 유량 관계곡선으로부터
(3) 최소자승법에 의한 공식도출

$$Q = a(H+b)^2$$

여기서, H : 수심
a, b : 유량 관측점 연직특성

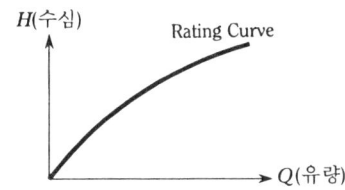

2. Manning공식

$$Q = AV$$

$$V = \frac{1}{n} R^{2/3} I^{1/2}$$

I(동수구배)를 알 경우 수심과 경심($R = \frac{A}{P}$)를 계산하여 구한다.

여기서, n : 조도계수
R : 경심
I : 동수구배

5. 유속구하는 공식, 방법

(1) $$V = \frac{1}{n} R^{2/3} I^{1/2}$$

(2) **측정방법**
    1) 유속계 사용 – 1점법, 2점법, 3점법이 있다.
    2) 전자유속계
    3) 부자에 의한 방법
    4) 수리기구이용
       ① 삼각웨어
       ② 오리피스

6. 조도계수(n)이란

(1) 흐름에 대한 하도의 저항 정도를 나타내는 계수(거친정도)

(2) **조도계수 n값**
    1) 인공수로 개수하천의 경우
       $n = 0.014 \sim 0.05$
    2) 자연하천의 경우
       $n = 0.018 \sim 0.055$이다.

7. 하천에서 시공전 수심측량을 무엇으로 하나

1. Rod, Pole, 측심봉
중소하천, 수심이 얕을 때

2. 음향측정기, 초음파측정기(Echo Sounder)
대하천, 수심이 깊은 곳

3. 로프, 나일론 끈으로 측정한다.

8. 하천의 직접유출, 기저유출

1. 직접유출
유역에 강우가 발생하면 **증발, 증산, 침투** 등으로 강우가 손실되고, 비교적 단시간에 지표면 위로 흘러 **하천 유량**에 계상되는 유출

2. 기저유출
지하수 등으로부터의 **유출**과 **강설**의 녹은 물에 의해 **강우**가 없을 때에도 하천에 유출되는 **자연유량**의 유출

  예) 록키산맥으로부터의 유출

9. 하천 유량의 홍수량 산정시 고려사항

1. 홍수량 산정법

(1) 단순 홍수량 산정식

합리식 $\boxed{Q = \dfrac{1}{3,600} CIA}$ 여기서, C : 유출계수
I : 강우강도
A : 유역면적

(2) 단위 유량도법

2. 적 용

(1) **합리식** : 중소유역(5㎢ 이하)
(2) **단위 유량도법** : 중·대규모 유역

10. 하천통수 단면 산정시 고려사항

1. 홍수량(유축량)

$$Q = \dfrac{1}{3,600} CIA$$

2. 통수단면에 의한 유량

$$V = \dfrac{1}{n} R^{2/3} I^{1/2}$$

$$Q = AV$$

3. 통수단면에 의한 유량(Q) > 홍수량(Q)

⇨ O.K

11. '99년도에 개정된 콘크리트 시방서의 주요내용요약

(표 1) 통합된 하중계수

하중의 종류	콘크리트구조 설계기준	철근 콘크리트 구조 계산규준	콘크리트 표준시방서
고정하중 D	$1.4D*$	$1.4D*$	$1.5D$
활하중 L	$1.7L$	$1.7L$	$1.8L$
풍하중 W	$1.7W$	$1.7W$	$1.8W$
지진하중 E	$1.8E$	$1.87E$	$1.8E$
지하수 및 토압 $H**$	$1.8H$	$1.7H$	$1.8H$
유체압 F	$1.5F$	$1.4F$	$1.5F$
온도하중 등 T	$1.5T$	$1.4T$	$1.5T$

* 고정하중이 지배적인 구조물은 D에 $1.1D$를 사용.
** 슬래브 상부의 지하수 및 토압에 의한 연직 하중은 고정하중 D로 취급.

(표 2) 통합된 강도감소계수

단면력의 종류	콘크리트구조 설계기준	철근 콘크리트 구조 계산규준	콘크리트 표준시방서
휨, 휨과 인장	0.85*	0.90	0.85
축인장	0.85	0.90	0.85
압축(띠철근)	0.70	0.70	0.65
(나선철근)	0.75	0.75	0.70
전단, 비틀림	0.80*	0.85	0.80
지압	0.70	0.70	0.60
무근콘크리트	0.65	0.65	0.55

* 건물 및 PC제품 부재 설계의 경우 0.05 증가시킬 수 있다.

(표 3) 통합된 주요 기호

기호의 정의	콘크리트구조 설계기준	철근 콘크리트 구조 계산규준	콘크리트 표준시방서
콘크리트 압축응력	f_c	—	σ_c
콘크리트 인장응력	f_t	—	σ_t
콘크리트 지압응력	f_b	—	—
콘크리트 설계기준강도	f_{ck}	f_c'	σ_{ck}
콘크리트 배합강도	f_{cr}	f_{cr}'	σ_r
콘크리트 쪼갬인장강도	f_{sp}	f_{ct}'	σ_{ct}
콘크리트 압축강도	f_{cu}		
콘크리트 파괴계수	f_r	f_r	σ_{ru}
철근의 설계기준 항복강도	f_y	f_y	σ_y
프리스트레싱 긴장재의 인장강도	f_{pu}	f_{pu}	σ_{pu}

(표 4) 통합된 주요 용어

콘크리트 구조 설계기준	철근콘크리트구조계산규준	콘크리트 표준시방서	ACI 318
강도감소계수	강도저감계수	강도감소계수	Strength Reduction factor
고정하중	고정하중	사하중	Dead load
활하중	적재하중	활하중	Live load
쪼갬인장강도	쪼갬인장강도	할렬인장강도	Splitting Tensile strength
계수하중	계수하중	극한하중	Factored load
유효깊이	유효춤	유효높이	Effective depth
복부	웨브	복부	Web
균형철근비	평형철근비	평형철근비	Balanced reinforcement ratio
직사각형보	장방형보	직사각형보	Rectangular beam
깊은 보	춤이 큰 보	높이가 큰 보	Deep beam
피복 두께	피복 두께	덮개	Cover
폐쇄스터럽	폐쇄형 스터럽	폐합 스터럽	Cloaed strirrup
갈고리	훅크	갈고리	Hook
다발철근	묶음 철근	다발 철근	Bundled bars
용접철망	용접철망	용접 강선망	Welded wire fabric
겹침이음	겹침이음	겹이음	Splice
경간	스팬	지간	Span
골조	골조	뼈대	Frame
받침부	지지부, 지점	받침부, 지점	Support
전단머리	전단주두	전단머리	Shearhead
내민받침	코벨	코벨, 내민받침	Corbol
지판	지판	드로프 패널	Drop panel
중간대	주간대	중간대	Middle strip
보정계수	보정계수	수정계수	Modification factor
모멘트 확대계수	모멘트 증대 계수	모멘트 확대계수	Moment magnification factor
변형률	변형도	변형률	Strain
비횡구속 골조	버팀지지되지 않은 골조	가로 흔들이가 방지되어 있지 않은 뼈대	Sway frame
횡구속 골조	버팀지지된 골조	가로 흔들이가 방지된 뼈대	Non-away frame
솟음	치올림	솟음	Camber

Conversion Factors

※ 면접에서 필히 질문하니 암기요망

Bacic	$N = 0.102 kgf$, $ft = 0.3048m$ $Pa = 1N/m^2 = 0.102 \times 10^{-4} kg/cm^2$ $kN = 0.1t$ $kN/m^2 = 0.0102 kg/cm^2$, $bar = kg/cm^2$
Area	$ft^2 = 0.0929m^2 = 929cm^2$, $in^2 = 6.452cm^2$, $acre = 0.404ha$ $yd^2 = 0.8361m^2 = 8361cm^2$
Volume	$ft^3 = 0.02832m^3 = 28316.85cm^3$, $in^3 = 1.639 \times 10^{-5}m^3 = 16.39cm^3$ $yd^3 = 0.7646m^3 = 764554.85cm^3$
Force	$kips = 1,000 lb = 4,448N$ $(lb = 4.448N) = 0.4536 t = 453.6kgf$ $(lb = 4.536 \times 10^{-4} t, N = 1.02 \times 10^{-4} t)$
Pressure stress	$MPa = 10.2 kg/cm^2$ $kPa = 0.145 lb/in^2 = 0.010 2 kg/cm^2$ $(lb/in^2 = 0.07031 kg/cm^2)$ $Pa = 0.02 lb/ft^2 = 1.025 \times 10^{-5} kg/cm^2 (lb/ft^2 = 0.000488 kg/cm^2)$ $N/m^2 = 0.102 kg/m^2 = 1.02 \times 10^{-5} kg/cm^2$ $1MN/cm^2 = 10.2 kg/cm^2 (1kg/cm^2 = 10 t/m^2, 1MN/m^2 = 10 kg/cm^2)$ $Kips/ft^2 = 0.4882 kg/cm^2$, $(t/ft^2 = 10.76 t/m^2)$
Density	$lb/ft^3 = 16.02 \times 10^{-3} g/cm^2 (kg/cm^3 = 0.001 g/cm^3)$ $lb/in^3 = 27.86 g/cm^3 = 0.02768 kg/cm^3$ $lb/yd^3 = 5.933 \times 10^{-4} g/cm^3$ $(g/cm^3 = t/m^3)$, $t/ft^3 = 35.31 t/m^3$ $Mn/m^3 = 102 t/m^3$
Micell	$℃ = 1/1.8(℉ - 32)$ $gal = 3.785 \times 10^{-3} m^3$

12. Cantilever 옹벽의 주철근 전개도

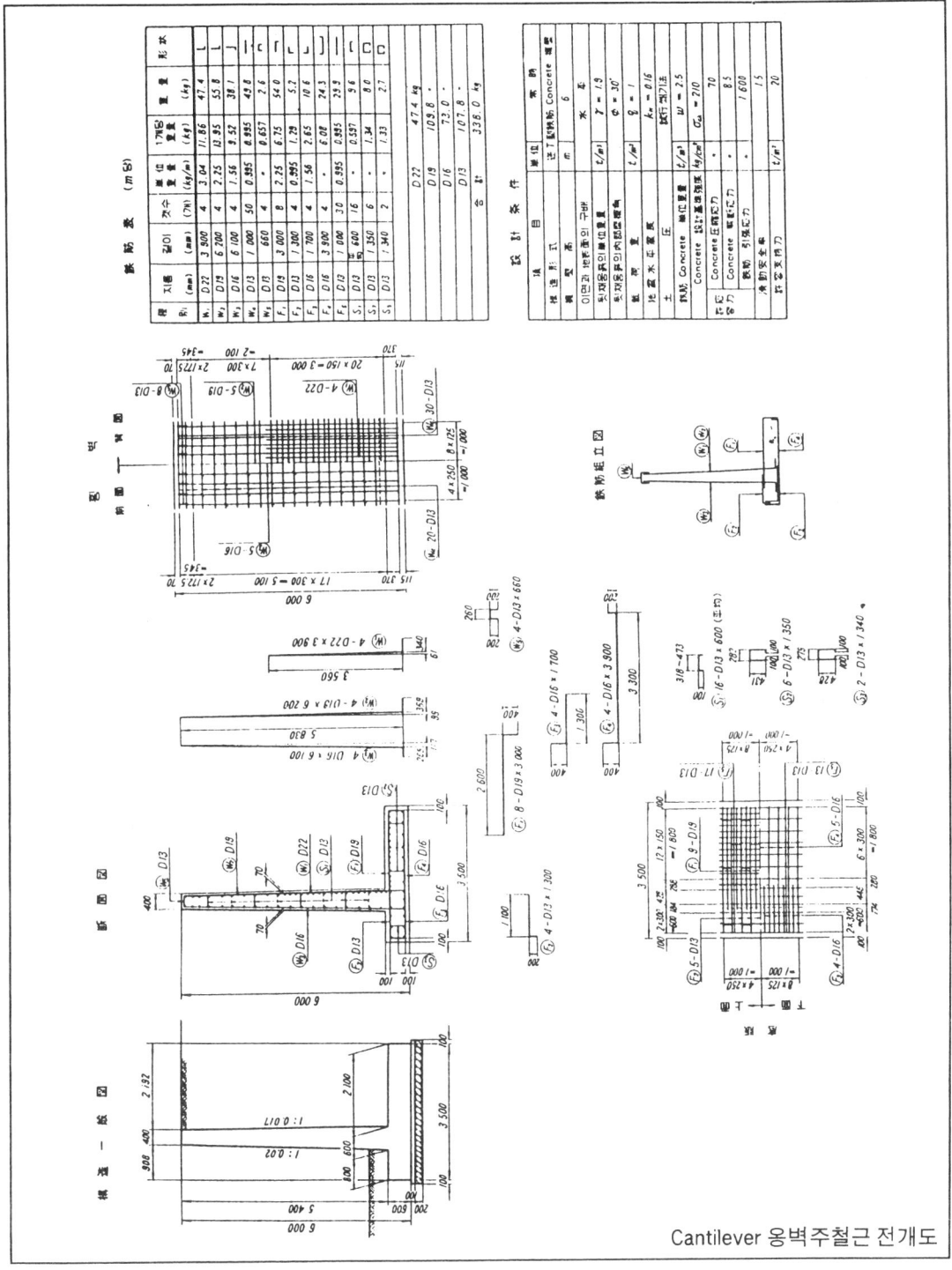

Cantilever 옹벽주철근 전개도

13. 부벽식 옹벽(뒷부벽식과 앞부벽식 : Counterfort Wall과 Buttess Wall)의 주철근 전개도

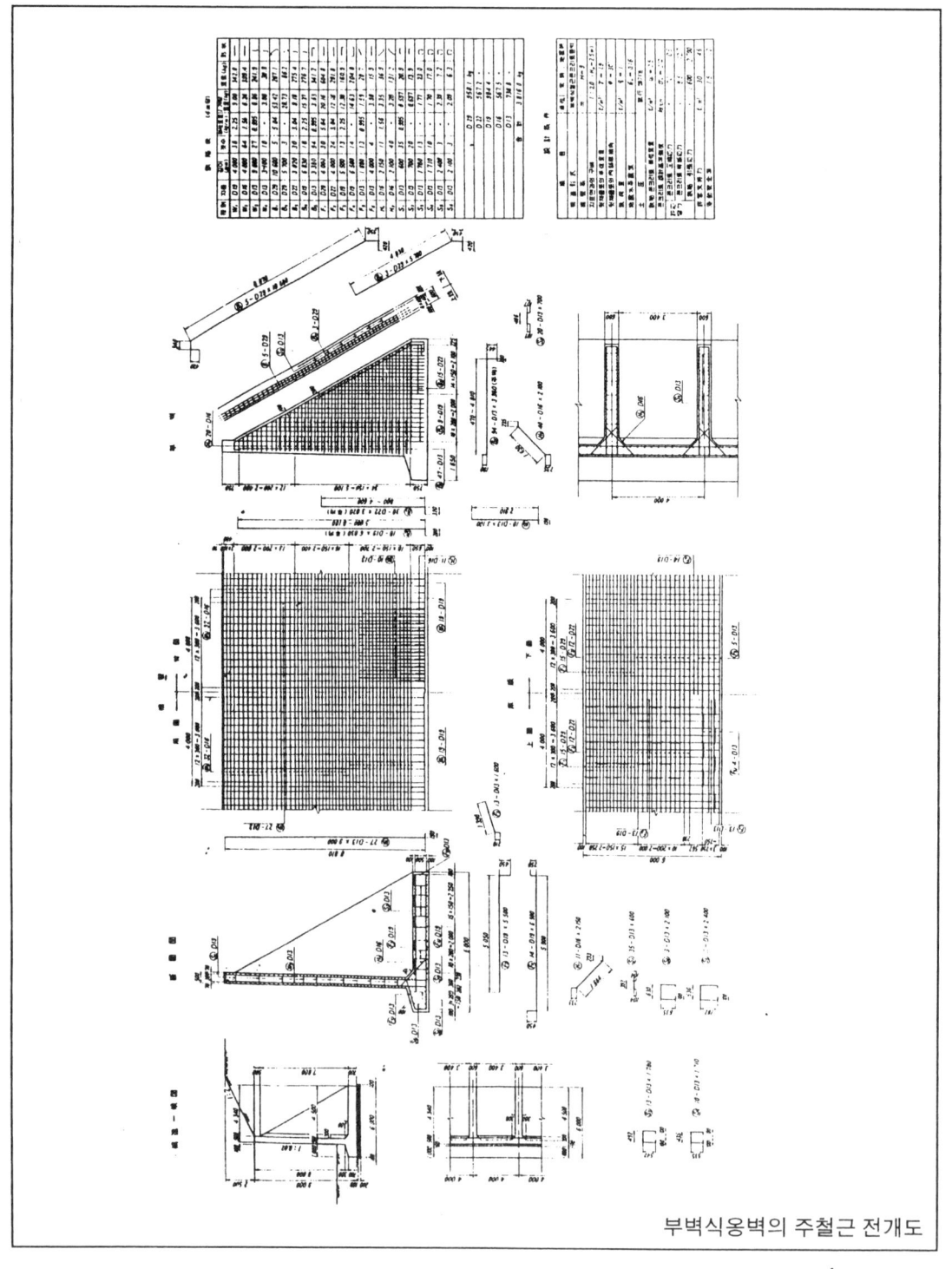

부벽식옹벽의 주철근 전개도

14. 암거(Box Culvert)의 주철근/철근상세도

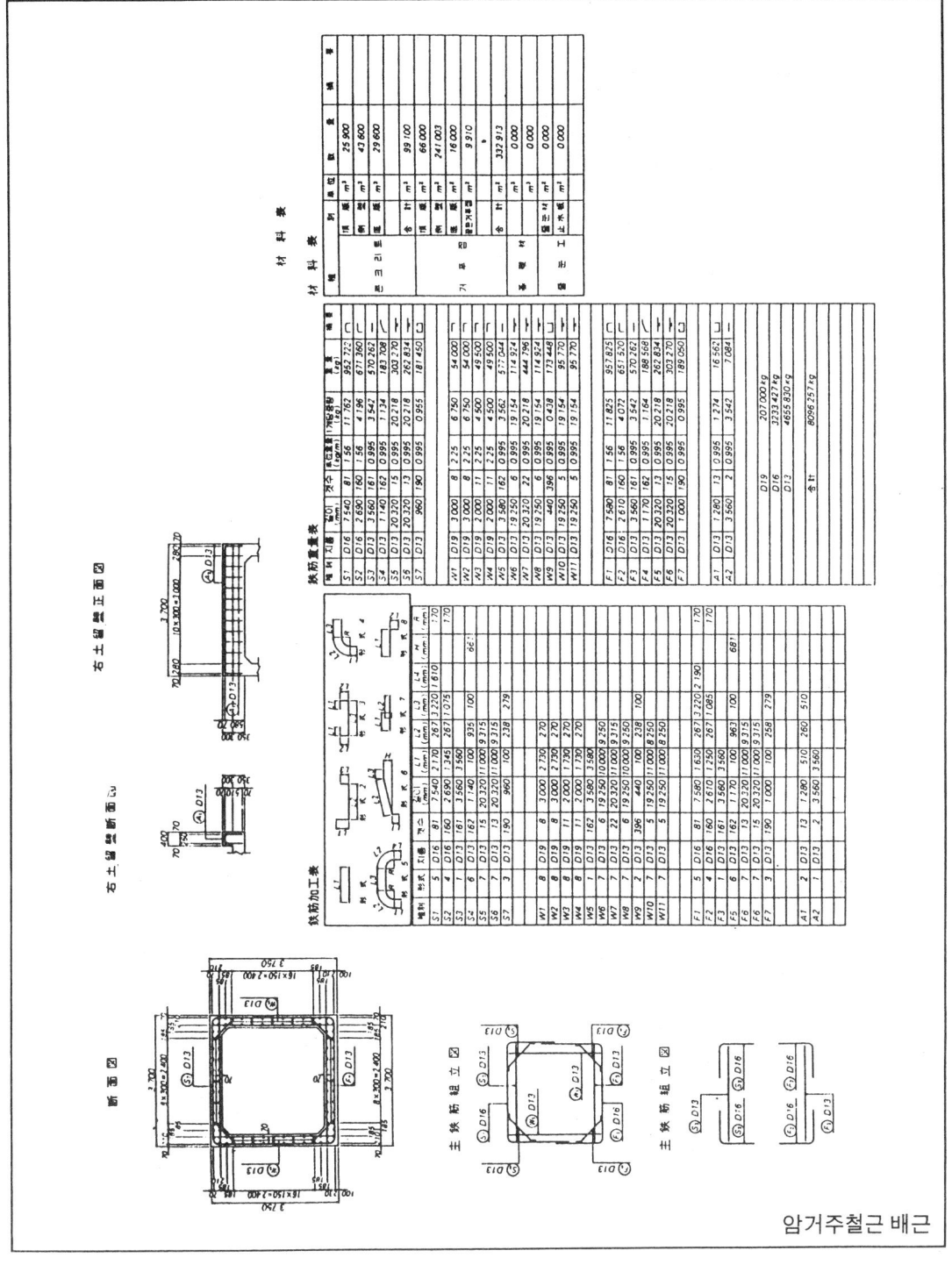

암거주철근 배근

15. 문형 Box Culvert의 주철근배근도

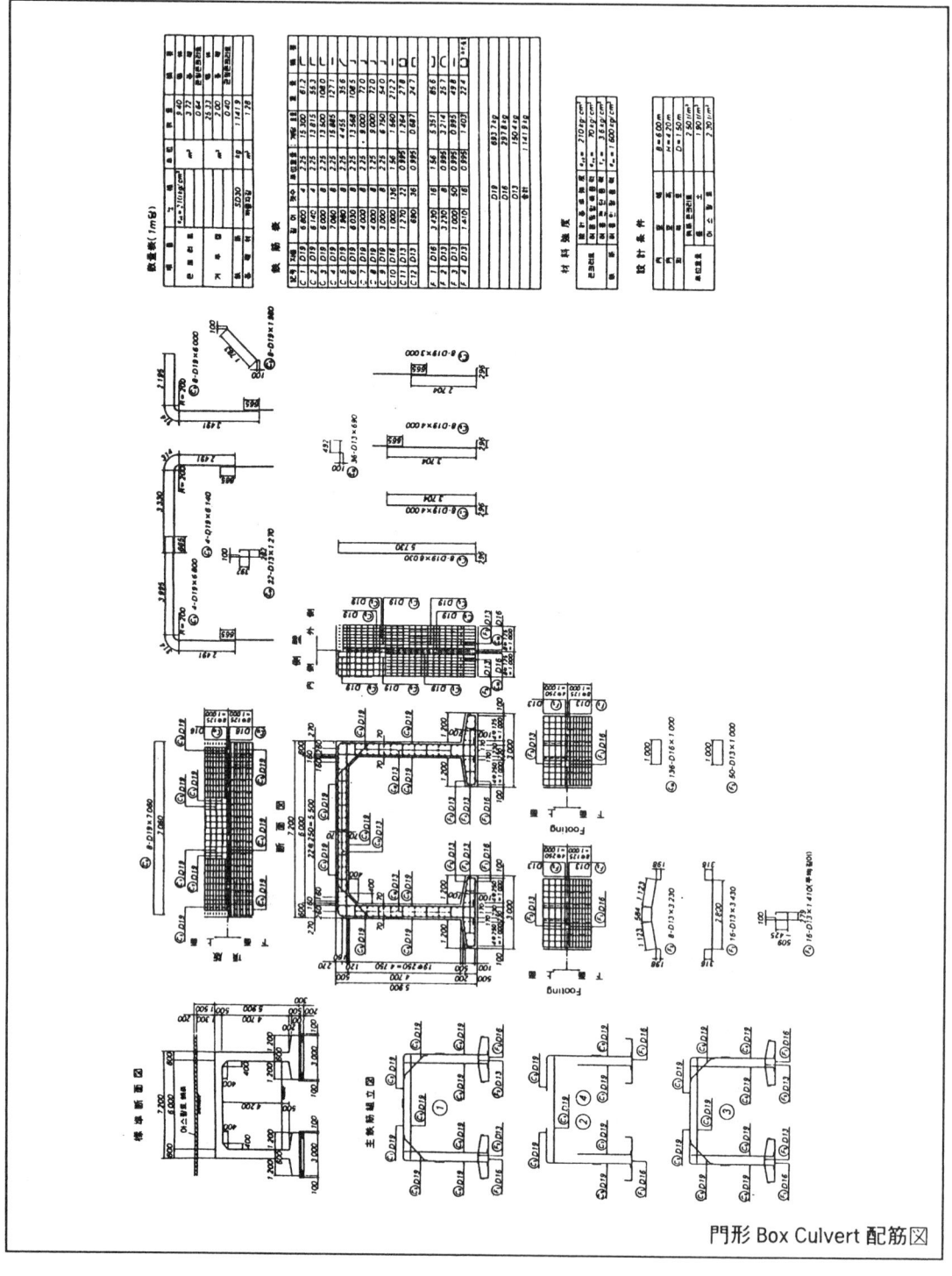

門形 Box Culvert 配筋図

16. Wing Wall(날개벽)의 주철근배근도

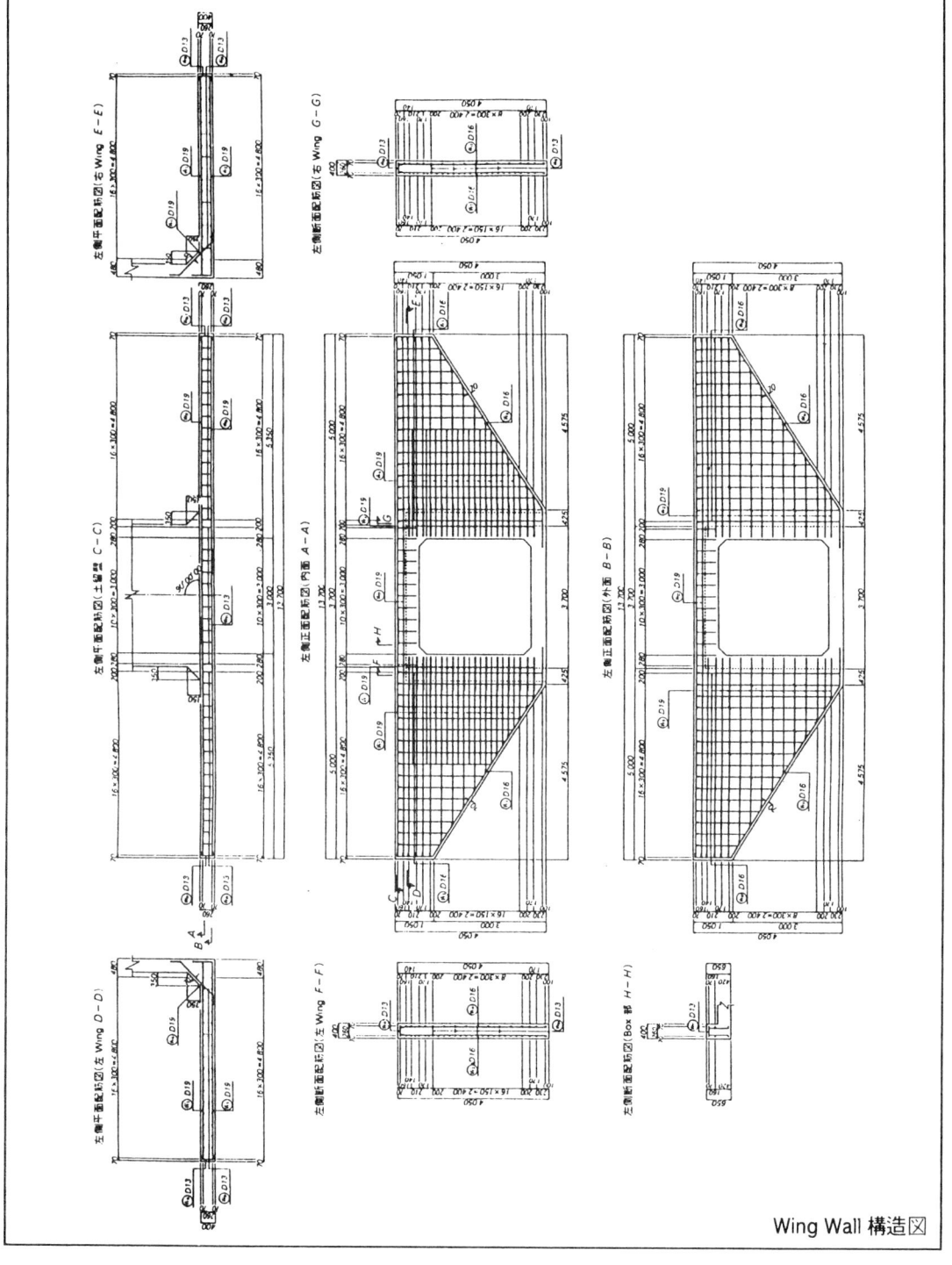

Wing Wall 構造図

17. 시방서의 누락사항에 대한 조치대안

토목공사 표준시방서에 따른다.

18. 시방서의 우선순위

(1) 특기(특별)시방서 > 표준시방서 > 설계도면(서)
(2) 발주자가 도면이나 시방서에 적용상의 우선순위는 분명하게 명기해야 할 사항이다.

19. Shop Drawing(시공상세도)

1. 작업원이 Workshop에서 가공·조립 등을 할 수 있도록 한 **시공상세도**를 의미한다.

2. 시공상세도(Shop Drawing) 검토·확인 : 접수후 7일이내에 검토승인

시공상세도의 검토내용(Shop Drawing) : Note난에 상세 설명(자재)
(1) 설계도면 및 시방서 또는 관계규정에 일치하는지 여부
(2) 현장기술자, 기능공이 명확하게 이해할 수 있는지 여부
(3) 실제 시공 가능한지 여부
(4) 안전성의 확보 여부
(5) 계산의 정확성
(6) 제도의 품질 및 선명성, 도면작성 표준에 일치 여부
(7) 도면으로 표시곤란한 내용은 시공시 유의사항으로 작성되었는가 등을 검토하여야 한다.

3. 시공상세도 작성비용

발주처에서 지급해야 한다.

4. 시공상세도 작성범위

계약도면/시방서 규정에 준해서 전공종에 대하여 작성
감리자의 승인을 득한 후 시공한다.

20. CM(Constructon Management)의 업무내용

(1) Construction Management

(2) 발주처에서 CM Contractor를 선정해서 CM 계약자가 Project의 조사, 설계, 계획, 입찰, 시공, 감리, 유지관리 단계전과정을 ?하는 계약제도를 의미한다.

(3) CM의 업무내용

No.	단계구분	계획단계	설계단계	구매단계	시공단계	시공후 단계
1	프로젝트관리	• 프로젝트조직의 구성 • 사업관리계획서 작성 • 계획단계 사전회의 • 설계자 선정	• 설계도서 검토 • 계약서류 작성 • 공공관련 업무 • 금융조달 지원 • 회의주관 • 원가 및 일정관리	• 입찰 및 계약절차 수립 • 회의주관 (입찰자대상)	• 현장시설물 확인 • 공사참여자 조정 • 회의주관 • 발주자의 지급자재, 장비에 대한 일정계획수립	• 각종문서를 발주자에게 인도
2	원가관리	• 프로젝트 및 공사비 예산 작성 • 비용분석	• 견적업무 • VE	• 추가사항에 대한 견적 • 입찰 심사 및 협상	• 공사진도 점검 • 공기연장에 대한 분석 • 만회공정계획 • 클레임검토	• 총공사비 내역을 발주자에게 제공
3	일정관리	• 마스터/마일스톤 스케일 작성	• 마스터/마일스톤 스케줄관리 • 설계일정검토 • 공사일정계획작성 • 플로트관리	• 일정관리책임에 관한 사항들을 입찰차들에게 주지	• 공사진도 점검 • 공기연장과 영향 분석 • 만회공정계획 • 클레임검토	• 사용계획서 작성
4	품질관리	• 품질관리 조직구성 • 설계자와 업무범위 검토 • 품질관리 계획서 작성	• 설계절차의 규정 • QA/QC 계획검토 • 품질관리 시방서 작성 • 시공성 및 VE검토	• 품질조건을 만족시키는 시공자 선정	• 인스팩션 및 시험 • 변경사항 검토 • 공사하자 점검 • 기성금 지급 • 준공검사 및 하자부분에 대한 펀치리스트 작성	• 유지관리 지침 제공 • 프로젝트 최종 평가서 제출
5	프로젝트 및 계약조정			• 입찰관련업무발주 계약 및 착공지시 • 공정/원가/현금 출납보고서	• 각종 문서관리 • 공사하자 점검/조치 • 공사진척보고서 작성 • 시공자의 클레임 접수/조치 • 시공도면 검토	• 예비부품 및 품질보증을 점검 • 최종허가 • 입주 및 가동을 지원 • 준공급 지원 • 최종공사비 보고서 제출 • 시공후 하자 보수 관리
6	안전관리	• 안전관리 주체결정 • 안전관리 조직		• 안전관리 계획작성 • 착공전 안전회의	• 안전점검 • 안전조정회의 • 안전검사 • 월간안전보고서	

Chapter 3

시공상세도

제1장 옹벽의 설계조건 및 시공상세도

1. 설계조건

(1) 적용시방서 및 설계지침 등
1) 도로교 표준시방서(1992년) (건설교통부)
2) 콘크리트 표준시방서(1988년) (건설교통부)
3) 고속도로 건설공사 설계기준(1993) (한국도로공사)
4) 도로설계 요령(1992) (한국도로공사)

(2) 설계기준강도
1) 철근콘크리트 f_{ck} = 240kg/cm² (2종)
2) 무근콘크리트 f_{ck} = 210kg/cm² (3종)
3) 철근(SD 30) f_y = 3,000kg/cm²

(3) 단위중량
1) 철근콘크리트 γ = 2.50 t/m³
2) 무근콘크리트 γ = 2.35 t/m³
3) 흙(사질토) γ = 1.90 t/m³

(4) 각 형식별 높이
1) 중력식, 분중력식 1.5m~4.0m
2) 역 T형 옹벽 3.0m~8.0m
3) L형 옹벽 3.0m~8.0m
4) 뒷 부벽식 7.0m

(5) 상재하중 : 1.00 t/m²

(6) 토질조건
1) 뒷채움 흙의 내부마찰각은 ϕ = 30°를 적용하였으며 사면경사가 1 : 1.5인 경우 사면경사와 동일하게 적용하였음.
2) 기초지반 흙의 내부마찰각은 35°을 적용하였음.
3) 토압계산은 시행 쐐기법(Trial Wedge Method)을 사용하여 전산 처리하였음.
4) 기초지반의 허용지지력은 30t/m²으로 계산
5) **점착력**은 무시하며 **지반**과 **옹벽 저판사이의 마찰계수**는 기초단면형상(활동방지

벽)에 따라 적용하였음
① 흙과 콘크리트 마찰 : $\mu = 0.5$
② 흙과 흙 마찰 : $\mu = \tan\phi$

(7) 안정조건
1) 활동에 대한 저항력중 **점착력**과 **수동토압**은 무시하였으며 **활동**에 대한 안전율은 1.5이상으로 하였음.

2) 전도에 대한 저항 Moment는 횡토압에 의한 전도 Moment의 2.0배 이상으로 하며 기초지반에 작용하는 외력의 합력은 기초저판의 **중앙 1/3이내**에 위치하는 것으로 함.

3) 지반지지력은 허용지지력을 넘지않는 것으로 함. ($q_a = 30t/m^2$)

(8) 구조세목 및 시공시 주의사항
1) 본 표준도에서 기초는 **직접기초**를 원칙으로 하였으며 옹벽설치 장소의 기초지반 지지력이 부족할 경우에는 **지반개량** 등으로 지반 지지력을 보강하여 적용하여야 함.

2) 사면경사가 1 : 1.5인 경우 뒷채움 내부마찰각은 사면경사 33.7°와 동일하게 적용하였으므로 **투수성**이 좋은 양질의 **사질토**를 사용하고 현장에서는 내부마찰각이 33.7°이상인 재료인지를 시험을 통하여 확인한 후 시공한다.

3) 옹벽 표면에는 **V형 홈**을 가진 **수축줄눈**을 설치하고 그 설치 간격은 중력 및 반중력식의 경우 **5.0m**, 역 T형 및 L형 옹벽의 경우 **6.0m**이하로 설치하여야 하며 **철근**은 **잘라서는 안된다**. (그림 1참조)

4) **신축이음**의 설치 간격은 철근구조물(역 T형, L형옹벽)은 18.0m이하, 무근구조물(중력식 및 반중력식옹벽)은 **10.0m**이하로 설치하며 **철근은 반드시 자르고 충진재**를 넣어야 함.(그림 2참조)

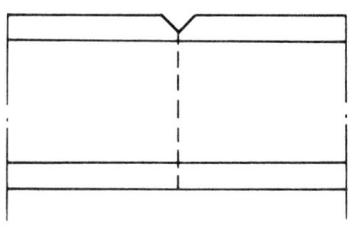

(그림 1) 수축줄눈

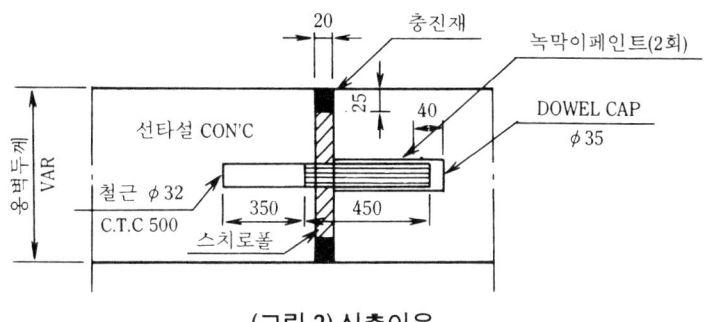

(그림 2) 신축이음

5) 배수공은 **직경 10cm**의 **배수공을 수평 방향으로는** 4.5m이하, 연직방향으로는 1.5m이하의 간격으로 설치하고, 최하단 배수공은 기초 지표면에서 **10cm 위**에 설치하고 옹벽 배수재는 40×40cm의 단면으로 조약돌 또는 깬 잡석을 **부직포**로 피복하여 배수공과 수평으로 설치하여, **배수**가 잘 되도록하여야 함.

6) 옹벽의 설치장소가 본 표준도 설계조건보다 양호할 경우(단순 흙막이용 또는 절토부로서 배면토압이 적을 경우)에는 본 표준도보다 적은 단면의 옹벽을 사용할 수 있다.

7) 본 표준도에서 수량은 옹벽의 단위 m당 수량이며, 철근량 계산시 **철근의 길이는 8.0m**를 기준으로 하였으며, 옹벽길이 방향의 철근 계산에는 **이음길이**를 가산하였고, 철근의 이음은 분산하여 실시하여야 한다.

(9) **형식별 적용요령**

1) **중력식 옹벽**
   ① 기초지반이 양호한 곳에 사용함.
   ② 옹벽높이 **4.0m**이하에 적합함.

2) **반 중력식 옹벽**
   ① 중력식의 구체 두께를 얇게 하여 콘크리트 양을 줄인 것임.
   ② 구체에 생기는 인장응력에 대해 철근으로 보강한 것임.
   ③ 옹벽 높이 **4.0m**이하에 적합함.

3) **역 T형 옹벽**
   ① L형에 비하여 저판을 적게 할 수 있음.
   ② 옹벽높이 3.0m~**8.0m**에 사용이 적합함.

4) **L형 옹벽**
   ① 앞굽을 길게 시공할 수 없을 경우에 사용함.
   ② 옹벽높이 3.0m~**8.0m**에 사용이 적합함.

5) 뒷 부벽식 옹벽
① 앞 부벽식 옹벽에 비해 저판을 적게할 수 있음.
② 성토면의 시공공간이 충분히 확보될 경우에 사용함이 좋음.
③ 옹벽높이 6.0~10.0m일 경우에 사용이 적합함.

(10) **지반 지지력의 추정**
각 옹벽은 반드시 지반의 조건을 충분히 검토하여 지지력이 충분한지를 확인하여야 함. 본 표준도에서는 **허용지지력을 30t/m²**으로 하였는바, 현지 지질조건 여하에 따라 특별히 고려해야 할 경우에는 원칙적으로 토질조사를 실시하여 결정하여야 한다.

(11) **표준도 적용의 제한**
아래와 같은 조건에서는 **표준도**를 그대로 **적용할 수 없으며** 각 경우 활동, 전도, 지지력 및 부재강도가 필요한 안전도를 갖도록 **별도 설계**하여야 한다.

1) 배면상의 조건
① 뒷채움 흙이 **점성토**인 경우
② 배면의 형상이 설계조건과 상이한 경우
③ 국부적인 **집중하중**이 작용하는 경우
④ 양호한 **배수**를 기대할 수 없는 경우(계곡부 등과 같이 배면의 배수가 곤란하여 수압이 작용할 우려가 있는 경우)

2) 지반조건
① **연약지반**에 **옹벽**을 설치할 경우
② 지반 **지지력이 부족**한 경우
③ **활동 저항력**이 설계 저항력보다 부족한 경우

3) 구조조건 : 표준도와 다른 형식의 토류 구조물인 경우
4) 기초 형식 조건 : 직접 확대 기초가 아닌 경우(Pile 기초등)

시공 순서도

시 공 순 서 도

1) 중력식 및 반중력식 옹벽

단 면 도   측 면 도

10.00 10.00 10.00 10.00 10.00

시공이음
(신축이음)

① ④ ② ⑤ ③

2) 역T형 및 L형 옹벽

단 면 도   측 면 도

18.00 18.00 18.00 18.00 18.00

시공이음
(신축이음)

① ④ ② ⑤ ③

중력식 옹벽

옹벽 높이	사면 경사	옹벽전면경사
2.50m	1:1.8~1.5	1:0.02~1:0.3

일 반 도

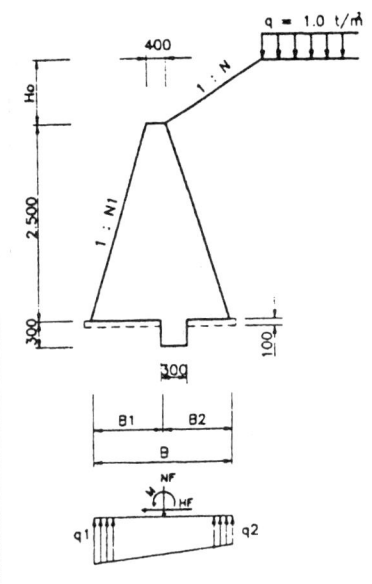

설계조건

항 목		단위	수 치
단위체적중량	토 사	t/m³	1.90
	콘크리트	t/m³	2.35
콘크리트설계기준강도		kg/cm²	210
활 동 안 전 율			1.5
내부 마찰각	1:1.8	degree	30.0°
	1:1.5	degree	33.7°

재료표 (1m당)

GW (단면형상번호)	N1	B(m)	콘크리트 (m³)	버림콘크리트 (m³)	거푸집 (m²)
GW1	0.02	1.80	2.84	0.17	5.342
GW2	0.02	2.00	3.09	0.19	5.442
GW3	0.10	1.60	2.59	0.15	5.187
GW4	0.10	1.80	2.84	0.17	5.264
GW5	0.10	2.00	3.09	0.19	5.354
GW6	0.10	2.20	3.34	0.21	5.454
GW7	0.20	1.60	2.59	0.15	5.146
GW8	0.20	1.80	2.84	0.17	5.207
GW9	0.20	2.00	3.09	0.19	5.281
GW10	0.20	2.20	3.34	0.21	5.367
GW11	0.30	1.80	2.84	0.17	5.193
GW12	0.30	2.00	3.09	0.19	5.251
GW13	0.30	2.20	3.34	0.21	5.322
GW14	0.30	2.40	3.84	0.23	5.500

주)
- 옹벽의 기초지반은 사질토로서 허용지지력이 q_a= 30 t/m² 이상이어야 한다.
- 배수구멍은 직경 ø100 을 적용하며 최소 상하 1.5 m 수평 4.5 m 기준으로 현장여건에 맞게 적용한다.
- 신축이음은 최대 10 m 를 기준으로 하고 충진재를 삽입한다.
- 수축줄눈은 V 형 홈을 5.0m이하로 설치한다.
- 옹벽의 높이가 변화하는곳은 높은단면을 기준으로 적용한다.

중력식(H=2.50m)

H = 2.5 m

N1	N	Ho/H	B	B1	B2	NF	HF	M	e	q1	q2	F.S	GW
1: 0.02	1 : 1.8	0.5	1.80	1.20	0.60	11.562	4.533	7.269	0.271	12.233	0.614	1.72	GW1
		1.0	1.80	1.20	0.60	12.265	5.158	7.697	0.272	13.002	0.626	1.60	GW1
		∞	2.00	1.40	0.60	15.037	6.285	11.603	0.228	12.669	2.368	1.60	GW2
	1 : 1.5	0.5	1.80	1.20	0.60	11.583	4.170	7.598	0.244	11.668	1.201	1.86	GW1
		1.0	1.80	1.20	0.60	12.469	4.893	8.193	0.243	12.536	1.318	1.71	GW1
1: 0.10	1 : 1.8	0.5	1.80	1.20	0.60	10.782	4.364	7.153	0.237	10.714	1.266	1.65	GW4
		1.0	2.00	1.40	0.60	12.853	5.158	10.238	0.203	10.348	2.505	1.66	GW5
		∞	2.20	1.60	0.60	15.624	6.285	14.698	0.159	10.186	4.017	1.65	GW6
	1 : 1.5	0.5	1.60	1.00	0.60	9.473	3.822	5.310	0.239	11.237	0.605	1.65	GW3
		1.0	1.80	1.20	0.60	11.499	4.668	7.915	0.212	10.896	1.881	1.64	GW4
1: 0.20	1 : 1.8	0.5	1.80	1.20	0.60	9.897	4.122	7.024	0.190	8.987	2.010	1.59	GW8
		1.0	2.00	1.40	0.60	11.709	4.867	9.782	0.165	8.746	2.963	1.59	GW9
		∞	2.20	1.60	0.60	13.990	5.826	13.593	0.128	8.584	4.134	1.58	GW10
	1 : 1.5	0.5	1.60	1.00	0.60	8.665	3.557	5.314	0.187	9.209	1.623	1.60	GW7
		1.0	2.00	1.40	0.60	11.859	4.609	10.241	0.136	8.356	3.503	1.69	GW9
1: 0.30	1 : 1.8	0.5	2.00	1.40	0.60	10.320	4.070	9.134	0.115	6.938	3.382	1.66	GW12
		1.0	2.20	1.60	0.60	12.085	4.806	12.183	0.092	6.869	4.117	1.65	GW13
		∞	2.40	1.50	0.90	14.281	5.734	16.320	0.057	6.802	5.099	1.57	GW14
	1 : 1.5	0.5	1.80	1.20	0.60	9.105	3.501	7.209	0.108	6.882	3.234	1.69	GW11
		1.0	2.00	1.40	0.60	10.811	4.289	9.795	0.094	6.930	3.881	1.64	GW12

중력식($H=2.50$m)

반중력식 옹벽

옹벽 높이	사면 경사	성토높이/옹벽높이
3.00m	LEVEL	LEVEL

일 반 도

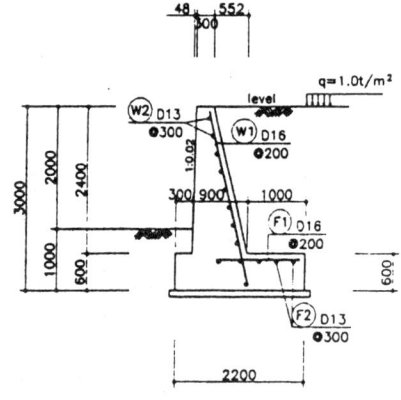

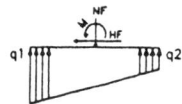

설 계 조 건

항 목	단위	수치
옹 벽 높 이	m	3.0
성 토 높 이	m	0.0
뒷채움흙의 내부마찰각	degree	30.0
단위체적중량	토 사	t/m³	1.90
	철근콘크리트	t/m³	2.35
콘크리트 설계기준 강도	kg/cm²	210
철 근 인 장 강 도	kg/cm²	3000
허 용 지 지 력	t/m²	30
활 동 안 전 율		1.5

외력표 (1m당)

항 목	단위	크 기
NF	t	13.857
HF	t	3.850
M	t.m	12.986
q1	t/m²	9.096
q2	t/m²	3.501

철 근 상 세

W1 D16 N= 5 L1=2.970 L= 2.970
F1 D16 N= 5 L1=1.380 L= 1.380
W2 D13 N=10 L1=1.000 L= 1.040 Ld= 38
F2 D13 N= 4 L1=1.000 L= 1.040 Ld= 38

L1　　Ld　(Ld=300/8)

재 료 표 (1m당)

항 목	단위	수량	적 요
콘크리트	옹 벽	m³	1.440	
	기 초	m³	1.320	
	계	m³	2.760	
버림콘크리트		m³	0.240	
거푸집	코 팅	m²	2.400	
	합판3회	m²	2.463	
	합판4회	m²	1.200	
	마 감	m²	2.760	계소당
비 계 강 관		m²	0.000	
배수관	PVC∅100	EA	1	4.5m당
부 직 포		m²	0.900	
철 근 계		t	0.049	

철 근 표 (1m당)

부호	직경(mm)	길이(m)	갯수	총길이(m)	단위중량(kg/m)	중무게(t)	비고
W1	D16	2.970	5	14.850			(3%할증)
F1		1.380	5	6.900			
소		계		21.750	1.560	0.034	
W2	D13	1.040	10	10.400			
F2		1.040	4	4.160			
소		계		14.560	0.995	0.014	
총		계				0.048	0.049

[주] 1. 옹벽의 기초지반은 사질토로서 허용지지력이 qa = 30 t/m² 이상이어야 한다.
2. 뒷채움 및 성토재는 투수성이 좋은 사질토로 하고 내부마찰각을 사면의 구배 이상으로 하여 사면의 안정을 확보하여야 하며 옹벽내면의 배수를 고려하여 시공하여야 한다.
3. 배수구멍은 직경 10cm를 적용하며, 상하간격 1.5m 이하 수평간격 4.5m 이하를 기준으로 현장여건에 맞게 적용한다.
4. 수축줄눈은 V형 홈을 5.0m 이하 간격으로 설치한다.
5. 신축이음은 최대 10m를 기준으로 하고 충진재를 삽입한다.

M-30-L

제1장 옹벽의 설계조건 및 시공상세도

옹벽 높이	사면 경사	성토높이/옹벽높이
5.00m	LEVEL	LEVEL

일 반 도

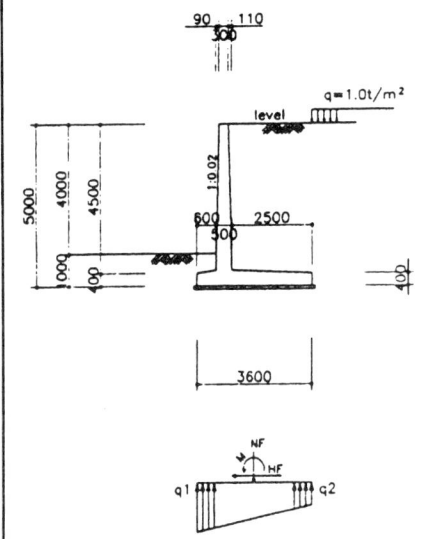

설 계 조 건

항 목	단 위	수 치
옹 벽 높 이	m	5.0
상 토 높 이	m	0.0
뒷채움흙의 내부마찰각	degree	30.0
단위체적중량	토 사 t/m³	1.90
	철근콘크리트 t/m³	2.5
콘크리트 설계기준 강도	kg/cm²	240
철 근 인 장 강 도	kg/cm²	3000
허 용 지 지 력	t/m²	30
활 동 안 전 율		1.5

외력표 (1m당)

항 목	단 위	크 기
NF	t	33.305
HF	t	9.583
M	t.m	52.431
q1	t/m²	12.732
q2	t/m²	5.771

재 료 표 (1m당)

항 목		단위	수량	적요
콘크리트	옹 벽	m³	1.800	
	기 초	m³	1.645	
	계	m³	3.445	
버림콘크리트		m³	0.380	
거푸집	코팅	m²	4.501	
	합판3회	m²	4.501	
	합판4회	m²	0.800	
	마 감	m²	3.445	계스당
비 계	강 관	m²	8.000	
배수관	PVC∮100	EA	2	4.5m장
부직포		m²	1.800	
철 근	계	t	0.297	

철 근 표 (1m당)

부호	직경(mm)	길이(m)	갯수	총길이(m)	단위중량(kg/m)	총무게(t)	비고
W1	D19	5.320	4	21.280			(3차할용)
W2		3.300	4	13.200			
F2		3.110	4	12.440			
F3		3.810	4	15.240			
소	계			62.160	2.250	0.140	
F1	D16	3.820	4	15.280			
소	계			15.280	1.560	0.024	
W3	D13	5.320	4	21.280			
W4		1.040	19	19.760			
W5		1.040	29	30.160			
W6		0.570	4	2.280			
W7		0.490	18	8.820			
F4		1.040	14	14.560			
F5		1.040	20	20.800			
F6		1.050	2	2.160			
F7		1.070	6	6.420			
소	계			126.240	0.995	0.126	
총	계				0.289	0.297	

[주] 1. 옹벽의 기초지반은 사질토로서 허용지지력이 qa = 30 t/m² 이상이어야 한다.
2. 뒷채움 및 성토재는 투수성이 좋은 사질토로 하고 내부마찰각을 사면의 구배 이상으로 하여 사면의 안정성을 확보하여야 하며 옹벽배면의 배수를 고려하여 시공하여야 한다.
3. 배수구멍은 직경 10cm를 적용하며, 상하간격 1.5m 이하 수평간격 4.5m 이하를 기준으로 현장여건에 맞게 적용한다.
4. 옹벽전면에는 V형의 홈을 가진 수축줄눈을 6m 이하의 간격으로 만들고 철근을 끊어서는 안된다.
5. 신축이음의 간격은 최대 18m 이하로 하고 충진재를 삽입한다.

T-50-L

Cantilever 옹벽

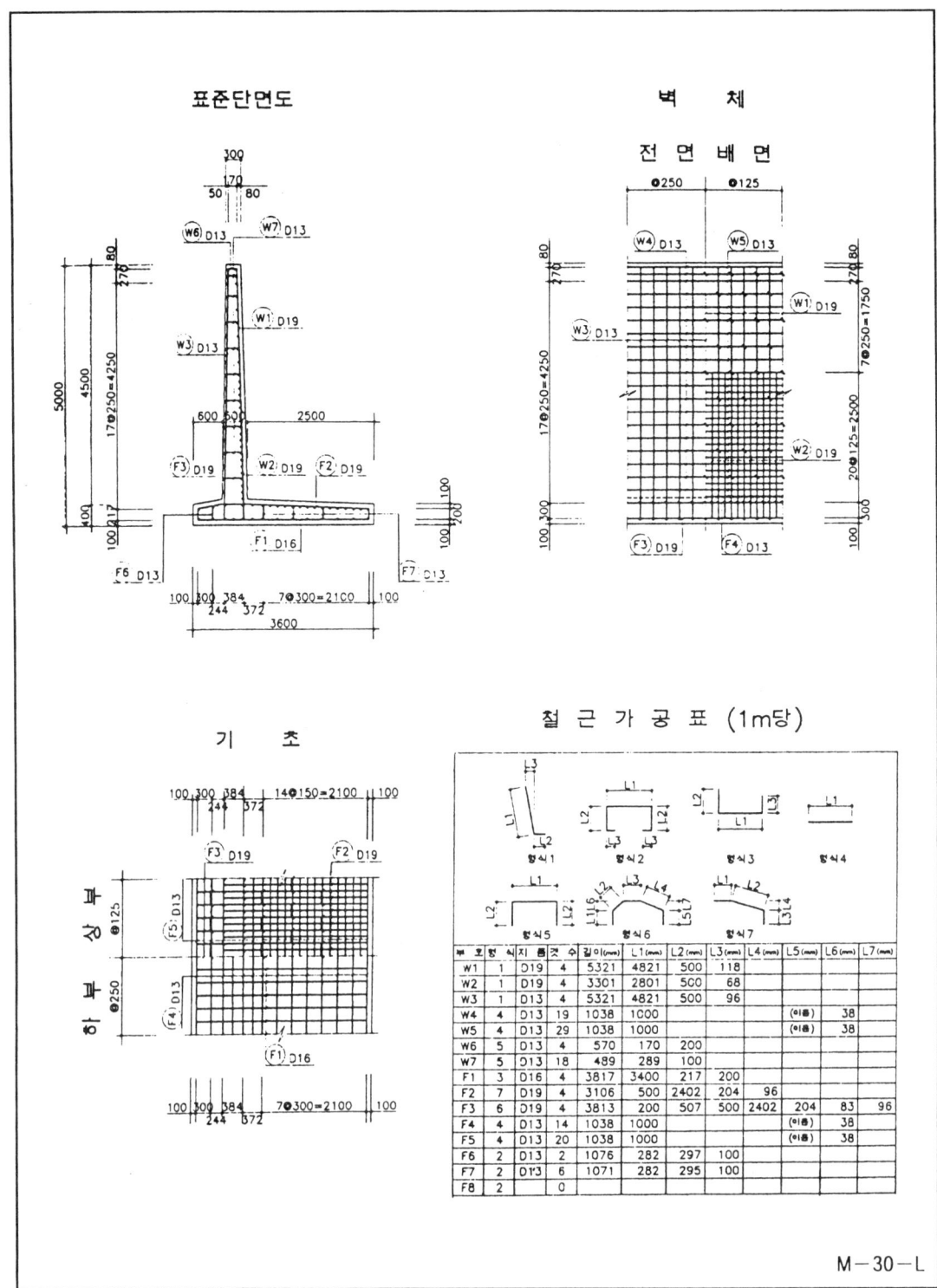

제1장 옹벽의 설계조건 및 시공상세도

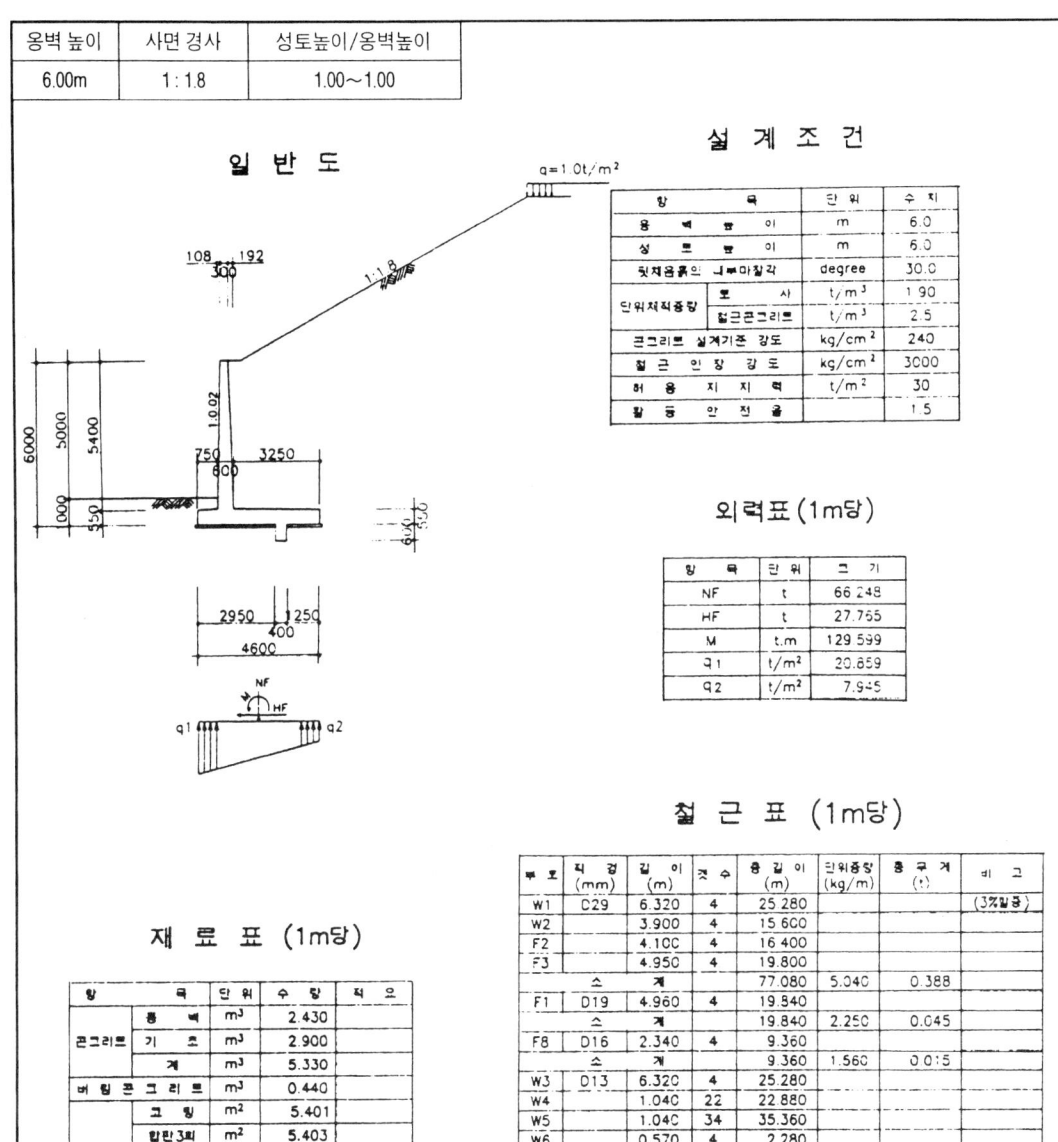

T-60-1-4

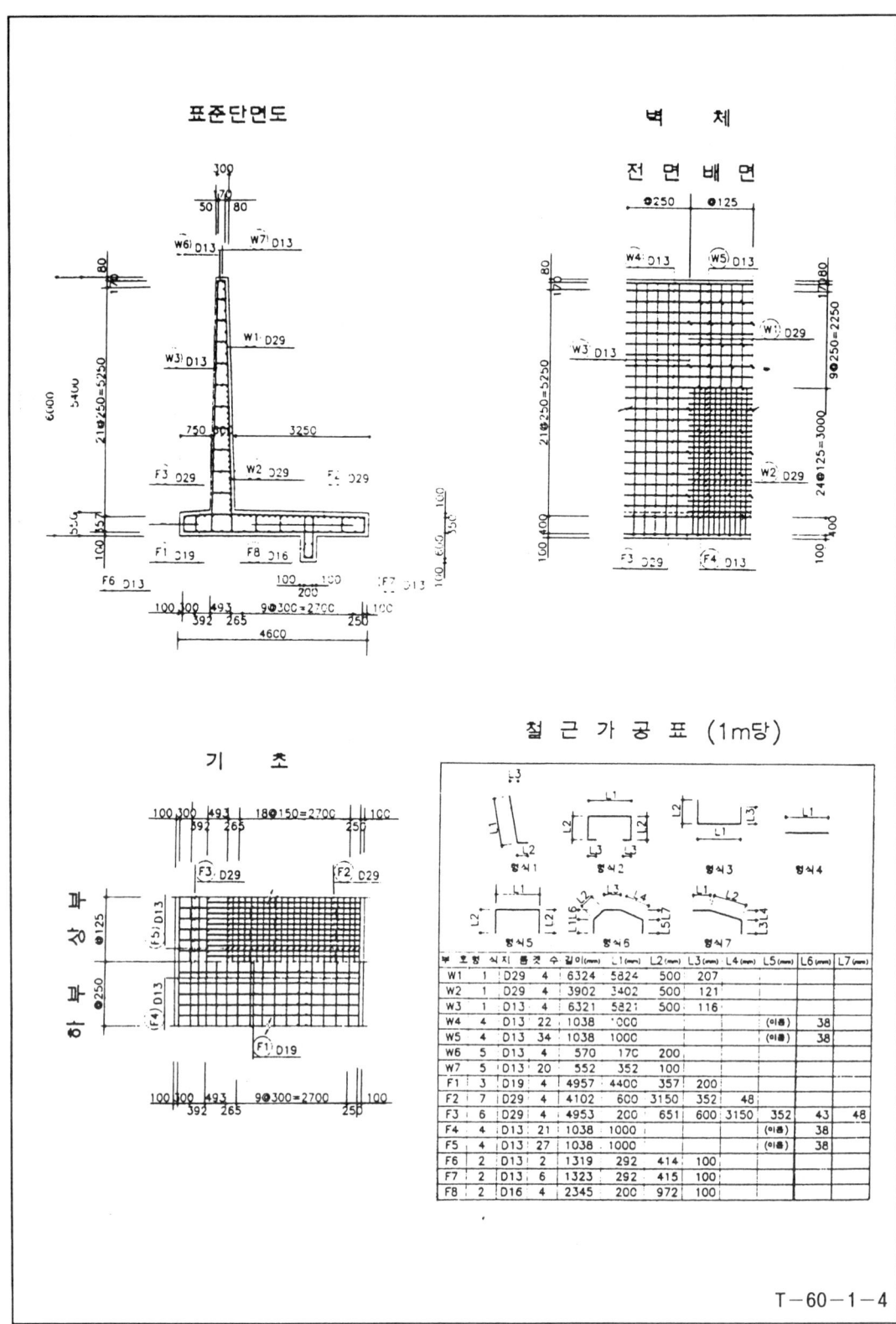

제1장 옹벽의 설계조건 및 시공상세도

L형 옹벽 시공상세도

옹벽 높이	사면 경사	성토높이/옹벽높이
6.00m	LEVEL	LEVEL

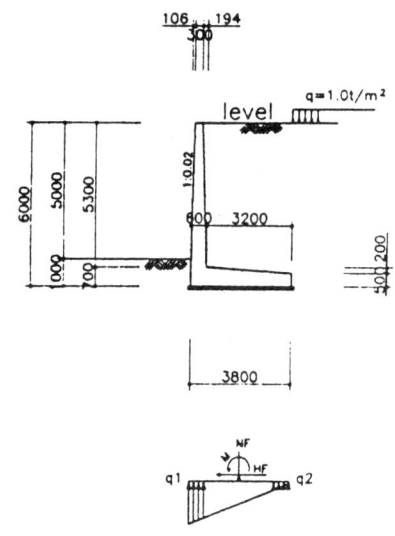

일 반 도

설 계 조 건

항 목	단위	수 치
옹 벽 높 이	m	6.0
상 토 높 이	m	0.0
뒷채움흙의 내부마찰각	degree	30.0
단위체적중량 모 래	t/m³	1.90
철근콘크리트	t/m³	2.5
콘크리트 설계기준 강도	kg/cm²	240
철 근 인 장 강 도	kg/cm²	3000
허 용 지 지 력	t/m²	30
활 동 안 전 율		1.5

외력표 (1m당)

항 목	단위	크 기
NF	t	49.015
HF	t	13.400
M	t.m	65.536
q1	t/m²	24.364
q2	t/m²	1.433

재 료 표 (1m당)

항 목		단위	수량	적 요
콘크리트	옹 벽	m³	2.385	
	기 초	m³	2.340	
	계	m³	4.725	
버림콘크리트		m³	0.400	
거푸집	코 팅	m²	5.301	
	합판3회	m²	5.304	
	합판4회	m²	1.200	
	마 감	m²	4.725	계수당
비 계	강 관	m²	9.600	
배 수 관	PVC∮100	EA	3	4.5m당
부 직 포		m²	2.700	
철 근 계		t	0.432	

철 근 표 (1m당)

부호	직경(mm)	길이(m)	갯수	총길이(m)	단위중량(kg/m)	총구계(t)	비 고
W1	D22	6.320	4	25.280			(3%중)
W2		4.000	4	16.000			
F1		3.300	4	15.200			
F2		4.110	8	32.880			
소 계				89.360	3.040	0.272	
W3	D13	6.820	4	27.280			
W4		1.040	22	22.880			
W5		1.040	34	35.360			
W6		0.570	4	2.280			
W7		0.520	20	10.400			
F3		1.040	14	14.560			
F4		1.040	24	24.960			
F5		1.410	8	11.280			
소 계				149.000	0.995	0.148	
총 계						0.420	0.432

[주] 1. 옹벽의 기초지반은 사질토로서 허용지지력이 qa = 30 t/m² 이상이어야 한다.
2. 뒷채움 및 성토지는 투수성이 좋은 사질토로 하고 내부마찰각을 사면의 구배 이상으로 하여 사면의 안정을 확보하여야 하며 옹벽배면의 배수를 고려하여 시공하여야 한다.
3. 배수구멍은 직경 10cm를 적용하며, 상하간격 1.5m 이하 수평간격 4.5m 이하를 기준으로 현장여건에 맞게 적용한다.
4. 옹벽전면에는 V형의 홈을 가진 수축줄눈을 6m 이하의 간격으로 만들고 철근은 잘라서는 안된다.
5. 신축이음의 간격은 최대 18m 이하로 하고 충진재를 삽입한다.

L-60-L

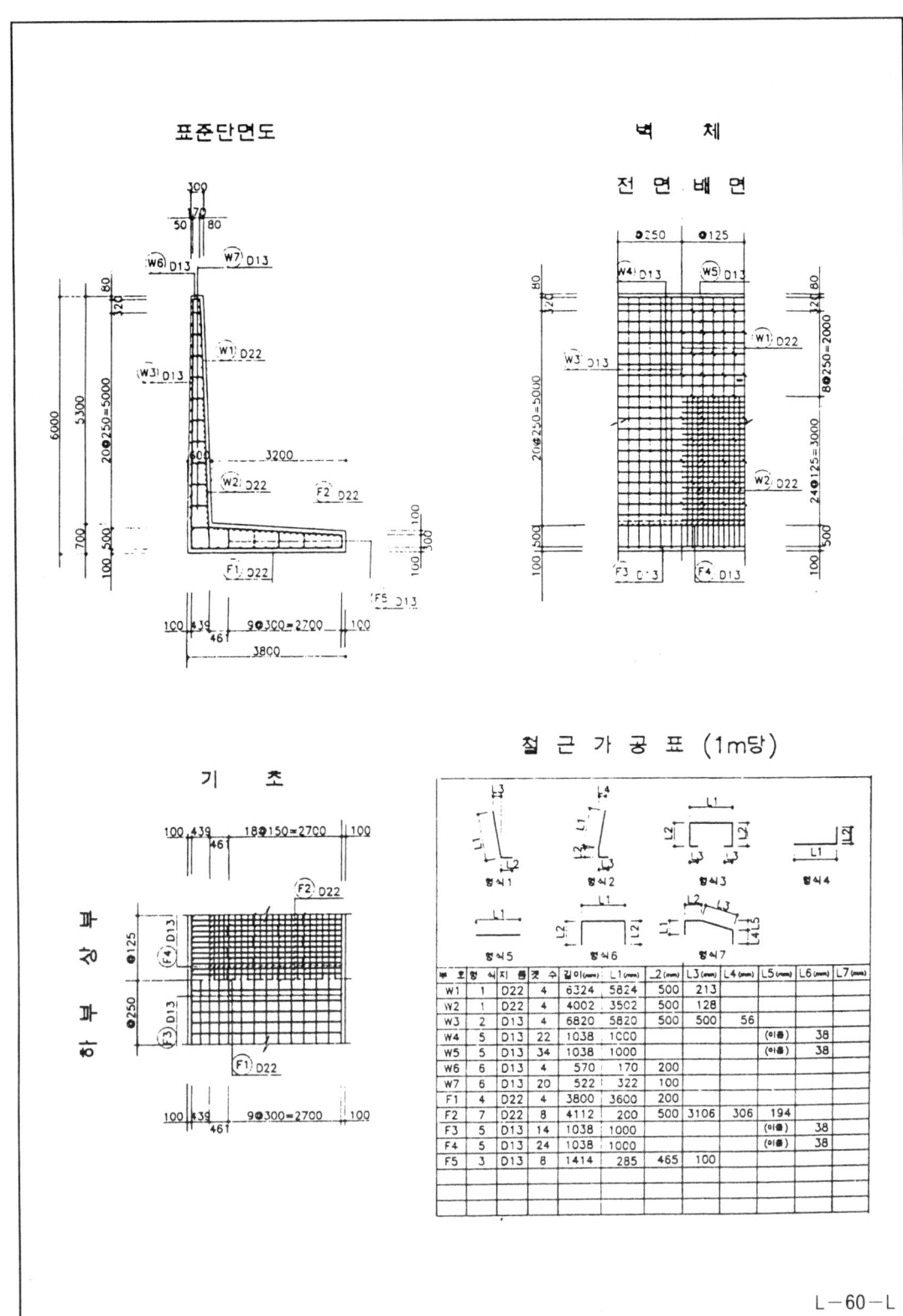

부벽식 옹벽 시공상세도

정면도
S=1:100

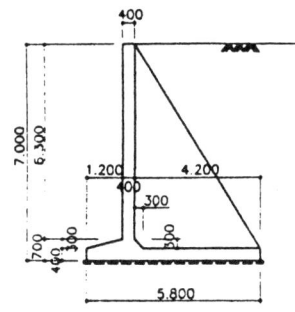

평면도

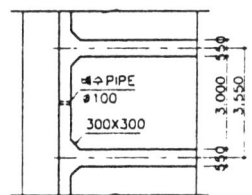

설계조건

항 목	단위	크기
옹 벽 높 이	m	7.0
상 토 높 이	m	0.0
뒤채움흙의 내부마찰각	degree	30.0
단위체적중량	토 사 t/m³	1.90
	철근콘크리트 t/m³	2.5
콘크리트 설계기준 강도	kg/cm²	240
철 근 인 장 강 도	kg/cm²	3000
허 용 지 지 력	t/m²	30.0
활 동 안 전 율		1.5

외력표
(L=3.55m당)

항 목	단위	크기
NF	t	252.930
HF	t	61.225
M	t.m	150.250
q₁	t/m²	13.644
q₂	t/m²	10.924

재료표
(L=3.55m당)

항 목		단위	수량	적요
콘크리트	옹벽	m³	17.111	
	기초	m³	9.461	
	계	m³	26.572	
기초콘크리트		m³	2.130	
거푸집	합판3회	m²	49.694	
	고 벽	m²	22.365	전면
	합판4회	m²	2.840	기초
	마 감	m²	5.185	계소당
비 계 강 관		m²	53.040	
배 수 관	PVC Φ100	EA	4	1.5m간격
부직포		m²	10.800	0.9m²/설
철 근 계		t	2.096	3%할증

철근재료표
(L=3.55m당)

부호	직경(mm)	길이(m)	갯수	총길이(m)	단위중량(kg/m)	총무게(t)	비 고
B1	D22	5.560	6	33.480			(3%할증)
B3		5.500	6	33.000			
소	계			66.480	3.040	202.099	0.208
F4	D19	2.070	22	45.540			
92		3.560	6	21.900			
소	계			67.440	2.250	151.740	0.156
F1	D16	3.740	29	108.460			
F2	"	4.050	5	20.250			
F7	"	1.640	12	19.600			
W1	"	3.740	42	157.080			
W2	"	4.050	20	81.000			
소	계			386.470	1.560	602.893	0.620
F3	D13	4.380	12	52.560			
F5	"	4.600	12	55.200			
F6	"	1.550	9	13.950			
F8	"	1.170	9	10.530			
9	"	430	24	10.320			
F10	"	710	6	4.260			
W3	"	7.050	9	63.450			
W4	"	7.050	12	84.600			
W5	"	2.200	10	22.000			
W6	"	510	25	12.750			
B4	"	4.200	28	117.600			
B5	"	2.050	28	57.400			
B6	"	2.700	40	108.000			
B7	"	3.150	144	453.600			
B8	"	680	28	19.040			
소	계			1,085.260	0.995	1079.834	1.112
총	계					2.036	2.096

주 1. 옹벽의 기초지반은 사질토로서 허용지지력이 q_a =30t/m² 이상이어야 한다.
2. 뒷채움은 투수성이 좋은 사질토로 하고 옹벽배면의 배수를 고려하여 시공하여야 한다.
3. 배수구멍은 직경 10cm를 적용하여 상하간격 1.5m 이하로 하여 부벽사이에 최소 1개소이상으로 현장여건에 맞게 적용한다.
4. 옹벽 전면에는 V형 홈의 수축줄눈을 만들고 간격은 6m 이하로 하여 철근은 잘라서는 안된다.
5. 신축이음의 간격은 최대 18m이하로 하고 종진재를 삽입한다.

부벽옹벽(1)

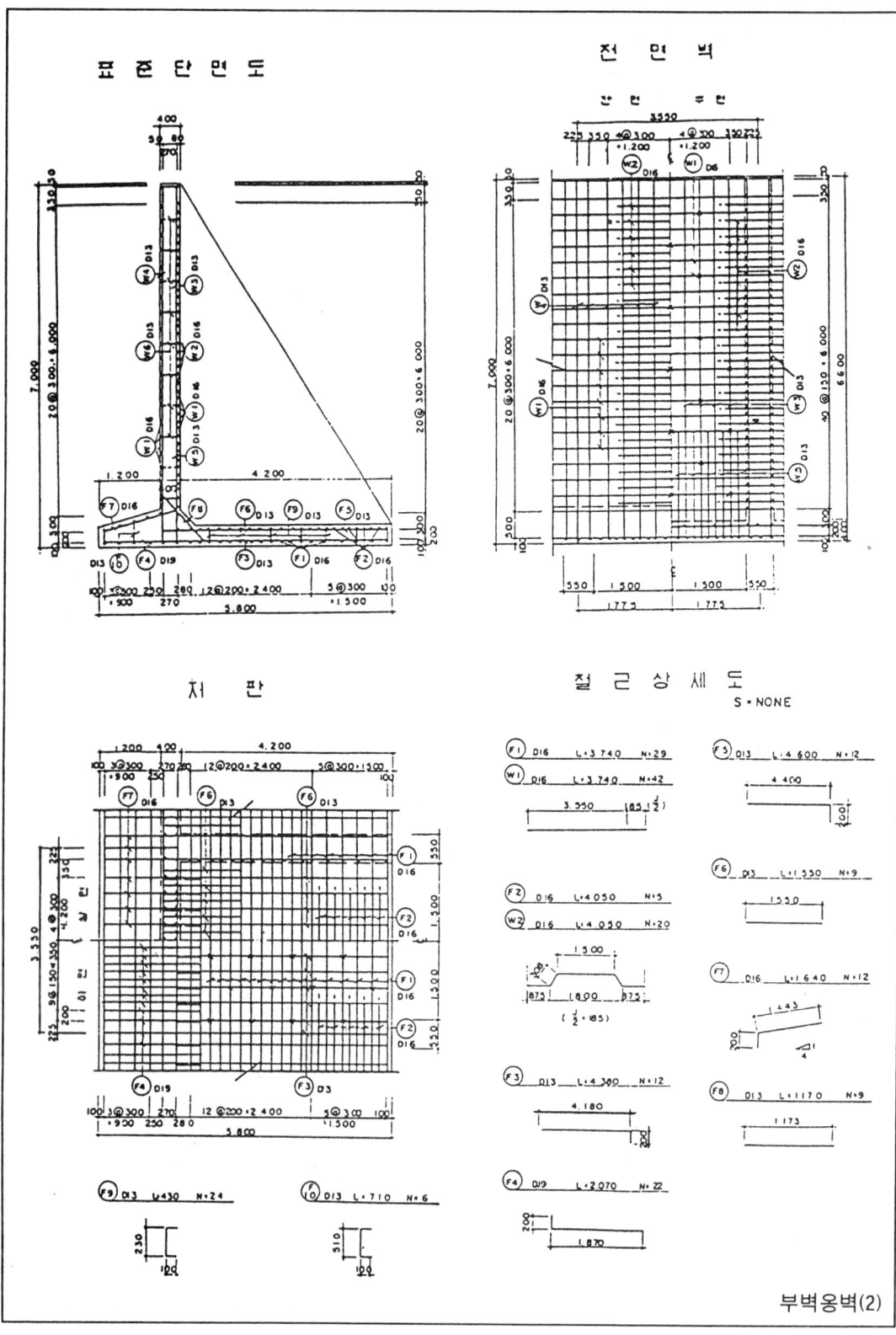

부벽옹벽(2)

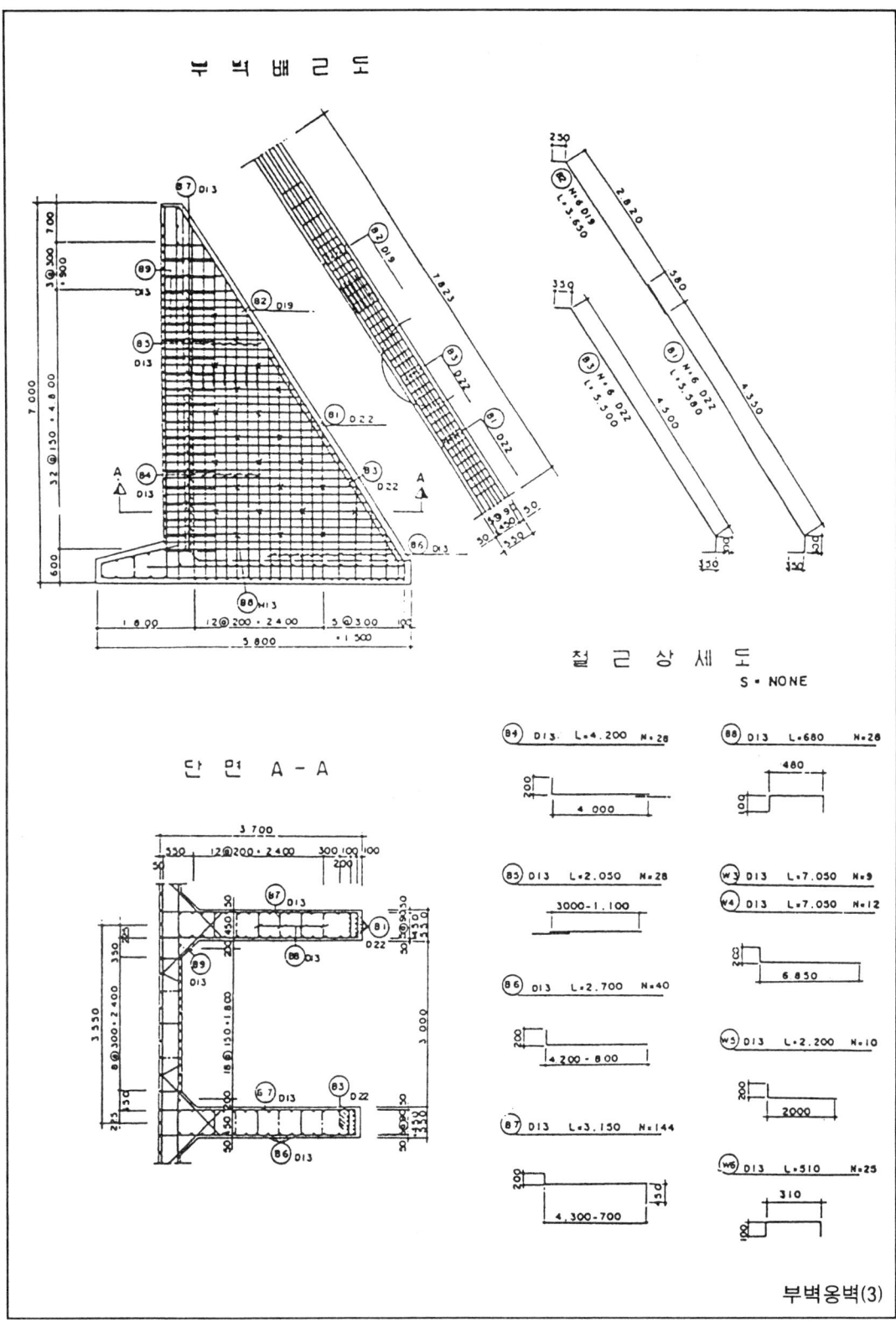

제2장 도로포장단면도 및 줄눈시공

표준횡단면도(1) - 아스팔트 콘크리트 포장(지방일부구간)

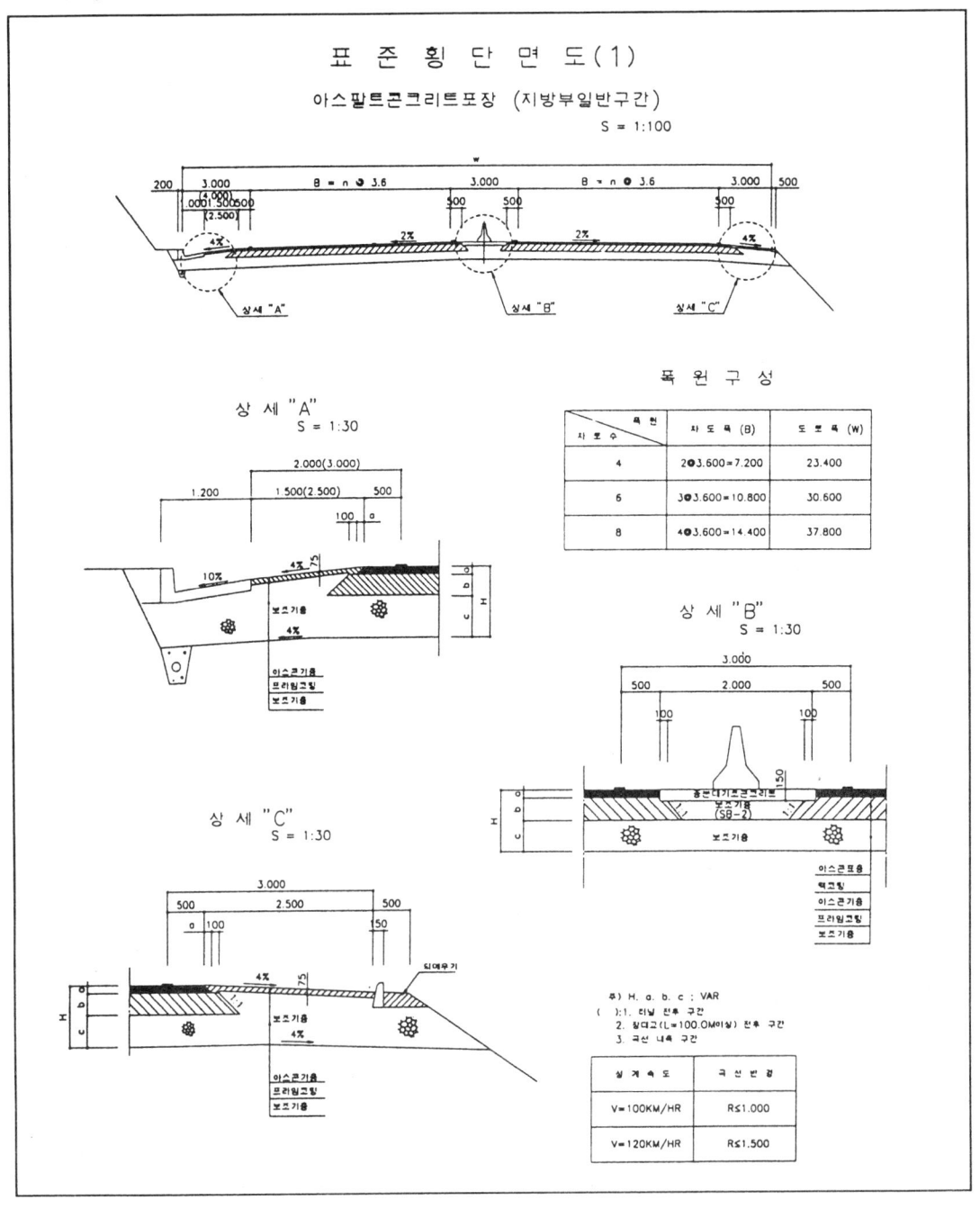

표준횡단면도(2) - 콘크리트포장(지방부 일반구간)

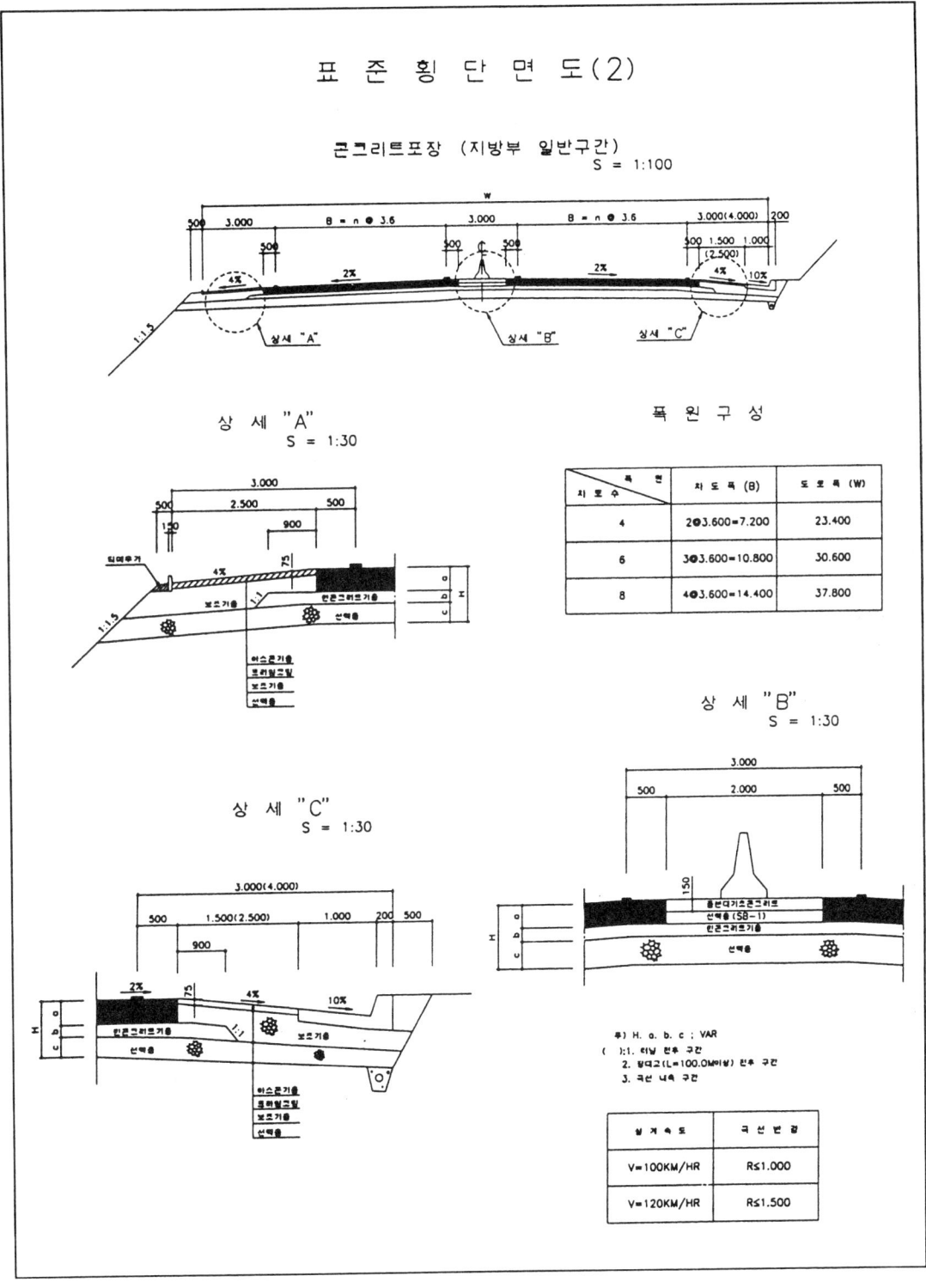

콘크리트포장 줄눈 일반도(4차로)

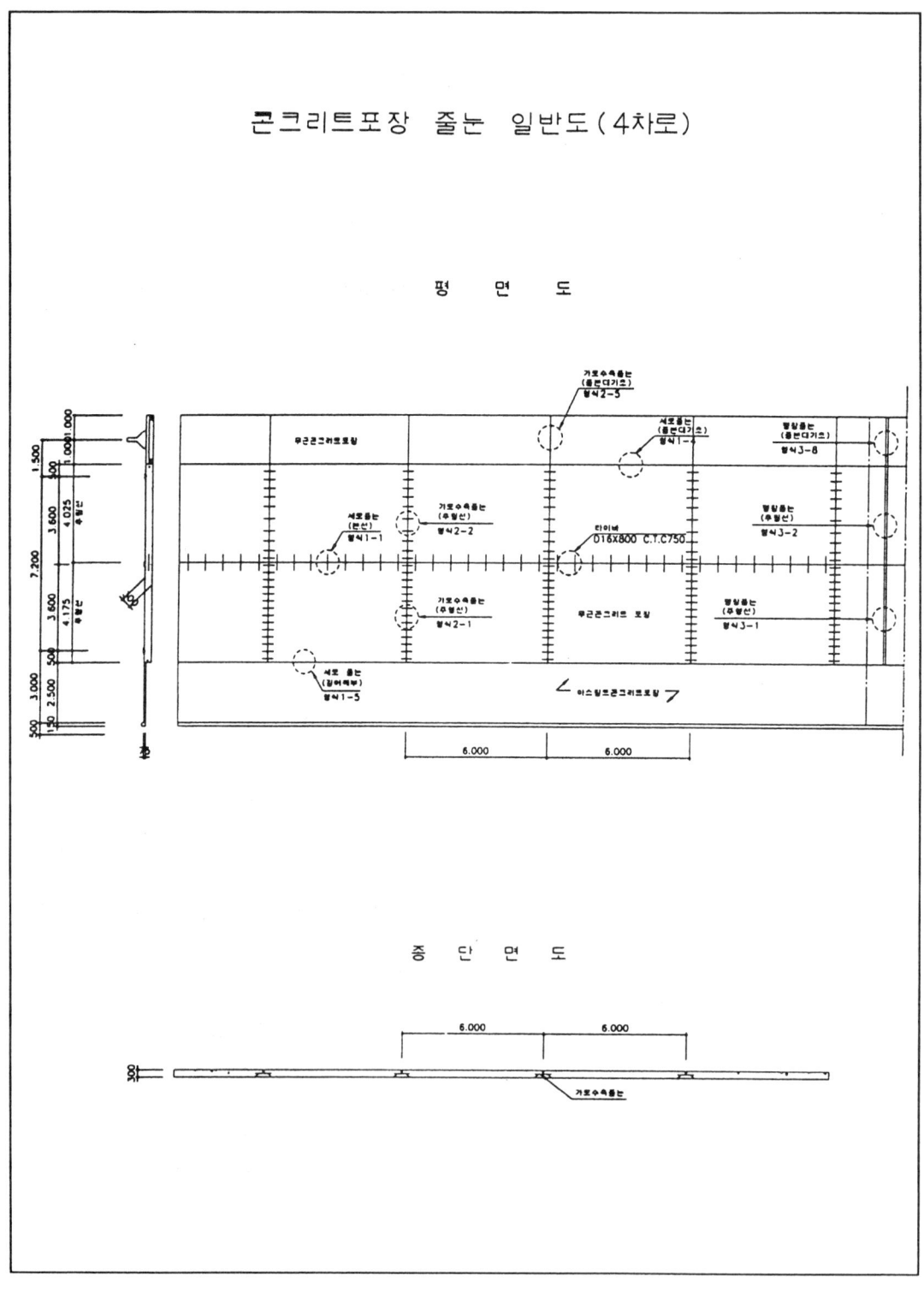

콘크리트포장 줄눈 일반도(6차로)

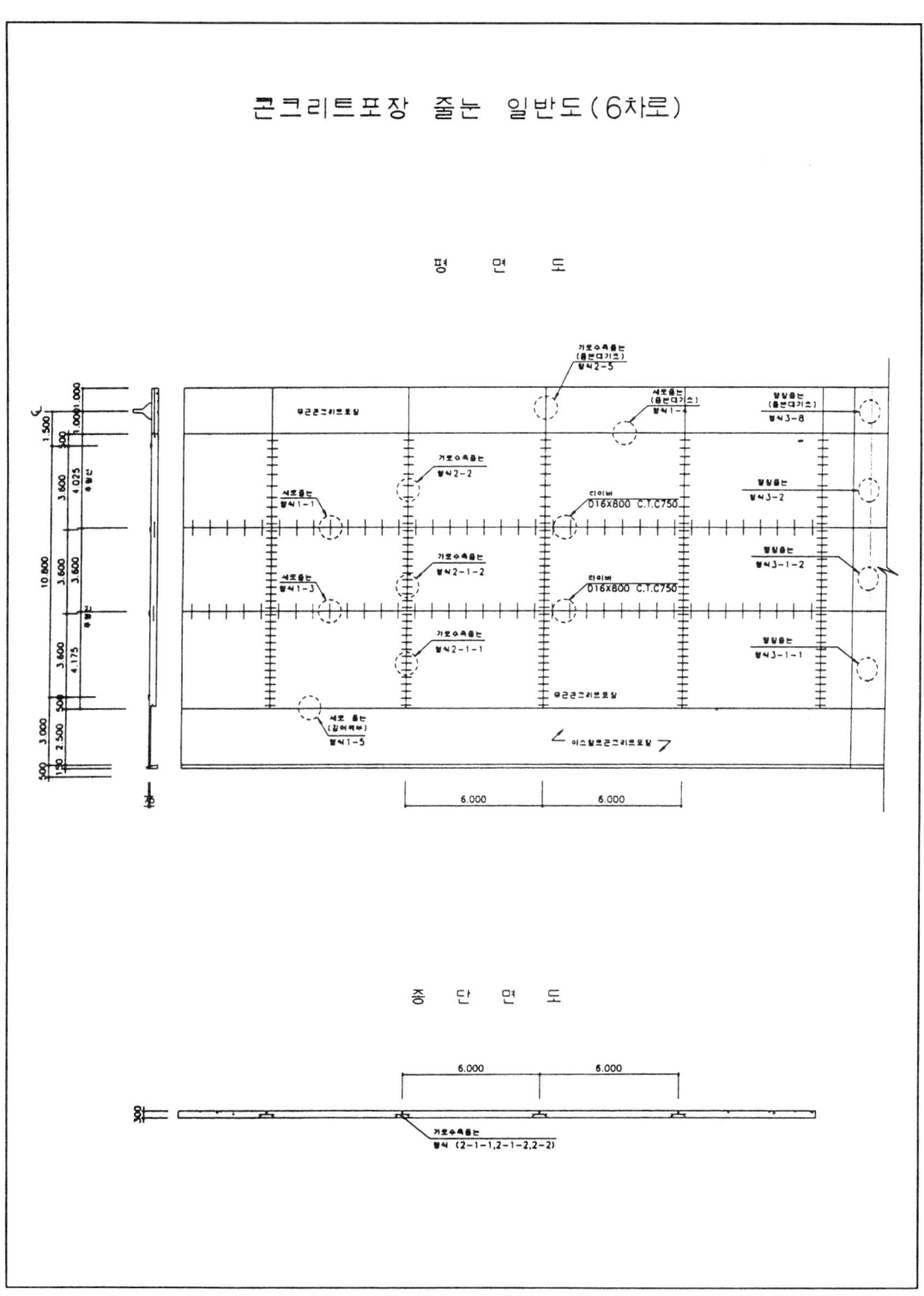

콘크리트포장 줄눈 일반도(8차로)

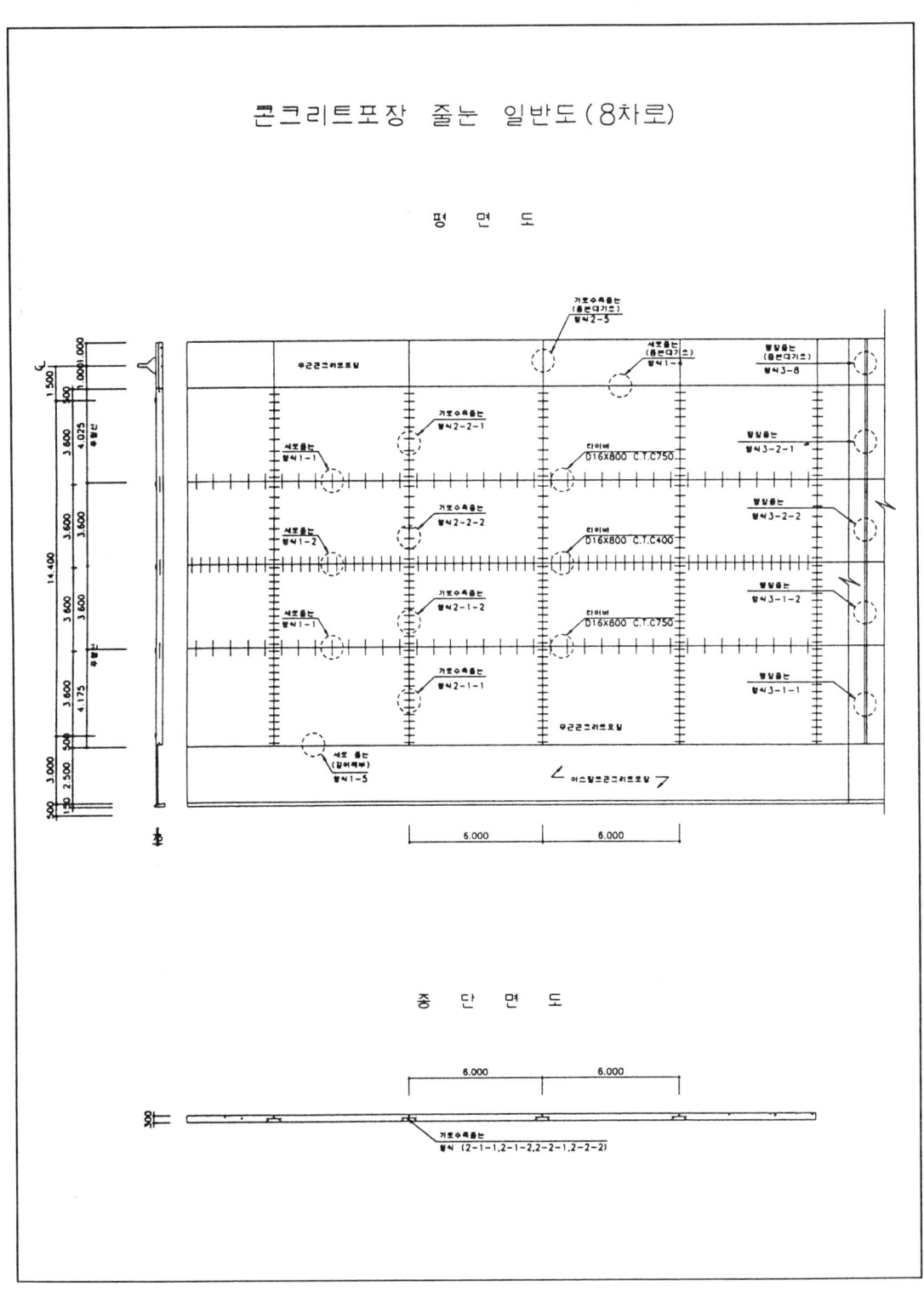

수축줄눈 - 4차로 (본선용 : 형식 2-1, 2-2)

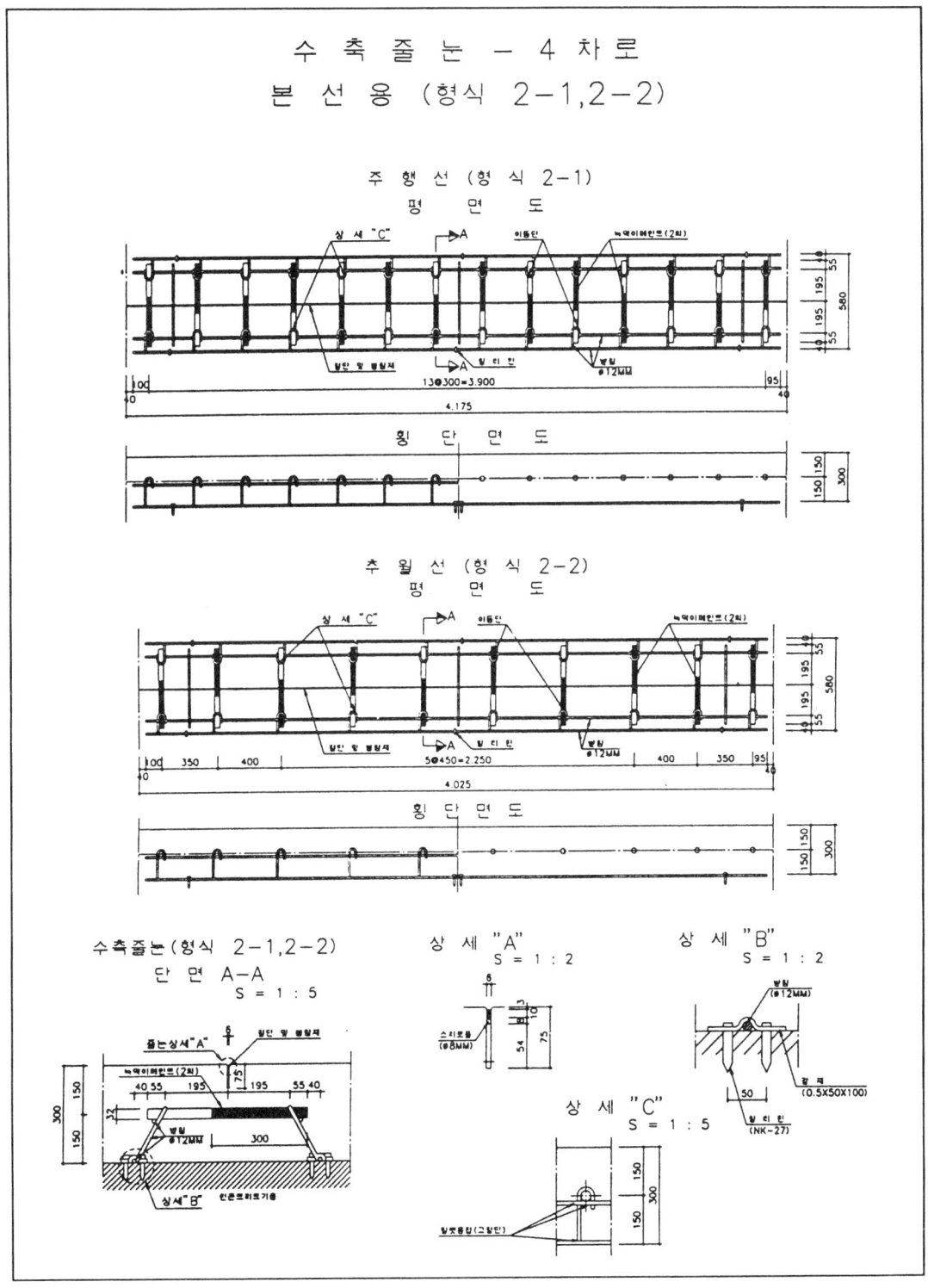

팽창줄눈 - 4차로(본선용 : 형식 3-1, 3-2)

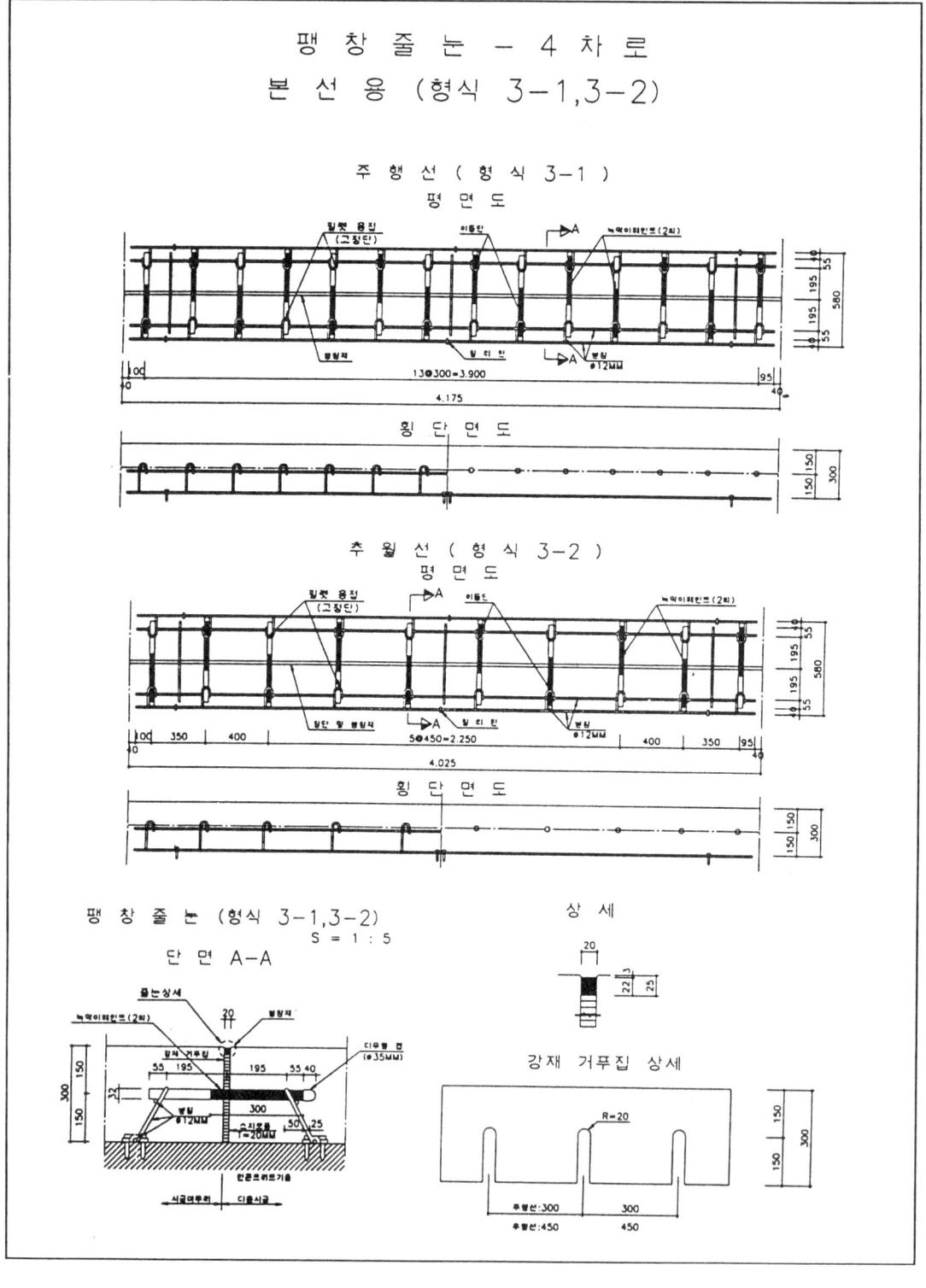

칼라방음벽(1)

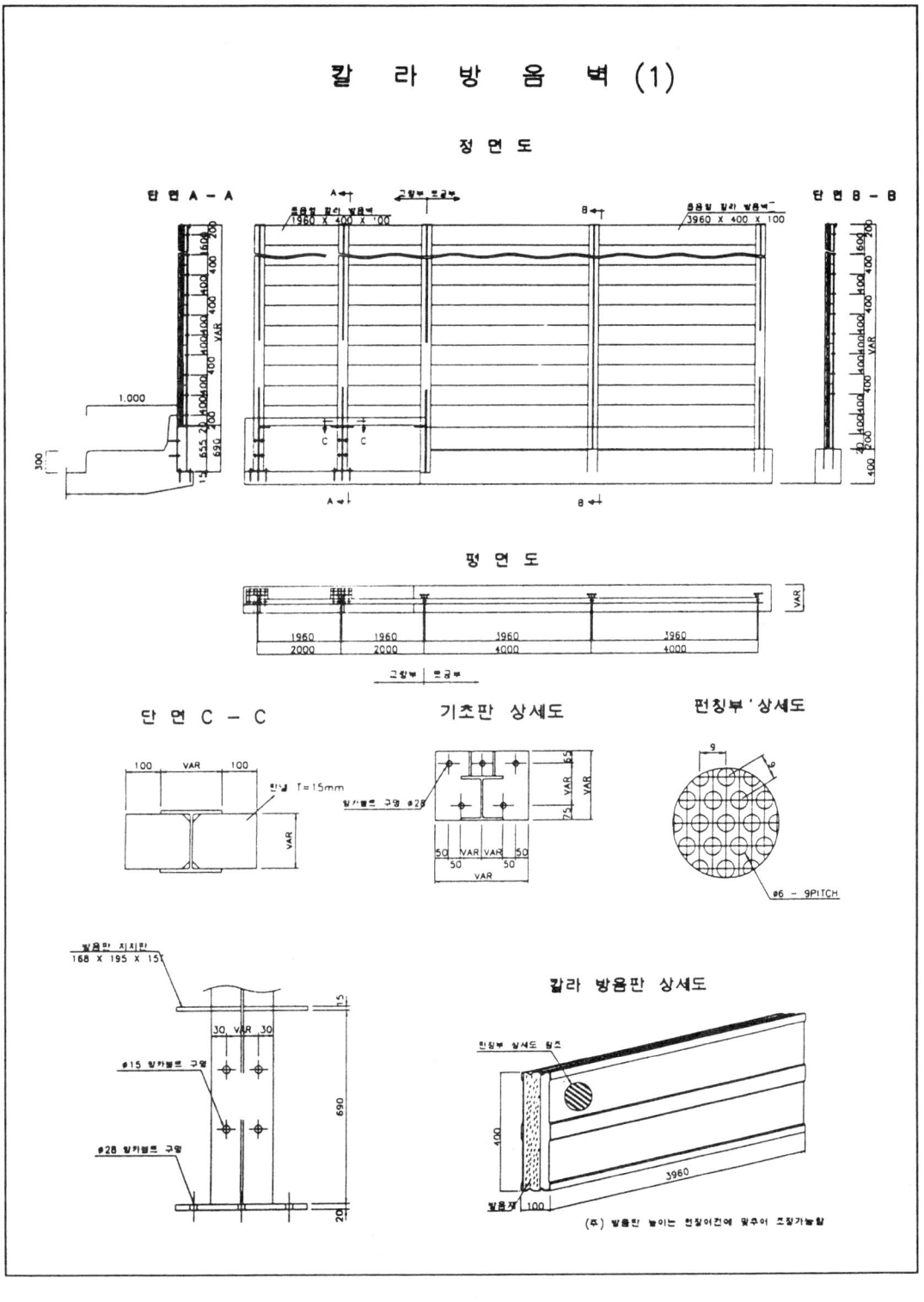

제3장 비탈면 보호공 표준단면도

비탈면 보호공(1)

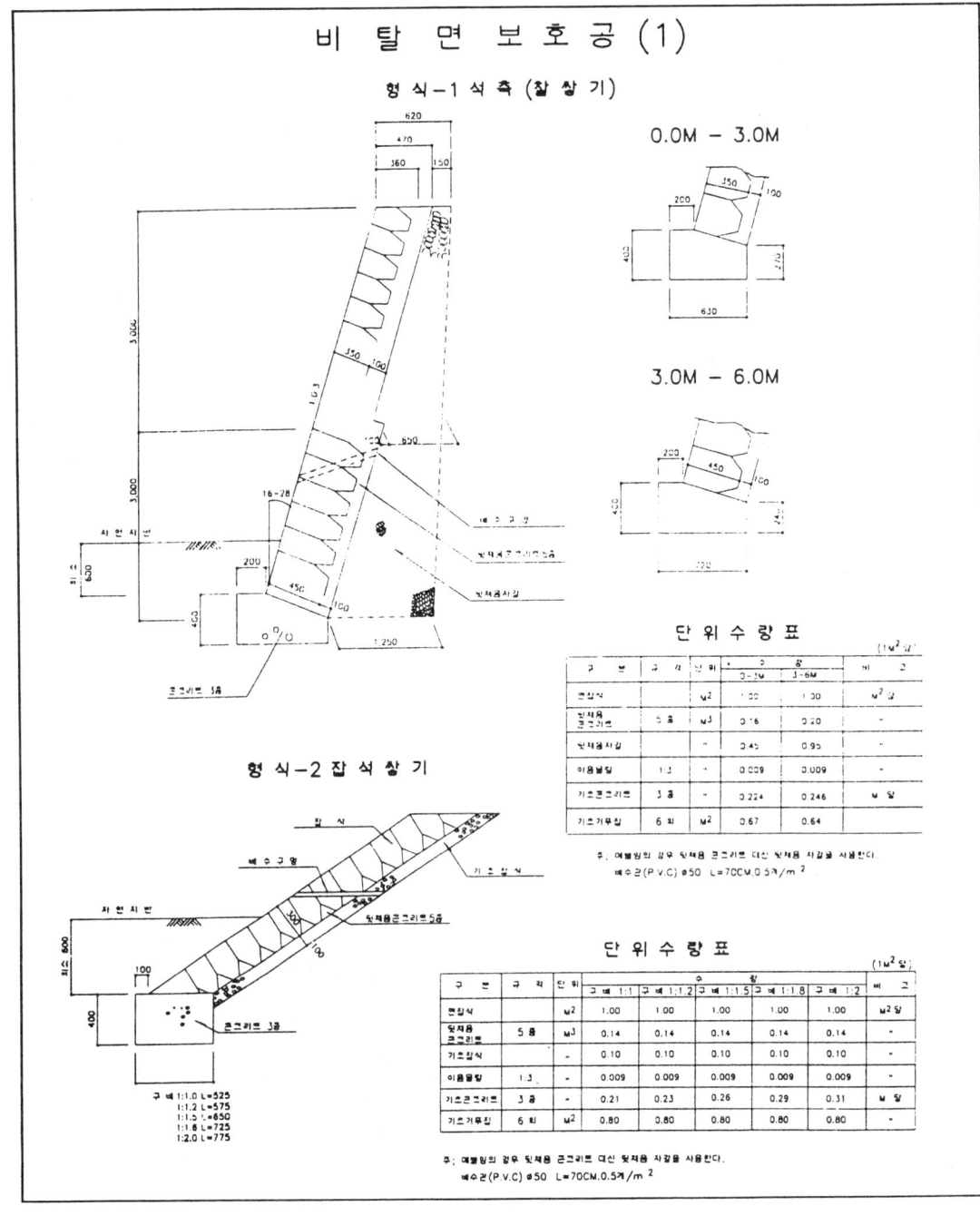

비탈면 보호공(2)

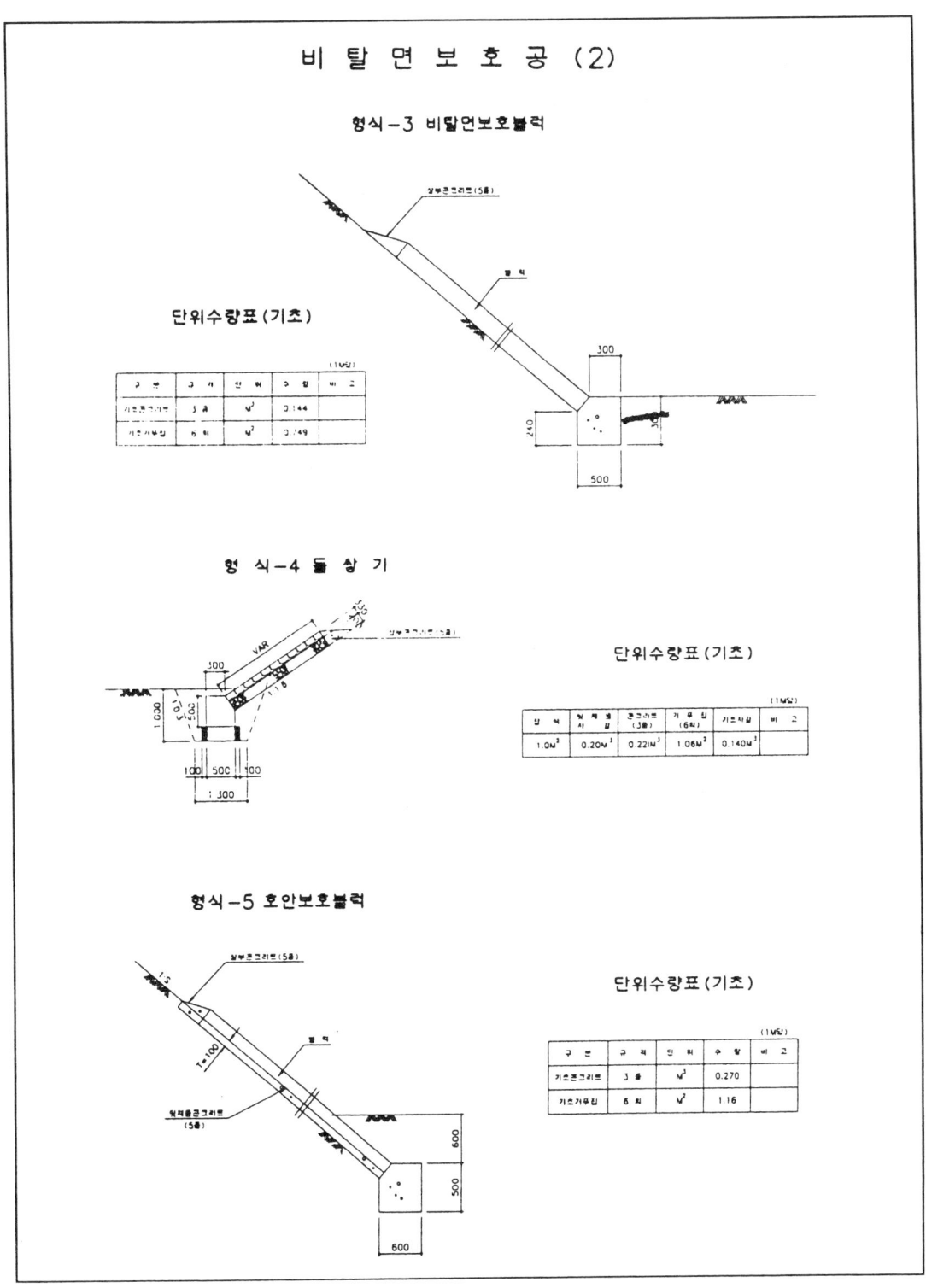

비탈면 보호공(3)

비 탈 면 보 호 공 (3)

형식-6 P.E 원형블럭 (D=1.000)

설 치 평 면 도

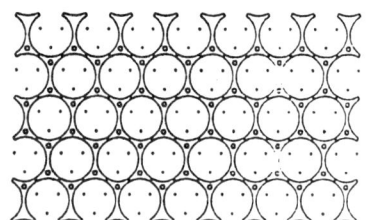

상 세 도

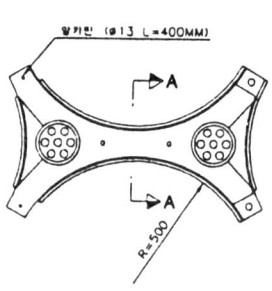

측 면 도

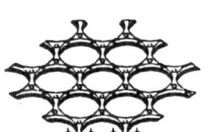

단 면 A - A

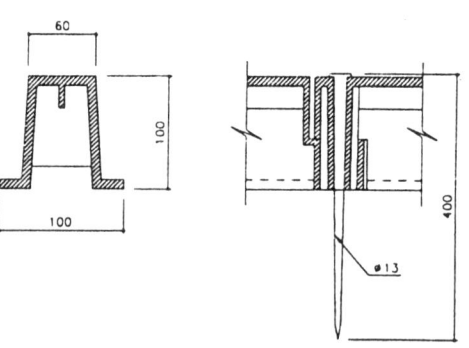

재 료 표

(M³ 당)

구 분	규 격	단위	수량	비 고
P.E 원형블럭	ø1000	개	1	
앙카핀	ø13 L=400	개	2.5	

배합토암절면보호공 (1)

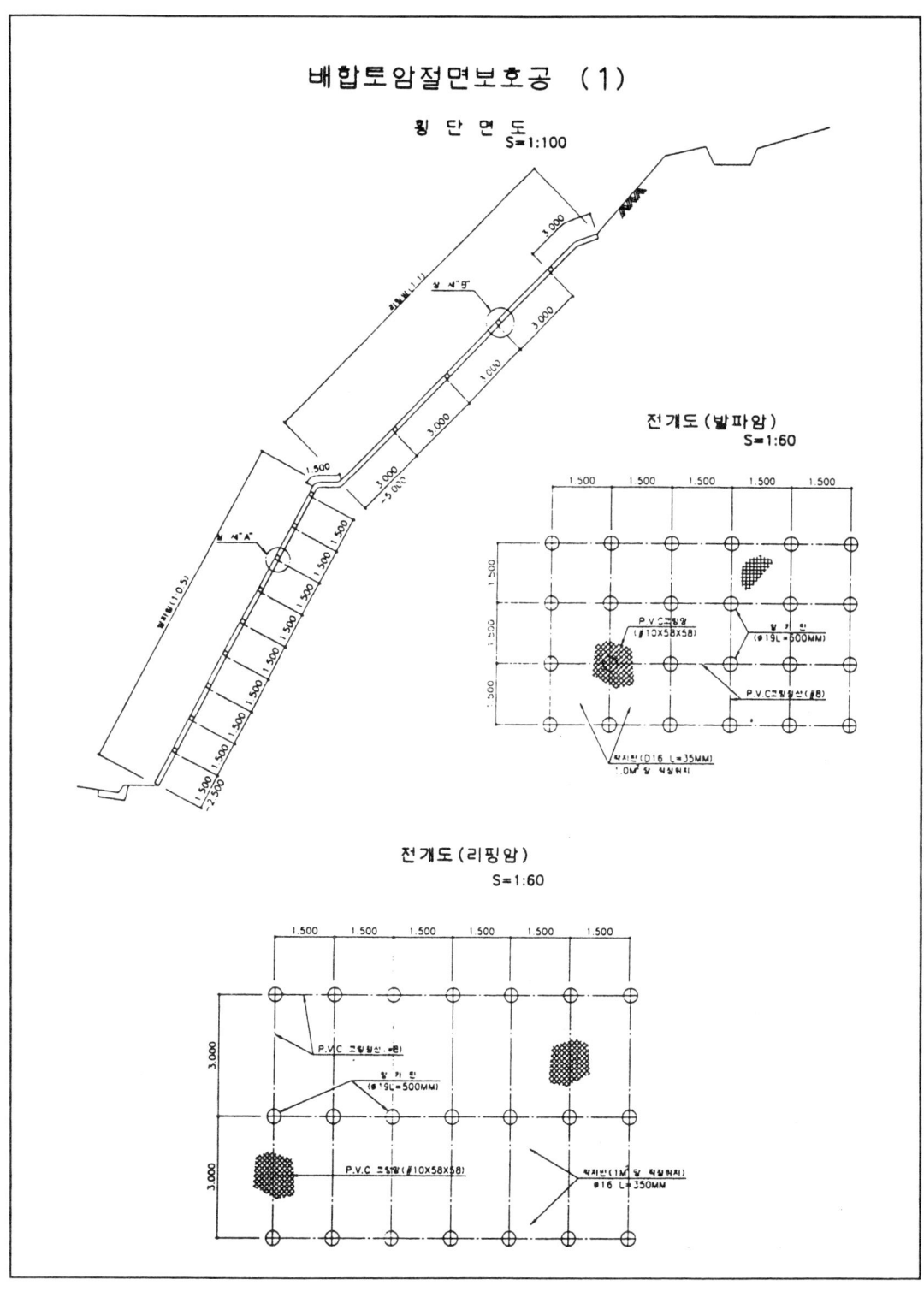

배합토암절면보호공 (2)

상세 "A"
S = 1:20

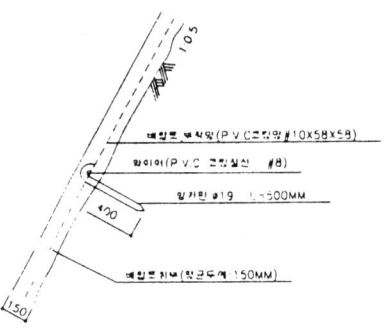

상세 "B"
S = 1:20

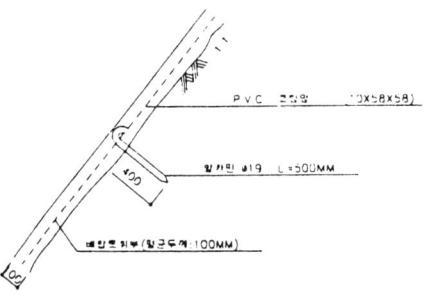

자 료 표

(M² 당)

품 명	규 격	단위	수 량	비 고
종 자	HYBRID	G	102	
"	WILD	-	18	
배 합 토		KG	75	
토양안정제	올실재	-	0.45	
P.V.C 코팅망	#10X58X58	M²	1.3	
P.V.C 코팅철선	#8	M	1.7	
앙 카 핀	Ø19 L=500	개	0.46	
착 지 핀	Ø16 L=350	-	1.0	

(M² 당)

품 명	규 격	단위	수 량	비 고
종 자	HYBRID	G	68	
"	WILD	G	12	
배 합 토		KG	50	
토양안정제	올실재	-	0.5	
P.V.C 코팅망	10X58X58	M²	1.30	
P.V.C 코팅철선	#8	M	1.30	
앙 카 핀	Ø19 L=500	개	0.23	
착 지 핀	Ø16 L=350	-	1.00	

제4장 NATM터널 시공상세도(3차선 기준)

표준단면도

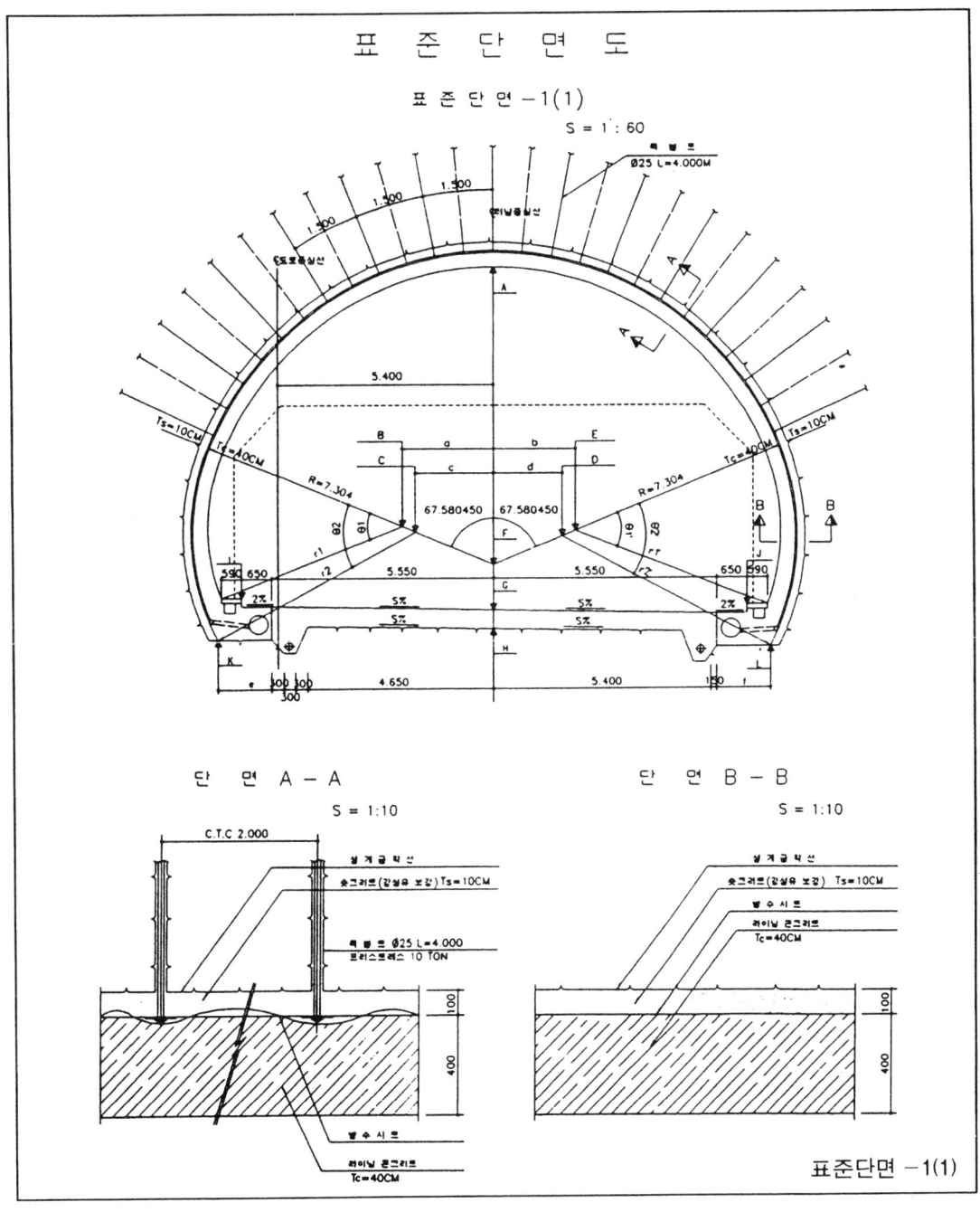

표준단면도

표 준 단 면 도
표 준 단 면 — 1(2)

치 수 표 (1)

구배(%)	a	b	c	d	e	f	r1	r2	r1'	r2'	∅1	∅2	∅1'	∅2'
2	2.471	2.202	2.113	1.847	1.331	1.331	4.631	5.418	4.922	5.706	43.573460	50.781343	43.650229	50.499929
3	2.538	2.135	2.179	1.780	1.330	1.331	4.558	5.347	4.994	5.778	43.552503	50.868751	43.667830	50.445337

치 수 표 (2)

구배(%)	A	B	C	D	E	F	G	H	I	J	K	L
2	8.304	2.019	1.872	1.762	1.908	1.000	0.000	0.600	0.348	0.126	-0.702	-0.924
3	8.304	2.047	1.899	1.735	1.881	1.000	0.000	0.600	0.404	0.071	-0.646	-0.979

재 료 표

구배(%)	굴 착 (M^3)			섬유보강 숏크리트 (M^3)	록볼트 (EA) L=4.000		강지보공 (TON) (SS41)	방수시트 (M^2)	라이닝콘크리트 (2종) (M^3)
	설계굴착	여 굴	계		설 계	여 배			
2	120.401	2.847	123.248	7.413	6.25	-	-	29.018	11.398
3	120.415	2.846	123.261	7.413	6.25	-	-	29.008	11.399

(1M당)

구배(%)	포 장 (M^3)			배 수	
	포장콘크리트	린배합콘크리트	선 택 층	유 공 관 (M)	필 터 재 충 (M^3)
2	3.33	1.665	1.665	2.000	0.847
3	3.33	1.665	1.665	2.000	0.848

표준단면 —1(2)

표준단면도

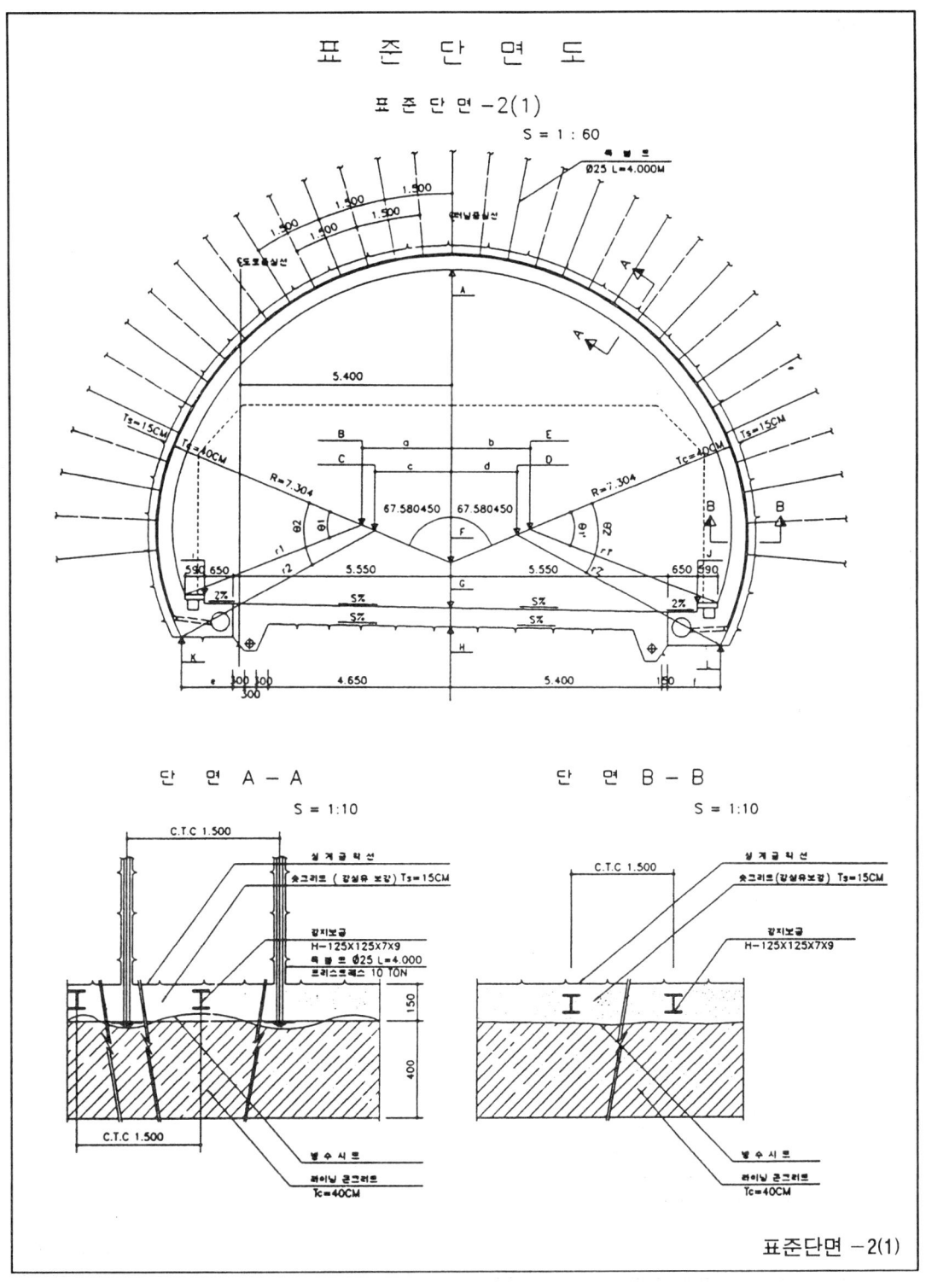

표준단면 －2(1)

표준단면도

표 준 단 면 도
표 준 단 면 — 2(2)

치 수 표 (1)

구배(%)	a	b	c	d	e	f	r1	r2	r1'	r2'	∅1	∅2	∅1'	∅2'
2	2.471	2.202	2.113	1.847	1.331	1.331	4.631	5.418	4.922	5.706	43.573460	50.781343	43.650229	50.499929
3	2.538	2.135	2.179	1.780	1.330	1.331	4.558	5.347	4.994	5.778	43.552503	50.868751	43.667830	50.445337

치 수 표 (2)

구배(%)	A	B	C	D	E	F	G	H	I	J	K	L
2	8.304	2.019	1.872	1.762	1.908	1.000	0.000	0.600	0.348	0.126	-0.702	-0.924
3	8.304	2.047	1.899	1.735	1.881	1.000	0.000	0.600	0.404	0.071	-0.646	-0.979

재 료 표

구배(%)	굴 착 (M^3)			버림콘크리트 (M^3)	쉬 트 파 일 (EA) L=4.000		강 지 보 공 (TON) (SS41)	방 수 시 트 (M^2)	라이닝콘크리트 (2종) (M^3)
	설계굴착	여 굴	계		상 부	측 벽			
2	121.821	2.865	124.683	9.911	8.333	2.667	0.587	29.018	11.398
3	121.834	2.862	124.696	9.912	8.333	2.667	0.587	29.008	11.399

(1M당)

구배(%)	포 장 (M^3)			배 수	
	포장콘크리트	반배합콘크리트	선 배 공	유 공 관 (M)	잡석채움 (M^3)
2	3.333	1.665	1.665	2.000	0.847
3	3.333	1.665	1.665	2.000	0.848

표준단면 −2(2)

표준단면도

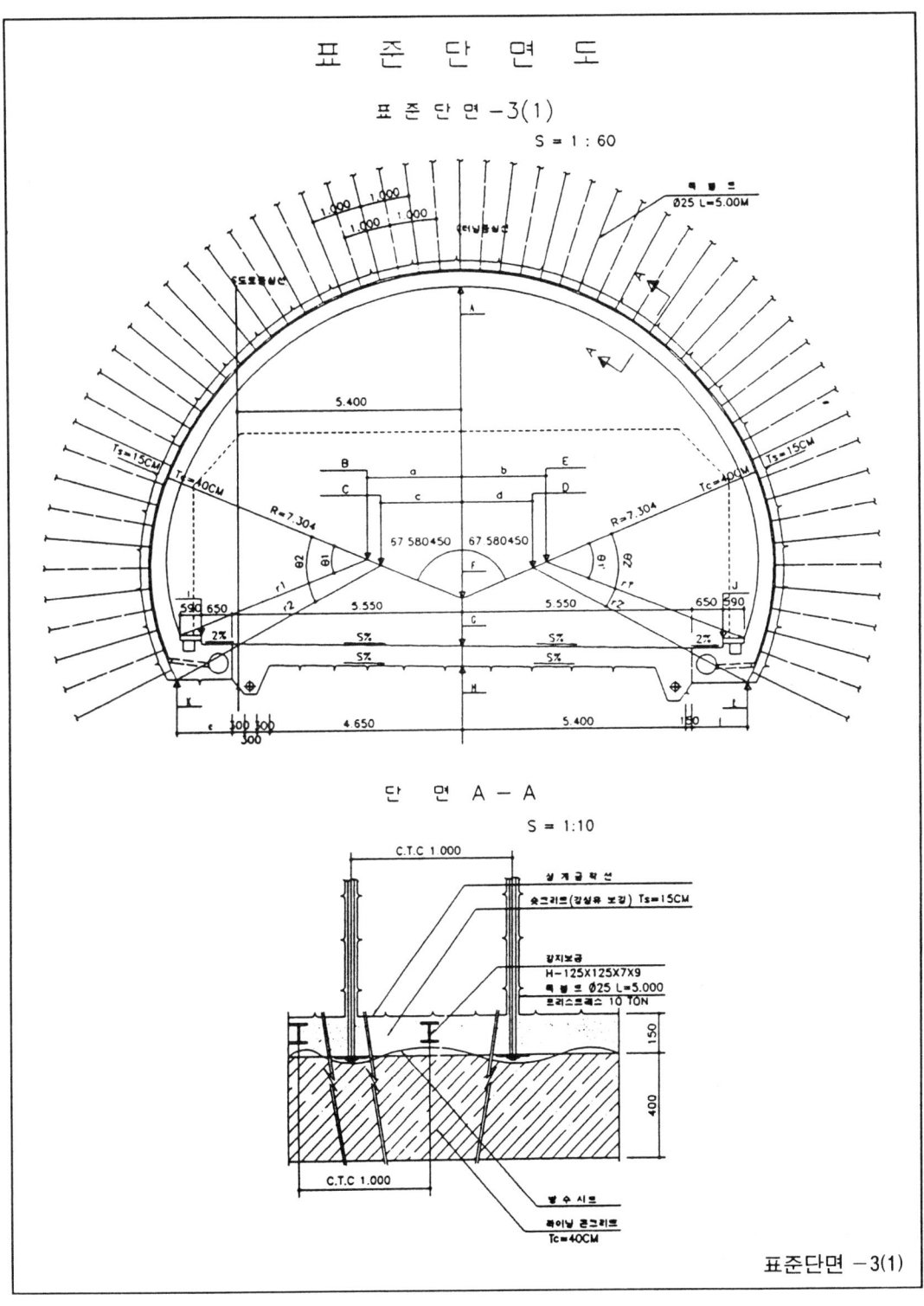

표준단면도

표 준 단 면 도
표 준 단 면 — 3(2)

치 수 표 (1)

구배(%)	a	b	c	d	e	f	r1	r2	r1'	r2'	∅1	∅2	∅1'	∅2'
2	2.471	2.202	2.113	1.847	1.331	1.331	4.631	5.418	4.922	5.706	43.573460	50.781343	43.650229	50.499929
3	2.538	2.135	2.179	1.780	1.330	1.331	4.558	5.347	4.994	5.778	43.552503	50.868751	43.667830	50.445337

치 수 표 (2)

구배(%)	A	B	C	D	E	F	G	H	I	J	K	L
2	8.304	2.019	1.872	1.762	1.908	1.000	0.000	0.600	0.348	0.126	-0.702	-0.924
3	8.304	2.047	1.899	1.735	1.381	1.000	0.000	0.600	0.404	0.071	-0.646	-0.979

재 료 표

구배(%)	굴 착 (M³)			실유보강 숏크리트 (M³)	록볼트 (EA) L=5.000		강지보공 (TON) (SS41)	방수시트 (M²)	라이닝콘크리트 (2종) (M³)
	설계굴착	여 굴	계		상부측벽				
2	121.821	4.200	126.126	11.197	18.500	9.000	0.847	29.018	12.048
3	121.834	4.305	126.139	11.199	18.500	9.000	0.847	29.008	11.964

(1M당)

구배(%)	포 장 (M³)			배 수	
	포장콘크리트	빈배합콘크리트	선 택 층	유공관 (M)	침식재품 (M²)
2	3.333	1.665	1.665	2.000	0.847
3	3.333	1.665	1.665	2.000	0.848

표준단면 —3(2)

제4장 NATM터널 시공상세도(3차선 기준)

표준단면도

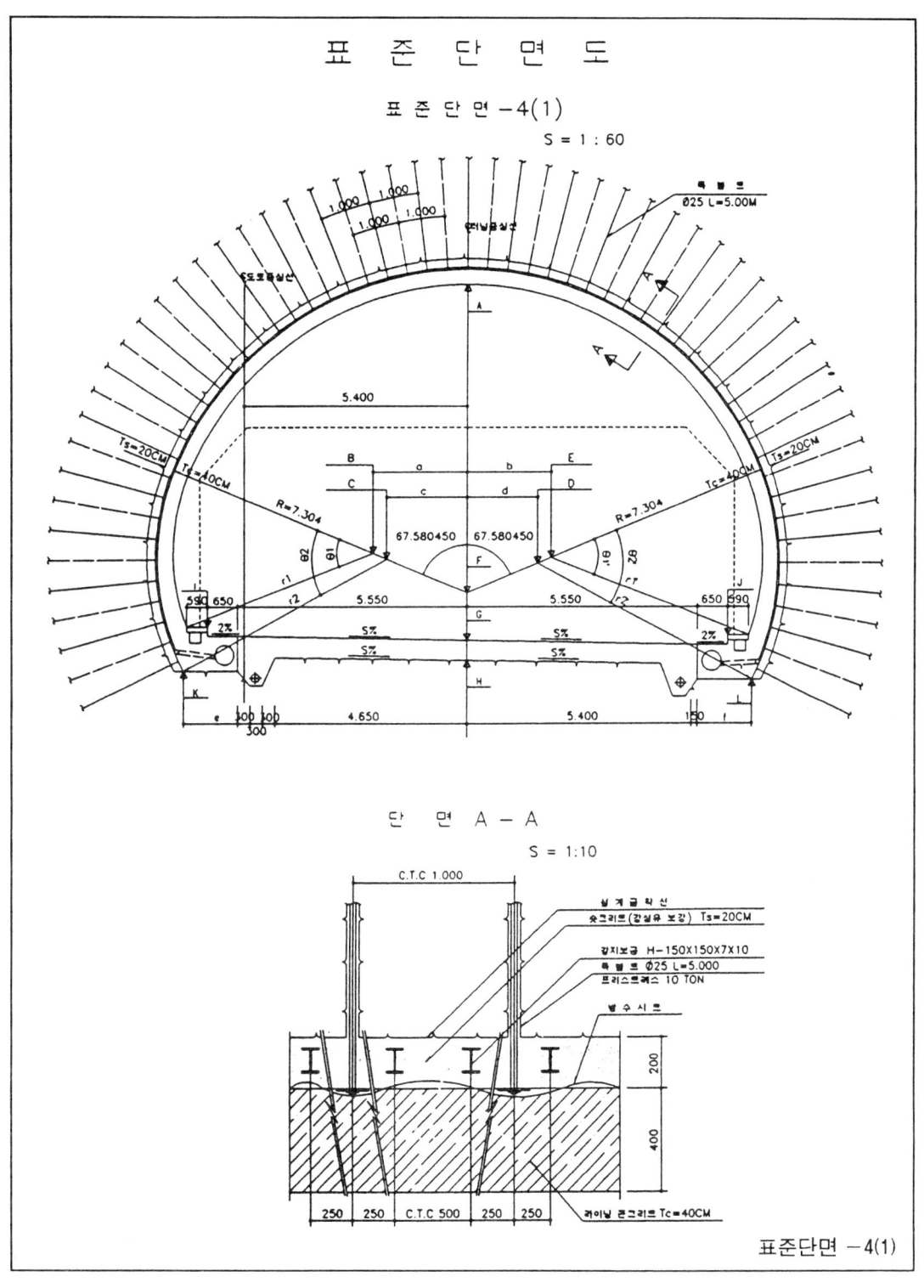

표준단면 −4(1)

표준단면도

표 준 단 면 도

표 준 단 면 — 4(2)

치 수 표 (1)

구배 (%)	a	b	c	d	e	f	r1	r2	r1'	r2'	∅1	∅2	∅1'	∅2'
2	2.471	2.202	2.113	1.847	1.331	1.331	4.631	5.418	4.922	5.706	43.573460	50.781343	43.650229	50.499929
3	2.538	2.135	2.179	1.780	1.330	1.331	4.558	5.347	4.994	5.778	43.552503	50.868751	43.667830	50.445337

치 수 표 (2)

구배 (%)	A	B	C	D	E	F	G	H	I	J	K	L
2	8.304	2.019	1.872	1.762	1.908	1.000	0.000	VAR	0.348	0.126	-0.702	-0.924
3	8.304	2.047	1.899	1.735	1.881	1.000	0.000	VAR	0.404	0.071	-0.646	-0.979

재 료 표

구배 (%)	굴 착 (M^3)			섬유보강 숏크리트 (M^3)	록 볼 트 (EA) L=5.000		갱 지 보 공 (TON) (SS41)	방 수 시 트 (M^2)	라이닝콘크리트 (2종) (M^3)
	설계굴착	여 굴	계		상 부	측 벽			
2	125.171	5.785	130.956	15.035	18.500	9.000	2.188	29.018	12.711
3	125.183	5.785	130.968	15.036	18.500	9.000	2.188	29.008	12.536

(1M당)

구배 (%)	포 장 (M^3)			배 수	
	포장콘크리트	린버림콘크리트	선 택 층	유 공 관 (M)	강식채움 (M^3)
2	3.333	1.665	3.850	2.000	0.552
3	3.333	1.665	3.850	2.000	0.560

표준단면 —4(2)

표준단면도

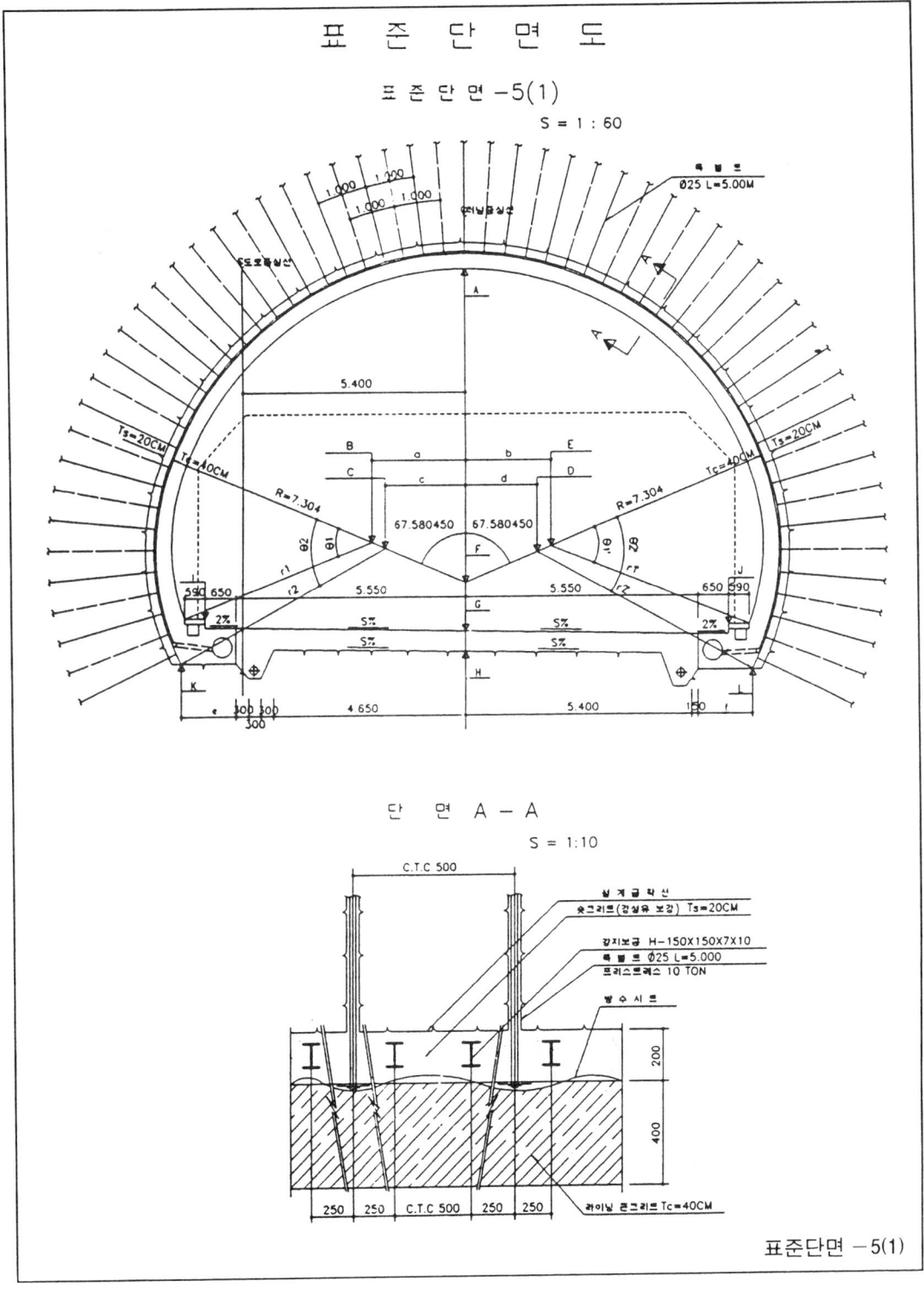

표준단면도

표 준 단 면 도
표 준 단 면 — 5(2)

치 수 표 (1)

구배 (%)	a	b	c	d	e	f	r1	r2	r1'	r2'	∅1	∅2	∅1'	∅2'
2	2.471	2.202	2.113	1.847	1.331	1.331	4.631	5.418	4.922	5.706	43.573460	50.781343	43.650229	50.499929
3	2.538	2.135	2.179	1.780	1.330	1.331	4.558	5.347	4.994	5.778	43.552503	50.868751	43.667830	50.445337

치 수 표 (2)

구배 (%)	A	B	C	D	E	F	G	H	I	J	K	L
2	8.304	2.019	1.872	1.762	1.908	1.000	0.000	VAR	0.348	0.126	-0.702	-0.924
3	8.304	2.047	1.899	1.735	1.881	1.000	0.000	VAR	0.404	0.071	-0.646	-0.979

재 료 표

구배 (%)	굴 착 (M^3)			섬유 보강 숏크리트 (M^3)	록볼트 (EA) L=5.000		강지보공 (TON) (SS41)	방수시트 (M^2)	라이닝콘크리트 (2종) (M^3)
	설계굴착	여굴	계		상부	측부			
2	125.171	5.785	130.956	15.035	18.500	9.000	4.376	29.018	12.711
3	125.183	5.785	130.968	15.036	18.500	9.000	4.376	29.008	12.536

(1M당)

구배 (%)	포 장 (M^3)			배 수	
	포장콘크리트	빈배합콘크리트	선 택 층	유공관 (M)	감싸재료 (M^3)
2	3.333	1.665	3.850	2.000	0.552
3	3.333	1.665	3.850	2.000	0.560

표준단면 -5(2)

제4장 NATM터널 시공상세도(3차선 기준) 453

발파패턴도

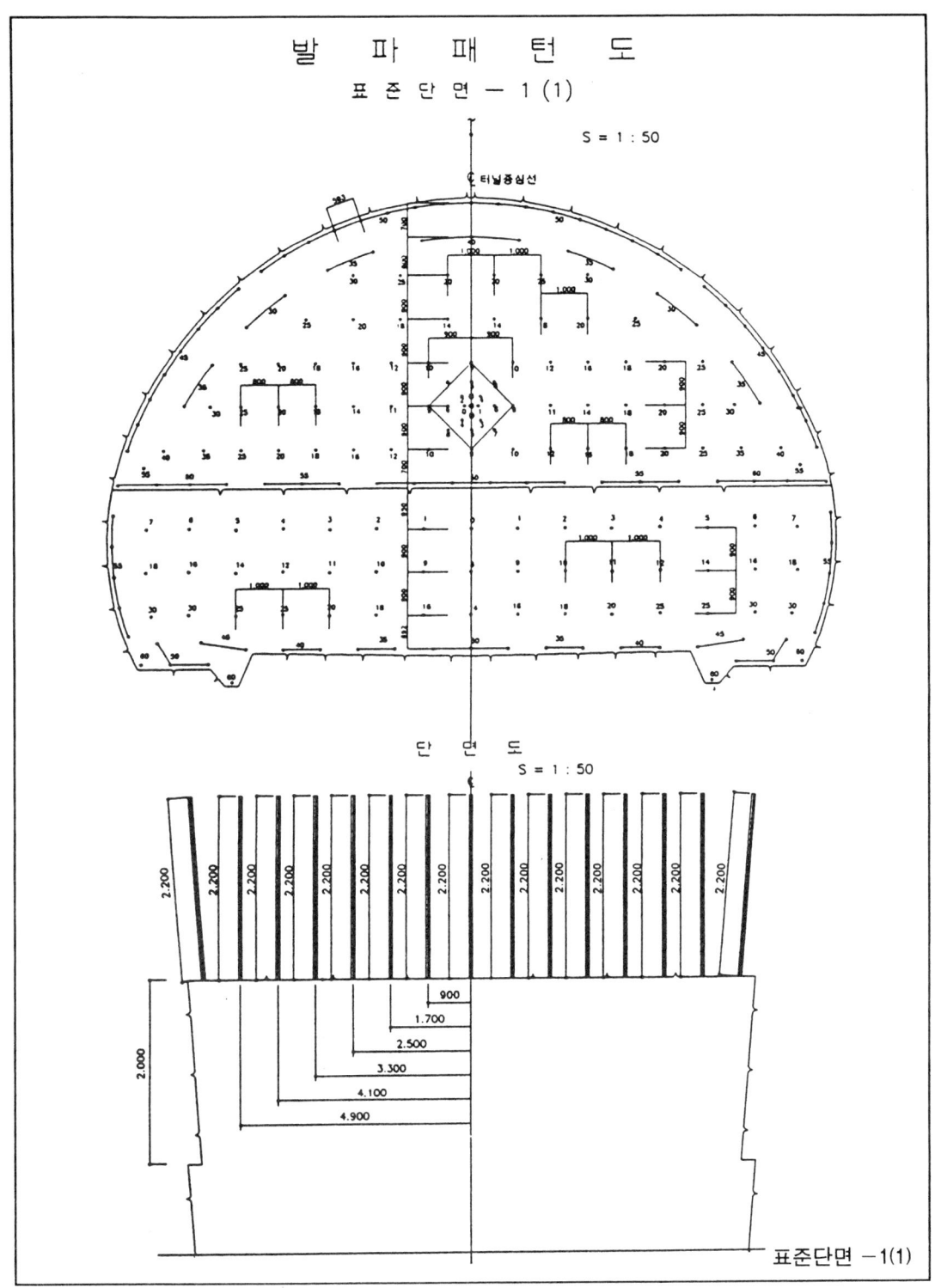

발파패턴도

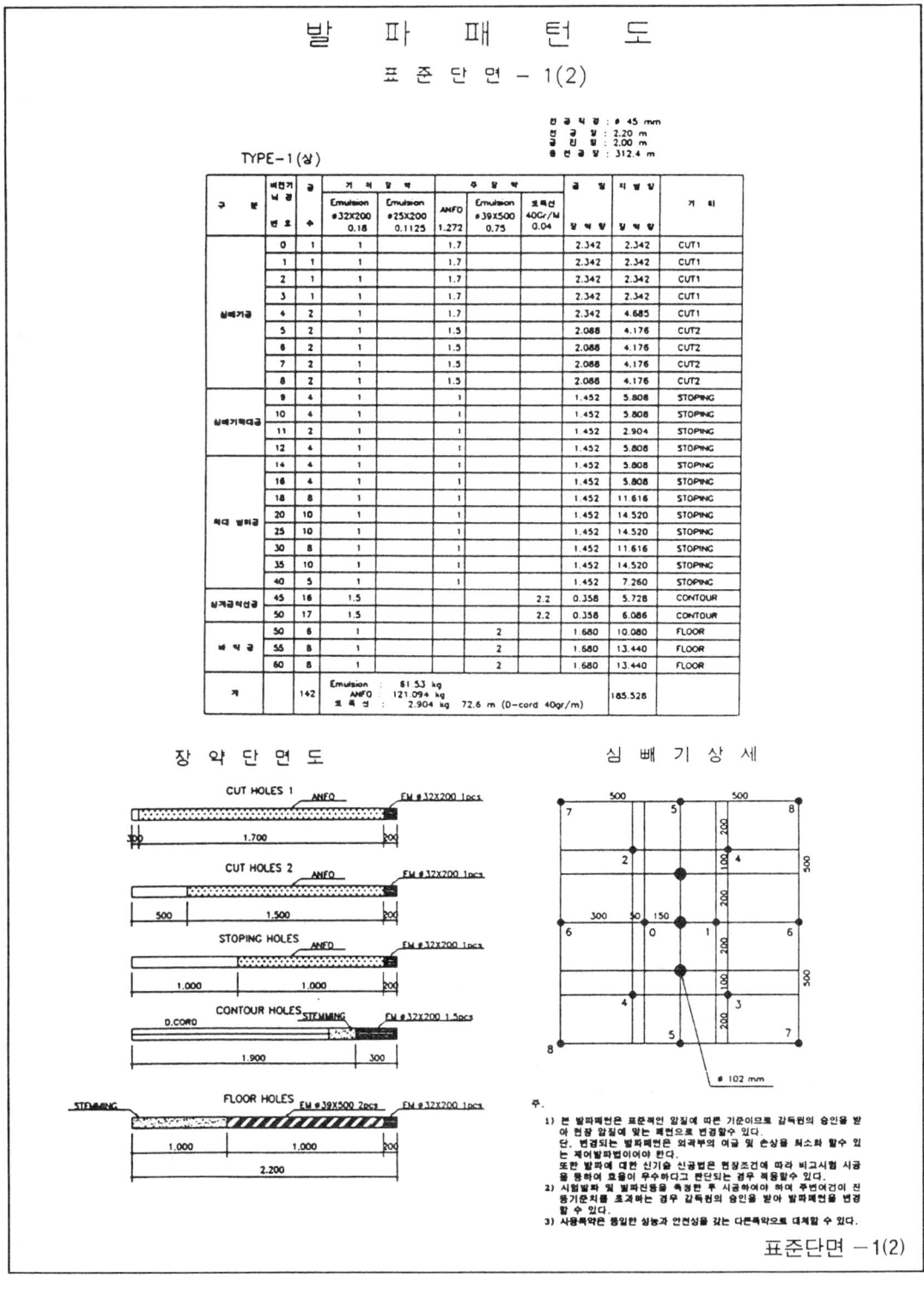

발파패턴도

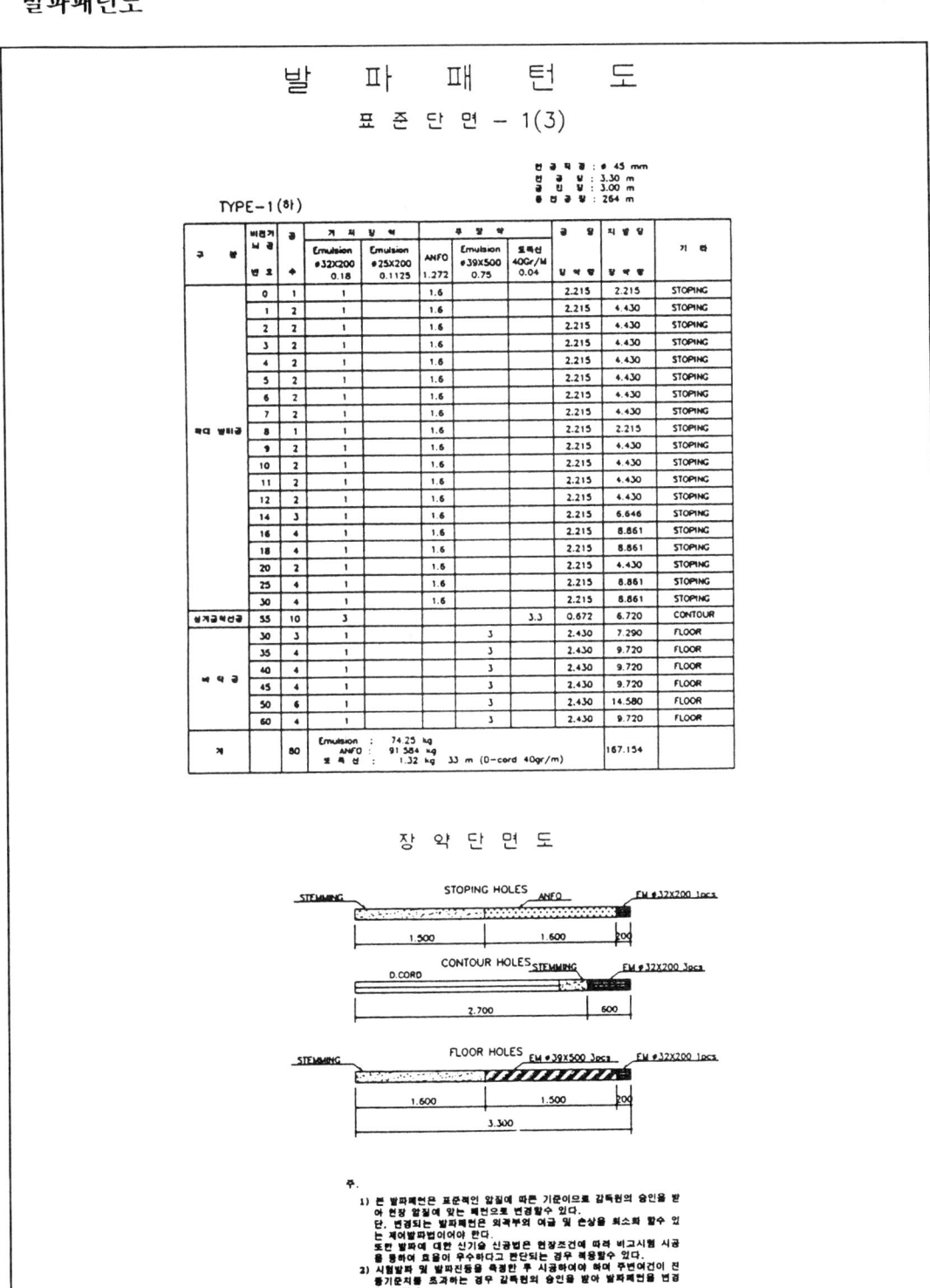

표준단면 -1(3)

발파패턴도

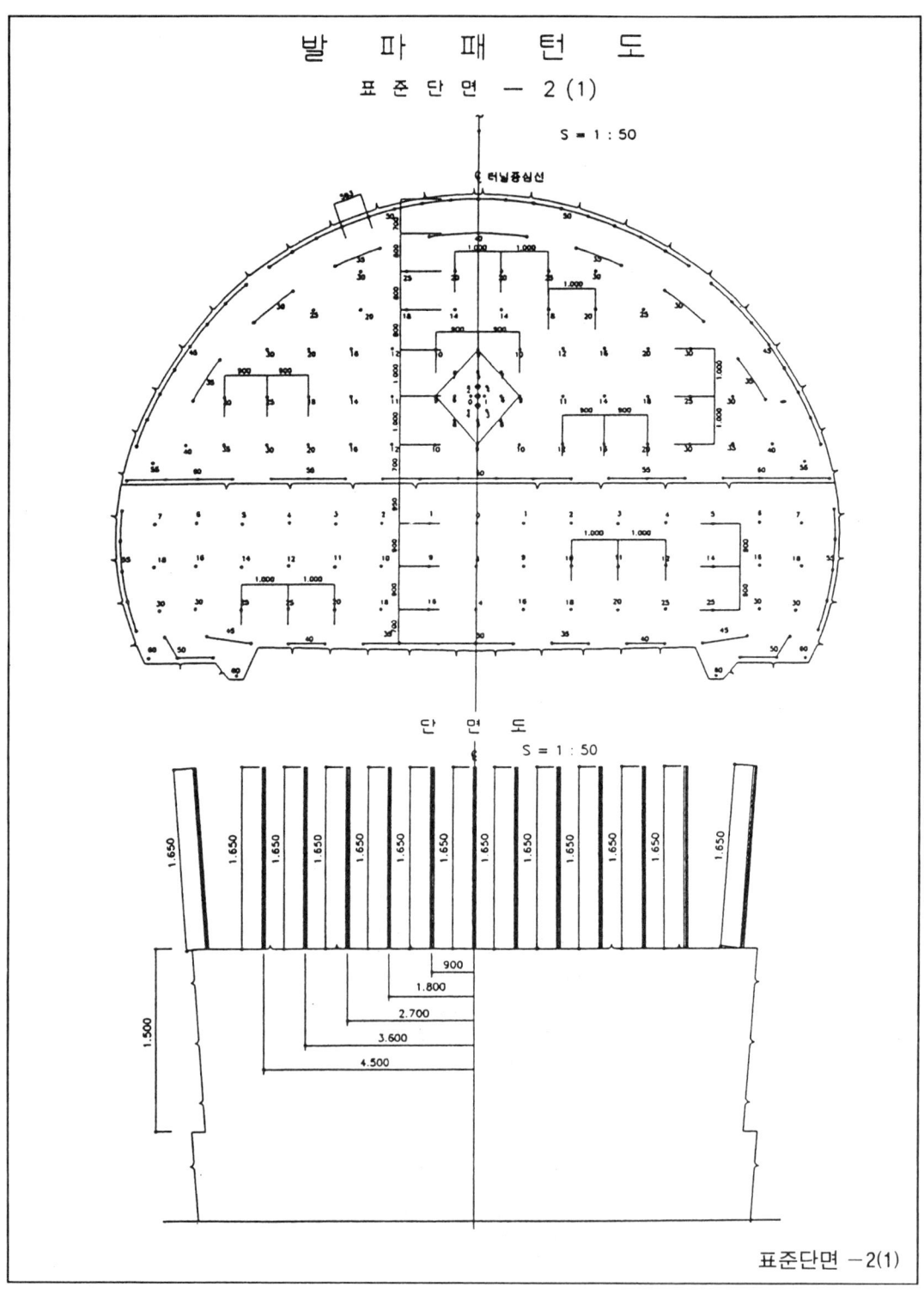

제4장 NATM터널 시공상세도(3차선 기준)

발파패턴도

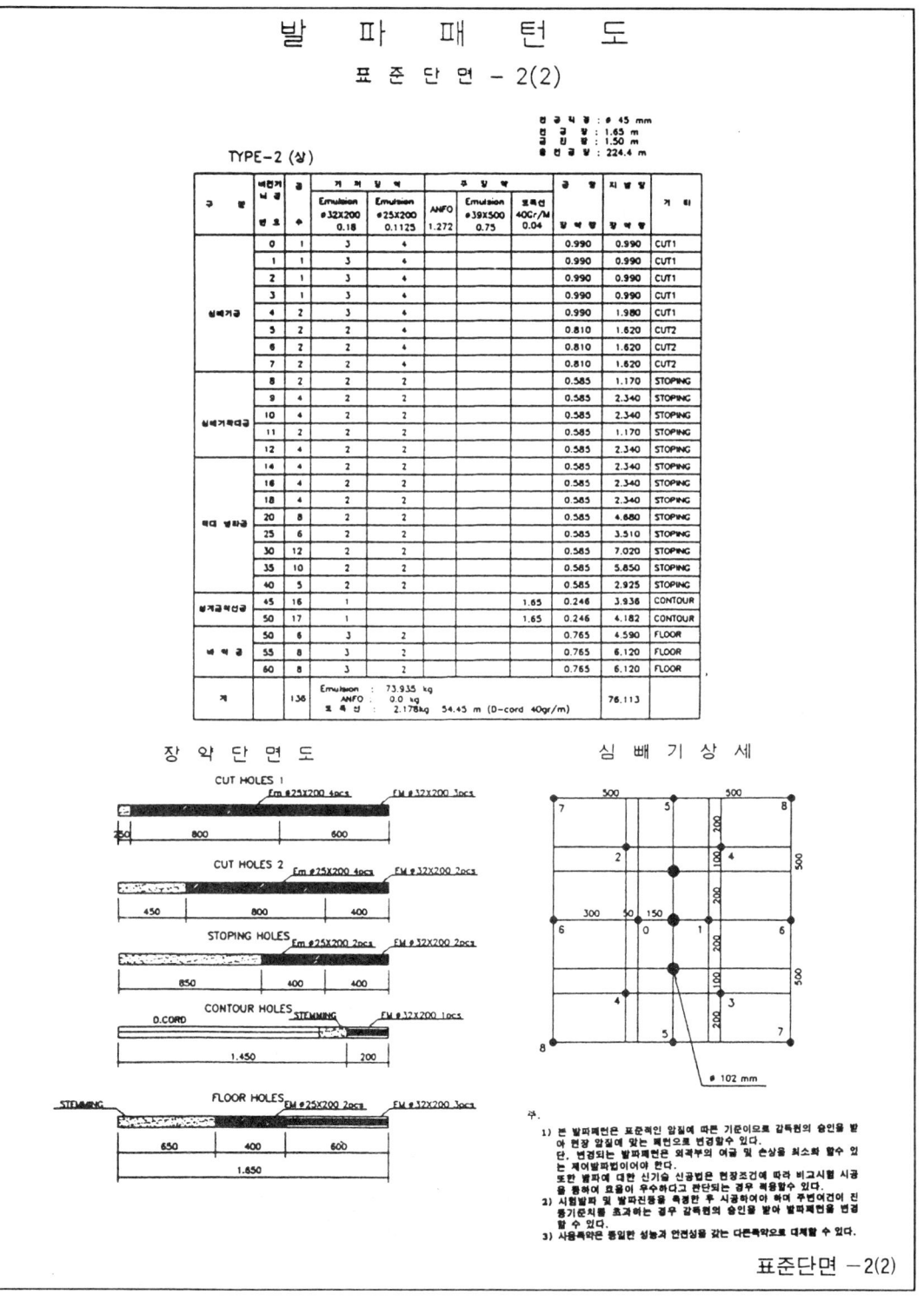

표준단면 −2(2)

발파패턴도

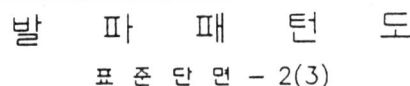

발 파 패 턴 도
표준단면 − 2(3)

TYPE-2(하)

천공직경 : φ 45 mm
천공장 : 3.30 m
굴진장 : 3.00 m
총천공수 : 264 m

구 분	발파기 뇌관 번호	공 수	기 폭 약		주 장 약			공 약 시 발 량		기 타
			Emulsion φ32×200 0.18	Emulsion φ25×200 0.1125	ANFO 1.272	Emulsion φ39×500 0.75	도폭선 40Gr/M 0.04	장약량	장약량	
확대 발파공	0	1	1		1.6			2.215	2.215	STOPING
	1	2	1		1.6			2.215	4.430	STOPING
	2	2	1		1.6			2.215	4.430	STOPING
	3	2	1		1.6			2.215	4.430	STOPING
	4	2	1		1.6			2.215	4.430	STOPING
	5	2	1		1.6			2.215	4.430	STOPING
	6	2	1		1.6			2.215	4.430	STOPING
	7	2	1		1.6			2.215	4.430	STOPING
	8	1	1		1.6			2.215	2.215	STOPING
	9	2	1		1.6			2.215	4.430	STOPING
	10	2	1		1.6			2.215	4.430	STOPING
	11	2	1		1.6			2.215	4.430	STOPING
	12	2	1		1.6			2.215	4.430	STOPING
	14	3	1		1.6			2.215	6.646	STOPING
	16	4	1		1.6			2.215	8.861	STOPING
	18	4	1		1.6			2.215	8.861	STOPING
	20	2	1		1.6			2.215	4.430	STOPING
	25	4	1		1.6			2.215	8.861	STOPING
	30	4	1		1.6			2.215	8.861	STOPING
설계굴착선공	55	10	3				3.3	0.672	6.720	CONTOUR
바 닥 공	30	3	1			3		2.430	7.290	FLOOR
	35	4	1			3		2.430	9.720	FLOOR
	40	4	1			3		2.430	9.720	FLOOR
	45	4	1			3		2.430	9.720	FLOOR
	50	6	1			3		2.430	14.580	FLOOR
	60	4	1			3		2.430	9.720	FLOOR
계		80	Emulsion : 74.25 kg ANFO : 91.584 kg 도폭선 : 1.32 kg 33 m (D-cord 40gr/m)						167.154	

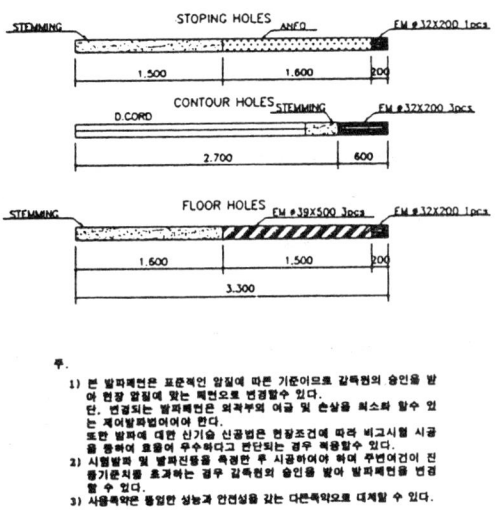

장 약 단 면 도

주.
1) 본 발파패턴은 표준적인 암질에 따른 기준이므로 감독원의 승인을 받아 현장 암질에 맞는 패턴으로 변경할 수 있다.
단, 변경되는 발파패턴은 외곽부의 여굴 및 손상을 최소화 할 수 있는 제어발파법이어야 한다.
또한 발파에 대한 신기술 신공법은 현장조건에 따라 비교시험 시공을 통하여 효율이 우수하다고 판단되는 경우 적용할수 있다.
2) 시험발파 및 발파진동을 측정한 후 시공하여야 하며 주변여건이 진동기준치를 초과하는 경우 감독원의 승인을 받아 발파패턴을 변경할 수 있다.
3) 사용폭약은 동일한 성능과 안전성을 갖는 다른폭약으로 대체할 수 있다.

표준단면 −2(3)

발파패턴도

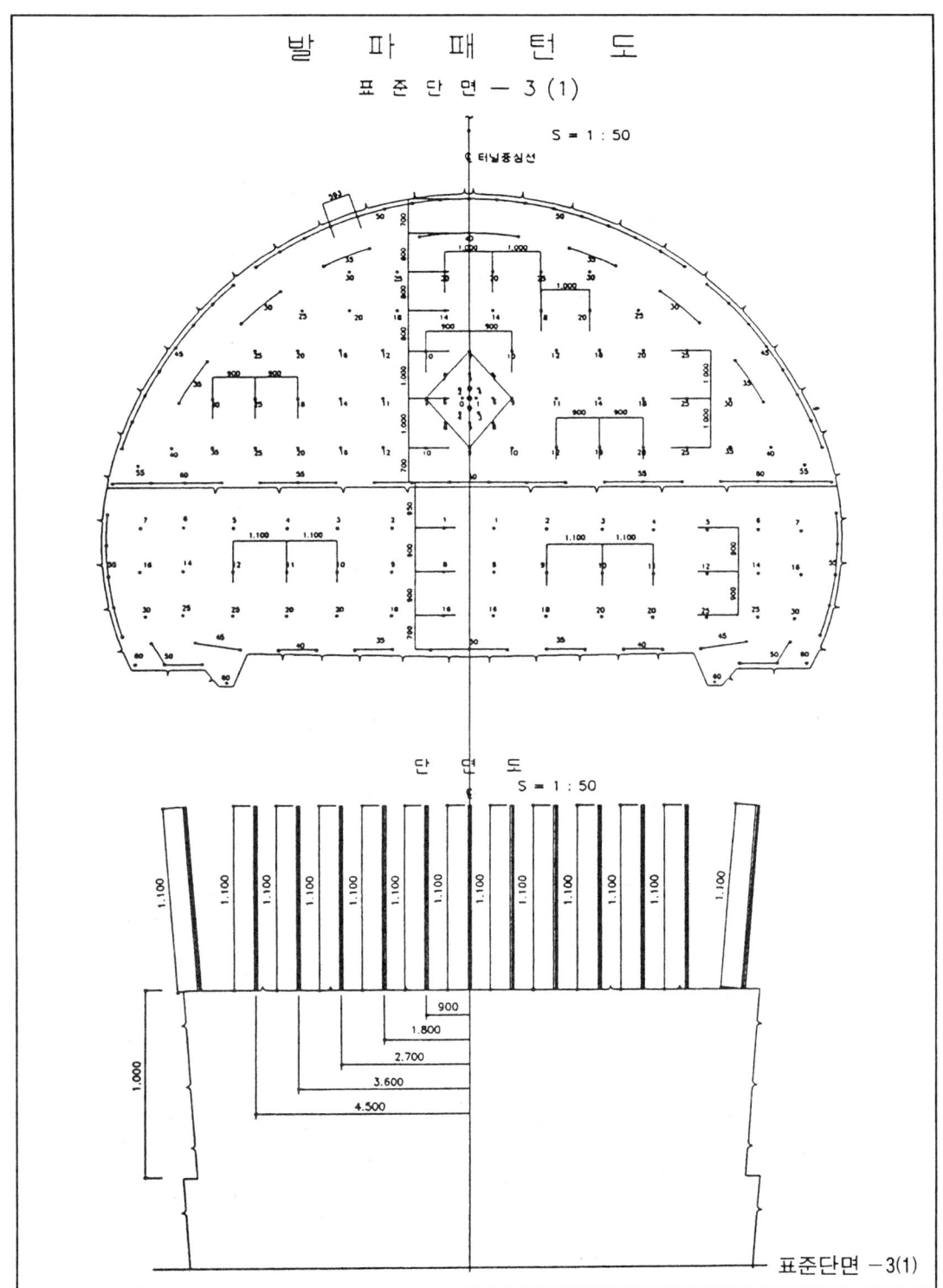

발파패턴도

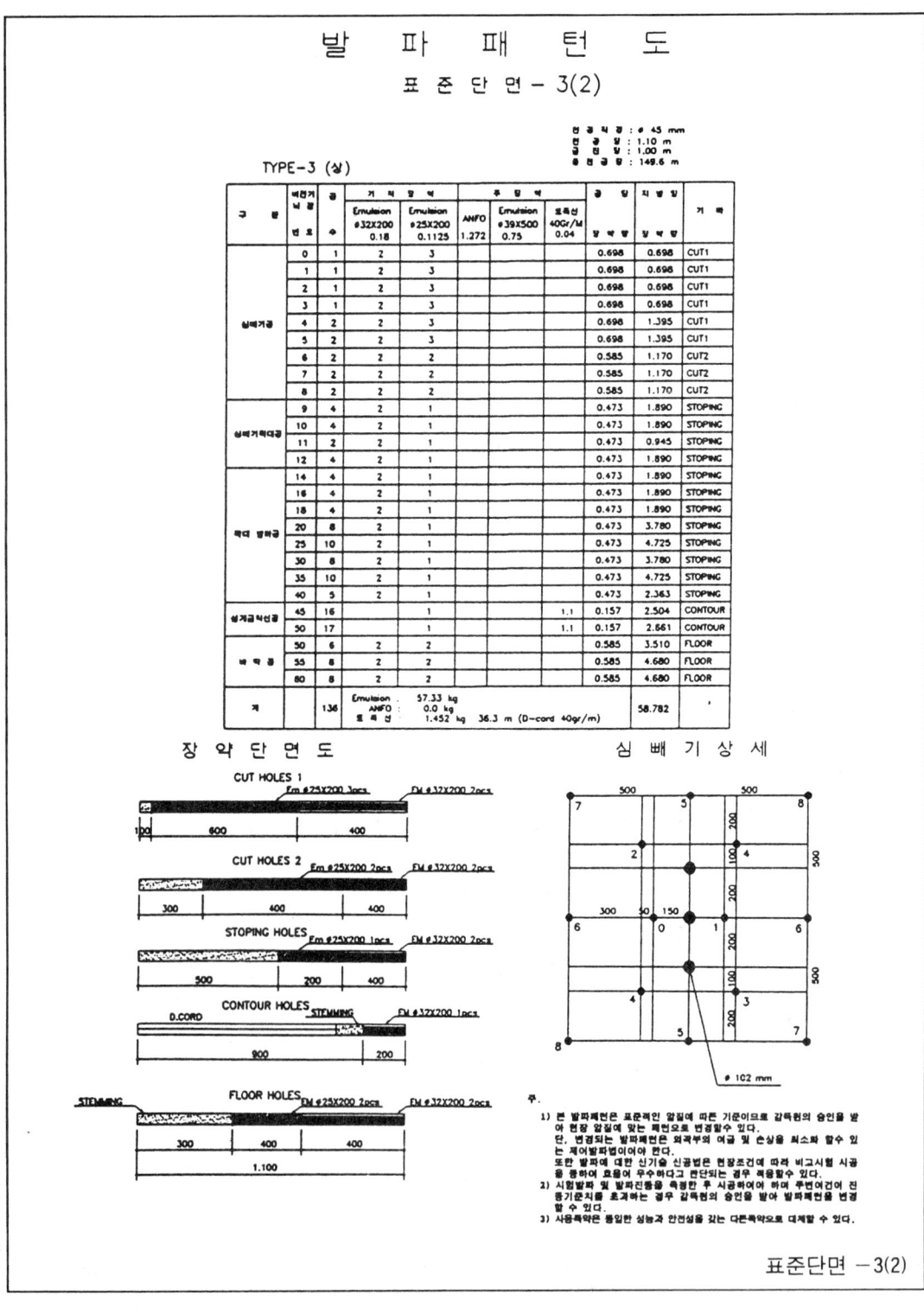

표준단면 −3(2)

발파패턴도

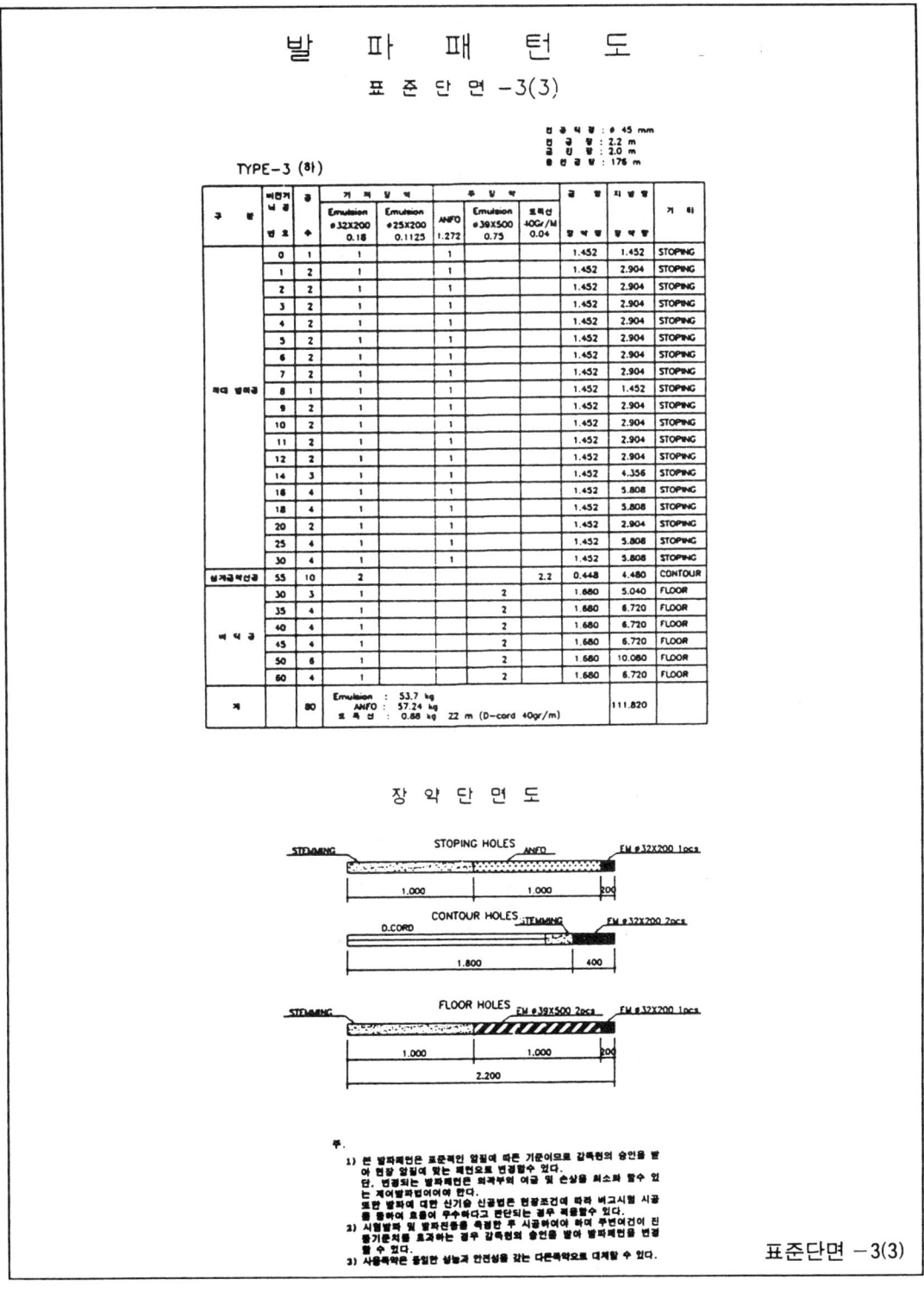

표준단면 -3(3)

발파패턴도

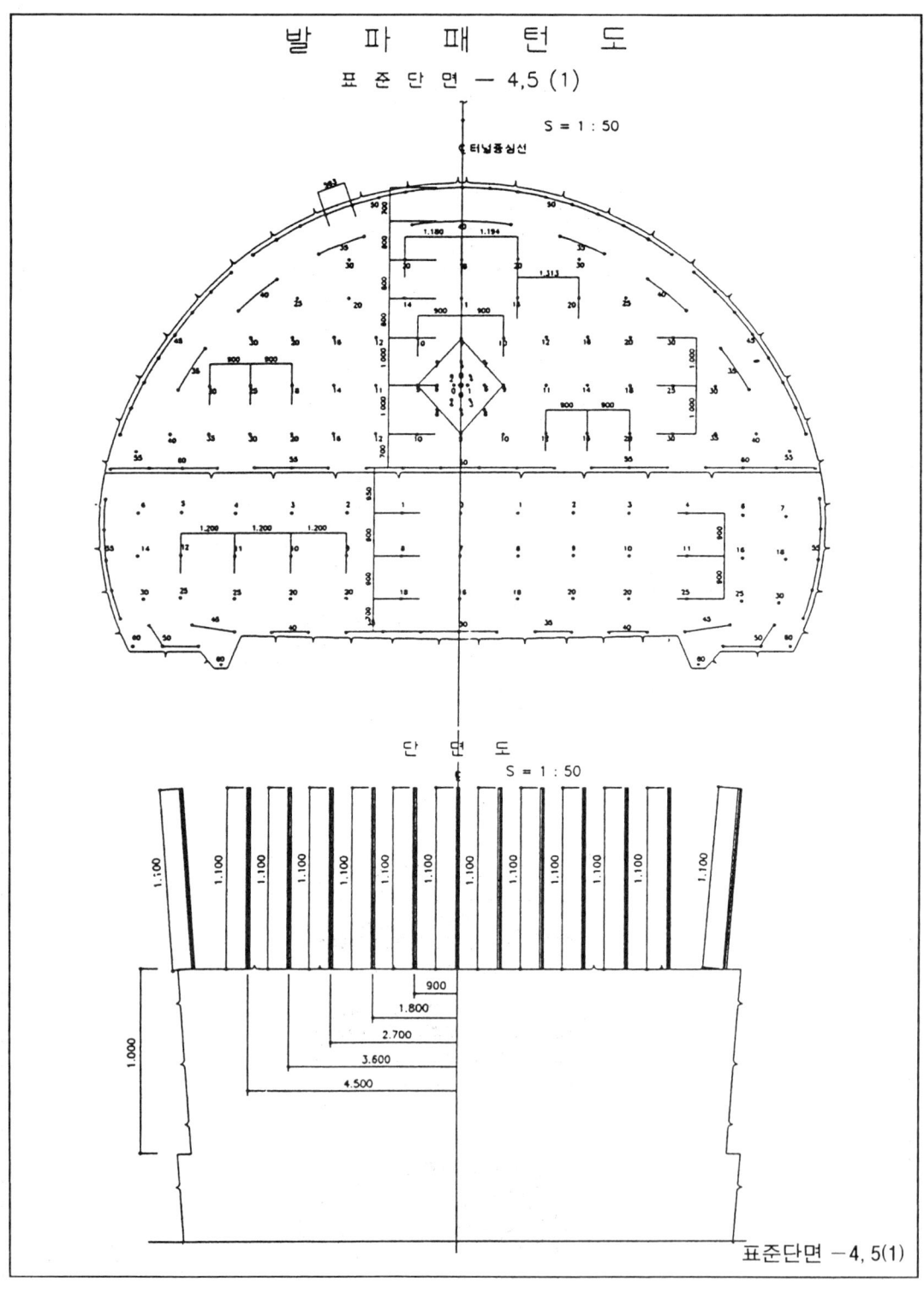

발파패턴도

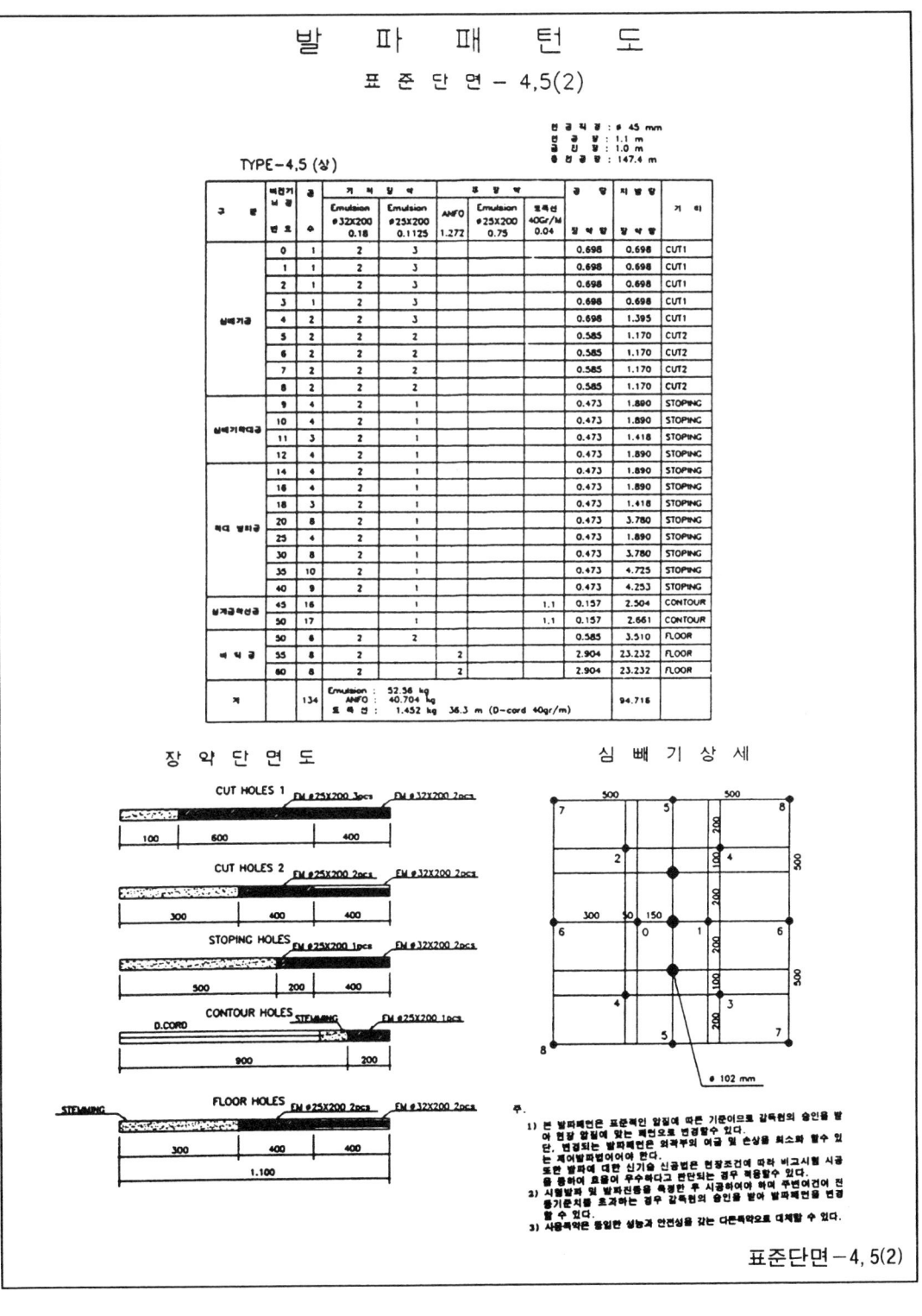

표준단면 - 4, 5(2)

발파패턴도

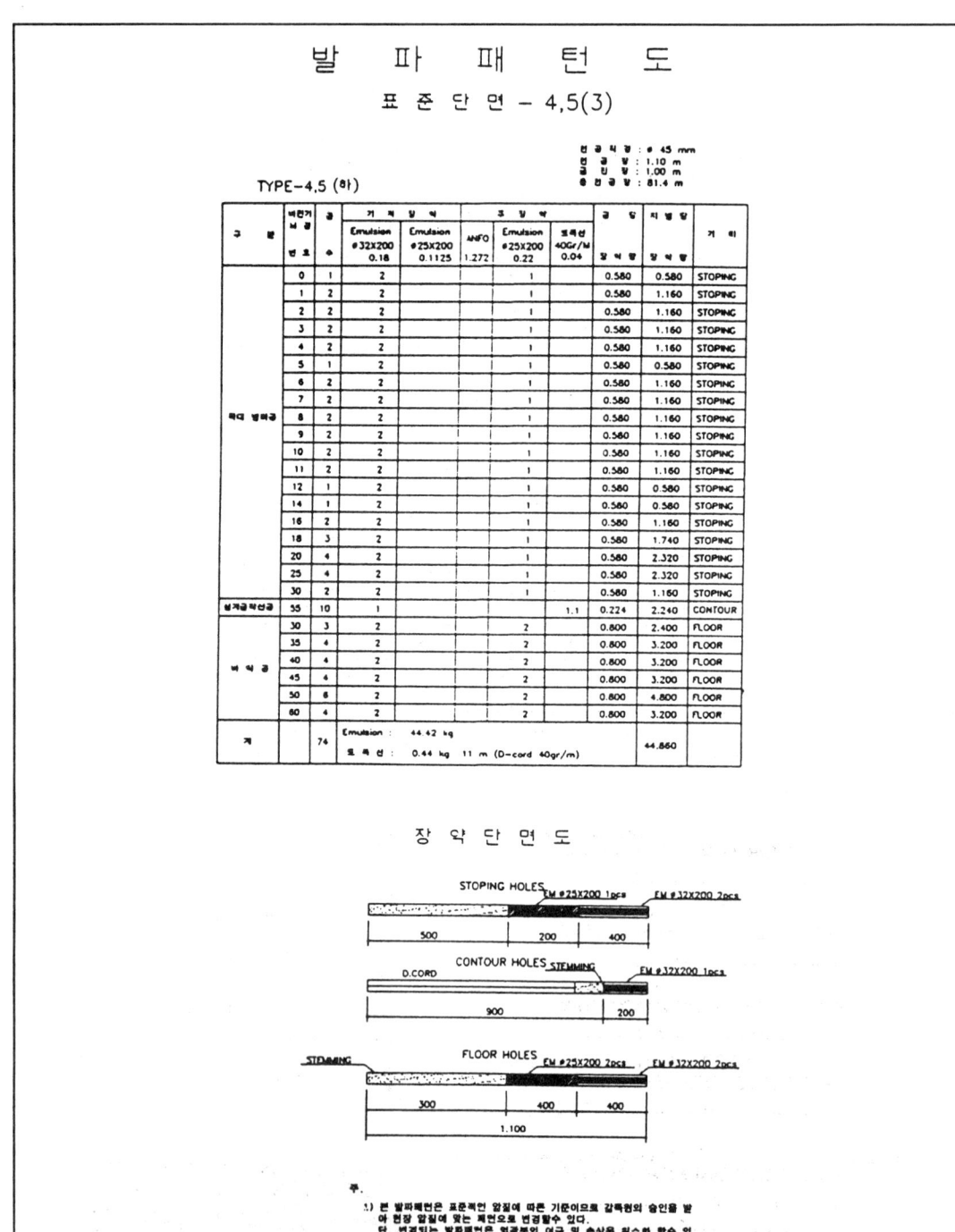

굴착 및 보강순서도

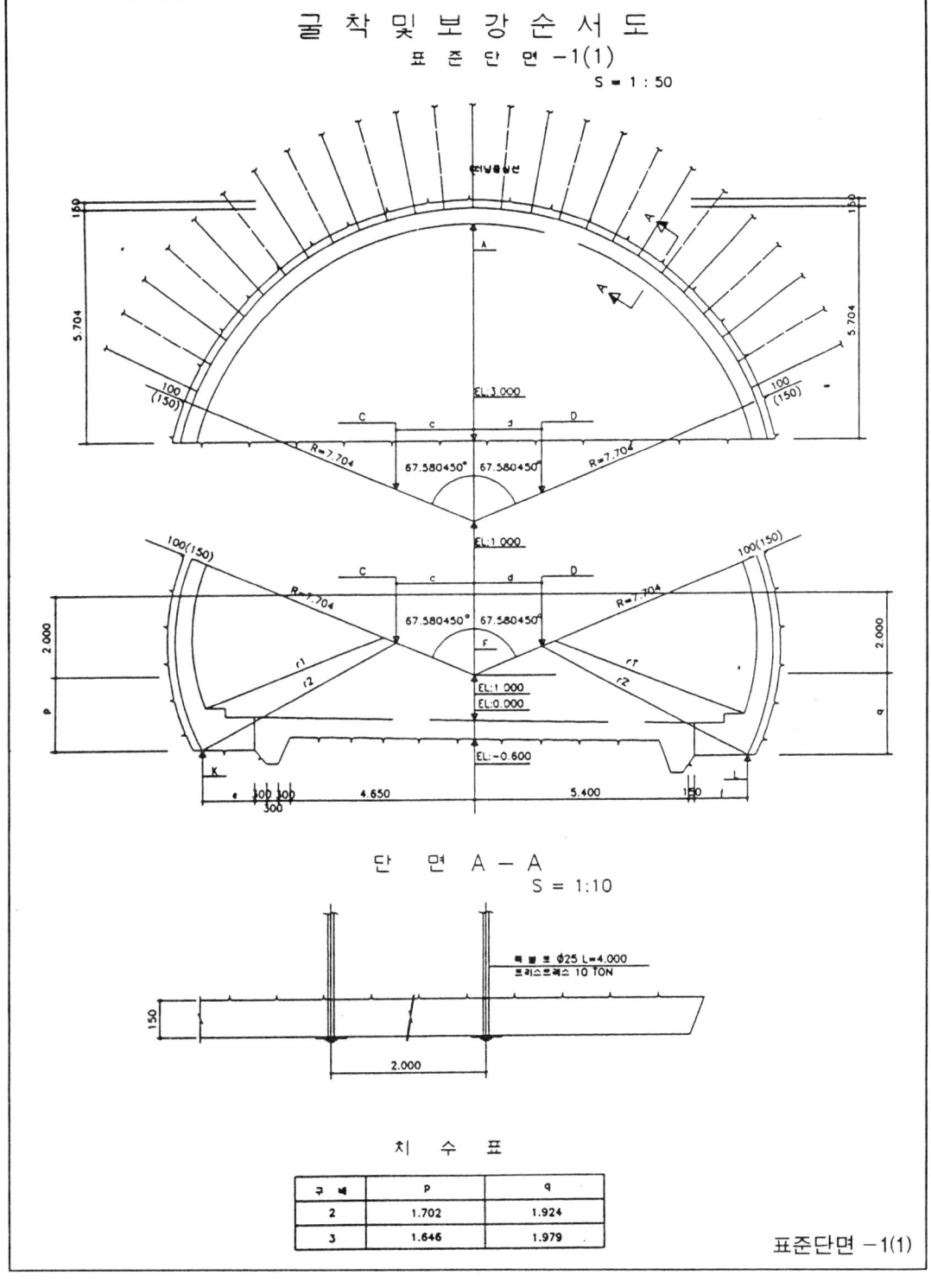

표준단면 −1(1)

굴착 및 보강순서도

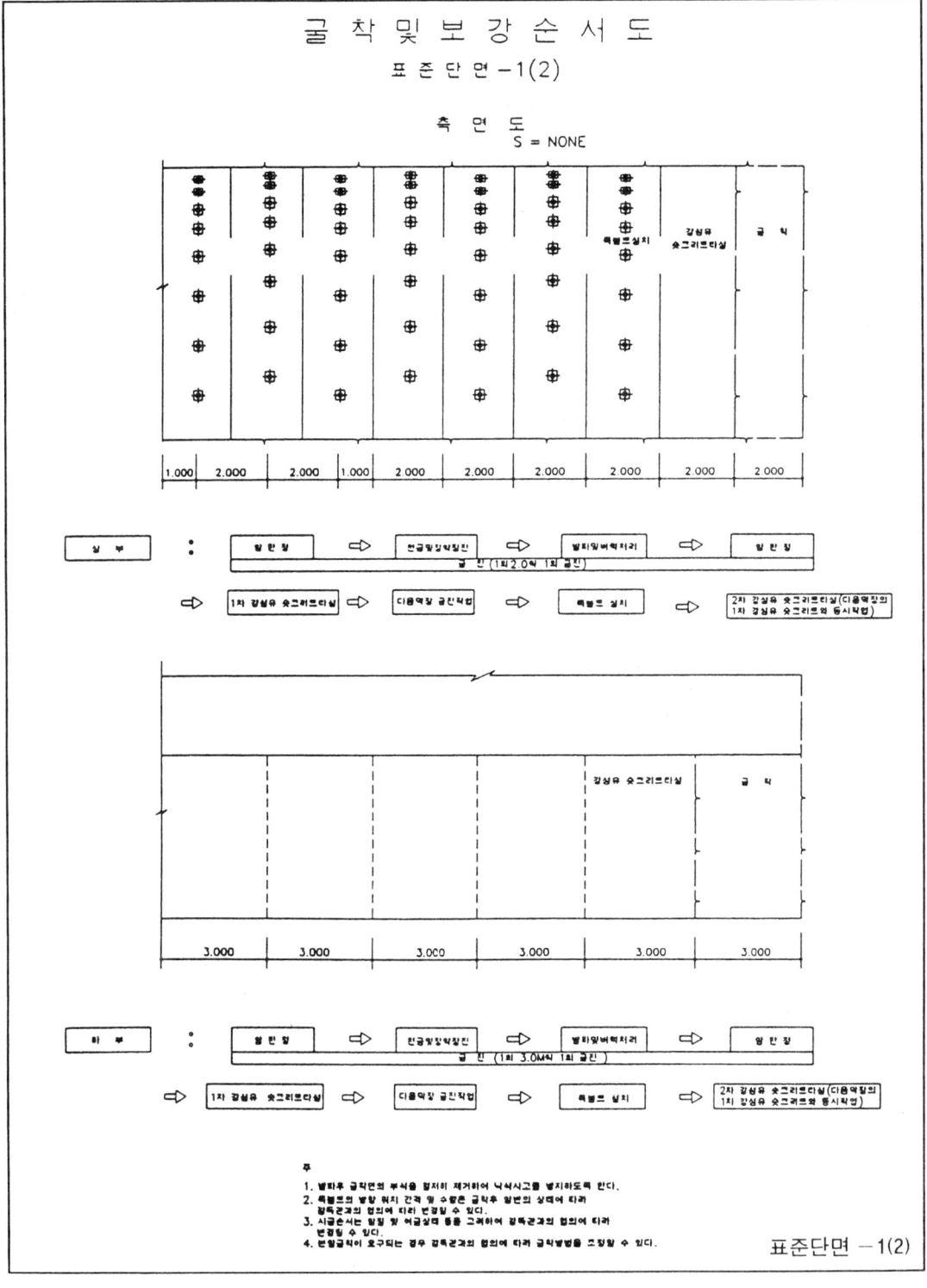

표준단면 -1(2)

굴착 및 보강순서도

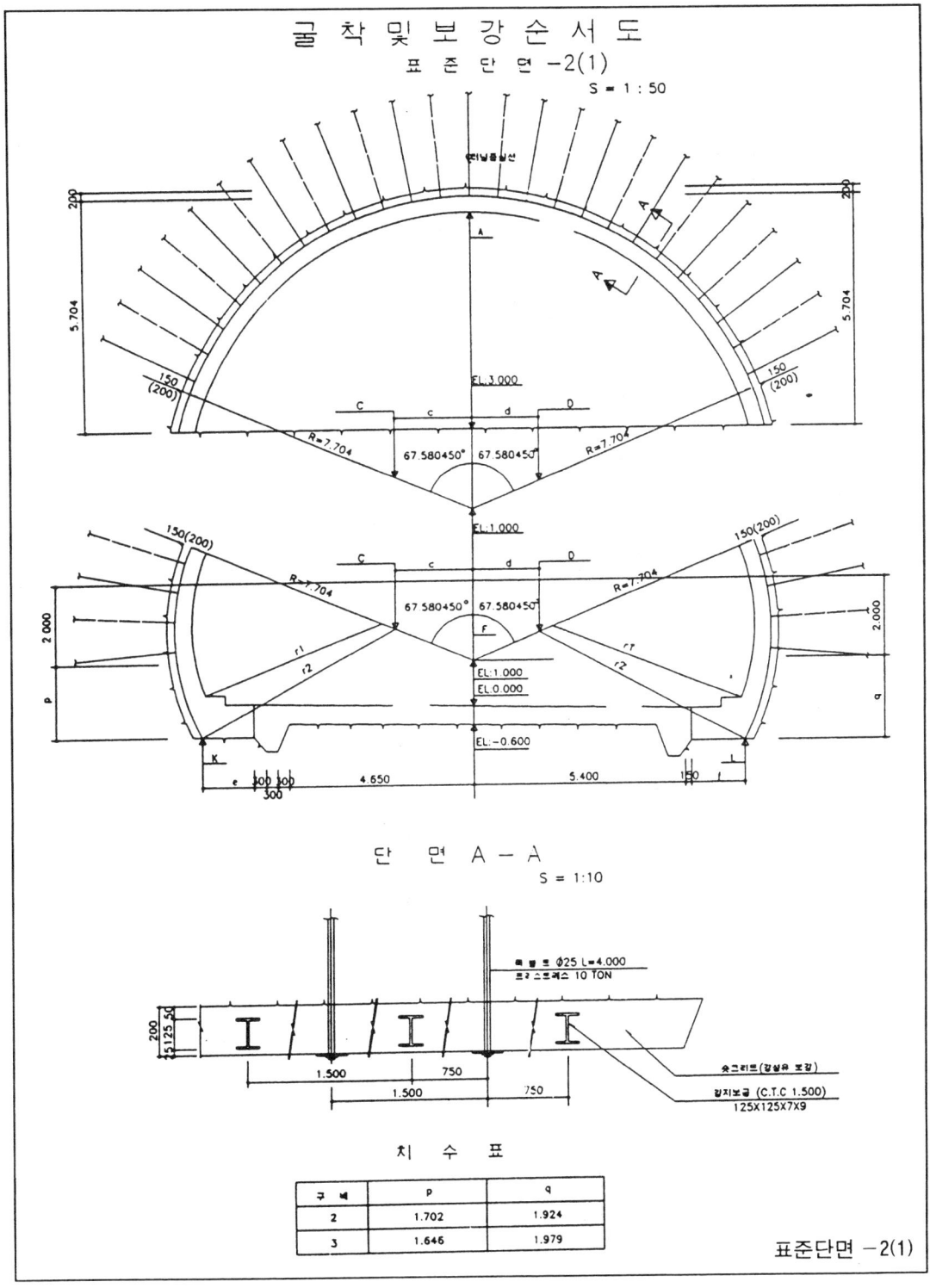

굴착 및 보강순서도

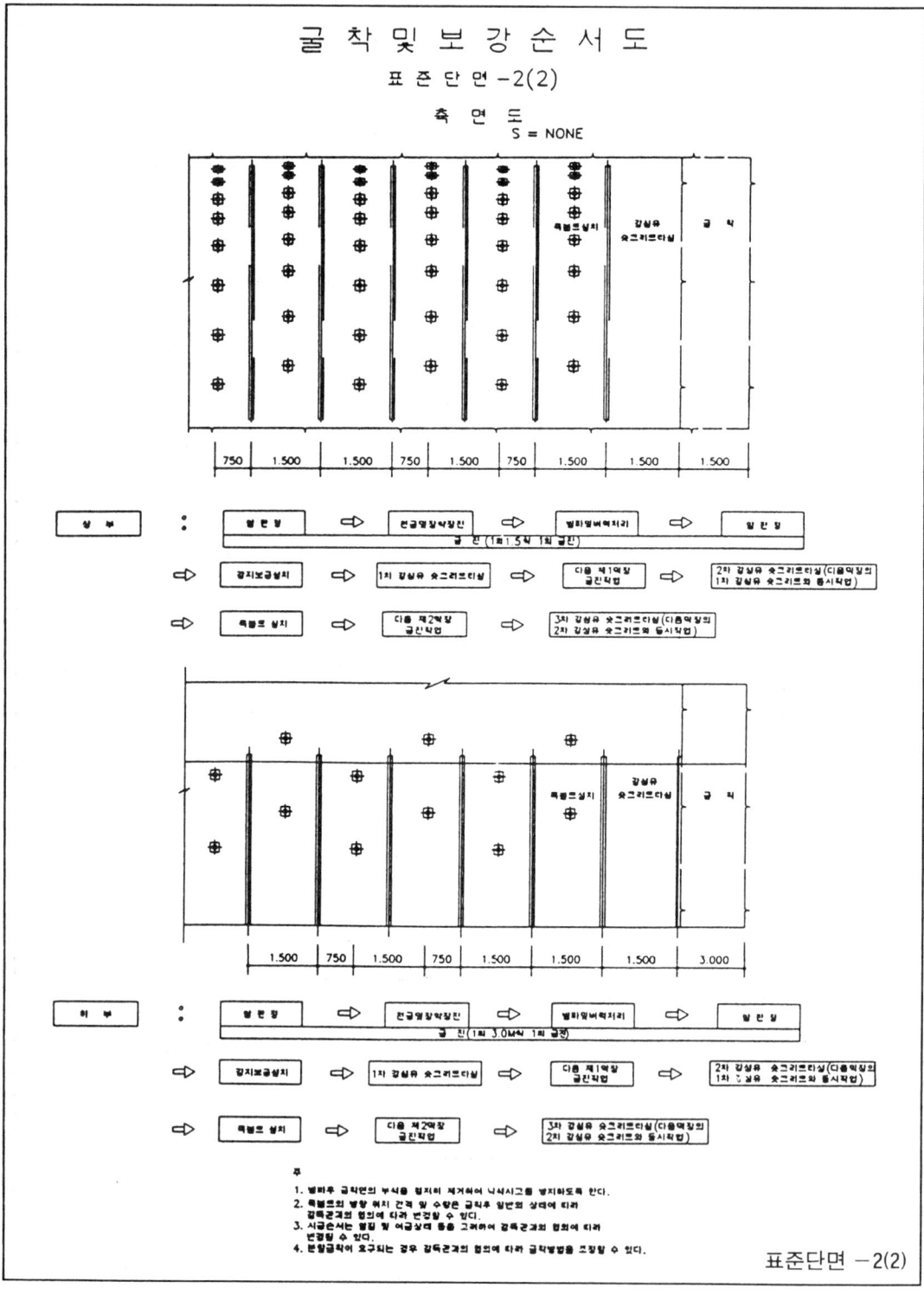

굴착 및 보강순서도

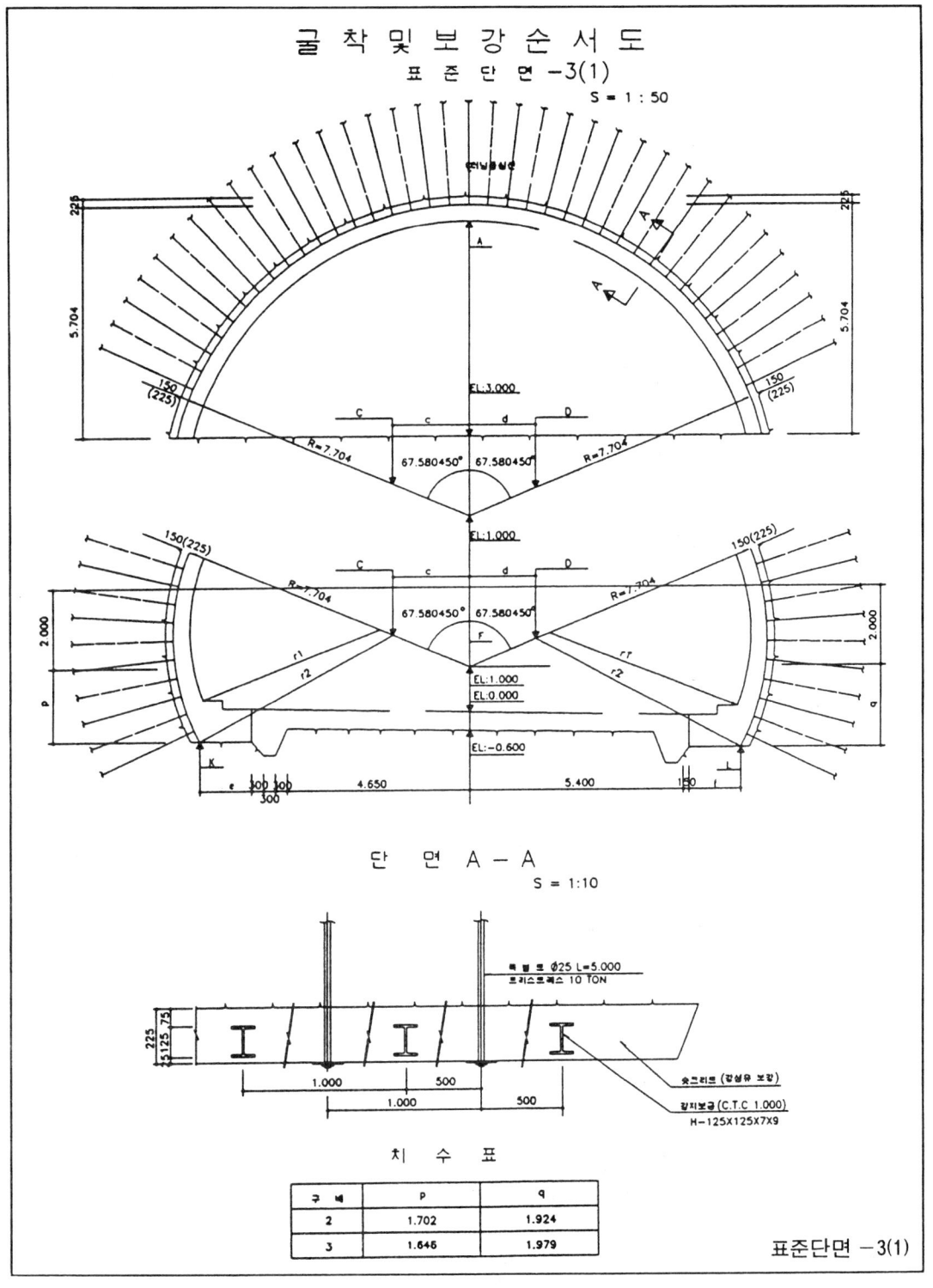

굴착 및 보강순서도

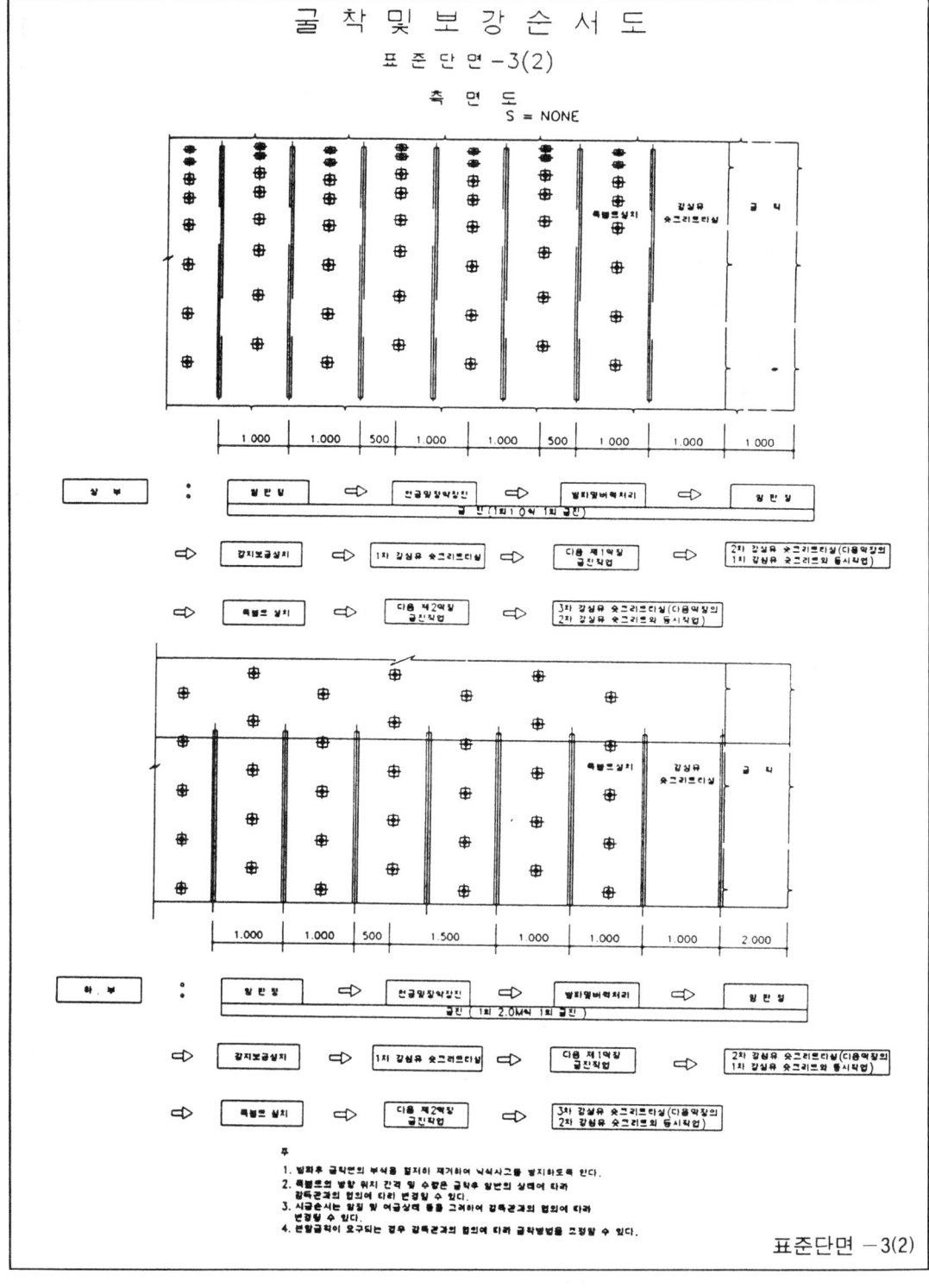

굴착 및 보강순서도

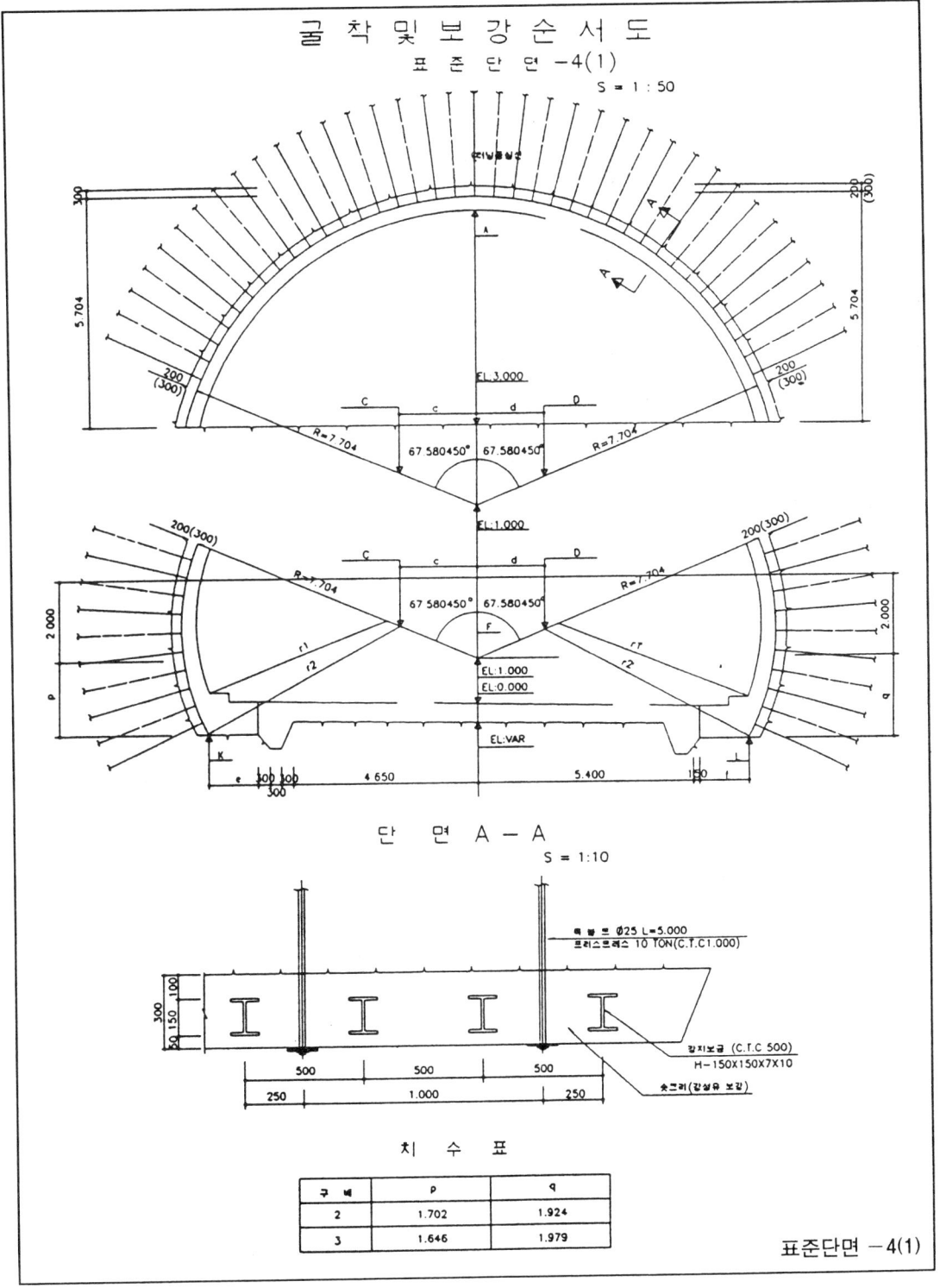

표준단면 −4(1)

굴착 및 보강순서도

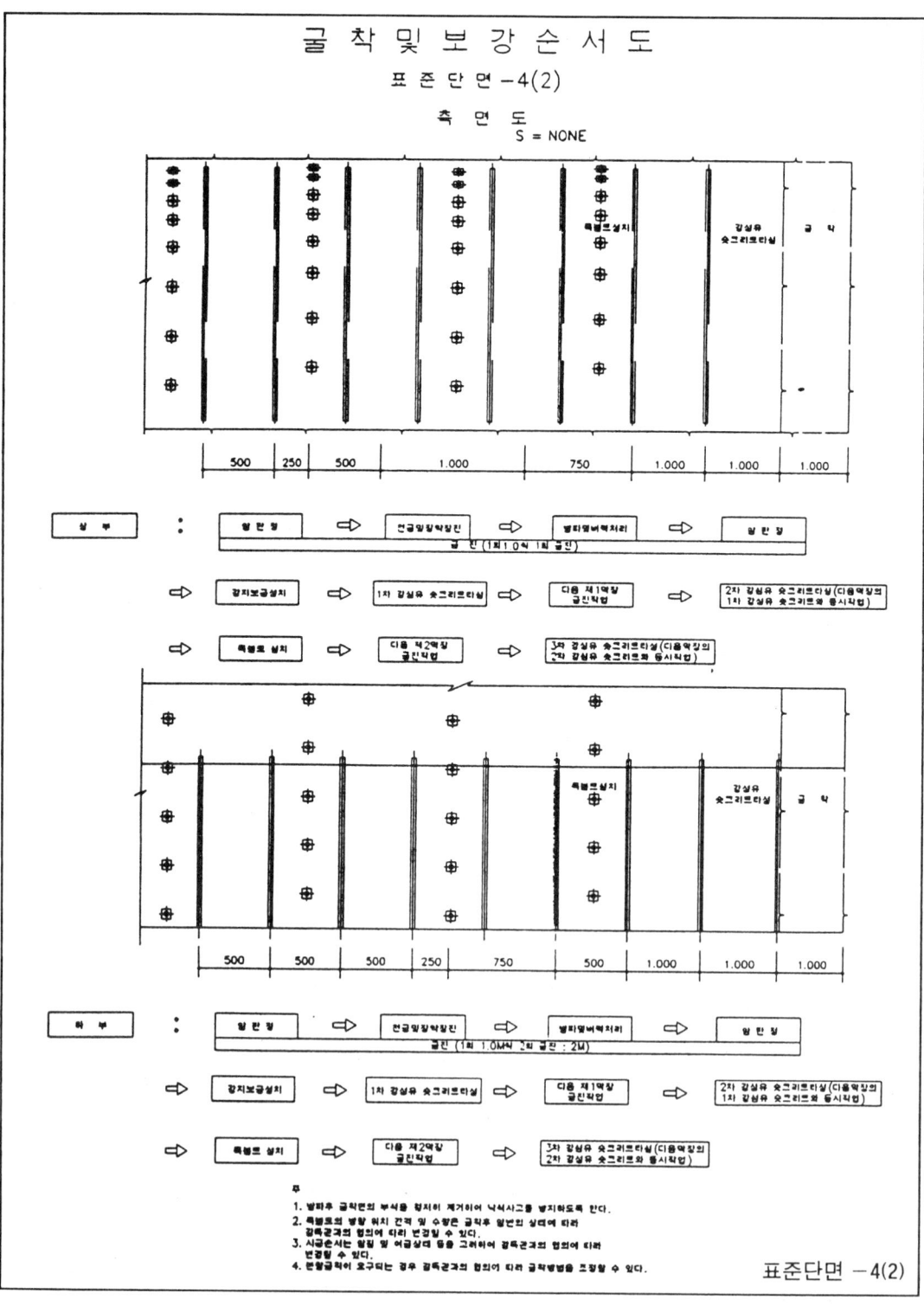

제4장 NATM터널 시공상세도(3차선 기준)

굴착 및 보강순서도

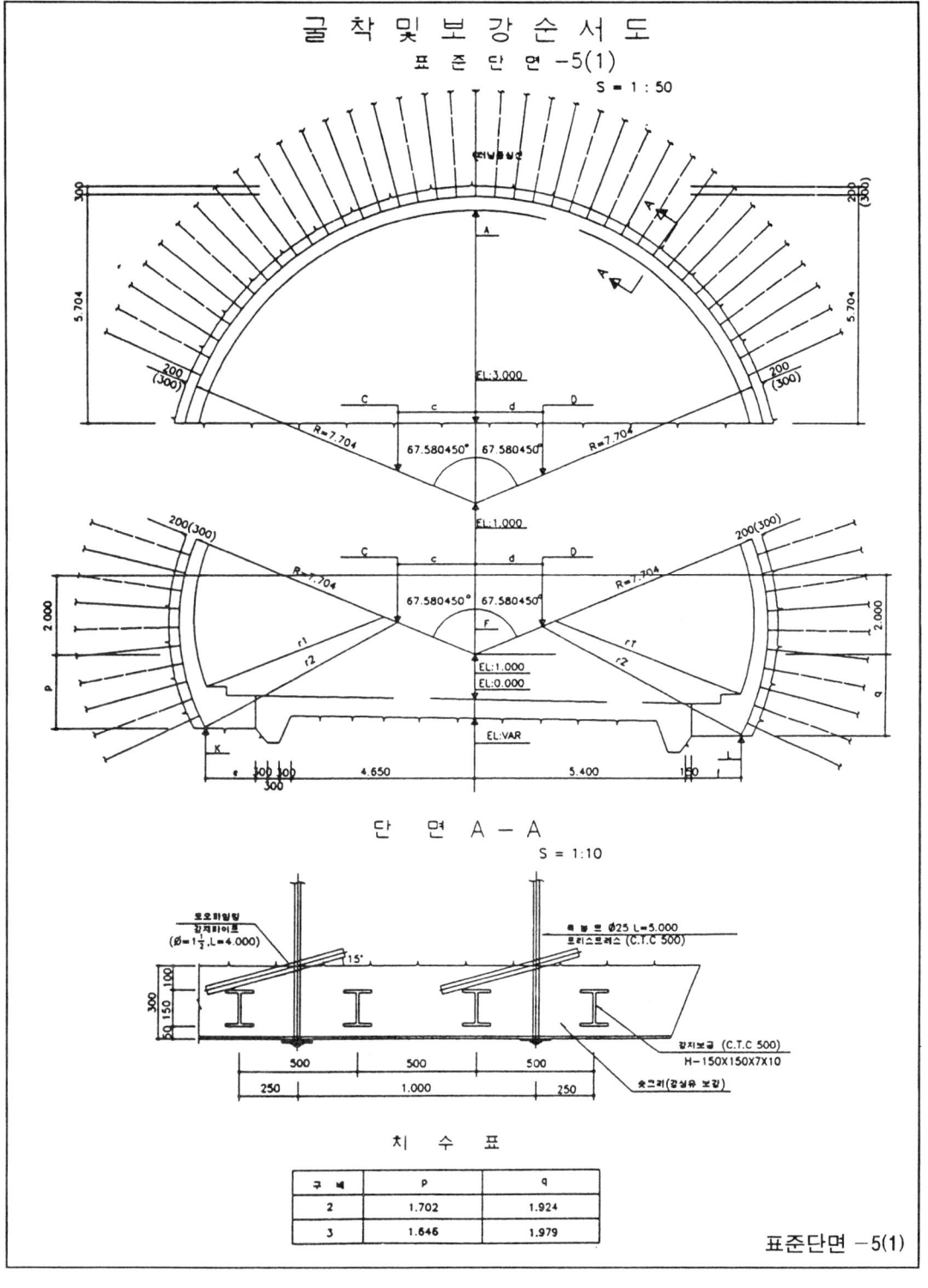

굴착 및 보강순서도

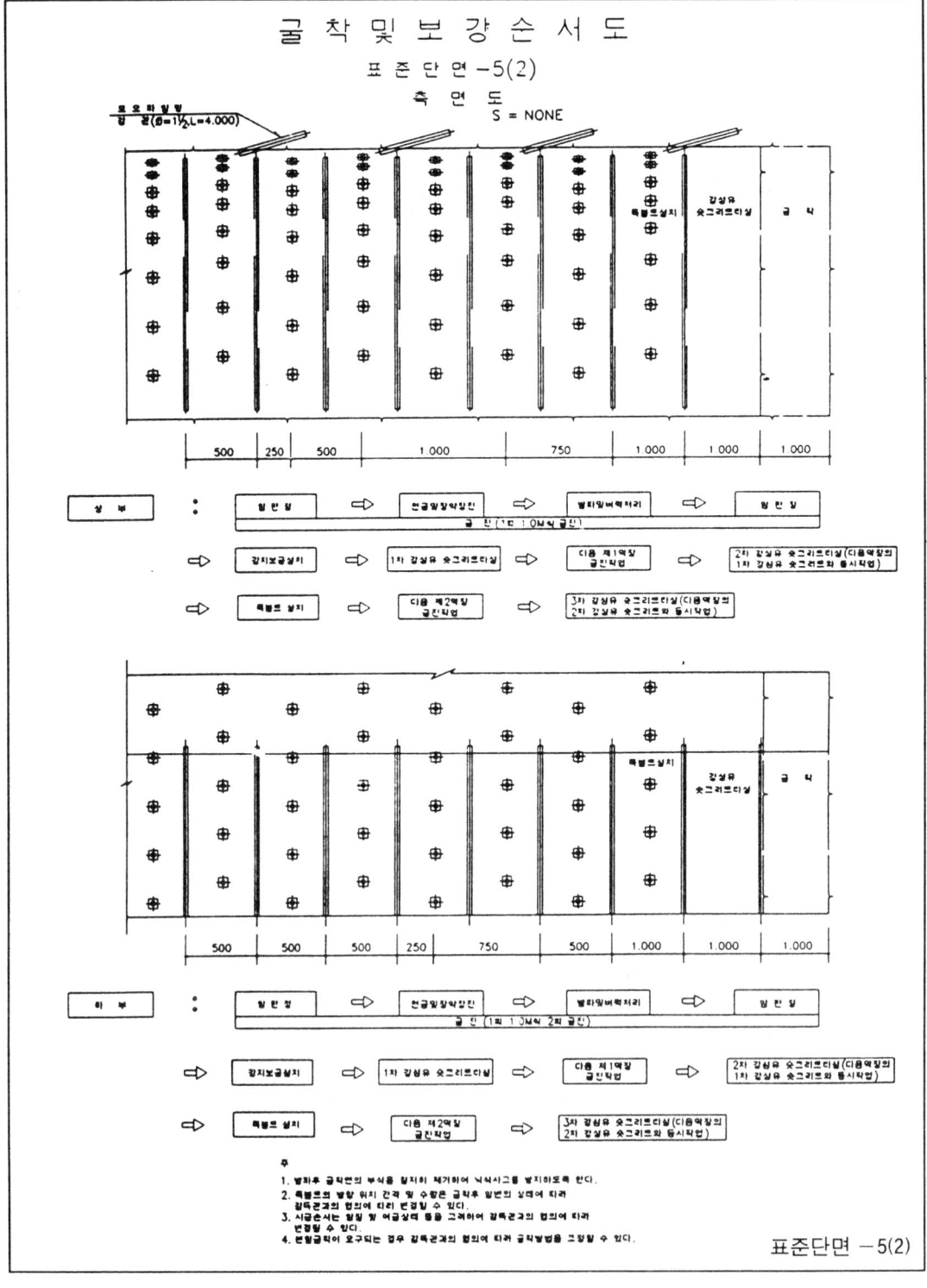

강지보공상세도

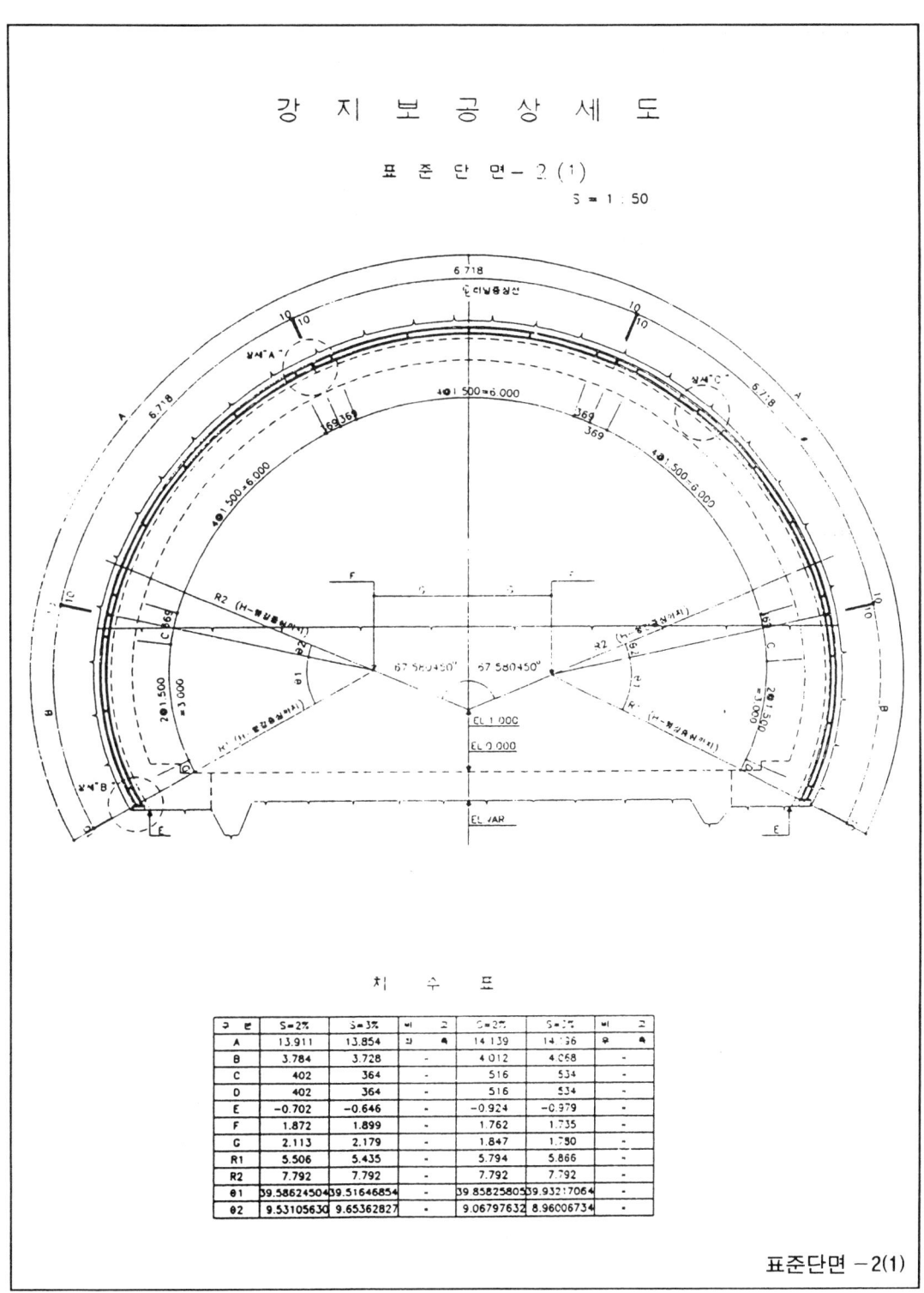

표준단면 -2(1)

강지보공상세도

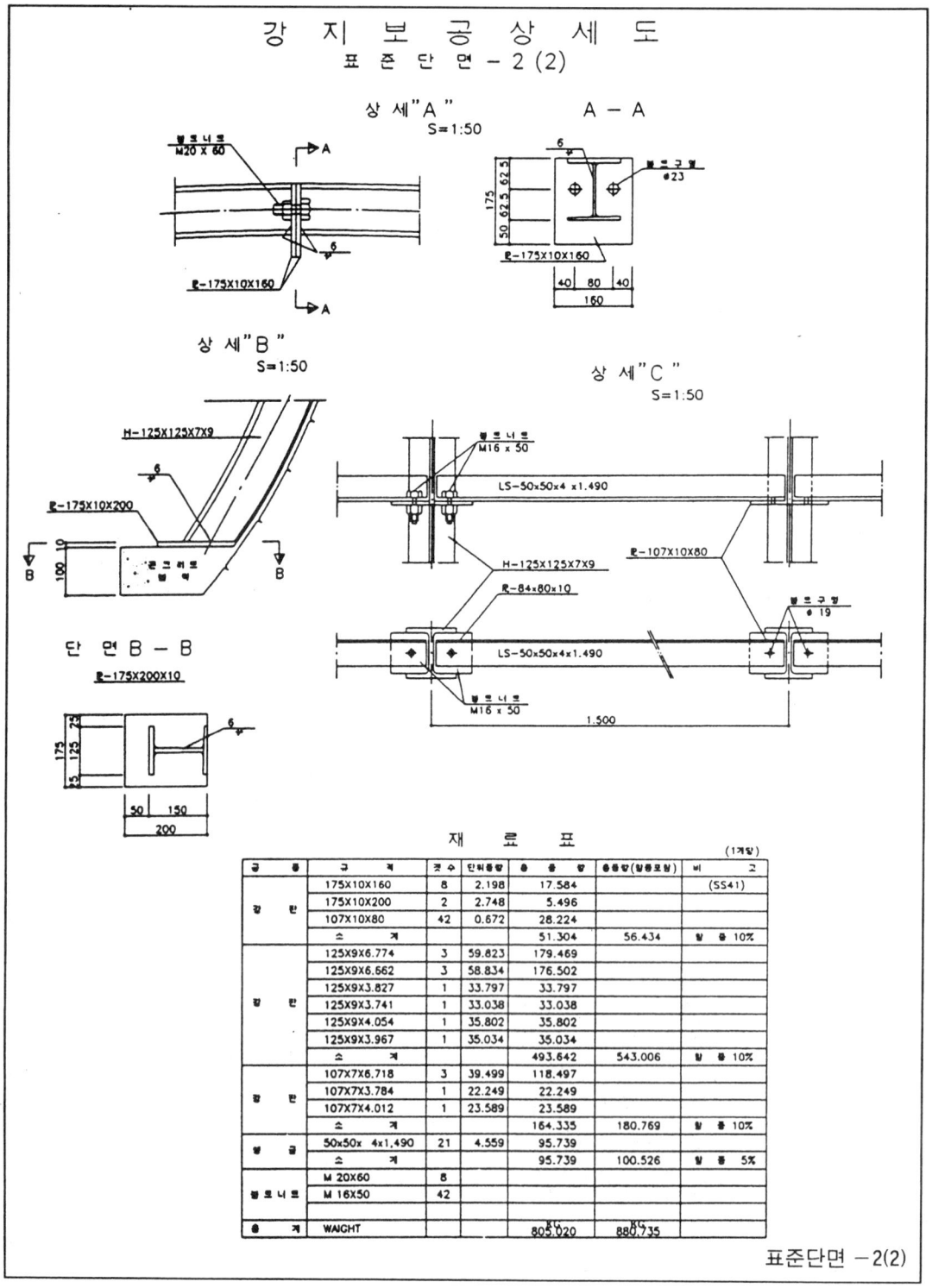

강지보공상세도

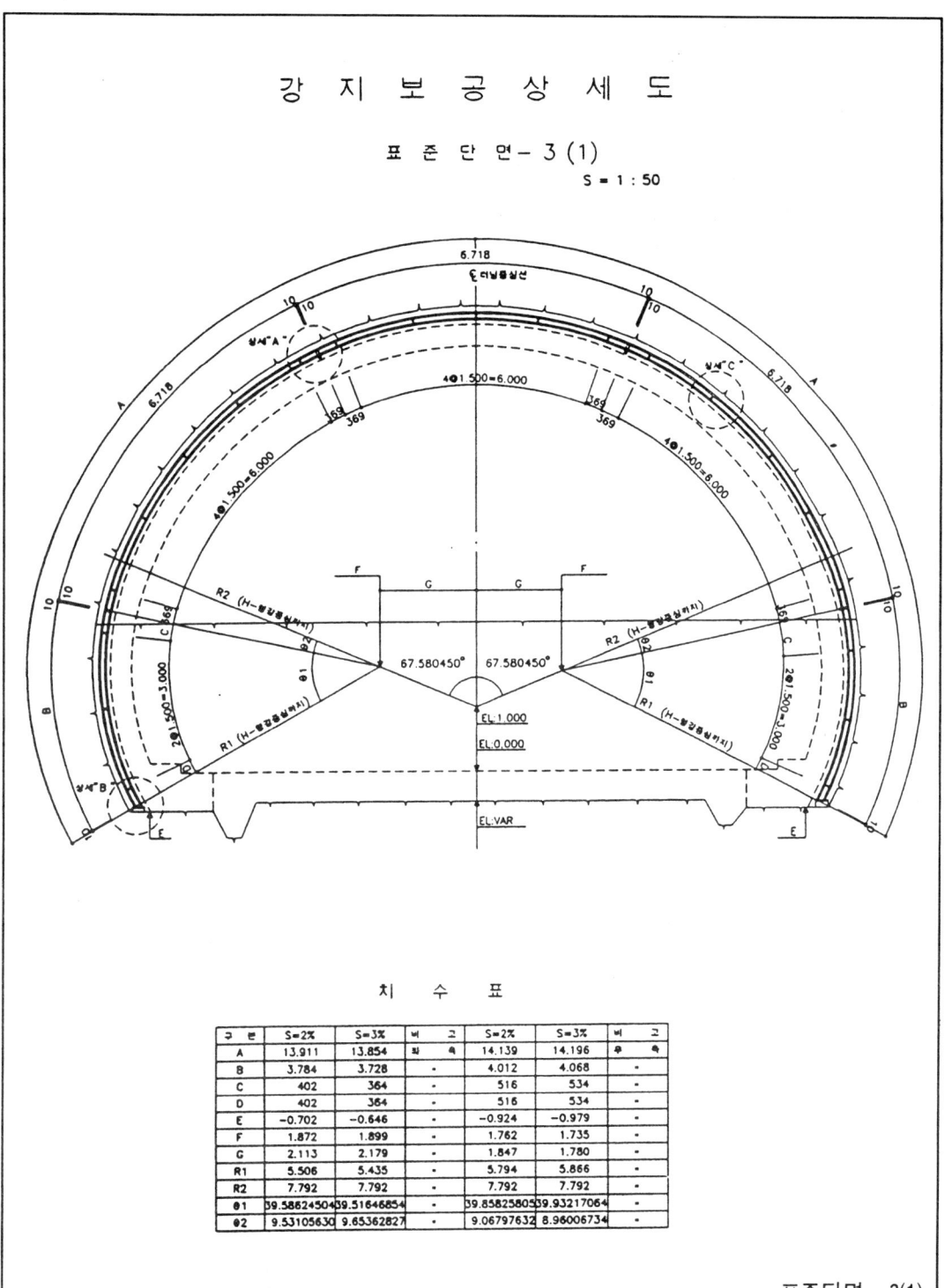

표준단면 -3(1)

강지보공상세도

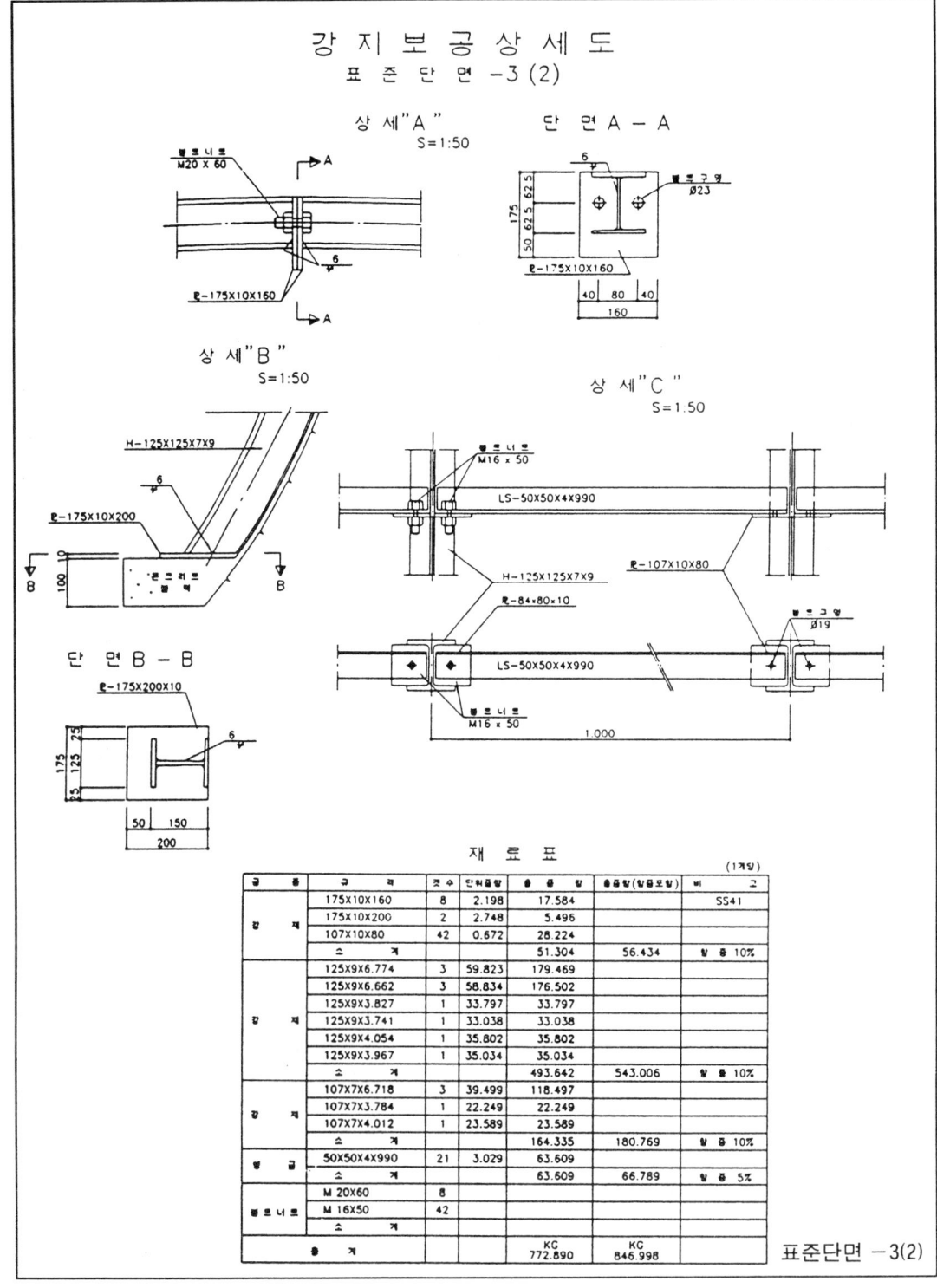

강지보공상세도

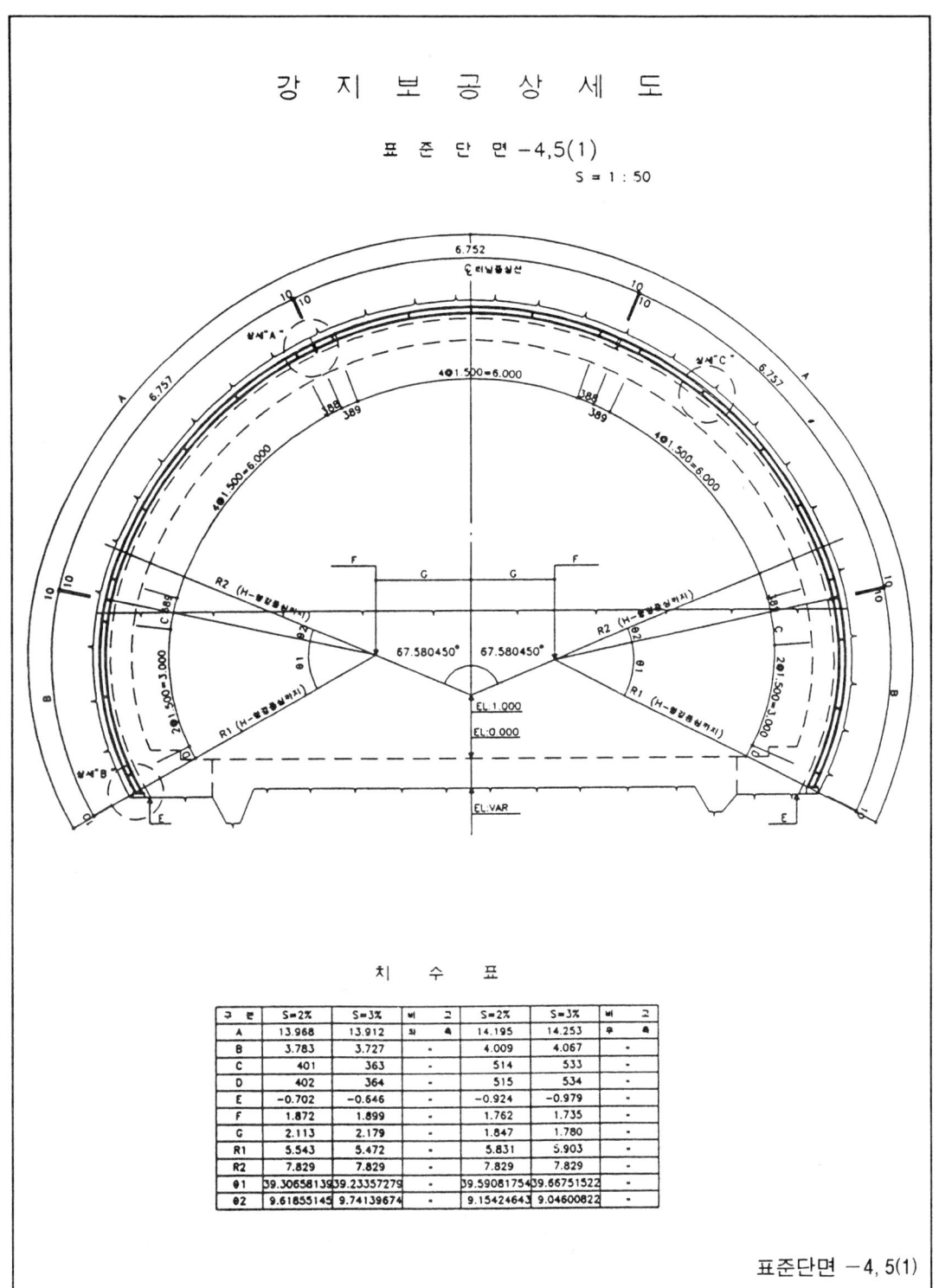

표준단면 －4, 5(1)

강지보공상세도

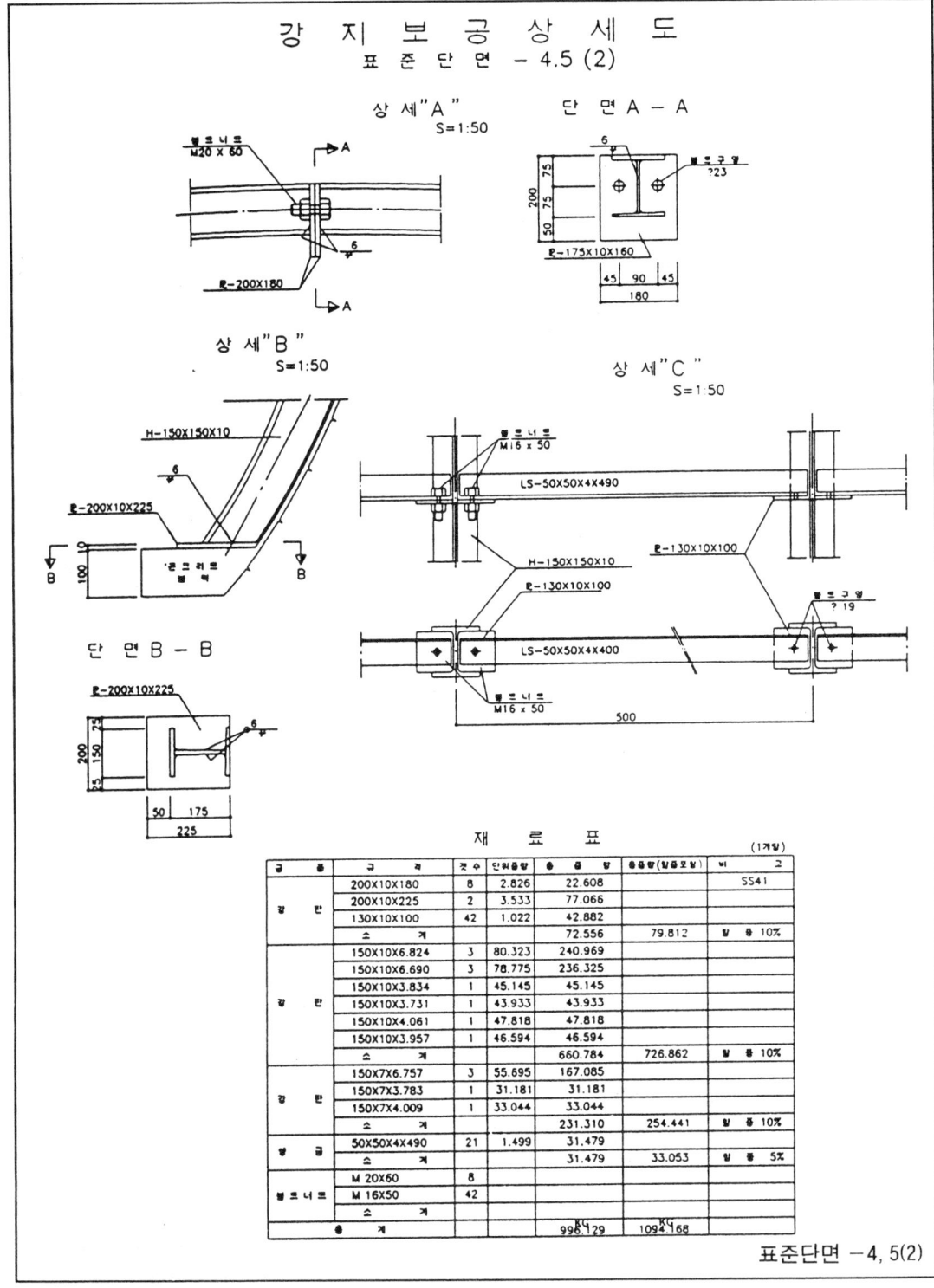

록볼트 설치 및 Forepoling(선지공) 상세도 (1)

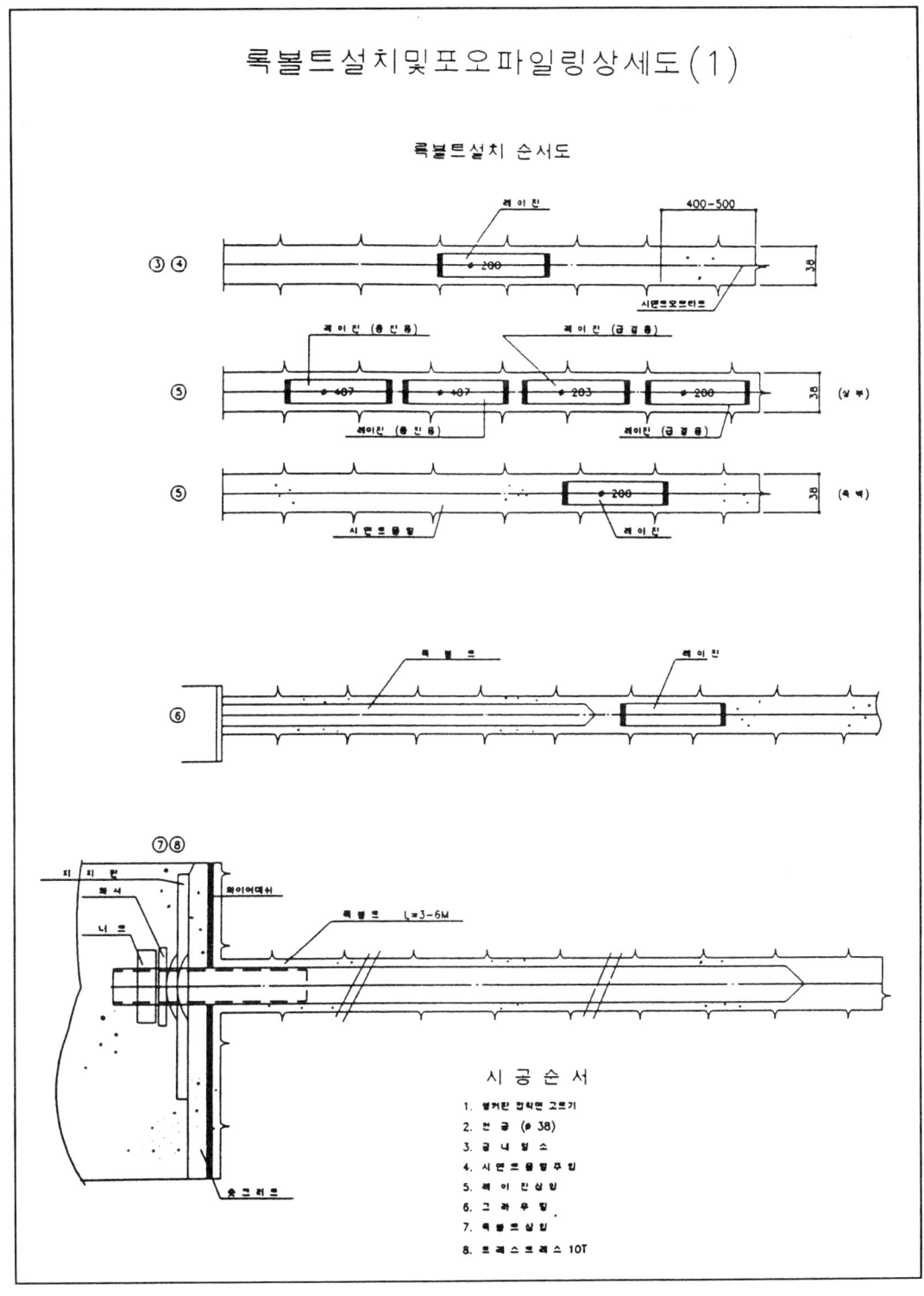

록볼트 설치 및 Forepoling 상세도(2)

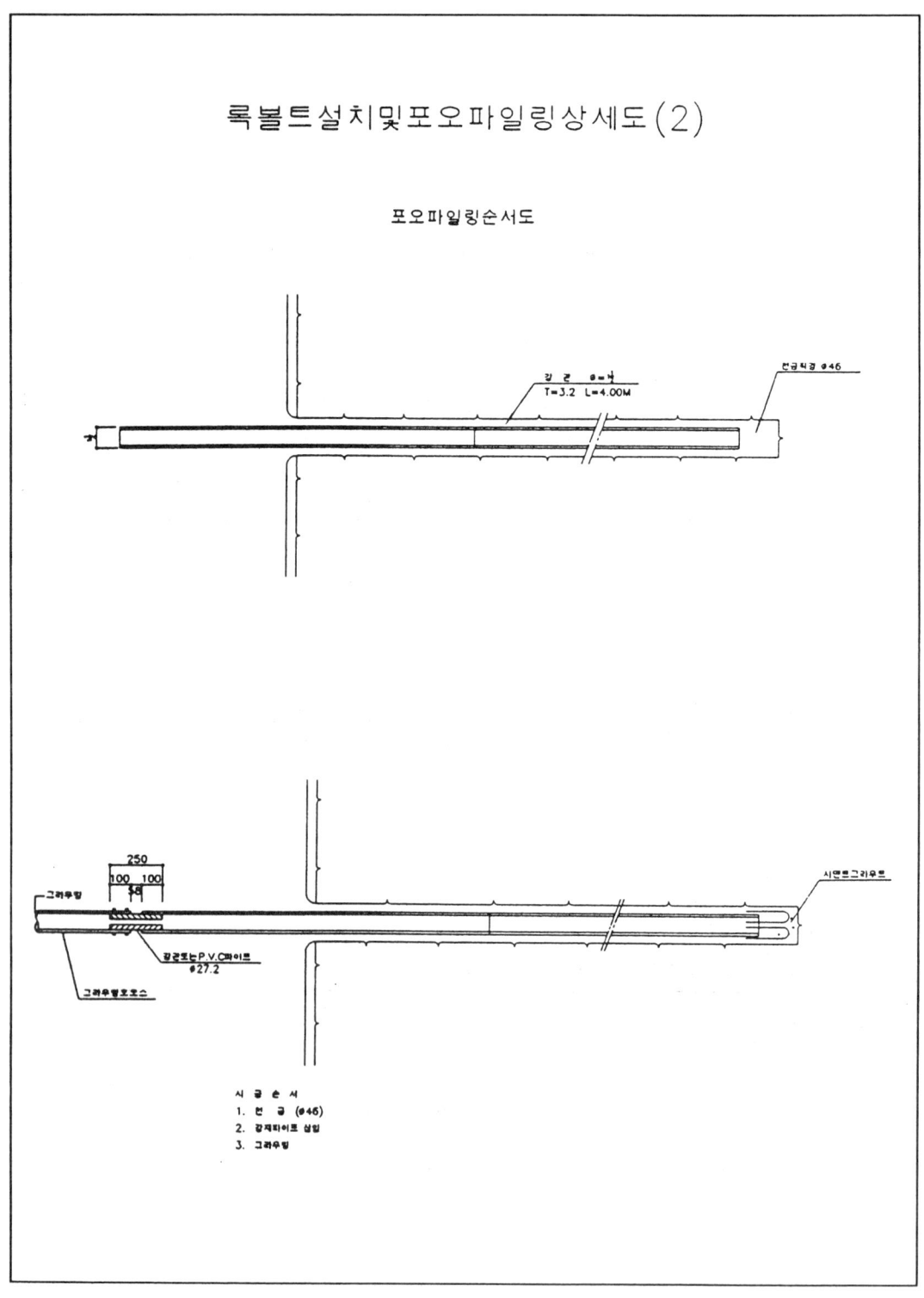

Pregrouting 상세도(1)

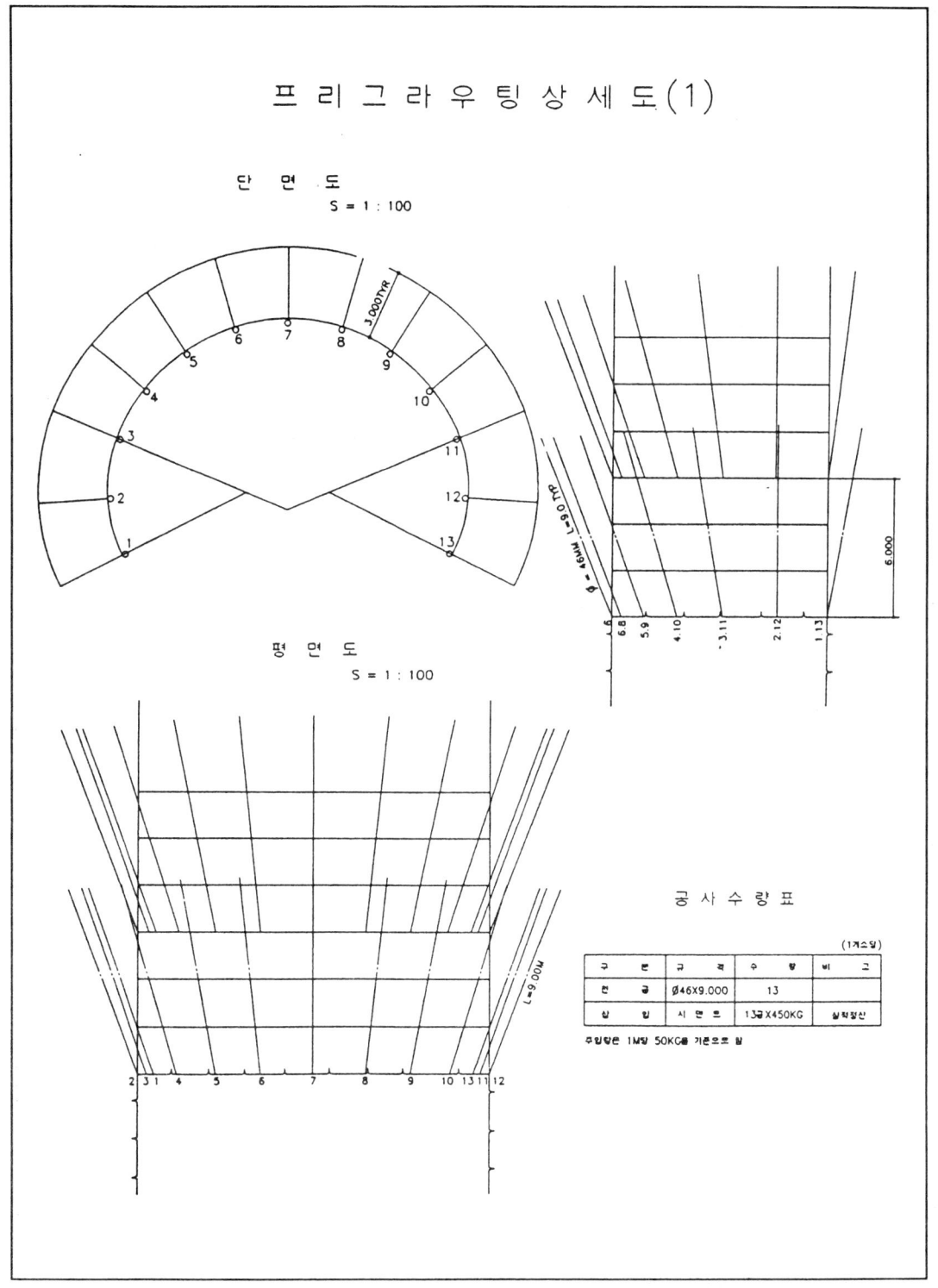

프리그라우팅 상세도(2)

(주)

(1) 프리그라우팅은 파괴선에 적합하게 사용하며, 암석질에 따라 감독관의 승인을 득한 후에 시행하여야 한다.
(2) 천공의 지름은 46mm, 길이는 9m로 한다.
(3) 파괴선의 변위 발생시 절대로 무시해서는 안되며 프리그라우팅은 평면상에 보여진 바와 같이 연속적으로 시행되어야 하며 감독관과의 협의에 따라서 조정될 수 있다.
(4) 천공된 구멍은 그라우팅 전에 깨끗한 물로 깨끗이 청소하여야 한다.
(5) 그라우팅의 기본 재료는 시멘트이며 시멘트량은 그라우팅의 효과에 따라 빈배합에서 부배합의 범위 내의 감독관의 지시에 따라 변화할 수도 있다.
(6) 그라우팅 압력은 그 양에 의해 점진적으로 증가될 수 있으며 그 최대치는 $10kg/cm^2$이다.
(7) 발파작업은 최소한 마지막 그라우팅 작업 후 24시간 이내에 재작업을 하여서는 안된다.
(8) 그라우팅은 암질과 그라우팅 효과에 따라 그 양을 조정할 수 있다.

방수 및 Concrete Lining(2차 복공) 시공순서도 (1)

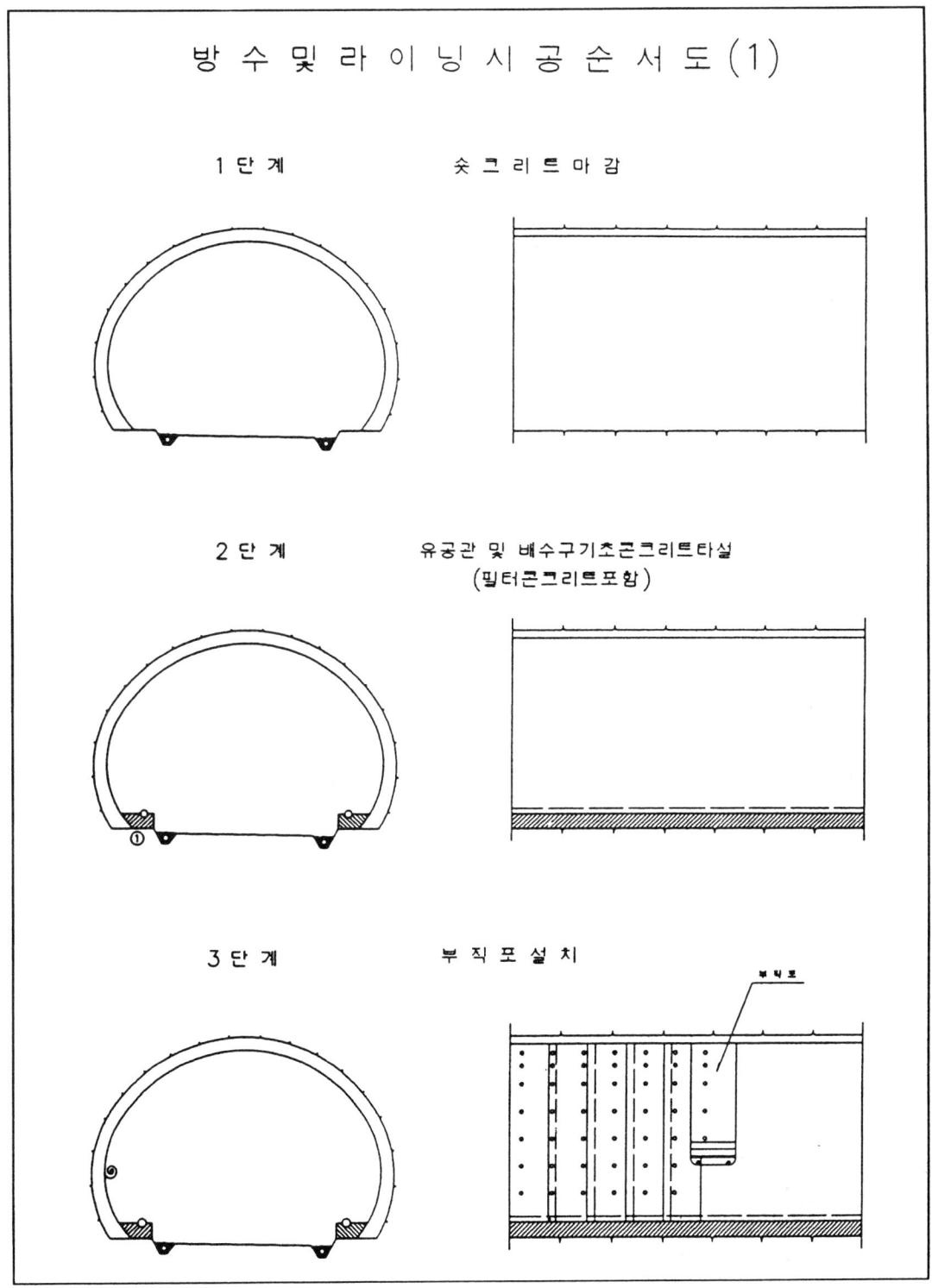

방수 및 Concrete Lining(2차 복공) 시공순서도 (2)

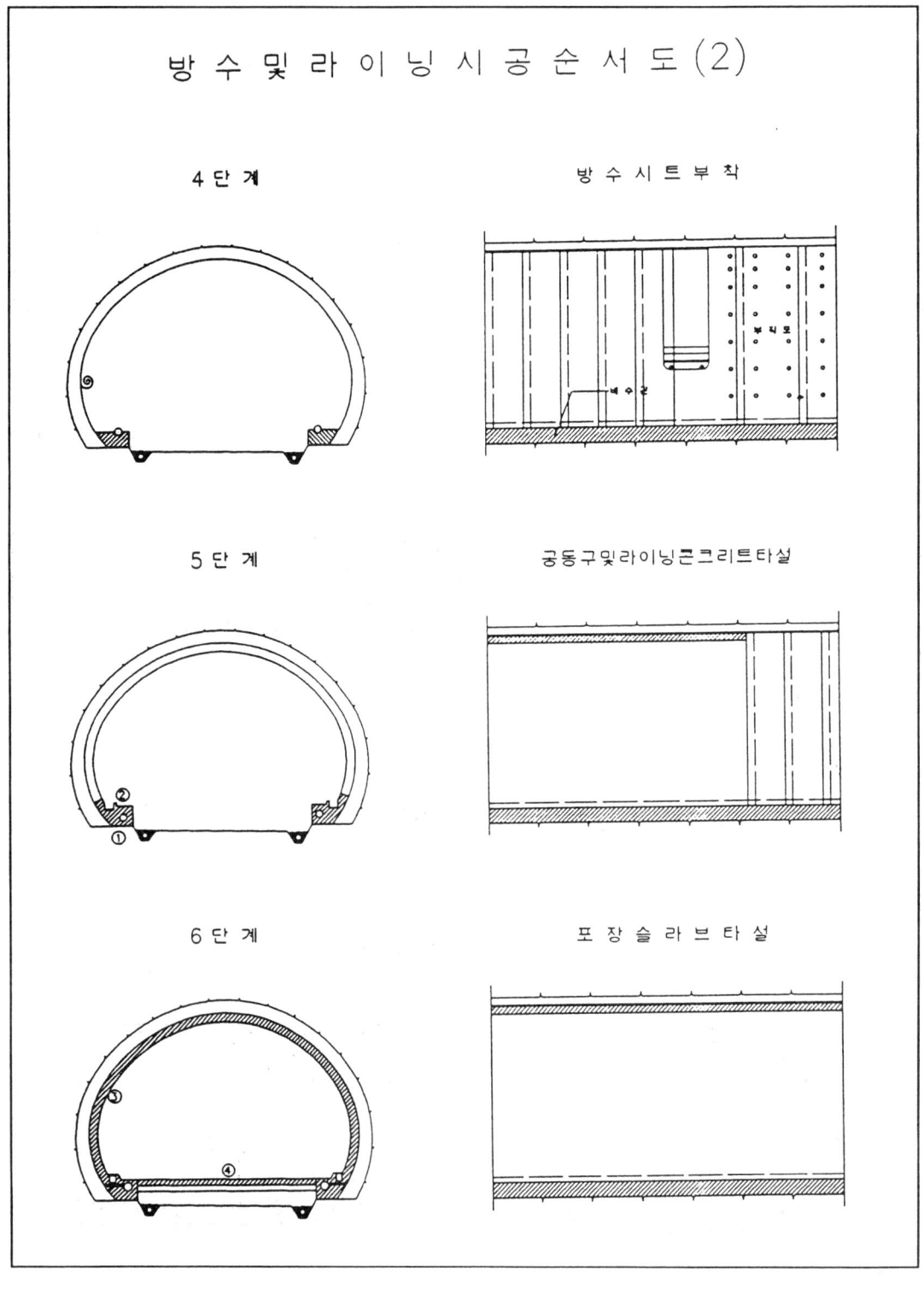

방수상세도 (1)

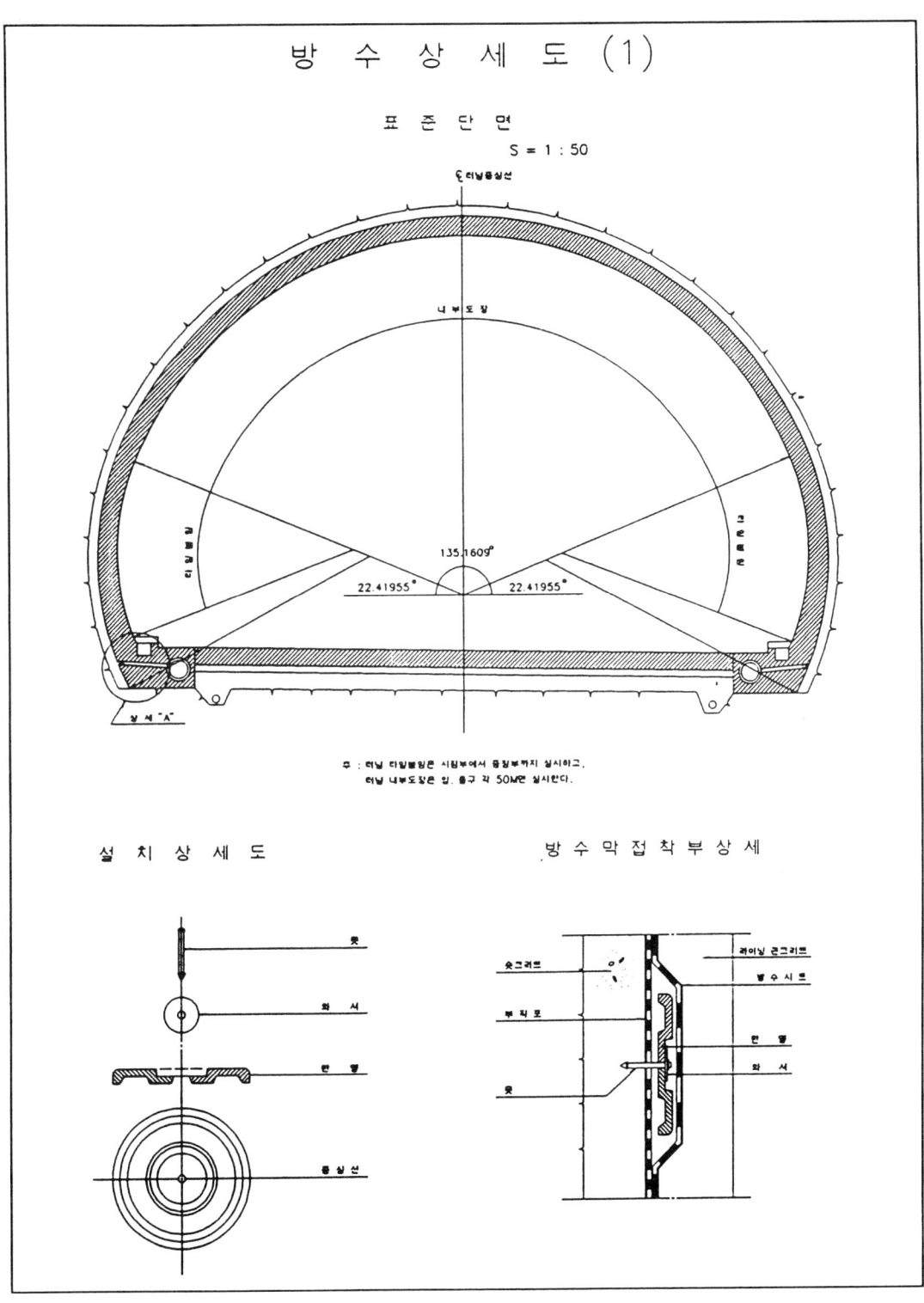

방수상세도(2)

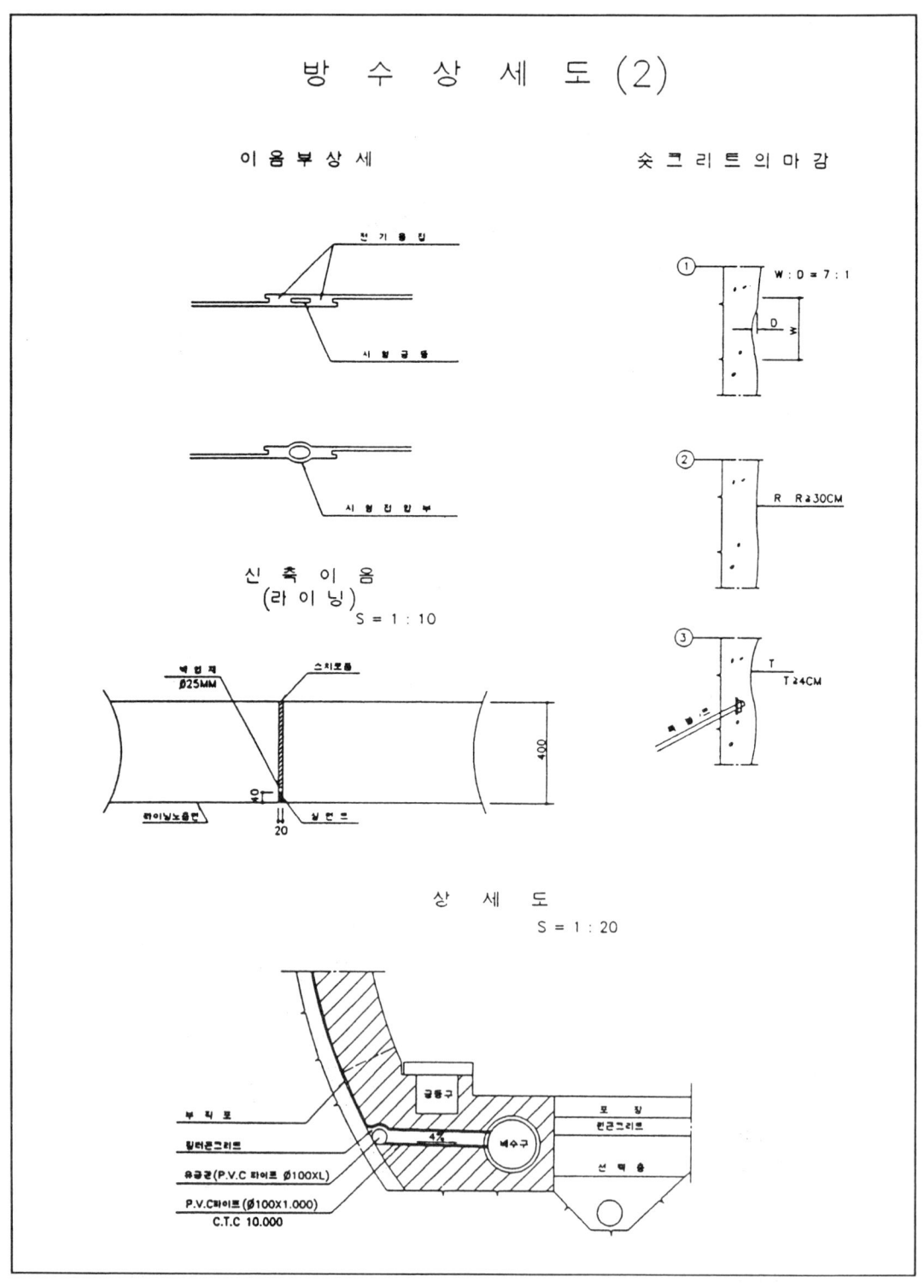

내장타일 붙임 상세도 (1)

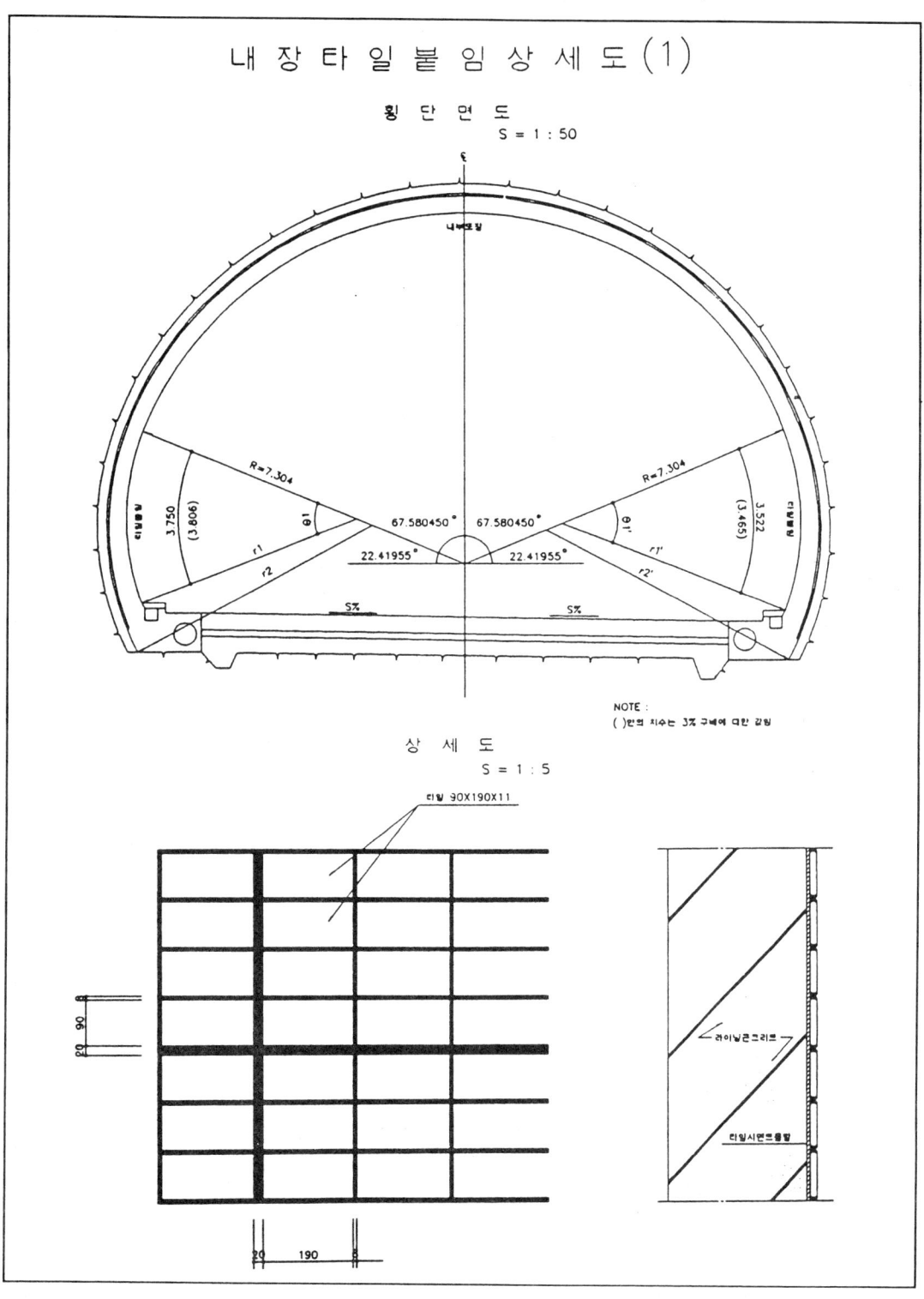

내장타일 붙임 상세도 (2)

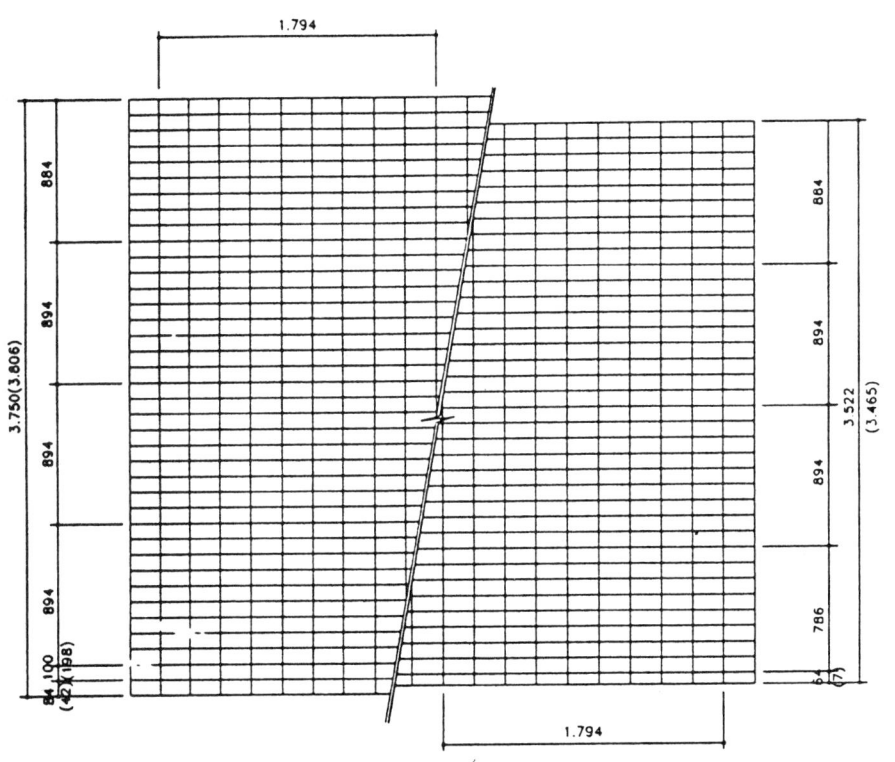

치 수 표

구 분	R1	R1'	θ1	θ1'
2	4.922	4.631	43.650229	43.573460
3	4.994	4.558	43.667830	43.552503

NOTE : ( )안의 치수는 3% 구배에 대한 값임

계측도 (1)

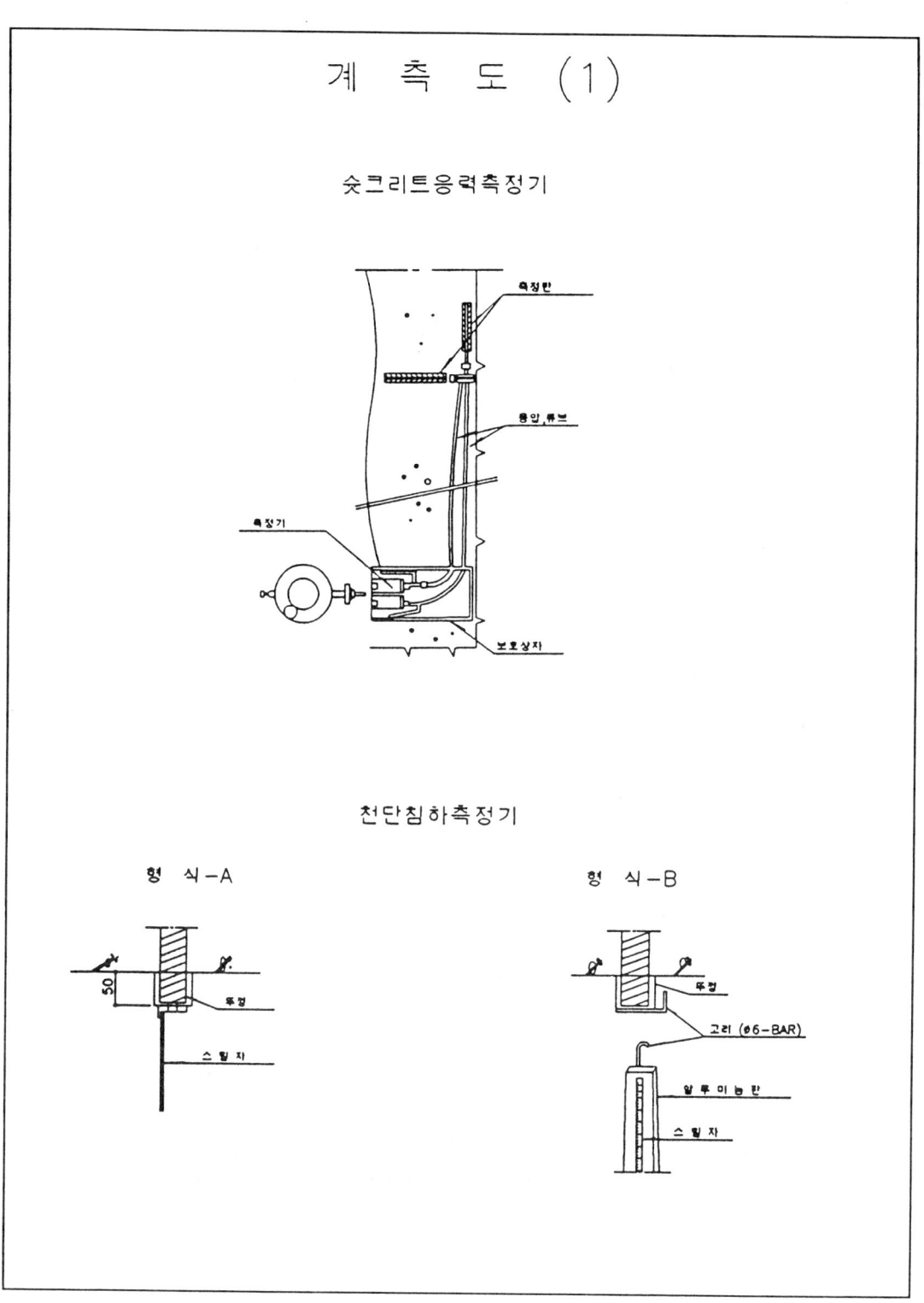

계측도 (2)

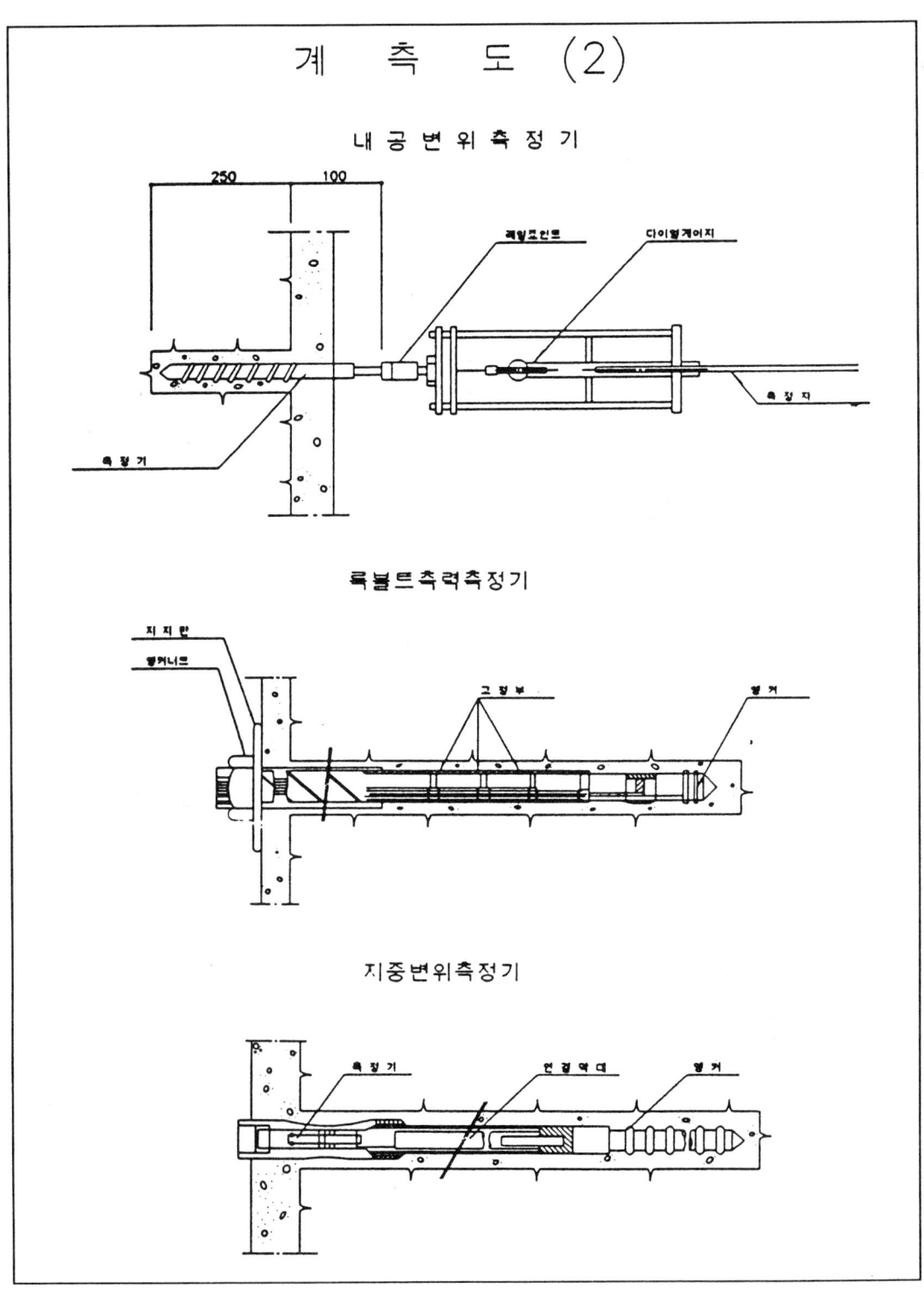

계측도(3)

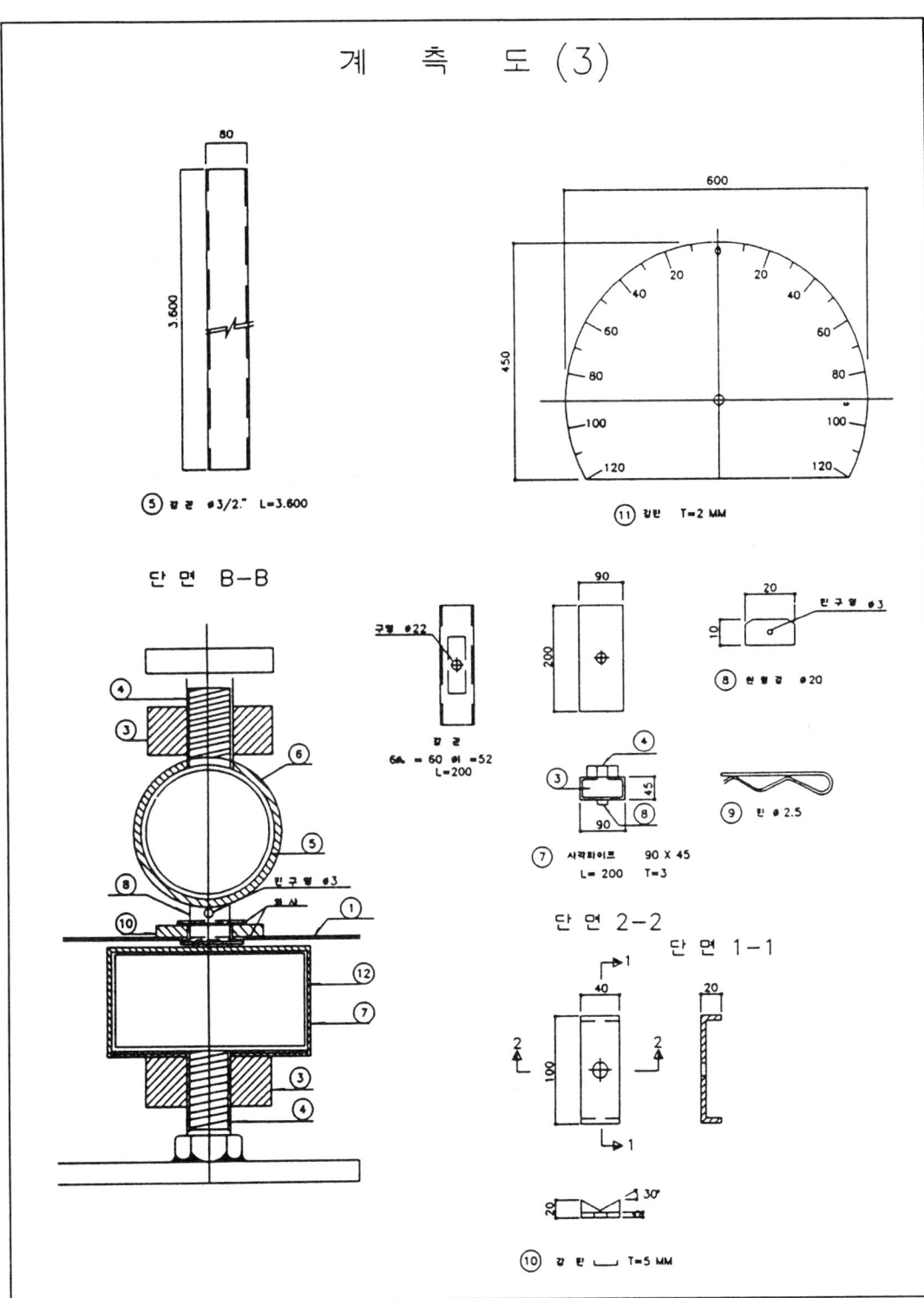

계측도 (4)

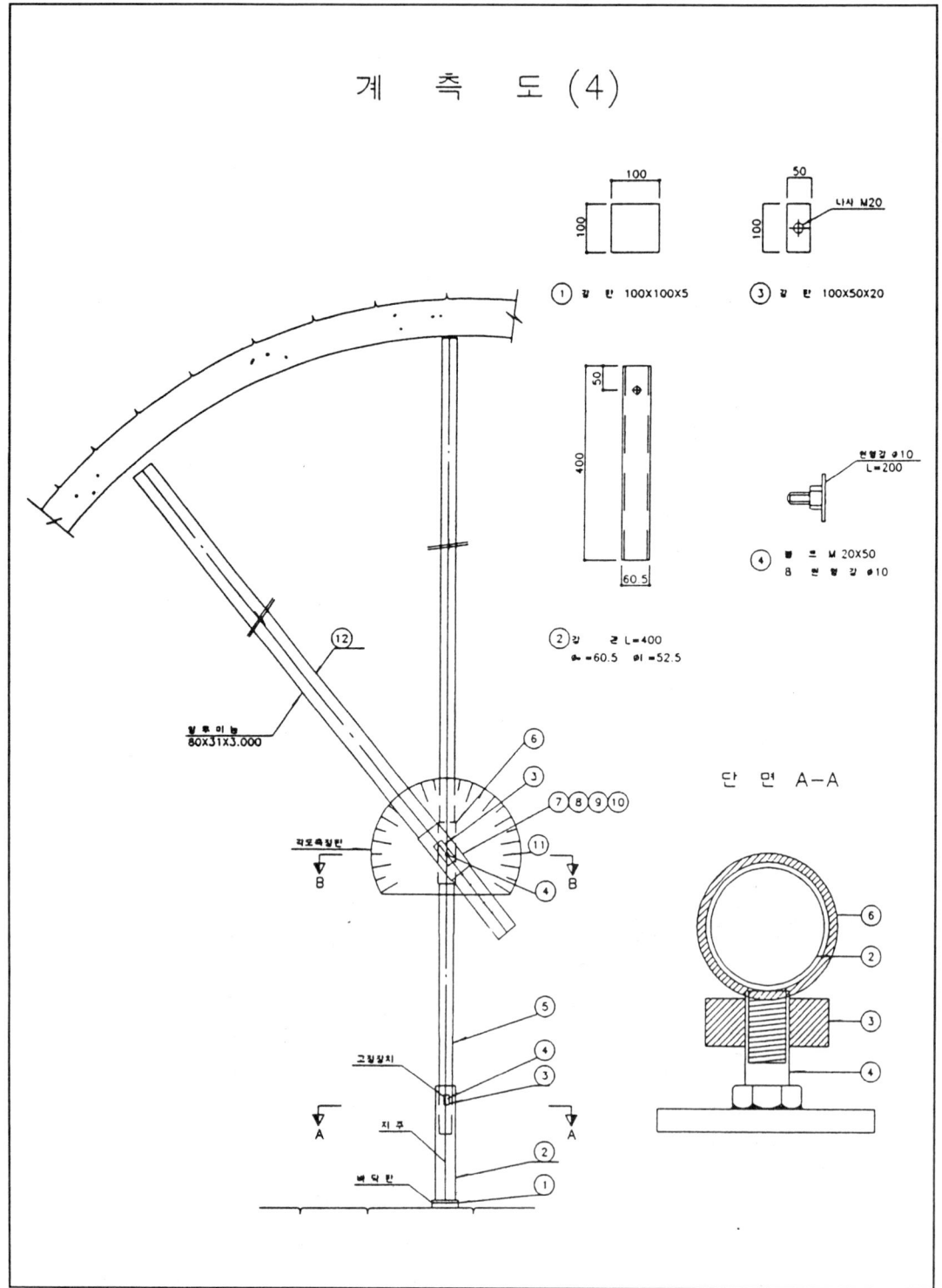

배수상세도(1)

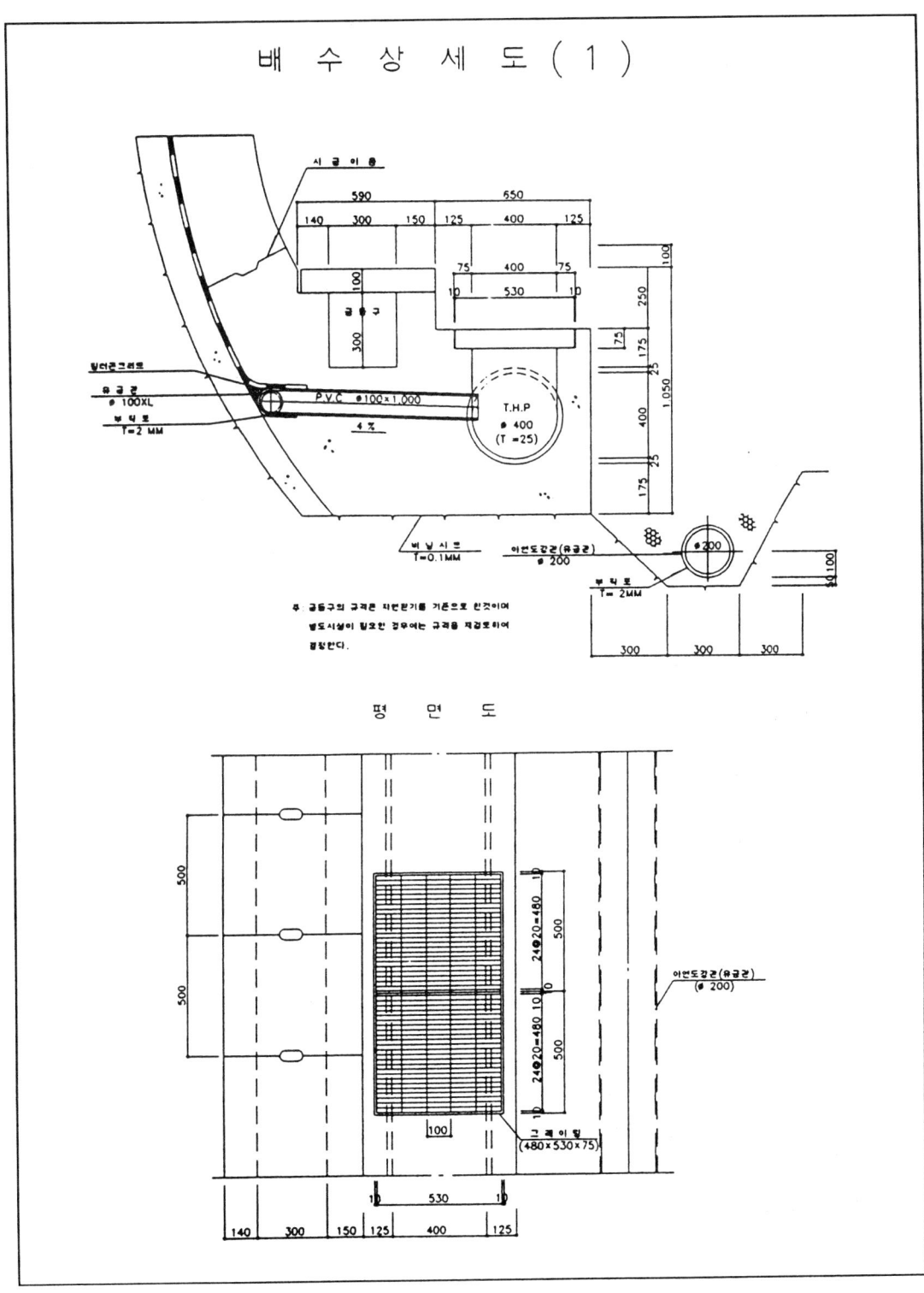

배수상세도(2)

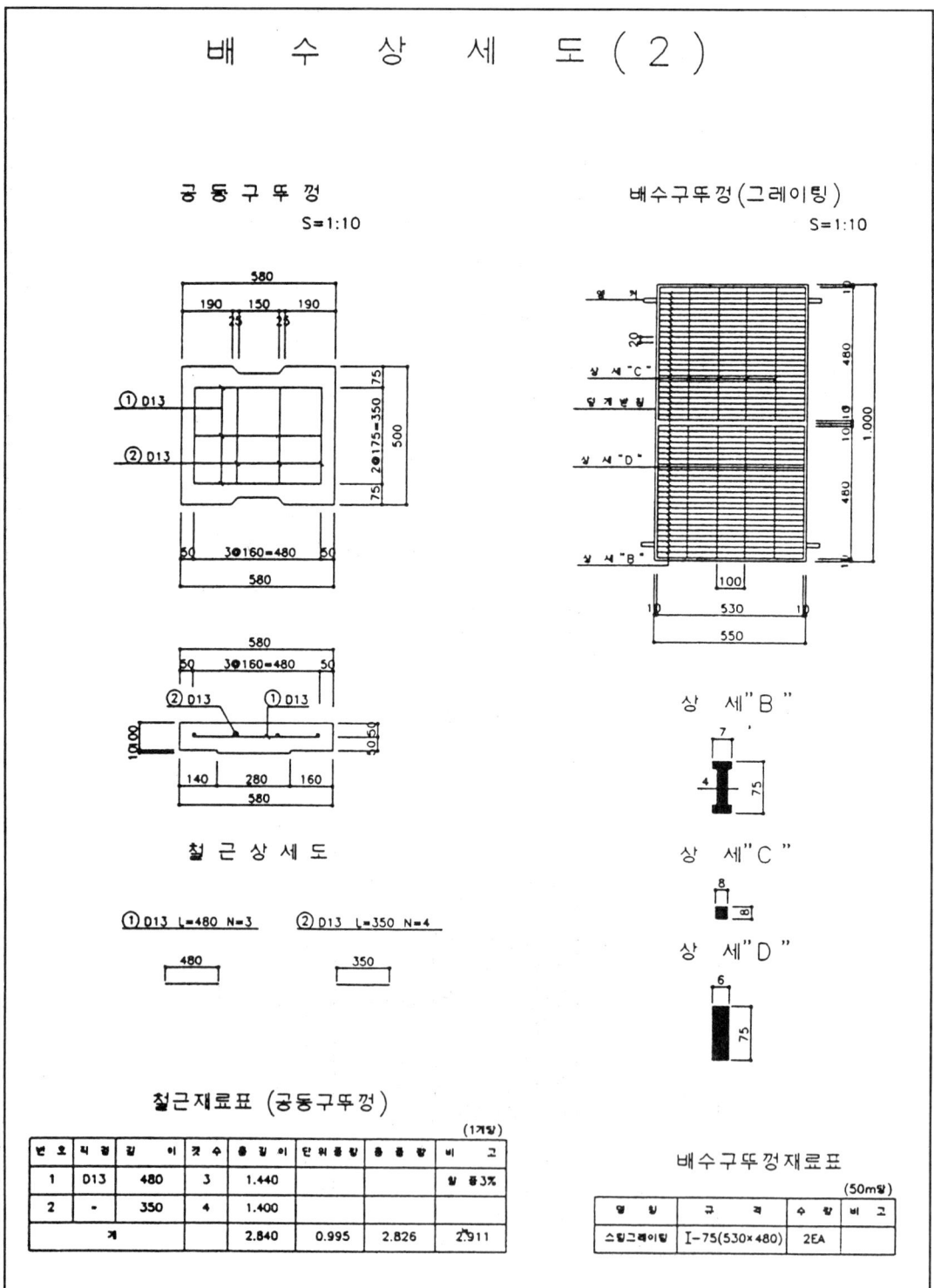

제5장 암거(Box Culvert)시공상세도

1. 1련암거

1. 설계조건

(1) **적용시방서**

 1) 도로교 표준시방서 (1986년, 건설교통부)

 2) 철근콘크리트 표준시방서 (1988년, 건설교통부)

(2) **단위중량**

 1) 철근 콘크리트 : $2.50 t/m^3$

 2) 아스팔트 콘크리트 : $2.30 t/m^3$

 3) 뒷채움재 : $2.00 t/m^3$

 4) 상재토 : $2.50 t/m^3$

(3) **설계하중**

 DB-24

(4) **토압**

 1) 뒷 채움재의 내부 마찰각 : $\phi = 35°$

 2) 토압계수 : 정지 토압계수

 $K_a = 1 - sin\phi$

(5) **부재의 최소두께**

 1) 수로암거 : 상판, 저판 25cm

  벽체   30cm

 2) 통로암거 : 상판, 저판 25cm

  벽체   25cm

(6) **철근덮개**

 1) 수로암거 : 흙접촉부(외측) 6cm

   : 물접촉부(내측) 8cm

 2) 통로암거 : 흙접촉부(외측) 6cm

   : 내 공 부(내측) 3cm

(7) 재료강도

1) 콘크리트 설계기준강도

① 암거, 날개벽, 차수벽, 난간벽 : $f_{ck} = 240\text{kg/cm}^2$ (2종, 32mm)

② 접속저판 : $f_{ck} = 210\text{kg/cm}^2$ (3종, 40mm)

③ 기초 콘크리트 : $f_{ck} = 150\text{kg/cm}^2$ (5종, 50mm)

2) 철근 항복강도(SD 30 A)

$f_y = 3,000\text{kg/cm}^2$

(8) 지반지지력 및 신축이음

1) 지반의 허용지지력은 35t/m²를 기준으로 설계에 적응하였으며 현장의 지지력 기준에 미달된 경우에는 현장지반을 개량하여야 하고 Pile기초로 할 경우에는 Pile배치상태에 따라 저판의 철근을 적당하게 배치하여야 한다.

2) 신축이음 : 30m마다 설치

(9) 철근직경의 변경사용

1) 공사규모 현장조건에 따라 주철근의 직경을 변경하여 사용하여야 할 경우에는 철근의 간격을 조정하여 배근량을 일치시켜야 한다.

예) 본 도면에서 D25($A_s = 5.07\text{cm}^2$)200간격으로 설계되어 있는데 현장사정에 의거 D22($A_s = 3.87\text{cm}^2$)로 사용할 경우에는

$$S = \frac{1,000}{\frac{5.07}{3.78} \times \frac{1,000}{200}} = 152.7\text{mm} \fallingdotseq 152\text{mm}$$ 간격으로 배근한다.

수로 1련암거(1m×1m)

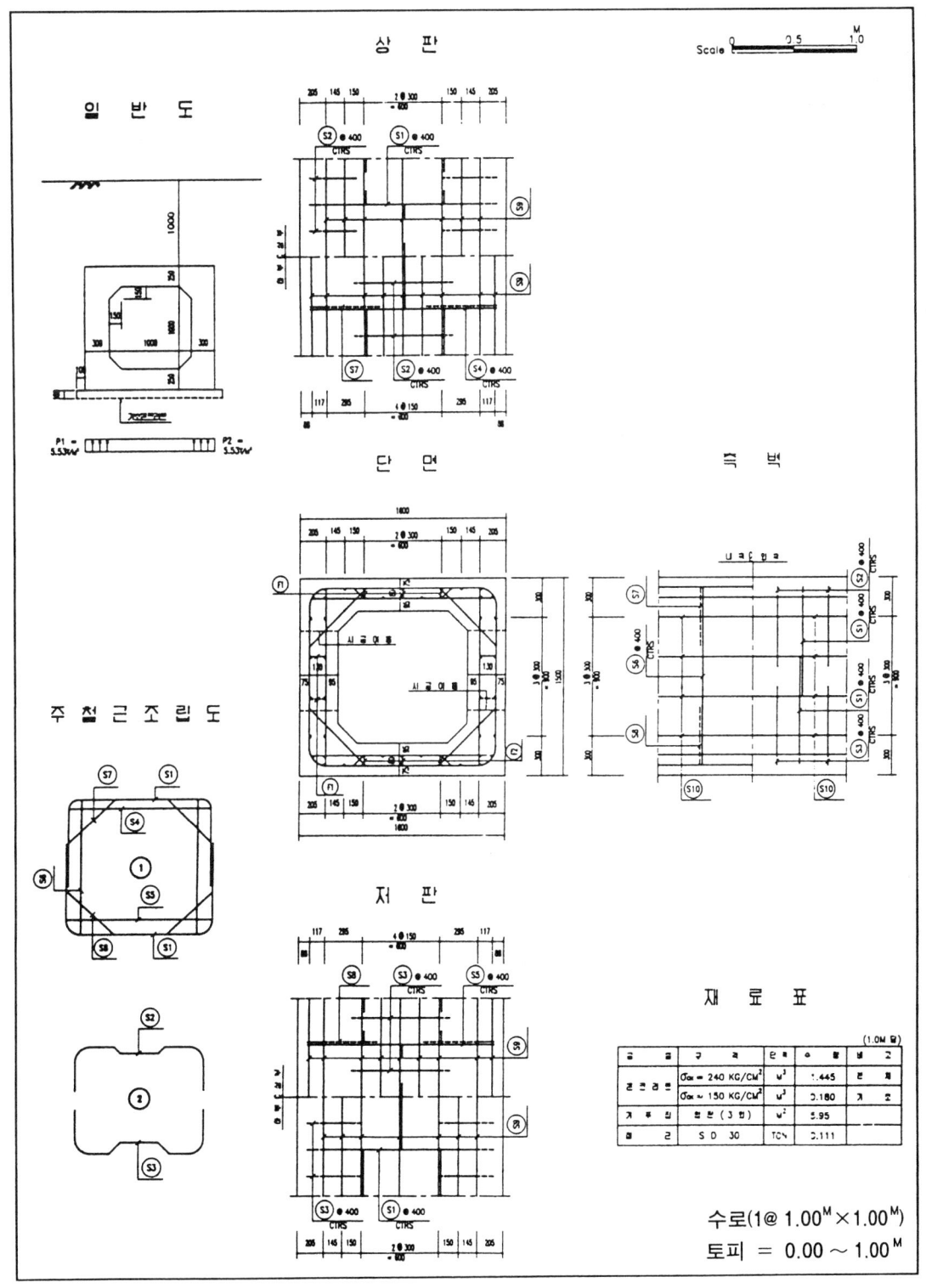

수로(1@ 1.00^M × 1.00^M)
토피 = 0.00 ~ 1.00^M

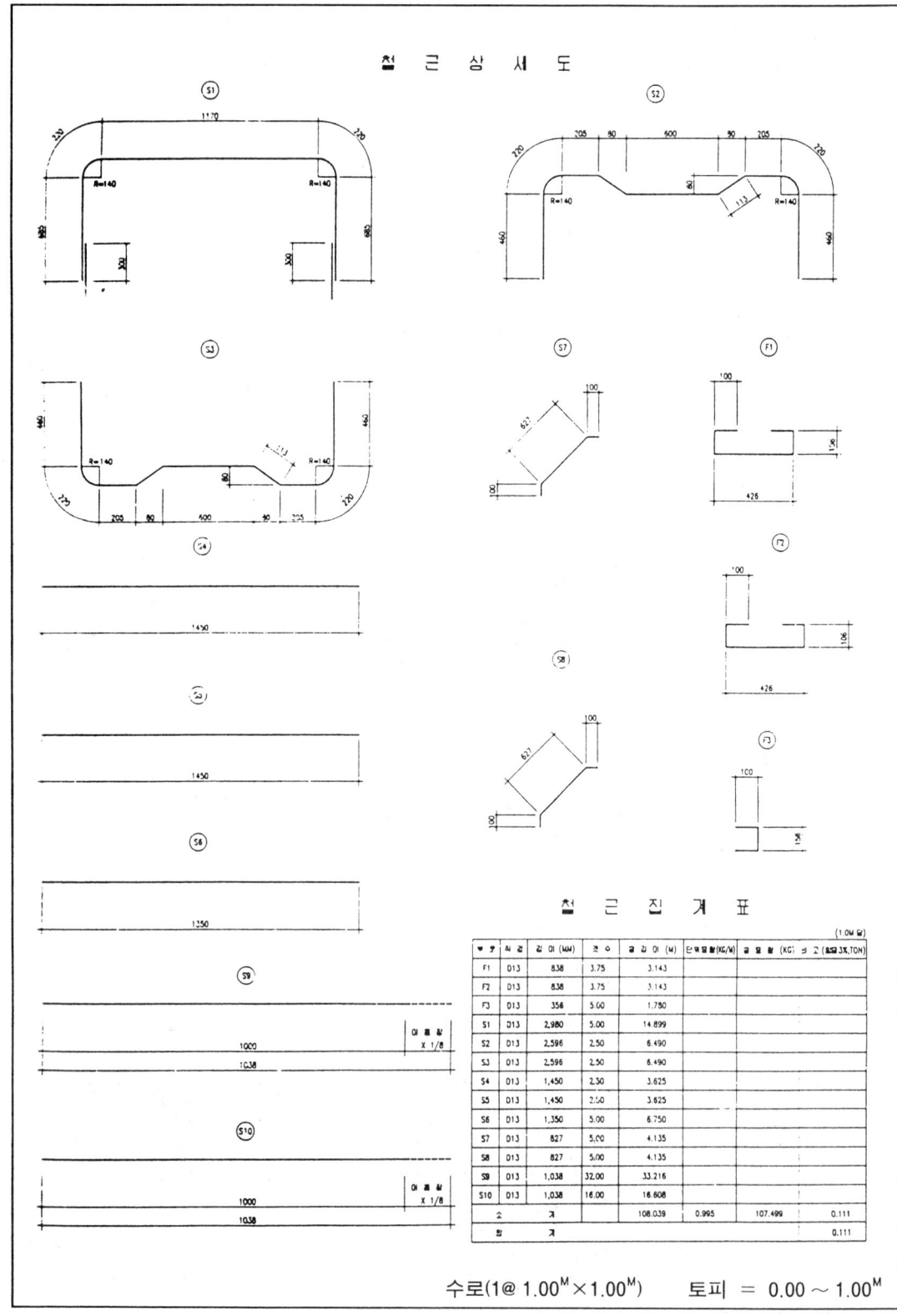

2. 1련통로암거

1. 설계조건

(1) 적용시방서
  1) 도로교 표준시방서 (1986년, 건설교통부)
  2) 철근콘크리트 표준시방서 (1988년, 건설교통부)

(2) 단위중량
  1) 철근 콘크리트 : 2.50t/m³
  2) 아스팔트 콘크리트 : 2.30t/m³
  3) 뒷채움재 : 2.00t/m³
  4) 상재토 : 2.50t/m³

(3) 설계하중
   DB-24

(4) 토압
  1) 뒷 채움재의 내부 마찰각 : $\phi = 35°$
  2) 토압계수 : 정지 토압계수
   $K_a = 1 - sin\phi$

(5) 부재의 최소두께
  1) 수로암거 : 상판, 저판 25cm
           벽체   30cm
  2) 통로암거 : 상판, 저판 25cm
           벽체   25cm

(6) 철근덮개
  1) 수로암거 : 흙접촉부(외측) 6cm
          : 물접촉부(내측) 8cm
  2) 통로암거 : 흙접촉부(외측) 6cm
          : 내 공 부(내측) 3cm

(7) 재료강도
  1) 콘크리트 설계기준강도
   ① 암거, 날개벽, 차수벽, 난간벽 : $f_{ck} = 240kg/cm^2$ (2종, 32mm)
   ② 접속저판 : $f_{ck} = 210kg/cm^2$ (3종, 40mm)

③ 기초 콘크리트 : $f_{ck} = 150\text{kg/cm}^2$ (5종, 50mm)

2) 철근 항복강도(SD 30 A)

$f_y = 3,000\text{kg/cm}^2$

(8) 지반지지력 및 신축이음

1) 지반의 허용지지력은 35t/m²를 기준으로 설계에 적응하였으며 현장의 지지력 기준에 미달된 경우에는 현장지반을 개량하여야 하고 Pile기초로 할 경우에는 Pile배치상태에 따라 저판의 철근을 적당하게 배치하여야 한다.

2) 신축이음 : 30m마다 설치

(9) 철근직경의 변경사용

1) 공사규모 현장조건에 따라 주철근의 직경을 변경하여 사용하여야 할 경우에는 철근의 간격을 조정하여 배근량을 일치시켜야 한다.

예) 본 도면에서 D25($A_s = 5.07\text{cm}^2$)200간격으로 설계되어 있는데 현장사정에 의거 D22($A_s = 3.87\text{cm}^2$)로 사용할 경우에는

$$S = \frac{1,000}{\frac{5.07}{3.78} \times \frac{1,000}{200}} = 152.7\text{mm} ≒ 152\text{mm 간격으로 배근한다.}$$

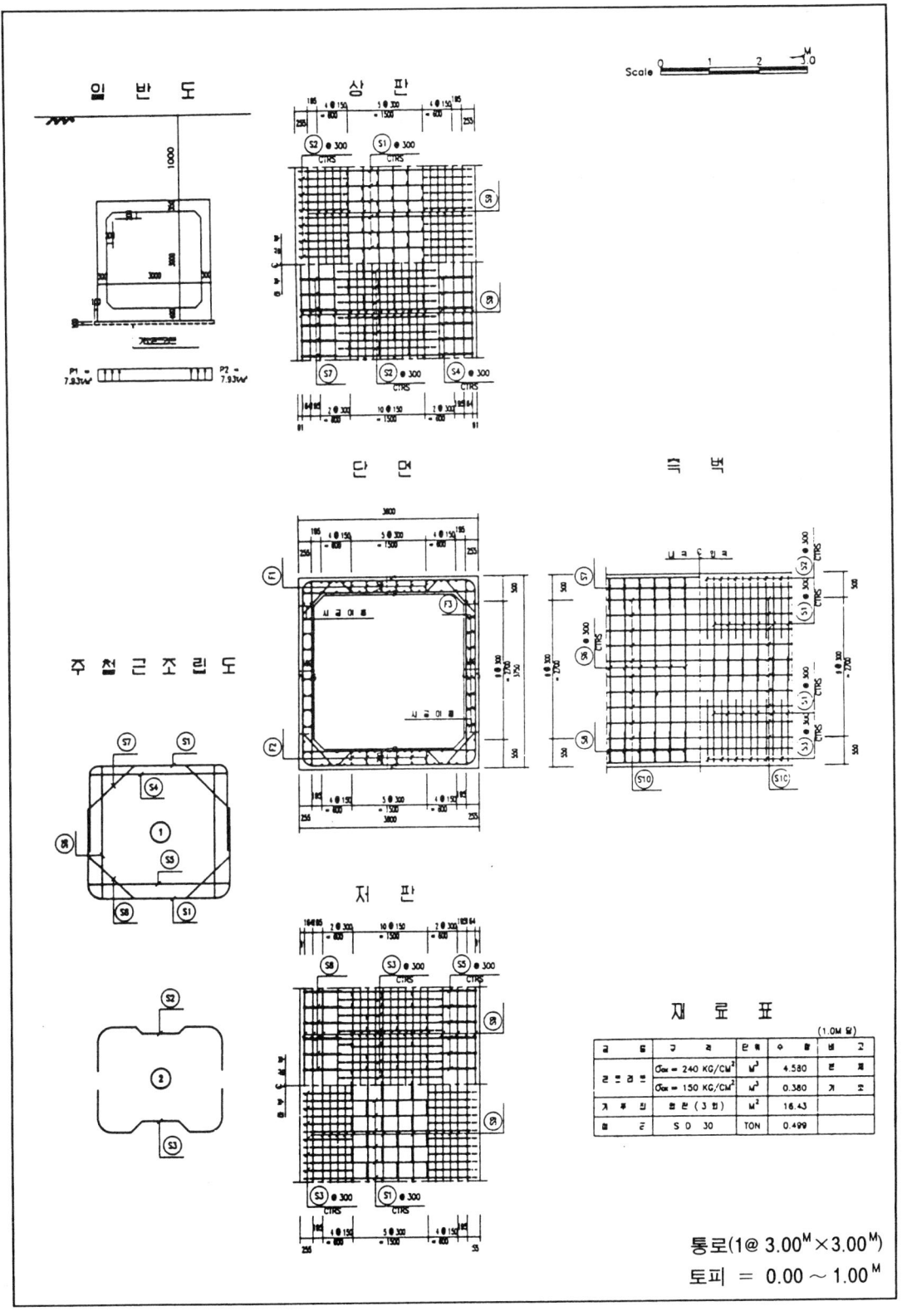

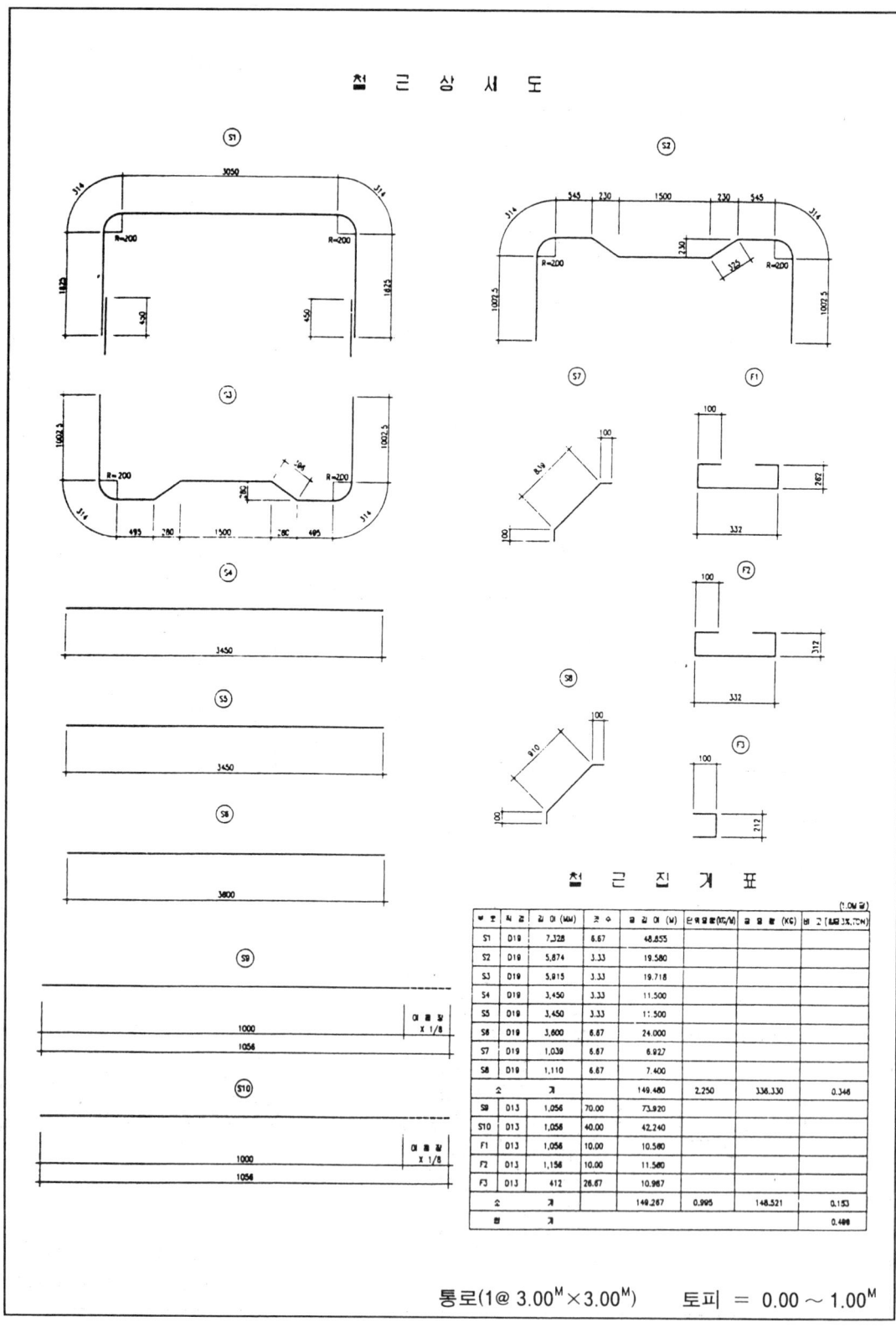

통로(1@ 3.00^M × 3.00^M)   토피 = 0.00 ~ 1.00^M

3. 2련암거

1. 설계조건

(1) **적용시방서**

    1) 도로교 표준시방서 (1986년, 건설교통부)

    2) 철근콘크리트 표준시방서 (1988년, 건설교통부)

(2) **단위중량**

    1) 철근 콘크리트 : $2.50 t/m^3$

    2) 아스팔트 콘크리트 : $2.30 t/m^3$

    3) 뒷채움재 : $2.00 t/m^3$

    4) 상재토 : $2.50 t/m^3$

(3) **설계하중**

    DB-24

(4) **토압**

    1) 뒷 채움재의 내부 마찰각 : $\phi = 35°$

    2) 토압계수 : 정지 토압계수

       $K_a = 1 - sin \phi$

(5) **부재의 최소두께**

    1) 수로암거 : 상판, 저판 25cm

                벽체   30cm

    2) 통로암거 : 상판, 저판 25cm

                벽체   25cm

(6) **철근덮개**

    1) 수로암거 : 흙접촉부(외측) 6cm

             : 물접촉부(내측) 8cm

    2) 통로암거 : 흙접촉부(외측) 6cm

             : 내 공 부(내측) 3cm

(7) **재료강도**

    1) 콘크리트 설계기준강도

      ① 암거, 날개벽, 차수벽, 난간벽 : $f_{ck} = 240 kg/cm^2$ (2종, 32mm)

      ② 접속저판 : $f_{ck} = 210 kg/cm^2$ (3종, 40mm)

③ 기초 콘크리트 : $f_{ck} = 150\text{kg/cm}^2$ (5종, 50mm)

2) 철근 항복강도(SD 30 A)

　$f_y = 3,000\text{kg/cm}^2$

(8) 지반지지력 및 신축이음

1) 지반의 허용지지력은 35t/m²를 기준으로 설계에 적응하였으며 현장의 지지력 기준에 미달된 경우에는 현장지반을 개량하여야 하고 Pile기초로 할 경우에는 Pile배치상태에 따라 저판의 철근을 적당하게 배치하여야 한다.

2) 신축이음 : 30m마다 설치

(9) 철근직경의 변경사용

1) 공사규모 현장조건에 따라 주철근의 직경을 변경하여 사용하여야 할 경우에는 철근의 간격을 조정하여 배근량을 일치시켜야 한다.

　예) 본 도면에서 D25(A_s = 5.07cm²)200간격으로 설계되어 있는데 현장사정에 의거 D22(A_s = 3.87cm²)로 사용할 경우에는

$$S = \frac{1,000}{\frac{5.07}{3.78} \times \frac{1,000}{200}} = 152.7\text{mm} \fallingdotseq 152\text{mm 간격으로 배근한다.}$$

2련암거

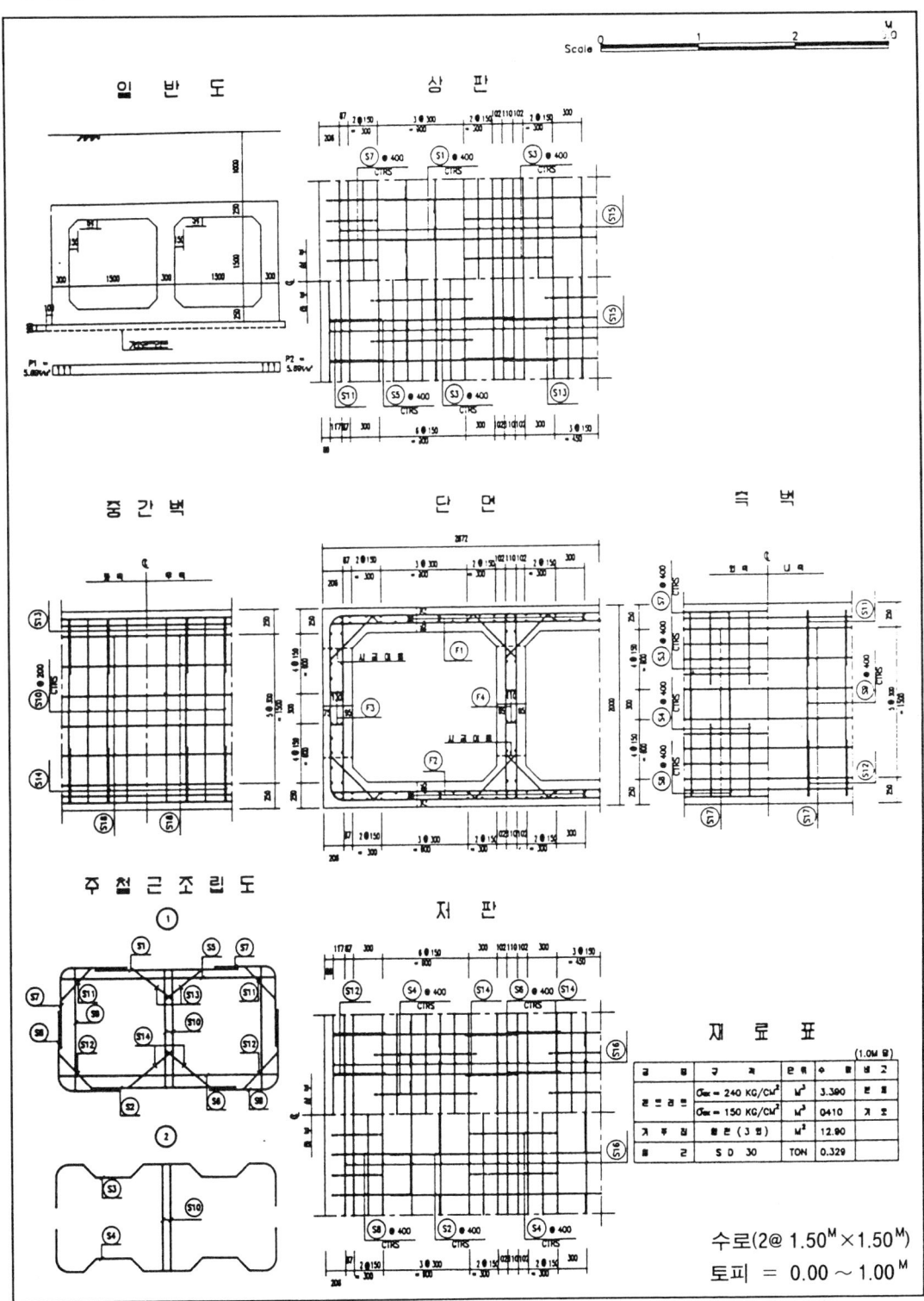

수로(2@ $1.50^M \times 1.50^M$)
토피 = 0.00 ~ 1.00^M

2련암거

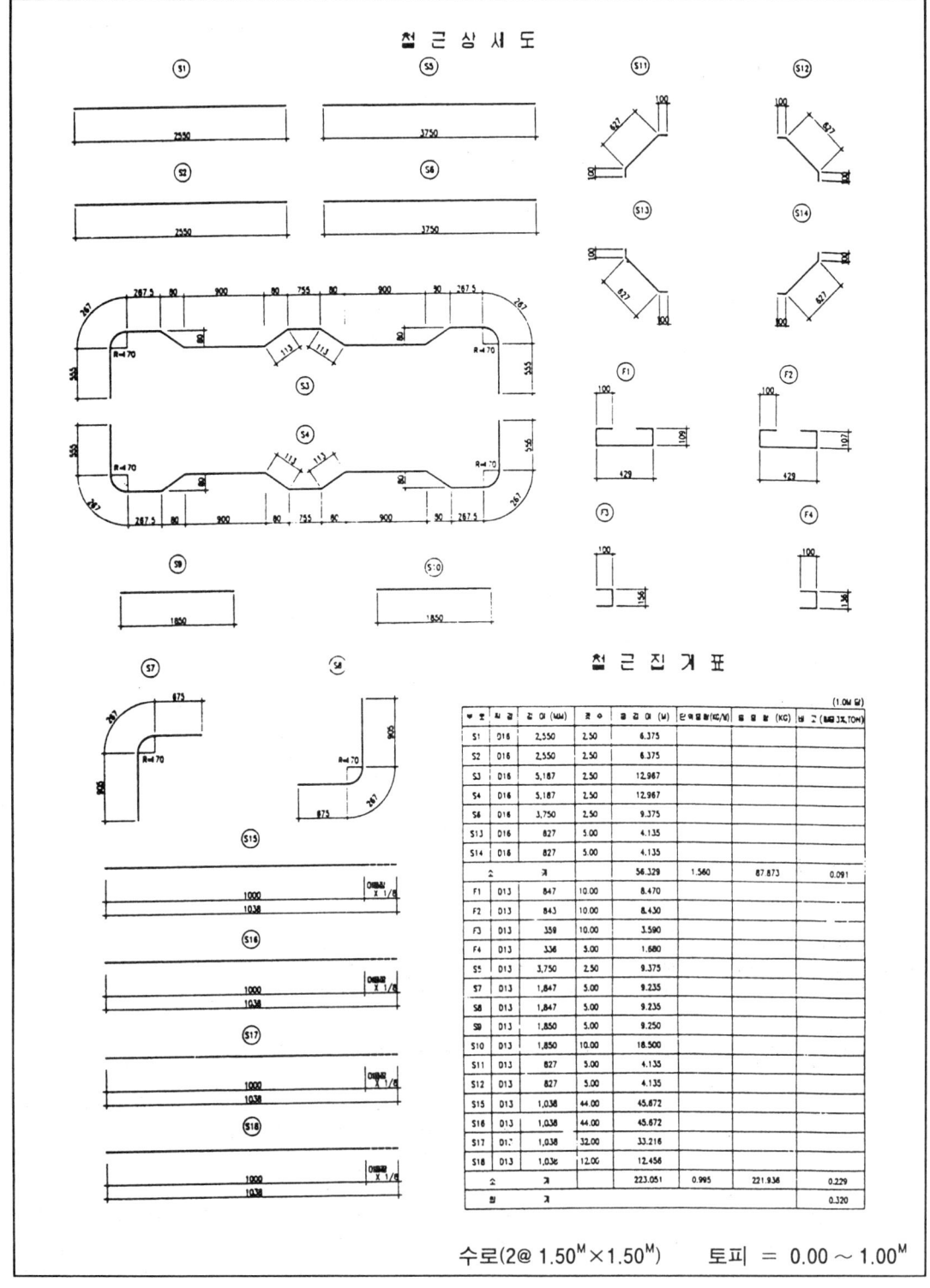

수로(2@ 1.50^M×1.50^M)   토피 = 0.00 ~ 1.00^M

4. 3련암거

1. 설계조건

(1) 적용시방서
1) 도로교 표준시방서 (1986년, 건설교통부)
2) 철근콘크리트 표준시방서 (1988년, 건설교통부)

(2) 단위중량
1) 철근 콘크리트 : 2.50t/m³
2) 아스팔트 콘크리트 : 2.30t/m³
3) 뒷채움재 : 2.00t/m³
4) 상재토 : 2.50t/m³

(3) 설계하중
DB-24

(4) 토압
1) 뒷 채움재의 내부 마찰각 : $\phi = 35°$
2) 토압계수 : 정지 토압계수
$K_a = 1 - \sin\phi$

(5) 부재의 최소두께
1) 수로암거 : 상판, 저판 25cm
   벽체 30cm
2) 통로암거 : 상판, 저판 25cm
   벽체 25cm

(6) 철근덮개
1) 수로암거 : 흙접촉부(외측) 6cm
   : 물접촉부(내측) 8cm

2) 통로암거 : 흙접촉부(외측) 6cm
   : 내 공 부(내측) 3cm

(7) 재료강도
1) 콘크리트 설계기준강도
① 암거, 날개벽, 차수벽, 난간벽 : $f_{ck} = 240\text{kg/cm}^2$ (2종, 32mm)

② 접속저판 : $f_{ck} = 210\text{kg/cm}^2$ (3종, 40mm)
③ 기초 콘크리트 : $f_{ck} = 150\text{kg/cm}^2$ (5종, 50mm)

2) 철근 항복강도(SD 30 A)
$f_y = 3,000\text{kg/cm}^2$

(8) 지반지지력 및 신축이음

1) 지반의 허용지지력은 35t/m²를 기준으로 설계에 적응하였으며 현장의 지지력 기준에 미달된 경우에는 현장지반을 개량하여야 하고 Pile기초로 할 경우에는 Pile배치상태에 따라 저판의 철근을 적당하게 배치하여야 한다.

2) 신축이음 : 30m마다 설치

(9) 철근직경의 변경사용

1) 공사규모 현장조건에 따라 주철근의 직경을 변경하여 사용하여야 할 경우에는 철근의 간격을 조정하여 배근량을 일치시켜야 한다.

예) 본 도면에서 D25($A_s = 5.07\text{cm}^2$)200간격으로 설계되어 있는데 현장사정에 의거 D22($A_s = 3.87\text{cm}^2$)로 사용할 경우에는

$$S = \frac{1,000}{\frac{5.07}{3.78} \times \frac{1,000}{200}} = 152.7\text{mm} ≒ 152\text{mm} \text{ 간격으로 배근한다.}$$

제5장 암거(Box Culvert) 시공상세도

3련암거

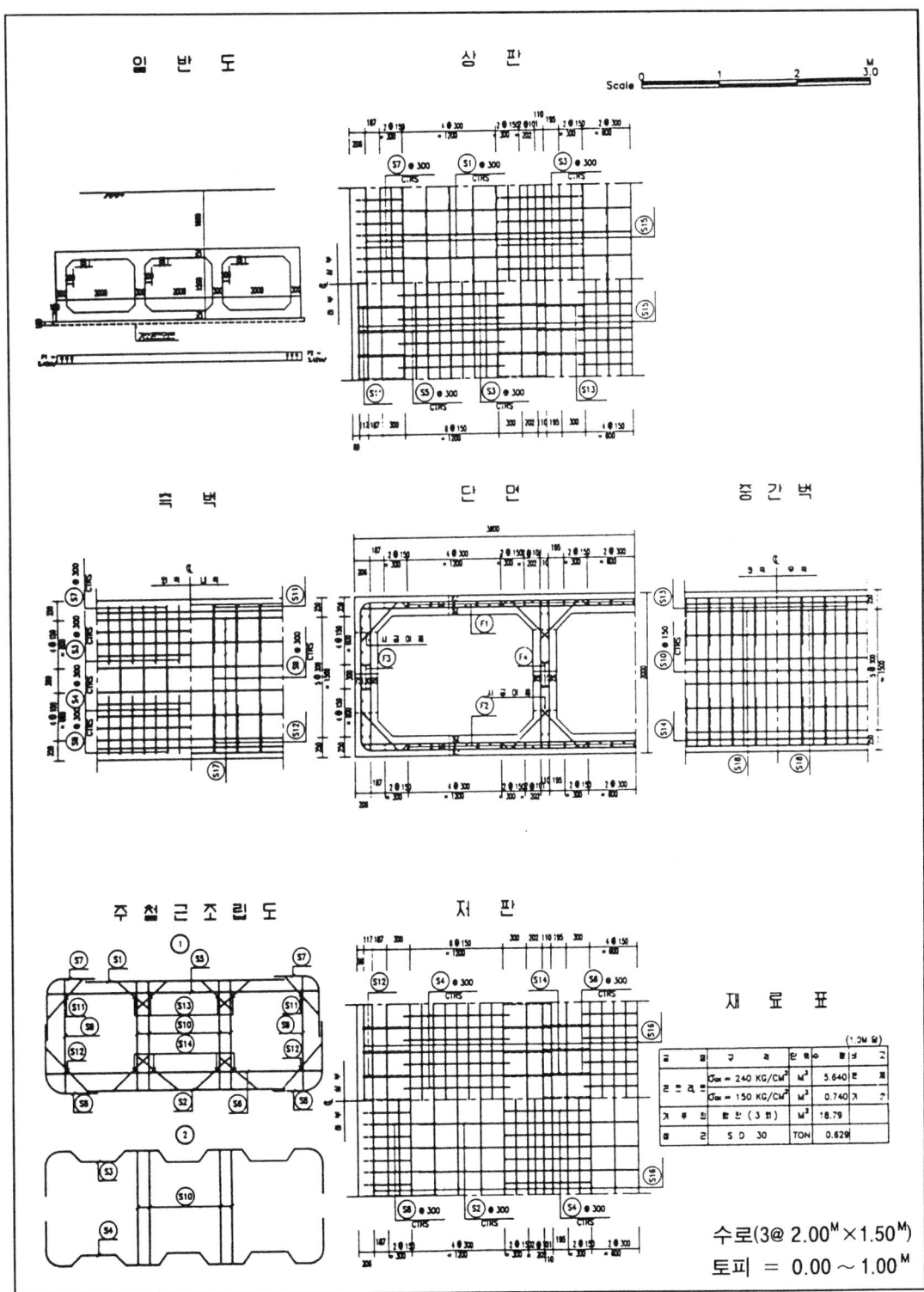

수로(3@ 2.00ᴹ×1.50ᴹ)
토피 = 0.00 ~ 1.00ᴹ

3련암거

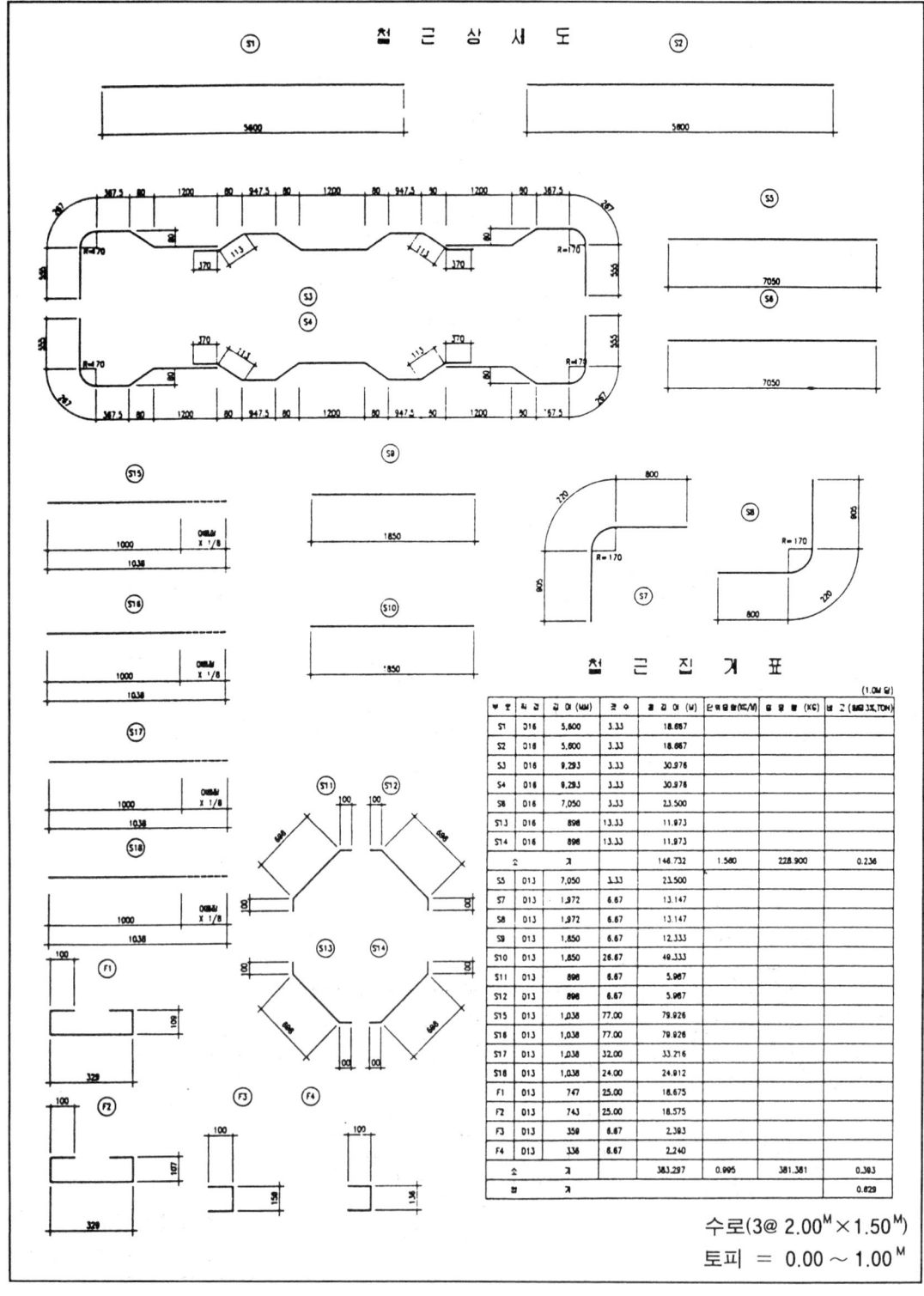

수로(3@ 2.00^M × 1.50^M)
토피 = 0.00 ~ 1.00^M

5. 암거사각부보강

1. 설계조건

(1) 적용시방서

1) 도로교 표준시방서 (1986년, 건설교통부)
2) 철근콘크리트 표준시방서 (1988년, 건설교통부)

(2) 단위중량

1) 철근 콘크리트 : $2.50 t/m^3$
2) 아스팔트 콘크리트 : $2.30 t/m^3$
3) 뒷채움재 : $2.00 t/m^3$
4) 상재토 : $2.50 t/m^3$

(3) 설계하중

DB-24

(4) 토압

1) 뒷 채움재의 내부 마찰각 : $\phi = 35°$
2) 토압계수 : 정지 토압계수
   $K_a = 1 - \sin\phi$

(5) 부재의 최소두께

1) 수로암거 : 상판, 저판 25cm
              벽체   30cm
2) 통로암거 : 상판, 저판 25cm
              벽체   25cm

(6) 철근덮개

1) 수로암거 : 흙접촉부(외측) 6cm
            : 물접촉부(내측) 8cm

2) 통로암거 : 흙접촉부(외측) 6cm
            : 내 공 부(내측) 3cm

(7) 재료강도

1) 콘크리트 설계기준강도
   ① 암거, 날개벽, 차수벽, 난간벽 : $f_{ck} = 240 kg/cm^2$ (2종, 32mm)

② 접속저판 : f_{ck} = 210kg/cm² (3종, 40mm)
③ 기초 콘크리트 : f_{ck} = 150kg/cm² (5종, 50mm)

  2) 철근 항복강도(SD 30 A)
  f_y = 3,000kg/cm²

(8) 지반지지력 및 신축이음

1) 지반의 허용지지력은 35t/m²를 기준으로 설계에 적응하였으며 현장의 지지력 기준에 미달된 경우에는 현장지반을 개량하여야 하고 Pile기초로 할 경우에는 Pile배치상태에 따라 저판의 철근을 적당하게 배치하여야 한다.

2) 신축이음 : 30m마다 설치

(9) 철근직경의 변경사용

1) 공사규모 현장조건에 따라 주철근의 직경을 변경하여 사용하여야 할 경우에는 철근의 간격을 조정하여 배근량을 일치시켜야 한다.

  예) 본 도면에서 D25(A_s = 5.07cm²)200간격으로 설계되어 있는데 현장사정에 의거 D22(A_s = 3.87cm²)로 사용할 경우에는

  $$S = \frac{1,000}{\frac{5.07}{3.78} \times \frac{1,000}{200}} = 152.7mm ≒ 152mm \text{ 간격으로 배근한다.}$$

제5장 암거(Box Culvert) 시공상세도

암거사각부 보강 철근상세도

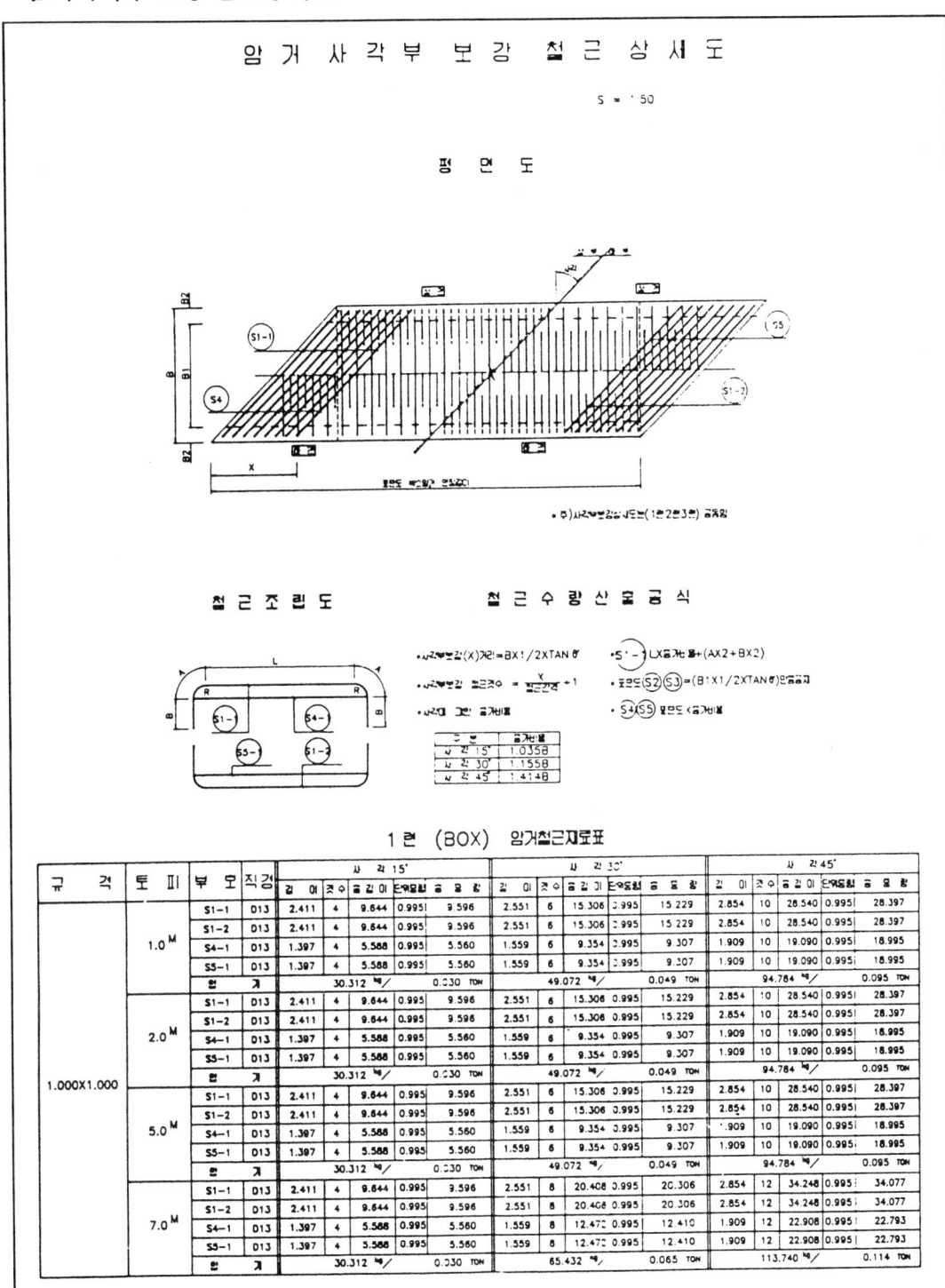

1련암거 철근재료표

1련암거철근재료표 (2)

규격	토피	부호	직경	사각 15° 길이	갯수	총길이	단위중량	중량	사각 30° 길이	갯수	총길이	단위중량	중량	사각 45° 길이	갯수	총길이	단위중량	중량
1.000X1.000	10.0 M	S1-1	D13	2.411	4	9.644	0.995	9.596	2.551	8	20.408	0.995	20.306	2.854	12	34.248	0.995	34.077
		S1-2	D13	2.411	4	9.644	0.995	9.596	2.551	8	20.408	0.995	20.306	2.854	12	34.248	0.995	34.077
		S4-1	D13	1.397	4	5.588	0.995	5.560	1.559	8	12.472	0.995	12.410	1.909	12	22.908	0.995	22.793
		S5-1	D13	1.397	4	5.588	0.995	5.560	1.559	8	12.472	0.995	12.410	1.909	12	22.908	0.995	22.793
		합	계			30.312		0.030 TON			65.432		0.065 TON			113.740		0.114 TON
1.500X1.000	1.0 M	S1-1	D13	2.928	6	17.568	0.995	17.480	3.129	10	31.290	0.995	31.134	3.561	16	56.976	0.995	56.691
		S1-2	D13	2.928	6	17.568	0.995	17.480	3.129	10	31.290	0.995	31.134	3.561	16	56.976	0.995	56.691
		S4-1	D13	2.018	6	12.108	0.995	12.047	2.252	10	22.520	0.995	22.407	2.757	16	44.112	0.995	43.891
		S5-1	D13	2.018	6	12.108	0.995	12.047	2.252	10	22.520	0.995	22.407	2.757	16	44.112	0.995	43.891
		합	계			59.054		0.059 TON			107.082		0.107 TON			201.164		0.201 TON
	2.0 M	S1-1	D13	2.928	6	17.568	0.995	17.480	3.129	10	31.290	0.995	31.134	3.561	16	56.976	0.995	56.691
		S1-2	D13	2.928	6	17.568	0.995	17.480	3.129	10	31.290	0.995	31.134	3.561	16	56.976	0.995	56.691
		S4-1	D13	2.018	6	12.108	0.995	12.047	2.252	10	22.520	0.995	22.407	2.757	16	44.112	0.995	43.891
		S5-1	D13	2.018	6	12.108	0.995	12.047	2.252	10	22.520	0.995	22.407	2.757	16	44.112	0.995	43.891
		합	계			59.054		0.059 TON			107.082		0.107 TON			201.164		0.201 TON
	5.0 M	S1-1	D16	3.160	4	12.640	1.560	19.718	3.354	8	26.800	1.560	41.808	3.771	12	45.252	1.560	70.593
		S1-2	D16	3.160	4	12.640	1.560	19.718	3.354	8	26.800	1.560	41.808	3.771	12	45.252	1.560	70.593
		S4-1	D16	2.018	4	8.072	1.560	12.592	2.252	8	18.016	1.560	28.105	2.757	12	33.084	1.560	51.611
		S5-1	D16	2.018	4	8.072	1.560	12.592	2.252	8	18.016	1.560	28.105	2.757	12	33.084	1.560	51.611
		합	계			64.620		0.065 TON			139.826		0.140 TON			244.408		0.244 TON
	7.0 M	S1-1	D16	3.160	6	18.960	1.560	29.578	3.354	10	33.540	1.560	52.322	3.771	16	60.336	1.560	94.124
		S1-2	D16	3.160	6	18.960	1.560	29.578	3.354	10	33.540	1.560	52.322	3.771	16	60.336	1.560	94.124
		S4-1	D16	2.018	6	12.108	1.560	18.888	2.252	10	22.520	1.560	35.131	2.757	16	44.112	1.560	68.815
		S5-1	D16	2.018	6	12.108	1.560	18.888	2.252	10	22.520	1.560	35.131	2.757	16	44.112	1.560	68.815
		합	계			96.932		0.097 TON			174.906		0.175 TON			325.878		0.326 TON
	10.0 M	S1-1	D16	3.160	6	18.960	1.560	29.578	3.354	12	40.248	1.560	62.787	3.771	18	67.878	1.560	105.890
		S1-2	D16	3.160	6	18.960	1.560	29.578	3.354	12	40.248	1.560	62.787	3.771	18	67.878	1.560	105.890
		S4-1	D16	2.018	6	12.108	1.560	18.888	2.252	12	27.024	1.560	42.157	2.757	18	49.626	1.560	77.417
		S5-1	D16	2.018	6	12.108	1.560	18.888	2.252	12	27.024	1.560	42.157	2.757	18	49.626	1.560	77.417
		합	계			96.932		0.097 TON			209.888		0.210 TON			366.614		0.367 TON
1.500X1.500	1.0 M	S1-1	D13	2.928	6	17.568	0.995	17.480	3.129	10	31.290	0.995	31.134	3.561	16	56.976	0.995	56.691
		S1-2	D13	2.928	6	17.568	0.995	17.480	3.129	10	31.290	0.995	31.134	3.561	16	56.976	0.995	56.691
		S4-1	D13	2.018	6	12.108	0.995	12.047	2.252	10	22.520	0.995	22.407	2.757	16	44.112	0.995	43.891
		S5-1	D13	2.018	6	12.108	0.995	12.047	2.252	10	22.520	0.995	22.407	2.757	16	44.112	0.995	43.891
		합	계			59.054		0.059 TON			107.082		0.107 TON			201.164		0.201 TON
	2.0 M	S1-1	D13	2.928	6	17.568	0.995	17.480	3.129	10	31.290	0.995	31.134	3.561	16	56.976	0.995	56.691
		S1-2	D13	2.928	6	17.568	0.995	17.480	3.129	10	31.290	0.995	31.134	3.561	16	56.976	0.995	56.691
		S4-1	D13	2.018	6	12.108	0.995	12.047	2.252	10	22.520	0.995	22.407	2.757	16	44.112	0.995	43.891
		S5-1	D13	2.018	6	12.108	0.995	12.047	2.252	10	22.520	0.995	22.407	2.757	16	44.112	0.995	43.891
		합	계			59.054		0.059 TON			107.082		0.107 TON			201.164		0.201 TON
	5.0 M	S1-1	D16	3.160	6	18.960	1.560	29.578	3.354	8	26.832	1.560	41.858	3.771	12	45.252	1.560	70.593
		S1-2	D16	3.160	6	18.960	1.560	29.578	3.354	8	26.832	1.560	41.858	3.771	12	45.252	1.560	70.593
		S4-1	D16	2.018	6	12.108	1.560	12.047	2.252	8	27.024	1.560	26.889	2.757	12	49.626	1.560	49.378
		S5-1	D16	2.018	6	12.108	1.560	12.047	2.252	8	27.024	1.560	26.889	2.757	12	49.626	1.560	49.378
		합	계			83.250		0.083 TON			137.494		0.137 TON			239.942		0.240 TON
	7.0 M	S1-1	D16	3.160	6	18.960	1.560	29.578	3.354	10	33.540	1.560	52.322	3.771	16	60.336	1.560	94.124
		S1-2	D16	3.160	6	18.960	1.560	29.578	3.354	10	33.540	1.560	52.322	3.771	16	60.336	1.560	94.124
		S4-1	D16	2.018	6	12.648	1.560	19.731	2.252	10	22.520	1.560	35.131	2.757	16	44.112	1.560	68.815
		S5-1	D16	2.018	6	12.648	1.560	19.731	2.252	10	22.520	1.560	35.131	2.757	16	44.112	1.560	68.815
		합	계			98.618		0.099 TON			174.906		0.175 TON			325.878		0.326 TON
	10.0 M	S1-1	D16	3.160	6	18.960	1.560	29.578	3.354	12	40.248	1.560	62.787	3.771	18	67.878	1.560	105.890
		S1-2	D16	3.160	6	18.960	1.560	29.578	3.354	12	40.248	1.560	62.787	3.771	18	67.878	1.560	105.890
		S4-1	D16	2.018	6	12.108	1.560	18.888	2.252	12	27.024	1.560	42.157	2.757	18	49.626	1.560	77.417
		S5-1	D16	2.018	6	12.108	1.560	18.888	2.252	12	27.024	1.560	42.157	2.757	18	49.626	1.560	77.417
		합	계			96.932		0.097 TON			209.888		0.210 TON			366.614		0.367 TON
2.000X1.500	1.0 M	S1-1	D16	3.678	6	22.068	1.560	34.426	3.931	12	47.172	1.560	73.588	4.478	20	89.560	1.560	139.714
		S1-2	D16	3.678	6	22.068	1.560	34.426	3.931	12	47.172	1.560	73.588	4.478	20	89.560	1.560	139.714
		S4-1	D16	2.536	6	15.216	1.560	23.737	2.830	12	33.960	1.560	52.978	3.464	20	69.280	1.560	108.077
		S5-1	D16	2.536	6	15.216	1.560	23.737	2.830	12	33.960	1.560	52.978	3.464	20	69.280	1.560	108.077
		합	계			116.326		0.116 TON			253.132		0.253 TON			495.582		0.496 TON

6. 날개벽

1. 설계조건

(1) 적용시방서
1) 도로교 표준시방서 (1992년, 건설교통부)
2) 콘크리트 표준시방서 (1988년, 건설교통부)

(2) 단위중량
1) 철근 콘크리트 : $2.50 t/m^3$
2) 뒷채움재 : $2.00 t/m^3$

(3) 설계하중
지중 및 토압

(4) 토압
1) 뒷 채움재의 내부 마찰각 : $\phi = 35°$
2) 토압계수
   ① 안정검토시 : Rankine의 주동토압
   ② 단면계산시 : Coulomb의 주동토압

(5) 부재의 최소두께
1) 전면벽 : 30cm
2) 저판 : 40cm

(6) 철근덮개
1) 전면벽
   ① 배면(흙과 접촉) : 7.5cm
   ② 전면(물과 접촉) : 9.5cm
2) 저판 : 10cm

(7) 재료강도
1) 콘크리트 설계기준강도
   ① 구체 콘크리트(2종, 32mm) : $f_{ck} = 240 kg/cm^2$
   ② 바닥 콘크리트(5종, 50mm) : $f_{ck} = 150 kg/cm^2$

2) 철근 항복강도(SD 30)
   ① $f_y = 3,000 kg/cm^2$

(8) **지반지지력**
 1) 지반의 허용지지력은 30t/m²을 기준으로 설계에 적용하였으며 현장의 지지력 기준에 미달된 경우에는 현장지반을 개량하여야 한다.

일반도

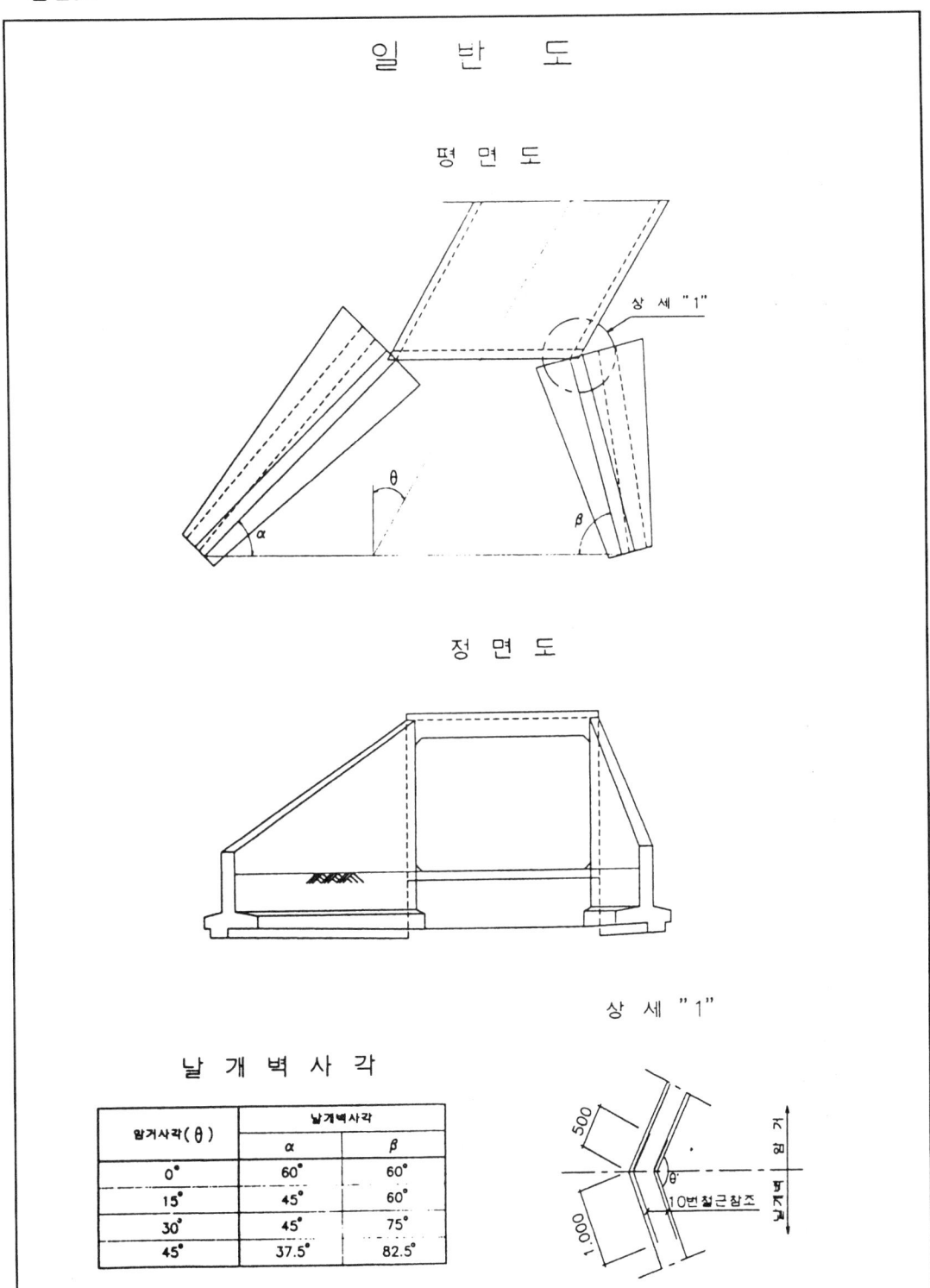

날개벽보호공 (1)

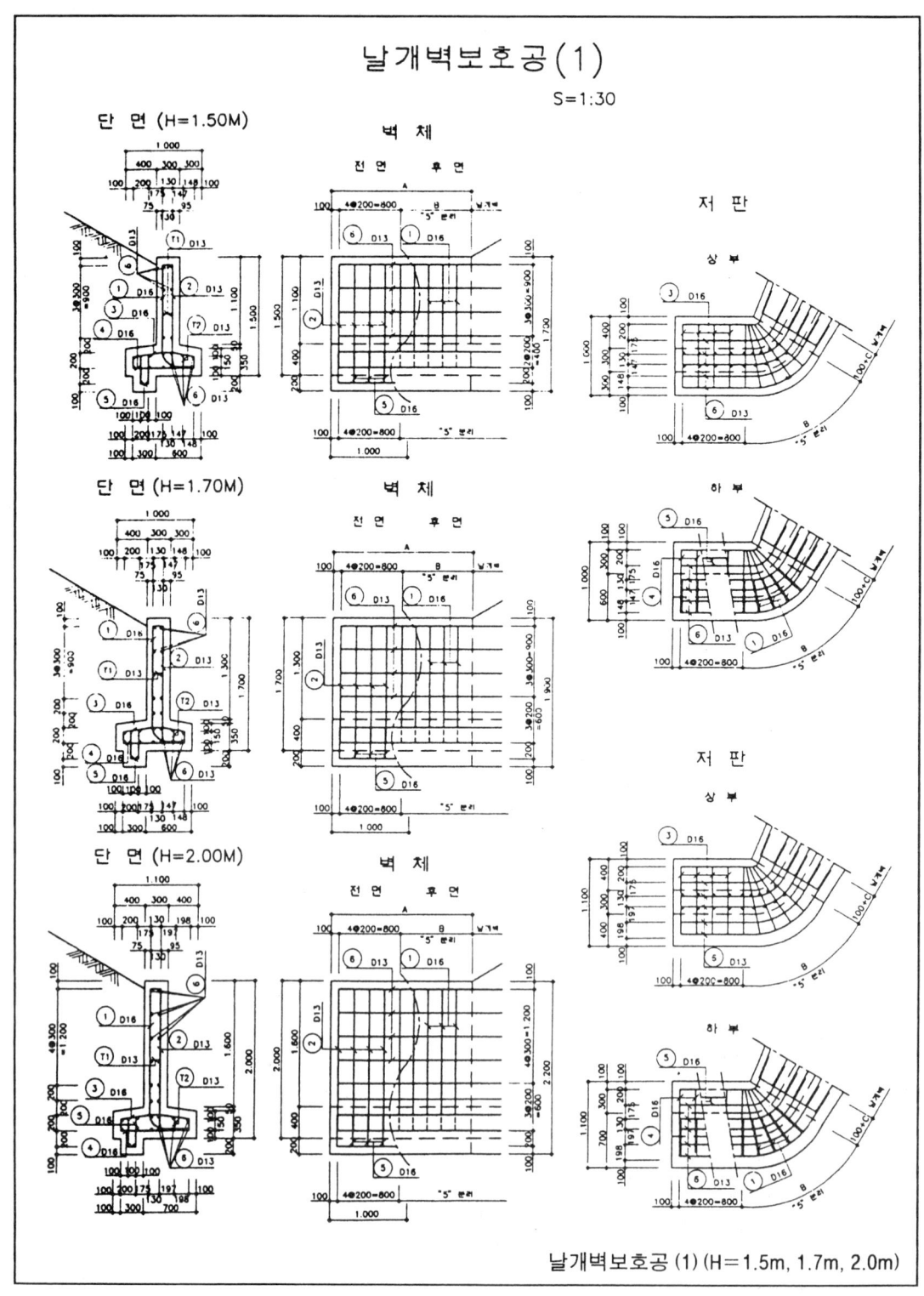

철근상세 및 치수표 (2)

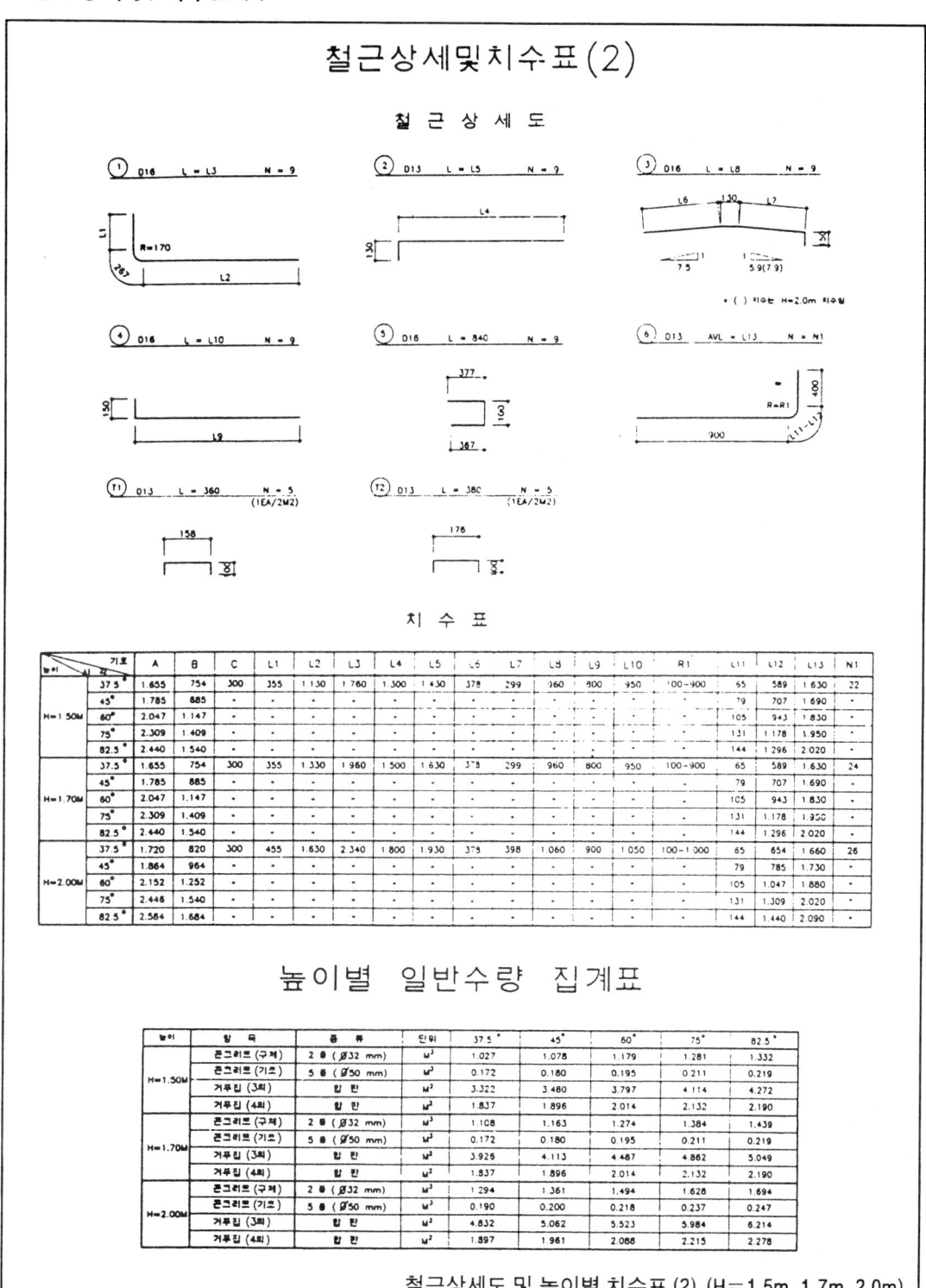

철근상세도 및 높이별 치수표 (2) (H=1.5m, 1.7m, 2.0m)

철근 재료표(3)

철근 재료표(3)

(1 개소당)

높이	부호	사각	37.5°					45°					60°				
			길이	수량	총길이	단위중량	총중량	길이	수량	총길이	단위중량	총중량	길이	수량	총길이	단위중량	총중량
1.50m	1	D16	1,760	9	15.840			1,760	9	15.840			1,760	9	15.840		
	3	·	960	9	8.640			960	9	8.640			960	9	8.640		
	4	·	950	9	8.550			950	9	8.550			950	9	8.550		
	5	·	840	9	7.560			840	9	7.560			840	9	7.560		
	소계				40.590	1.560	0.063			40.590	1.560	0.063			40.590	1.560	0.063
	2	D13	1,430	9	12.870			1,430	9	12.870			1,430	9	12.870		
	6	·	1,630	22	35.860			1,690	22	37.180			1,830	22	40.260		
	T1	·	360	5	1.800			360	5	1.800			360	5	1.800		
	T2	·	380	5	1.900			380	5	1.900			380	5	1.900		
	소계				52.430	0.995	0.052			53.750	0.995	0.053			56.830	0.995	0.057
	총계						0.115					0.117					0.120
1.70m	1	D16	1,960	9	17.640			1,960	9	17.640			1,960	9	17.640		
	3	·	960	9	8.640			960	9	8.640			960	9	8.640		
	4	·	950	9	8.550			950	9	8.550			950	9	8.550		
	5	·	840	9	7.560			840	9	7.560			840	9	7.560		
	소계				42.390	1.560	0.066			42.390	1.560	0.066			42.390	1.560	0.066
	2	D13	1,630	9	14.670			1,630	9	14.670			1,630	9	14.670		
	6	·	1,630	24	39.120			1,690	24	40.560			1,830	24	43.920		
	T1	·	360	5	1.800			360	5	1.800			360	5	1.800		
	T2	·	380	5	1.900			380	5	1.900			380	5	1.900		
	소계				57.490	0.995	0.057			58.930	0.995	0.059			62.290	0.995	0.062
	총계						0.123					0.125					0.128
2.00m	1	D16	2,340	9	21.060			2,340	9	21.060			2,340	9	21.060		
	3	·	1,060	9	9.540			1,060	9	9.540			1,060	9	9.540		
	4	·	1,050	9	9.450			1,050	9	9.450			1,050	9	9.450		
	5	·	840	9	7.560			840	9	7.560			840	9	7.560		
	소계				47.610	1.560	0.074			47.610	1.560	0.074			47.610	1.560	0.074
	2	D13	1,930	9	17.370			1,930	9	17.370			1,930	9	17.370		
	6	·	1,660	26	43.160			1,730	26	44.980			1,880	26	48.880		
	T1	·	360	5	1.800			360	5	1.800			360	5	1.800		
	T2	·	380	5	1.900			380	5	1.900			380	5	1.900		
	소계				64.230	0.995	0.064			66.050	0.995	0.066			69.950	0.995	0.070
	총계						0.138					0.140					0.144

높이	부호	사각	75°					82.5°				
			길이	수량	총길이	단위중량	총중량	길이	수량	총길이	단위중량	총중량
1.50m	1	D16	1,760	9	15.840			1,760	9	15.840		
	3	·	960	9	8.640			960	9	8.640		
	4	·	950	9	8.550			950	9	8.550		
	5	·	840	9	7.560			840	9	7.560		
	소계				40.590	1.560	0.063			40.590	1.560	0.063
	2	D13	1,430	9	12.870			1,430	9	12.870		
	6	·	1,950	22	42.900			2,020	22	44.440		
	T1	·	360	5	1.800			360	5	1.800		
	T2	·	380	5	1.900			380	5	1.900		
	소계				59.470	0.995	0.059			61.010	0.995	0.061
	총계						0.122					0.124
1.70m	1	D16	1,960	9	17.640			1,960	9	17.640		
	3	·	960	9	8.640			960	9	8.640		
	4	·	950	9	8.550			950	9	8.550		
	5	·	840	9	7.560			840	9	7.560		
	소계				42.390	1.560	0.066			42.390	1.560	0.066
	2	D13	1,630	9	14.670			1,630	9	14.670		
	6	·	1,950	24	46.800			2,020	24	48.480		
	T1	·	360	5	1.800			360	5	1.800		
	T2	·	380	5	1.900			380	5	1.900		
	소계				65.170	0.995	0.065			66.850	0.995	0.067
	총계						0.131					0.133
2.00m	1	D16	2,340	9	21.060			2,340	9	21.060		
	3	·	1,060	9	9.540			1,060	9	9.540		
	4	·	1,050	9	9.450			1,050	9	9.450		
	5	·	840	9	7.560			840	9	7.560		
	소계				47.610	1.560	0.074			47.610	1.560	0.074
	2	D13	1,930	9	17.370			1,930	9	17.370		
	6	·	2,020	26	52.520			2,090	26	54.340		
	T1	·	360	5	1.800			360	5	1.800		
	T2	·	380	5	1.900			380	5	1.900		
	소계				73.590	0.995	0.073			75.410	0.995	0.075
	총계						0.147					0.149

철근상세도 및 높이별 치수표 (1)
(H=1.5m, 1.7m, 2.0m)

1방향 Slab의 철근배근상세도

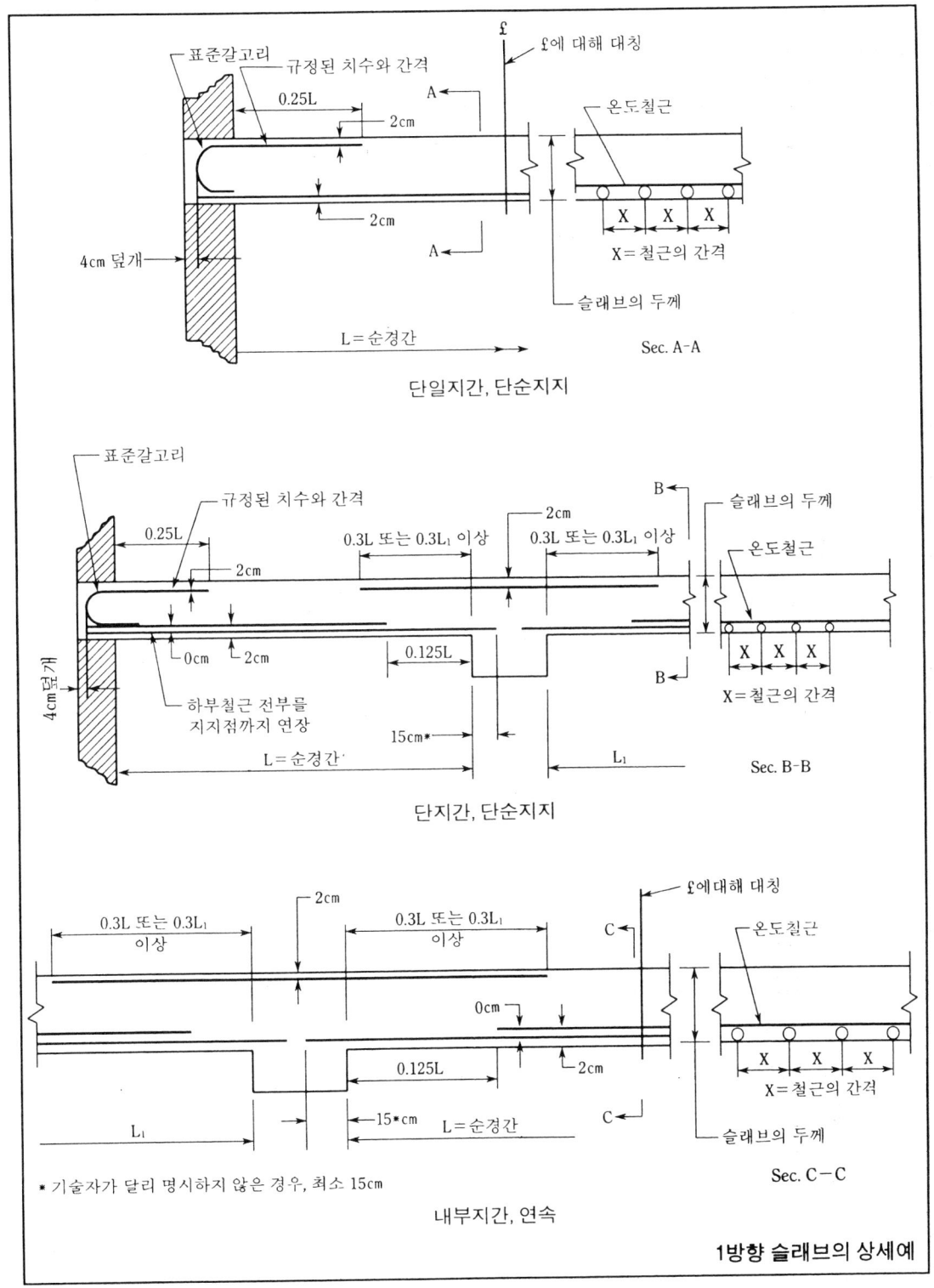

1방향 슬래브의 상세예

보의 철근배근상세도

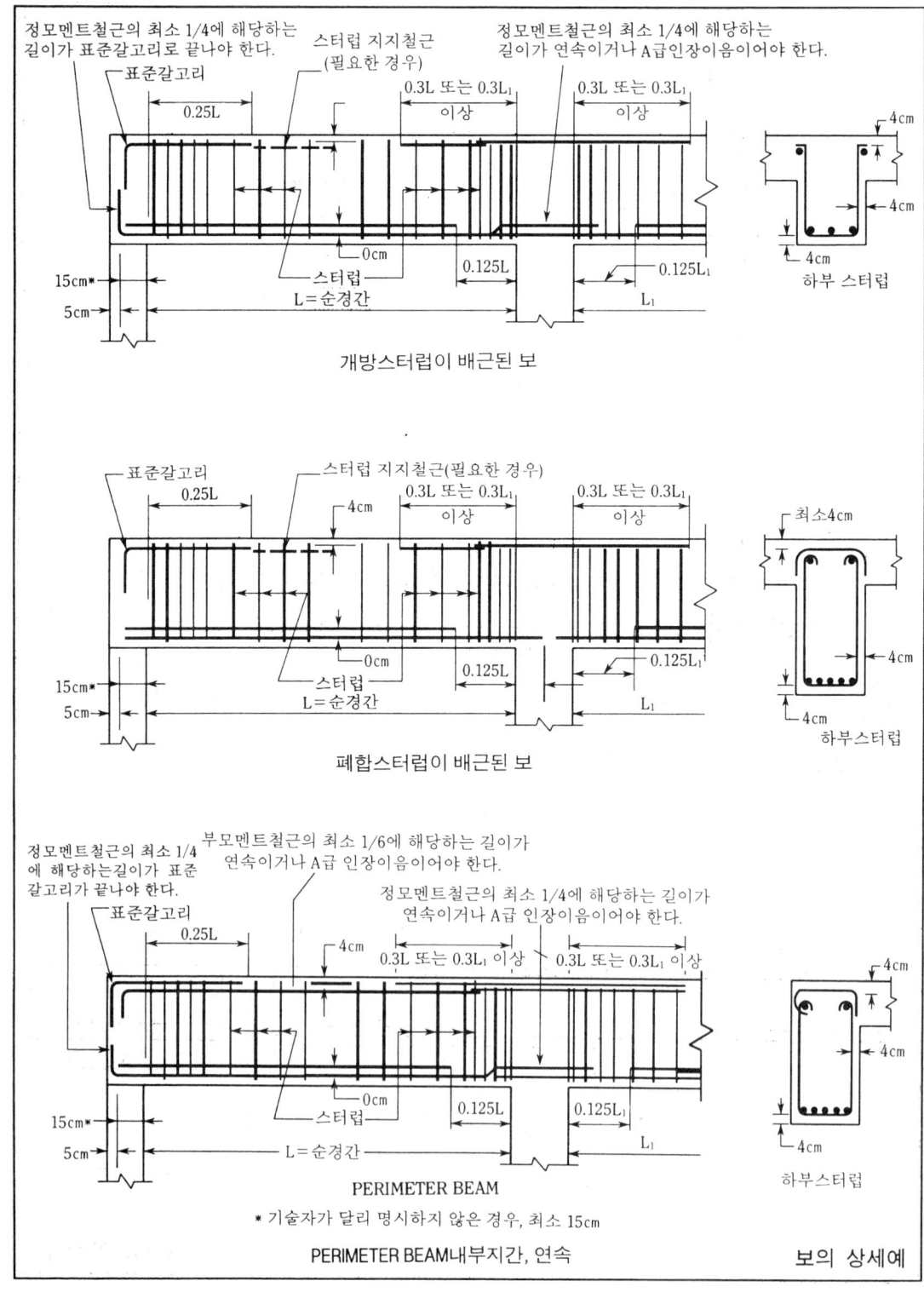

보의 상세예

기둥의 철근배근 철근이음상세도

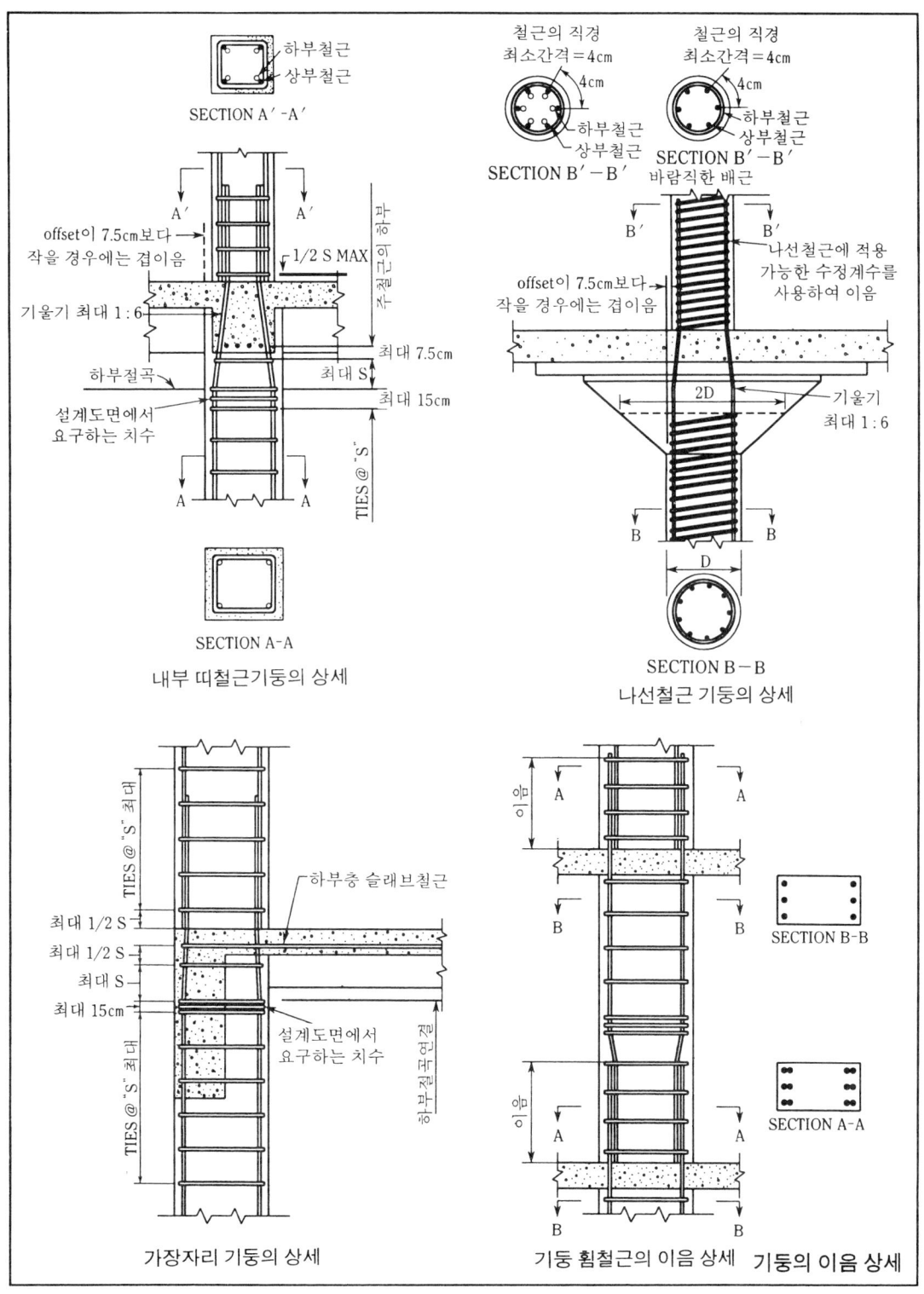

Chapter 4

용어설명

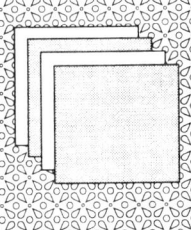

제1장 '99년도 개정된 콘크리트 시방서 용어설명

1. 통합시방서의 기호변경내용

하중의 종류	콘크리트구조 설계기준(개정후)	철근콘크리트 구조 계산규준(개정후)	콘크리트 표준 시방서(개정전)
고정하중 D	1.4 D*	1.4 D*	1.5 D
활하중 L	1.7 L	1.7 L	1.8 L
풍하중 W	1.7 W	1.7 W	1.8 W
지진하중 E	1.8 E	1.87 E	1.8 E
지하수 및 토압 H**	1.8 H	1.7 H	1.8 H
유체압 F	1.5 F	1.4 F	1.5 F
온도하중 등 T	1.5 T	1.4 T	1.5 T

* 고정하중이 지배적인 구조물은 D에 $1.1D$를 사용.
** 슬래브 상부의 지하수 및 토압에 의한 연직하중은 고정하중 D로 취급.

단면력의 종류	콘크리트구조 설계기준(개정후)	철근콘크리트 구조 계산규준(개정후)	콘크리트 표준 시방서(개정전)
휨, 휨과 인장	0.85*	0.90	0.85
축인장	0.85	0.90	0.85
압축(띠철근)	0.70	0.70	0.65
압축(나선철근)	0.75	0.75	0.70
전단, 비틀림	0.80*	0.85	0.80
지압	0.70	0.70	0.60
무근콘크리트	0.65	0.65	0.55

* 건물 및 PC 제품 부재 설계의 경우 0.05 증가시킬 수 있다.

기호의 정의	콘크리트구조 설계기준(개정후)	철근콘크리트 구조 계산규준(개정후)	콘크리트표준 시방서(개정전)
콘크리트 압축응력	f_c	—	σ_c
콘크리트 인장응력	f_t	—	σ_t
콘크리트 지압응력	f_b	—	—
콘크리트 설계기준강도	f_{ck}	$f_c{'}$	σ_{ck}
콘크리트 배합강도	f_{cr}	$f_{cr}{'}$	σ_r
콘크리트 쪼갬인장강도	f_{sp}	$f_{ct}{'}$	σ_{ct}
콘크리트 압축강도	f_{cu}	—	—
콘크리트 파괴계수	f_r	f_r	σ_{ru}
철근의 설계기준 항복강도	f_y	f_y	σ_y
프리스트레싱 긴장재의 인장강도	f_{pu}	f_{pu}	σ_{pu}

2. 콘크리트 표준시방서('99년도 개정)상의 용어설명

이 시방서에서 사용할 용어들을 다음과 같이 정의한다.

(1) 가스압접이음
철근의 단면을 **산소-아세틸렌 불꽃** 등을 사용하여 가열하고, **기계적 압력**을 가하여 용접한 맞댐이음

(2) 가열콘크리트(Hot Concrete)
비빈 직후의 콘크리트 온도를 30~60℃ 정도 되게한 콘크리트로서 **초기**의 **수화반응**을 활발케 하는 동시에 **최고 증기양생온도**까지의 **상승온도폭**을 적게 하고 초기의 전치시간이나 **온도상승**에 필요한 **시간**을 크게 **단축**시킨다.

(3) 가외철근
콘크리트의 건조수축, 온도변화, 기타의 원인에 의하여 콘크리트에 일어나는 인장응력에 대비해서 가외로 더 넣는 **보조적인 철근**

(4) 간격재(Spacer)
철근 또는 긴장재나 Sheath에 소정의 **철근덮개**를 가지게 하거나 그 간격을 정확하게 유지시키기 위하여 쓰이는 콘크리트제, 모르터제, 금속제, 플라스틱제 등의 부품

(5) 갇힌공기(Entrapped Air)
혼화제를 쓰지 않아도 **콘크리트 속**에 자연적으로 **함유**되어 있는 **공기**

(6) 감수제
혼화제의 일종으로, 시멘트의 분말을 분산시켜 콘크리트의 워커빌리티를 얻기에 필요한 단위수량을 감소시키는 것을 주목적으로 한 재료로 감수제에는 표준형 감수제, 촉진제를 첨가제를 첨가시킨 **촉진형 감수제**나 **지연형 감수제** 및 **고성능 감수제**가 있으며, 근래에는 AE제를 첨가한 **AE감수제** 등도 있다.

(7) 강섬유보강콘크리트
불연속의 짧은 **강섬유**를 혼입시킴으로써 주로 인성이나 내마모성 등을 높인 콘크리트

(8) 강재(鋼材)
철을 주성분으로 한 **구조용 탄소강**(탄소함유율이 0.2%이하인 구조용 연강))의 총칭으로서, 철근콘크리트용 봉강(棒鋼), PS강재, 형강, 강판 등을 포함한다.

(9) 거듭비비기
콘크리트 또는 모르터가 엉키기 시작하지는 않았으나, 비빈 후 상당한 시간이 지났거나 또는 **재료가 분리**한 경우에 **다시 비비는** 작업

제1장 '99년도 개정된 콘크리트 시방서 용어설명

(10) 거푸집
  부어넣는 콘크리트가 소정의 형상, 지수를 유지하며 콘크리트가 적당한 강도에 도달하기까지 지지하는 가설구조물의 총칭

(11) 거푸집널
  거푸집의 일부로서 콘크리트가 소정의 형상, 치수를 유지하며 콘크리트가 적당한 강도에 도달하기까지 **지지하는 가설구조물**의 총칭

(12) 경량골재
  팽창성혈암(膨脹性頁岩), 팽창성 점토, 플라이애시 등을 주원료로 하여 **인공적**으로 소성하여 만든 **구조용 인공경량골재**로서, 골재알의 내부는 다공질이고 표면은 유리질의 피막으로 덮힌 구조로 잔골재는 절건비중이 1.8미만, 굵은골재는 절건비중이 1.5미만인 것

(13) 경량골재의 표건비중
  표면건조상태에 있는 경량골재알의 비중

(14) 경량골재의 표면건조상태
  습윤상태의 경량골재에 있어서 **표면수가 없는 상태**

(15) 경량골재콘크리트(경량 콘크리트)
  골재의 전부 또는 일부를 인공경량골재를 써서 만든 콘크리트를 말하며, 간단히 경량 콘크리트라고도 한다.

(16) 계획배합
  소요품질을 얻을 수 있도록 계획된 배합

(17) 골재
  모르터 또는 콘크리트를 만들기 위하여 시멘트 및 물과 혼합하는 모래, 부순모래, 자갈, 부순자갈, 부순돌, 바다모래, 고로슬래그 잔골재, 고로슬래그 굵은골재, 기타 이와 비슷한 재료

(18) 골재의 공극률(空隙率)
  용기에 채운 **골재절대용적**의 그 용기용적에 대한 백분율

(19) 골재의 실적률(實績率)
  용기에 채운 골재절대용적의 그 용기용적에 대한 백분율

(20) 골재의 유효흡수율
  공기중 건조상태의 골재가 **표면건조포화상태**까지 흡수하는 수량의 절건상태의 골재

중량에 대한 백분율

(21) 골재의 입도
골재의 크고 작은 알이 섞여 있는 정도

(22) 골재의 절건비중
절대건조상태의 골재알의 비중

(23) 골재의 절대건조상태
골재알 내부의 **빈틈**에 포함되어 있는 **물이 전부 제거된 상태**

(24) 골재의 조립률(組立率)
75mm, 40mm, 20mm, 10mm, 5mm, 2.5mm, 1.2mm, 0.6mm, 0.3mm, 0.15mm 등 10개의 체를 1조로 하여 **체가름 시험**을 하였을 때, 각체에 남는 누계량의 전 시료(全試料)에 대한 중량백분율의 합을 100으로 나눈 값

(25) 골재의 표건비중
표면건조포화상태에 있는 골재알의 비중을 말하며, 일반적으로 골재의 비중은 이 골재의 표건비중을 말한다.

(26) 골재의 표면건조포화상태
골재의 표면수는 없고 골재알 속의 빈틈이 물로 차 있는 상태

(27) 골재의 표면수량(水量)
골재알의 **표면**에 **붙어 있는 수량**을 말하며, 골재가 가지고 있는 물의 전량에서 골재알 속에 흡수되어 있는 수량을 뺀 나머지 수량

(28) 골재의 표면수율
골재의 표면에 붙어 있는 수량, 보통골재에서는 표면건조포화상태, 경량골재에서는 표면건조상태의 골재중량에 대한 백분율

(29) 골재의 함수율
골재의 표면 및 내부에 있는 물의 전 중량의 **절대건조상태**의 골재중량에 대한 백분율

(30) 굵은 골재
표면건조포화상태의 보통골재 또는 **표면건조상태**의 **경량골재**에 함유되어 있는 전 수량의 절대건조상태의 골재중량에 대한 백분율

(31) 공장제품
관리된 공장에서 계속적으로 제조되는 프리캐스트콘크리트 제품

(32) 관리도
공정이 안정한 상태에 있는가 아닌가를 조사하기 위해 또는 공정을 안정한 상태로 유지하기 위해 쓰이는 도면

(33) 굵은골재
① 5mm체(호칭치수)에서 중량비로 85% 이상 남는 골재
② 5mm체에 다 남는 골재

(34) 굵은골재의 최대치수
중량비로 90%이상을 통과시키는 체 중에서 최소치수의 체눈의 호칭치수로 나타낸 굵은골재의 치수

(35) 굵은골재의 최소치수
프리팩트콘크리트에 쓰이는 굵은골재에서 중량으로 적어도 **95%이상** 남는 체 중에서 체눈의 호칭치수로 나타낸 굵은골재의 치수

(36) 급열양생
양생기간중 어떤 열원(熱源)을 이용하여 콘크리트를 가열하는 양생

(37) 기건단위용적중량
경량골재가 대기중의 **자연건조상태**에서의 단위용적중량

(38) 내구성(Durability)
콘크리트가 설계조건하에서 시간경과에 따른 열화(劣化)가 적고, 소요의 사용기간중 요구되는 성능의 수준을 지속시킬 수 있는 성질

(39) 내동해성(耐凍害性)
동결융해의 되풀이 작용에 대한 저항성

(40) 내부구속응력
콘크리트 단면내의 **온도차**에 의해 발생하는 내부 구속작용에 의한 응력

(41) 단위굵은골재용적
단위굵은골재량을 그 굵은골재의 단위용적중량으로 나눈 값

(42) 단위량
콘크리트 1m³를 만들 때 쓰이는 **각 재료의 양**으로 단위시멘트량(C), 단위수량(W), 단위골재량(G), 단위잔골재량(S), 단위AE제량, 단위포졸란량 등과 같이 사용한다.

(43) 도막
에폭시 분체도장에 의해 철근표면에 형성된 **에폭시수지 피막**

(44) 동바리 또는 받침기둥(Staging or Supports)
작업장소가 높은 경우 발판, 재료운반이나 위험물 낙하방지를 위해 설치하는 임시지지대

(45) 되비비기
콘크리트 또는 모르터가 **엉기기 시작**하였을 경우에 **다시 비비는 작업**

(46) 레디믹스트콘크리트(Ready Mixed Concrete)
정비된 콘크리트 제조설비를 갖춘 공장에서 생산되며 **굳지 않은 상태**로 운반차에 의하여 구입자에게 배달될 수 있는 **굳지 않은 콘크리트**를 말하며 **레미콘**이라 약칭하기도 한다.

(47) 레이탄스(Laitance)
블리딩으로 인하여 콘크리트나 모르터의 표면에 떠올라서 가라앉은 물질로서 시멘트나 골재 중의 미립자로 되어 있다.

(48) 매스콘크리트(Mass Concrete)
부재 또는 구조물의 치수가 커서 **시멘트**의 **수화열**로 인한 온도의 상승 또는 하강에 따른 콘크리트의 과도한 팽창과 수축을 고려하여 시공해야 하는 콘크리트

(49) 모르터(Mortar)
시멘트, 잔골재, 물 및 필요에 따라 첨가하는 혼화재료를 구성재료로 하여, 이들을 비벼서 만든 것

(50) 무근콘크리트
강재로 보강하지 않은 콘크리트

(51) 물-결합재비
프리팩트콘크리트에 있어서 **플라이애시** 또는 기타의 혼화재를 사용하여 비빈 모르터 또는 콘크리트에서 골재가 표면건조포화상태에 있다고 보았을 때 풀(Paste) 속에 있는 물과 시멘트 및 플라이애시, 기타 혼화재와의 중량비(기호 : $W/(C+F)$)

(52) 물-시멘트비(Water-Cement Ratio)
콘크리트 또는 모르터에서 골재가 표면건조포화상태에 있다고 보았을 때 시멘트풀 속에 있는 물과 시멘트의 중량비(기호 : W/C)

(53) 반죽질기(Consistency)
주로 **물의 양**이 많고 적음에 따른 **반죽이 되고 진 정도**를 나타내는 굳지 않은 콘크리트의 성질

제1장 '99년도 개정된 콘크리트 시방서 용어설명

(54) 배치믹서(Batch Mixer)
콘크리트 재료를 1회분씩 비비기 하는 믹서

(55) 배합
콘크리트 또는 모르터를 만들 때 소요되는 각 **재료의 비율**이나 사용량

(56) 배합강도
콘크리트의 배합을 정하는 경우에 **목표**로 하는 **압축강도**를 말하며 일반적으로 재령 28일의 압축강도를 기준으로 한다(기호 : f_{cr}).

(57) 베이스콘크리트(Base Concrete)
유동화콘크리트 제조시 **유동화제**를 **첨가하기 전**의 기본 배합의 콘크리트

(58) 보온양생
단열성이 높은 재료 등으로 콘크리트 표면을 덮어 열의 방출을 적극 억제하여, 시멘트의 수화열을 이용해서 필요한 온도를 유지시키는 양생

(59) 보통골재
자연작용으로 **암석**에서 생긴 **모래, 자갈** 또는 **부순모래, 부순돌**, 고로슬래그 잔골재, 고로슬래그 굵은골재 등의 골재

(60) 부립률(浮粒率)
경량굵은골재 중 **물에 뜨는 입자**의 전 경량굵은골재에 대한 중량백분율

(61) 블리딩(Bleeding)
굳지 않은 콘크리트나 모르터에서 물이 상승하는 현상

(62) 생산자위험률
합격으로 하고 싶은 좋은 품질의 로트(Lot)가 불합격이 되는 확률

(63) 설계기준강도
콘크리트부재의 설계에 있어서 기준으로 한 압축강도를 말하며, 일반적으로 재령 28일의 압축강도를 기준으로 한다(기호 : f_{ck}).

(64) 성형(Molding)
콘크리트를 몰드에 채워넣고 다져서 제품의 모양을 만드는 것

(65) 성형성(Plasticity)
거푸집에 쉽게 다져 넣을 수 있고, 거푸집을 제거하면 천천히 형상이 변하기는 하지만 허물어지거나 **재료가 분리되지 않는 굳지않은 콘크리트**의 성질

(66) 솟음(Camber)
보나 트러스 등에서 그의 정상적 위치 또는 형상으로부터 상향으로 구부려 올리는 것 또는 구부려 올린 크기(상향의 처짐값)

(67) 숏크리트(Shotcrete)
압축공기를 이용하여 호스 속으로 운반한 콘크리트, 모르터 재료를 시공면에 뿜어서 만든 콘크리트 또는 모르터

(68) 수밀콘크리트
특히 수밀성이 큰 콘크리트 또는 투수성이 작은 콘크리트

(69) 수중불분리성 콘크리트
수중불분리성혼화제를 혼합함에 따라 재료분리 저항성을 높이는 수중콘크리트

(70) 수중콘크리트
담수 중, 안정액 중 혹은 해수 중에서 시공하는 콘크리트

(71) 수평환산거리
콘크리트 **펌프**의 배관이 수직관, 벤트관, 테이퍼관, 플렉시블관 등을 공유하는 경우에 이들을 모두 수평환산길이에 의해 수평관으로 환산하고, 배관 중의 수평관 부분과 합계한 전체의 거리

(72) 수평환산길이
콘크리트의 펌프 압송에 쓰이는 수직관, 벤트관, 테이퍼(Taper)관, 플렉시블관 등을 동등의 관내 압력손실로 대응하는 수평관으로 환산할 때의 상당하는 길이

(73) 습윤양생
콘크리트를 친 후 일정기간을 습윤상태로 유지시키는 양생

(74) 시멘트풀(Cement-Paste)
시멘트와 물 및 필요에 따라 첨가하는 혼화재료를 구성재료로 하여, 이들을 비벼서 만든 것

(75) 시방배합(示方配合)
시방서 또는 책임감리원이 지시한 배합, 이때 골재는 **표면건조포화상태**에 있고, **잔골재는 5mm체**를 다 **통과**하고, 굵은골재는 5mm체에 다 **남는** 것으로 한다.

(76) 알칼리·골재반응(Alkali Aggregate Reaction)
골재 중 어떤 종류의 광물과 콘크리트의 작은 구멍의 용액 중에 존재하는 수산화알칼리와의 화학반응

(77) AE공기(Entrained Air)
AE제, AE감수제 등의 **표면활성작용**에 의하여 콘크리트 속에 생기게 되는 미소하고 독립된 기포로서 연행공기라고도 한다.

(78) AE제
혼화제의 일종으로 미소하고 독립된 수없이 많은 기포를 발생시켜 이를 콘크리트 중에 **고르게 분포**시키기 위하여 쓰이는 재료

(79) AE콘크리트
AE공기를 함유하고 있는 콘크리트

(80) 에폭시도막철근(Epoxy-Coated Rebar)
에폭시를 정전분사(精電噴射) 도장한 이형철근 및 원형철근

(81) 연속믹서
콘크리트용 재료의 계량, 공급 및 비비기를 하는 각 기구를 일체화하여 굳지않은 콘크리트를 연속해서 제조하는 장치

(82) 오토클래이브양생(Autoclave Curing)
콘크리트의 경화를 촉진하기 위하여 **고온고압증기솥** 중에서 실시하는 양생

(83) 온도균열지수
매스콘크리트의 균열발생검토에 쓰이는 것으로, 콘크리트의 인장강도를 온도응력으로 나눈 값(인장강도÷온도응력)

(84) 온도제어양생(溫度制御養生)
콘크리트를 친 후 일정기간 콘크리트 온도를 제어하는 양생

(85) 온도철근
수축과 온도변화에 의한 균열을 방지하기 위해 쓰이는 철근

(86) 외부구속응력
새로 친 콘크리트 부재의 자유로운 **열변형**이 외부적으로 구속을 받을 때 발생하는 응력

(87) 용접철망
콘크리트 **보강용 용접망**으로서 철근이나 철선을 직각으로 교차시켜 각 교차점을 **전기저항용접**한 철선망

(88) 워커빌리티(Workability)
반죽질기 여하에 따르는 **작업의 난이의 정도 및 재료분리에 저항하는 정도**를 나타내

는 굳지않은 콘크리트의 성질

(89) 원심력다지기
몰드를 고속으로 회전시켜서 원심력을 이용하여 콘크리트를 다지는 것

(90) 원형철근(Round Bar)
표면에 리브 또는 마디 등의 돌기가 없는 원형단면의 봉강으로서, KSD 3504에 규정되어 있는 원형철근

(91) 유동화콘크리트
미리 비빈 콘크리트에 **유동화제**를 첨가하여 이를 교반해서 유동성을 증대시킨 콘크리트

(92) 이형철근
표면에 리브와 마디 등의 돌기가 있는 봉상으로서 KSD 3504에 규정되어 있는 이형철근 또는 이와 동등한 품질과 형상을 가지는 철근

(93) 잔골재
① 10mm체(호칭 치수)를 전부 통과하고 5mm체를 중량비로 85%이상 통과하며 0.08mm체에 거의 남는 골재,
② 5mm체를 다 통과하고 0.08mm체에 **다 남는 골재**

(94) 잔골재율
골재 중 5mm체를 통과한 부분을 잔골재로 보고, 5mm체에 남은 부분을 굵은골재로 보아 산출한 잔골재량의 전체 골재량에 대한 **절대용적비**를 백분율로 나타낸 것
(기호 : s/a)

(95) 제조책임자
공장제품의 제조에 책임을 가진 공장의 기술자

(96) 절대용적
부어 넣은 직후 콘크리트 속에 공기를 제외한 각 재료가 순수하게 차지하고 있는 용적

(97) 조립용 철근
철근을 조립할 때 철근의 위치를 확보하기 위하여 쓰는 **보조적인 철근**

(98) 주입모르터
프리팩트콘크리트의 주입에 쓰는 모르터로서 시멘트, **플라이애시** 또는 기타의 혼화재료, 모래, 감수제, 알미늄분말, 물 등을 혼합하여 만든 것

(99) **주철근**
   설계하중에 의하여 그 단면적이 정해지는 철근

(100) **즉시 탈형**
   반죽이 매우 된 콘크리트에 강력한 진동다짐이나 압력 등을 가하여 성형시킨 후 즉시 거푸집의 일부 또는 전부를 떼어내는 것

(101) **증가계수**
   배합강도를 정하는 경우 품질의 변동을 고려하여 설계기준강도에 곱하는 1.0보다 큰 계수

(102) **증기양생**
   콘크리트의 경화를 촉진하기 위하여 상압(常壓)의 증기로 실시하는 양생

(103) **지연제(遲延劑 : Retarding Admixtures)**
   혼화제의 일종으로 시멘트의 응결시간을 늦추기 위하여 사용하는 재료

(104) **차폐콘크리트**
   주로 생물체의 방호를 위하여 X선, γ선 및 중성자선을 차폐할 목적으로 사용되는 콘크리트

(105) **책임감리원**
   공사에 관한 전문지식을 가지고 현장에 상주하면서 그 공사의 감리 업무에 책임을 가지는 주 감독자

(106) **철골철근콘크리트**
   철골 골조 둘레에 철근으로 보강한 콘크리트

(107) **철근**
   콘크리트 속에 묻혀서 콘크리트를 보강하기 위하여 사용되는 봉강

(108) **철근콘크리트**
   철근을 사용한 콘크리트로서, 외력에 대해 양자가 일체로 작용하도록 한 것

(109) **철근피복(Cover)**
   철근의 **표면**과 콘크리트 **표면** 사이의 콘크리트의 **최소두께**

(110) **체**
   KSA 5101(표준체)에 규정되어 있는 망체

(111) **초기동해**
   응결경화의 초기에 받는 콘크리트의 동해

(112) 촉진양생
콘크리트의 경화를 촉진하기 위하여 실시하는 양생

(113) 콘크리트
시멘트, 물, 잔골재, 굵은골재 및 필요에 따라 첨가하는 혼화재료를 구성재료로 하여 이들을 비벼서 만든 것

(114) 콜드조인트(Cold Joint) (ACI : Joint or Discontinuity)
계속하여 콘크리트를 칠 때, 먼저 친 콘크리트와 나중에 친 콘크리트 사이에 완전히 일체화가 되지 않은 시공불량에 의한 이음(갈라진 틈)

(115) 크리프(Creep)
지속하중으로 인하여 콘크리트에 일어나는 소성변형

(116) 파이프쿨링(Pipe-Cooling or Post-Cooling)
·매스 콘크리트의 시공에서 콘크리트를 친 후 콘크리트의 온도를 억제시키기 위해 미리 콘크리트 속에 묻은 파이프 내부에 **냉수** 또는 **찬공기**를 보내 콘크리트를 냉각시키는 방법

(117) 팽창재
시멘트 및 물과 함께 혼합하면 **수화반응**에 의하여 에트린가이트 또는 수산화칼슘 등을 생성하고 모르터 또는 콘크리트를 팽창시키는 작용을 하는 **혼화재료**

(118) 팽창콘크리트
혼화재로서 팽창재를 첨가해서 만든 콘크리트

(119) 포졸란
혼화재의 일종으로서 그 자체에는 수경성이 없으나 콘크리트 중의 물에 융해되어 있는 수산화칼슘과 상온에서 천천히 화합하여 물에 녹지 않는 화합물을 만들 수 있는 실리카질 물질을 함유하고 있는 미분말 상태의 재료

(120) 표준양생
20±3℃로 유지하면서 수중 또는 습도 100%에 가까운 습윤상태에서 양생하는 것

(121) 프리스트레스(The Stress Developed by Prestressing)
외력에 의해서 일어나는 **인장응력**을 소정의 한도로 상쇄할 수 있도록 미리 계획적으로 콘크리트에 주는 응력(Pre-Tension+Post-Tension)

(122) 프리스트레스트콘크리트(PSC)
외력에 의하여 일어나는 **응력**을 소정의 한도까지 상쇄할 수 있도록 미리 인공적으로

그 응력의 분포와 크기를 정하여 내력을 준 콘크리트를 말하며, PS콘크리트 또는 PSC 라고 약칭하기도 한다.

(123) **프리스트레스힘**
프리스트레싱에 의하여 부재단면에 작용하고 있는 **힘**

(124) **프리스트레싱**
프리스트레스를 주는 일(Prestressing by Pre-Tension + Post-Tension)

(125) **프리웨팅(Pre-wetting)**
경량골재를 사용하기 전에 **미리 흡수**시키는 작업

(126) **프리캐스트콘크리트(PC Concrete)**
콘크리트가 굳은 후에 제자리에 옮겨 놓거나 또는 조립하는 콘크리트 부재를 말하며 PC 콘크리트라고 약칭하기도 한다.

(127) **프리쿨링(Pre-cooling)**
콘크리트의 치기온도를 낮추기 위하여 콘크리트용 재료를 미리 냉각시키는 것 또는 치기 전에 콘크리트를 냉각시키는 것

(128) **프리팩트콘크리트(Prepacted concrete)**
소요의 품질을 가지는 콘크리트를 얻을 수 있도록 특정 입도의 굵은골재를 거푸집에 먼저 채워 넣은 후 주입 모르터를 주입하여 만든 콘크리트

(129) **피니셔빌리터(Finishability)**
굵은골재의 최대치수, 잔골재율, 잔골재의 입도, 반죽질기 등에 따르는 마무리하기 쉬운 정도를 나타내는 굳지않은 콘크리트의 성질

(130) **PS강재(Prestressing Steel : High-Strength Steel)**
프리스트레스를 주기 위하여 사용하는 고강도의 강재

(131) **해양콘크리트**
항만, 해안 또는 해양에 위치하여 해수 또는 조풍(조풍)의 작용을 받는 구조물에 쓰이는 콘크리트

(132) **현장배합**
시방배합을 **현장조건**에 **맞도록** 현장에서 **재료의 상태**와 계량방법에 **따라 정한 배합**

(133) **호칭강도**
KSF 4009(레디믹스트콘크리트)에 있어 콘크리트의 **강도구분**을 나타내는 호칭으로서 호칭강도는 **설계기준강도**를 의미한다.

(134) 혼화재
혼화재료 중 사용량이 비교적 많아서 그 자체의 **부피**가 콘크리트의 **배합 계산**에 관계되는 것(부피가 배합계산에 반영된 것)

(135) 혼화재료(Admixtures)
시멘트, 골재, 물 이외의 재료로서 혼합할 때 필요에 따라 콘크리트의 한 성분으로 더 넣는 재료

(136) 혼화제
혼화재료 중 사용량이 비교적 적어서 그 자체의 **부피**가 콘크리트의 **배합 계산**에서 **무시**되는 것

3. 콘크리트구조설계기준('99년도 개정)의 용어변경 내용설명
이 기준에서 사용되는 용어들을 다음과 같이 정의한다.

(1) 간격재(Spacer)
철근에 소정의 **피복두께**를 유지하게 하거나 또는 철근 간격을 정확하게 유지시키기 위하여 쓰이는 금속제, 플라스틱제 또는 시멘트 **모르터** 등의 부품

(2) 강도감소계수(Strength Reduction Factor)
재료의 공칭값과 실제 강도와의 차이, 부재를 제작 또는 시공할 때 설계도와의 차이, 그리고 내력의 추정과 해석에 관련된 불확실성을 고려하기 위한 **안전계수**를 말함.

(3) 강성역(Rigid Zone)
구조체 내부에서 다른 부분에 비해서 **변형**을 무시할 수 있고 강체로 볼 수 있는 범위

(4) 강재심부(Steel Core)
합성기둥의 단면 중앙부에 배치된 **구조강재**

(5) 갈고리(Hook) (Reinforcing Bar to Provide Anchorage)
철근의 정착 또는 겹침이음을 위해 철근 끝을 구부린 부분 : 철근의 끝부분을 180°, 135°, 90° 등의 각도로 구부려 만듦.

(6) 건조수축(Drying Shrinkage) (Decrease in Either Length or Volume)
콘크리트는 **습기**를 흡수하면 **팽창**하고 **건조**하면 **수축**하게 되는데, 이와 같이 **습기**가 **증발**함에 따라 콘크리트가 **수축**하는 현상

(7) 계수하중(Factored Load)
강도설계법으로 부재를 설계할 때 **사용하중**에 **하중계수**를 곱한 하중

(8) 고성능 감수제(Superplasticizer)
감수제의 일종으로 소요의 작업성을 얻기 위해 필요한 단위수량을 감소시키고, 유동성을 증진시킬 목적으로 사용하는 혼화재료

(9) 고정하중(Dead Load)
구조물의 **수명**기간중 상시 작용하는 하중으로서 자중은 물론 벽, 바닥, 지붕, 천장, 계단 및 고정된 사용장비 등을 포함한 하중

(10) 곡률마찰(Curvature Friction)
긴장재를 곡선 배치한 경우 그 **곡률**에 의해 생기는 **마찰**

(11) 공칭강도(Nominal Strength)
강도설계법의 규정과 가정에 따라 계산된 부재 또는 단면의 강도를 말하며, 강도감소계수를 적용하기 이전의 강도

(12) 교차벽체(Intersection Wall)
교차되는 벽지점에 지지되는 벽체구조

(13) 구조용 경량콘크리트(Structural Lightweight Concrete)
골재의 전부 또는 일부를 인공경량골재를 사용하여 만든 콘크리트로서 재령 28일의 설계기준강도가 $150kgf/cm^2$ 이상이며 기건 단위용적 중량이 $2.0tonf/m^3$ 미만인 콘크리트

(14) 구조물의 기반(Base of Structure)
지진동이 구조물에 전달되었다고 가정하는 수평면 : 이 면은 지표면과 반드시 일치하지 않을 수 있음.

(15) 구조용 무근콘크리트(Structural Plain Concrete)
철근이 배근되지 않았거나 이 기준에서 규정하고 있는 최소 철근비 미만으로 배근된 구조용 콘크리트

(16) 구조용 콘크리트(Structural Concrete)
재령 28일의 **설계기준강도**가 $180kgf/cm^2$ **이상**인 콘크리트

(17) 굽힘철근(Bent Bar)
구부려 올리거나 또는 구부려 내린 부재길이방향으로 배근된 철근

(18) 균형철근비(Balanced Reinforcement Ratio)
인장철근이 기준항복강도에 도달함과 동시에 압축연단 콘크리트의 변형률이 그 극한 변형률에 도달할 때 단면의 인장철근비

(19) 기계적 정착(Mechanical Anchorge)
철근 또는 긴장재의 끝부분에 여러 형태의 정착장치를 설치하여 콘크리트에 정착하는 것

(20) 기공점(Springings)
아치 하연의 양단

(21) 기둥(Column)
높이가 단면 최소 치수의 3배 이상인 수직 또는 수직에 가까운 **압축재**

(22) 기둥 밑판(Base Plate)
기둥 아랫부분에 붙이는 강재판

(23) 깊은 보(Deep Beam)
유효깊이에 대한 **순경간**(순경간≒유효깊이가 5보다 작은 부재)의 비인 l_n/d 가 5보다 작고 부재의 상부 또는 압축면에 하중이 작용하는 휨부재

(24) 깊은 휨부재(Deep Flexural Member)
순경간에 대한 **전체 높이**의 비가 연속보의 경우 2/5 이상, 단순보의 경우 4/5 이상인 휨부재

(25) 나선철근(Spiral Reinforcement)
기둥에서 **종방향 철근**을 **나선형**으로 둘러싼 철근 또는 철선

(26) 내력벽(Bearing Wall)
공간을 구획하기 위하여 쓰이는 수직방향의 부재로서 중력방향의 힘에 견디거나 힘을 전달하기 위한 벽체

(27) 내진 갈고리(Seismic Hook)
철근 직경의 6배 이상(또한 7.5cm 이상)의 연장길이를 가진 135° 갈고리로 된 스터럽, 후프, 연결철근의 갈고리. 이때 스터럽, 후프 등의 안쪽에 주철근을 고정시키며, 연속적으로 감은 띠철근의 양단은 철근 직경의 6배 이상(7.5cm 이상)의 연장길이를 갖고 종방향 철근을 감싸도록 하여야 함.

(28) 단면의 유효깊이(Effective Depth of Section)
콘크리트 압축 연단에서부터 **인장철근 중심**까지의 거리

(29) 덕트(Duct)
프리스트레스트 콘크리트 시공시 긴장재(PS강재)를 배치하기 위한 **원형**의 관

(30) 뒷부벽식 옹벽(Counterfort Retaining Wall)
옹벽의 안정 또는 강도를 보강하기 위하여 옹벽의 토압을 받는 쪽에 일정 간격으로 지지벽을 갖는 철근콘크리트 옹벽

(31) 등가 묻힘길이(Equivalent Embedment Length)
갈고리 또는 기계적 정착장치가 전달하는 응력과 동등한 응력을 전달할 수 있는 철근의 묻힘길이

(32) 띠철근(Tie Reinforcement, Tie Bar)
기둥에서 **종방향 철근**의 **위치**를 **확보**하고 **전단력**에 저항하도록 정해진 간격으로 배근된 횡방향의 **보강철근** 또는 철선

(33) 라멘(Rahmen)
여러 개의 직선부재를 강철로 연결한 구조

(34) 레디믹스트 콘크리트(Ready Mixed Concrete)
정비된 콘크리트 제조설비를 갖춘 공장에서 생산되어 굳지 않은 상태로 운반차에 의하여 구입자에게 공급되는 굳지 않은 콘크리트

(35) 리브 쉘(Ribbed Shells)
리브선을 따라 리브를 배치하고 그 사이를 얇은 슬래브로 채우거나 또는 비워둔 쉘(Shell)구조물

(36) 리프트 슬래브 구조(Lift-slab Construction)
슬래브 콘크리트가 굳은 후에 제자리에 들어올려 조립하여 만든 슬래브 구조

(37) 면외좌굴(Buckling of Outer Surface)
트러스나 비교적 높이가 큰 **보** 등의 구조물이 구조물을 포함하는 평면 내의 하중을 받는 경우에 그 변위가 구조물을 포함하는 평면 밖으로(트러스의 복부 부재나 보의 복부판을 포함하는 면에 수직한 방향) 생기는 **좌굴**

(38) 무근콘크리트(Plain Concrete)
강재나 **강섬유** 또는 플라스틱 등으로 보강되지 않은 콘크리트 : 또한 콘크리트의 수축 균열 등을 대비하여 강재를 사용하였으나, 규정된 최소 철근비 미만으로 보강된 콘크리트도 무근콘크리트로 봄.

(39) 묻힘길이(Embedment Length)
철근이 뽑히는 것을 방지하기 위하여 위험단면을 지나 철근을 더 연장하여 묻어 넣은 길이

(40) 박벽관(Thin-walled Tube)
비틀림에 대하여 설계할 때에 속이 빈 것으로 가정한 가상의 관

(41) 배력철근(Distributing Bar)
집중하중을 **분포**시키거나 **균열**을 **제어**할 목적으로 주철근과 직각에 가까운 방향으로 배치한 보조철근

(42) 배합강도(Mix Design Strength)
콘크리트의 배합을 정할 때 목표로 하는 콘크리트의 압축강도

(43) 복부보강근(Web Reinforcement) : 사인장철근
전단력을 받는 부재의 복부에 배근하여 사인장 철근에 저항하는 철근 : 사인장철근이라고도 함.

(44) 부착긴장재(Bonded Tendon)
직접 또는 그라우팅을 통하여 콘크리트에 부착된 긴장재

(45) 브래킷과 내민받침(Bracket and Corbel)
유효깊이에 대한 전단경간의 비가 1보다 크지 않은 내민보 또는 내민받침 부재

(46) 비내력벽(Nonbearing Wall)
자중 이외의 다른 하중을 받지 않는 벽체

(47) 비탄성 해석(Inelastic Analysis)
평형조건, 콘크리트와 철근의 비선형 응력-변형률 관계, 균열과 시간이력에 따른 영향, 변형 적합성 등을 근거로 한 변형과 내력의 해석법

(48) 비횡구속 골조(Sway Frame)
횡방향으로의 절점 이동이 구속되지 않은 골조

(49) 비틀림 단면(Section for Torsion)
보가 슬래브와 일체로 되거나 완전한 **합성구조**로 되어 있을 때, 보는 보가 슬래브의 위 또는 아래로 내민높이 중 큰 높이만큼을 보의 양측으로 연장한 슬래브 부분을 포함한 것으로서, 보의 한 측으로 연장되는 거리는 슬래브 두께의 4배 이하로 한 단면

(50) 비틀림 철근(Torsional Reinforcement)
비틀림 응력이 크게 일어나는 부재에서 이에 저항하도록 배치하는 철근

(51) 사용하중(Service Load)
고정하중 및 활하중과 같이 이 기준에서 규정하는 각종 하중으로서 하중계수를 곱하지 않은 하중 : **작용하중**이라고도 함.

(52) 설계강도(Design Strength)
구조체 또는 부재의 공칭강도에 강도감소계수 ϕ를 곱한 강도

(53) 설계대(Strip)
받침부를 잇는 중심선의 양측에 있는 슬래브판의 두 중심선에 의해 구획되는 부분

(54) 설계하중(Design Load)
부재설계시 적용하는 하중 : 강도설계법에 의할 때는 계수하중을 적용하고, 별도설계법에 의할 때에는 사용하중을 적용함.

(55) 소요강도(Required Strength)
철근콘크리트 부재가 **사용성**과 **안전성**을 만족할 수 있도록 요구되는 단면의 단면력

(56) 수축·온도철근(Shrinkage and Temperature Reinforcement)
건조수축 또는 온도변화에 의하여 콘크리트에 발생하는 균열을 방지하기 위한 목적으로 배근되는 철근

(57) 수평력 저항시스템(Lateral-force Resisting System)
풍하중 또는 **지진작용**에 의한 힘에 저항할 수 있는 부재로 구성된 구조부분

(58) 수평전단(Horizontal Shear)
부재축과 **나란한 방향**으로 발생하는 전단

(59) 쉘의 보조부재(Auxiliary Members in Shell Structures)
쉘을 보강하거나 지지하기 위한 리브 또는 테두리보. 일반적으로 보조부재는 쉘과 결합하여 거동함.

(60) 스터럽(Stirrup)
보의 주철근을 둘러싸고 이에 직각되게 또는 경사지게 배근한 **복부보강근**으로서 구조부재에 있어서 전단력 및 비틀림모멘트에 저항하도록 배치한 보강철근

(61) 슬래브판(Slab Plate)
모든 변에서 기둥, 보 또는 벽체 중심선에 의해 구획되는 판

(62) 실험해석(Experimental Analysis)
구조물 또는 구조물 모델의 변형과 변형률을 실험에 의해 측정하고, 이 실험값에 기초한 해석방법 : 실험해석은 탄성이나 비탄성 거동을 근거로 하여야 함.

(63) 아치 리브(Arch Rib)
아치 구조물에서 아치를 구성하는 압축부재

(64) 아치의 세장비(Slenderness Ratio of Arch)
아치의 유효경간을 단면의 최소 회전반경으로 나눈 값

(65) 아치의 축선(Arch Axis Line)
아치 단면의 도심을 연결한 축선

(66) 압축철근비(Compressive Reinforcement Ratio)
콘크리트의 유효단면적에 대한 **압축철근** 단면적의 비

(67) 앞부벽식 옹벽(Buttressed Retaining Wall)
흙과 접하지 않는 쪽에 옹벽의 안정 또는 강도를 확보하기 위하여 일정 간격으로 지지벽을 갖는 철근콘크리트 옹벽

(68) 앵커(Anchor)
기초 또는 콘크리트 구조체에 페데스탈, 기둥 등 다른 부재를 정착하기 위하여 묻어두는 **볼트** 등을 말하며, 또는 그를 묻어 두는 일

(69) 얇은 쉘(Thin Shells)
두께가 다른 치수에 비해 작은 **곡면 슬래브**나 절판으로 이루어진 3차원 구조물 : 얇은 쉘은 기하학적인 형태, 지지방법 및 작용응력의 성질에 의해 3차원 응력전달 거동이 결정되는 특성을 갖고 있음.

(70) 연결철근(Cross Tie)
한쪽 끝에서는 적어도 직경의 **10배 이상의 연장길이**(또한 7.5cm 이상)를 갖는 135° 갈고리가 있고 다른 끝에서는 **적어도 직경의 6배 이상의 연장길이를 갖는 90° 갈고리**가 있는 연속철근 : 갈고리는 주위의 종방향 철근을 감싸야 하고, 동일한 종방향 철근에 고정된 2개의 연속철근의 90° 갈고리는 그 끝이 반대방향으로 되도록 엇갈려 배치하여야 함.

(71) 연직하중(Gravity Load)
고정하중이나 활하중과 같이 구조물에 **중력방향**으로 작용하는 하중 : 중력하중이라고도 함.

(72) 옵셋 굽힘철근(Offset Bent Bar)
기둥 연결부에서 단면치수가 변하는 경우에 배치되는 구부린 주철근

(73) 원형철근(Plain Reinforcement)
표면에 **리브** 또는 **마디** 등의 돌기가 **없는** 원형단면의 봉강으로서 KSD 3504(철근콘크리트용 봉강)에 규정되어 있는 철근

(74) 유효단면적(Effective Section Area)
유효깊이에 유효폭을 곱한 면적

(75) 유효인장력(Effective Tensile Force)
프리스트레스를 준 후 프리스트레싱 긴장재 응력의 릴렉세이션, 콘크리트의 크리프와 건조수축 등의 영향으로 프리스트레스 손실이 완전히 끝난 후 긴장재에 작용하고 있는 인장력

(76) 유효 프리스트레스(Effective Prestress)
모든 응력 손실이 끝난 후의 긴장재에 남는 응력 : 다만, 고정하중과 활하중의 영향은 제외함.

(77) 응력(Stress)
단위면적당에 발생하는 내력의 크기

(78) 2방향 슬래브(Two-way Slab)
직교하는 **두 방향**으로 **주철근**이 배근된 **슬래브**

(79) 2방향 슬래브 시스템(Two-way Slab System)
기둥에 하중을 전달하는 보의 유무에 관계없이, 주철근이 두 방향으로 배근된 콘크리트 슬래브 시스템

(80) 이형철근(Deformed Reinforcement)
표면에 리브와 마디 등의 돌기가 있는 봉강으로서 KSD 3504(철근콘크리트용 봉강)에 규정되어 있는 철근 또는 이와 동등한 품질과 형상을 가지는 철근

(81) 인장철근비(Tensile Reinforcement Ratio)
콘크리트의 유효단면적에 대한 인장철근 단면적의 비

(82) 1방향 슬래브(One-way Slab)
한 방향으로만 **주철근**이 배근된 슬래브

(83) 장주 효과(Slenderness Effect)
세장한 기둥에서 변위를 고려하여 해석할 때 부재력의 변화 : 이때 재료 비선형성, 균열, 부재곡률, 횡이동, 재하기간, 건조수축과 크리프, 지지부재와의 상호작용을 고려하여 해석을 수행하여야 함.

(84) 재킹력(Jacking Force)
프리스트레스트 콘크리트에 있어서 긴장재에 인장력을 도입할 때 잭(Jack)에 의해 콘크리트에 가해지는 **일시적인 힘**

(85) 저항계수(Resistance Factor)
강도감소계수를 총칭함

(86) 적합비틀림(Compatibility Torsion)
균열의 발생 후 비틀림모멘트의 재분배가 일어날 수 있는 비틀림

(87) 전단머리(Shear Head)
전단 보강을 위하여 기둥 상부의 슬래브 내에 배치하는 강재

(88) 전단면(Shear Plane)
전단력이 작용하는 면으로서 균열면 또는 전단력에 의해 균열이 일어날 가능성이 있는 면

(89) 전단보강근(Shear Reinforcement)
전단력에 저항하도록 배근한 철근

(90) 전도(Overturning)
저판 끝단을 기준으로 작용하는 수평력에 의한 모멘트(전도모멘트)가 연직력에 의한 모멘트(저항모멘트)를 초과하여 옹벽 및 벽체 등이 넘어지려는 현상

(91) 전면기초(Mat Foundation)
건축물 또는 구조물의 밑바닥 전부를 **기초판**으로 구성한 기초

(92) 절토(Cutting)
흙을 파헤치는 것으로서 굴착이라고도 하며, 주로 육상에서 사용하는 용어

(93) 절판(Folded Plate)
얇은 평면 슬래브들을 사용하여 3차원 입체구조가 되도록 모서리를 접합한 형태의 쉘 구조

(94) 접속장치(Coupler)
프리스트레싱 긴장재와 프리스트레싱 긴장재 또는 정착장치와 정착장치를 **접속**시키는 장치

(95) 정착길이(Development Length)
위험단면에서 철근의 설계기준항복강도를 발휘하는데 필요한 길이로서 철근을 더 연장하여 묻어 넣는 길이

(96) 정착장치
긴장재의 끝부분을 콘크리트에 정착시켜 프리스트레스를 부재에 전달하기 위한 장치

(97) 조립용 철근(Erection Bar)
철근을 조립할 때 **철근의 위치**를 **확보**하기 위하여 사용하는 보조철근

(98) 좌굴(Buckling)
기둥이 **압축력**을 받을 때와 평판이 압축력 또는 면외 전단력을 받을 때 그 힘의 크기를 증가시켜 가면 재료 파괴하중보다 작은 하중에서도 갑자기 평형상태가 바뀌고 **가로방향**의 **변위**가 크게 일어나 파괴되는 현상

(99) 주열대(Column Strip)
기둥 중심선에서 양측으로 각각 $0.25l_1$과 $0.25l_2$ 중에서 작은 값과 같은 폭을 갖는 설계대 : 보가 있는 경우 주열대는 그 보를 포함함.

(100) 주철근(Main Bar)
설계하중에 의해 그 **단면적**이 정해지는 철근

(101) 중간대(Middle Strip)
2개의 주열대 사이에 구획된 설계대

(102) 종방향 철근(Longitudinal Reinforcement)
부재에 길이방향으로 배근한 철근

(103) 지반지지력(Bearing Capacity)
지반이 지지할 수 있는 힘의 크기

(104) 지압강도(Bearing Strength)
지지면적이 하중이 가해지는 면적보다 모든 방향으로 넓을 경우, 지지면 콘크리트의 압축강도

(105) 지진하중(Earthquake Load)
지각변동으로 인해 발생하는 지진에 의해 구조물에 작용하는 힘 : 지진이 심한 지방 또는 지진에 민감한 구조물은 지진에 견디도록 설계하여야 함.

(106) 책임기술자
조사업무를 수행하기 위해 구조물의 소유주에 의해 고용된 설계, 구조 또는 시공에 대한 전문 지식을 갖춘 기술자

(107) 철근콘크리트(Reinforced Concrete)
외력에 대해 철근과 콘크리트가 일체로 거동하게 하고, 규정된 최소 철근량 이상으로 철근을 배근한 콘크리트

(108) 침하(Settlement)
지반, 말뚝 등이 내려앉는 현상

(109) 캔틸레버식 옹벽(Cantilever Wall)
벽체에 널말뚝이나 부벽이 연결되어 있지 않고 **저판** 및 **벽체**만으로 토압을 받도록 설계된 철근콘크리트 옹벽

(110) 콘크리트(Concrete)
시멘트, 물, 잔골재와 굵은골재를 혼합하여 만든 재료 : 필요에 따라 적당한 비율로 혼화재료를 더 넣은 것도 포함함.

(111) 콘크리트의 설계기준강도(Specified Compressive Strength of Concrete)
콘크리트 부재를 설계할 때 기준으로 하는 콘크리트의 압축강도

(112) 크리프(Creep)
지속하중으로 인하여 콘크리트에 일어나는 장기변형

(113) 탄성계수(Modulus of Elasticity)
재료의 비례한도 이하의 변형률에 대응하는 인장 또는 압축응력의 비

(114) 파상마찰(Wobble Friction)
프리스트레스트 콘크리트에 있어서 **덕트관**이 소정의 위치로부터 약간 **어긋남**으로써 일으키는 **마찰**

(115) 페데스탈(Pedestal)
기둥의 하단부에서 약간 굵게 된 부분 또는 **주수대**〔교량을 지지하는데 있어서는 솔플레이트(Sole Plate : 바닥판) 또는 슈를 받치는 받침대〕

(116) 평형비틀림(Equilibrium Torsion)
비틀림모멘트의 **재분배**가 일어날 수 없는 비틀림

(117) 포스트텐셔닝(Post-tensioning)
콘크리트가 굳은 후에 **긴장재**를 인장하고 그 끝부분을 콘크리트에 정착시켜서 프리스트레스를 부재에 도입시키는 방법

(118) 표면철근(Skin Reinforcement)
유효깊이 d가 90cm를 초과하는 깊은 휨부재 복부의 양 측면에 부재 **축방향**으로 배근하는 철근

(119) 풍하중(Wind Load)
바람에 의하여 구조물에 작용하는 하중

(120) 프리스트레스(Prestress)
외력에 의하여 일어나는 인장응력을 소정의 한도로 상쇄할 수 있도록 미리 콘크리트에 도입된 응력

(121) 프리스트레스 도입(Prestress Transfer)
긴장재의 인장력을 콘크리트에 전달하기 위한 조작

(122) 프리스트레스트 콘크리트(Prestressed Concrete)
외력에 의하여 발생하는 외력을 소정의 한도까지 상쇄할 수 있도록 미리 계획적으로 그 응력의 분포와 크기를 정하여 내력을 준 콘크리트를 말하며, PS콘크리트 또는 PSC라고도 약칭하기도 함.

(123) 프리스트레스힘
프리스트레싱에 의하여 부재의 단면에 작용하고 있는 힘

(124) 프리스트레스 압축 인장력(Precompressed Tensile Zone)
프리스트레싱을 하는 동안에 압축응력을 받았던 단면이 그 후 외부에서 작용한 하중에 의해 인장응력을 받게 되는 부분

(125) 프리스트레스트 보강재(Prestressed Reinforcement)
프리스트레스를 주기 위하여 쓰이는 강재

(126) 프리스트레싱(Prestressing) (Prestressing by Pre-Tension & Post-Tension)
프리스트레스를 주는 일

(127) 프리스트레싱 긴장재(Prestressing Tendon)
프리스트레싱 강재를 단독 또는 몇 개의 다발로 하여 기존 콘크리트에 프리스트레스를 주기 위하여 사용하는 프리스트레싱 강선, 프리스트레싱 강봉, 프리스트레싱 강연선과 같은 강재

(128) 프리스트레싱 긴장재의 릴랙세이션(Relaxation of Prestressing Tendon)
프리스트레싱 긴장재에 인장력을 주어 변형률을 일정하게 하였을 때 시간의 경과와 함께 일어나는 응력의 감소

(129) 프리캐스트 콘크리트(Precast Concrete)
콘크리트가 굳은 후에 제자리에 옮겨 놓거나, 또는 조립하는 콘크리트 부재

(130) 프리텐셔닝(Pre-tensioning)
긴장재를 먼저 **긴장한 후**에 콘크리트를 치고 콘크리트가 굳은 다음, 긴장재에 가해두었던 인장력을 긴장재와 콘크리트의 부착에 의해서 콘크리트에 전달시켜 프리스트레

스를 주는 방법

(131) **플랫 슬래브**(Flat Slab)
보 없이 지판에 의해 하중이 기둥으로 전달되며, 2방향으로 배근된 콘크리트 슬래브

(132) **플랫 플레이트**(Flat Plate)
보나 지판이 없이 기둥으로 하중을 전달하는 2방향으로 배근된 콘크리트 슬래브

(133) **피복두께**(Cover Thickness)
콘크리트 **표면**과 그에 가장 가까이 배근된 **철근 표면** 사이의 콘크리트 두께

(134) **하중**(Load)
구조물 또는 부재에 응력 및 변형을 발생시키는 일체의 작용

(135) **하중계수**(Load Factor)
하중의 공칭값과 실제 하중 사이의 불가피한 차이 및 하중을 작용 외력으로 변환시키는 해석상의 불확실성, 환경작용 등의 변동을 고려하기 위한 안전계수

(136) **하중조합**(Load Combination)
구조물 또는 부재에 동시에 작용할 수 있는 각종 하중의 조합

(137) **합성콘크리트 압축부재**(Composite Compressive Member)
구조용 강재, 강관 또는 튜브로 축방향을 보강한 압축부재 : 종방향 철근은 사용할 수도 있고 사용하지 않을 수도 있음.

(138) **합성콘크리트 휨부재**(Composite Concrete Flexural Member)
현장이 아닌 곳에서 만들어진 프리캐스트 부재와 현장치기 콘크리트 요소로 구성되는 휨부재로서 그 요소가 하중에 대해서 일체가 되어 움직이도록 결합된 부재

(139) **확대기초판**(Spread Footing)
상부 수직하중을 하부 지반에 분산시키기 위해 저면을 확대시킨 철근콘크리트판

(140) **확대모멘트**(Magnified Moment)
세장한 부재에서 절점의 이동을 고려하여 계산한 증가된 모멘트

(141) **활동**(Sliding)
흙에서 **전단파괴**가 일어나서 어떤 연결된 면을 따라서 엇갈림이 생기는 경우

(142) **활동 방지벽**(Base Shear Key)
옹벽의 활동을 일으키는 수평하중에 충분히 저항할 만큼 큰 **수동토압**을 일으키기 위해 저판 아래에 만드는 벽체

(143) 활하중(Live Load)
풍하중, 지진하중과 같은 환경하중이나 고정하중을 포함하지 않고, 건물이나 다른 구조물의 사용 및 점용에 의해 발생되는 하중으로서 사람, 가구, 이동칸막이, 창고의 저장물, 설비기계 등의 하중과 적설하중, 또는 교량 등에서 차량에 의한 하중

(144) 횡하중(Lateral Load)
풍하중이나 지진하중과 같이 수직방향 구조물에 수평으로 작용하는 하중

(145) 횡구속 골조(Non-sway Frame)
횡방향으로의 절점 이동이 구속된 골조

(146) 후프(Hoop)
폐쇄띠철근 또는 연속적으로 감은 **띠철근** : 하나의 폐쇄띠철근은 양단에 내진 갈고리를 가진 여러 개의 철근으로 만들어야 하며, 연속으로 감은 띠철근의 양단은 철근직경의 6배 이상(또한 7.5cm 이상)의 연장길이를 갖고 종방향 철근을 감싸도록 하여야 하며 반드시 내진갈고리를 가져야 함.

(147) 휨부재(Flexural Member)
축력을 받지 않거나 **축력**의 영향을 무시할 수 있을 정도의 축력을 받는 부재로서 주로 휨모멘트와 전단력을 저항하는 부재

(148) 휨불연속(Flexural Discontinuity)
휨인장력이 작용되지 않는 상태

제2장 Tunnel 관련 용어설명

(1) 강섬유보강 숏크리트(Steel Fiber Reinforced Shotcrete)
숏크리트의 강도특성을 보완하기 위하여 강섬유를 혼합하여 타설하는 숏크리트를 말한다.

(2) 건축한계
터널 이용목적을 원활하게 유지하기 위한 한계이며 열차 또는 차량을 위한 건축한계 내에는 시설물을 설치할 수 없도록 규제하고 있다.

(3) 경사(Dip)
층리면, 단층면, 절리면과 같은 지질구조면의 기울기 각으로서 주향과 직각으로 만나는 연직면내에서 **수평면**과 **지질구조면**이 이루는 사이각을 말한다.

(4) 계측
터널굴착에 따른 주변지반, 주변구조물 및 각 지보부재의 변위 및 응력의 변화를 측정하는 방법 또는 그 행위를 말한다.

(5) 공기시험기
공기압을 이용하여 방수막의 이음상태를 확인하는 시험기기를 말한다.

(6) 굴착공법
막장면 또는 터널의 길이 방향의 굴착계획을 총칭하는 것으로서 전단면굴착, 분할굴착, 선진도갱굴착공법 등이 있다.

(7) 굴착방법
막장의 지반을 굴착하는 수단을 말하며 인력굴착, 기계굴착, 파쇄굴착, 발파굴착방법 등이 있다.

(8) 기계굴착
중장비에 부착된 브레이커, 파워쇼벨, 커터붐 등을 이용하여 굴착하는 방법을 말한다. TBM, 쉴드 등에 의한 굴착도 기계굴착에 속한다.

(9) 내공변위량
터널굴착후에 생기는 터널 내공의 변화량으로 통상 내공단면의 축소량을 양(+)의 값으로 한다.

(10) 뇌관

폭약 또는 화약을 기폭시키기 위해 사용되는 기폭약 또는 첨장약이 장전된 관체를 말한다.

(11) 다단발파

발파시 진동을 억제할 목적으로 시간차를 둔 뇌관 또는 발파기를 사용하여 단계적으로 발파하는 방법을 말한다.

(12) 단차

뇌관의 **폭파시간 간격**을 말한다.

(13) 단층(Fault Zone)

외력에 의하여 지반이 상대적으로 이동된 단열구조로서 이동면을 따라 심한 **파쇄암**이나 점토를 협재하여 발생유형에 따라 정단층, 역단층, 충상 단층(Trust Fault) 등으로 구분된다.

(14) 당초설계

터널공사 발주시의 설계를 말한다.

(15) 뜬돌(부석)

낙석의 위험이 있는 암편을 말한다.

(16) 랜덤 볼트(Random Bolt)

지반의 취약한 부분만을 보강하기 위해 **국부적**으로 설치하는 록볼트이다.

(17) 록볼트(Rock Bolt)

지반중에 정착되어 단독 또는 다른 지보재와 함께 지반을 보강하거나 변위를 구속하여 지반의 지내력을 증가시키는 막대기 모양의 부재를 말한다.

(18) 록볼트 인발시험

록볼트의 인발내력을 평가하기 위한 시험을 말한다.

(19) 록볼트 축력

지반에 설치된 록볼트에 발생하는 축방향 하중을 말한다.

(20) 롤링(Rolling)

쉴드진행방향의 좌우방향으로 쉴드가 이동하는 현상을 말한다.

(21) 막장(Face)

터널내에서 굴착작업이 수행되는 **최전방 지역**을 말한다.

(22) 물리탐사

물리적 수단에 의하여 지질이나 암체의 종류, 성상 및 구조를 조사하는 방법으로서 탄성파탐사, 전기탐사, 중력탐사, 자기탐사, 방사능탐사 등이 있다.

(23) 바닥부

터널단면의 **바닥부분**을 말한다.

(24) 발파공

발파시에 화약을 장전하기 위해서 **천공**하는 **구멍**이다.

(25) 발파굴착

화약의 폭발력을 이용하여 암반을 굴착하는 방법을 말한다.

(26) 버력(Muck)

터널 굴착과정에서 발생하는 암석덩어리, 암석조각, 토사 등의 총칭이다.

(27) 변형여유량

굴착에 따른 지반 변형량에 의해 계획내공단면이 축소되지 않도록 미리 예상되는 지반 변형량 만큼 여유를 두어 굴착하는 내공 반경방향의 여유량을 말한다.

(28) 벤치(Bench)

터널 단면을 수평면으로 분할하여 굴착하는 경우에 분할면을 벤치(Bench)라 한다.

(29) 벤치길이

분할굴착시 분할면의 터널 축방향의 길이를 말한다.

(30) 보조지보재

막장전방에 설치하여 굴착시 지반의 자체 지보능력을 발휘하도록 도와주는 지보재로서 주지보재를 제외한 지보재의 총칭이다.

(31) 숏크리트(Shotcrete)

굳지 않은 콘크리트를 가압시켜 노즐로부터 뿜어내어 소정의 위치에 시공하는 콘크리트이다.

(32) 스프링 라인(Spring Line)

터널 단면중 최대폭을 형성하는 점중 **최상부**의 점을 **종방향**으로 연결하는 선이다.

(33) 시스템 볼트(System Bolt)

일정한 간격과 길이로 규칙적으로 배열하는 록볼트 설치 형식을 말한다.

(34) 안전영역(Safety Zone)

터널의 안전에 영향을 미치는 정도를 규정한 터널 주변의 영역으로서 각 영역별로 터널 안전을 위한 대책을 강구하도록 규제하는 영역을 말한다.

(35) RMR(Rock Mass Rating) 분류
비에니아스키(Bieniawski)가 제안한 정량적인 **암반분류방법**이며 암석강도, RQD, 절리면 간격, 절리면 거칠기, 지하수상태, 절리면의 상대적 방향 등을 반영하여 분류하는 방법을 말한다.

(36) RQD(Rock Quality Designation)
시추코아중 10cm 이상되는 코아편의 길이의 합을 시추길이로 나누어 백분율로 표시한 값으로서 암질의 상태를 나타내는데 사용한다. 이때 코아의 직경은 **NX규격**이어야 한다.

(37) 어깨(Shoulder)
터널의 천단과 스프링 라인의 **중간점**을 말한다.

(38) 엔트란스 패킹(Entrance Packing)
Shield Tunnel의 시점과 종점 입구에 설치하는 패킹으로서 지하수 또는 굴착토사가 터널과 작업구 사이로 유출입하는 것을 방지할 목적으로 설치하는 시설물을 말한다.

(39) 열접착기
열을 이용하여 **방수막**을 **접합**하는 기기이다.

(40) 엽리
암석이 재결정 작용을 받아 같은 광물이 판상으로 또는 일정한 띠를 이루며 형성된 지질구조를 말한다.

(41) 요잉(Yawing)
터널진행방향과 Shield 진행방향이 이루는 수평면상의 **편차**를 말한다.

(42) 용수
터널의 굴착면으로 부터 용출되는 **지하수**를 말한다.

(43) 이완영역
터널굴착으로 인해 터널 주변의 지반응력 재분배에 의해 다소 **느슨한 상태**로 되는 범위를 말한다.

(44) 인력굴착
삽, 곡괭이 또는 픽햄머, 핸드브레이커 등의 소형장비를 이용하여 인력으로 굴착하는 방법을 말한다.

(45) 인버트(Invert)
터널 단면의 **바닥부분**에 설치되어 **터널단면**을 **폐합**시키기 위하여 숏크리트 또는 콘크리트 등으로 설치한 **지보부재**를 말한다.

(46) 일상계측
일상적인 시공관리를 위해 실시하는 계측으로서 지표침하, 천단침하, 내공변위 측정 등이 포함된 계측이다.

(47) 전기탐사
물리탐사법의 일종으로 지반전류의 물리현상을 대상으로 하여 자연전위, 비저항을 측정하며 지반구조, 지하수 등을 조사하는 방법이다.

(48) 절리(Joint)
암반중에 발달되어 있는 비교적 일정한 방향을 갖는 갈라진 틈이며 그 양측 암석의 상대이동량이 없거나 거의 없는 불연속면을 말한다.

(49) 정밀계측
정밀한 지반거동 측정을 위해 실시하는 계측으로서 계측항목이 일상계측보다 많고 주로 종합적인 지반거동 평가와 설계의 개선 등을 목적으로 수행한다.

(50) 주 지보재
굴착후 시공하는 지보재로서 보조 지보재 및 콘크리트 라이닝을 제외한 지보재의 총칭이며, 강지보재, 숏크리트, 록볼트, 철망 등으로 구성된다.

(51) 주향(Strike)
지층, 단층과 같은 판상의 평면과 수평면이 이루는 교선의 영향을 북쪽을 기준으로 측정한 방위를 말한다.

(52) 지반
건설행위의 대상이 되는 지표 구성물질로서 토사 및 암반층을 총칭한다.

(53) 지보재
굴착시 또는 굴착후에 터널의 안정 및 시공의 안전을 위하여 지반을 지지, **보강** 또는 피복하는 부재 또는 그 총칭을 말한다.

(54) 지보패턴
각 지보재들의 규격, 시공위치, 시공순서, 수량을 정한 것을 말한다.

(55) 지중변위
터널 굴착으로 인해 발생하는 **굴착면 주변 지반의 변위**로서 **터널 반경방향의 변위**를 말한다.

(56) 지중침하
터널 굴착으로 인해 발생하는 **터널 상부 지반의 깊이별 침하**를 말한다.

(57) 지표침하
터널 굴착으로 인해 발생하는 터널 상부 **지표면의 침하**를 말한다.

(58) 지하매설물
지표하부에 묻혀있는 인공구조물로서 지장물이라고도 말한다.

(59) 진공 시험기
부분적으로 접합된 방수막의 접합 상태를 확인시키는 기기를 말한다.

(60) 천단침하
터널 굴착으로 인해 발생하는 터널 천단(천정)부의 **연직방향의 침하**를 말하며 기준점에 대한 하향방향의 절대 침하량을 양(+)의 천단 침하량으로 정의한다.

(61) 천정부(Crown)
터널의 천단을 포함한 좌우 어깨 사이의 구간을 말한다.

(62) 초기응력
굴착전에 **원지반**이 가지고 있는 **응력**을 말한다.

(63) 최대 정하중
인원 또는 자재중량, 운반기기 자체중량, 로프의 길이×로프의 단위중량의 합계중 최대값을 말한다.

(64) 최대 총하중
하중 견인시 로프에 가해지는 최대정하중, 가속도하중, 권동의 감김 휨하중의 합계중 최대값을 말한다.

(65) 추가볼트
설계된 지보패턴에 추가하여 시공되는 록볼트이다.

(66) 측벽부(Wall)
터널어깨 **하부**로부터 **바닥부**에 이르는 구간을 말한다.

(67) 측선
계측을 위해 설정한 측점사이의 최단거리에 해당하는 가상의 선을 말한다.

(68) 층리
퇴적암이나 충적토 등이 층상으로 쌓이며 생성되는 불연속면이다.

(69) 카피커터(Copy Cutter)
곡선부에서 Shield의 원활한 추진을 위하여 내측곡선 부분에서 **곡선반경방향**으로 확대 굴착하기 위하여 Shield의 측면에 설치한 커터(Cutter)를 말한다.

(70) K형 세그먼트
쉴드의 세그먼트 조립시 마지막으로 끼워 넣는 세그먼트를 말한다.

(71) 콘크리트 라이닝(Concrete Lining)
무근 또는 철근 콘크리트로 구축되는 터널의 가장 내측에 시공되는 터널의 부재를 말한다.

(72) Q-시스템
바톤(Barton) 등이 제안한 정량적인 암반분류의 하나이며 RQD, 절리군수, 절리면 거칠기, 절리면 변화정도, 지하수에 의한 감소계수, 응력감소계수 등을 반영하여 분류하는 방법을 말한다.

(73) 토피(Cover Depth)
터널 천단으로부터 지표까지의 **연직두께**를 말한다.

(74) 특수지반
특수지반이라 함은 팽창성지반, 함수미고결 지반 등을 말한다.

(75) 틈새
절리 등의 불연속면의 벌어진 정도를 말한다.

(76) TCR(Total Core Recovery)
단위 시추길이에 대한 회수권 코아의 길이비를 백분율로 표시한 값이다.

(77) 파쇄굴착
유압가스, 팽창성 모르터, 특수저폭속화약 등을 이용하여 **암반**을 **파쇄**시켜 **굴착**하는 방법을 말한다.

(78) 편압
터널 좌우 또는 전후 방향으로 불균등하게 작용하는 **지반압력**을 말한다.

(79) 팽창성 지반
팽창성 광물을 다량 함유한 토사 또는 암반을 말한다.

(80) 표준지보패턴
지반의 등급에 따라 미리 표준화한 지보패턴을 지칭한다.

(81) 피칭(Pitching)
Shield의 종단상에서 쉴드두부와 **후미**가 상하 독립적으로 종단선을 **이탈**하여 **이동**하는 현상을 말한다.

(82) 필러(Piller)
굴착면 사이에 남아 있는 **기둥**이나 **벽모양**의 **지반**을 말한다.

(83) 함수미고결 지반
신생대 3기말부터 제4기에 형성된 퇴적물, 암석의 풍화대, 파쇄대 등의 미고결 또는 고결도가 낮은 지반을 말한다.

(84) 허용편차
변형 여유량에 시공상 피할 수 없는 정확도를 합한 값을 말한다.

제3장 아스팔트콘크리트포장관련 용어설명

(1) **골재의 최대치수**
   중량이 적어도 90%이상을 통과시키는 최소치수의 체의 공칭치수로 나타낸 골재의 치수

(2) **구스아스팔트(Guss Asphalt)**
   고온아스팔트 혼합물의 유동성을 이용. 피니셔와 인두로 포설하여 로울러다짐을 하지 않고 흙손 등으로 끝맺음을 하는 아스팔트 혼합물로서 마스틱 아스팔트(Mastic Asphalt)와 동일하다.

(3) **굵은골재 및 잔골재**
   No.8체에 남는 골재를 굵은골재, 2.36mm(No.8)체를 통과하고 0.075mm(No.200)체에 남는 골재를 잔 골재라 한다.

(4) **동결(凍結) 깊이**
   노면에서 지중의 어름이 결정(結晶)되는 가장 깊은 곳까지의 깊이

(5) **동결지수(凍結指數)**
   동결기간중의 기온과 시간과의 적(積)의 누계치

(6) **등가환산계수(等價換算係數)**
   포장을 구성하는 어느 층의 1cm 두께가 표층이나 중간층용 가열아스팔트 혼합물의 몇 cm에 상당하느냐를 나타낸 값

(7) **마무리다짐**
   2차 다짐을 할 때에 생긴 로울러자국 등을 없애기 위한 다짐

(8) **머캐덤공법**
   한 층의 마무리 두께와 거의 같은 입경의 부순돌을 깔아서, 이들이 서로 충분히 얽힐 때까지 다짐하고, 공극을 채움골재로 전충하여 마무리하는 공법

(9) **밀입도아스팔트콘크리트**
   굵은골재, 잔골재, 필러 및 아스팔트의 가열 혼합물로서 합성입도에서 2.36mm(No.8)체 통과분이 35~50%의 것

(10) **블랙베이스(Black Base)**
   아스팔트포장의 기층으로서 사용되는 가열혼합식에 의한 아스팔트 안정처리기층

(11) 아스팔트
원유를 증류하여 개소린(Gasoline), 캐로신(Kerosene), 기타의 기름을 적당하게 제거한 잔류물이며, 제조방법에 따라 스트레이트아스팔트와 브라운아스팔트로 나누어진다. 포장용에는 한국공업규격에 적합한 스트레이트아스팔트가 사용된다.

(12) 유화아스팔트
아스팔트를 유화제(乳化劑), 안정제(安定劑)를 함유한 물속에 미립자로 분산시켜 액상으로 한 것. 이것은 카치온(Cation)계 유제와 아니온(Anion)계 유제가 있으며, 전자의 아스팔트 입자는 프러스(Plus)에, 후자의 아스팔트입자는 마이너스(Minus)에 대전(帶電)하고 있다.

(13) 설계배합
시방배합에 따라 사용예정의 재료를 사용하여 실내시험 등에 의해서 구한 배합

(14) 설계CBR
균일한 포장두께로 시공할 구간(區間)을 결정하기 위하여 구간내 각 지점의 CBR로부터 결정되는 노상토(路床土)의 CBR

(15) 설계윤하중
측정윤하중과 교통량증가에 근거하여 일정의 윤하중을 중심으로 산출되는 도로의 공용예정기간 중의 통과윤하중

(16) 수정CBR
19mm이하로 치환된 시료는 각 5층 55회, 25회, 10회로 다짐하는 경우와 또한 최대입경이 38.1mm이하의 시료에 대해서는 각 3층 92회, 47회, 17회로 다짐하고 96시간 수침후 관입시험을 실시 규정된 다짐도에 상응하는 CBR을 수정 CBR이라 함.

(17) 수정토페카
굵은골재, 잔골재, 필러(Filler) 및 아스팔트의 가열혼합물로서 합성입도에서 No.8체 통과분이 50~60%의 것

(18) 시멘트안정처리공법
현지재료 또는 여기에 보충재료를 가한 것에 시멘트를 첨가하여 혼합하고 깔아서 다짐하는 공법을 말한다. 시멘트안정처리한 것을 소일시멘트(Soil-cement)라 할 때도 있다.

(19) 시방배합
시방서 또는 설계도서에 나타낸 혼합물의 배합

(20) 쉬이트아스팔트(Sheet Asphalt)
표면이 평활하고 방수성이 있도록 표층에 사용하는 모래, 필러 및 아스팔트의 가열혼합물

(21) 실코우트
표층 또는 기층위에 역청재료를 살포하고 그 위를 부순돌이나 모래를 덮어서 만드는 표면처리

(22) 아스팔트모르터
잔골재, 필러 및 아스팔트의 가열혼합물

(23) 역청안정처리공법
현지재료 또는 여기에 보충재료를 가한 것에 역청재료를 첨가하여 혼합하고 깔아서 다짐하는 공법

(24) 역청재료
비투멘(Bitumen)을 주성분으로 하는 재료를 말한다. 비투멘이란 2유화탄소(2硫化炭素)에 용해되는 탄화수소의 혼합체로서 상온에서 고체 또는 반고체의 것이며 도로용 역청재료로서는 아스팔트나 타르 등이 있다.

(25) 2차다짐
소정의 다짐밀도를 얻기 위하여 1차다짐에 계속하여 실시하는 다짐

(26) 1차다짐
혼합물을 포설한 후 될 수 있는대로 빨리 수회(數回) 실시하는 다짐

(27) 입도조정공법
좋은 입도가 되도록 몇가지 종류의 골재를 혼합하여 포설하고 다짐하는 공법

(28) 다짐회수
어느 점을 로울러가 통과한 회수

(29) 租粒度아스팔트콘크리트
굵은골재, 잔골재, 필러 및 아스팔트의 가열 혼합물로서 합성입도에서 No.8체 통과분이 20~35%의 것

(30) 침투식 공법
골재와 역청재료를 교대로 살포하여 골재의 얽힘과 역청재료의 결합력을 발휘하도록 충분히 다짐하는 공법

(31) 커트백아스팔트

아스팔트를 휘발성의 석유와 혼합하여 액상으로 한 것으로서, RC, MC가 있고, 각각 개소린, 캐로신으로 아스팔트를 커트백(Cut-back) 한 것.

(32) 택코우트

역청재료 또는 시멘트 등을 사용한 밑층과 아스팔트혼합물로 된 윗층과를 결합시키기 위하여 밑층의 표면에 역청재료를 살포한 것.

(33) 포장타르

석탄건류(石炭乾溜)나 석유분해에서 생성한 조(粗) 타르를 증류하여 휘발분의 일부나 수분을 제거한 후 직류(直留) 타르나 조(粗) 타르를 증류하여 기름분과 핏치(Pitch)분으로 나누고, 이것을 적당하게 배합한 커트백타르

(34) 표면처리

노면에 두께 2.5cm 이하의 층을 시공한 것.

(35) 프라이머

프라임코우트에 사용하는 유화아스팔트, 커트백아스팔트 또는 포장타르 등의 역청재료

(36) 프라임코우트

입도조정공법이나 머캐덤공법 등으로 된 기층의 방수성을 높이고, 그 위에 포설하는 아스팔트혼합물층과의 부착이 잘되게 하기 위하여 기층위에 역청재료를 살포한 것.

(37) 프루프 로울링(Proof-Rolling)

프루프 로울링은 노상이나 보조기층, 기층의 다짐이 부족한 곳이나 또는 불량부분을 발견하기 위하여 실시한다. 프루프로울링을 실시하는 노상, 보조기층, 기층 등이 너무 건조되어 있을 때에는 살수차 등으로 살수하여 함수비를 조정할 필요가 있다. 또 비가 온 바로 다음의 높은 함수비의 상태에서는 프루프로울링을 실시하여서는 안된다.

프루프로울링에 사용하는 타이어로울러 또는 트럭의 단륜(單輪)의 하중은 2t 이상으로 한다. 노상, 보조기층, 기층의 최종마무리를 실시하기 전에 노상, 보조기층, 기층의 표면에 타이어로울러 또는 트럭을 적어도 3회 주행시킨 후 처짐량을 관찰한다. 처짐량을 관찰하기 전의 3회의 주행속도는 4km/hr 정도가 좋고, 관찰하는 경우의 주행속도는 2km/hr 정도가 좋다. 프루프로울링은 실시함에 앞서 프루프로울링을 할 때 관찰되는 처짐량과 이것을 실측하였을 때의 처짐량과의 감각을 훈련하여 두어야 할 필요가 있다.

(38) 플러쉬현상(Flushing)
역청포장에 있어서 역청분이 블리딩(Bleeding)을 일으켜 표층의 표면이 검은 반점으로 포화된 현상

(39) 필러(Mineral Filler)
0.75mm(No.200)체를 통과하는 광물질 분말

(40) 현장배합
설계배합에 따라 사용재료 및 기계 등을 고려하여 최종적으로 결정한 실제로 사용하는 배합

(41) 혼합온도
믹서에서 배출되었을 때의 혼합물의 온도

(42) 화이트베이스(White Base)
아스팔트포장의 기층으로서 사용하는 시멘트콘크리트 슬래브

(43) 개립도(開粒度) 아스팔트콘크리트(Open-graded Asplalt Concrete)
가열아스팔트혼합물의 일종으로 세골재비율(細骨材比率)이 15~30%이며 미끄럼저항용 혼합물의 대표적인 것으로 흔히 사용된다.

제4장 콘크리트포장관련 용어설명

(1) 대형차 교통량
설계의 기본이 되는 보통화물자동차, 특수자동차 및 보통승합자동차의 교통량을 말한다.

(2) 입상재료(粒狀材料)
크럭션(Crusher run), 입도조정한 재료, 슬래그(Slag)·모래혼합물, 막자갈 등을 총칭한 것이다.

(3) 아스팔트 중간층
보조기층의 최상부에 보조기층의 일부로서 설치된 아스팔트혼합물의 층을 말한다.

(4) 지지력계수
노상(路床) 또는 보조기층면에서 직경 30cm의 원형재하판에 의하여 KSF 2310에 표시된 방법으로 재하시험을 하여 침하량 1.25mm에 해당할 때의 하중강도를 그 침하량으로 나눈 값이다(kg/cm^3).

(5) 다짐도
다짐의 정도를 표시하는 지표로서, 현장에서 측정한 건조밀도의 KSF 2312에 의한 최대건조밀도에 대한 백분율로 표시한 것.

(6) 설계CBR
콘크리트포장의 보조기층의 두께를 결정하기 위하여 이용하는 노상(路床)의 CBR을 말한다.

(7) 프루프로울링(Proof Rolling)
노상(路床), 보조기층의 다짐이 적당한 것인지, 부적당한 곳은 없는가를 조사하기 위하여 시공시에 사용한 다짐기계와 동등이상의 접지압을 갖는 타이어로울러나 트럭 등으로 다짐완료면을 전면적으로 주행하여 변형의 균일성을 관찰하는 것을 말한다.

(8) 현장밀도
노상(路床), 보조기층의 다짐정도를 표시하기 위하여 KSF 2311(현장에서의 모래치환법에 의한 흙의 단위중량 시험방법)에 의하여 얻어진 현장의 밀도를 말한다.

(9) 시멘트
KSL 5201에 규정된 포틀랜드시멘트 또는 이와 동등 이상의 시멘트를 말한다.

(10) 골재

모르터 또는 콘크리트를 만들기 위하여 시멘트와 물에 혼합하는 모래, 바순모래, 자갈, 부순자갈, 부순돌 그 밖에 이와 비슷한 재료를 말한다.

(11) 체

KSF 5101에 규정되어 있는 표준 망체를 말한다.

(12) 잔골재

KSA 5101에 규정되어 있는 ① 10mm체를 전부 통과하고 4.75mm(No.4)체를 거의 다 통과하여, 0.075mm(No.200)체에 거의 다 남는 골재 또는 ② 4.75mm(No.4)체를 다 통과하고 0.075mm(No.200)체를 다 남는 골재를 말한다.

(13) 굵은골재

① 4.75mm(No.4)체에 거의 다 남는 골재 또는 ② 4.75mm(No.4)체로 쳐서 남는 골재를 말한다.

(14) 혼화재료

시멘트, 물, 골재 이외의 재료로서 혼합할 때에 필요에 따라 콘크리트의 한 성분으로서 더 넣는 재료를 말한다.

(15) 혼화재

혼화재료 중 사용량이 비교적 많아서 그 자체의 부피가 콘크리트 배합의 계산에 관계되는 것을 말한다.

(16) 혼화제

혼화재료 중 사용량이 비교적 적어서 그 자체의 부피가 콘크리트 배합의 계산에 무시되는 것을 말한다.

(17) 포졸란

혼화재의 일종으로서, 그 자체에는 수경성이 없으나 콘크리트중의 물에 용해되어 있는 수산화칼슘과 상온에서 서서히 화합하여 물에 녹지 않는 화합물을 만들 수 있는 실리카질 물질을 함유하고 있는 미분상태의 재료를 말한다.

(18) AE제

혼화제의 일종으로서 미소한 독립된 수없이 많은 재료를 발생시켜, 이를 콘크리트 중에 고르게 분포시키기 위하여 쓰이는 재료를 말한다.

(19) 감수재

혼화제의 일종으로서 시멘트의 알을 분산시켜서 콘크리트의 소요의 워커빌리티를 얻기에 필요한 단위수량을 감소시키는 것을 주목적으로 한 재료를 말한다.

(20) 지연제
혼화제의 일종으로서 시멘트의 응결시간을 늦추기 위하여 쓰이는 재료를 말한다.

(21) AE공기
AE제, 감수제 등에 의하여 콘크리트 속에 생기게 되는 공기를 말한다.

(22) 갇힌 공기
AE제, 감수제 등에 의하여 콘크리트 속에 생기게 되는 공기를 말한다.

(23) 골재의 입도
골재의 대소의 알이 혼합되어 있는 정도를 말한다.

(24) 골재의 조립률(組粒率)
80mm, 40mm, 19mm, 10mm, 4.75mm(No.4)체, 2.36mm(No.8)체, 1.18mm(No.16)체, 0.60mm (No.30)체, 0.30mm(No.50)체, 0.075mm(No.200)체의 10개를 1조로 하여 체가름시험을 하였을 때, 각 체에 남는 전부의 양의 전 시료에 대한 중량백분율의 합계를 100으로 나눈 값을 말한다.

(25) 골재의 실적율(實績率)
용기에 채운 골재의 절대용적의 그 용기의 용적에 대한 백분율을 말한다.

(26) 굵은골재의 최대치수
중량으로 90%이상을 통과시키는 체 중에서 최소치수의 체의 공칭수로 나타낸 굵은 골재의 치수를 말한다.

(27) 골재의 표면건조포화상태
골재의 표면수는 없고, 골재 알 속의 빈틈이 물로 포화되어 있는 상태를 말한다.

(28) 골재의 절대 건조상태
골재 알의 내부의 빈틈에 포함되어 있는 물이 전부 제거된 상태를 말한다.

(29) 골재의 비중(比重)
표면건조포화상태에 있는 골재 알의 비중을 말한다.

(30) 시멘트풀
시멘트와 물의 혼합물을 말한다.

(31) 모르터
시멘트, 잔골재, 물을 혼합해서 만든 것을 말한다. 혼화재료를 더 넣은 것도 모르터이다.

(32) 콘크리트
시멘트, 잔골재, 굵은골재 물을 혼합하여 만든 것을 말한다.

(33) AE콘크리트
AE공기를 함유하고 있는 콘크리트를 말한다.

(34) 물-시멘트비
콘크리트 또는 모르터에 있어서 골재가 표면건조포화 상태에 있다고 보았을 때 시멘트풀속에 있는 물과 시멘트와 중량 비를 말한다.(기호 W/C)

(35) 배합
콘크리트 또는 모르터를 만들 때의 각 재료의 비율을 말한다.

(36) 시방배합
시방서 또는 감독관이 지시한 배합을 말한다. 이때 골재는 표면건조상태에 있고, 잔골재는 4.75mm(No.4)체를 다 통과하고 굵은골재는 4.75mm(No.4)체에 다 남는 것으로 한다.

(37) 현장배합
시방배합에 맞도록 현장에서의 재료의 상태와 계량방법에 따라 정한 배합을 말한다.

(38) 설계기준휨강도
콘크리트 슬래브의 설계에서 기준이 되는 콘크리트의 휨강도를 말한다. 일반적으로 재령 28일에서의 휨강도는 45kg/cm²를 표준으로 한다.(기호 : $\sqrt{bks}$)

(39) 배합강도
콘크리트의 배합을 정하는 경우에 목표로 하는 강도로서 설계기준 휨강도에 증가계수 α (보통 1.15)를 곱한 것을 말한다.(기호 : f_{br})

(40) 단위량
콘크리트 1m³를 만들 때 사용되는 각 재료의 양을 말한다.

(41) 단위굵은골재용적
단위굵은 골재량을 그 굵은 골재의 단위용적중량으로 나눈 값을 말한다.

(42) 블리딩(Bleeding)
굳지 않은 콘크리트나 모르터에 있어서 물이 상승하는 현상을 말한다.

(43) 레이탄스(Laitance)
블리딩으로 인하여 콘크리트나 모르터의 표면에 떠올려서 가라앉은 물질을 말한다.

(44) 반죽질기(Consistency)
주로 수량의 다소에 따르는 반죽이 되고 진 정도를 나타내는 굳지 않은 콘크리트의 성질을 말한다.

(45) 워커빌리티(Workbility)
반죽질기에 따르는 작업의 난이의 정도 및 재료의 분리에 저항하는 정도를 나타내는 굳지않은 콘크리트의 성질을 말한다.

(46) 성형성(Plasticity)
거푸집에 쉽게 다져 넣을 수 있고, 거푸집을 제거하면 천천히 형상이 변하기는 하지만 허물어지거나 재료가 분리하거나 하는 일이 없는 굳지않은 콘크리트의 성질을 말한다.

(47) 피니셔빌리티(Finishability)
굵은골재의 최대치수, 단위 굵은골재용적, 잔골재의 입도, 반죽질기 등에 의한 마무리를 하기 쉬운 정도를 나타내는 굳지 않은 콘크리트의 성질을 말한다.

(48) 배치믹서(Batch Mixer)
콘크리트 재료를 1회분씩 혼합하는 믹서를 말한다.

(49) 거듭비비기
콘크리트 또는 모르터가 아직 엉기기 시작하지는 않았으나 비빈후 상당한 시간이 지났거나 또는 재료가 분리할 경우에 다시 비비는 작업을 말한다.

(50) 레디믹스트콘크리트(Ready Mixed Concrete)
정비된 콘크리트 제조설비를 갖춘 공장으로부터 수시로 구득할 수 있는 굳지 않은 콘크리트를 말한다.

(51) 초기 균열
콘크리트를 친 직후부터 수시간 사이에 발생하는 균열을 말한다. 플라스틱(Plastic)균열과 침하균열 등이 있다.

(52) 침하 균열
철근이나 철망의 설치후 콘크리트표면에 나타나는 철근배치형태의 균열을 말한다.

(53) 플라스틱 균열(Plastic Crack)
시공직후에 좁은 범위에 다수 발생하는 폭수 mm, 길이 수 cm, 내지 수 10cm의 균열을 말한다.

(54) 침하도
포장콘크리트의 반죽질기를 표시하는 값으로 KSF 2427의 「진동대에 의한 콘크리트컨

시스턴시(반죽질기) 시험방법(포장용)」으로 얻은 시험치를 초로 표시한다.

(55) 팽창줄눈
콘크리트 슬래브의 수축응력을 경감시키고 불규칙한 균열의 발생을 최소로 줄이거나, 막을 수 있도록 만드는 줄눈을 말한다.

(56) 수축줄눈
콘크리트 슬래브의 수축응력을 경감시키고 불규칙한 균열의 발생을 최소로 줄이거나, 막을 수 있도록 만드는 줄눈을 말한다.

(57) 시공줄눈
콘크리트 치기를 일시 중지해야 할 때 만드는 줄눈을 말한다.

(58) 교합줄눈
줄눈부에서 하중 전달을 원활히 하기 위하여 슬래브의 한쪽에 凸(철)부를, 닿는 다른 쪽에 凹(요)부를 만드는 줄눈을 말한다.

(59) 맞댄줄눈
경화된 콘크리트 슬래브에 맞대서 서로 이웃한 콘크리트 슬래브를 치므로써 만들어지는 줄눈을 말한다.

(60) 맹줄눈(홈줄눈)
수축줄눈의 일종으로서 콘크리트 슬래브 상부에 슬래브 두께의 1/4이상의 홈을 만들고 주입줄눈재로 시일(Seal)한 줄눈을 말한다. 콘크리트가 경화한 후 절단기(Cutter)로 잘라서 만드는 줄눈을 커터줄눈이라 한다.

(61) 타설줄눈(치기줄눈)
콘크리트 슬래브가 아직 굳지 않은 동안에 슬래브 상부에 홈을 내어 만드는 줄눈을 말한다. 맹줄눈의 일종이다.

(62) 줄눈판
콘크리트 슬래브의 팽창에 의한 좌굴을 막고, 주입줄눈재를 떠받치기 위하여 팽창줄눈의 아래 쪽에 넣는 판을 말한다.

(63) 주입줄눈재
빗물이나 작은 돌 등이 줄눈에 들어가는 것을 막기 위하여 줄눈의 윗쪽에 주입시켜 채우는 재료를 말한다.

(64) 성형(成型)줄눈재
빗물이나 작은 돌 등이 줄눈에 들어가는 것을 막기 위하여 줄눈의 윗쪽에 채우는 성형 재료를 말한다.

(65) 프라이머(Primer 주입줄눈재용)

주입줄눈재와 콘크리트 슬래브와의 부착이 잘 되게 하기 위하여 주입줄눈재의 시공에 앞서 미리 줄눈의 홈에 바르는 휘발성 재료를 말한다.

(66) 타이바(Tie Bar)

세로줄눈 등의 맞댄줄눈, 교합줄눈 등을 횡단하여 콘크리트슬래브에 집어넣는 이형철근으로서 줄눈이 벌어지거나 층이 지는 것을 막는 역할을 하는 것을 말한다.

(67) 다우월바(Dowel Bar)

팽창줄눈, 수축줄눈 등을 횡단하여 사용하는 원형강봉으로서 하중전달을 원활히 하고, 수축에 뒤따를 수 있도록 한쪽에 부착방지처리를 하여

(68) 다우월바어쎔블리(Dowel Bar Assembly)

맹줄눈의 경우 여러개의 다우월바와 체어(Chair)를 조립한 것을 말하며, 팽창줄눈의 경우는 다우월바, 체어 및 줄눈판을 조립한 것을 말한다.

(69) 슬립폼공법(Slip Form工法)

슬래브 측면 거푸집을 설치하지 않고 콘크리트치기, 다짐, 표면마무리 등의 기능을 겸비한 슬립폼 페이버(Slip Form Paver)를 사용하여 콘크리트 슬래브를 연속적으로 포설(鋪設)하는 공법을 말한다.

(70) 피니셔(Finisher)

고르게 깐 슬래브용 콘크리트를 다지고, 초벌마무리를 하는 기계를 말한다. 깐 콘크리트를 다시 잘 펴기 위한 장치를 앞부분에 갖춘 것이 많다.

(71) 스프레더(Spreader)

포설현장까지 운반된 슬래브용 콘크리트를 소정의 위치 또는 높이까지 깔아 펴는 기계를 말한다.

(72) 표면마무리기

스크리드(Screed)를 세로 방향으로 움직이던가 사방향으로 움직여서 콘크리트 슬래브의 평탄마무리를 하는 기계를 말한다. 스크리드의 움직이는 방향에 따라서 세로마무리기와 사방향마무리기가 있다.

(73) 표면마무리

콘크리트 슬래브 표면이 초벌마무리, 평탄마무리 및 거친 면마무리를 총칭해서 말한다.

(74) 초벌마무리

피니셔에 의한 기계마무리, 간이피니셔나 템플레이트템퍼(Templet Tempre)에 의한 마

무리를 말한다.

(75) 평탄마무리
표면마무리에 의한 기계마무리나 플로트(Float)에 의한 인력마무리를 말한다.

(76) 거친면마무리
솔이나 비, 마대 등으로 콘크리트 표면을 거칠게 마무리하는 것을 말한다.

(77) 진동줄눈절단기
줄눈 재료를 넣기 위하여 아직 굳지 않은 슬래브용 콘크리트의 윗쪽에 폭 10mm정도, 깊이 70mm정도의 홈을 진동에 의하여 만드는 기계를 말한다.

(78) 초기양생
표면마무리가 끝난 후 계속하여 콘크리트 슬래브의 표면을 거칠게 하지 않고 작업할 수 있을 정도로 콘크리트가 경화할 때까지 실시되는 양생을 말한다.

(79) 후기양생
초기양생에 계속해서 콘크리트가 충분히 경화할 수 있도록 수분의 증발을 막는 양생 또는 물을 주는 양생을 말한다.

(80) 에프더블유디(FWD)
폴링웨이트 디플렉토미터(Falling Weight Deflectometer)의 약자로서 비파괴 시험기의 일종. 낙하하는 충격하중에 의한 포장체의 처짐곡선을 분석하여 각 포장층의 탄성계수를 간접적으로 산출하는데 주로 사용된다. 다이나 플렉트(Dynaflect) 등도 비슷한 용도로 사용한다.

(81) 다이나 플렉트(Dynaflect)
비파괴 시험기의 일종으로서 원심력을 이용한 동적하중에 의한 포장체의 처짐곡선을 분석하여 각 포장층의 탄성계수를 산출하는 데 주로 사용된다. 에프더블유디(FWD) 등도 이와 비슷한 용도로 사용된다.

(82) 동탄성계수
반복 삼축하중에 의한 **탄성 변형**을 **축차응력**으로 나눈 값을 말하며 노상토 등의 경우와 같이 탄성계수를 직접 구하기 어려운 경우에 동탄성계수로서 탄성계수를 대신한다.

Chapter 5

부록 (1)

- 과년도 면접실전 질의 및 응답내용 설명

●●● 제48회 면접시험('96. 11. 19) (1안) ●●●

[면접관이 교수, 중역 2명일 때]

교수 : 지금까지 자신이 한 공사중 특이하거나 기술적으로 기억에 남는 것 두가지 이야기 해봐.

A : 최근에 한 공사로는 대구 성서택지개발공사 25만평과 대구 검단동 종합유통단지 20만평의 단지/택지가 있으며, 대구 제3아양교 및 **복현로 건설공사**에서 Steel Box Girder시공경험에 대하여 말씀드리겠습니다.

첫째, 현재 재직중인 (주) ○○에서 시공한 단지/택지는 그 성격상 토공사의 성공적 수행이 **공기** 및 **공비**에 지대한 영향을 미칩니다. 토공사의 특징으로 도로공사는 Mass Curve를 주로 활용해서 절·성의 균형을 이루지만 단지/택지는 블럭별 조합에 따른 **토량이동표**를 작성하여 **절·성의 균형**을 도모하는 것이 큰 차이점이라 할 수 있습니다.

그런데, 현재 문제가 되는 것은 대단위 토공에 있어서 설계시 정확한 **토질조사**에 근거하며 **토량변화율** f 를 결정하여야 하나 현장에서 시공할 경우 'C' 치와 'L' 치가 잘 맞지 않고 전반적으로 **성토량**이 남는 현상이 발생하고 있습니다.

제가 시공한 공사에서도 예외는 아니어서 **성토량**이 많이 남았으나 추후 시공지역-계획단계에 **연약지반**이 있어 남는 토량을 이용하여 **사전압밀재하공법**인 Pre-loading공법을 적용하여 이 문제를 해결한 바 있습니다.

교수 : 좀 다른 특이한 것 없나?

A : 또한 단지/택지에서 사면구배의 일률적 적용에 따라 사면에 있어 쐐기파괴가 발생하였습니다. 참고적으로 암사면의 붕괴형태는 원형파괴, 평면파괴, 쐐기파괴, 전도파괴가 있습니다. 파괴가 발생하고나서 학교 교수님의 자문도 받고 안전점검을 실시하여 파괴면에 Rock Bolt를 시행하고 Shotcrete를 하며 **사면보강**을 하고 **낙석방지책**을 설치하였습니다.

교수 : 좀 일반적인데 교량에서의 경험은?

A : 제3아양교(경간 45m) 교량 기초공사시 **독립기초**였는데 금호강의 특성이 수심이 얕아 **암반지지층**이 바로 드러남에 따라 설계가 **수중굴착**으로 되어 있었고 가물막이 비용이 빠져있었는바 가장 저렴하게 **가물막이**를 하고 **기초작업**을 **육상시공**과 거의 같은 조건에서 행함으로 안전 및 **품질관리**에도 만전을 기해야 겠다 생각하며 투수성이 낮은 점토와 비닐 Sheet를 이용하여 간이 Core를 만들어서 효과를 보았습니다.

교수 : 그림으로 그려서 설명해봐.

A :

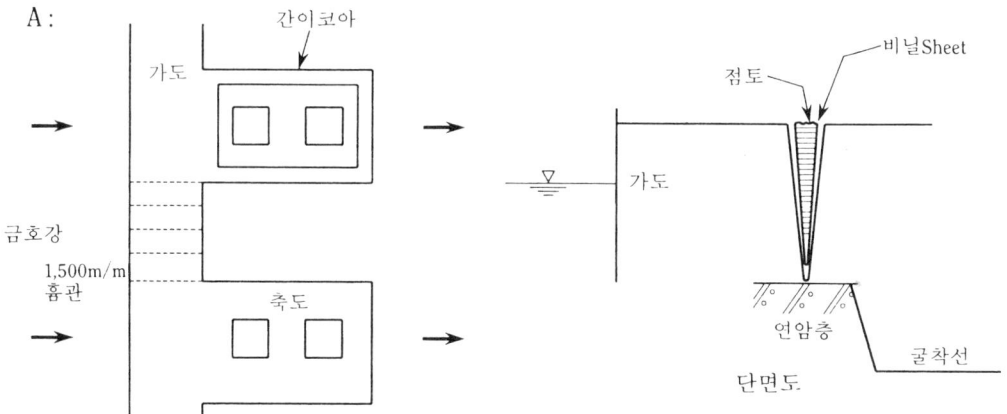

교수 : 지금 시공하고 있는 것은 ?

A : 부산지방 국토관리청에서 발주한 영덕-성내간 도로4차선 확장 및 포장공사이며 L = 9.2km이고 대부분 신설입니다.

교수 : 교량이 있겠네, 지금 시공하고 있는 것은 ?

A : 예! Steel Box Girder교 하부공 시공중입니다.

교수 : 몇 경간인가 ?

A : 5경간입니다.

교수 : 상판구조 그려봐.

A :

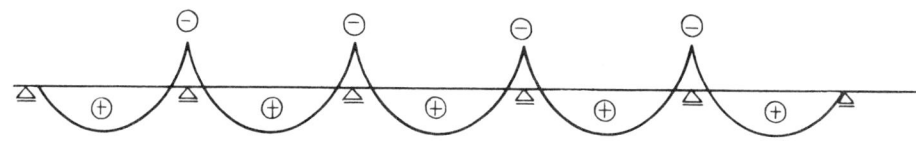

교수 : Moment도를 그렸네 ?

A : 제가 질문을 잘못 이해한 것 같습니다. 다시 그리겠습니다.

교수 : 아냐, 됐어. 잘그렸네. 몇차 부정정인가 ?

A : 4차 부정정입니다.

교수 : 자네 나한테 강의 들은 적 있나 ?

A : 네! ○○○○○○에서 교수님 강의를 들었습니다.

교수 : (웃으며) 그러니까 쉽게 알지. 내 방식대로 하니까 쉽지. 부정정차수를 빨리 아는 방법은 ?

A : (-)부의 Moment 발생갯수입니다.

교수 : (웃으며) 맞아, 그러면 정정구조물로 바꿀 수 있겠네.
A : 네! 휨지를 부정정차수만큼 4개 넣으면 됩니다.
교수 : (웃으며) 나 잠깐 화장실 ······.
중역 : 콘크리트 배합설계 해봤나?
A : 제가 시험직이 아니라서 직접하지는 않았지만 현장업무를 통괄하기 위해서 배합설계절차 및 목적 등에 대해서는 충분한 개념을 가지고 있습니다.
중역 : 콘크리트 배합표 그려보게.
A :

굵은 골재의 최대치수	슬럼프의 범위 (cm)	공기량의 범위 (%)	물-시멘트비 (W/C)	잔골재율 (s/a)	단위량(kg/m³)				
					물(W)	시멘트(C)	잔골재	굵은골재	혼화재료

교수 : 너무 자세히 그리네. s/a가 뭐지?
A : 절대용적잔골재율입니다.

$$s/a = \frac{s/Gs}{S/Gs + G/Gs}$$

교수 : Gs가 뭐지?
A : 표면건조포화상태에서의 비중입니다.
교수 : 아네. 그런데 식이 틀렸는데.
A : 맞습니다.
교수 : (웃으며) 잔골재율이잖아. ×100%가 빠졌어.
A : 죄송합니다. 면접이라 당황해서 제가 실수를 했습니다. ×100%가 맞습니다.
교수 : 자만하지 말고 열심히 공부를 계속 해야되네. 수고했어. 가보게.
A : 합격시켜주시면 자만하지 않고 열심히 계속 공부하겠습니다. 수고하셨습니다.

Q : 지하 20m 굴착하여 한다. 적정토류벽을 선정하고 시공순서 설명.
A : Slurry Wall

Q : 10m의 옹벽을 시공하려 할 때 귀하는 어떤 옹벽으로 하겠는가?
A : 옹벽의 종류는 L형, 캔틸레버, 부벽식옹벽으로 크게 구분되는데 본인은 뒷부벽식 옹벽으로 하겠습니다.

Q : 그러면 단면도를 그리고 주철근도를 그려라.

Q : Box단면도를 그리고 주철근도, 휨모멘트도를 그리시오.

Q : 군에서 주로 어떤 공사를 많이 했는가?
A : 도로확장공사를 많이 했습니다.

Q : 그러면 사면안정보호법은 어떤 것으로 했는가?
A : 식생에 의한 방법은 Seed Spray로 하였고, 구조물에 의한 방법은 콘크리트 블록격자공으로 하였습니다.

Q : 연약지반처리는 무엇으로 했나?
A : Pre-loading과 Paper Drain으로 했습니다.

Q : Pre-loading과 Paper Drain의 원리를 그림으로 그려 설명하라.
A :

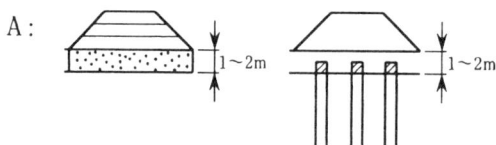

Pre-loading Sand 50cm을 부설하고 단계성토하여 계획고 보다 높게 여성하여 압밀촉진시키고 Paper Drain 50전 Sand 부설하고 Card Board삽입 Card Board를 통해 압밀촉진시키는 공법이다. 설명도중 두번이나 50전이 무엇인가 50cm이지 50전이라는 말이 완전히 몸에 배였구만

Q : 원리는 무엇인가?
A : 배수거리를 짧게해서 압밀촉진시키는 원리입니다.

Q : 연약지반공법이 또 있을텐데?
A : 예! 있습니다. 점성토 지반에는 치압탈배고 사질토지반에는 진다폭전약동이 있습니다.

Q : Sand Drain공법의 원리를 말해라.
A : Paper Drain원리와 같은데 Sand의 사주를 통하여 과잉간극수압을 배출시켜 압밀촉진시킵니다.

Q : 우물통의 편심은?
A : 직경의 1/1,000이하 즉 30cm이하로 시공했습니다.

Q : **편심이 왜 중요한가?**
A : 상부하중이 기초에 전달됨으로 편심이 벗어나면 구조적인 결함이 발생 허용편심이 내로 오도록 시공해야 합니다.(그림을 그려가면서 설명)

Q : **구조적인 결함이 무엇인지?**
A : 중심불일치로 균열이 발생합니다.

Q : **그게 아닌데? 더 공부해야 되겠구만.**
A : 부족한 부분은 꼭 채우겠습니다.

Q : **우물통 Shoe와 저반 Concrete만 치는 이유는?**
A : 저반 Concrete타설은 부등침하를 방지하고 지지력을 증대시키는 데 있습니다.

Q : **지하철에서 가시설은 무엇으로 했나?**
A : 그림을 그리면서 강재를 했습니다.

Q : **Wale???**
A : H-pile로부터 전해오는 압축과 Strut로부터 인장을 받습니다.

Q : **Jacket은 몇 ton으로 했나?**
A : 50ton으로 했습니다.

Q : **지하철 단면을 그림으로 그려 설명하라.**

Q : **옹벽에 슬이이딩이 무엇인가?**
A : 활동입니다.

Q : **하천공사에서 배수문을 그림으로 그려 설명하라.**
A : 제대로 설명못함.

●● 제48회 면접시험('96. 11. 19) (2안) ●●●

1. 도로공사

Q : 콘크리트 포장에서 ① 줄눈의 종류별 설치, 목적 ② 수축이음의 치수(세로, 가로)를 $\frac{H}{3}$, $\frac{H}{4}$ 로 하는 이유?

Q : 콘크리트 포장에서 제일 어려운 작업이 무엇이라 하는가?
A : 시작부분과 1일 시공마무리지점의 인력마무리의 평탄성 작업입니다.
Q : PrI에 대하여 말하시오.

2. 터널

Q : NATM공법에 대하여 말하시오.
Q : 여굴에 대하여 말하시오.
Q : Steel Rib 설치 간격에 대하여 말하시오.
Q : 방수와 Concrete Lining에 대하여 설명하시오.

3. 지하철

Q : 변형률제와 하중에 설치하는 이유, 사용목적, 설치간격
Q : H-pile 토류벽 시공에 대하여
Q : 지하철 통 Box 구간의 종방향 균열발생원인

4. 강교가설공법의 종류

Q : 나이가 어린데, 시공경력이 짧구만?
Q : Slurry Wall이 무슨 공법이냐?
Q : BENTONITE 성문이 무엇이냐?
Q : BENTONITE 역할이 무엇이냐?
Q : Mass Concrete가 무엇이냐?
Q : Mass Concrete 시공관리는?
Q : Mass Concrete 시공예가 어디 있느냐?
Q : 시험은 몇번 보았느냐?
Q : 시베리아에서 Concrete를 타설하려면 어떻게 하느냐?

Q : 김해는 연약지반인데 Pile항타완료후의 점검은 어떻게 하느냐 ? (상·중·하 3본 연결시)

Q : Pile 1본을 시공했을 때 완료후의 점검은 ?

Q : Pile항타전 사전점검사항은 ?

Q : 시베리아에서 Pile을 박을려면 어떻게 하느냐 ?

Q : 무근 Concrete 포장시 압축강도가 얼마냐 ? 휨강도를 압축강도로 환산하면 어떻게 ?

Q : 무근 Concrete 포장의 마감은 어떻게 ?

Q : 줄눈의 종류와 설치방법은 ?

Q : 줄눈의 Cutting 시기는 ?

Q : 무근 Concrete 포장의 양생은 어떻게 ?

Q : 옹벽의 주철근 배근도(Cantilever형, 부벽식)

●●● 제48회 면접시험('96. 11. 19) (3안) ●●●

Q : 배합설계표
Q : 강도에 영향을 가장 많이 미치는 것 ?
A : W/C, s/a
Q : 파괴강도란 무엇이냐 ? 반복하중 반복회수
Q : 파괴강도와 Core채취 압축강도의 표현상의 차이점이 무엇이냐 ?
A : ① 파괴강도 – 동적강도이다.
　　② Core채취 압축강도는 정적강도이다.
Q : 리비아에서 무엇을 했느냐 ?
Q : 자네는 소장인데 특이하게 처리한 점으로 무엇을 했느냐 ? NATM Tunnel에 대해서 얘기해봐라.
Q : PERT와 CPM의 차이점
Q : 콘크리트의 中性化
Q : 극한강설계와 허용응력 설계법 차이점
Q : 저수조에서 하부에 균열이 발생시 원인
Q : 정정구조물과 부정정구조물 차이점
Q : 3경간 연속보는 정정이냐, 부정정이냐 ? 정정으로 고쳐봐라.
Q : NATM터널의 원리설명
Q : 유지관리란 무엇인가 ?
Q : Concrete 내구성저하원인 및 대책
Q : 견적과 적산은 같은가 ?
Q : 토지구획정리 사업에서 환거계획은 어떻게 하는가 ?
Q : 토취장 허가를 받아 공사를 완료한 후 지목은 무엇으로 되는가 ?
Q : 형질변경 허가 처리기준은 ?
Q : Concrete 도로경계석 시공후 파손이유 ?
Q : Concrete pile 타입후 불량여부 판단은 ?

제52회 면접시험 ('97. 12. 7)

Q : (경력내용중) 분당-내곡간 도시고속도로 건설공사의 공사개요를 말해보시오.
A : 600만평의 분당 신도시 건설사업 실시를 위한 주변교통처리대책의 일환으로 실시하는 도시고속도로 중 1개 노선으로서의 분당-내곡간 도시고속도로 건설공사는 분당과 서울 서초구 내곡동간을 연결하는 노선으로 본인이 담당한 구간의 연장은 2.9km, 폭 29m 입니다. 그중 주요시설물로는 L=1.1km, B=13m. 3차선, 쌍굴입니다. 굴진공법은 NATM공법을 이용했고, 갱문형식은 Bell Mouth이고, 환기방식은 Jet Fan 종류식입니다.

Q : NATM의 원리는?
A : 자체암반을 주지보재로 하고 보조지보재로 붕괴방지하는 공법이다.

Q : 보조지보공법 중 Steel Rib(강지보)가 하중을 부담하는가?
A : 부담합니다.

Q : 그럼 몇 %만큼 부담하는가? 보조지보재별로 구분해 보아라.
A : 글쎄요. 정확히 몇 %씩이라고 구분은 못하겠습니다.

Q : 부담이 적겠지?
A : Shotcrete가 초기변형 최대한 억제할 수 있도록 가능한 빠른 시간에 시공하는 것이 중요하고 실제 Steel Rib가 부담하는 율(%)은 적다고 생각합니다.

Q : 터널시공에 자신있습니까?
A : 우리회사 내에서는 처음이자 마지막으로 터널공사를 시공하다보니 각종 세미나나 교육, 현장견학 등 많은 노력을 기울였으므로 자신있습니다.

Q : 자신이 있는 것은 좋지만 각종 토질조건에 따라 터널시공은 그리 만만한 것이 아닌 것인데…….
A : 죄송합니다.

Q : 내곡터널이라고 했죠.
A : 예

Q : 종방향 Crack이 발생했죠.
A : 아니오.

Q : Crack이 발생하지 않았습니까?
A : 실크랙(Hair Crack) 정도는 Arch부위에 발생했는데 구조적으로는 문제가 없었습니다.

Q : 종방향 Crack의 발생원인은 무엇이라고 생각합니까?

A : (갑자기 생각이 나질 않아서) 제가 시공한 터널에서 발생치 않아 원인은 잘 모르겠습니다.

Q : 한국토지공사가 시공한 분당이나, 평촌신도시가 언론보도에 의하면 문제가 있는 것으로 아는데 그것이 무엇입니까?

A : 인수인계시 하수관의 오접, 즉 우수관에 오수를 연결했었는데 이는 주로 건축업자들의 잘못된 시공이 원인이었습니다.

Q : 그것은 일반적인 것인데

Q : 거기에 ○○○氏(내곡터널 시공현장소장)가 있었는데

A : 예. 현장소장이었습니다.

Q : Pile 시공한 적이 있었습니까?

A : 토목시공기술사가 되겠다는 사람이 Pile시공경험이 없어서 되겠어요.

Q : 됐어.(옆사람을 만류하면서) 젊은 사람이 패기있어서 좋구만.

A : 감사합니다. (일어서면서)

Q : 열심히 해야 돼.

A : 더욱 열심히 하겠습니다.

●●● 제53회 면접시험('98. 4. 26) (1안) ●●●

1. 면접관 A

Q : 단면형상이 구조적으로 유리한지 여부는 무엇으로 판단하는가?
Q : 사각형 단면일 경우는 어떤가?
Q : 경력상 정수장 공사경험있는데 배관후 Test는 어떻게 했는가?
Q : 수압시험시 압력은 얼마로 했나?
Q : 관의 직경은 얼마였나?
Q : 실제로 5kg이면 수두는 얼마인가?

2. 면접관 B

Q : 단면2차모멘트는 응력과 어떠한 관계가 있는가? $f = \dfrac{M}{EI} = \dfrac{M}{I}$

Q :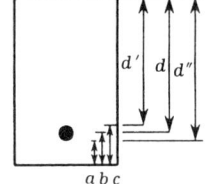
① 단면의 유효고는 어느것인가? d
② 피복두께는 어느것인가? a

Q : 정수장 구조물에서 일반적으로 방수를 하는데 꼭 해야만 하는가?
Q : 구조물 벽체내 배관시 누수방지는 어떻게 하는가?

Q :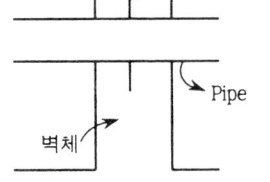
① 지수판을 설치하고 시공을 해도 누수가 되는데 어떻게 하면 되나?
② 누수의 원인은 무엇인가?

Q :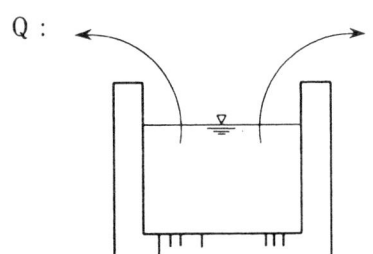
① 정수장 구조물에서 배수후 구조물 바닥부에 Crack이 생겼다. 왜 그런가? 양압력
② 그러면 어떻게 해야 하는가? 앵커설치
③ 시공과정에서는 어떤 조치를 해야 하는가?
양압력에 대한 구조검토해야 한다.

14 제5편 부록

Q : 강관의 배관시 무슨 시험을 하는가 ?
Q : 관의 직경은 얼마인가 ?
Q : 접합부 단면을 그려 보십시오.
Q : 수압 Test의 시방규정은 어떠한가 ?

●●● 제53회 면접시험('98. 4. 26) (2안) ●●●

Q : 말뚝의 N.F에 대하여 아시죠. 무엇인지 말해보라?
A : 연약지반에서 말뚝의 침하량보다 주변지반의 침하량이 클 때 말뚝을 아래로 끌어내리는 힘을 말한다.

Q : 그러면 말뚝의 N.F는 어느 지점에서 생기느냐?
A : 중립점 위에서만 발생하고 아래에는 정마찰력이 생긴다.

Q : 탄성계수에 대하여 그림을 그리고 설명하라?
A :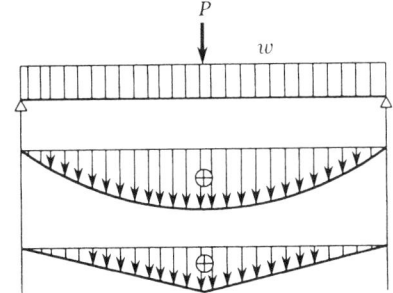

$$E = \frac{응력}{변형률} = \frac{\sigma}{\varepsilon}$$

Q : 변형율(ε)는 어떤 시험으로 어떻게 구하느냐?
A : 잘 모르겠습니다.

Q : 단순보를 그리고 반력을 표시하시오.
A :

Q : 그리고 등분포하중 작용시 BMD, 집중하중작용시 BMD를 그려보시오.
A :

Q : 그러면 철근배근도를 그리고 철근명칭을 기록하시오.
A :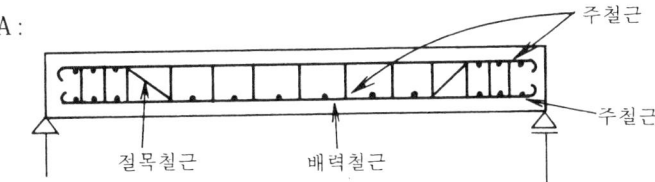

Q : 하수처리장 구조물의 벽체와 바닥철근배근은 어떻게 하느냐?
A : 토압과 수압을 받으므로 복철근으로 배근하고 내외부 전부 주철근입니다.

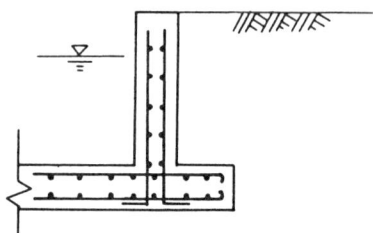

Q : 방수는 어떻게 하였느냐?
A : 내부를 액체침투식 배수, 외부는 Sheet 방수를 하였습니다.

Q : 왜 내부에는 액체침투식 방수를 하였느냐?
A : 하수처리장에 유입되는 오수는 부식성이 강하고 PH가 높으며 화공약품 투입 등으로 인한 Concrete 열화를 방지하기 위해서입니다.

Q : 그러면 통상적으로 일반 철근 콘크리트 피복두께가 3~5cm인데 하수처리장은 7cm 정도이다. 이는 오수나 화공약품 등에서 콘크리트를 보호하기 위함인데 만약에 완벽한 방수를 한다고 하면 피복두께를 2cm정도 줄여도 되겠는가?
A : 애매한 질문이라 확답이 어려울 것 같습니다만 구조검토를 해보아 이상이 없다면 줄여도 될 것으로 판단됩니다.

Q : 철근콘크리트 구성요소가 무엇인가?
A : (무척 단순한 질문이라 당황하여) 철근과 Concrete, 부착강도가 좋아야 하고 강도, 수밀성, 내구성이 좋아야 합니다.

Q : 그게 구성요소인가?
A : 그런것 같습니다.

Q : 나가보세요.
A : 나중에 생각해보니 철근과 콘크리트인 것 같음

●●● 제56회 면접시험 ('98. 12. 8) (1안) ●●●

Q : 터널 숏크리트의 급결제 구비조건?

Q : 터널 락볼트에서 설치후 최초 인발시험 시기 및 주기는?

Q : 또한 종류별로 틀리는데 그 규정은?

Q : 락볼트 설치시 지반과의 각도는(설치각도 인듯)?

Q : 숏크리트 골재의 표면수량은?

Q : 숏크리트 골재치수는?

Q : 그럼 10~15mm중 어느 것이 더 좋은가?

Q : 숏크리트 배합은 어떻게 하나?

Q : 도로포장후 평탄성 측정방법은?

Q : 노상다짐 완료후 평탄성 측정방법은?

Q : PrI 측정방법은? 단위는?

Q : 콘크리트 포장과 아스팔트 포장의 PrI 규정치는?

Q : ①번에 하중작용시 응력도를 그려봐라.

Q : 동절기에 콘크리트 타설후 보온재 존치시기?

Q : 철근콘크리트의 성립이유? 철근과 Con'c의 어떤 작용으로 성립되나?

Q : 동절기에 콘크리트 타설후 얼었다. 어떻게 할 것인가?

Q : 사용성과 안정성?

Q : 구조물 공사중 콘크리트 강도 230과 철근항복강도 2,100으로 하여 설계했는데 시공과정에서 지장물로 인하여 단면축소하면서 콘크리트 강도 400, 철근항복강도 5,000으로 변경설계했는데 이때 검토해야 할 것은? 이상은 없는지?

Q : (그림 보여주면서) 무엇이 생각나나? 아래것은? 철근배근은 잘못된 것 없나? 인장력은 왜 생기나?

●●● 제56회 면접시험('98. 12. 8) (2안) ●●●

Q : 다음 수조에서 등분포하중에 의한 토압분포도 그려라.

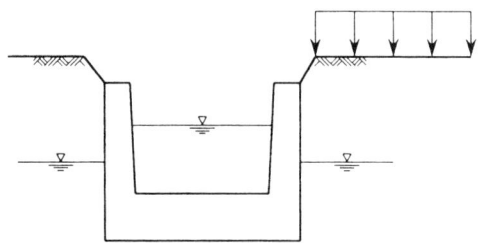

Q : 위 수조에서 주철근 배근도 그려라.
Q : 도쟈 작업량 공식 및 공식구성요소 설명. $f = 1$의 의미 ?
Q : Ripper가 무엇이냐 ? Ripper 작업량 공식 및 $f = 1$의 의미
Q : 합성교 설명(부분합성 및 완전합성까지 설명한 것)
Q : 다음 T형보가 단순 T형보냐, 연속 T형보냐 ?

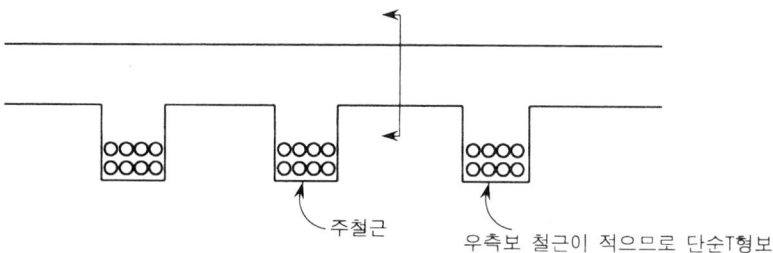

••● 제56회 면접시험('98. 12. 8) (3안) ●••

Q : 옹벽에서 최대반력 및 최대침하량이 생기는 위치 ?
Q : 기초 Con'c와 Pile과 접속부위 균열발생의 원인 ?
Q : 도로시공시 평탄성 검측방법 ?
Q : 택지(부지)조성공사에 조사시험 항목은 ?
Q : 철근 Con'c가 성립되는 이유 ?

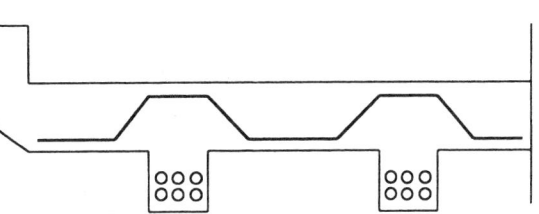

【그림A를 보고】
Q : 다음 그림이 무엇인가 ?
Q : 잘못된 부위가 있는가 ?
Q : 있다면 수정해 보시오.
Q : 철근의 수정이유 ?
Q : 스터럽을 설치(표시) 해보시오.
Q : 배력근을 도시해보시오.
Q : 배력근의 설치이유는 무엇인가 ?

【그림B를 보고】
Q : 다음은 무슨 그림인가(무슨 옹벽) ?
Q : 철근(주근) 배근이 잘되어 있는가 ?
Q : 배력철근을 표시하시오.
Q : 귀하가 철근배근을 더 하고 싶은 부위는 ?
Q : 명칭을 기입하시오.
Q : 철근의 역할은 무엇인가 ?

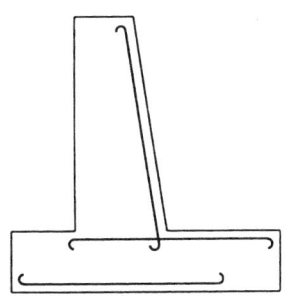

【콘크리트 배합설계】
Q : 배합설계를 해보았는가 ?
Q : 배합설계란 무엇인가 ?
Q : 배합설계을 해보시오.
Q : α 는 무엇인가 ?
Q : α 구하는 방식은 ?
Q : 배합표시방법 ?

【구조물의 사용성과 안전성】

Q : 사용성이란?

Q : 안전성이란?

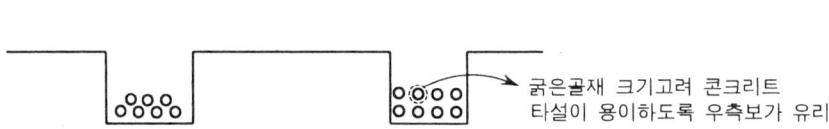

Q : 다음 도면에서 틀린 주철근 배근도는?

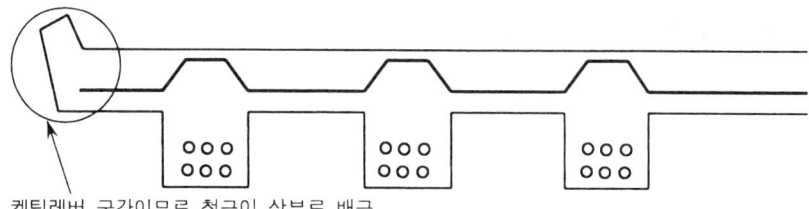

Q : 다음 수로가 개수로냐, 관수로냐?

Q : 유속공식 $v = ?$, 공식구성요소 설명? (윤변, 동수구배, 조도계수 등)

Q : 압송관 유속 v공식 = ?

Q : 수고했네. 가보게.

●●● 제56회 면접시험('98. 12. 8) (4안) ●●●

Q : 차집관로 PC관 연결방법은?
Q : 하수처리장 수처리 구조물 철근피복두께는?
Q : 하수처리장 내부방수시 Epoxy도막방수를 실시하는데 경제적으로 불리하므로 대체재료가 있을 때 귀하의 생각은?
Q : PC Pile을 넓은 지역에 박을 때 박기순서는?
Q : PC Pile을 Footing부와 연결시 그림으로 그리고 PC강선을 하부철근에 절곡시키는 이유는?
Q : 철근콘크리트에서 철근과 콘크리트 성립이유는?

【그림관련 설명】

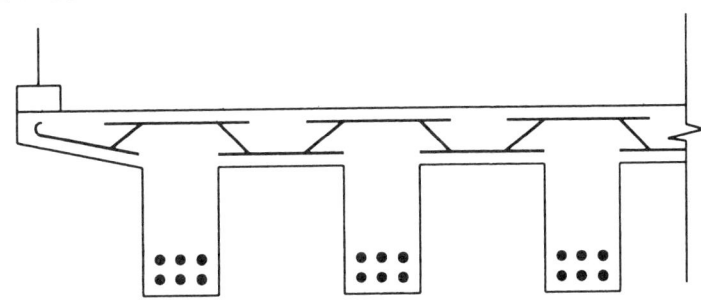

Q : 위 그림은 무엇을 그린 것인가?
Q : 위 그림에서 배근이 잘못된 것은?
Q : 배력철근을 작성하시오.
Q : 위 그림에서 배근이 잘못된 이유는?
Q : 배력철근을 작성하시오.
Q : 위 그림에서 배근이 잘못된 이유는?
Q : 옆그림은 무슨 그림인가?
Q : 옆그림의 주철근배근은 이상이 없는가?
Q : Shear Key의 역할은?

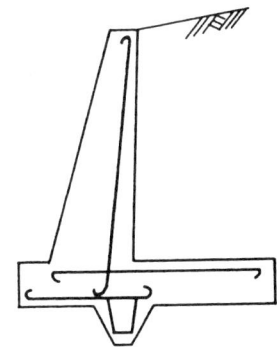

●●● 제56회 면접시험('98. 12. 8) (5안) ●●●

Q : 경력을 보니 공직에만 계속 있어서 큰 공사의 시공경험은 없으시겠구만.
A : 예. 직접적인 시공경험은 없습니다. 사업계획의 입안과 설계용역 감독 현장시공 감독업무를 주로 했습니다.

Q : 감독업무를 주로 했다니까 발주처로서 주로 많이 다루었을 레미콘에 대하여 묻겠소. 레미콘현장에서 레미콘 타설시 공장을 방문하여 Check하여야 할 사항은 어떤 것들인가?
A : 예. 레미콘 공장을 답사하여 우선 ① KS규격을 갖춘 업체인지 확인하여야 하며
② 공장의 생산기술자를 배치하고 있는지를 검사하여야 합니다.

Q : 또?
A : 그리고 레미콘의 강도, 슬럼프 공기량, 염분함유량을 검사하여야 합니다.

Q : 그것은 현장에 레미콘이 도착했을 때 얘기고, 당신이 공장에 가서 검사하여야 할 사항이 무엇이냐고?
A : 공장에 가서는 생산시설의 규모와 담현장에 적절하게 공급할 수 있는 시설을 갖추었는지 그리고 (약간 머뭇거리다가) 골재의 규격, 입도, 함수량 등을 검측하여야 할 것 같습니다.

Q : 같습니다가 뭐야?
A : 죄송합니다. 검사하여야 합니다.

Q : 그러면 현장에 도착했을 때 검사하여야 할 사항은 무엇이지?
A : 예. 수요자가 지정한 강도, Slump, 공기량, 염화물 함유량의 한도를 검사하여야 합니다.

Q : 강도시험은 어떻게 하지?
A : 현장에 도착한 레미콘을 받아서 몰드제작한 후 20℃±3℃에서 수조에 담아 28일 표를 양생한 후 압축강도 시험합니다.

Q : 몰드를 제작한 후에 바로 수조에 담그나?
A : 아닙니다. 일정시간이 지난후 콘크리트의 성형성이 확보된 후 담가야 합니다.

Q : 2시간을 얼마후 담가요?
A : (약간 머뭇거리다가) 콘크리트의 성형이 된 후에 수조에 담가야 하므로 5~6시간 경과후 담가야 합니다.

Q : 콘크리트 강도시험을 해봤소, 안해봤소 ?
A : 직접 해보지는 않았습니다.

Q : 수조에 넣기전 어떤 조치를 취하는지 몰드를 제작하며 몇시간후에 어떻게 조치한 후 양생하는지 몰라요 ?
A : 수조에 담그기전 일광과 건조를 방지하기 위하여 직사광선과 바람이 없는 곳에 3~4시간 두었다가 수조에 넣습니다.

Q : 좋아요 ! 겨울에도 그렇게 하나 ?
A : 아닙니다. 겨울에는 한중콘크리트로서 표준온도로 보온을 한 후에 실시하여야 합니다.

Q : 철근일 콘크리트 타설전에 공사감독관으로서 귀하가 철근배근상태를 검측한다면 무엇을 어떻게 검측하겠나 ?
A : 예. 우선 철근의 간격 이음상태 덮개, 표준갈고리 정착과 부착을 확인하여야 합니다.

Q : 정착과 부착 ?
A : 예. 철근의 조립에 있어 철근의 정착과 부착은 대단히 중요하게 생각합니다. 철근콘크리트는 철근과 콘크리트가 정착과 부착시멘트풀과 골재와의 Interlocking에 의하여 구조적 안정을 이루기 때문에 저는 현장검측시 설계도서에 의한 간격의 일치여부, 이음부 결속상태를 주안점으로 검측하였습니다. 특히, 철근의 이음부는 구조적으로 대단히 중요하게 생각하여 각 이음부마다 2~3회 결속하도록 하였습니다.

Q : 철근의 피복두께를 유지하여야 하는 이유는 무엇이지 ?
A : 예. 철근과 콘크리트가 일체로 되기위한 부착강도를 확보하기 위해서 입니다.

Q : 또 ?
A : 또한 철근의 피복두께는 콘크리트중에 묻혀있는 철근의 부식을 방지하여 콘크리트의 강도, 내구성, 수밀성을 확보하기 위해서 입니다. 그러기 위하여 거푸집, 동바리의 견고한 시공도 대단히 중요하다고 생각합니다.

Q : (문제지를 뒤적뒤적 하더니) 됐어요.

Q : 현재 담당하고 있는 업무는 무엇이지요 ?
A : 상수도 사업소에서 광역상수도 업무를 담당하고 있습니다.

Q : 도로, 교량, 하천, 상수도 부서에 있었군요.
A : 예, 그렇습니다.

Q : 상수도 업무를 담당하다 하니 정수장 시설공사에 대하여 묻겠습니다. 정수장 설치 공사시 유의하여야 할 사항은 어떤 것들이 있습니까 ?

A : 예. 정수장 시설공사는 수밀을 요하는 구조물로서 투수, 투습, 누수에 대하여 특히 주의하여 시공하여야 합니다. 투수나 누수방지를 위하여는 수밀콘크리트로 시공하여야 하며, 반드시 유동화제를 사용하여 치밀한 콘크리트가 되도록 하여야 하고 철근의 피복두께도 7.5~8cm이상 되도록 하여 철근의 부식으로 인한 균열방지를 하여야 합니다. 콘크리트 시공후에는 정수장 내외벽의 방수마감을 실시하여야 하며 저의 정수장 시공시에는 내벽에는 뿜칠(아! 죄송합니다. 도막방수) 처리하였고 외부에는 시트방수 하였습니다.

Q : 아스팔트 시트방수 하였습니까?
A : 예. 그렇습니다.

Q : 아스팔트 쉬트 방수지의 두께는 얼마로 했습니까?
A : (왼손을 들어 약 1~2cm 벌려 보이며) 제가 정확한 기억은 나지 않습니다만 1~1.5cm 정도 했습니다.

Q : 됐습니다. 돌아가시오.
A : 감사합니다. (일어서서 의자는 앞으로 가지런히 놓으며 정중히 인사하고 돌아서는 순간 먼저 질문하였던 면접관이 부른다.)

Q : 아! 잠깐만 앉아보시오.
A : (의자를 다시 뒤로 당기며 자리에 앉자)

Q : 석사학위 논문에 도상방진 침묵에 관한 논문을 썼는데, 도상방진침묵이란게 어떤 내용이지요?
A : 콘크리트 도상방진 침묵의 지하철 이용에 관하여 앵글이 미치는 영향에 관하여 약 2~3분 말씀드렸음.

Q : 어떤 교수의 지도를 받았습니까?
A : ○○ 대학교 대학원의 ○○○ 교수님과 ○○○ 교수님의 지도를 받았습니다.

Q : (잘모르겠다는 듯한 표정을 지으며) 됐습니다. 나가보시오.
A : 감사합니다.

●●● 제57회 면접시험('99. 6. 22) (1안) ●●●

(1) 시험응시회수

(2) 지간 60m, 높이 100m, 10경간의 Steel Box Girder 시공시 적정한 시공법과 시공시 유의 사항

(3) Bulking

(4) Slacking

(5) 점토광물

(6) 탄성계수(철근, 콘크리트)

(7) TF, FF

(8) CALS

(9) DB하중, DL하중

(10) 도로 – 평탄성체크

(11) Rippability

Q : 레미콘 공장 선정시 점검사항
A : ① 현장과 공장간의 운반거리 및 시간
　　② 레미콘 제조설비
　　③ 재료의 저장상태
　　④ 운반차량 대수
　　⑤ 품질관리자 상주여부

Q : 골재에 대해서 알아볼 사항
A : 입도, 비중, 안정도, 마모율, 단위용적당 중량, 형상, 유해물 함유량

Q : 피로파괴
A : 부재에 반복하중 작용하면 응력이 증가하여 취성파괴하는 것

Q : 합성교란 ?
A : PC Beam+Con'c Slab, 강재 Girder+Concrete Slab, Preflex교 등과 같이 이질적인 재료로 이루어진 교량

Q : Mass Concrete
A : 부재치수 80cm 이상, 하단이 구속된 경우 50cm 이상, 온도응력으로 균열이 발생할 수 있는 콘크리트

Q : 온도균열제어방법
A : Precooling(Pipe-Cooling 실시)

Q : 합성교에서 Shear Key(활동키)가 있는 경우와 없는 경우 어느 쪽이 Moment가 크게 발생하는가 ?
A : 대답못했음

••● 제57회 면접시험 ('99. 6. 22) (2안) ●••

Q : 강교 제작부터 설치까지 순서
A : 현도 → 절단 → 용접 → 1차도장 → 가조립 → 운반 → 변형검사 → 설치 → 교좌 → 도장(2차)

Q : 강교 가설방법
A : 지지방식 : FSM, ILM, MSS, FCM(Con'c교와 동일)
운반방식 : Crane식, Cable식, Pontoon Crane식, Lift up Barge(해상)

Q : Concrete 내구성에 미치는 요소
A : 재료, 배합, 설계, 시공 등으로 구분할 수 있는데 가장 중요한 것은 W/C라고 생각합니다. W/C가 과다하면 재료분리, 건조수축 등으로 Concrete에 악영향을 미칩니다. 기타 요소로는 피복, 다짐, 양생 등이 있습니다.

Q : 응결과 경화의 차이점
A : 응결은 초기에 수화작용으로 Concrete 재료간에 응집하는 것이고 경화는 Con'c가 점점 굳어가면서 강도를 발현하는 것입니다.

Q : 조금은 미흡한데 영어로 응결은 Setting이고 경화는 Hardenint이네.

Q : 응결을 검사하는 시험
A : 잘 모르겠습니다.

Q : NATM의 원리
A : 주로 산악지형에 사용하는 공법으로 Line Drilling, Presplitting, Cushion Blasting, Smooth Blasting 등의 조절발파공법을 사용하여 평활한 굴착면을 얻는 동시에 암반에 충격을 적게주어 암반을 주지보재로 사용하고 Wire Mesh, Steel Rib, Shotcrete, Rock Boilt 등의 보조지보재로 보강합니다. 또한, 계측(천단침하, 내공변위 등)을 통하여 암반의 안정여부를 판단하여 불안정할 때 막장 Shotcrete, 막장 Rock Bolt, Forepoling, Pipe Roof, 약액주입 등의 보조공법으로 보강하여 줍니다.

Q : All Casing공법과 BENOTO공법의 차이점
A : 같은 공법입니다. (Casing, Hammer Grab 등 설명)

Q : Bracing
A : 동바리에 X자 모양으로 고정하여 횡하중 등으로 인한 좌굴을 방지하는 역할을 하는 것입니다.

●●● 제57회 면접시험('99. 6. 20) (3안) ●●●

Q : 아스팔트 콘크리트 포장에서 아스팔트 혼합물의 양 ?
Q : 도로현장에서 구배가 급한 곳은 몇 %까지 시공 ?
Q : 포장시 구배가 급한 곳의 포장은 어떻게 하는가 ?
Q : 오르막길의 전압에서 문제점 ?
Q : 포장시 다짐장비의 주행속도 ?
Q : 철근가공도는 ?
Q : 지금 현장에서 사용하는 철근의 길이는 몇 M인지 ?
Q : 주문생산 하는데, 무엇때문에 그렇게 하는가 ? (L = 9m, L = 10m)
Q : 시공상세도의 목적, 내용, 그림을 그려서 설명하라.
Q : 토공에서 시공상세도 작성은 어떻게 하는가 ?
Q : 연약지반처리시공경험은 있는가 ?

●●● 제57회 면접시험('99. 6. 20) (4안) ●●●

A : 안녕하십니까?
Q : 기술사는 현장의 경험과 기술적인 지식으로 현장의 상황에 적합한 시공방법을 적용하고 관리할 수 있는 능력이 있어야 합니다.
A : 네, 알고 있습니다.
Q : 여러가지 경험을 했는데, 그 중에서 시공한 것 중에서 자신의 기술축적에 도움이 되었던 공사를 세가지만 이야기해 보세요.
A : 전술도로, 옹벽, 도로포장공사를 했습니다.
Q : 옹벽시공을 했다는데 자신이 시공한 옹벽을 그려보시오.
Q : 옹벽에서 공사시 중요한 사항을 이야기 해보시오.
A : (그림을 그려서 설명) 첫째는 철근의 배근에 있어서 인장력이 작용하는 부분에 주철근을 배근하는 것입니다. 둘째는 옹벽의 설계시에는 수압을 고려하지 않는 경우가 대부분이므로 배수시설로 물구멍과 뒷채움시 배수로를 설치하는 것입니다.
Q : 옹벽을 그렸는데 주철근이외에 들어가는 철근은 없나요?
A : 주철근 이외에 온도철근과 배력철근, 조립철근 등이 있습니다.
Q : 그럼, 온도철근이 배치되어 있는 곳의 조립철근은 조립목적이외에는 아무런 역할도 하지 않는가요?
A : 조립이 주목적입니다.
Q : 그럼, 옹벽을 정면으로 봐서 온도철근이 방지하는 균열 방향은 어느 쪽인가?
A : 세로 균열입니다.
Q : 그럼 가로로는 균열이 안 생기나? 생기는 것 방지는?
A : 생기는 것으로 압니다.
Q : 조립철근이 바로 온도철근의 역할도 하는 것이네.
A : 잘 알겠습니다.
Q : 배력철근의 역할은 무엇인가?
A : 첫째는 주철근에 발생하는 응력을 분산시키는 것이고, 두번째는 온도철근처럼 콘크리트의 건조수축, 온도균열 등을 방지하는 역할도 합니다.
Q : 옹벽의 토압을 줄일 수 있는 방법은?
A : 다짐을 잘하면 됩니다. 다짐을 잘하면 흙의 내부마찰각이 커지므로 주동토압이 줄

어듭니다. 그리고 경량재료로 뒷채움을 하면 됩니다.

Q : EPS같은 것으로?
A : 예. 그리고 경량골재를 사용해도 됩니다.

Q : 옹벽에 대해서 공부를 많이 했구만. 어디서 배웠나?
A : 육사에서 전공도 토목이었고, 계속 공부를 했습니다.

Q : 육사에도 토목과가 있나?
A : 그럼 있지요.

Q : 전술도로를 했는데 임시포장에 대해서 이야기해 보게.
A : 부대에서는 임시포장을 따로 하지 않고 전술도로는 비포장을 원칙으로 합니다. 그러나 일반도로의 임시 개통을 위해서는 안정처리를 합니다.

Q : 어떤게 있나?
A : 입도조정공법, 시멘트안정처리, 역청안정처리 등이 있습니다.

Q : 레미콘을 받을 때 현장에서 하는 시험은 무엇인가?
A : 먼저 슬럼프시험, 공기량시험, 염화물 함유량 시험 등을 합니다.

Q : 강도 시험도 있잖아.
A : 그렇습니다.

Q : 레미콘이 늦게 도착해서 문제가 생기는데 운반거리가 멀어서 시간이 많이 걸릴거라 예상이 되면 어떻게 하나?
A : 유동화제를 첨가하여 유동화 콘크리트로 하면 유동성과 슬럼프가 증가하므로 유동화제를 이용합니다.

Q : 콘크리트 운반시 슬럼프가 저하되는 이유는?
A : 운반과정에서 수분이 증발하고 또 수화반응이 계속 일어나므로 콘크리트가 응결되어 그렇습니다.

Q : 아스팔트포장에서 현장도착온도는?
A : 공장생산시에 185도이고 현장에서 도착시는 170도가 되어야 합니다.

Q : 아스팔트포장에서 아스팔트 혼합물에서 아스팔트량은 몇 %나 되나?
A : 제가 그것까지는 공부를 못했습니다.

Q : 수중불분리성 콘크리트를 아나? 언제부터 명시되었지?
A : 예. 1996년 콘크리트 표준시방서 개정되면서 명시되었습니다.

Q : 특징은?
A : 콘크리트에 수중불분리성 혼화제를 첨가해서 점성을 높여 물의 세척작용에 저항하

여 재료의 분리를 감소시키고, 유동성이 커지고, Self-Leveling이 커집니다.

Q : **수중불분리성 콘크리트 타설시 낙하높이와 유동거리는?**
A : 낙하높이는 50cm이하이고, 유동거리는 5m이내입니다.

Q : **그래 됐어. 그만 가보게.**

●●● 제59회 면접시험('99. 10. 31) (1안) ●●●

Q : 학교는 어디 나왔느냐 ?
A : ○○대학교 토목공학과 졸업했습니다.

Q : 현재는 어디에 근무하느냐 ?
A : ○○개발(주)에 근무하고 있습니다.

Q : ○○양회에 오래 근무하였네요.
A : 네. 18년 1개월 근무했습니다.

Q : 시험은 몇번 보았습니까 ?
A : 10번 보았습니다.

Q : 2~3년 걸렸겠구만.
A : 네.

Q : 양회에서 왜 그만 두었습니까 ?
A : 제대로 된 토목을 하기위해 심사숙고 끝에 그만두었습니다.

Q : 양회에서 토목은 무얼하였나요 ? 도로, 교량, 터널 ? 양회에서 삼척어디에서 긴터널 현장이 있지요 ?
A : 네. ○○라는 곳에서 공장까지 연결되는 긴터널이 시공되었습니다. NATM시공이 된 것으로 알고 있습니다.

Q : 현장은 몇번 가보았는가 ?
A : 그때는 제가 본사에 근무중이라 자주 가보지 못하고 3번 가보았습니다.

Q : 한국중공업에서는 무얼 했습니까 ?
A : 해외 시멘트 Plant수출 토목 Part 견적을 하였습니다.

Q : 현장에서 사용하고 있는 공정표는 현재 무얼 쓰고 있느냐 ?
A : 공정이 단순하므로 Bar-chart공정표를 쓰고 있습니다.

Q : 산업대학은 어떻게 다녔느냐 ?
A : 회사근무중에 다녔습니다. (서울 본사)

Q : Bar Chart공정표의 문제점은 무엇인가 ?
A : 선공정, 후공정간의 연결이 애매한 것이 단점이다.

Q : 토목기획이라는 것은 무엇이냐 ?
A : ○○양회 본사근무 때 각 공장에서 올라오는 자본적 지출공사 예산안에 대해서 적

정성 여부를 검토하여 빠진 것은 넣어주고, 과잉 계산된 것은 빼어내서 예산을 승인하여 주는 업무입니다.

Q : **이제 그만 가보세요.**

A : ? ? ?

Q : **이제 가보세요.**

A : 감사합니다. 잘 부탁 드립니다. 안녕히 계십시오.

●●● 제59회 면접시험('99. 8. 29) (2안) ●●●

A : 안녕하십니까? ○○○입니다.

Q : 앉아요.

Q : 두진종합건설이 어떤 회사죠?

A : 98년 1군에 포함되었던 회사로서 작년말 파산처리되어 현재 본인은 휴직 기간중 선배사업을 도와주면서 틈틈히 기술사 공부를 하여 기술사 취득후 취직을 하려고 합니다.

Q : 파산되었다고요? 참 안됐습니다.

Q : ○○○씨가 현장 시공경험도 많은데 그중에서 가장 중점을 두었던 것은 무엇입니까?

A : 본인은 교량공사중에서 교량기초공사인 우물통 기초를 가장 많이 시공하였습니다.

Q : 요즘 우물통 기초(한강)가 세굴되어 공중에 떠 있다고들 하는데 어떻게 생각하나요?

A : 그 이유는 기초자체가 연약한 지층에 지지시켰거나, 수중콘크리트 타설시 재료분리, 또 단단한 암반에서 1.5~2m 정도 근입시켜 Shoe 위치를 안착시켜야 합니다. 그 근입깊이가 부족하여 세굴되는 현상일 것입니다.

Q : ○○○씨는 어떻게 시공했나요?

A : 수중 콘크리트 타설시 수중불분리성 혼화제를 사용하여 재료분리를 적게 하여 치밀한 콘크리트가 되게 하였습니다.

Q : 기초 암반은 어떻게 확인했나요?

A : 제가 시공한 경험은 지지층에 도달하였을 때 양수작업으로 물을 다 뽑은 다음 지지층에 내려가서 육안과 PBT시험으로 지지층 확인과 암반청소를 하였습니다.

Q : 어떻게 물을 완전히 잡을 수가 있나요?

A : 암반부와 Shoe부분을 소발파하여, Shoe와 암반부를 밀착시켜서, 유입수를 최소화 한 다음 소량의 유입수는 양수기도 Pumping을 하였습니다.

Q : 그래요. 그럼 우물통 위치가 자주 변하는데 어떻게 관리했나요?

A : 지속적인 측량실시도 편기가 발생시 즉시 발견하여 다음 침하과정에서 수정하였습니다.

Q : 수중불분리성 혼화제를 사용해보았다고 하는데?

A : 네.

Q : 혼화제 이름을 한번 대보세요.

A : 기억이 나지 않습니다.

Q : 수중혼화제를 사용해 보니까 어때요 ?

A : 재료분리가 적고 유동성이 있어 구석구석 빈틈이 없어서 치밀한 콘크리트가 됩니다.

Q : Self Levelling이라고 알아요.

A : 유동성으로 자체적으로 퍼져서 채워지는 성질 아닙니까 ?

Q : 유동성 ? 그렇지. 사용할 때 뭐가 제일 신경쓰였어요 ?

A : 혼화제 혼입시기가 가장 어려웠습니다.

Q : 무어요?

A : B/P에서 혼합할권리. 현장에서 혼입할권리 혼동되어서 애를 먹었습니다.

Q : 우물통 침하를 어떻게 했나요 ?

A : 보통 설계시 재하 하중만으로 침하하게 되었는데 그 하중 가지고는 도저히 침하가 안되어서 본인은 시공시 우물통 주위를 돌아가면서 Boring을 실시하여 우물통과 흙과의 마찰력을 적게하여 침하시킨 경험이 있습니다.

Q : 그렇게 하니까 침하가 되던가요 ?

A : Boring후 발파로 진동을 주어 침하를 시켜 상당한 효과를 보았습니다.

Q : 아까 양수작업후 작업을 했다고 하는데 보통 우물통은 그렇게 안되는데. 암반파쇄는 어떻게 했습니까 ?

A : 잠수부가 수중에서 천풍하여 소발파를 하였고 크레인에 Bit 작업으로 효과 좀 보았습니까 ?

Q : Bit 작업으로 효과 좀 보았습니까 ?

A : 큰 효과는 없었지만 주로 야간작업으로 시행하여 보조적인 방법으로 시행했습니다.

Q : 현장소장 경험이 많은데, 처음 현장에 나가면 무엇부터 하나요 ?

A : 편성합니다.

Q : 그런것도 있지만 설계가 현장에 맞게 되었나 부터 해야되지 않나요 ? 좋아요.
현장근무시 설계시 문제점이 가장 큰 것이 무엇이라 생각하나요 ?

A : 저의 경험으로는 지질조사 상의 문제가 가장 많다고 생각합니다. 설계시 Boring이 시공시 Boring과 차이가 발생하여 설계변경 사유가 많이 발생합니다.

Q : 한강상의 우물통 기초가 부실이라고 하는데 ?

A : 아까도 말씀드렸지만 시공시 콘크리트의 재료분리, 암반에 근입깊이 부족 등으로 유세에 의해서 세굴되었다고 생각합니다.

Q : 그럼 그당시에도 시공측면에서도 아니 감독관 입장에서 이상이 없다고 생각하였을 텐데 어떻게 그런 일이 생길 수 있나요?

A : 잘 모르겠습니다.

Q : 그당시 여러가지 정책적인 면 등 이유가 있었겠죠. 좋아요.

Q : 우물통 Shoe 하단에서 암반에 근입시키는 굴착시 Shoe 외부 쪽으로 굴착이 더 되는데 실제 그렇게 되나요?

A : 시공과정에서 그런 쪽으로 시공이 됩니다.

Q : 여기 경력란에 보니까 직탕교 가설공사가 어디 있어요?

A : 강원도 철원 직탕폭포 옆에 있는 교량입니다.

Q : 교량 구조 형식이 어떻나요?

A : 강 아치교 입니다.

Q : 아치교에도 형식이 여러가지 있잖아요?

A : ……

Q : 트러스는 알아요?

A : 트러스 아치교 같습니다. 책 좀 보겠습니다.

Q : 그럼 다음 강동 국당교 가설공사의 교량의 구조 형식은 무엇인가요?

A : 우물통 기초에 Preflex Beam교 입니다.

Q : 소장까지 했다는 사람이 내가 교량의 구조형식이 무어냐고 물어보면 PC Beam교라든지 Girder교라든지 또 단순교라든지 연속교라고 대답하는 거예요. 소장이 그것도 모르고 되겠어요?

(시계를 보시며) 됐어요. 나가봐요.

A : 열심히 하겠습니다. 안녕히 계십시오.

●●● 제59회 면접시험('99. 8. 29) (3안) ●●●

1. C : 안녕하십니까 ? 16번 ○○○입니다.
   A : 자리에 앉게.
   C : 감사합니다.
   Q : (경력 사항을 보며) 자네 현역인가 ?
   A : 그렇습니다.
   Q : 계급은
   A : 소령입니다.
   Q : 군에서 시공 경력은 ? (주로 어떤 공사하였나) ?
   A : 전술 도로 확장 공사와 군부대 이전에 따른 부지조성 공사, 전술종합훈련장 등 주로 토공 분야를 많이 경험하였습니다.
   Q : 그럼 구조물 시공 경험은 없는가 ?
   A : 아닙니다.
      옹벽, 사면정리, 암거, 배수로, 오·폐수정화시설 등 군 시설에 소요되는 구조물을 시공하였습니다.
   Q : 그럼 옹벽에 대해 시공하여 보았는가 ?
   A : 예.
      옹벽은 원리적으로 ┌ Cantilever ┐ 옹벽이
                                   ├ 부벽식 ┤
                                   └ 석 축 ┘
      있는데 Cantilever 형과 부벽식을 주로 시공하였습니다.
   Q : 자네가 시공한 높이는
   A : 예.
      Cantilever형은 5m, 부벽식은 8m 높이까지 시공하였습니다.
   Q : 대단히 높은 옹벽인데
   Q : 부벽식 옹벽 설계는 어떻게 하는가 ?
   A : 예.
      부벽식 옹벽은 T형보로 보고 설계합니다.
      (Cantilever 옹벽과 부벽식 옹벽 단면도와 주철근배근도, 모멘트도 그리면서 설명)
   Q : 잘 알았네.

2. Q : 자네 전술도로 확장공사 하였다고.
   A : 예, 그렇습니다. (상황설명)
   Q : 그럼 편절 편성 구간 경계부 단차 방지 대책에 대하여 설명해 보게.
   A : 그림(원론 상 p.271) 그리면서 설명
   연 - 재 - 다 - 배 - 층 - 구 - 동
   - 특히 층따기, 다짐시 절토부와 겹치게 다짐.
   - 지하수위 높을 경우 침윤선 저하대책이 중요하다고 생각합니다.

   Q : 자네 노상 시공시 노체 부분이 현재 논으로써 연약지반이라면 어떻게 시공하겠는가?
   A : 예.
   (1) 먼저 현장조사를 하여 연약지반의 심도, 범위, 성격 등을 판단하고
   (2) 공기와, 사토장, 토취장을 고려한 경제성을 검토합니다.
   (3) 군에서는 일반적으로 인력, 장비, 공기가 충분함으로 치환공법을 많이 채택하였습니다.
   (4) 따라서 현장 조사후 대책을 강구함이 중요하겠습니다.

   Q : 음, 자네 공사 계획도 많이 하여 보았군.
   A : 예. 공사장교, 공사과장으로써 계획분야에 많이 근무하였습니다.
   Q : 그럼. 공사계획서 행정기관과 선행 협의 사항은 무엇이 되는가?
   A : 예.
   (1) 공사지역 부지에 대하여 조사하고 협의 합니다. 예를 들어 그린벨트나 접도구역 등.
   (2) 시공간 민원 발생 요인 사전 협조, 예를 들어 사토장, 토취장, 이동로 안전사항 등.
   (3) 기타 소방서, 경찰서, 한전, 통신공사 등 관계 기관과 협조회의가 대단히 중요합니다.
   (4) 공사착공전 착공보고서 제출과 미원 사항 선행하여 홍보와 선조치함으로써 차질 없이 공사 진행이 되었습니다.
   Q : 잘 알았네.

3. Q : **자네 왜 1차에서 떨어졌다고 생각하나?**
   A : 예, 처음이라 당황도 되고 질문 의도 파악이 부족하였다고 생각합니다.
   Q : **알았네, 열심히 하게**
   A : 예, 감사합니다. 열심히 하겠습니다.(일어나 의자 넣고 목례하고 나왔슴)

••● 제59회 면접시험('99. 8. 29) (4안) ●••

Q : (90°로 인사하면서 큰 목소리로)
　안녕하십니까?
　수험번호 ○○○○○○번 ○○○입니다.
Q_1 : (손짓으로 자리에 앉으라고 함!)
A : 감사합니다.
　공휴일에 쉬시지도 못하시고, 후배 기술자들의 실력향상을 위해 이렇게 귀한 시간을 내어주셔서 다시한번 감사드립니다.
Q_1 : (경력증명서를 한번 훑어보면서)
　현장시공경력도 얼마되지 않고, 도로공사도 한번 시공한 경험이 없는데, 시공기술사가 될 수 있겠는가?
A : 앞으로 현장경험을 더 쌓기 위해 노력하겠으며, 도로시공은 제가 평상시에 관심을 많이 가지고 있는 부문으로서 기회가 주어지면 가능한 빨리 경험해 보고 싶습니다. 그리고, 많은 경험도 중요하지만, 얼마나 배울려는 마음과 열정을 가지고 일하는 것이 더 중요하다 생각합니다.
Q_1 : **젊은 사람이 씩씩하게 좋구만!**
　Shovel계 장비의 작업량을 구해보게.
　(종이를 한장 앞으로 건네주면서)
A : 예, 일반적으로 현장에서 많이 사용하는 Shovel계 장비에는 Backhoe, Power Shovel, Drag Line, Clamshell 등이 있으며 단위시간당 작업량
$$Q = \frac{3{,}600q \cdot K \cdot f \cdot E}{C_m}$$ 입니다.

Q_1 : C_m은 무엇인가?
A : Cycle Time입니다.
Q_1 : **단위는 무엇인가?**
A : Second 입니다.
Q_1 : q는 무엇이며, 그 단위는?
A : Shovel계 장비의 1Bucket용량이며, 단위는 m^3이다.
Q_1 : f는 무엇인가?
A : 토량환산계수이며, (여기서 말을 끊으면서)

Q_1 : 그러면 f와 θ의 관계는?
A : 예, $f=1$을 적용했을 때는 Q는 본바닥 토량이 되며
  $f=L$을 적용했을 때는 Q는 운반토량
  $f=C$을 적용했을 때는 Q는 다져진 토량으로
  산정되어집니다.

Q_1 : 그래, 자네가 잘못 알고 있는 것 같은데….
A : 아닙니다. 확실합니다.

Q_1 : 정말인가?
A : 예, 그렇습니다.
  재료를 알고 있습니다.

Q_1 : 조금전에 RCD가 무엇의 약자라 그랬지?
A : Reverse Circulation Drill. 즉 역순환 공법입니다.

Q_1 : 그러면, '역순환'과 '정순환'이 어떻게 다른가?
A : 예, 보통의 회전굴착기는 드릴의 내의 Pipe를 통하여 압력수를 분사하여 드릴 Pipe와 공벽과의 사이에 상승하는 월류수를 통해 굴착토사가 배출되는 '정순환방식'을 취하고 있는데 반해, RCD 공법을 드릴 Pipe내에 물과 토사를 함께 흡입하여 배출하므로 '역순환공법'이라 한다고 알고 있습니다.

Q_1 : 젊은 친구가 현장경험은 적은데, 기술사 공부를 깊이 있게 제대로 했구만.
A : 감사합니다.

Q_1 : 목소리가 너무 커. 옆에 면접관님들에게 방해되잖아!
A : 방해가 되었으면 죄송합니다. 현장에서 쭉 근무하다 보니 저도 모르게 목소리가 커 졌습니다.

Q_2 : (Q_1 면접관을 보면서)
  원래 현장에 근무하는 사람들이 목소리가 조금 큽니다. 제가 질문 좀 하도록 하겠습니다.

Q_1 : 예, 그러세요. 이 젊은 친구가 말을 빙빙돌리다 보니 시간이 너무 흘렀네, 죄송하군요.

Q_2 : 자네 도로공사를 안해보았나?
A : 예, 아직까지는 경험을 쌓질 못했습니다.

Q_2 : 그래도, 도로에 대해서 몇가지 질문해 보겠네.
A : 예, 알겠습니다. 성심성의껏 대답해 보겠습니다.

Chapter 5

부록 ⑵

- 과년도 과목별 면접문제 Check List
- 과년도 1차 필기시험문제 목록(50회~60회)

과년도 과목별면접시험문제 Check List

No.	문 제	No.	문 제
1	**토 공**	2	(12) 성토시 측정방법
	(1) Sounding시험이 무엇인가?		(14) 연약지반 개량공법의 종류
	(2) N치		(15) 연약지반의 정의
	(3) N치, 점토질, 암에 적용은		(16) 압밀 시험방법과 시험이유
	(4) RC말뚝의 N치 값		(17) Sand Compaction Pile공법의 원리
	(5) 강관말뚝의 N치 값		(18) Dynamic Compaction의 원리
	(6) Vane Shear Test		(19) Jet Grouting
	(7) Dutch Cone 관입시험이란, 사용목적		(20) 시공기면 결정방법
	(8) 교란, 불교란 시료채취법		(21) 시공기면 선정이유
	(9) 겉보기 비중, 진비중에 대하여		(22) 도로 Mass Curve 예시하여 설명
	(10) 비중, 질량, 밀도, 단위중량 차이점		(23) Mass Curve에 의한 시공시 중간에 장대교 있을 때 운용법 설명
	(11) 통일분류법에 대해 아는대로 설명		(24) Trafficability와 Ripperability
	(12) 균등계수와 곡률계수		(25) Dozer의 작업요령
	(13) D_{10}(유효입경)이 무엇을 의미하며 왜 사용하는가?		(26) Shovel계와 Tractor계 차이점
	(14) 흙을 손으로 만져서 기술자가 파악할 수 있는 사항		(27) 토량변화율(다짐된 흙을 굴착할 때 적용하는 토량환산계수 f는)
	(15) 흙의 강도시험방법, 종류		(28) 관로 매설시 관주위에 모래 부설하는 이유
	(16) 일축압축강도 시험법		(29) 동상방지층에 적당한 재료
	(17) 흙의 성질을 판단하는 가장 중요한 요소는?	3	**옹 벽**
	(18) 흙의 전단강도 공식		(1) L형 옹벽 및 역 L형(Cantilever)옹벽의 구조적 차이점
	(19) 점토광물 종류		(2) 부벽식 옹벽에 대한 설명
2	**다 짐**		(3) 수동, 주동, 정지토압에 대하여 설명.(변위를 가지고 설명)
	(1) 다짐에 대하여		(4) 주동, 정지, 수동토압의 크기 설명
	(2) 다짐관리		(5) 정지토압
	(3) 다짐작업시 OMC에 대한 설명 Wet Compaction, Dry Compaction 어느것이 효과적인가?		(6) 수동토압을 이용하는 구조물
	(4) 고함수비 성토재료 구비조건		(7) 토압을 점토와 사질토로 비교하여 설명
	(5) 성토재료의 선정		(8) 옹벽 시공시 고려사항
	(6) 고함수비 성토지반의 성토방법		(9) 옹벽의 주철근 배근도 예시
	(7) 흙의 다짐상태 3가지		(10) 부벽식 옹벽의 단면도 제시하고 단면에 철근을 배근하라.
	(8) Bench Cut		(11) 옹벽의 Bending Moment Diagram을 그려라. 철근의 주철근을 절약하기 위해 주근의 배치는 어떻게 하느냐
	(9) 절성토 경계부의 층따기 이유		
	(10) 토공 완화구간 설치목적		
	(11) 다짐도 측정방법		

4 제5편 부 록

No.	문 제	No.	문 제
3	(12) Cantilever구조물의 주철근 배근도	5	(9) Pile 지지력 공식 설명
	(13) 옹벽 뒷채움재료 구비조건		(10) Pile 지지력 공식중 가장 신뢰할 수 있는 것
	(14) 연약지반에 옹벽이 있을 때(위험) 문제점이 무엇이며 대책설명		(11) 파일 최상층에 도달 확인방법
	(15) 옹벽 안정성 부족시 보강대책 예시		(12) 강 Pile과 PC Pile N치 구분
	(16) 부지 조성후 건물시공이 선행된 후 옹벽 시공이 불가할시 시공할 수 있는 공법		(13) Pile항타 오차 찾는법
			(14) 강관 Pile의 침하에 대하여
4	토류벽		(15) 강관 Pile의 부식원인과 방지대책
	(1) 흙막이 공법 종류 설명		(16) Pile Crack 발생 확인법
	(2) 가시설 Strut(버팀보)에 미치는 힘 2가지		(17) Pile 기초시공의 비용
	(3) 지하철 흙막이벽에 사용한 강재를 재사용시 강도 감소율은 어느 정도인가?		(18) 강관 Pile 시공경험에 대해서 이야기 하시오. 그리고 강관의 녹슬음 방지를 위해서 어떻게 하겠는가?
	(4) 지하철 강재 이용시 강재 손실율		(19) Pile을 풍화암에서 시공시 지지력 확인방법
	(5) 지하철 공사에 사용하는 복공판이 있는데 복공판은 연속보 개념인가, 단순보 개념인가, 반력이 몇 개인가?		(20) 풍화암 및 연암의 경우 Pile 선정요령
			(21) 대구경 Pile (RCD, BENOTO, Earth Drill)의 특성과 사질지반 적정 공법설명
	(6) 지하철 공사시 H-Column 중간 보강대책 (Rock Auger로 보강)		(22) 대구경 말뚝(RCD, BENOTO, Earth Drill)중 모래지반은 어느 것 사용하나?
	(7) 지하철공사 시공시 문제점 및 어려웠던 사항		(23) 기초지반 토사가 일반토사 → 연약층 → 자갈층인 경우(주상도) 어떤 공법으로 기초시공을 하겠는가?
	(8) Slurry Wall 시공시 주의사항		
	(9) 역타공법(Top Down)설명		
	(10) Piping 현상		(24) CIP는 차수인가, 지수인가?
	(11) 지하철공사시 인접 건물이 있는 곳의 토류벽 설치시 주의사항(검토사항)		(25) CIP, MIP, PIP 차이점
			(26) SIP 공법순서
	(12) Earth Anchor에서 변형요소		(27) 우물통 기초, Pier기초의 시공
	(13) Earth Anchor의 변형형태		(28) 수중에 Pile 기초 6m(직경)을 시공하는데 가장 적당한 기초 공법은
	(14) Earth Anchor 시공방법		
	(15) 정착장 자유장 설계법		(29) 암반을 굴착하고 구조물 시공시 구조물과 암반사이 공간이 80cm경우 대책
	(16) 자유장 Grouting하는 것이 좋은가?		
	(17) Rock Bolt 길이 산정방법		(30) 배수지 시공후 양압력에 구조물이 불안정할 때의 대응방안
5	기 초		
	(1) 확대기초와 우물통기초의 거동 차이점		(31) 연약지반상의 1,200m의 관로 공사후 지반이 침몰이 Pipe 침하시 대응 및 복구방법
	(2) 사항(Batter Pile)은 어느 곳에 박으며, 무슨 말뚝이 좋은가 설명		
		6	콘크리트
	(3) RC Pile과 PC Pile의 차이점		(1) 골재의 종류는?
	(4) PC Pile 취급시 유의사항		(2) 촉진 양생제
	(5) Pile 시공시 유의사항		(3) 유동화제란?
	(6) 기성 Pile시공		(4) σ_{ck}와 σ_r 관계
	(7) 시항타 방법		(5) Concrete 호칭강도에 대하여 설명
	(8) 말뚝기초 시공시 고려사항		(6) 배합설계의 요인이 무엇인가?

No.	문제	No.	문제
6	(7) 슬럼프 시험방법		(41) 정철근과 부철근 설명
	(8) Slump치와 강도와의 관계		(42) 원형철근과 이형철근의 차이점
	(9) 굵은 골재 최대치수		(43) 철근의 정착 및 이음
	(10) s/a(절대 잔골재율) 많으면 어떻게 되느냐?		(44) RC Beam에서 주근 및 전단근 배근에 대하여
	(11) 잔골재 조립율 변화가 있어 배합을 수정할 경우는 어느 때인가?		(45) 헌치철근 배근과 헌치의 역할
	(12) 잔골재율과 Concrete강도와의 관계 설명		(46) 철근 배근도(옹벽과 T형보)
	(13) 절대 잔골율 설명(s/a)		(47) 철근간격을 좁게 했을 때 문제점
	(14) 쇄석과 강자갈 배합관계		(48) 철근의 집중배치(고밀도 배근)로 인한 문제점
	(15) 시방배합과 잔골재 기호		(49) Box 철근 배근도
	(16) 시방배합과 현장배합 차이		(50) Box는 어디에서 끊어치기 하나
	(17) Concrete 배합설계표 그려라		(51) PS와 RC의 차이점
	(18) Concrete 배합설계를 할 수 있는가?(배합표에 의해)		(52) PS에 대하여 설명
			(53) PS의 응력개념
	(19) Concrete품질관리 방법		(54) Prestress 구조해석
	(20) Concrete타설시 주의사항		(55) PS 강재의 탄성계수
	(21) Concrete 강도 및 품질관리		(56) PS빔 제작과정
	(22) Fresh Concrete의 성질		(57) Preflex Beam의 장점
	(23) 잔골재 입도, 조립율 시험방법		(58) Concrete 전단강도 시험법
	(24) 배합설계시 재료시험의 종류		(59) Concrete 인장강도와 전단강도의 차이점
	(25) 조립율		(60) 콘크리트의 압축강도와 인장강도와의 관계
	(26) 몰드 제작 방법		(61) 암석의 압축강도가 인장강도보다 큰 이유
	(27) 콘크리트 타설시 현장에서 강도측정 방법		(62) Concrete압축강도가 인장강도보다 큰 이유
	(28) 콘크리트 내구성 증대방안과 내구성을 영어로 어떻게 쓰는가?		(63) 철근과 Concrete부착에 영향요인
			(64) Concrete 성질
	(29) 콘크리트 내구성 측정방법		(65) Concrete 단위중량
	(30) 열화현상 설명		(66) 골재의 비중은 얼마인가?
	(31) Concrete 허용 균열폭		(67) 중량비란?
	(32) Concrete의 수화열(정의, 피해, 대책)		(68) 용적비란?
	(33) Concrete 수화열 해소방법		(69) Concrete 10,000㎥타설시 재료량
	(34) 레미콘 품질관리 요령		(70) 용접에 좋은 강은 어떤 것인가?(구조용 연강) 연강, 주강 탄소함유비 0.7이상 주철, 용접곤란
	(35) 서중 Concrete에 대하여		
	(36) 기온이 -15℃로 급강하였을 때 현장소장이 보온조치를 하지 않고 Concrete를 타설하여 Slab가 얼었을 때 현장에서 취해야 할 조치는 무엇인가?		(71) 철근의 항복강도
			(72) 강재의 피로현상이란?
			(73) Lean Concrete를 타설하는 이유
			(74) 응력-변형관계 그래프
			(75) 응력집중 현상
	(37) 서중, 한중 Concrete차이	7	도 로
	(38) Mass Concrete에 대하여 설명		(1) 도로 토질 지지력 확인방법
	(39) 고강도 Concrete 만드는 방법		(2) CBR과 PBT의 차이점
	(40) AE Concrete 방식방법		(3) CBR과 평판재하시험 비교 설명

6 제5편 부 록

No.	문 제	No.	문 제
7	(4) CBR시험		(13) 단순보는 반력이 몇 개 발생하는가?
	(5) CBR 설명		(14) 3경간 연속교는 몇차 부정정인가?
	(6) PBT시험		(15) 교량 상판구조에 대하여 설명
	(7) 평판재하시험 설명		(16) 3경간 연속 PC교량 설명
	(8) PBT에서 도로에 30×30cm을 기준으로 K치를 구하는데 75×75cm로 하는 이유		(17) 3경간 연속교 Concrete 타설순서, 방법, 이유
	(9) 동탄성 계수란?		(18) RC교에서 철근 Concrete 타설순서(3경간)
	(10) 아파트 도로 설계조건		(19) 3경간 연속교의 Staging이 되어 있는 상태에서 현장에서 Concrete 타설시 준비사항
	(11) 도로공사 경험이 있는가, 도로공사에 연약지반 공사는 어떻게 처리하는가?		(20) 3경간 연속교 중앙에 Concrete를 먼저 타설함이 원칙인데 지점에 Concrete를 먼저 타설할 때의 문제점
	(12) Asphalt 혼합물의 현장 도착시 적정 온도		
	(13) Concrete포장줄눈의 역할		(21) 교량 T형보 철근배근방법(주근, 배력근, 사인장 철근)
	(14) Saw Cut(콘크리트 포장) 시기와 크기		
	(15) 연속 철근콘크리트 포장(CRCP)은 왜 많이 안 시공하는지 이유 설명		(22) 교량의 수평배근과 수직배근의 어느 것이 유리한가, 또한 어느 쪽이 철근량이 적게 드는가?
	(16) 일반도로와 고속도로의 차이점 ① 선형 ② 평탄성 ③ 포장두께 강도		(23) T형보 그림보고 철근배근도 작성
			(24) 교량의 BMD를 그리고 설명
			(25) T형보에서 전단철근 그림으로 설명
	(17) 고속철도와 일반철도 차이점은?		(26) 연속교 철근 빠진것이 무엇인가?(그림 제시)
	(18) 고속도로와 공항 활주로 시공 차이점		(27) Slab교 철근배근 그림이 맞는가? 틀리는가?
	(19) 일반도로와 활주로에서 CBR은 어떻게 다른가		(28) PS강선 배치근거
	(20) 철도에서 곡선부에서 원심력이 작용할 때 예방대책으로 무슨 조치를 하는가?(Cant)		(29) Central Tendon과 Continuity Tendon 설명
			(30) Pre-Tension과 Post-Tension의 차이점
	(21) Cant를 두었을 때 무게중심이 어디에 와야 안전한가?(궤간의 중심)		(31) PSC의 손실과 응력변화 설명
			(32) 교량 강구조물에 대한 질문
	(22) RCCP 설명		(33) 강구조 연결방법
8	교 량		(34) 용접자세
	(1) 교량 종류 설명		(35) 용접이음
	(2) 교량의 장대교 종류를 설명		(36) Arch교의 이음
	(3) 교량 그림을 그려라		(37) 강교 설치시 Camber(상향의 처짐각)을 설치하는 이유
	(4) 교량 지간이 10m, 20m, 30m, 40m시 가설공법		
	(5) 교량 Span 20m일 때 공법선정		(38) 사장교의 BMD
	(6) 교량 Span 40m일 때 공법선정		(39) 사장교 응력도
	(7) FCM 공법 설명		(40) 성수대교 사고원인과 대책
	(8) 연속압출공법(ILM)		(41) 교량의 품질관리 요령
	(9) 교량가설시 MSS공법		(42) 교량에서 감리업무 요령
	(10) 3경간 연속교 콘크리트 타설순서		(43) 교량 Crack 발생시 대처방안
	(11) 연속보, 단순보, Gerber교에 대하여		(44) Segment시공시 문제점
	(12) 단순보와 연속보의 차이점		(45) 형고비 설명
			(46) 지간장(Span)과 경간(Clear Span)의 차이점

No.	문 제	No.	문 제
8	(47) 교량의 Shoe 종류	11	(6) 안벽 설계시 고려사항
	(48) 교량 지승중 '고정지승' 시공방법		(7) 후면 매립공법 시공순서
	(49) Balance Beam 사용	12	기 타
	(50) I-Beam과 T-Beam의 장, 단점		(1) 공정관리에 대하여 설명하라
	(51) PC중공 Slab교량 시공시 문제점		(2) 공기문제
	(52) 교량의 충격하중이란?		(3) 비용구배
	(53) 제동하중		(4) 3점법, 1점법
	(54) 강교 Truss교의 Moment 발생유무		(5) Total Float
9	터 널		(6) CM제도
	(1) NATM의 시공 Cycle		(7) EC화
	(2) TBM		(8) 국제화 시대에 대비(건설시장개방 대비)에 토목 기술자로서의 견해
	(3) 발파공법		
	(4) Rock Bolt, Shotcrete에 대한 설명		(9) 현장감독관으로서 감리단, 시공자, 시행자 사이에 일어나는 내부의 갈등은?
	(5) 터널 라이닝을 1차, 2차로 구분 시공하는 이유		
	(6) Shotcrete, 복공 콘크리트의 차이 및 역할		(10) 하도급자 관리상의 문제점
	(7) Tunnel의 1차 복공과 2차 복공사이에 무엇이 들어가나?		(11) 활성 오니법이란
			(12) 하수배제방식인 분류식과 합류식의 장·단점
	(8) Rebound에 대한 설명		(13) Pascal원리와 Bernoulli의 정리 설명
	(9) Invert Concrete의 필요성		(14) 콜로소이드 곡선
	(10) 터널의 응력분포도를 그려라. 주응력이 어느 것인가?		(15) 자기경력, 시공경험에 따른 특수공법 질문
			(16) 시공경험에 대하여 설명
	(11) 터널에서 Arch가 유리한 이유?(압축력을 받기 때문)		(17) 시공한 현장에 따라 질문
			(18) 경력 위주의 문제점 나열
	(12) RQD와 RCCD설명		(19) 전공이 무엇인가?
	(13) 풍화토 풍화암의 구분 방법		(20) 지금 현장에서 하는 일은 무엇인가?
	(14) 암석(Rock)과 암반(Rock Mass)의 차이점		(21) 제일 자신있는 공종 설명
	(15) NATM의 원리와 영자로 써보시오.		(22) 경력사항
10	Dam		(23) 견적은 어떻게 했는가?
	(1) Core 시공		(24) 시험문제 중 어려운 것은?
	(2) Filter Zone 품질관리		(25) 기술사 시험을 친 이유
	(3) Dam의 Grouting		(26) 기술사 시험은 몇번 응시했는가?
	(4) 동수경사(구배)		(27) 왜 회사를 자주 옮겼는가?
	(5) Darcy의 법칙		(28) 시공관리의 문제점, 대책
	(6) Manning 공식 설명		(29) 가장 재미있게 한 공사 설명
11	항 만		(30) 부실공사의 원인
	(1) 항만 고려 3요소(항만 계획상 고려조건)		(31) 현행 감리제도의 문제점, 개선방향
	(2) 항만 공사에서 새로운 공법		(32) 현행 건설기술관리법 등의 문제점
	(3) 항만 연약지반 처리		(33) 검측요령 설명
	(4) 항만에서 진수공법		
	(5) 항만 설계시 방파제 사석에 대한 설계 검토사항		

제50회 과년도 출제문제 (1997년 4월)

제1교시 ■ 9문항 중 5문항 선택(1문항당 20점)

(1) 깊은 기초의 종류와 특징
(2) Mass Curve 설명
(3) Asphalt Concrete 포장의 파손원인과 보수공법의 종류·특징
(4) 서중 콘크리트의 양생
(5) 말뚝의 지지력 산정 방법
(6) 단순교·연속교·Gerber교의 특징 비교
(7) Tunnel에서 Lattice Girder (삼각 격자형 거더) : 삼각지보
(8) Concrete의 혼화재와 혼화제의 차이점과 종류 및 특징
(9) Caisson 진수공법의 종류 및 특징

제2교시 ■ 문항 1은 꼭 답하고, 2, 3, 4문항 중 2문항 선택

(1) 부실공사의 원인과 대책, 건설인의 사명과 기본자세 (40)
(2) ① 콘크리트 구조물(RC)에 발생하는 균열 원인과 대책 : 1안 (30)
　　② 콘크리트 구조물(RC)에 발생하는 균열 원인과 대책(Crack Control) : 2안 (30)
(3) 하안 접안 구조물(안벽=계선안) 중 2개 선택, 시공시 유의사항 기술. (30)
(4) 도로 확장(확폭) 구조물의 시공시 유의사항 (30)

제3교시 ■ 4문항은 2문항 선택(1문항당 50점)

(1) 점질토 연약지반에서 점토층 두께에 따른 경제성 고려한 지반개량 공법의 종류와 장단점
(2) NATM의 특성과 적용한계 설명.
(3) Dam의 기초처리와 유수전환 방식 설명.
(4) 단지조성 공사시 토공작업에 있어서 시공장비 선택시 기본적 고려사항

제4교시 ■ 4문항 중 2문항 선택(1문항당 50점)

(1) 도심지 지하철공사를 개착식(Open Cut)공법(토류벽)으로 시공시 유의사항 (50)
(2) 서해안 연약토 준설장비 선정과 시공시 유의사항
(3) 강구조가 낮은 응력하에서도 부분파괴가 일어나는 (자연파괴)현상 설명.
(4) Ready Mixed Concrete(레미콘) 운반시 유의사항 기술.

제51회 과년도 출제문제 (1997년 7월 13일)

제1교시 ■ 다음 9문중 5문 선택 기술 (각 20점)

(1) ① NATM에서 계측설명 (1안)
② NATM에서 계측설명(Tunnel의 정보화시공) (2안)
(2) 지하연속벽(Slurry Wall) (연약지반＋지하수위가 높은 경우＋대규모 차수성 토류벽)
(3) 구조물 줄눈(이음 : Joint)의 종류 및 시공법
(4) Lead Time(＝Lag Time) 설명
(5) 토공 정규(Road way Diagraph)
(6) 보강토 공법 (Reinforced Soil : RS)
(7) 건설장비의 경제적 수명(Economic Life) 설명
(8) Claim 설명(건설공사의 공기연장 및 대가청구 : Time Extension & Claims)
(9) ISO 9000 설명(건설공사의 품질보증을 위하여 건설회사에 ISO 9000 Series의 인증이 요구되는 의의)

제2교시 ■ 다음 5문중 3문 선택 기술
(선택한 순서대로 처음 2문제는 각 33점, 나머지 문제는 34점)

(1) 공정관리의 업무내용 설명
(2) Gabion 옹벽(돌망태 Wall)의 특징과 시공
(3) 장대교 가설공법의 종류·특징 설명
(4) 연약지반의 문제점, 계측관리계획, 계측항목, 계측계획방법, 계측결과의 정리 분석방법
(5) 콘크리트의 구조물의 품질관리 (Batch Plant·재료·운반·치기·저장등에 대하여 기술)

제3교시 ■ 다음 5문중 3문 선택 기술
(선택한 순서대로 처음 2문제는 각 33점, 나머지 문제는 34점)

(1) U－Turn Anchor(제거식 앵커)와 기존 Anchor의 차이점 설명
(2) 건설공사의 품질보증을 위하여 건설회사에 ISO 9000 Series의 인증이 요구되는 의의(ISO 9000설명)
(3) 대절·성토(고절토·고성토) 시공시 문제점 대책(대절성토 구간의 사면 붕괴 원인과 대책)
(4) 재건축 사업추진 중에 발생하는 대규모 콘크리트 잔재물을 재생하여 재활용할 수 있는 방안
(5) 구조물 뒷채움 시공원칙(옹벽, 교대, 암거)

제4교시 ■ 다음 5문중 3문 선택 기술
(선택한 순서대로 처음 2문제는 각 33점, 나머지 문제는 34점)

(1) 하저 터널구간에서 NATM 시공 중 연약지반 출현시 예상되는 문제점과 대책공법
(2) 말뚝이음 공법의 종류 및 특징
(3) 실적단가에 의한 예정가격 작성시 유의사항
(4) 콘크리트 표면차수벽 석괴 댐(Concrete Face Rockfill Dam : CFRD)
(5) 지하 굴토 토류 구조물에서 각부재의 역할과 지지방식에 의한 토류벽 구조물의 특징, 적용성 설명

제52회 과년도 출제문제 (1997년 9월 21일)

제1교시	■ 다음 9문항중 5문항 선택 기술 (각 20점)
(1)	산사태원인 및 대책
(2)	개단말뚝(Open-Ended pile)과 폐단말뚝(Close-Ended pile)의 차이점
(3)	연약지반 처리공법 중 치환공법 설명
(4)	콘크리트 시공이음(Construction Joint)의 종류와 특징
(5)	철근의 이음 방법
(6)	주공정선 (Critical Path) 설명
(7)	콘크리트 초기균열에 대한 원인과 대책을 설명
(8)	심빼기 발파
(9)	Bulldozer의 작업조치(작업원칙) 설명

제2교시	■ 다음 6문항중 5문항 선택 기술 (각 25점)
(1)	토류벽 계측의 목적·항목·설치위치·사용상의 문제점, 대책
(2)	풍화암 지반에서 Tunnel 굴착시(연약지반 Tunnel)굴착공법
(3)	아스팔트 콘크리트 포장에서 보조기층 축조대책
(4)	Grab준설선과 Bucket준설선의 차이점
(5)	최소비용 공기단축방법(MCX : Minimum Cost Expediting)
(6)	압축공기하에서 작업시 필요한 설비 설명 (Pneumatic casson)

제3교시	■ 다음 1문항은 필히 답하고, 2, 3, 4문항 중 2문항 선택
(1)	성토재료로 사용하는 사질토, 점성토의 공학적 성질 (40)
(2)	골재의 생산시설 (30)
(3)	Concrete의 신축이음의 기능, 문제점 및 대책 (30)
(4)	All Casing(BENOTO 또는 돗바늘 공법) 설명 (30)

제4교시	■ 다음 1문항은 필히 답하고, 2, 3, 4, 5문항 중 2문항 선택
(1)	Cement의 수화열 관리방안 (40)
(2)	대구경 pile의 정적연직재하시험 방법과 지지력판정방법(및 사용상의 문제점, 대책) (30)
(3)	토류벽에서 Strut식(버팀대식)과 Earth Anchor식 비교 설명 (30)
(4)	제방의 누수 원인 및 대책 (30)
(5)	B.W공법(Boring Wall) (30)

제53회 과년도 출제문제 (1998년 2월 15일)

제1교시 ■ 다음 8문제중 5문제 선택 기술 (각 20점)

(1) Rock Fill Dam(석괴댐)의 **심벽재료**(core재료) **성토** 시험방법
(2) Pot Bearing(포트 받침)과 탄성(고무)받침(Plain and Steel Laminated Elastomeric Bearings)의 특징 설명
(3) Tunnel 공사에서 지하수(용수) 대책공법
(4) 말뚝의 **하중전이** (Load Transfer)함수
(5) Mass Concrete의 **온도 균열 지수**
(6) 2경간 연속합성교의 Slab Concrete 타설순서 (교량 상부 Slab의 콘크리트 타설순서)
(7) 건설공사의 (국제)**입찰방법**의 종류와 특징

제2교시 ■ 다음 1문제는 필수, 2, 3, 4문 중 2문제 선택

(1) 시가지 건설공사에서 **소음·진동 대책** (40)
(2) ① 서해안 지역에서 대형 방조제 축조시 **최종 물막이**(끝막이) **공사의 시공계획** : 제1안
    ② 서해안 지역에서 대형 방조제 축조시 **최종 물막이**(끝막이) **공사의 시공계획** : 제2안
(3) 도로교(깊이 10m 말뚝 기초), 교각(Pier) 기초하부 10m지점을 통과하는 **지하철 건설계획**을 수립하시오. (30)
(4) 교장 2000m, 교폭 30m, 경간 50m의 연속 Prestressed Concrete Box Girder(PSC Box Girder)의 교량을 시공코져 한다. 이 경우에 Precast Segment의 제작과 야적에 필요한 **제작장 계획**을 기술하시오. (30)

제3교시 ■ 다음 1문제는 필수, 2, 3, 4문 중 2문제 선택

(1) Slip Form에 의한 중공교각 건설공법(산악지역에 건설되는 장대교량공사에서 중공교각 건설공법) (40)
(2) 지하철 본선 Box 구조의 **벽체와 Slab의 균열제어**를 위한 시공 대책 (30)
(3) 항만 접안시설에 사용된 케이슨 **진수공법** 및 시공시 유의사항 (30)
(4) 흙의 **동결**이 토목구조물에 미치는 영향 (30)

제4교시 ■ 다음 4문제중 2문제를 선택하여 기술 (각 50점)

(1) Tunnel의 보조 공법 설명
(2) 건설폐기물(Construction Wastes)의 기술적 문제점과 개선대책 및 **재활용 방안**(기대효과)
(3) 대규모 **임해공단**을 조성코져 한다. **토공사의 장비계획**을 수립하시오.
    (Equipment For Infra −Structure Facilities) (단지 조성 공사에서 장비계획+시공계획)
(4) **강교 조립공법**의 분류·특징·시공시 유의사항

제54회 과년도 출제문제 (1998년 4월 19일)

제1교시 ■ 다음 9문제중 5문제 선택하여 기술 (각 20점)

(1) 공사원가관리를 위해 공사비 내역체계의 통일이 필요한 이유
(2) Q.C (품질통제 : Quality Control)와 Q.A (품질보증 : Quality Assurance)의 차이점 (1안+2안)
(3) 공사관리의 4대 요소를 들고, 그 요지를 설명하시오.
(4) 콘크리트 표면차수벽 석괴댐 (Concrete Face Rockfill Dam : CFRD)
(5) Curtain Grouting의 목적
(6) Prestressed Concrete(PSC) Grout 재료의 품질조건 및 주입시 유의사항
(7) 균열유발줄눈(Control Joint)의 보수방법 기술(Contraction Joint : 수축줄눈)
(8) 연약지반 처리공법 적용시 침하·압밀도 관리방법

제2교시 ■ 다음 1문제는 필수, 2, 3, 4, 5문 중 2문제 선택하여 기술

(1) 시공계획을 세울시 검토사항 (1안+2안) (40)
(2) 대규모건설사업에 CM용역을 채용할 경우 기대되는 효과 (1안+2안) (30)
(3) 콘크리트구조물의 열화(Deterioration)현상의 원인과 내구성 증진 대책 (30)
(4) Soil Nailing 공법 (30)
(5) 노상표층 재생포장공법(Surface Recycling)에서 Repave와 Remix를 설명하시오.
(노상 표층재생포장공법 : Repave+Remix) (30)
(6) 아스팔트 포장의 보수보강·재시공과 관련하여 발생되는 폐아스콘의 재생처리(Recycling)공법에 대하여 기술(플랜트 재생가열 아스팔트 혼합물 공법) (30)

제3교시 ■ 다음 1문제는 필수, 2, 3, 4, 5문 중 2문제 선택하여 기술

(1) 콘크리트 구조물에 발생하는 균열 원인 및 보수 보강 대책 (40)
(2) 연약지반상에 설치한 교대의 측방이동원인과 방지대책공법 (30)
(3) CSI(Construction Specification Institute) 공사 정보분류체계에서 Uniformat와 Masterformat의 내용상 차이점과 양자 상호관련성을 기술 (30)
(4) 새로운 시공기술(신기술) 채용시 검토할 사항을 열거하시오. (1안+2안) (30)
(5) 항만구조물 축조시 기초사석공의 시공관리 및 유의사항 (30)

제4교시 ■ 다음 4문제중 2문제를 선택하여 기술 (각 50점)

(1) 건설공사의 품질보증을 위하여 건설회사에 ISO 9000 Series의 인증이 요구되는 의의 (ISO 9000설명) (50)
(2) 옹벽의 안정 및 시공시 유의사항 (50)
(3) 연약지반상 대성토구간중에 통로 암거시공 계획 (50)
(4) PSC Box Girder 교량(L=1500m, 폭=20m, 경간장=50m, 2경간 연속교)을 산악지역에 건설시 상부공 건설공법(ILM) (50)

제55회 과년도 출제문제 (1998년 7월 12일)

제1교시	■ 다음 9문제중 5문제 선택하여 기술 (각 20점)
(1)	현장에서 다짐도 판정(규정)방법
(2)	공정관리상 비용구배(Cost Slope)
(3)	국부전단파괴(Local Shear Failure)와 전반전단파괴(General Shear Failure) 관입전단파괴(Punching Failure)설명
(4)	가외철근(주철근과 가외철근의 위치)
(5)	팽창콘크리트
(6)	연약지반 개량공법 선정기준
(7)	콘크리트의 시방배합과 현장배합
(8)	정보화 시공
(9)	완성 노면의 검사항목(규격관리기준)설명

제2교시	■ 다음 1문제는 필수, 2, 3, 4, 5문 중 2문제 선택하여 기술
(1)	콘크리트 표준시방서에 기재된 시공상세도(Shop Drawing) (40)
(2)	강교의 가조립(강교 조립방법의 분류·특징·시공시 유의사항) (30)
(3)	도로확장 공사시(확폭구간) 환경에 미치는 주요영향과 저감방안을 기술하시오. (30)
(4)	Tunnel 갱구부 시공시 예상되는 문제점들을 열거하고, 대책공법에 대하여 기술하시오.
(5)	하천 또는 해안(항만공사)지역에서 가물막이 공사시 시공계획(Construction Schedule)에 대하여 기술 (30)

제3교시	■ 다음 1문제는 필수, 2, 3, 4, 5문 중 2문제 선택하여 기술
(1)	유동화 콘크리트 사용시 장·단점 및 시공시 시공계획 (40)
(2)	비점착성 흙에서 강관 외말뚝(Single Pile)의 침하에 대해 기술 (30)
(3)	우물통 기초 침하시 정위치에서 편차가 생긴다. 편차 허용 범위에 대하여 설명하고, 허용 범위를 벗어났을 경우 그 대책 (30)
(4)	교량의 신축이음의 파손이유와 파손을 최소화하기 위한 방법 (30)
(5)	Shotcrete는 NATM지보재로서 중요한 고가의 재료이다. 합리적인 시공을 위한 유의사항에 대해 기술 (30)

제4교시	■ 다음 1문제는 필수, 2, 3, 4, 5문 중 2문제 선택하여 기술
(1)	동다짐 공법의 개요, 시공계획 기술 (40)
(2)	구조물 시공중 중대한 하자가 발생하였다. 책임기술자로서 대처방안 기술 (30)
(3)	옹벽의 안정조건을 열거하고 전단키(Shear Key)를 뒷굽쪽으로 설치하면 활동 저항력이 커지는 이유 설명 (30)
(4)	항만 해안구조물의 기초처리를 위해서 두꺼운 연약지반층을 모래로 굴착치환할 경우 예상되는 문제점 대책 (1안+2안) (30)
(5)	건설 CALS(Connerce at Light Speed : 통합정보시스템)의 도입이 건설산업에 미치는 효과 (30)

제56회 과년도 출제문제 (1998년 9월 20일)

제1교시	■ 다음 9문제중 5문제 선택하여 기술 (각 20점)
(1)	CBR과 SPT의 N치
(2)	Reflection Crack(반사균열)
(3)	지불선(Pay Line) : 기성지불선
(4)	공동계약 제도 (공동 도급방식 : Joint Venture)
(5)	프리스프리팅 발파(Presplitting)
(6)	Quick Sand(분사현상)
(7)	건설기계의 작업효율
(8)	공정관리 곡선(Banana곡선) : (진도관리)
(9)	강섬유 보강 콘크리트(SFRC : Steel Fiber Reinforced Concrete)
제2교시	■ 다음 1문제는 필수, 2, 3, 4, 5문 중 2문제 선택하여 기술
(1)	NATM 터널의 굴착시공 관리계획 (40)
(2)	공사계약 형식을 열거하고 특징 기술 (30)
(3)	하천 호안구조의 종류와 설치시 고려사항 (30)
(4)	교량 가설에서 Cantilever공법으로 시공하는 구조형식 예를 들고, 공법에 대해 기술(FCM = Free Cantilever Method) (30)
(5)	기계 경비의 구성을 열거하고 각 구성요소를 설명 (30)
제3교시	■ 다음 1문제는 필수, 2, 3, 4, 5문 중 2문제 선택하여 기술
(1)	공사의 공정관리에서 통제기능과 개선기능 기술 (40)
(2)	하천공사에 있어서 유수전환방식을 열거하고 그 내용을 기술 (30)
(3)	Tunnel의 발파식 굴착공법에서 적용하는 착암기 2종을 열거하고, 특징을 기술하시오. (30)
(4)	아스팔트 포장의 도로표면 요철을 개선하기 위한 설계시공시 유의사항 (소성 변형 방지대책 : 아스팔트포장 노면관리) (30)
(5)	해상구조물 기초공으로 Sand Compaction Pile(SCP)공법 시공시 유의사항 (30)
제4교시	■ 다음 1문제는 필수, 2, 3, 4, 5문 중 2문제 선택하여 기술
(1)	사면붕괴의 원인을 열거하고, 그 대책 공법 기술 (40)
(2)	콘크리트 구조물의 시공이음의 위치 및 시공에 대하여 기술 (30)
(3)	산악도로 건설공사를 위한 시공계획 설명 (30)
(4)	RCCD공법에 의한 콘크리트 댐의 시공(Roller Compacted Concrete Dam) (30)
(5)	준설선의 선정기술(유의사항, 특징) (30)

제57회 과년도 출제문제 (1999년 4월 25일)

제1교시	■ 다음 9문제중 5문제 선택하여 기술 (각 20점)
(1)	유선망(Flow Net)
(2)	균열유발줄눈
(3)	온도균열지수
(4)	SIP(Soil Cement Precast Injection Pile)
(5)	Sounding
(6)	Pack Drain
(7)	단층대(Fault Zone)
(8)	PSC강재의 응력부식과 지연파괴(Stress Corroision과 Delayed Fracture)
(9)	피로파괴(Fatigue Limit)와 피로강도(Fatigue Strength)

제2교시	■ 문1은 필수로 답하고, 2, 3, 4, 5문 중 2문항 선택하여 기술
(1)	수중불분리성 콘크리트(수중 콘크리트) 시공대책(40점)
(2)	터널(Tunnel)구조물 시공중 균열발생원인과 물처리공법(30점)
(3)	기초 Pile박기시 부의 주면마찰력(Negative Skin Friction)(30점)
(4)-1	철근콘크리트 구조물에 내구성 확보를 위한 시공계획상 유의할 점(30점) : 1안
(4)-2	RC 구조물 공사에서 내구성 확보 위한 시공관리 계획시(관리사항) 유의사항/점검항목(30점) : 2안
(5)	콘크리트 표면차수벽 석괴댐의 구조와 시공법(30점)

제3교시	■ 문1은 필수로 답하고, 2, 3, 4, 5문 중 2문항 선택하여 기술
(1)	모래섞인 자갈과 연암층으로 구성된 하천에 대규모 교량을 가설코자 한다. 기초를 현장타설콘크리트 말뚝으로 시공시 시공계획 기술
(2)	점토지반을 개착공법으로 굴착시 엄지말뚝을 설치하고 동바리(Strut)없이 2~3m 굴착한 후에 동바리 설치하고 계속 굴착할 경우 아래에 답하시오.(30점) ① 지반을 수직으로 굴착할 수 있는 이유 기술 ② 안정된 흙막이 동바리(Strut) 설치방법을 3가지만 기술하시오.
(3)	콘크리트 구조물 시공에 있어서 온도균열 억제방법 기술(30점)
(4)	콘크리트 포장두께 30cm, 포설면적 약 300a(30,000m²)를 시공코자 할 때, 장비조합 중심으로 시공계획 기술(30점)
(5)	항만공사에 있어서 Caisson 거치공법 기술(30점)

제4교시	■ 문1은 필수로 답하고, 2, 3, 4, 5문 중 2문항 선택하여 기술
(1)	도심지 현장에서 시공시, 수질 및 대기오염 최소화 방안(40점)
(2)	콘크리트 치기시 동바리 점검항목과 처짐이나 침하가 발생하는 경우에 대책공법 기술(30점)
(3)	깊은 연약 점성토 지반에 옹벽이나 교대를 건설할 때 발생되는 문제점과 대책공법 2가지만 기술(30점)
(4)	콘크리트 구조물의 시공과정에서 발생하기 쉬운 (표면)결함과 그 방지 대책(30점)
(5)	하천제방의 붕괴원인과 대책(30점)

제58회 과년도 출제문제 (1999년 7월 4일)

제1교시	■ 다음 9문항중 5문항 선택하여 기술 (각 20점)
(1)	Boiling 현상(Quick Sand → Boiling → Piping)
(2)	MIP토류벽
(2)-1	PIP토류벽(향후 예상문제)
(3)	RQD와 판정
(4)	얕은 기초와 깊은 기초
(5)	크라샤(Crusher)의 장비조합
(6)-1	GIS(Geographic Information System)(1안)
(6)-2	GIS와 GSIS(2안)
(7)	환경지수와 내구지수
(8)	도폭선
(9)	콘크리트의 피복두께(덮개)

제2교시	■ 다음 문1은 필수, 2, 3, 4, 5문 중 2문항 선택하여 기술
(1)	장마철 대형공사중의 중점점검사항과 집중호우시 재해대비 행동요령(40)
(2)	시멘트 콘크리트의 배합설계방법(30)
(3)	NATM터널 굴착시 세부작업순서(작업싸이클)(30)
(4)	강관 Pile의 두부보강방법중 Bolt식 보강방법(30)
(5)	대구경현장 타설말뚝의 시공에서 철근의 겹이음과 나사이음비교설명(30)

제3교시	■ 다음 문1은 필수, 2, 3, 4, 5문 중 2문항 선택하여 기술
(1)	100만 m³의 콘크리트공사시 주요작업공종 및 관련장비의 규격과 대수 산출(공사기간 10개월, 1일 8시간, 월25일, 운반시간 1hr, 규격 자유화)
(2)-1	지하 구조물시공시 지표수와 지하수가 공사에 미치는 영향 기술
(2)-2	지하 구조물시공시 지표수와 지하수가 공사에 미치는 영향 기술
(3)	교량받침(Shoe) 형태의 종류와 각각의 특징
(4)	기시공된 암반사면의 안정성 검토를 한계평형해석으로 검토하는 방법과 검토결과 불안정한 판정 받을시 대책공법
(5)	현장타설 콘크리트 말뚝기초의 시공중 Slime 처리방식과 철근공상의 원인, 대책

제4교시	■ 다음 문1은 필수, 2, 3, 4, 5문 중 2문항 선택하여 기술
(1)	지하수위가 비교적 높고 자갈섞인 사질점토 지반에서 지하 굴토 토류벽 구조물을 CIP벽체 및 Strut지지로 실시할 경우 시공방법과 문제점 대책(40)
(2)	강구조물의 기계적 연결방법
(3)	차량이 통행하고 있는 하수Box(3m×3m×4련)하부를 횡방향으로 신설지하철이 통과할 경우 경제적인 굴착공법
(4)	중력식 콘크리트댐의 품질관리요령
(5)	NATM의 방수공법과 배수처리공법

제59회 과년도 출제문제 (1999년 8월 29일)

제1교시	■ 다음 9문 중 5문항 선택하여 기술 (각 20점)
(1)	Underpinning 공법
(2)	Swellex Rock Bolt
(3)	피로파괴(와 피로강도)
(4)	동압밀공법(동다짐공법) : Dynamic Compaction
(5)	Lugeon치
(6)	Consolidation Grouting
(7)	Smooth Blasting
(8)	말뚝정적재하시험과 동적재하시험 비교
(9)	지반굴착시 근접구조물 침하에 대하여 기술

제2교시	■ 다음 문1은 필수, 2, 3, 4, 5문 중 2문항 선택하여 기술
(1)	현재 우리나라 건설분야에서 문제가 되고있는 **부실시공** 기존시설물 유지관리/기술개발 등에 대한 문제점 대책 기술(40)
(2)	아스콘포장과 콘크리트포장의 교통하중 지지방식을 설명하고 아스콘포장 파손원인 및 대책(30)
(3)	잔교식 접안시설공사에서 강관 Pile항타 시공계획(30)
(4)	암반 대절토사면 시공시 유의사항/공사관리에 필요한 사항 기술(30)
(5)	NATM의 계측중 갱내관찰조사(Face Mapping)의 적용요령과 필요성 기술(30)

제3교시	■ 다음 문1은 필수, 2, 3, 4, 5문 중 2문항 선택하여 기술
(1)	빈번한 **홍수재해**를 방지할 수 있는 대책으로 **수자원개발계획**에 대한 기술하되 **하천개수계획**을 연계시켜 기술하시오. (40)
(1)-2	홍수통제 위한 수자원개발계획(댐건설계획+하천개수계획) (2안) (40점)
(2)	경사면에 축조되는 반절토, 반성토 단면의 노반축조시 유의사항(30)
(3)	흙막이 벽에 의한 기초굴착시 굴착바닥지반의 변형/파괴에 대한 종류와 대책 설명(30)
(4)	콘크리트 타설시 거푸집/철근/콘크리트 검사항목 열거 설명(30)
(5)	교량의 상부가 FCM(Percast Segmental Erection)공법으로 시공한다. 이 경우 현장에서 반복되는 Segment가설작업에 따라서 교량상부가 완성된다. 1개의 표준 Segment가설에 소요되는 공정을 기술하시오(30)

제4교시	■ 다음 문1은 필수, 2, 3, 4, 5문 중 2문항 선택하여 기술
(1)	대규모 **사면붕괴원인**과 대책(40)
(2)	연약지반상 교대 축조시 발생되는 문제점과 대책(30)
(3)	Tunnel 굴착에서 **제어발파**(Control Blasting) (30)
(4)	제자리 말뚝의 종류와 특징(30)
(5)	남한강 중류지역에 대형 Rockfil Dam건설할 때 **유수전환계획과 담수계획수립**(30)

제60회 과년도 출제문제 (2000년 3월 5일)

제1교시	■ 다음 13문항 중 10문항 선택하여 기술 (각 10점)
(1)	강재용접부 비파괴시험(NDT)
(2)	건식 및 습식 숏크리트(Shotcrete) 특성
(3)	강상판교의 교면 포장 공법
(4)	콘크리트 조기강도평가방법
(5)	주공정선(Critical Path)
(6)	옹벽의 안정성 검토
(7)	벤치컷(Bench Cut) 발파
(8)	토량환산계수
(9)	건설기계작업 효율
(10)	터널의 여굴
(11)	아스팔트 포장의 석분(Filler)
(12)	무리말뚝(Group Pile)
(13)	제방의 침윤선(Seepage Line)
제2교시	■ 다음 6문항 중 4문항 선택하여 기술(각 25점)
(1)	하천제방 축조시 시공상 유의사항
(2)	콘크리트 포장 공사시 포설전 준비사항
(3)	토공다짐효과에 영향을 주는 요인과 다짐효과를 증대시키는 방안
(4)	댐에서 파이핑(Piping)에 의한 누수가 있을 때 이에 대한 방지대책
(5)	평지하천을 횡단하는 교장 500m(경간 50m) 10경간의 연속강 Box(Steel Box Girder)교량건설에 적용할 수 있는 건설공법
(6)	강구조의 부재연결공법
제3교시	■ 다음 6문항 중 4문항 선택하여 기술(각 25점)
(1)	항로유지 준설공사를 시행코자 할 때 준설선 선정시 유의사항
(2)	정수장 수조구조물의 누수원인을 분석하고 시공대책 설명
(3)	지하콘크리트 Box구조물의 균열원인과 제어대책
(4)	지하철건설공사에서 개착(Open Cut)구간의 계측계획
(5)	절토비탈면의 붕괴원인과 대책
(6)	터널공사에서 지하용수대책
제4교시	■ 다음 6문항 중 4문항 선택하여 기술(각 25점)
(1)	강상형교(Steel Box Girder)의 확폭개량공법
(2)	콘크리트 구조물의 내구성 증진을 위한 시공상 고려사항
(3)	기초말뚝의 시험항타 목적과 기록관리
(4)	토적곡선(Mass Curve)의 성질과 토적곡선 작성시 유의사항
(5)	아스팔트콘크리트 포장의 소성변형(Rutting)원인과 대책
(6)	지반이 연약한 곳에 자연유하 하수도의 콘크리트 차집관로(Box)를 시공하고져 한다. 시공시 문제점과 유의사항

스티븐코비의 제4세대 시간경영

소중한 것을
(토목시공기술사) 먼저하라.

First Things First

학·경력자 제도 변경 안내

A. PQ 심사시 가점 내용

1. 책임감리자(감리단장) 가점 기준
1) 기술사 자격증소지자   : 0.5점 가점 부여
2) 기사 자격증소지자   : 0.3점 가점 부여
3) 산업기사 자격증소지자 : 0.1점 가점 부여

2. 참여감리자(보조감리) 가점 기준
1) 기술사 자격증소지자   : 0.5점 가점 부여
2) 기사 자격증소지자   : 0.3점 가점 부여
3) 산업기사 자격증소지자 : 0.1점 가점 부여

B. 학·경력자제도 개선 등 기술자제도 변경을 내용으로 하는 건설기술관리법 시행령이 2006. 12. 29 개정·공포(시행일 : 2007. 3. 1)됨에 따라 경력관리 및 승급과 관련한 경력 신고와 승급교육에 관한 요령을 아래와 같이 알려드리오니 착오 없기 바랍니다.

C. 주요 내용

1. 기술등급 승급 범위
- 2007. 3. 1 이후부터는 자격자 중 **기사와 산업기사는 중급까지 승급**이 가능
- **학·경력자는** 아래의 기준에 따라 **초급으로만 인정**
  1) 석사학위 이상 취득한 자
  2) 학사학위 취득자로서 1년 이상 건설공사업무를 수행한 자
  3) 전문대학을 졸업한 자로서 3년 이상 건설공사업무를 수행한 자
  4) 고등학교를 졸업한 자로서 5년 이상 건설공사업무를 수행한 자
  5) 건설교통부장관이 정하는 교육기관에서 1년 이상 건설기술 관련 교육과정을 이수한 자로서 7년 이상 건설 공사업무를 수행한 자

기술사 종목선택시 주의사항

1. 토목시공기술사 도전할 경우

    과거 본인의 경력이나 + 현재 본인이 하고 있는 업무가 + **시공회사**나 + **감리업무**를 하는 경우에는 + 무조건 **토목시공기술사**에 **우선 도전**해야 한다.
    【주의】 토질이나 도로설계경험도 없고 **현재 하시는 업무가 시공인 경우** 토질+도로 등 기타기술사는 취득해야 **PQ점수 빵점관계로 꽝**이 되고 **고생**만 한다.

2. 토질및기초기술사 도전할 경우

    현재 업무나 과거 본인의 **경력**이 **토질설계**를 한 경우에만 **도전**하면 된다.

3. 도로및공항기술사 도전할 경우

    과거 **경력**이나 + 현재 하시는 일이 **도로설계**인 경우에만 **도전**한다.
    【주의】 1. **본인**의 **경력**이나 현재 하시는 일과 **무관한 과목**에 도전하면 + **PQ점수 빵점** 관계로 + 자격증자체가 무의미해지고 + 헛고생만하니 + 필히 **본인**의 **경력**과 + **코드**를 맞춰서 + **도전**하십시오.
    2. 우선 **본인**의 **경력코드**에 맞는 종목을 **먼저합격**하고 + 하나 더 도전할 때 과목선정은 **류재복교수(011-302-0149)**와 **직접면담**하시면 **확실**하게 **안내**해드립니다.

● **상기 내용은 대단히 중요한 내용이오니 + 심사숙고하시기 바랍니다.**

토목시공 기술사를 먼저 도전했을 때 강점

1. 공단 **선발인원**이 **최다**이므로(**연간 150~350명 수준 : 과거 10년간**) 빨리 **합격**해서 + **본인이 직장**에서 누릴 수 있는 **혜택(특진 등)**을 5~6년 앞당길 수 있다.

2. 타 종목 경우 + 합격까지 몇 배 시간이 소요되므로 + 혜택(특진 등)이 엄청나게 지연됨. (이유 : 적게 선발함)

3. 본인이 직장에서 받을 수 있는 **혜택(특진 등)**을 어느 기술사에 도전해서 **최대한 앞당기느냐**가 대단히 **중요**한 **사안**이다.

【특히 주의할 사항】
1) 특히 **공무원+수자원개발공사+한전+도로공사+가스공사+토지공사** 등 ○○공사쪽 근무자의 경우는 : **토목시공기술사** 먼저 하는 것이 현명함.(이유 : 토질이나 도로설계경력 없음)
2) 공단에서 연간 **선발인원이 + 최다(연간 150~350명 : 과거 10년간)**인 **토목시공기술사에 + 도전하는 것**이
3) 본인이 직장에서 + 받을 수 있는 **혜택을(가점 5점 : 우선 진급) + 5~6년 앞당겨 +** 받을 수 있을 것임.

※ 가장 중요한 것은 + **진급**에서 **가점**받는 것을 + 누가 **빨리** 앞당겨 받는가 하는 것임.

> ※ 기술사에 **빨리 합격하기 위해선** 가장 광범위하게 활용되고
> + 년간 가장 많이 + 선발하는 **토목시공기술사에 도전**함이
> + 가장 **지혜로운 판단**일 것임.

1. 기술사에 도전하는 초심자의 애로사항 + 해결대안

초대형강사 + 류재복교수 + 화끈한 요점강의가 + 해결한다.

No	애로사항	해결방안 + 도전방법
1	**기술사**의 **위력**에 대한 **감각**이 없다.	1. 경영학 **전공자**가+ **회계사자격증**으로 + **전문직**과 **동일**+ 그 이상의 **위력**이 있다.
2	어떻게 "**도전**"해야 하는지 "띵"하다.	1. 처음 **공부시작**할 때→무엇을 **어떤** 문제를 해야 하는지 **띵**하다. 2. 류재복교수의 "**요점강의**"+ 해결한다.
3	기술사 **수험도서**의 **선택**이 "띵"하다.	1. 초심자의 경우 제대로 **된 기술사 문제집** 인지 + 아닌지 **구분**이 **안된다**. 2. 잘못 선택하면 평생고생으로 끝난다.
4	학원+ **강사의 선택**이 "띵"하다.	1. **학원의 선택이 중요한게 아니다.** 2. 제대로된 기술사 강의력이 있는 **강사**인지 구분이 되어야 한다.
5	쉽게+ **요령**으로 **합격**하려고 한다.	1. 기술사+ **회계사**+ 사법고시는 **논술식**이고 + **응용문제**로 출제된다. 2. **요령위주**로는 절대 **합격불가능**하다는 사실은 **인지**하고 시작한다.

최강은 + 하나다

6.	**최종결판**은 누가 내겠는가?	1. 나의 **의지**+**가치관**이 **도전**+**일격**+**필승**을 주도한다.

2. 무엇이 나를+불안하게 하는가?

왠지 **직장**이 **불안정**하다.
왠지 하여튼 매일 **띵**하다.

Anxiety+ Dreadful+ Fear

1. 현재 나의 **직장**, 직책이 **보장받지 못**할 것 같다.
2. 중요하고 + 급한 일을 먼저하면 ➡ Angst + Anxiety + Fear가 해소된다.

어떻게 해야 안심할 수 있는가? (각 개인 힘이 좌우)

우환(걱정+근심)

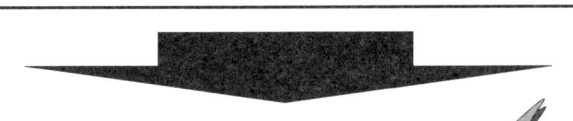

Fret not yourself !
Be very Bold!

1. 업무와 관련된 기술사 자격을 취득한다.

| 불안+근심+걱정+초조 | 1. 어차피 직장이란? 잠시 있다가 떠나는 장소다. (Temporary Stay!)
2. 평생을 불안하게 소일하고 시달리는 것보다는 평안하게 보낼 수 있는 대안은? 무엇인가? <유비무환 하면 된다>
3. 기술사 자격증 취득하면 된다.
4. 선비(士)가 갖추어야 할 3가지 원칙
　1. 자존심(Self-Respect)
　2. 호기심
　3. 고독 |

기술사 자격증 ➡ 토목인의 운명을 ➡ 크게 변화시킨다.

3. 나홀로 독학보다 + 학원수강을 하는 경우 + 장점
(혼자하면 5~7년 준비하다가 + 중도 포기한다.)

(1) 혼자서 놓칠 수 있는 공부의 맥을 짚게 된다. (기출문제 1129개다/30개면?)

제아무리 기초 튼튼하고, 머리 좋고, 경력이 좋은 기술자라 할지라도 기술사 자격증은 10%의 낮은 **합격률**을 기록하는 **엄연한 시험제도**이다. 단순히 알고 있는 것과, 그것이 **응용**되거나 실제 문제화 되었을 때 해결할 수 있는 것에는 엄연히 차이가 있는 법. **기술사는 IQ로 합격하는 과목이 아니다.**

(2) 규칙적인 시간관리가 가능하다. (Time Matrix → 운명 左右한다.)

심지가 곧고 자기 관리에 철저한 사람도 시간이 지남에 따라 긴장이 풀리게 마련. **돈 몇 푼 아끼려다 기회를 놓치지 말고** 과감하게 **경제적인 투자**를 하는 것이 좋다.
: **류재복교수 + 예상문제로 하라.**

(3) 사정이 비슷한 사람과 만나 동기 부여 및 자극을 받는다.

(Motivation + Self-Innovation)

외진 곳에서 따로 떨어진 가게보다 한 곳에 같은 업종의 업소들이 상가 형태로 밀집되어 있을 때 더 높은 매출을 올리게 된다. 마찬가지로 비슷한 목표를 가진 **동료**들과 어울리는 편이 서로에 대한 **경쟁의식**에 힘입어 성공을 거두기 쉽다. 자기 **반성**과 함께 현재의 실력을 확인할 수 있어 객관적인 비교분석이 가능하다는 점과 **학원수강**의 **중요한 이점**을 잘 선택한 **학원**은 목표를 확실히 다져 주는 촉매제 역할을 해 줄 것이다. (Life = Living + Reflection)

(4) 자격시험에 대한 정보 습득이 빠르다. (예상문제 강의가 합격 좌우한다.)

단 하나의 자격 시험 정보에 의해 합격의 **명암**이 **뒤바뀔 수 있는데**, 전문학원들은 관련 **자격증**에 대한 가장 **최신의 정보**를 얻을 수 있는 곳이다.
(최신 정보는 누구나 제공할 수 있는 게 아니다.)
➡ **류재복교수 + 쪽집게 요점정리로 해결한다.**

(5) 체계적인 정리가 가능하다.

수험생에게는 시험 전날 받은 합격 엿보다는 빼곡히 정리된 지난 시간 공부한 노트 한 권이 더 소중하다. 경험 많은 **강사**가 짚어주는 **예상문제**를 놓치지 않고 정리해 놓으면 나중에 혼자 공부하기가 훨씬 수월하다.

[초대형강사 + 류재복교수가 해결한다.]

4. 토목시공기술사 + 최강 류재복교수 + 합격지침

즉시 **도전**(=전쟁)하십시오 → 누구나 **合格** 할 수 있다.

明白　　토목시공기술사 **최강** 류재복교수의 합격지침　　四達

No	구 분	도전방법
1	기술사 **도전**이 불가능한가	• **자신감+집중력+연속성**만 있으면 누구나 **합격가능**
2	왜 기술사 **도전**을 **온백성**이 **두려워**할까요?	• 어렵다고 단정하니까 **불가능**하다고 **포기**해 버린다.
3	류재복교수가 **신화**를 **창조**한 이유	• **현장실무+강의력+요점정리+예상문제적중→초대형** 강사다.
4	토목시공기술사 **활용도**	• 가장 광범위하고 범용성이 크다.
5	합격후 **운명**과 **환경**의 변화 의미? (경제적 능력향상)	• **돈**벌이 쎄지고+ **가정**의 분위기가 살아나고+ **자존심고취**+ **직장생활**에서의 **스트레스병**이 해소된다.
6	토목시공기술사 + 토질및기초기술사 + 도로및공항기술사 **최강**은 **하나**다.	• **양재학원**은 이 3가지 과목은 **대한민국** 어느 누구와도 비교할 수 없는 **짱짱한 실력**이 있는 **강사**가 강의한다.
7	**성공비결** (明白四達)	1. 인생이든 골프든 절대로 서두르지 않는다. 2. 도전목표가 정해지면 최대한 투자 (돈+ 시간+ 정력)를 한다. 3. **무엇이든 서두르면 실패한다.** **최강 + 강사선택 + 중요**
8	기술사 **문제집선택**의 중요성	토목시공 이론과 실제(신간) **선택하면** **합격한다.**

기준이 + 명쾌하면 + 성공한다.

양재학원

＋

항상

최다합격자 배출합니다.

기술사 초대형+강사

류재복교수의

최강+신화는 계속된다.

기술사 자격증 소지자는
+
10년 세월 앞서간다.

주) 실력있는 기술사가 + 합격후
+ 직장생활도 + 쎄게 합니다.

관련저서로 공부하시는 도중 궁금한 사항이 있을 시는 류재복 교수에게 연락해 주시기 바랍니다.

▶ 저자강의장소
- 양재토목건축학원
  TEL : (02)3462-6688, FAX : (02)3462-7011
- 위치 : 양재역 3호선 하차 → 5번 출구
  → 대치동 방향 30m 전방 육교 옆

▶ 류재복 교수 연락처
1. HP. 011-302-0149
2. 홈페이지 : http://www.gisulsa.co.kr
3. 다음카페 : 류재복 토목시공기술사 공부방
   (http://cafe.daum.net/yjtomok)

▶ 저자약력

- 토목시공기술사, 토질및기초기술사
- 성균관대학교 이공대학 토목공학과 졸업
- 서울 시립대 대학원 토질 및 기초 석사
- 현대건설(주) 대청댐 현장 근무
- 극동건설(주) 해외토목 견적부 근무
- 극동건설(주) 리야드 사우디아라비아 대사관 단지 조성공사 현장근무
  (하수처리장, 정수장, 취수탑, 상하수도공사)
- 극동건설(주) 리야드 사우디아라비아 쥬베일 단지 조성공사 현장근무(상하수도공사)
- 극동건설(주) 리야드 사우디아라비아 국제공항(KFIA) 하부시설공사 현장근무
  (정수장, 하수처리장 공사)
- 극동건설(주) 리야드 알라문 도로공사 현장 근무
- 광역상수도 4단계 취수 펌프장 및 송수관로 시설공사 현장근무
- 극동건설(주) 기술연구소 근무
- (현) 성균관대학교 토목환경공학과 겸임교수
- 양지 ENG 부사장
- (현) 도화종합기술공사

▶ 저자강의장소
- 양재토목건축학원 TEL : (02)3462-6688, FAX : (02)3462-7011
- 위치 : 양재역 3호선 하차 → 5번 출구 → 대치동 방향 30m 전방 육교 옆

▶ 류재복 교수 연락처
1. HP. 011-302-0149
2. 홈페이지 : http://www.gisulsa.co.kr
3. 다음카페 : 류재복 토목시공기술사 공부방
   (http://cafe.daum.net/yjtomok)

토목시공기술사
실전면접문제해설

발행일 / 2000년 4월 8일 인쇄
　　　　2000년 4월 14일 발행
　　　　2007년 7월 30일 2쇄
　　　　2010년 1월 5일 3쇄

저 자 / 류재복
발행인 / 정용수
발행처 / YEAMOONSA 예문사
주 소 / 경기도 파주시 교하읍 문발리 498-1
　　　　(파주출판단지 내)
T E L / (031) 955-0550
F A X / (031) 955-0660
등록번호 / 11-76호

정가 : 25,000원

- 이 책의 어느 부분도 저작권자나 발행인의 승인 없이 무단 복제하여 이용할 수 없습니다.
- 파본 및 낙장은 구입하신 서점에서 교환하여 드립니다.
- 예문사 홈페이지 http://www.yeamoonsa.com

ISBN 978-89-8254-703-4　　93530